HOCHENERGIE-PHYSIK

DONALD H. PERKINS

HOCHENERGIE-PHYSIK

ADDISON-WESLEY PUBLISHING COMPANY

Bonn · München · Reading, Massachusetts · Menlo Park, California
New York · Don Mills, Ontario · Wokingham, England · Amsterdam · Sydney
Singapore · Tokyo · Madrid · San Juan

Die amerikanische Originalsausgabe ist erschienen unter dem Titel:
Donald H. Perkins, Introduction to high energy physics

CIP-Titelaufnahme der Deutschen Bibliothek

Perkins, Donald W.:
Hochenergiephysik / Donald W. Perkins. - Bonn; München; Reading, Mass (u.a.) : Addison-Wesley, 1990
ISBN: 3-89319-111-9

Übersetzung: Prof. Dr. Konrad Kleinknecht, L.A. Bauerdick, Dr. H. Blümer, Dr. B. Renk
Satz: MathScreen Online, Basel
Druck und Bindearbeiten: Bercker Graph. Betrieb, Kevelaer
Umschlaggestaltung: ConSign, Troisdorf, Bearbeitung eines amerikanischen Originals

ISBN 3-89319-236-0

Gewidmet meiner Familie
für ihre Geduld, ihre Nachsicht und ihre Ermutigung

Vorwort zur 3. Auflage

In diesem Buch sollen die wichtigsten Themen aus dem Gebiet der Hochenergiephysik oder Elementarteilchenphysik auf einfachem Niveau behandelt werden. Der Inhalt baut auf Vorlesungen für Studenten vor der Graduierung mit Spezialgebiet Kernphysik in Oxford auf; das Buch kann aber auch als einführender Text für Doktoranden der experimentellen Hochenergiephysik im ersten Jahr ihrer Arbeit Verwendung finden. Ich habe versucht, das Gebiet in voller Breite abzudecken und trotzdem den Umfang des Buches auf ein vernünftiges Maß zu begrenzen.

Seit der Abfassung der ersten Auflage vor 16 Jahren hat die Hochenergiephysik viele revolutionäre Entwicklungen durchgemacht, und sowohl der Umfang als auch die Tiefe unseres Verständnisses sind gewachsen. Dies bedingte die Neufassung eines großen Teils des Textes und ein bescheidenes Anwachsen des Buchumfangs. Die Beziehungen zwischen verschiedenen Aspekten des Themas sind jetzt so stark, daß die Einteilung in Kapitel notwendigerweise ziemlich willkürlich sein muß.

Das erste Kapitel ist eine Einführung in grundlegende Ideen und stellt die historische Entwicklung sowie eine kurze Übersicht über das Gebiet dar; das zweite und das dritte Kapitel beschäftigen sich mit experimentellen Methoden, Erhaltungssätzen und Invarianzprinzipien — genau wie in der ersten Auflage. Die folgenden Kapitel behandeln nacheinander die wichtigsten Eigenschaften der Wechselwirkung zwischen Hadronen, die Beschreibung der Hadronen als gebundene Zustände von Quarkbausteinen und die fundamentalen Wechselwirkungen — elektromagnetisch, schwach und stark — zwischen Leptonen und Quarks. Im Schlußkapitel wird die Vereinheitlichung dieser fundamentalen Wechselwirkungen besprochen. In den letzten Jahren sind die astrophysikalischen und kosmologischen Konsequenzen aus Ergebnissen und Ideen der Hochenergiephysik wichtig und wesentlich für unser Verständnis der Entwicklung des Universums geworden. Ich habe versucht, eine Idee von diesem Zusammenhang zu vermitteln, weil dieser sicherlich einen Einfluß auf die Entwicklung der Hochenergiephysik in der absehbaren Zukunft haben wird.

Wie in der ersten Auflage habe ich das Wechselspiel zwischen Experiment und Theorie betont und einige exemplarische Schlüsselexperimente beschrieben. Dagegen habe ich lange theoretische Abhandlungen vermieden, und für mathematische Details wird der Student auf die Anhänge oder auf andere Bücher verwiesen. Eine gewisse Kenntnis der elementaren Quantenmechanik wird vorausgesetzt, aber im allgemeinen wird der Stoff von einem empirischen Standpunkt aus betrachtet, mit einem Minimum an Formalismus unter Benutzung intuitiver Argumente. Physik hat mit meßbaren Zahlenwerten zu tun, und ich habe den Standpunkt eingenommen, daß es für einen Studenten wichtiger ist, zu wissen, wie er einen Wirkungsquerschnitt oder eine Zerfallsrate größenordnungsmäßig berechnet, als zu lernen, wie er eine komplizierte Formel ableitet (meist mit fragwürdigen Voraussetzungen), ohne eine realistische Vorstellung davon zu haben, wie diese mit einem Experiment geprüft werden kann. Aus diesem Grunde habe ich auch eine Reihe (meist numerischer) Übungsaufgaben für jedes Kapitel beigefügt, deren Lösungen am Ende des Buches verzeichnet sind.

Danksagungen

Für die Erlaubnis, verschiedene Photographien, Zeichnungen und Diagramme abzubilden, danke ich den im Text zitierten Autoren und den folgenden Instituten und Verlagen: Brookhaven National Laboratory, Long Island, New York; CERN Informationsdienst, Genf; Rutherford Appleton Laboratory, Chilton, Didcot, England; Stanford Linear Accelerator Laboratory, Stanford, Kalifornien; Deutsches Elektronensynchrotron DESY, Hamburg; Max-Planck-Institut für Physik und Astrophysik, München; Annual Reviews Inc., Palo Alto, Kalifornien; American Institute of Physics, New York, Verlag von Physical Review, Physical Review Letters und Reviews of Modern Physics; Italienische Physikalische Gesellschaft, Bologna, Verlag von Il Nuovo Cimento; North Holland Verlag, Amsterdam, Verlag von Physics Letters, Nuclear Physics und Physics Reports; Institute of Physics, Bristol, Verlag von Reports on Progress in Physics; Pergamon Press, Oxford.

Viele Kollegen und Leser haben mir während der Abfassung des Textes geholfen oder waren so freundlich, mir Fehler in der ersten Auflage mitzuteilen. Den Herren Chris Llewellyn-Smith (Oxford) und Chris Quigg (Fermilab) bin ich für die sorgfältige Durchsicht des Manuskripts, detaillierte Kritik und Kommentare und für viele Verbesserungsvorschläge zu großem Dank verpflichtet. Für die Überlassung von Originalbildern und Diagrammen möchte ich mich besonders bedanken bei den Damen und Herren des CERN Informationsdienstes, bei Herrn Fred Combley von der Universität Sheffield und bei Frau Bärbel Lücke, Frau Sabine Platz und Herrn Rolf Felst vom DESY-Laboratorium in Hamburg.

Schließlich möchte ich Frau Irmegarde Smith für die Zeichnungen, Herrn Cyril Band und seinen Kollegen für die Photoarbeiten und Frau Suzanne Motyka für die sorgfältige Schreibarbeit meinen besonderen Dank aussprechen.

Donald H. Perkins

Vorwort der Übersetzer

Als Herr Ekkehard Hundt vom Verlag Addison-Wesley an uns herantrat mit der Idee, dieses Buch ins Deutsche zu übersetzen, rannte er offene Türen ein. Das Buch von Don Perkins dient in der englischen Version seit Jahren als Einführung in dieses faszinierende Gebiet der modernen Physik, in dem die elementaren Bausteine der Materie und ihre Wechselwirkungen untereinander erforscht werden. Wir haben bei der Übersetzung die 3. englische Auflage als Grundlage verwendet und gelegentlich neuere Forschungsergebnisse einfließen lassen, wo dies nötig erschien.
Den Studenten, die sich nach dem Vordiplom zum ersten Mal mit diesem Gebiet der Physik beschäftigen, macht es gelegentlich Schwierigkeiten, sowohl die Hürde des neuen Stoffes als auch die sprachliche Barriere eines englischen Buches zu überwinden. Ihnen soll der Einstieg mit dieser deutschen Fassung des Buches erleichtert werden.

Mainz, im September 1990

L. Bauerdick, H. Blümer,
K. Kleinknecht, B. Renk
und M. Schmelling

Inhalt

Kapitel 1

Einführung und Überblick

1.1 Einführung

Die Hochenergiephysik beschäftigt sich mit der Untersuchung der elementaren Bestandteile der Materie und der Eigenschaften der Wechselwirkungen zwischen diesen. Die experimentelle Forschung in diesem Gebiet der Naturwissenschaften benutzt riesige Teilchenbeschleuniger und Nachweisgeräte. Hohe Energie bei den beobachteten Prozessen ist aus zwei Gründen notwendig: einmal braucht man als Sonde für die kleinsten elementaren Objekte Strahlung mit der kleinstmöglichen Wellenlänge, zum anderen haben viele dieser Bausteine große Massen, so daß zu ihrer Erzeugung und Untersuchung ebenfalls große Energien benötigt werden.

Vor fünfzig Jahren waren nur wenige „elementare“ Teilchen bekannt: Proton, Neutron, Elektron und Neutrino, dazu das Feldquant der elektromagnetischen Wechselwirkung, das Photon. Das heute bekannte Universum besteht in der Tat fast ausschließlich aus diesen stabilen Teilchen. Als man jedoch mit Hilfe von immer größeren Teilchenbeschleunigern versuchte, die Kraft zwischen Protonen und Neutronen im Kern zu verstehen und die Entdeckung neuer instabiler Teilchen in der Höhenstrahlung zu bestätigen, entdeckte man Hunderte von solchen neuen instabilen Teilchen, die Hadronen (stark wechselwirkende Teilchen) genannt wurden.

Aus diesem scheinbaren Chaos hat sich in den letzten Jahren ein sehr einfaches Bild entwickelt:

(i) Alle Materie ist aus elementaren Fermionen mit Spin $1/2$ zusammengesetzt — den Quarks mit Ladung $+2/3e$ und $-1/3e$ und den Leptonen, wie Elektronen und Neutrino, mit ganzzahligen Ladungen. Neutronen und Protonen bestehen aus drei Quarks.

(ii) Diese elementaren Bausteine können durch den Austausch verschiedener fundamentaler Bosonen (Teilchen mit ganzzahligem Spin) wechselwirken, die als Feldquanten je einer fundamentalen Wechselwirkung agieren. Es gibt vier solche Wechselwirkungen. Die uns vertraute Schwerkraft ist auf der Skala der Massen und Abstände in der Teilchenphysik die bei weitem schwächste. Die nächst stärkere ist die schwache Wechselwirkung, die z.B. in den extrem langsamen Prozessen bei β-Zerfällen von Kernen zu beobachten ist. Die elektromagnetische Wechselwirkung ist wegen ihrer großen Reichweite für die meisten Phänomene außerhalb des Kerns verantwortlich, so u.a. für die Bindungszustände in Atomen und Molekülen. Die starke Wechselwirkung hält nach unseren Vorstellungen die Quarks im Proton zusammen, und die Restwechselwirkung der drei Quarks erzeugt anscheinend die Kraft zwischen Neutronen und Protonen, d.h. sie ist verantwortlich für die Bindung der Nukleonen im Kern. Sowohl die schwache als auch die starke Wechselwirkung haben eine kurze Reichweite (von der Größenordnung 1 Fermi oder 1 Femtometer = 10^{-15} m).

In diesem Bild gibt es viele ungewöhnliche, ja bizarre Aspekte. Die Quarks mit drittelzahliger Ladung sind nie als freie Teilchen beobachtet worden, sie scheinen dauerhaft in Hadronen eingeschlossen zu sein. Quarks gibt es in verschiedenen Sorten oder „Flavors", von denen z. Zt. fünf bekannt sind, aber sechs vermutet werden. Dasselbe gilt für die Leptonen, von denen es drei geladene und drei neutrale gibt. Wir verstehen weder den Mechanismus des Quark-Einschlusses („Confinement"), noch den wahren Grund für die Existenz so vieler Quark- und Lepton-Sorten, wo doch das Universum zu unserer jetzigen Zeit ganz überwiegend aus zwei Sorten von Quarks und einem geladenen sowie einem neutralen Lepton besteht.

Die Vielzahl der Quark- und Lepton-Sorten findet ihre Entsprechung in der Existenz von vier Wechselwirkungen. Auf diesem Gebiet gibt es substantielle Fortschritte. Es gibt gute Gründe für die Annahme, daß einige, wenn nicht alle, Wechselwirkungen vereinheitlicht sind, d.h., daß sie nur verschiedene Aspekte einer einzigen Wechselwirkung darstellen. Die schwache und die elektromagnetische Wechselwirkung scheinen dieselbe Kopplung der fundamentalen Fermionen an die jeweiligen als Austauschteilchen wirkenden Bosonen zu haben — sie sind zwei Aspekte einer einzigen elektroschwachen Wechselwirkung. Verglichen mit der elektromagnetischen Wechselwirkung (die durch das masselose Photonenfeld mit unendlicher Reichweite vermittelt wird) ist die „Schwäche" der schwachen Wechselwirkung nur dadurch verursacht, daß die Bosonen $W^{\pm}$ und Z^0 sehr massiv sind (100 Protonenmassen), weshalb die Reichweite der Kraft sehr klein ist. Bei genügend hohen Energien und Impulsüberträgen weit oberhalb dieser Massenskala sollten deshalb die elektromagnetische und die schwache Wechselwirkung gleich stark sein.

Es ist noch ungeklärt, warum diese bei hoher Energie gültige Symmetrie bei niedriger Energie so stark verletzt ist, d.h.warum die Massen der Austauschbosonen so stark verschieden sind. Der wichtige Punkt ist allerdings, daß die Stärken der verschiedenen Wechselwirkungen nicht ein für alle Mal fixiert sind; sie hängen vielmehr von der Energieskala der betrachteten Prozesse ab. Bei hoher Energie scheint die starke Wechselwirkung schwächer zu werden, und möglicherweise läßt sie sich bei der riesigen Energie von 10^{15} GeV mit der elektroschwachen vereinigen.

Teilchenphysik ist eng mit der frühen Entwicklung des Universums verknüpft. Wir nehmen heute an, daß das Universum aus einer Blase mit ungeheurer Energiedichte in einem Urknall entstanden ist, bei dem alle Sorten von Teilchen — Quarks, Leptonen und Feldquanten — erzeugt wurden. Heute befinden wir uns in einem kühlen, expandierten Universum. Die Untersuchung von Teilchenreaktionen bei immer höheren Energien ist deshalb auch ein Blick zurück zu den frühesten Phasen der Schöpfungsgeschichte, die die Eigenschaften des heutigen Universums festgelegt haben.

1.2 Fermionen und Bosonen

Eines der grundlegenden Konzepte bei der Analyse der Wechselwirkung von Teilchen und Feldern ist das Spin-Statistik-Theorem (Pauli 1940), das eine Beziehung zwischen dem statistischen Verhalten von Teilchen und ihrem Eigendrehimpuls (Spin) herstellt. Teilchen mit halbzahligem Spin ($1/2\hbar$, $3/2\hbar$, ...), gehorchen der Fermi-Dirac-Statistik und werden Fermionen genannt, während Teilchen mit ganzzahligem Spin (0, $\hbar$, $2\hbar$) der Bose-Einstein-Statistik unterliegen und Bosonen genannt werden.

Die Statistik, der ein Teilchen gehorcht, bestimmt die Symmetrie der Wellenfunktion ψ für ein Paar identischer Teilchen (Nr.1 und 2) bei Vertauschung der beiden Teilchen. Wenn die Teilchen identisch sind, dann wird das Quadrat der Wellenfunktion, $|\psi|^2$, das die Wahrscheinlichkeit für Teilchen 1 am Ort x_1 und Teilchen 2 am Ort x_2 angibt, durch die Vertauschung $1 \leftrightarrow 2$ nicht geändert. Deshalb gilt für die Wellenfunktion selbst:

$$\psi \overset{1\leftrightarrow 2}{\to} \pm\psi.$$

Es gilt die folgende Regel:

$$\begin{array}{lll} \text{Für identische Bosonen:} & \psi \overset{1\leftrightarrow 2}{\to} +\psi & \text{symmetrisch} \\ \text{Für identische Fermionen:} & \psi \overset{1\leftrightarrow 2}{\to} -\psi & \text{antisymmetrisch} \end{array} \tag{1.1}$$

Um diese Regel anzuwenden, drücken wir die Gesamtwellenfunktion des Paars als ein Produkt einer Ortsfunktion $\alpha(x_1, x_2)$ und einer Spinfunktion $\beta(s_1, s_2)$ aus:

$$\psi = \alpha(\text{Ort})\,\beta(\text{Spin}). \tag{1.2}$$

Die Ortsfunktion beschreibt die räumliche Bewegung eines Teilchens um das andere, kann also durch eine Kugelfunktion $Y_l^m(\theta, \phi)$ dargestellt werden (s. Kap. 3). Vertauschung der beiden Teilchen ist äquivalent zu der Ersetzung von θ durch $\pi - \theta$ und ϕ durch $\phi + \pi$ und führt zur Multiplikation der Ortsfunktion mit $(-1)^l$, wobei l die Bahn-Drehimpulsquantenzahl ist. Ist also l gerade (ungerade), so ist die Ortsfunktion symmetrisch (antisymmetrisch) unter Vertauschung. Wie in Kap. 3 besprochen, ist die Spinfunktion β bei Vertauschung symmetrisch (antisymmetrisch), wenn die Spins der beiden Teilchen parallel (antiparallel) sind. Gleichung (1.2) bedeutet dann, daß für zwei identische Bosonen Orts- und Spinfunktion entweder beide symmetrisch oder beide antisymmetrisch sein müssen, während für Fermionen eine der beiden Funktionen symmetrisch, die andere antisymmetrisch sein muß.

Als Beispiel betrachten wir den Zerfall des neutralen ρ-Mesons mit Spin $J = 1$ in zwei neutrale Pionen: $\rho^0 \to 2\pi^0$. Beide Pionen haben weder Ladung noch Spin. Da β symmetrisch sein muß, besagt die Regel für identische Bosonen, daß auch α symmetrisch ist, und deshalb können die beiden Pionen nur in einem Zustand mit geradem Bahndrehimpuls J existieren. Der Zerfall ist deshalb wegen Drehimpulserhaltung verboten. Der Zerfall in geladene (nicht identische) Pionen ist dagegen erlaubt und findet statt: $\rho^0 \to \pi^+\pi^-$, $\rho^\pm \to \pi^\pm\pi^0$.

Das Pauli-Prinzip ist eine wohlbekannte Anwendung der Antisymmetrie der Wellenfunktion zweier identischer Fermionen bei Vertauschung. Nimmt man nämlich an, daß zwei identische Fermionen im selben Quantenzustand sind, so ist ψ notwendigerweise symmetrisch. Dies widerspricht der Regel (1.1). Deshalb können zwei identische Fermionen nicht im selben Quantenzustand sein: dies ist das Pauli-Prinzip. Andererseits gibt es keine Beschränkung der Anzahl von Bosonen (z.B. Photonen) in demselben Quantenzustand. Ein Beispiel hierfür ist der Laser.

1.3 Teilchen und Antiteilchen

Die relativistische Wellengleichung, die Dirac 1928 einführte, war in der Lage, eine Erklärung für den Eigendrehimpuls (Spin) des Elektrons zu geben, den Goudsmit und Uhlenbeck zur Erklärung der Dublett-Aufspaltung beim Zeeman-Effekt postuliert hatten. In der Dirac-Theorie werden freie Elektronen durch vierkomponentige Wellenfunktionen beschrieben, die Zuständen von positiver und negativer Energie in je zwei Spin-Orientierungen ($J_z = \pm 1/2\hbar$) entsprechen. Die Zustände negativer Energie werden als ein Antiteilchen interpretiert, das Positron (s. Anhang D). Die Existenz des Positrons wurde erstmals durch Anderson 1933 in einer Nebelkammer mit

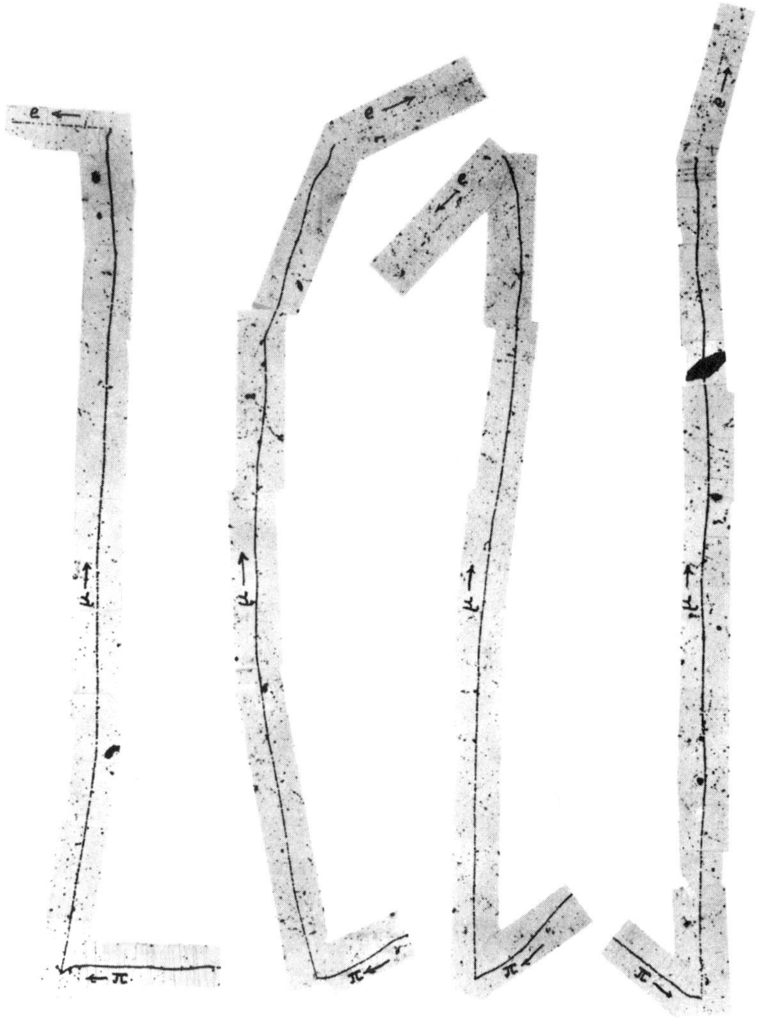

Abbildung 1.1 Beispiele für den Zerfall $\pi^+ \to \mu^+ \to e^+$, aufgenommen mit einer G5-Emulsion auf dem Pic du Midi. Die Konstanz der Myonreichweite ($\simeq$600 μm) läßt auf einen Zweikörperzerfall des Pions in Ruhe: $\pi^+ \to \mu^+ + \nu_\mu$ schließen. Die ersten Beispiele des Pionzerfalls wurden von Lattes, Muirhead, Occhialini und Powell im Jahre 1947 beobachtet. Auffällig ist die starke Ionisation entlang der Pion- und Myonspuren am Ende der Reichweite, verglichen mit der dünnen Spur des relativistischen Elektrons. Die seitlichen Ablenkungen des Myons sind durch Coulombstreuung hervorgerufen.

kosmischer Strahlung nachgewiesen. Die Existenz eines solchen Antiteilchens ist eine allgemeine Eigenschaft der Fermionen und Bosonen, das Antiteilchen hat dieselbe Masse wie das Teilchen, die entgegengesetzte Ladung und das entgegengesetzte magnetische Moment.

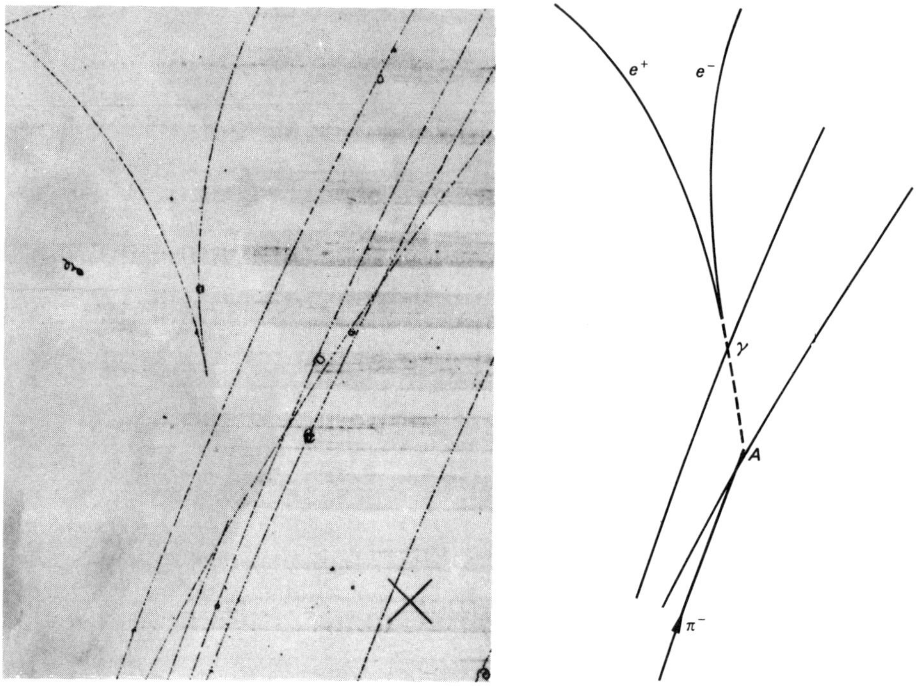

Abbildung 1.2 Blasenkammeraufnahme der Konversion eines Photons in ein Elektron-Positron-Paar. Ein einlaufendes negatives Pion reagiert am Punkt A durch Ladungsaustausch: $\pi^- + p \to n + \pi^0$, anschließend zerfällt das neutrale Pion: $\pi^0 \to 2\gamma$. Da die π^0-Lebensdauer nur 10^{-16} s beträgt, scheint das e^+e^--Paar direkt auf den primären Wechselwirkungspunkt zu zeigen.

Fermionen und Antifermionen können nur paarweise erzeugt oder vernichtet werden. Beispielsweise kann sich ein γ-Quant in der Nähe eines Kerns (der der Impulsbilanz wegen benötigt wird) in ein Elektron-Positron-Paar materialisieren (s. Abb. 1.2), und ein gebundener e^+e^--Zustand, genannt Positronium, kann in zwei oder drei γ-Quanten zerstrahlen. Teilchen und Antiteilchen sind mathematisch durch eine diskrete Transformation, die Teilchen-Antiteilchen-Konjugation C, verbunden. Ordnet man jedem Fermion eine Fermionzahl $+1$ und jedem Antifermion die Zahl -1 zu, so ist diese Fermionzahl eine erhaltene Größe. Die Teilchen-Antiteilchen-Konjugation ergibt so aus einem Fermion ein Antifermion mit umgekehrter Ladung, umgekehrtem magnetischem Moment und umgekehrter Fermionzahl, aber mit gleicher Masse und gleichem Spin. Es gibt keinen entsprechenden Erhaltungssatz für die Anzahl von Bosonen.

1.4 Fundamentale fermionische Bausteine: Quarks und Leptonen

1.4.1 Quarks

Nach gegenwärtigem Kenntnisstand ist die Materie aus zwei Arten von Bausteinen aufgebaut, den Quarks und Leptonen, die bis zu Dimensionen von 10^{-17} m strukturlos und punktförmig sind. Quarks tragen drittelzahlige Ladungen von $+2/3$ bzw. $-1/3$ Elementarladungen. Sie existieren in mehreren Sorten oder Flavors, die sich durch zugeordnete interne Quantenzahlen unterscheiden und als u, d, s, c, b, t bezeichnet werden (Tabelle 1.1). Die

Tabelle 1.1 Quarks

Quarks		Antiquarks
$Q/\|e\| = +\frac{2}{3}$ $u, c, \ldots$		$Q/\|e\| = -\frac{2}{3}$ $\bar{u}, \bar{c}, \ldots$
$Q/\|e\| = -\frac{1}{3}$ d, s, b		$Q/\|e\| = +\frac{1}{3}$ $\bar{d}, \bar{s}, \bar{b}$
u = up Quark d = down Quark	$I = \frac{1}{2}$ Dublett	$m_u \simeq m_d \simeq 350\,\mathrm{MeV}/c^2$
s = seltsam ($S = -1$)		$m_s \simeq 550\,\mathrm{MeV}/c^2$
c = Charm ($C = +1$)		$m_c \simeq 1800\,\mathrm{MeV}/c^2$
b = Bottom ($B = -1$)		$m_b \simeq 4500\,\mathrm{MeV}/c^2$
t = Top ($T = +1$)		$m_t > 78{,}000\,\mathrm{MeV}/c^2$

u- und d-Quarks sind die leichtesten und haben bis auf ca. 1 MeV dieselbe Masse. Wie unten angegeben, sind Protonen und Neutronen aus u- und d-Quarks aufgebaut, und deshalb impliziert die ungefähre Gleichheit der Protonen- und Neutronen-Masse dieselbe Gleichheit für die Masse der u- und d-Quarks. Diese haben ähnliche starke Wechselwirkung mit den anderen Quarks und unterscheiden sich nur in ihrer elektrischen Ladung und daher in ihren elektromagnetischen Wechselwirkungen. Historisch führte die ungefähre Gleichheit der starken Wechselwirkung der u- und d-Quarks zu der Hypothese der Isospin-Invarianz der Wechselwirkung zwischen Hadronen, die aus u- und d-Quarks aufgebaut sind. Deshalb werden diese beiden Quarks als Mitglieder eines Isospin-Dubletts betrachtet ($I = 1/2$, mit dritter Komponente $I_3 = +1/2$ für u und $I_3 = -1/2$ für d). Dem s-Quark wird eine neue Quantenzahl zugeordnet, die Seltsamkeit (strangeness) $S = -1$. Es ist ein Bestandteil der sog. „seltsamen" Teilchen, die erstmals 1947 bei der Untersuchung kosmischer Strahlung in Nebelkammern beobachtet wurden. In ähnlicher Weise wird dem c-Quark die Quantenzahl Charm mit $C = +1$, dem b-Quark die Quantenzahl Bottom oder Beauty $B = -1$ und dem (noch nicht beobachteten) t-Quark die Quantenzahl Top oder Truth $T = +1$ zugeordnet. Die c- und b-Quarks wurden als Bausteine schwerer, kurzlebiger hadronischer Zustände postuliert, die erstmals 1974 bzw. 1977 beobachtet wurden. Diese Quantenzahlen werden ausführlicher in Kap. 5 behandelt. Die in Tab. 1.1 angegebenen Massen sind nur als ungefähre Richtzahlen zu nehmen. Jedem Quark entspricht ein Antiquark mit entgegengesetzter Ladung, Seltsamkeit usw.

Hadronen sind stark wechselwirkende Teilchen, die aus zwei oder drei Quarks aufgebaut sind:

$$\begin{aligned} \text{Baryon} &= QQQ \qquad \text{(drei Quarks)} \\ \text{Meson} &= Q\bar{Q} \qquad \text{(Quark-Antiquark-Paar)} \end{aligned} \tag{1.3}$$

Die Tatsache, daß in der Natur nur diese zwei Kombinationen von Quarks vorkommen, wird erfolgreich durch die Theorie der Kräfte zwischen Quarks erklärt, die sog. Quantenchromodynamik (QCD). Da die Quarks halbzahligen Spin tragen, ergibt das für Baryonen ebenfalls halbzahligen und für Mesonen ganzzahligen Spin. Beispiele sind:

Baryonen:	Mesonen:
$uud = p$ (Proton)	$u\bar{d} = \pi^+$ (Pion)
$udd = n$ (Neutron)	$\bar{s}d = K^0$ (Kaon)
$uds = \Lambda$ (Lambda-Hyperon)	$c\bar{c} = \psi$-Meson

Es ergibt sich aus der obigen Darstellung über Bosonen und Fermionen, daß der Erhaltungssatz für Quarks die Erhaltung der Baryonzahl zur Folge hat, während für Mesonen kein solcher Erhaltungssatz gilt. Formal wird jedem Baryon (Antibaryon) eine Baryonzahl $+1(-1)$ zugeordnet, und die Summe dieser Baryonzahlen ist eine erhaltene Größe.

Die Mesonen sind alle instabil und kommen als Bestandteile der normalen Materie nicht vor. Trotzdem sind sie wichtig, weil die Entdeckung zweier Mesonen, des Pions und des Kaons, den Beginn des Forschungsgebietes Teilchenphysik anzeigt. Abbildung 1.1 zeigt Beispiele für die Entdeckung des geladenen Pions über seinen schwachen Zerfall, $\pi^+ \to \mu^+ + \nu_\mu$, während in Abb. 1.3 ein Beispiel für die assoziierte Erzeugung eines Paars von seltsamen Teilchen sichtbar gemacht ist:

	π^-	+	p	$\to$	K^0	+	Λ
Quarkinhalt	$\bar{u}d$		uud		$\bar{s}d$		usd
Seltsamkeit S	0		0		+1		−1

1.4.2 Leptonen

Die Leptonen tragen ganzzahlige elektrische Ladung, entweder 0 oder $\pm|e|$, und drei Typen von neutralen und geladenen sind bekannt (s. Tabelle 1.2). Die neutralen Leptonen heißen Neutrinos und haben eine sehr kleine oder verschwindende Ruhemasse. Das Elektron ist allgemein bekannt, das

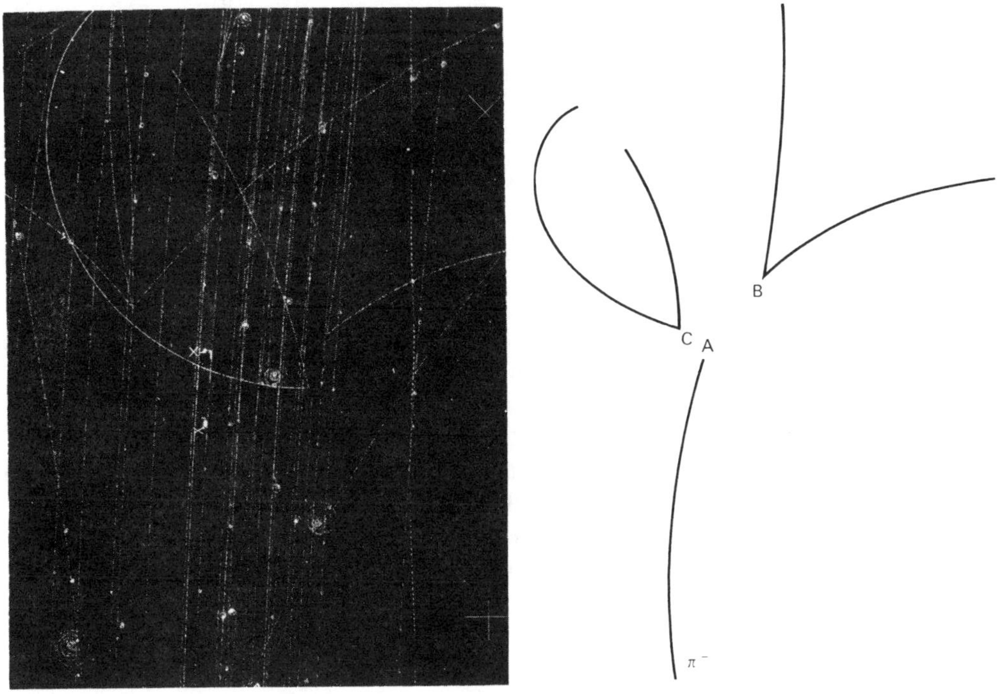

Abbildung 1.3 Beispiel für assoziierte Erzeugung in der Wechselwirkung eines negativen Pions von 4 GeV/c in einer Wasserstoff-Blasenkammer am Punkt A: $\pi^- + p \rightarrow \Lambda + K^0$. Das Λ-Hyperon zerfällt am Punkt B: $\Lambda \rightarrow p + \pi^-$, und das K^0-Meson am Punkt C: $K^0 \rightarrow \pi^+ + \pi^-$. (Mit freundlicher Genehmigung des CERN.)

Myon ist ein instabiles „schweres Elektron", das in der kosmischen Höhenstrahlung in den 30er-Jahren entdeckt wurde. Es entsteht als Zerfallsprodukt von Pionen, die von der primären kosmischen Höhenstrahlung in der oberen Atmosphäre erzeugt werden (s. Abb. 1.1). Das τ-Lepton wurde 1974 in Beschleuniger-Experimenten entdeckt. Die Leptonen sind einander paarweise zugeordnet, jeweils ein Neutrino gehört zu einem geladenen Lepton, und die Zuordnung wird im Namen des Neutrinos kenntlich gemacht (ν_e, ν_μ, ν_τ). Geladene Leptonen unterscheiden sich von ihren Antileptonen durch das Vorzeichen der Ladung. Neutrinos sind longitudinal polarisiert mit $J_z = -1/2$ („linkshändig"), wobei z die Richtung des Impulsvektors angibt, während Antineutrinos sich durch den Wert $J_z = +1/2$ („rechtshändig") von den zugehörigen Neutrinos unterscheiden.

Die geladenen Leptonen nehmen an der elektromagnetischen und schwachen Wechselwirkung teil, während die Neutrinos sich dadurch auszeichnen, daß sie als einzige Teilchen nur durch schwache Wechselwirkung mit anderen Teilchen wechselwirken. Quarks unterliegen zusätzlich noch der starken Wechselwirkung. Während die starke Wechselwirkung zwischen

Tabelle 1.2 Leptonen

Leptonen				Antileptonen			
$Q/\lvert e\rvert = -1$	e^-	μ^-	τ^-	$Q/\lvert e\rvert = +1$	e^+	μ^+	τ^+
$Q/\lvert e\rvert = 0$	ν_e	ν_μ	ν_τ	$Q/\lvert e\rvert = 0$	$\bar{\nu}_e$	$\bar{\nu}_\mu$	$\bar{\nu}_\tau$

$$m_e = 0.511\ \mathrm{MeV}/c^2$$
$$m_\mu = 105.6\ \mathrm{MeV}/c^2$$
$$m_\tau = 1870\ \mathrm{MeV}/c^2$$

Quarks zu gebundenen Zuständen (Hadronen) führt, gibt es nur wenige schwach gebundene Zustände aus Leptonen (z.B. Positronium e^+e^-, gebunden durch die Coulomb-Wechselwirkung).

Die Erhaltungssätze für Fermionen gelten natürlich auch für Leptonen. Man definiert Leptonzahlen L_e, L_μ, L_τ für die drei Leptonsorten, die für Leptonen den Wert +1 und für Antileptonen den Wert −1 erhalten. Beispiele für Reaktionen mit Erhaltung der Leptonzahl sind die Elektron-Paarerzeugung durch ein Photon (Abb. 1.2):

$$\begin{array}{lcccc} & \gamma & \rightarrow & e^+ & + \; e^-, \\ L_e & 0 & & -1 & +1 \end{array}$$

Pionzerfall:

$$\begin{array}{lcccc} & \pi^+ & \rightarrow & \mu^+ & + \; \nu_\mu, \\ L_\mu & 0 & & -1 & +1 \end{array}$$

Myonzerfall:

$$\begin{array}{lcccccc} & \mu^+ & \rightarrow & e^+ & + \; \nu_e & + \; \bar{\nu}_\mu, \\ L_\mu & -1 & & 0 & 0 & -1 \\ L_e & 0 & & -1 & +1 & 0 \end{array} \tag{1.4}$$

Der Zerfall:

$$\begin{array}{lcccc} & \mu^+ & \rightarrow & e^+ & + \; \gamma \\ L_\mu & -1 & & 0 & 0 \\ L_e & 0 & & -1 & 0 \end{array}$$

ist durch Leptonzahlerhaltung verboten. Die experimentelle obere Grenze für das Verzweigungsverhältnis für diesen Myonzerfall ist $< 10^{-9}$. Während die Gesamtzahl der Quarks in allen Wechselwirkungen erhalten ist, gilt dies nicht für Quarks einer bestimmten Sorte (Flavor). Deren Anzahl ist zwar in der starken und elektromagnetischen Wechselwirkung erhalten, nicht jedoch in der schwachen Wechselwirkung. In schwachen Prozessen kann sich die Quark-Flavor um eine Einheit ändern ($\Delta S = 1$, $\Delta C = 1$, $\Delta B = 1$, usw.).

1.5 Wechselwirkungen und Felder in der Teilchenphysik

1.5.1 Klassisches und quantenmechanisches Bild

In der klassischen Physik wird die Fernwirkung zwischen zwei Teilchen durch ein Potential oder Feld beschrieben, das von einem Teilchen ausgeht und auf das andere wirkt. In der Quantentheorie wird dieses Bild ersetzt durch den Austausch von Feldquanten (Bosonen), die zu dem betreffenden Typ von Wechselwirkung gehören. Da dieses Feldquant Energie und Impuls trägt, können die Erhaltungssätze nur dann erfüllt werden, wenn der Austauschprozeß in einem sehr kleinen Zeitintervall stattfindet, das durch die Unschärferelation bestimmt ist, d.h. $\Delta E \cdot \Delta t \leq \hbar$. Solche Austauschquanten werden virtuell genannt. Daß diese zwei Beschreibungsarten für makroskopische Prozesse äquivalent sind, kann man an der Betrachtung eines elektrostatischen Feldes zwischen zwei Punktladungen Q_1 und Q_2 erläutern. Im klassischen Bild wird die Kraft $\boldsymbol{F}$ auf Q_2 im Diagramm dem Feld $\boldsymbol{E}(r)$ zugeschrieben, das von Q_1 erzeugt ist: $\boldsymbol{F} = \boldsymbol{E}(r)Q_2 = \hat{r}Q_1Q_2/r^2$. Die quantenmechanische Kraft dagegen ist durch den Austausch virtueller Photonen mit Impuls q verursacht, wobei die Impulsänderung des Ladungsträgers durch die Emission oder Absorption der Photonen die Kraft erzeugt. Die Unschärferelation verknüpft die lineare Ausdehnung r des Systems, d.h. die Unsicherheit in der Position des Photons, mit seinem Impuls q:

$$qr \simeq \hbar.$$

Klassisches Feld $E(r)$

Austausch eines virtuellen Quants mit Impuls q

Jedes ausgetauschte Photon erzeugt einen Impulsübertrag q über eine Zeit $t = r/c$, oder eine Kraft $dq/dt = \hbar c/r^2$. Die Anzahl der durch beide Ladungsträger emittierten bzw. absorbierten Photonen wird proportional zum Produkt der Ladungen angenommen, so daß man das Coulombgesetz $F = Q_1Q_2/r^2$ wie im klassischen Bild erhält. Das quantenphysikalische Konzept einer ständigen Emission und Absorption virtueller Photonen durch die Ladung ist nicht mehr und nicht weniger realistisch als das klassische Konzept eines die Ladung umgebenden elektrischen Feldes. Weder das Feld noch die virtuellen Quanten sind direkt beobachtbar; die Kraft ist die meßbare Größe. Da andererseits die Beobachtung zeigt, daß die elektromagnetische Strahlung bei der Ausbreitung in der Form von freien Photonen quantisiert ist, ist die quantenphysikalische Beschreibung mit virtuellen Photonen für die Behandlung von Prozessen auf mikroskopischer Skala angemessen.

1.5.2 Die Yukawa-Theorie

Die Reichweite einer statischen Wechselwirkung hängt von der Masse des freien Feldquants ab. Diese Beziehung entdeckte Yukawa 1935, als er die kurzreichweitige Kraft zwischen Neutronen und Protonen im Atomkern untersuchte. Wenn das Austauschquant die Masse m hat, dann beschränkt die Unschärferelation die Dauer seiner Existenz auf $\Delta t \leq \hbar/mc^2$ und die Flugstrecke während dieser Zeit auf $R =\simeq c\Delta t \leq \hbar/mc$. Die Reichweite des Feldes ist also durch die Compton-Wellenlänge des Feldquants gegeben. Diese Betrachtung kann quantitativ gemacht werden mit Hilfe der relativistischen Beziehung zwischen der Gesamtenergie E und dem Impuls eines freien Teilchens der Masse m:

$$E^2 = p^2c^2 + m^2c^4. \tag{1.5}$$

Die Differentialgleichung zur Beschreibung der Wellenamplitude ψ solch eines Teilchens erhält man durch Substitution der quantenmechanischen Operatoren in Gl. (1.5):

$$E_{\text{op}} = i\hbar\frac{\partial}{\partial t}, \qquad p_{\text{op}} = -i\hbar\nabla = -i\hbar\frac{\partial}{\partial \boldsymbol{r}}.$$

Dies ergibt die Klein-Gordon-Gleichung

$$\nabla^2 - \frac{m^2c^2}{\hbar^2}\psi - \frac{1}{c^2}\frac{\partial^2\psi}{\partial t^2} = 0, \tag{1.6}$$

die die Ausbreitung eines spinlosen Teilchens der Masse m im freien Raum beschreibt. Setzt man $m = 0$, so wird aus (1.6) die gewöhnliche Wellengleichung für die Ausbreitung einer elektromagnetischen Welle, wobei ψ entweder als das Potential an einem Raum-Zeit-Punkt oder als die Wellenamplitude des freien, masselosen Photons interpretiert werden kann. Hier interessiert uns jetzt nicht die Ausbreitung von Teilchenwellen, sondern das statische Potential. Läßt man in (1.6) den zeitabhängigen Term weg, dann hat die Gleichung für das statische Potential U die kugelsymmetrische Form

$$\nabla^2 U(r) = \frac{1}{r^2}\frac{\partial}{\partial r}\left(r^2\frac{\partial U}{\partial r}\right) = \frac{m^2c^2}{\hbar^2}U(r)$$

für positive Werte von r bei einer Punktquelle bei $r = 0$. Integration ergibt

$$U(r) = \frac{g}{4\pi r}e^{-r/R}, \tag{1.7}$$

wobei

$$R = \frac{\hbar}{mc}. \tag{1.8}$$

Hier ist g eine Integrationskonstante, die mit der Stärke der Punktquelle identifiziert werden kann. Die analoge Gleichung in der Elektrodynamik ist $\nabla^2 U(r) = 0$ für $r > 0$, mit der Lösung $U = Q/4\pi r$, und Q ist die Ladung am Ursprung. Die Konstante g spielt also in der Yukawa-Theorie dieselbe Rolle wie die Ladung in der Elektrostatik und mißt die „starke Kernladung".

Im historischen Zusammenhang sagte die Yukawa-Theorie der Kernkräfte mit einer Reichweite $R \simeq 10^{-15}$ m die Existenz eines spinlosen Feldquants mit der Masse $mc^2 = \hbar c/R \simeq 100$ MeV voraus. Das 1947 entdeckte Pion hatte eine Masse von etwa 140 MeV, Spin 0 und starke Wechselwirkung mit den Kernen und wurde deshalb — etwas zu optimistisch — als das Feldquant der Kernkraft identifiziert.

1.5.3 Der Boson-Propagator

Wir betrachten ein Teilchen, das an einem Potential gestreut wird; die Wirkung wird durch die Winkeländerung des Teilchens oder durch den Impulsübertrag $\boldsymbol{q}$ gemessen. Dem Potential $U(\boldsymbol{r})$ im Ortsraum ist eine Streuamplitude $f(\boldsymbol{q})$ zugeordnet, die Fouriertransformierte des Potentials (so wie das Beugungsbild von Licht an einem Spalt in der klassischen Optik die Fouriertransformierte des Spalts ist). Es gilt (s. Kap. 6.2 für die Ableitung):

$$f(\boldsymbol{q}) = g_0 \int U(\boldsymbol{r}) e^{i\boldsymbol{q}\cdot\boldsymbol{r}} dV, \tag{1.9}$$

wobei g_0 die interne Kopplungsstärke des Teilchens an das Potential ist. Für ein Zentralpotential, $U(\boldsymbol{r}) = U(r)$, kann die Integration in Polarkoordinaten ausgeführt werden mit Hilfe der Beziehungen

$$\begin{aligned} \boldsymbol{q}\cdot\boldsymbol{r} &= qr\cos\theta \\ dV &= r^2 d\phi \sin\theta \, d\theta \, dr, \end{aligned}$$

wobei θ und ϕ die Polar- bzw. Azimutalwinkel sind. Aus (1.7) und (1.8) folgt in den Einheiten (s. Kap. 1.11) mit $\hbar = c = 1$:

$$\begin{aligned} f(\boldsymbol{q}) &= 4\pi g_0 \int_0^\infty U(r) \frac{\sin qr}{qr} r^2 \, dr \\ &= g_0 g \int_0^\infty e^{-mr} \frac{(e^{iqr} - e^{-iqr})}{2iq} dr \end{aligned}$$

und daraus

$$f(\boldsymbol{q}) = \frac{g_0 g}{(|\boldsymbol{q}|^2 + m^2)}. \tag{1.10}$$

Diese Gleichung entspricht im Impulsraum dem Potential (1.7) im Ortsraum; die zwei Beschreibungen sind äquivalent.

Die Diskussion beschränkt sich hier auf die Streuung eines Teilchens mit der Kopplungsstärke g_0 an einem statischen Potential U, das durch ein massives Streuzentrum mit der Stärke g verursacht wird. Das einfallende Teilchen wird gestreut, verliert aber keine Energie. Wenn die Masse des Streuzentrums nicht wesentlich größer als die des gestreuten Teilchens ist, wird neben dem Impuls q auch die Energie E übertragen. Die Ableitung zeigt, daß dann (1.10) immer noch richtig ist, vorausgesetzt, daß q als der Viererimpuls $q = (\boldsymbol{q}, iE)$ interpretiert wird, wobei $q^2 = \boldsymbol{q}^2 - E^2$ (hier ist $\hbar = c = 1$ angenommen; Vierervektoren werden im Anhang A behandelt).

Zusammenfassend können wir sagen, daß die durch den Austausch eines Bosons verursachte Streuamplitude das Produkt zweier Vertexfaktoren g_0 und g ist, die die Kopplungsstärke des Bosons an das gestreute oder streuende Teilchen beschreiben, multipliziert mit dem Propagator $(q^2 + m^2)^{-1}$:

$$f(q^2) = \frac{gg_0}{(q^2 + m^2)}. \tag{1.11}$$

Der Wirkungsquerschnitt für die Streuung ist dann das Produkt von $|f|^2$ mit einem Phasenraumfaktor, dividiert durch den einfallenden Fluß (s. Kap. 4 und Anhang E). Weitere, durch den Spin der Teilchen verursachte Faktoren werden später besprochen. Die Beziehung (1.11) ist die grundlegende Formel für die Wechselwirkung zweier Teilchen durch Bosonaustausch, die immer wieder vorkommen wird.

Beispielsweise ist (1.11) für $m = 0$ der Photon-Propagator, der für den Wirkungsquerschnitt bei der Streuung zweier geladener Teilchen eine $1/q^4$-Abhängigkeit ergibt: dies ist der wesentliche Teil der Rutherford-Streuformel. Die Wechselwirkung von Teilchen mit Feldquanten wird oft anschaulich dargestellt mit den Feynman-Diagrammen, zu denen genaue Regeln für die Zuordnung von Vertexkopplungen, Propagatoren u.ä. gehören, mit deren Hilfe Matrixelemente berechnet werden können. In diesem Text werden diese Diagramme aber hauptsächlich zur bildlichen Darstellung der Elementarprozesse mit Quantenaustausch dienen.

1.6 Elektromagnetische Wechselwirkung

Die Kopplungskonstante, die die Stärke der Wechselwirkung zwischen geladenen Teilchen und Photonen angibt, ist die dimensionslose Feinstrukturkonstante

$$\alpha = \frac{e^2}{4\pi\hbar c} = \frac{1}{137.0360}. \tag{1.12}$$

Sie wurde von Sommerfeld so genannt, weil sie die Größe der durch Spin-Bahn-Kopplung verursachten Feinstruktur in atomaren Spektren bestimmt. Die Größe α ist ein Faktor im Matrixelement für elektromagnetische Prozesse, so daß Wirkungsquerschnitte oder Zerfallswahrscheinlichkeiten proportional zu α^2 sind.

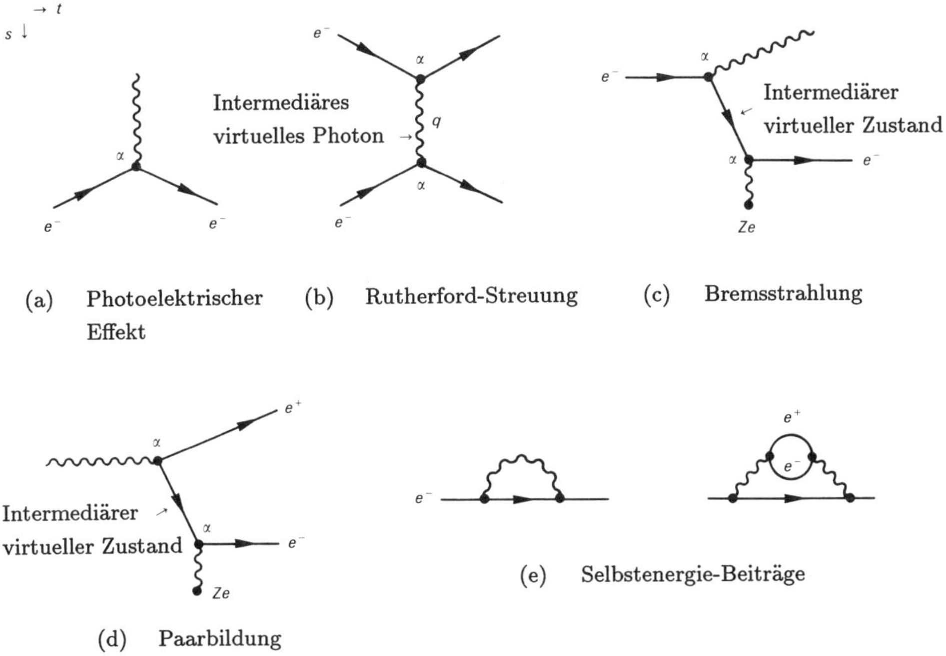

Abbildung 1.4 Feynman-Diagramme für elektromagnetische Prozesse.

Abbildung 1.4 zeigt Feynman-Diagramme für verschiedene elektromagnetische Prozesse. Die Zeitrichtung verläuft hier von links nach rechts, und die Ortskoordinate vertikal. Die Pfeile geben die Bewegungsrichtung der einlaufenden oder auslaufenden Teilchen an. Einlaufende Elektronen mit Impuls $\boldsymbol{p}$ können immer durch auslaufende Antiteilchen (Positronen) mit Impuls $-\boldsymbol{p}$ ersetzt werden, ohne daß sich das Matrixelement ändert.

Abb. 1.4(a) zeigt den einfachsten Absorptions- oder Emissionsprozeß eines Photons durch ein Elektron. Dieser Prozeß kann nur für ein im Atom gebundenes Elektron ablaufen, da der Impulssatz erfüllt sein muß. Das Photon koppelt an das Elektron mit der Amplitude $\sqrt{\alpha}$ (oder e, falls $\hbar = c = 1$), so daß der Wirkungsquerschnitt für den photoelektrischen Prozeß proportional zu α (oder e^2) ist. Da α in der ersten Potenz auftritt, nennt man dies einen Prozeß 1. Ordnung.

Abb. 1.4(b) zeigt einen Prozeß 2. Ordnung, die Coulombstreuung zwischen zwei Elektronen durch Austausch eines virtuellen Photons mit Impuls q, das an zwei Vertices an die Elektronen ankoppelt. Das virtuelle Photon verursacht einen Propagator-Term $1/q^2$ im Matrixelement (s. Gl. (1.11)), das deshalb proportional zu $\sqrt{\alpha}\sqrt{\alpha}/q^2$ ist. Der Streuquerschnitt ist deshalb $d\sigma/dq^2 \propto \alpha^2/q^4$ (die Rutherford-Streuformel).

Abb. 1.4(c) stellt die Emission eines realen Photons durch ein Elektron im elektrischen Feld eines Kernes mit Ladung Ze dar, die „Bremsstrahlung“. Ein virtuelles Photon muß mit dem Kern ausgetauscht werden, um den Impulssatz zu erfüllen, und der Wirkungsquerschnitt ist von der Ordnung α^3 und proportional zu $Z^2\alpha^3$ Hier ist ein virtuelles intermediäres Elektron im Spiel, da das einlaufende Elektron nicht ein reelles Photon emittieren kann, ohne bei Beachtung von Energie- und Impulssatz seine Ruhemasse zu ändern (das Elektron geht kurzzeitig aus der „Massenschale“ heraus).

Schließlich ist in Abb. 1.4(d) die Erzeugung eines e^+e^--Paares durch ein Photon im Kernfeld dargestellt, ebenfalls ein Prozeß der Ordnung α^3. Die Diagramme (c) und (d) sind eng verwandt, denn (d) ergibt sich aus (c) nach Ersetzung eines einlaufenden Elektrons durch ein auslaufendes Positron.

Die Feldtheorie, mit der die Wirkungsquerschnitte solcher Prozesse berechnet werden können, ist die Quantenelektrodynamik (QED). Eine wichtige Eigenschaft der QED ist ihre Renormierbarkeit. Wie in Abb. 1.4(e) gezeigt, kann ein einzelnes Elektron virtuelle Photonen oder e^+e^--Paare emittieren und reabsorbieren. Solche „Selbstenergie“-Terme ergeben Beiträge zur Masse und Ladung des Elektrons; diese Integrale divergieren, so daß die theoretisch berechneten „nackten“ Massen m_0 und Ladungen e_0 unendlich werden. Solche divergenten Beiträge gibt es in allen QED-Berechnungen, z.B. für die Prozesse in Abb. 1.4(a)–(d). Es wurde jedoch gezeigt, daß es möglich ist, alle diese Divergenzen in die Konstanten m_0 und e_0 eingehen zu lassen und dann die Masse und Ladung neu zu definieren und auf die gemessenen physikalischen Werte m und e festzulegen. Dieser Prozeß wird Renormierung genannt. Im Ergebnis liefern dann QED-Rechnungen, wenn sie als Funktion der physikalischen Parameter m und e ausgedrückt werden, immer endliche (und unglaublich genaue) Ergebnisse für Wirkungsquerschnitte, Zerfallsraten usw.

Eine zweite sehr wichtige Eigenschaft der elektromagnetischen Wechselwirkung ist die Eichinvarianz. Beispielsweise hängt in der Elektrostatik die experimentell gemessene Wechselwirkungsenergie nur von Änderungen des statischen Potentials und nicht von seiner absoluten Größe ab, weshalb sie invariant gegen beliebige Änderungen der Eichskala des Potentials ist. In der Quantenmechanik ist in derselben Weise die Phase eines Fermionfeldes (z.B. der Wellenfunktion eines Elektrons) beliebig, und man hat die Freiheit, die Phasen aller Fermionfelder in allen Raum-Zeit-Punkten beliebig zu wählen, ohne daß sich die physikalisch beobachtbaren Größen ändern. Diese lokale Eichinvarianz führt zu erhaltenen Strömen und zur Erhaltung der elektrischen Ladung.

Renormierbarkeit und Eichinvarianz werden hier erwähnt, weil sie in enger Beziehung stehen: viele Theorien in der Teilchenphysik stießen auf unüberwindliche Schwierigkeiten, weil sie diese beiden Eigenschaften nicht hatten. Der erstaunliche Erfolg der QED, die exakte Berechnungen von elektromagnetischen Prozessen bis zu beliebiger Ordnung in α ermöglicht, war so groß, daß heute allgemein angenommen wird, daß alle Theorien fundamentaler Wechselwirkungen renormierbare Eichtheorien sind.

1.7 Schwache Wechselwirkung

Die schwache Wechselwirkung findet zwischen allen Quarks und Leptonen statt; jeder dieser fundamentalen Bausteine hat eine sog. „schwache Ladung". Jedoch ist diese Wechselwirkung so schwach, daß sie normalerweise durch die viel stärkeren elektromagnetischen und starken Wechselwirkungen verdeckt wird, es sei denn, daß Reaktionen über diese stärkeren Wechselwirkungen durch Auswahlregeln verboten sind. Die beobachtbaren schwachen Prozesse haben deswegen als Partner entweder Neutrinos (die keine elektromagnetische oder starke Kopplung haben) oder Quarks mit einer Änderung der Flavor-Quantenzahl ($\Delta S = 1$, $\Delta C = 1$, usw., die in der elektromagnetischen und starken Wechselwirkung verboten sind). Beispiele für schwache Prozesse mit Neutrinos sind:

$$\begin{array}{lll} \text{(a)} & n \to p + e^- + \bar{\nu}_e & \text{Neutron } \beta\text{-Zerfall} \\ \text{(b)} & \bar{\nu}_e + p \to n + e^+ & \text{Antineutrino-Absorption.} \end{array} \tag{1.13}$$

Alle anderen Zerfallskanäle des Neutrons sind wegen der Baryonzahlerhaltung verboten, und Leptonzahlerhaltung erfordert, daß ein neutrales (ν_e) und ein geladenes (e) Lepton gleichzeitig emittiert werden. Andererseits ist der rein hadronische Zerfall des Sigma-Hyperons ein schwacher Prozeß mit Änderung der Quarkflavor:

$$\begin{array}{ccccccc} & \Sigma^- & \to & n & + & \pi^- & \tau = 10^{-10}\,\text{s} \\ S & -1 & & 0 & & 0 & \end{array} \tag{1.14}$$

Hier wird ein seltsames Quark mit $S = -1$ in ein nicht-seltsames ($S = 0$) umgewandelt. Diesen Zerfall kann man mit dem elektromagnetischen Zerfall des Σ^0 (dem neutralen Partner des Σ^-) vergleichen:

$$\begin{array}{ccccccc} & \Sigma^0 & \to & \Lambda & + & \gamma & \tau = 10^{-19}\,\text{s} \\ S & -1 & & -1 & & & \end{array} \tag{1.15}$$

Dies ist ein elektromagnetischer Zerfall. Ein starker Zerfall dieser Art ist verboten, obwohl hier die Seltsamkeit erhalten ist: ein Mitglied des Σ-Hyperon-Tripletts ($\Sigma^{0,\pm}$) verwandelt sich in ein Singlett-Hadron (Λ), der Isospin ändert sich um eine Einheit, und dies ist in der starken Wechselwirkung verboten (s. Kap. 4). Das Verhältnis der Lebensdauern in (1.14) und (1.15) zeigt, daß die schwache Kopplung relativ zur elektromagnetischen etwa $(10^{-19}/10^{-10})^{1/2} = 10^{-5}$ beträgt.

Die schwache Wechselwirkung wird durch den Austausch der massiven Bosonen $W^\pm$ und Z^0 vermittelt (s. Abb. 1.5) analog zum Austausch von Photonen in der elektromagnetischen Wechselwirkung. Die Massen von $W^\pm$ und Z^0 sind 80 GeV und 91 GeV. Austausch der $W^\pm$ bewirkt eine Änderung der Ladung des Leptons bzw. Hadrons in der Wechselwirkung,

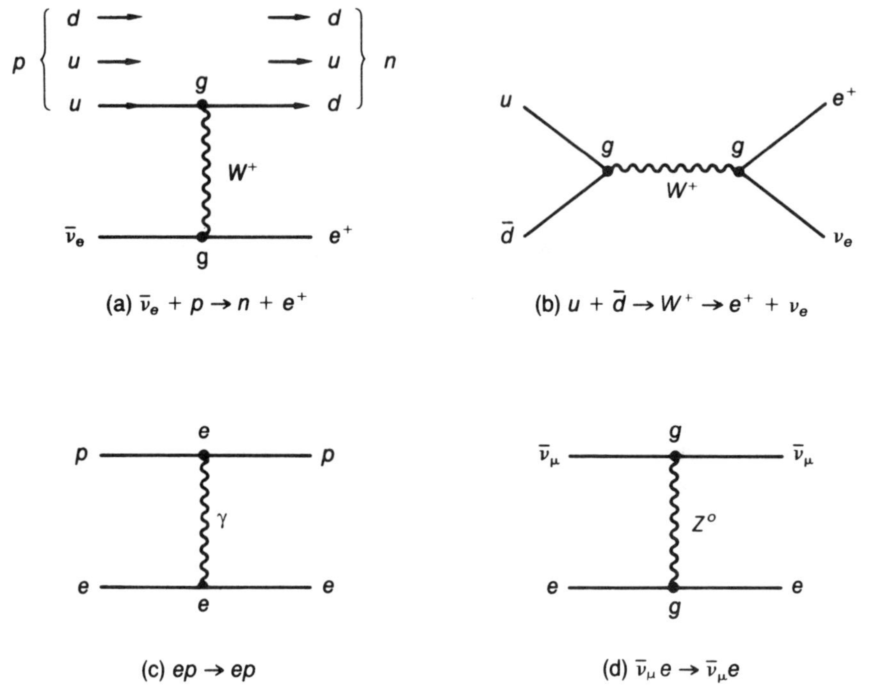

Abbildung 1.5 Feynman-Diagramme von (a), (b) schwacher Wechselwirkung über geladene Ströme; (c) elektromagnetischer Wechselwirkung, (d) schwacher Wechselwirkung über neutrale Ströme. Die Diagramme (b) und (d) liegen den Beobachtungen zugrunde, die in Abb. 1.7 bzw. 1.6 gezeigt sind.

daher wird diese Wechselwirkung „geladener Strom" genannt. Beim Z^0-Austausch ist die Ladung des beteiligten Leptons erhalten, man spricht von einem „neutralen Strom". Die Abb. 1.6 und 1.7 zeigen die erste Beobachtung einer über neutrale Ströme ablaufenden elastischen Streuung $\bar{\nu}_\mu e^-$ und den ersten beobachteten Zerfall $W^+ \rightarrow e + \nu_e$, wie er in der $p\bar{p}$-Streuung beobachtet wurde. Wenn wir den Sachverhalt sehr stark vereinfachen und die Kopplung der W- und Z-Bosonen an Quarks und Leptonen mit einer einzigen Konstanten g bezeichnen, dann erhalten wir aus (1.11)

$$f(q^2) = \frac{g^2}{(q^2 + M_{W,Z}^2)}. \tag{1.16}$$

Dies kann mit dem Wert e^2/q^2 für die elektromagnetische Streuung in Abb. 1.5(c) verglichen werden. Für $q^2 \ll M_{W,Z}^2$ ist die Amplitude (1.16) unabhängig von q^2, d.h. die schwache Wechselwirkung ist punktförmig. Fermi hatte solch eine Kontaktwechselwirkung mit der Stärke G im Jahr 1935 postuliert, um die Wechselwirkung von vier Fermionen beim β-Zerfall zu

$\bar{\nu}_\mu \rightarrow$

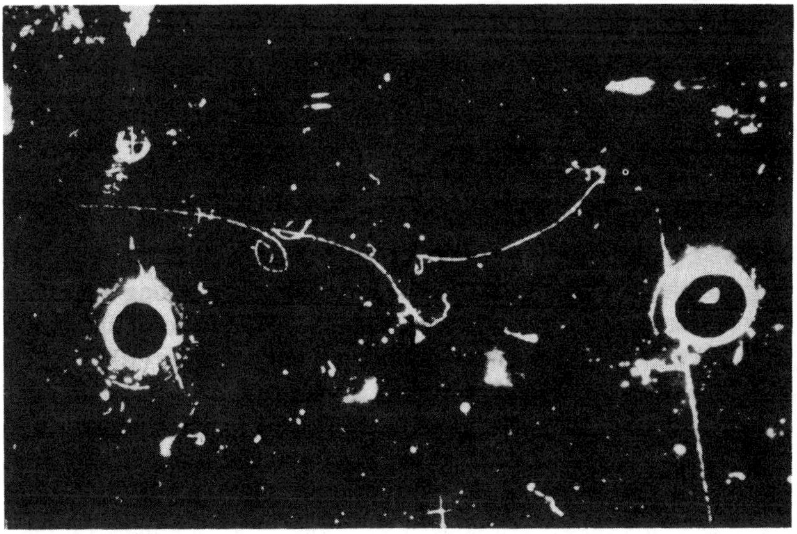

Abbildung 1.6 Erste Beobachtung eines schwachen neutralen Stroms in der Reaktion $\bar{\nu}_\mu + e \rightarrow \bar{\nu}_\mu + e$ in der Blasenkammer Gargamelle am CERN. Die Blasenkammer war mit schwerer Flüssigkeit gefüllt und wurde einem $\bar{\nu}_\mu$-Strahl ausgesetzt (Hasert et al., 1973). Ein einzelnes Elektron mit 400 MeV Energie wird unter einem kleinen Winkel zur Strahlachse emittiert ($1.5 \pm 1.5°$), es wird durch Bremsstrahlung und Paarbildung entlang seiner Spur identifiziert (siehe Kapitel 2). Ungefähr $10^9 \bar{\nu}_\mu$'s durchqueren die Kammer bei jedem Beschleunigerpuls, und drei solcher Ereignisse wurden in 1.4 Millionen Bildern gefunden. (Mit Genehmigung des CERN.)

beschreiben. Im Grenzfall $q^2 \rightarrow 0$ ist

$$G \equiv \frac{g^2}{M_W^2} \simeq 10^{-5}\,\text{GeV}^{-2}, \tag{1.17}$$

wobei die Zahl für die Kopplungsstärke aus Messungen von β-Zerfallsraten stammt.

Die elektroschwache Theorie (1967/68) von Glashow, Salam und Weinberg postuliert, daß die Kopplung g der $W^\pm$- und $Z°$-Bosonen an Leptonen und Quarks dieselbe wie die des Photons sein soll, d.h. $g = e$. Die schwache und elektromagnetische Wechselwirkung werden so vereinheitlicht. (Wir lassen dabei gewisse numerische Faktoren und Mischungswinkel weg, die in Kap. 9 behandelt werden.) Dann folgt aus der gemessenen Fermi-Konstanten G in (1.17) und aus (1.12) die Voraussage für die Boson-Massen

$$M_{W,Z} \sim \frac{e}{\sqrt{G}} \sim \sqrt{\frac{4\pi\alpha}{G}} \sim 90\,\text{GeV}, \tag{1.18}$$

in guter Übereinstimmung mit den bei der Entdeckung dieser Bosonen 1983 gemessenen Werten.

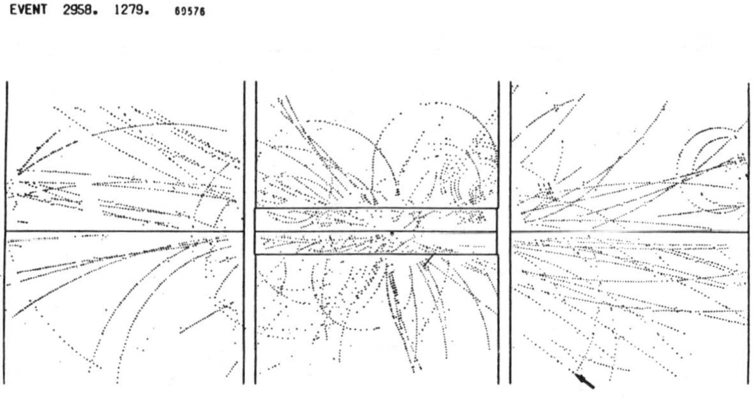

Abbildung 1.7 Eines der ersten Ereignisse, in denen man die Produktion und den Zerfall eines W^+-Bosons beobachtet hat, $W^+ \rightarrow e^+ + \nu_e$. Es stammte aus der Kollision eines 270 GeV Protons (von rechts) mit einem 270 GeV Antiproton (von links) im CERN SPS-Speicherring (Arnison et al., 1983). Unter den 66 Spuren außerhalb des Strahlrohrs befindet sich ein hochenergetisches Positron (Pfeil), das im umgebenden Kalorimeter identifiziert wird. Die Positronenergie ist 42 GeV, sein Impuls transversal zur Strahlachse beträgt 24 GeV/c. Der fehlende Transversalimpuls im ganzen Ereignis ist 24 GeV/c, verträglich mit der Annahme einer Neutrinoemission im Zerfall $W^+ \rightarrow e^+ + \nu_e$. (Mit Genehmigung des CERN.)

Während die elektromagnetische und starke Wechselwirkung invariant gegen Raumspiegelung oder Paritätsoperation sind, gilt das nicht für die schwache Wechselwirkung. So sind z.B. Neutrinos aus schwachen Zerfällen immer linkshändig spinpolarisiert, während Antineutrinos immer rechtshändig sind.

1.8 Starke Wechselwirkung zwischen Quarks

Die starke Wechselwirkung wirkt zwischen den Quarks, aus denen die Hadronen bestehen. Die Größe der Kopplung kann aus der Zerfallswahrscheinlichkeit oder der Breite von instabilen Baryonen abgeschätzt werden. Betrachten wir den Zustand Σ (1385), der als Resonanz mit einer mittleren Masse von 1385 MeV in K^-p-Wechselwirkungen erzeugt wird:

$$K^- + p \rightarrow \Sigma^\circ(1385) \rightarrow \Lambda + \pi^\circ \qquad \Gamma = 36\,\text{MeV}. \tag{1.19}$$

Der Q-Wert in diesem Zerfall ist 130 MeV, die aus der Breite Γ der Resonanz bestimmte Lebensdauer ist $\tau = \hbar/\Gamma = 10^{-23}$ s. Vergleichen wir dies mit dem elektromagnetischen Zerfall (1.15) mit einem ähnlichen Q-Wert von 77 MeV,

$$\Sigma^\circ(1192) \rightarrow \Lambda + \gamma \qquad \tau = 10^{-19}\,\text{s}, \tag{1.20}$$

so erhalten wir für die starke Kopplungskonstante α_s verglichen mit α

$$\frac{\alpha_s}{\alpha} \simeq \left(\frac{10^{-19}}{10^{-23}}\right)^{1/2} \simeq 100 \tag{1.21}$$

oder

$$\alpha_s = \frac{g_s^2}{4\pi} \simeq 1.$$

Dies ist der Wert der Kopplung zwischen *starken* Ladungen g_s der Quarks, vermittelt durch entsprechende Austauschbosonen (*Gluonen*, oder *Klebeteilchen*), die das neutrale masselose Feldquant der starken Wechselwirkung, analog zum Photon in der QED, darstellen. In der QED gibt es nur zwei Typen von Ladungen, genannt + und −. In der Theorie der Quark-Quark-Kräfte, der Quantenchromodynamik (QCD), gibt es sechs Typen der starken Ladung, genannt *color* oder Farbe — dies ist lediglich ein Name für einen inneren Freiheitsgrad. Ein Quark kann eine von drei Farben tragen (z.B. rot, grün, blau) und ein Antiquark eine der entsprechenden Anti-Farben. Es wird angenommen, daß exakte Farbsymmetrie herrscht, d.h. daß die Quark-Quark-Kraft unabhängig von den beteiligten Quark-Farben ist. Als Beispiel zeigt Abb. 1.8(b) ein rotes Quark, das mit einem blauen Quark durch Austausch eines rot-antiblauen Gluons ($r\bar{b}$) wechselwirkt. Dieses Diagramm ist das für Ein-Gluon-Austausch gültige, obwohl für eine starke Kopplungskonstante $\alpha_s \simeq 1$ auch der Austausch von mehreren Gluonen eine Rolle spielen muß. Es stellt sich heraus, daß für Stöße mit sehr großem Impulsübertrag q^2 die Kopplungskonstante $\alpha_s < 1$ und der Ein-Gluon-Austausch eine gute Näherung ist, während bei niedrigem q^2 (oder größeren Abständen) die Kopplungskonstante wie in (1.21) so groß wird, daß die Theorie mit Störungsrechnung nicht mehr behandelt werden kann. Dieses Verhalten bei großen Abständen ist vermutlich mit dem Einschluß der Quarks und Gluonen in Hadronen verknüpft. Das Potential zwischen zwei Quarks wird oft in der Form angesetzt:

$$V_s = -\frac{4}{3}\frac{\alpha_s}{r} + kr. \tag{1.22}$$

Hier kommt der erste Term, der bei kleinen Abständen r dominiert, vom Ein-Gluon-Austausch; er ist — abgesehen von einem Vorfaktor — der gleiche wie beim Coulomb-Potential zwischen zwei Elementarladungen:

$$V_{em} = \frac{-\alpha}{r}.$$

Der zweite, lineare, Term hat mit dem Einschluß der Quarks bei großem Abstand zu tun. Es gibt direkte experimentelle Hinweise auf beide Beiträge im Potential (1.22).

Wegen des linearen Terms in (1.22) führt der Versuch, ein Quark durch Kraftanwendung aus dem Hadron zu befreien, zu der Bildung von neuen $Q\bar{Q}$-Paaren (Mesonen). Die QCD hat die Eigenschaft, daß die Kraftlinien

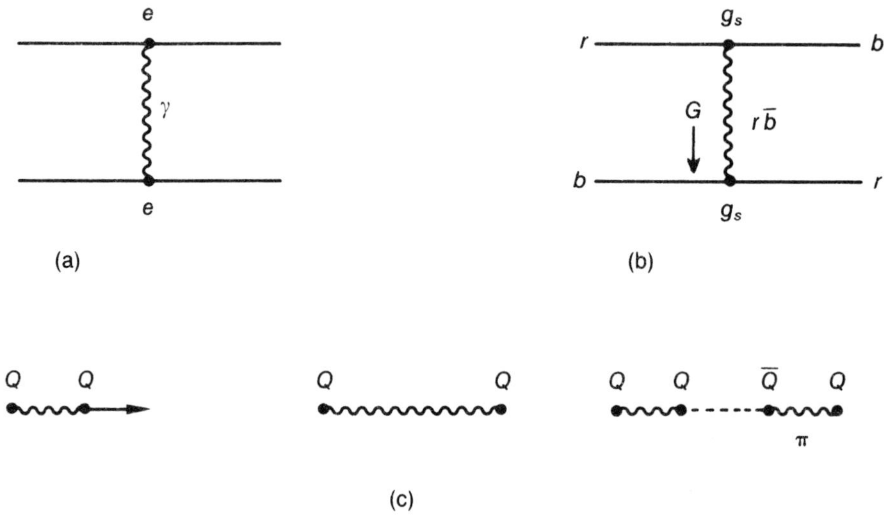

Abbildung 1.8 (a) Elektromagnetische Wechselwirkung zwischen zwei geladenen Teilchen, vermittelt durch Austausch eines Photons mit Kopplung e. (b) Starke Farbwechselwirkung zwischen Quarks, vermittelt durch Ein-Gluon-Austausch mit Kopplung g_s. Ein rotes Quark wechselwirkt mit einem blauen Quark durch Austausch eines rot-antiblauen Gluons. (c) Der Versuch, ein Quark durch Zug an der Gluon-Saite zu befreien, führt zur Bildung eines neuen Quark-Antiquark-Paares (Mesons).

des Farb-Feldes durch eine starke Gluon-Gluon-Wechselwirkung zusammengezogen werden, so daß sie eine Flußröhre oder Saite (*string*) bilden (s. Abb. 8.23). Zieht man immer stärker an dieser Saite, so erreicht die gespeicherte Energie kr in (1.22) schließlich einmal einen Wert, bei dem es energetisch günstiger ist, ein neues $Q\bar{Q}$-Paar zu bilden (mit zwei kurzen Saiten) als eine lange Saite weiter zu expandieren (Abb. 1.8(c)).

Im Grenzfall hoher Quark-Energien hat das Einschließungspotential dramatische Folgen. Der Vernichtungsprozeß von e^+e^- in Hadronen läuft über den Elementarprozeß $e^+e^- \to Q\bar{Q}$ mit anschließender „Fragmentierung“ des Quarks und Antiquarks in Hadronen ab. Da bei der Erzeugung von Mesonen nur Transversalimpulse von der Größenordnung $m_\pi c$ vorkommen, erhält man zwei kollimierte „Jets“ von Hadronen, die sich in entgegengesetzten Richtungen vom Reaktionspunkt entfernen, jeweils in den durch die Impulsvektoren der primären Quarks festgelegten Richtung (s. Abb. 2.23).

1.9 Gravitation

Die Gravitation ist bei der Teilchenphysik an Beschleunigern kein wichtiger Effekt, aber wir erwähnen sie der Vollständigkeit halber. Sie wird durch das Newtonsche Kraftgesetz $F = KM^2/r^2$ beschrieben, wobei K die Gravitationskonstante, M die Masse zweier gleicher punktförmiger Massen und r deren Abstand bezeichnet. Vergleichen wir dies mit der elektrostatischen Kraft zwischen zwei Elementarladungen im Abstand r, e^2/r^2, dann ergibt sich die Größe $KM^2/\hbar c$ als dimensionslos. Nimmt man z.B. für M die Protonmasse, dann gilt

$$\frac{KM^2}{4\pi\hbar c} = 4.6 \times 10^{-40}, \tag{1.23}$$

verglichen mit

$$\frac{e^2}{4\pi\hbar c} = \frac{1}{137}.$$

Daher ist die Gravitationswechselwirkung im Bereich der in der Hochenergiephysik üblichen Massen vernachlässigbar klein, und die Kopplung (1.23) erreicht den Wert 1 erst für ein hypothetisches Elementarteilchen mit der Planck-Masse $M_p = (4\pi\hbar c/K)^{1/2} = 2 \cdot 10^{19}$ GeV.

Die Schwerkraft ist im täglichen Leben wichtig, weil sie sich aufsummiert. Es gibt nur ein Vorzeichen der zur Gravitation gehörenden Ladung (es gibt keine negativen Massen), so daß das auf ein Proton wirkende Potential die Summe aller Potentiale der auf der Erde vorhandenen Nukleonen und Elektronen ist. Andererseits gibt es zwei Vorzeichen der elektrischen Ladung, die Welt ist elektrisch neutral, und die riesige elektrostatische Kraft, die alle anderen Protonen auf der Erde auf ein Proton ausüben, wird exakt durch die entsprechende Kraft von allen Elektronen aufgehoben.

1.10 Erhaltungssätze in fundamentalen Wechselwirkungen

Eine Zusammenfassung der oben beschriebenen Eigenschaften der fundamentalen Wechselwirkungen ist in Tabelle 1.3 angegeben. Sie enthält auch eine Liste typischer Streuquerschnitte und typischer Zerfallsdauern für die einzelnen Wechselwirkungen. Die Lebensdauern und Breiten hadronischer Zustände, die über die verschiedenen Wechselwirkungen zerfallen, sind in Abb. 1.9 graphisch dargestellt. Die Breite hängt von der Kopplungsstärke des Zerfalls und in geringerem Umfang von der Masse des Zustandes ab, d.h. von dem Phasenraum, der für die erzeugten sekundären Teilchen zur Verfügung steht.

Tabelle 1.4 gibt eine Liste von erhaltenen Größen für die verschiedenen Wechselwirkungen an. Einige dieser Erhaltungssätze gelten absolut, andere gelten nur für einige Wechselwirkungen, jedoch nicht für andere (z.B. Paritätserhaltung). Oft erfolgt die Verletzung eines Erhaltungssatzes in gesetzmäßiger Weise. So kann z.B. die Seltsamkeit S in der schwachen Wechselwirkung erhalten sein oder nicht; wenn sie nicht erhalten ist, gilt aber immer, daß die Änderung von S eine Einheit beträgt, $\Delta S = 1$.

Tabelle 1.3 Fundamentale Wechselwirkungen (M = Nukleonmasse)

Wechsel-wirkung	Gravitation	Elektro-magnetisch	schwach	stark
Feldquant	Graviton	Photon	Intermediäre Bosonen $W^{\pm}, Z^0$	Gluonen
Spin-Parität	2^+	1^-	$1^-, 1^+$	1^-
Masse (mc^2, GeV)	0	0	80–90	0
Reichweite (m)	∞	∞	10^{-18}	$\leq 10^{-15}$
„Ladung"	Masse	el. Ladung	schwache Ladung	Farb-Ladung
Kopplungs-konstante	K (Newton)	–	G (Fermi)	–
Dimensionslose Kopplungs-konstante	$KM^2/\hbar c$ $=0.53\times 10^{-38}$	$\alpha = e^2/4\pi\hbar c$ $= \frac{1}{137}$	$(Mc/\hbar)^2 G/\hbar c$ $=1.02\times 10^{-5}$	$\alpha_s \sim 1$, r groß $\alpha_s < 1$, r klein
Streuquerschnitt (m^2) bei 1 GeV	–	10^{-33}	10^{-44}	10^{-30}
Typische Lebensdauer (s)	–	10^{-20}	10^{-8}	10^{-23}

Tabelle 1.4 Erhaltungssätze

	Wechselwirkung		
Erhaltene Größe	Stark	Elektromagnetisch	Schwach
Energie/Impuls, Ladung, Baryonzahl, Leptonzahl	Ja	Ja	Ja
I (Isospin)	Ja	Nein	Nein ($\Delta I = 1, \frac{1}{2}$)
S (Seltsamkeit)	Ja	Ja	Nein ($\Delta S = 0, 1$)
C (Charm)	Ja	Ja	Nein ($\Delta C = 0, 1$)
P (Parität)	Ja	Ja	Nein
C (C Parität)	Ja	Ja	Nein
CP (oder T)	Ja	Ja	Nein (Verletzung 10^{-3} im K^0-Zerfall)
CPT	Ja	Ja	Ja

Breite von Hadron-Zuständen

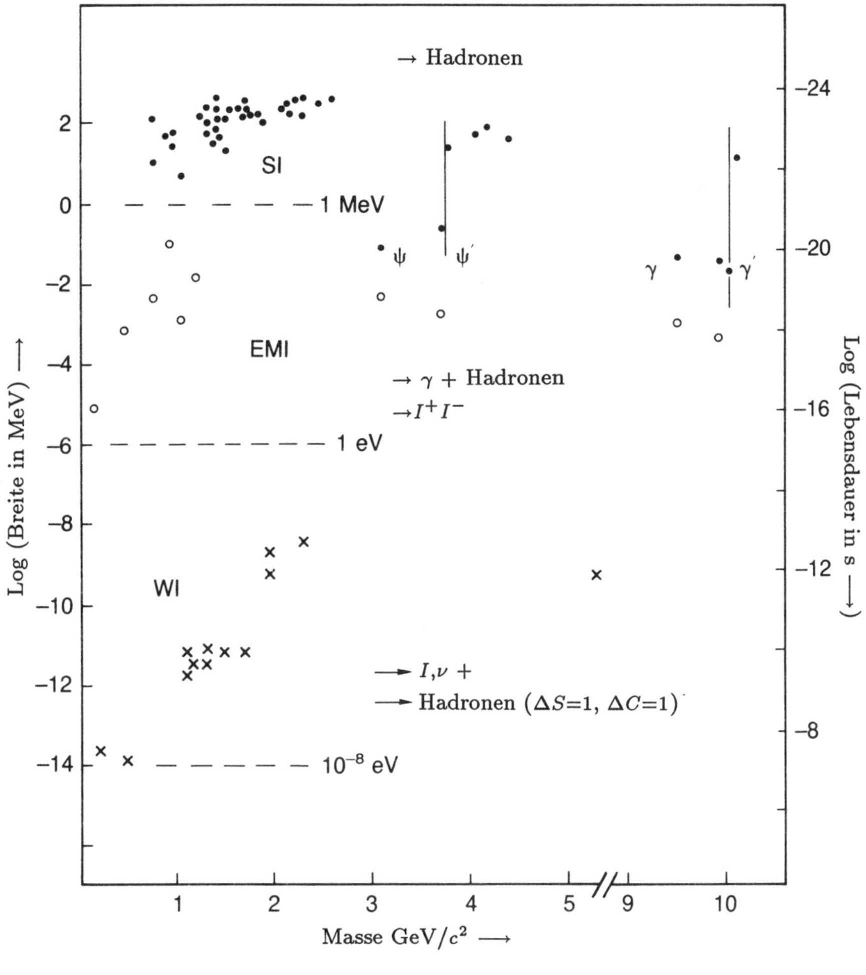

Abbildung 1.9 Breiten und Lebensdauern hadronischer Zustände. Die vertikale Skala gibt die Potenzen von 10 an, links die Breite Γ in MeV, rechts die mittlere Lebensdauer τ in Sekunden, mit $\tau=\hbar/\Gamma$ und $\hbar=6.58\times10^{-22}$ MeVs. • Die vollen Kreise bezeichnen Hadronen, die über starke Wechselwirkung zerfallen; alle haben $\Gamma>10$ MeV, außer den anomal schmalen niedrigsten Ψ und Υ-Meson-Zuständen (für diese sagt die QCD eine schwächere effektive Kopplung über 3-Gluon-Austausch voraus). ○ Die offenen Kreise beziehen sich auf Hadronen, die elektromagnetisch in Leptonpaare oder in Hadronen und ein oder mehrere Photonen zerfallen; in diesen Zerfällen ist der Isospin I nicht erhalten. × Die Kreuze bezeichnen Hadronen, die schwach in ein Elektron-Neutrino-Paar oder in andere Hadronen unter Verletzung des Isospin I, der Seltsamkeit S, der Charm-Quantenzahl C o.a. zerfallen. Die kürzeste direkt meßbare Lebensdauer ist 10^{-16} s für den Zerfall $\pi\rightarrow2\gamma$. Kürzere Lebensdauern sind aus der gemessenen Breite mit Hilfe der o.a. Beziehung berechnet.

1.11 Einheiten in der Hochenergiephysik

Die Basiseinheiten der Physik sind das Meter (m) für die Länge, das Kilogramm (kg) für die Masse und die Sekunde (s) für die Zeit (MKS-System). Diese Einheiten sind aber für die Teilchenphysik unpraktisch, weil typische Längen 10^{-15} m und typische Massen 10^{-27} kg betragen. Deshalb werden in der Teilchenphysik Längen gewöhnlich in Femtometer oder Fermi (1 fm = 10^{-15} m) angegeben, Wirkungsquerschnitte in barn (1 b = 10^{-28} m^2) oder millibarn (1 mb = 10^{-31} m^2). Die Energieeinheit ist das Elektronenvolt (1 eV = 1.6×10^{-19} Joule) und seine Vielfachen MeV (10^6 eV), GeV (10^9 eV) und TeV (10^{12} eV). Massen werden normalerweise in MeV/c^2 angegeben, da zu einer Masse M die Ruhenergie Mc^2 MeV gehört. Das Proton z.B. hat eine Ruhenergie von 938.28 MeV oder 0.938 GeV. Oft werden Massen (d.h. die entsprechenden Ruhenergien) auch in MeV oder GeV angegeben, unter Vernachlässigung des Faktors c^2.

In Rechnungen kommen häufig die Größen $\hbar = h/2\pi$ und c vor, und es ist bequem, ein Einheitensystem zu verwenden, bei dem $\hbar = c = 1$ ist. Man kann das tun, indem man eine Standard-Masse m_0 (z.B. des Protons) als die Einheit wählt:

$$m_0 = 1.$$

Dann ist die natürliche Längeneinheit die Comptonwellenlänge des Standard-Teilchens:

$$\lambda\!\!\!^{-}_0 = \frac{\hbar}{m_0 c} = 1;$$

die Einheit der Zeit ist dann

$$t_0 = \frac{\lambda\!\!\!^{-}_0}{c} = \frac{\hbar}{m_0 c^2} = 1,$$

und die Einheit der Energie

$$E_0 = m_0 c^2 = 1.$$

In diesen Einheiten ist $\hbar = c = 1$. Wenn man am Ende einer Rechnung von diesen Einheiten zu den konventionellen übergehen will, muß man sich an die Beziehung $\hbar c = 197$ MeV fm erinnern. Ein Teilchen der Ruhenergie $m_0 c^2 = 197$ MeV hat eine Comptonwellenlänge $\hbar/m_0 c = \hbar c/m_0 c^2 = 1$ fm.

In diesem ganzen Buch werden wir uns mit der Kopplung von elektrischen, starken und schwachen *Ladungen* an ausgetauschte Bosonen befassen. In MKS-Einheiten wird die elektrische Ladung e in Coulomb gemessen, und die Feinstrukturkonstante ergibt sich zu

$$\alpha = \frac{e^2}{4\pi\varepsilon_0 \hbar c} \simeq \frac{1}{137}.$$

Für die allgemeine Kopplung von Ladungen an Bosonen definieren wir e in Heaviside-Lorentz-Einheiten ($\varepsilon_0 = \mu_0 = 1$), so daß mit $\hbar = c = 1$ gilt

(s. (1.12)):

$$\alpha = \frac{e^2}{4\pi} \simeq \frac{1}{137}.$$

Ähnliche Definitionen werden für die anderen Wechselwirkungen benutzt.

Aufgaben

1.1 (a) Zeigen Sie, daß ein negatives Myon, das von einem Kern mit Ladung Ze und Massenzahl A in einen S-Zustand eingefangen wurde, den Bruchteil $f \simeq 0.25A(Z/137)^3$ seiner Zeit innerhalb der Kernmaterie zubringt, und daß es während der Zeit t einen Gesamtweg $fct(Z/137)$ innerhalb der Kernmaterie zurücklegt. (b) Das radioaktive Zerfallsgesetz für freie Myonen ist $dN/dt = -\lambda_d N$, wobei $\lambda_d = 1/\tau$ die Zerfallskonstante und $\tau = 2.16\mu s$ die Lebensdauer ist. Für ein negatives in einem Atom eingefangenes Myon ist die Zerfallskonstante $\lambda = \lambda_d + \lambda_c$, wobei λ_c die Wahrscheinlichkeit für Einfang im Kern pro Zeiteinheit bezeichnet. Für Aluminium ($Z = 13$, $A = 27$) ist die mittlere Lebensdauer negativer Myonen 0.88 μs. Berechnen Sie λ_c, und berechnen Sie die mittlere freie Weglänge Λ für Myonen in Kernmaterie unter Verwendung des Ausdrucks für f in Aufgabe (a). (c) Schätzen Sie die Größe der Kopplungskonstanten in der Reaktion $\mu^- + p \to n + \nu$ aus der Größe von Λ ab, wobei angenommen werden soll, daß die Kopplungsstärke 1 einer mittleren freien Weglänge von der Reichweite der Kernkraft entspricht.

1.2 (a) Leiten Sie einen Ausdruck für die Energie des γ-Quants aus dem Zerfall des neutralen Pions, $\pi^0 \to 2\gamma$, als Funktion der Masse m, der Energie E, der Geschwindigkeit βc des Pions und des Emissionswinkels θ im Schwerpunktsystem her. (b) Zeigen Sie, daß für ein Pion ohne Spin die θ-Verteilung isotrop ist, und daß die Energieverteilung der γ-Quanten zwischen den Extremwerten $E(1+\beta)/2$ und $E(1-\beta)/2$ flach ist. (c) Finden Sie einen Ausdruck für das Verhältnis D der beiden γ-Energien im π^0-Zerfall. Zeigen Sie, daß für relativistische Pionen die Hälfte der Zerfälle $D > 3$ und ein Viertel der Zerfälle $D > 7$ aufweisen.

1.3 Wird ein negatives Myon in flüssigem Wasserstoff gestoppt, so kann es ein molekulares Ion H_2^+ bilden, indem es ein Elektron herausschlägt. Warum? Wenn der Wasserstoff auch nur einen winzigen Anteil Deuterium enthält, beobachtet man, daß die negativen Myonen schließlich molekulare Ionen der Art HD^+ bilden. Warum? Was ist der typische Abstand zwischen den Kernen in einem solchen Ion? Was geschieht mit dem Myon, wenn die zwei Kerne zum Kern ^{3}He verschmelzen?

1.4 Die physikalischen Neutrinos ν_e, ν_μ, ν_τ bestehen möglicherweise aus Linearkombinationen von Masseneigenzuständen ν_1 , ν_2, ν_3. Nehmen

Sie an, daß im Zerfall $\pi \to \mu + \nu_\mu$ der Zustand ν_μ aus einer Kombination von Zuständen der Masse m_1 und m_2 besteht. Dann würde im Prinzip die Energie und der Impuls des Myons aus diesem Zerfall zwei diskrete Werte annehmen. Nehmen Sie an, daß der Myon-Impuls mit unbegrenzter Genauigkeit gemessen werden kann, und beweisen Sie, daß trotzdem die Existenz von zwei diskreten Impulsen nur dann gezeigt werden kann, wenn $m_2^2 - m_1^2 > 1\ (\text{eV}/c^2)^2$ ist. Zeigen Sie, daß der irreduzible Meßfehler auf den Myon-Impuls eine weniger starke Grenze auf den kleinstmöglichen nachweisbaren Wert von $m_2^2 - m_1^2$ ergibt.

1.5 Der Wirkungsquerschnitt für die Reaktion $\pi^- + p \to \Lambda + K^0$ bei einem Pion-Impuls von 1 GeV/c ist ungefähr 1 mb. Das Λ- und das K^0-Teilchen zerfallen mit mittleren Lebensdauern von ca. 10^{-10} s. Schätzen Sie aus dieser Information die relative Stärke der für Erzeugung bzw. Zerfall der Teilchen verantwortlichen Kopplung ab.

1.6 Stellen Sie fest, welche der folgenden Reaktionen durch die Erhaltungssätze erlaubt bzw. verboten sind, und geben Sie die Gründe dafür an:

$$\pi^0 \to e^+ + e^-, \tag{i}$$

$$p \to n + e^+ + \nu_e, \tag{ii}$$

$$\mu^+ \to e^+ + e^- + e^+, \tag{iii}$$

$$K^+ + n \to \Sigma^+ + \pi^0. \tag{iv}$$

1.7 Es wurde einmal vorgeschlagen, daß die numerischen Werte der Ladung von Elektron und Proton geringfügig um den Betrag $|\Delta e|$ verschieden seien, so daß die Expansion des Universums auf die elektrostatische Abstoßung der Wasserstoffatome im Weltraum zurückgeführt werden könne. Schätzen Sie ab, wie groß der relative Unterschied $|\Delta e/e|$ für diese Hypothese sein muß. [Literatur: Theorie: A. Bondi und R.A. Lyttleton, Nature 184 (1959) 974; Proc.Roy.Soc. A252 (1959) 313. Experimentelle Widerlegung: A.M. Hillas und T.E. Cranshaw, Nature 184(1959) 892.]

Kapitel 2

Teilchendetektoren und Beschleuniger

2.1 Beschleuniger

Alle Beschleuniger benutzen elektrische Felder, um geladene stabile Teilchen (Elektronen, Protonen, schwere Ionen) auf hohe Energie zu beschleunigen. Die einfachste Maschine ist ein Hochspannungsgenerator für Gleichspannung (genannt Van-de-Graaf-Beschleuniger), mit dem man allerdings nur Strahlenergien bis 20 MeV erreichen kann. Um höhere Energien zu erreichen, muß man Wechselspannung mit hoher Frequenz verwenden und ein räumlich begrenztes Teilchenpaket zeitlich so geschickt dem elektrischen Beschleunigungsfeld aussetzen, daß es hintereinander viele Beschleunigungsschübe erfährt. Dies wird in Linearbeschleunigern durch eine Folge von Beschleunigungselementen erreicht, in Kreisbeschleunigern jedoch dadurch, daß die Teilchen auf ihrer Kreisbahn viele Male dieselbe Beschleunigungsstrecke durchlaufen.

2.1.1 Linearbeschleuniger

Abb. 2.1. zeigt die Skizze eines Protonen-Linearbeschleunigers (Linac). Er besteht aus einem evakuierten Rohr mit einer linear angeordneten Reihe von Driftröhren, die abwechselnd an den einen oder den anderen Pol der Hochfrequenzspannung angeschlossen sind. Die Protonen- (bzw. Wasserstoff-Ionen) Quelle arbeitet kontinuierlich, aber nur Protonen innerhalb ei-

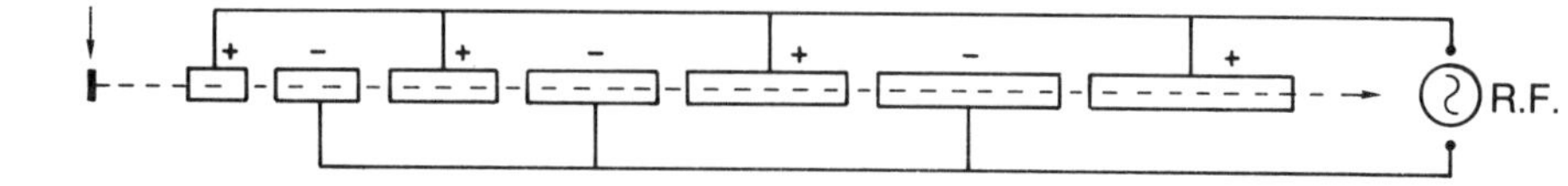

Abbildung 2.1 Skizze eines Protonen-Linearbeschleunigers. Protonen aus der Ionenquelle durchqueren die Reihe der Driftröhren innerhalb eines Vakuumrohrs. Die Längen der Driftröhren nehmen proportional zur Protonengeschwindigkeit zu, so daß die Flugzeit pro Röhre konstant bleibt.

nes bestimmten Zeitintervalls werden beschleunigt. Solche Protonen durchqueren den Spalt zwischen zwei aufeinanderfolgenden Röhren immer gerade dann, wenn das elektrische Feld von links nach rechts (d.h. beschleunigend) wirkt und sind im feldfreien Raum innerhalb der Röhre, wenn die Spannung das falsche Vorzeichen hat. Wenn die Zunahme der Länge der Driftröhren entlang dem Beschleuniger richtig gewählt ist, (d.h. proportional zur Zunahme der Protonengeschwindigkeit), dann werden die Protonen in dem Paket (bunch) fortlaufend beschleunigt. Typische Feldstärken betragen einige MV pro Meter Beschleunigungsstrecke. Solche Protonen-Linacs, die Energien bis ca. 50 MeV erreichen, werden als Injektor-Maschinen für anschließende Kreisbeschleuniger benutzt.

Elektronen mit Energien oberhalb einiger MeV bewegen sich fast mit Lichtgeschwindigkeit, so daß bei einem Elektronen-Linac die Driftröhren nach dem ersten Meter Beschleunigungsstrecke alle die gleiche Länge haben. In der Praxis werden hier Hohlraumresonatoren für Mikrowellen verwendet (mit Wellenlängen im cm-Bereich). Diese Resonatoren werden von Klystron-Oszillatoren gespeist, deren Phasen so abgestimmt sind, daß die Teilchenwolke immer gerade ein beschleunigendes Feld vorfindet. Die Elektronen reiten sozusagen auf der Flanke der elektromagnetischen Welle. Der größte Elektronen-Linac in Stanford/Kalifornien ist 3 km lang und beschleunigt Elektronen auf 25 GeV. Die 240 Klystrons werden 60 mal in der Sekunde für 2 μs aktiviert, so daß beschleunigte Teilchenpakete auch mit dieser Zeitstruktur am Ende des Linacs ankommen.

2.1.2 Kreisbeschleuniger

Fast alle modernen Protonen- und Elektronenbeschleuniger sind kreisförmig. Die Teilchen werden durch eine Reihe von Elektromagneten mit Feldrichtung normal zur Bahnebene innerhalb einer torusförmigen Vakuumröhre gehalten (Abb. 2.2(a)). Für ein Proton mit Impuls p in GeV/c muß das Führungsfeld einen solchen Wert B in Tesla haben, daß

$$p = 0.3B\rho \tag{2.1}$$

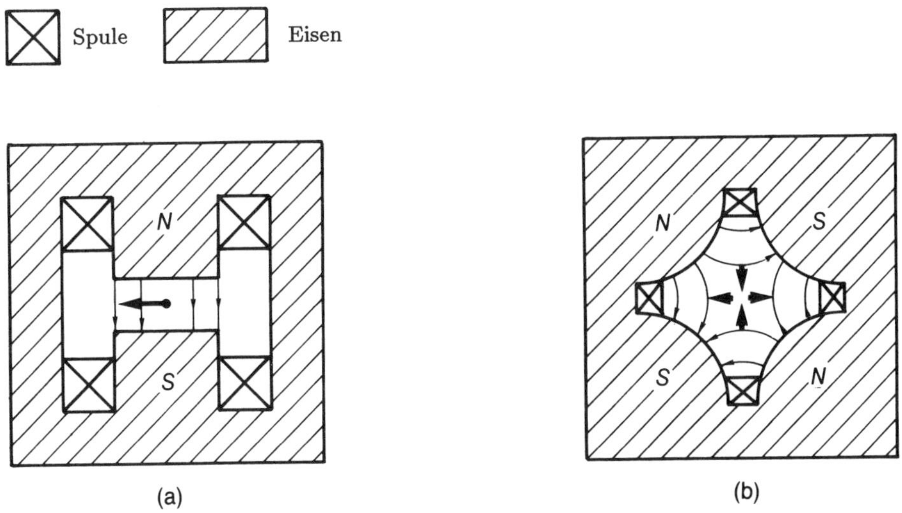

Abbildung 2.2 Querschnitte (a) eines typischen Dipol-Ablenkmagneten, (b) eines fokussierenden Quadrupol-Magneten. Die dünnen Pfeile bezeichnen Feldrichtungen; die dicken Pfeile geben die Kraft auf ein positiv geladenes Teilchen an, das sich in die Zeichenebene hinein bewegt.

gilt, wobei ρ der Radius des Rings in Metern angegeben ist. Die Teilchen werden einmal oder mehrmals per Umlauf durch Hohlraumresonatoren beschleunigt. Sowohl das Magnetfeld B als auch die Hochfrequenz (HF) müssen mit der Teilchengeschwindigkeit anwachsen und synchronisiert sein — daher der Name Synchrotron. Protonen werden aus einem Linac bei niedriger Energie und niedrigem Feld B eingeschossen. Während des Beschleunigungszyklus, der typischerweise einige Sekunden dauert, steigt das B-Feld bis zu seinem Maximalwert an. Für konventionelle Elektromagnete mit Kupferspulen ist diese maximale Feldstärke etwa 14 kGauß oder 1.4 Tesla, während man mit supraleitenden Spulen bis zu 5 T erreichen kann. So erreicht das Synchrotron bei FERMILAB (genannt Tevatron) mit einem Radius von 1 km mit konventionellen Magneten 400 GeV und mit supraleitenden Magneten ca. 1000 GeV = 1 TeV.

In allen Kreisbeschleunigern laufen die Protonen etwa 10^5 mal um und nehmen pro Umlauf aus der HF-Beschleunigung etwa 0.1 MeV Energie auf, bevor sie ihre Endenergie erreichen. Auf ihrem Weg von ca. 10^6 km ist die Stabilität und Fokussierung des Protonenpakets äußerst wichtig, sonst laufen die Teilchen auseinander und gehen verloren. In den neueren Maschinen mit sogenannter starker Fokussierung werden zwei Typen von Magneten verwendet: die Dipol-Ablenkmagnete erzeugen ein homogenes vertikales Dipolfeld im Bereich der Strahlröhre, sie halten den Strahl auf seiner Kreisbahn (Abb. 2.2(a)). Fokussierende Magnete erzeugen mit vier

Polen (und vier Spulen) ein Quadrupolfeld (Abb. 2.2(b)). In der Skizze ist das Feld im Zentrum Null und nimmt schnell zu, wenn man sich vom Zentrum entfernt.

Ein Proton, das sich von oben auf die Zeichenebene zu bewegt, ist den magnetischen Kräften unterworfen, die mit den dicken Pfeilen angezeigt sind. Der gezeichnete Magnet ist vertikal fokussierend (Kraft zum Zentrum) und horizontal defokussierend (Kraft vom Zentrum weg). Alternierende Quadrupole haben umgekehrte Polarität, so daß man in beiden Richtungen abwechselnd fokussierende und defokussierende Wirkung hat. Wie man sich an einem Lichtstrahl mit alternierenden Konkav- und Konvexlinsen klar machen kann, bekommt man insgesamt eine Fokussierung in beiden Richtungen.

2.1.3 Fokussierung und Strahlstabilität

Teilchen, die in einem Synchrotron umlaufen, bewegen sich nicht auf idealen Kreisbahnen (*Sollbahn*), sondern führen kleine oszillatorische Bewegungen in der Vertikal- und Horizontalebene um diese Sollbahn aus, die sog. Betatronschwingungen. Diese sind durch die natürliche Divergenz des injizierten Strahls, durch kleine Asymmetrien im Feld u.a. verursacht. Die Wellenlänge dieser Schwingungen hängt von der Brennweite der Quadrupolmagnete ab, sie ist im Vergleich zum Kreisumfang kurz. Zusätzlich zu diesen transversalen Schwingungen gibt es longitudinale sogenannte Synchrotronschwingungen: hier schwingen Teilchen um die ideale „synchrone" Phasenlage herum, bei der der Impulszuwachs pro Umlauf aus der HF-Beschleunigung exakt dem Zuwachs in der magnetischen Feldstärke entspricht. So erhält in Abb. 2.3 ein Teilchen F, das hinter einem exakt synchronen Teilchen E läuft, einen kleineren Energiezuwachs aus der HF, bewegt sich auf eine kürzere Bahn und kommt beim nächsten Umlauf früher an. Umgekehrt bekommt ein zu frühes Teilchen D einen größeren Impulszuwachs, rückt auf eine längere Bahn und kommt beim nächsten Umlauf später an. In dieser Weise führen die Teilchen im Paket Synchrotronschwingungen um die Gleichgewichtslage bei der Sollphase aus, aber der Paket als Ganzes bleibt stabil.

Wir fassen kurz zusammen: Protonen werden kontinuierlich aus einem Linac in das Synchrotron eingeschossen, wobei am Anfang des Beschleunigungszyklus das Dipolfeld niedrig ist. Während des Beschleunigungsvorgangs schieben sich die Teilchen zu einer Anzahl äquidistanter Pakete zusammen, deren Abstand von der Hochfrequenz bestimmt wird. Diese Pakete füllen anfangs die Öffnung des Vakuumrohrs aus, das typischerweise einen Durchmesser von 10 cm hat. Während der Beschleunigung schrumpft die transversale Ausdehnung der Pakete auf ca. 1 mm. Schließlich wird der Strahl bei Erreichen der Endenergie durch einen schnellen *Kicker*-Magneten aus dem Ring ejiziert oder mit Hilfe einer dünnen Energieverlust-Folie langsam abgeschält.

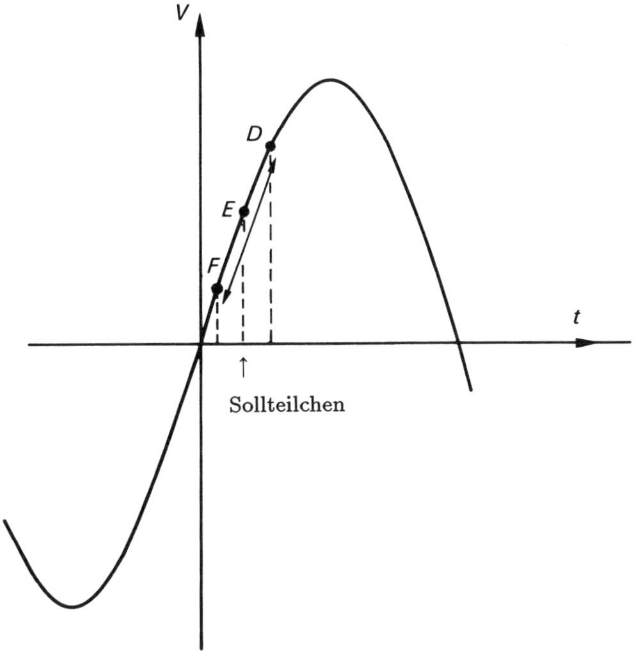

Abbildung 2.3 Teilchen, die relativ zum synchronen Teilchen E zu früh (D) oder zu spät (F) ankommen, erhalten aus der HF-Beschleunigung mehr (D) oder weniger (F) Energie als dieses. Dies erniedrigt (erhöht) die Umlauffrequenz und führt dazu, daß die Teilchen longitudinale Schwingungen relativ zum Sollteilchen ausführen (Pfeil).

2.1.4 Elektronensynchrotrons

Nachdem wir kurz den gebräuchlichsten Typ von heutigen Protonenbeschleunigern diskutiert haben, das stark fokussierende Synchrotron, soll hier auch das auf ähnlichen Prinzipien beruhende Elektronensynchrotron erwähnt werden. Hier gibt es eine wichtige Begrenzung, die für Protonenmaschinen wegfällt, nämlich die Synchrotronstrahlung. Ein Elektron emittiert diese Strahlung, wenn es durch eine Kraft auf einer Kreisbahn gehalten wird, und zwar ist die pro Umlauf von einem Elektron abgestrahlte Energie

$$\Delta E = \frac{4\pi}{3} \frac{e^2 \beta^2 \gamma^4}{\rho}, \tag{2.2}$$

wobei ρ der Krümmungsradius, β die Teilchengeschwindigkeit und $\gamma = (1-\beta^2)^{-1/2}$ der relativistische Dilatationsfaktor (Lorentz-Faktor) ist. Für relativistische Protonen (Masse M) und Elektronen (Masse m) desselben Impulses steht dieser Energieverlust im Verhältnis $(m/M)^4$, d.h. er ist für Protonen 10^{13} mal kleiner als für Elektronen. Ein Elektron mit 10 GeV

Energie verliert auf einer Kreisbahn mit Radius 1 km pro Umlauf 1 MeV, bei 20 GeV steigt der Verlust auf 16 MeV. Deshalb ist es auch bei sehr großen Ringen und niedrigen Führungsfeldern notwendig, diesen Verlust durch eine riesige HF-Leistung der Beschleunigungsstrecken zu kompensieren. Dieser Aufwand ist bei hohen Energien der bestimmende Kostenfaktor für kreisförmige Elektronenmaschinen. Aus diesem Grund wurde die 25 GeV-Maschine in Stanford als Linearbeschleuniger gebaut.

2.2 Speicherringe

Ein großer Teil der heutigen experimentellen Kenntnisse in der Hochenergiephysik ist mit Elektronen- und Protonen-Maschinen gewonnen worden, bei denen der beschleunigte Strahl aus der Maschine extrahiert und auf ein externes Target gelenkt wurde — dies sind die sog. Festtarget-Experimente (fixed target experiments). Insbesondere können Protonensynchrotrons intensive sekundäre Strahlen von Hadronen (π, K, p, $\bar{p}$) und Leptonen (μ, ν) erzeugen, und mehrere solche Sekundärstrahlen von einem oder mehreren Protonentargets können gleichzeitig verwendet werden, um ganz verschiedene Experimente mit Strahlen unterschiedlicher Impulse zu versorgen.

In den beiden letzten Jahrzehnten sind daneben Speicherringe zu einem wichtigen Instrument geworden. In diesem Beschleunigertyp stoßen zwei in entgegengesetzter Richtung auf einer Kreisbahn umlaufende Strahlen an mehreren Wechselwirkungspunkten entlang dem Ring zusammen. Der große Vorteil dieser Maschinen liegt darin, daß hier die zur Erzeugung neuer Teilchen zur Verfügung stehende Schwerpunktsenergie weit größer ist als bei entsprechenden Festtarget-Maschinen. Ein Protonenbeschleuniger erzeugt Teilchen mit Endenergie E, die auf ruhende Nukleonen der Masse M im Target auftreffen. Das Quadrat der Schwerpunktsenergie W wird s genannt; es beträgt

$$s = W^2 = 2ME + 2M^2. \tag{2.3}$$

Deshalb steigt die zur Erzeugung neuer Teilchen verfügbare kinetische Energie für $E \gg M$ nur mit der Potenz $E^{1/2}$ an. Die restliche Energie ist nicht verloren — sie wird in die kinetische Energie der Sekundärteilchen im Laborsystem verwandelt, und dies erlaubt die Erzeugung von Sekundärstrahlen hoher Energie.

Im Gegensatz hierzu ist die Schwerpunktsenergie W bei der Kollision zweier relativistischer Teilchen der Energie E_1 und E_2 und der Impulse p_1 und p_2, die in genau entgegengesetzter Richtung in einem Speicherring umlaufen

$$s = W^2 = 2(E_1E_2 + p_1p_2) + 2M^2 \approx 4E_1E_2. \tag{2.4}$$

Ist $E_1 = E_2 = E$, so ist das Schwerpunktsystem der Kollision in Ruhe. Fast die gesamte Energie steht für die Erzeugung neuer Teilchen zur Verfügung, und diese Energie steigt linear mit der Beschleunigerenergie E an, anstatt mit der Wurzel $E^{1/2}$ für Festtarget-Maschinen. Quantitativ ist der Wert von W derselbe wie der einer Festtargetmaschine der Energie $E = 2E_1E_2/M$. Der ISR-Speicherring am CERN z.B. erzeugte Protonenstrahlen mit 30 GeV Endenergie, die nahezu frontal kollidierten (unter 15°). Daher war $W \simeq 60$ GeV, und ein Festtarget-Protonenbeschleuniger müßte eine Strahlenergie von 2000 GeV haben, um diesen Wert von W zu erreichen.

Speicherringe haben auch einige Nachteile. Die kollidierenden Teilchen müssen stabil sein, so daß nur Protonen, Antiprotonen, Elektronen, Positronen und schwere Kerne in Frage kommen. Alle bisherigen Speicherringe waren vom Typ pp, e^+e^- oder $p\bar{p}$, eine ep-Maschine (HERA) ist im Bau (s. Tabelle 2.1). Der zweite Nachteil ist die niedrige Stoßrate an den Wechselwirkungspunkten. Sie ist gegeben durch

$$R = \sigma L, \tag{2.5}$$

wobei σ der Wirkungsquerschnitt für die Reaktion und L die Luminosität (in Einheiten von $\mathrm{cm}^{-2}\mathrm{s}^{-1}$) ist. Für zwei frontal kollidierende Strahlen relativistischer Teilchen gilt

$$L = fn\frac{N_1N_2}{A}, \tag{2.6}$$

wo N_1 und N_2 die Anzahl der Teilchen in einem Paket, n die Anzahl der Pakete entlang dem Ring und A der Querschnitt der sich genau überlappenden Strahlen ist. f ist die Umlauffrequenz. Offensichtlich entspricht ein großes L einem möglichst kleinen Strahlquerschnitt, aber hier sind durch die Strahl-Strahl-Wechselwirkung Grenzen gesetzt. Typische Werte für L sind 10^{31} $\mathrm{cm}^{-2}\mathrm{s}^{-1}$ für $p\bar{p}$-Maschinen. Diese Werte können mit denjenigen für Festtargetmaschinen verglichen werden. Für einen Strahl mit 10^{12} Protonen s^{-1}, der ein 1 m langes Target aus flüssigem Wasserstoff durchquert, errechnet man $L = 10^{37}$ $\mathrm{cm}^{-2}\mathrm{s}^{-1}$.

In pp- und ep-Speicherringen werden zwei getrennte Vakuumrohre und zwei getrennte magnetische Führungssysteme benötigt, während e^+e^-- und $p\bar{p}$-Speicherringe mit nur einem Ring auskommen. Wegen der Invarianz der elektromagnetischen Wechselwirkung gegen die Teilchen-Antiteilchen-Konjugation beschleunigt ein Synchrotron aus Magneten und HF-Hohlraumresonatoren, das genau auf die Beschleunigung von Elektronen eingestellt ist, genauso Positronen in der umgekehrten Richtung auf derselben Bahn. Deshalb brauchen diese Speicherringe nur eine Vakuumröhre und einen Magnetring.

2.2.1 Kühlung in $\bar{p}p$-Speicherringen

Während die Herstellung einer intensiven Quelle von Positronen für e^+e^--Speicherringe keine Schwierigkeit macht, ist die Erzeugung eines intensiven Antiproton-Strahls für einen $p\bar{p}$-Speicherring ein großes Problem. Die Antiprotonen müssen in Stößen von energiereichen Protonen mit Kernen erzeugt

Tabelle 2.1
Eine (unvollständige) Liste heutiger Hochenergiebeschleuniger

Protonensynchrotrons		
	Ort	Energie, GeV
CERN PS	Genf	28
BNL AGS	Brookhaven, Long Island	32
KEK	Tsukuba, Tokyo	12
Serpukhov	UdSSR	76
SPS	CERN, Genf	450
Fermilab Tevatron II	Batavia, Illinois	1000

Elektronenbeschleuniger		
SLAC Linac	Stanford, Kalifornien	25
DESY Synchrotron	Hamburg	7

Speicherringe				
PETRA	DESY, Hamburg	e^+e^-	22+22	
PEP	Stanford	e^+e^-	18+18	
CESR	Cornell, NY	e^+e^-	8+8	
TRISTAN (1986)	Tsukuba	e^+e^-	30+30	
SLC (1989)	Stanford	e^+e^-	50+50	
LEP (1989)	CERN	e^+e^-	50+50	zu Beginn
			95+95	später (1994)
S$p\bar{p}$S (1981)	CERN	$p\bar{p}$	310+310	
Tevatron I (1986)	Fermilab	$p\bar{p}$	1000+1000	
HERA (1990)[a]	Hamburg	ep	$30e$+$820p$	

[a]( ) = voraussichtlicher Fertigstellungstermin

werden; dabei ist die Ausbeute klein, die erzeugten Antiprotonen haben eine diffuse Verteilung von Impulsen und Emissionsrichtungen. Wenn wir diese Verteilung im Schwerpunktsystem aller erzeugten Antiprotonen betrachten, dann verhalten sich die einzelnen Teilchen wie Moleküle in einem heißen Gas, mit Zufallsbewegungen, die durch eine „Temperatur" charakterisiert werden können. Um eine größere Anzahl von Antiprotonen speichern zu können, muß der Strahl „gekühlt" werden, um die Winkeldivergenz und die Streuung der longitudinalen Impulse zu verkleinern. Dies ist ein technisches Problem, das wir hier erwähnen, weil seine Lösung für die Entdeckung der intermediären $W^{\pm}$- und Z°-Bosonen von entscheidender Bedeutung war.

(a)

(b)

Abbildung 2.4 (a) Ein Teil des 6 km langen Tunnels des Super-Protonen-Synchrotrons SPS am CERN, das Protonen auf 450 GeV beschleunigt, und in dem auch in entgegengesetzter Richtung umlaufende Strahlen von Protonen und Antiprotonen (bis 310 GeV) gespeichert und zur Kollision gebracht werden. Der Magnet in der linken unteren Ecke ist ein Dipolmagnet, es folgt ein Quadrupol, danach wieder zwei Dipole, usw. (b) Ansicht des Antiproton-Akkumulatorrings (s. auch Abb. 2.5). Die Übertragungsleitungen, die das Signal von den Pick-up-Elektroden auf der einen Seite des Rings zu den Kicker-Elektroden auf der anderen bringen, sind gut sichtbar (Bild CERN).

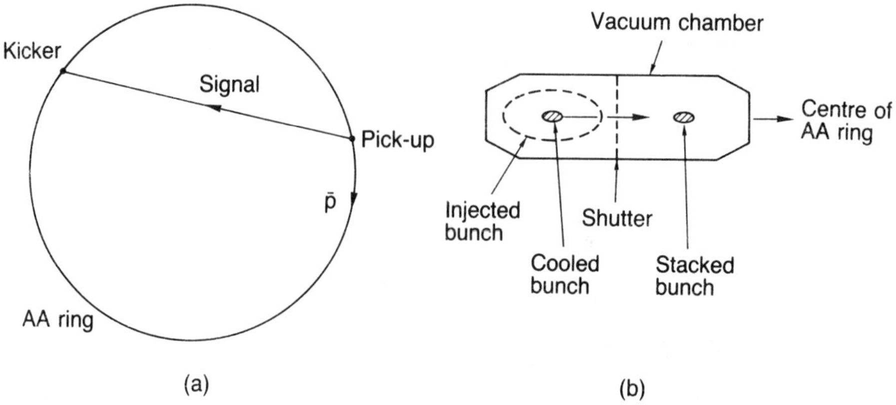

Abbildung 2.5 (a) Prinzip der stochastischen Kühlung in einem Antiprotonen-Akkumulator-Ring (AA). Eine Antennen-Spule („Pickup") liefert ein zur Abweichung der Antiprotonen vom Sollkreis proportionales Signal; dieses aktiviert einen schnell gepulsten „Kicker"-Magneten, der die ankommenden Teilchen zum Sollkreis hin ablenkt. (b) Querschnitt der Vakuumkammer im AA-Ring. Ist ein Teilchenpaket in der linken (äußeren) Hälfte gekühlt, so öffnet sich der Verschluß („shutter"), und das gekühlte Paket wird in die innere Hälfte der Kammer gelenkt, wo es zusammen mit vorherigen Paketen gespeichert wird.

Eine Methode zur Lösung, die am $p\bar{p}$-Speicherring des CERN angewandt wurde, ist eine statistische Methode — sie wird deshalb stochastische Kühlung genannt. Ein Paket von $\sim 10^7$ Antiprotonen mit mittleren Impuls von 3.5 GeV/c wird in einem Cu-Target durch 10^{13} Protonen der Energie 26 GeV erzeugt. Es wird dann in die äußere Hälfte einer toroidalen Vakuumkammer eingeschossen, die in einem speziellen Akkumulator-Magnetring sitzt und durch eine mechanische Vorrichtung von der inneren Hälfte getrennt ist (Abb. 2.4, 2.5). Eine Spule in einem Sektor des Rings mißt die mittlere Abweichung der Teilchen von der Sollbahn, und ein daraus abgeleitetes Korrektursignal wird über ein Kabel zum gegenüber liegenden Teil des Rings geschickt. Dieses Signal ist so rechtzeitig da, daß es einen schnell gepulsten Ablenkmagneten aktivieren kann, der das ankommende Teilchenpaket zur Sollbahn hin ablenkt. Nachdem das Paket etwa zwei Sekunden lang im Ring zirkuliert, sind die lateralen und longitudinalen Abweichungen von der Sollbahn um einen Faktor 10 reduziert. Die mechanische Vorrichtung wird geöffnet und das „gekühlte" Paket wird mit magnetischer Ablenkung in den inneren Teil des Vakuumrohrs gelenkt, wo es weiter gekühlt wird. Dieser Vorgang wird etwa einen Tag lang wiederholt, bis schließlich etwa 10^{12} Antiprotonen im inneren Ring gespeichert sind. Von dort werden die Antiprotonen zur Beschleunigung in den großen SPS-Ring extrahiert.

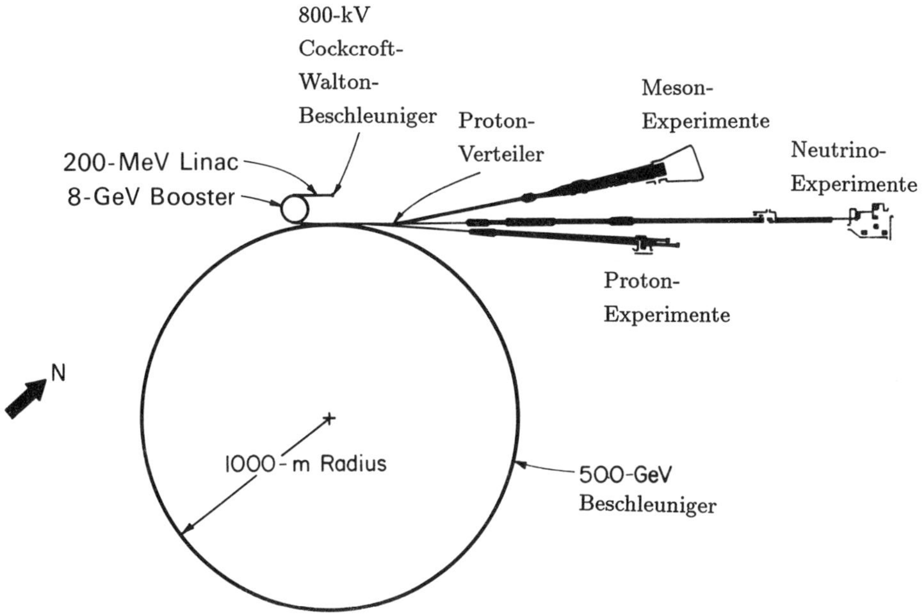

Abbildung 2.6 Lageplan des 500 GeV-Protonensynchrotrons und der Sekundärstrahlen im Fermi-Laboratorium bei Chicago. Die Energie dieser Maschine wurde mit supraleitenden Hochfeldmagneten auf 1000 GeV erhöht, und der Ring wird auch als $p\bar{p}$-Speicherring mit 2 TeV Schwerpunktsenergie verwendet.

2.2.2 Komplexe Beschleuniger-Anlagen

Abb. 2.6 zeigt den Lageplan der Sekundärstrahlen um den 500 GeV-Protonenbeschleuniger des FERMILAB bei Chicago. Der 2.5 km lange Strahl zu den Neutrino-Experimenten liefert hochenergetische Neutrino- und Myonstrahlen. In Abb. 2.7 ist das System von Beschleunigern im CERN Laboratorium bei Genf dargestellt. Das Protonensynchrotron PS (26 GeV) wurde dazu verwendet, den $p\bar{p}$-Speicherring ISR zu versorgen, dient als Injektor für das 450 GeV SPS und erzeugt sekundäre Antiprotonen, die dann in dem 3.5 GeV-Ring AA gekühlt und in das SPS eingeschossen werden. So kann das SPS als 310 GeV + 310 GeV $p\bar{p}$-Speicherring benützt werden.

2.3 Wechselwirkung von geladenen Teilchen und Gammaquanten mit Materie

2.3.1 Energieverluste geladener Teilchen durch Ionisation

Der Nachweis von Kernteilchen beruht im wesentlichen darauf, daß sie direkt oder indirekt Energie auf das durchquerte Material übertragen, sei es durch Ionisation oder Anregung der Atome des Materials. Dieser Prozeß kann dann in Form von geladenen Ionen (z.B. in einem Gaszähler), von Szintillationslicht oder von Cherenkov-Licht beobachtet werden.

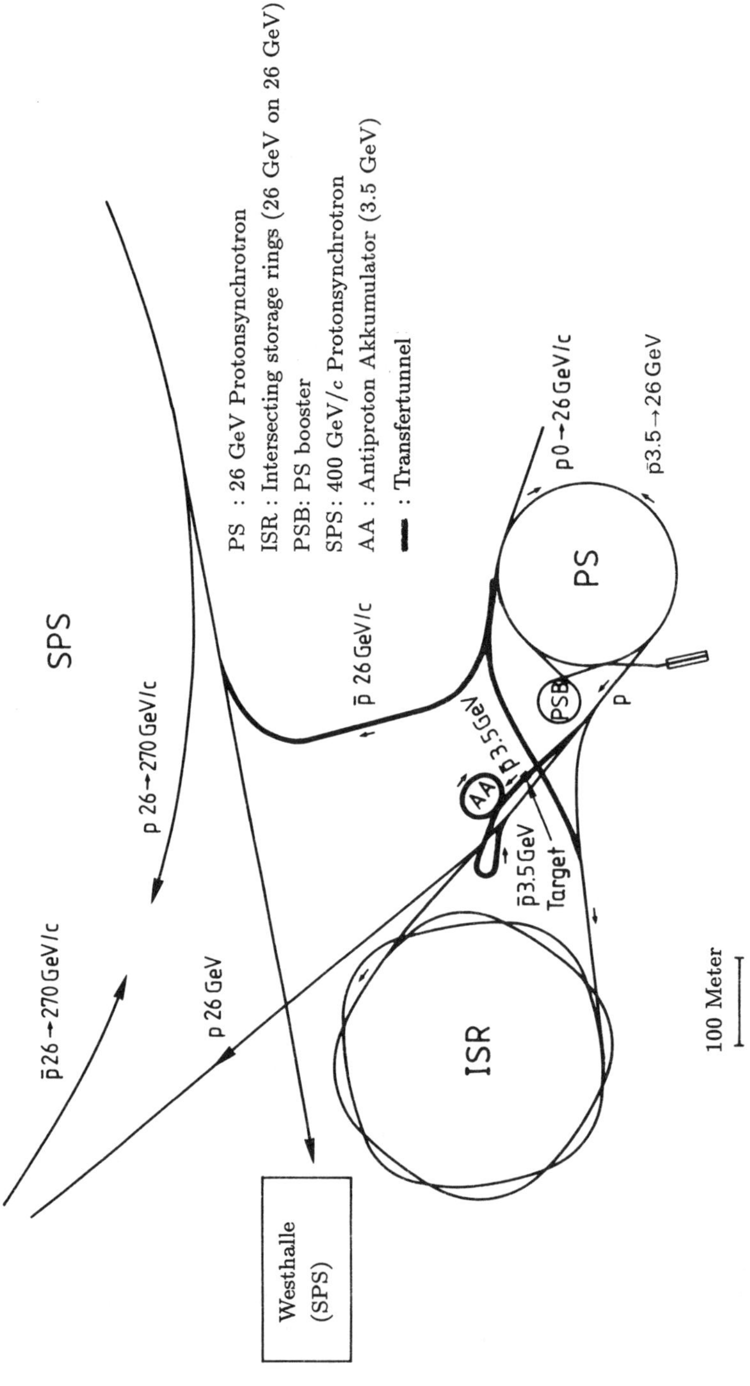

Abbildung 2.7 Lageplan des Beschleuniger-Systems im CERN-Laboratorium bei Genf.

Die Bethe-Bloch-Formel für den mittleren Energieverlust eines geladenen Teilchens lautet*)

$$\frac{dE}{dx} = \frac{4\pi N_0 z^2 e^4}{mv^2} \frac{Z}{A} \left[\ln \left(\frac{2mv^2}{I(1-\beta^2)} \right) - \beta^2 \right], \tag{2.7}$$

wobei m die Elektronenmasse, z und v die Ladung (in Einheiten von e) und Geschwindigkeit des Teilchens, $\beta = v/c$, N_0 die Loschmidt-Avogadro-Zahl, Z und A die Ordnungszahl und Massenzahl der Atome des Materials und x die Dicke der durchquerten Schicht (in $\mathrm{g\,cm^{-2}}$ oder $\mathrm{kg\,m^{-2}}$) sind. Die Größe I bezeichnet ein effektives Ionisationspotential, gemittelt über alle Elektronen, das ungefähr 10 Z eV beträgt. Gleichung (2.7) zeigt, daß dE/dx unabhängig von der Masse M des Teilchens ist, bei nichtrelativistischen Energien wie $1/v^2$ abfällt und nach Durchlaufen eines Minimalwertes bei $E = 3Mc^2$ wieder logarithmisch mit dem Dilatationsfaktor $\gamma = E/Mc^2 = (1-\beta^2)^{-1/2}$ ansteigt. Der Energieverlust hängt nur schwach vom Material ab, da Z/A in allen Materialien außer Wasserstoff und den schwersten Elementen etwa 0.5 beträgt. Der Wert beim Minimum ist $(dE/dx)_{\min} \simeq$ 1–1.5 MeV $\mathrm{cm^2\,g^{-1}}$.

Abb. 2.8 zeigt den beobachteten relativistischen Anstieg des Energieverlustes als Funktion von $p/Mc = (\gamma^2 - 1)^{1/2}$ für relativistische Teilchen in einem Gas (Argon-Methan-Mischung). Für $\gamma \simeq 10^3$ steigt dE/dx auf das 1.5-fache des Minimalwertes. Der relativistische Anstieg hat damit zu tun, daß das transversale elektrische Feld des Teilchens proportional zu γ anwächst, so daß Zusammenstöße mit immer entfernteren Atomen wichtig werden, wenn die Energie des Teilchens ansteigt. Wenn schließlich der Stoßparameter mit interatomaren Abständen vergleichbar wird, begrenzen Polarisationseffekte im Material (die mit der Dielektrizitätskonstante zusammenhängen) den weiteren Anstieg von dE/dx. In Festkörpern werden solche Effekte bei viel niedrigeren Werten von $\gamma \simeq 10$ wichtig, so daß dort der relativistische Anstieg nur 10% relativ zum Minimalwert von dE/dx ausmacht. Ein Teil des Energieverlustes eines relativistischen Teilchens kann von den angeregten Atomen in Form von kohärenter Strahlung unter einem bestimmten Winkel emittiert werden. Solche Cherenkov-Strahlung wird im Abschnitt 2.4.6 behandelt.

Der größte Teil des Energieverlustes führt zur Bildung von Ionenpaaren (positive Ionen und Elektronen) im Material. Man kann zwei Stufen dieses Prozesses unterscheiden. In der ersten erzeugt das einfallende Teilchen in atomaren Stößen primäre Ionisation. Die dabei herausgeschlagenen Elektronen haben eine Verteilung in der Energie E' von der Form $dE'/(E')^2$. Die Elektronen höherer Energie (δ-Elektronen) können selbst auf ihrem Weg durch das Material neue Ionen erzeugen (Sekundärionisation). Die

*) Eine halbklassische Herleitung dieser Gleichung findet man z.B. bei B. Rossi, High Energy Particles, Prentice-Hall Inc, Englewood Cliffs, N. J., 1961, S. 17; J. D. Jackson, Classical Electrodynamics, 2. Auflage, John Wiley, New York, 1975, Kapitel 13.

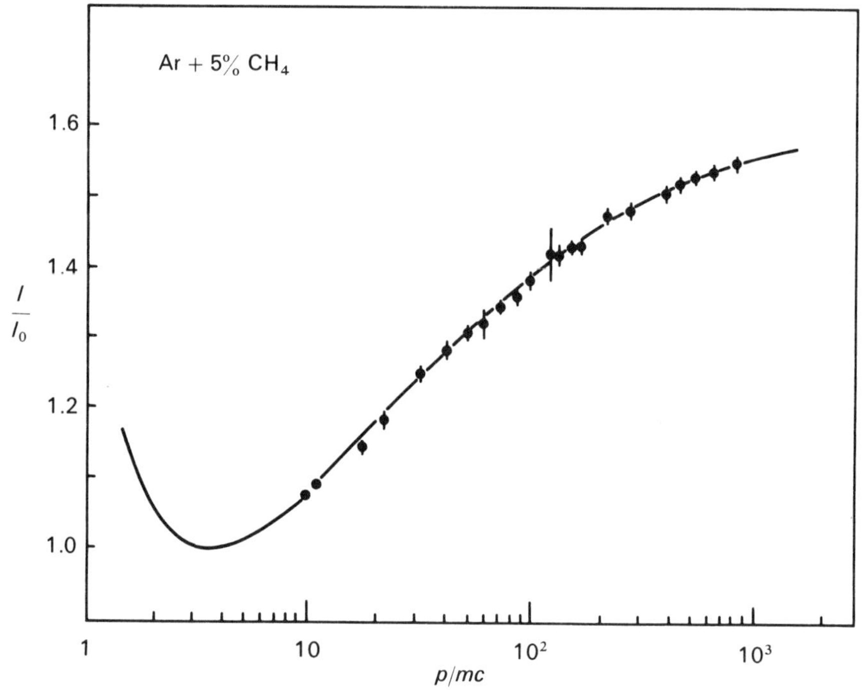

Abbildung 2.8 Mittlerer Energieverlust durch Ionisation für geladene Teilchen in einem Argon-Methan-Gasgemisch. Man erkennt den relativistischen Anstieg als Funktion von p/mc. Die Werte wurden durch Vielfachmessungen der Ionisation gewonnen (nach Lehraus et al., 1978).

entstehende Gesamtzahl von Ionenpaaren ist 3–4 mal größer als die der primären Ionenpaare, sie ist proportional zum Energieverlust des einfallenden Teilchens im Material. Gleichung (2.7) gibt den mittleren Wert des Energieverlustes dE in der Schichtdicke dx an, aber der wirkliche Wert ist statistisch um diesen Mittelwert herum verteilt, wobei die Fluktuation von der relativ kleinen Anzahl *harter* Primärstöße mit großem E' bestimmt wird. Diese sog. Landau-Verteilung um den Mittelwert ist deshalb asymmetrisch, mit einem Ausläufer zu hohen Werten. Trotzdem kann der mittlere Energieverlust auf wenige Prozent genau gemessen werden, indem man in vielen aufeinander folgenden, gleich dicken Gas-Schichten die Energieverluste mißt und die größten Meßwerte wegläßt. Auf diese Weise kann der γ-Faktor des einfallenden Teilchens aus der Ionisation bestimmt werden; kennt man zusätzlich den Impuls des Teilchens, so ist dies eine nützliche Methode, um die Masse des Teilchens abzuschätzen und so Pionen, Kaonen und Protonen zu identifizieren.

Die Gesamtzahl der Ionenpaare, die ein hochenergetisches Teilchen im Material erzeugt, hängt von dE/dx und von der für die Freisetzung eines

Ionenpaars benötigten Energie ab. In Gasen liegt diese Energie zwischen 40 eV in Helium und 26 eV in Argon. In Halbleitern beträgt sie andererseits nur etwa 3 eV, so daß die Anzahl der Ionenpaare viel größer ist. Wenn das geladene Teilchen im Halbleiter gestoppt wird, wird seine ganze Energie in Ionisationsenergie, d.h. in die Freisetzung von Ionenpaaren umgesetzt, und solch ein Detektor ist deswegen nicht nur linear, sondern hat auch eine extrem gute Energieauflösung (typischerweise 10^{-4}). Wegen ihrer geringen Größe haben solche Halbleiterdetektoren allerdings in der Hochenergiephysik noch keine allgemeine Verwendung gefunden.

2.3.2 Coulomb-Streuung

Beim Durchqueren eines Mediums wechselwirkt ein geladenes Teilchen elektromagnetisch mit den Elektronen und den Kernen des Materials. Wie Gl. (2.7) angibt, ist der Energieverlust dE/dx umgekehrt proportional zur Masse des Targetteilchens, so daß im Vergleich mit den Elektronen die Protonen des Materials nur einen vernachlässigbaren Beitrag zum Energieverlust leisten. Jedoch ist die transversale Streuung des geladenen Teilchens durch das Coulombfeld des Kerns wegen der großen Targetmasse beträchtlich, und diese wird durch die berühmte Rutherford-Formel für den differentiellen Streuquerschnitt beim Streuwinkel θ beschrieben:

$$\frac{d\sigma(\theta)}{d\Omega} = \frac{1}{4}\left(\frac{Zze^2}{pv}\right)^2 \frac{1}{\sin^4(\theta/2)}, \tag{2.8}$$

wobei p, v, ze der Impuls, die Geschwindigkeit und die Ladung des einfallenden Teilchens und Ze die Ladung des punktförmig angenommenen Kerns sind. Für kleine Streuwinkel ist der Streuquerschnitt groß, so daß für eine endliche Schichtdicke die effektive Streuung das Resultat vieler unabhängiger Streuprozesse mit kleiner Winkelablenkung ist. Es ergibt sich eine Verteilung im effektiven Streuwinkel der Vielfachstreuung, die ungefähr einer Gaußschen Verteilung folgt

$$P(\phi)\,d\phi = \frac{2\phi}{\langle\phi^2\rangle} \exp\left(\frac{-\phi^2}{\langle\phi^2\rangle}\right) d\phi. \tag{2.9}$$

Die Wurzel aus der mittleren quadratischen Ablenkung in einer Schichtdicke t des Materials ist

$$\phi_{\mathrm{rms}} = \langle\phi^2\rangle^{1/2} = \frac{zE_s}{pv}\sqrt{\frac{t}{X_0}}, \tag{2.10}$$

wobei

$$E_s = \sqrt{4\pi \times 137}mc^2 = 21\,\mathrm{MeV} \tag{2.11}$$

und

$$\frac{1}{X_0} = \frac{4Z(Z+1)r_e^2 N_0}{137A} \ln\left(\frac{183}{Z^{1/3}}\right). \tag{2.12}$$

Tabelle 2.2
Strahlungslängen in verschiedenen Materialien (nach Bethe und Ashkin, 1953)

Element	Z	E_c, MeV	X_0, g/cm^2
Wasserstoff	1	340	58.0
Helium	2	220	85.0
Kohlenstoff	6	103	42.5
Aluminium	11	47	23.9
Eisen	26	24	13.8
Blei	82	6.9	5.8

In dieser Formel ist $r_e = e^2/mc^2$ der klassische Elektronenradius. Die Größe X_0 wird aus Gründen, die weiter unten klar werden, die Strahlungslänge des Materials genannt (s. Tab. 2.2). Sie enthält alle für den Streuprozeß relevanten Eigenschaften des Materials. Ein einfach geladenes Teilchen ($z = 1$) mit dem Impuls p und der Geschwindigkeit v (mit dem Produkt pv gemessen in MeV), erfährt deshalb numerisch eine mittlere quadratische Winkelablenkung von $21/(pv)$ Radian, wenn es eine Schicht von der Dicke einer Strahlungslänge durchquert. Diese Ablenkung ist azimutal symmetrisch um die Bewegungsrichtung des Teilchens herum. Nimmt man die Projektion der Winkelablenkung auf eine Achse, so beträgt sie nur den Bruchteil $1/\sqrt{2}$ des in Gl. (2.10) angegebenen Wertes.

Coulomb-Streuung ist in der Praxis wichtig, weil sie oft die Genauigkeit begrenzt, mit der die Richtung eines Teilchens gemessen werden kann.

Als ein Beispiel betrachten wir die Messung des Impulses eines hochenergetischen Teilchens durch seine Ablenkung in dem Magnetfeld $\boldsymbol{B}$ eines Eisenkern-Magneten. Wenn es keine Streuung gibt, und wenn der Impuls sich beim Durchqueren des Magneten nicht wesentlich ändert, dann ist der Krümmungsradius ρ durch die Beziehung $pc = Be\rho$ gegeben. Deshalb ist die Winkelablenkung bei Durchfliegen einer Strecke s

$$\phi_{\text{mag}} = \frac{s}{\rho} = \frac{Bes}{pc} = \frac{300Bs}{pc},$$

wobei B in Tesla (1 T = 10 kG), s in Metern und pc in MeV gemessen wird. Der mittlere quadratische Coulomb-Streuwinkel in der Bahnebene ist

$$\phi_{\text{streu}} = \frac{21}{\sqrt{2}} \frac{1}{p\beta c} \sqrt{\frac{s}{X_0}},$$

so daß

$$\frac{\phi_{\text{streu}}}{\phi_{\text{mag}}} = \frac{0.05}{B\beta\sqrt{X_0 s}},$$

für relativistische Teilchen ($\beta = 1$) unabhängig vom Teilchenimpuls ist. In einem Eisenmagneten mit $X_0 = 0.02$ m und $B \simeq 1.5$ T ergibt sich

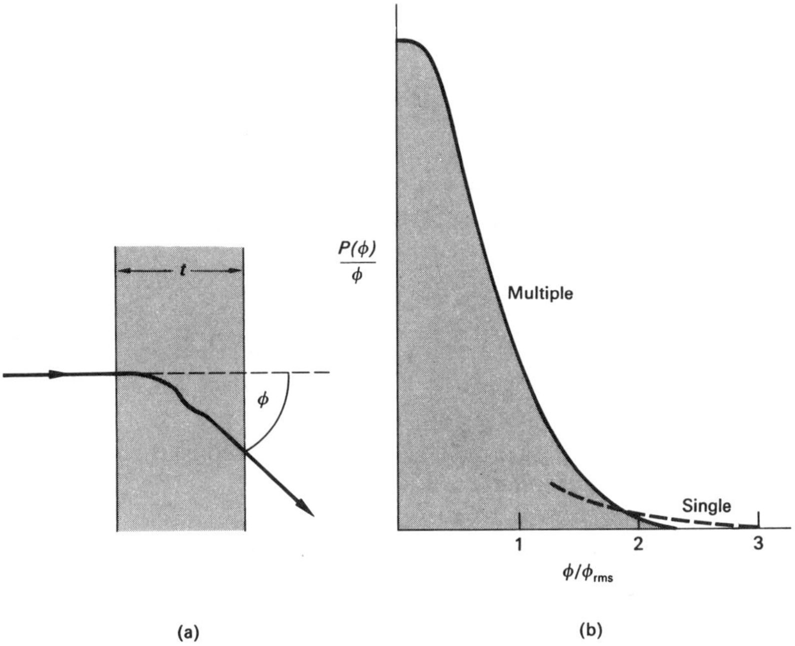

Abbildung 2.9 (a) Vielfachstreuung geladener Teilchen, die eine Materialschicht der Dicke t durchqueren. (b) Es sei $P(\phi)d\phi$ die Zahl der Teilchen, die in das Winkelintervall $\phi \to \phi + d\phi$ gestreut werden. Die Verteilung $P(\phi)/\phi$ ist ungefähr gaußförmig (durchgezogene Linie, 'Multiple'), zeigt jedoch Ausläufer zu hohen Ablenkungen, die hauptsächlich durch Einzelstreuungen hervorgerufen werden (gestrichelte Linie, 'Single').

so $\phi_{\text{streu}}/\phi_{\text{mag}} = 0.25$ für einen Magneten der Länge $s = 1$ m, und das Verhältnis fällt auf 0.10 für $s = 6$ m.

Die Verteilung der Streuwinkel bei der Vielfachstreuung ist nur ungefähr gaußförmig. Wie in Abb. 2.9 angedeutet, hat sie einen langen Ausläufer bei großen Winkeln, der auf Einzelstreuung mit großer Ablenkung beruht. Die Häufigkeit dieser Prozesse variiert wie ϕ^{-3}, wie man aus Gl. (2.8) ableiten kann.

2.3.3 Bremsstrahlung von Elektronen

Elektronen verlieren beim Durchlaufen von Materie auf zwei Arten Energie: durch Ionisation (s. Kap. 2.3.1) und durch den Prozeß der Bremsstrahlung. Streuprozesse der Elektronen mit Energieverlust durch Strahlung finden hauptsächlich an den Atomkernen des Materials statt. Das elektrische Feld des Kerns bremst das Elektron ab, und der Energieverlust wird umgesetzt in ein reelles Photon; deshalb heißt der Prozeß Bremsstrahlung. Das Energiespektrum der Photonen hat ungefähr die Form dE'/E', wobei E' die

Photonenenergie ist. Integriert man über das Spektrum, so ist der gesamte Strahlungsverlust eines Elektrons bei Durchqueren einer Schichtdicke dx des Materials

$$\left(\frac{dE}{dx}\right)_{\text{rad}} = -\frac{E}{X_0}, \tag{2.13}$$

wobei die Strahlungslänge X_0 in Gl. (2.12) definiert ist. Aus Gl. (2.13) ergibt sich, daß die mittlere Energie eines Elektronenstrahls mit Anfangsenergie E_0 nach Durchqueren einer Schicht die Dicke x den Wert

$$\langle E \rangle = E_0 \exp\left(-\frac{x}{X_0}\right) \tag{2.14}$$

annimmt. Deshalb kann man die Strahlungslänge einfach als diejenige Schichtdicke des Materials definieren, die die mittlere Energie eines Elektronenstrahls um den Faktor e reduziert.

Da der Energieverlust pro Schichtdicke durch Ionisation, $(dE/dx)_{\text{ion}}$, für schnelle Elektronen ungefähr konstant ist, während der mittlere Energieverlust durch Bremsstrahlung mit der Energie zunimmt, $(dE/dx)_{\text{rad}} \propto E$, dominiert bei hohen Energien der Bremsstrahlungsverlust. Die kritische Energie E_c ist definiert als diejenige, bei der beide Verluste gleich sind. Aus den Gln. (2.7), (2.12) und (2.13) ergibt sich

$$E_c \simeq \frac{600}{Z}\,\text{MeV}. \tag{2.15}$$

Numerische Werte für X_0 und E_c in verschiedenen Materialien sind in Tabelle 2.2 angegeben.

2.3.4 Absorption von γ-Strahlung in Materie

Drei Prozesse sind für die Absorption von γ-Strahlung in Materie verantwortlich: Photoeffekt, Compton-Streuung und Paarerzeugung. Der Wirkungsquerschnitt für den Photoeffekt variiert mit der Photonenenergie E wie $1/E^3$ und der Comptonquerschnitt wie $1/E$, so daß für Energien oberhalb 10 MeV die Paarerzeugung mit ungefähr konstantem Wirkungsquerschnitt der dominierende Prozeß ist (s. Abb. 2.10)

Die Konversion eines hochenergetischen Photons in ein Elektron-Positron-Paar im Feld eines Atomkernes (der zur Impulserhaltung benötigt wird) ist eng verwandt mit dem Energieverlust eines Elektrons durch Bremsstrahlung. Die Abschwächung eines Strahls von hochenergetischen Photonen mit der anfänglichen Intensität I_0 durch Paarbildung in einer Schicht der Dicke x wird beschrieben durch

$$I = I_0 \exp\left(-\frac{7x}{9X_0}\right), \tag{2.16}$$

so daß die Intensität durch eine Schicht der Dicke $9X_0/7$ auf den Wert $1/e$ reduziert wird. Diese Schichtdicke wird Konversionslänge genannt. Es

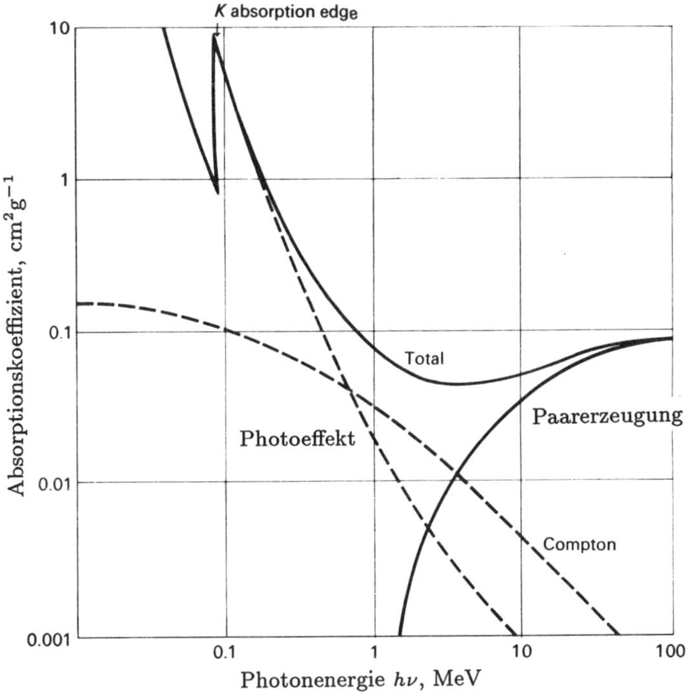

Abbildung 2.10 Absorptionskoeffizient für Photonen in Blei pro Schichtdicke (in $\mathrm{g\,cm^{-2}}$) als Funktion der Photonenenergie.

sollte betont werden, daß der asymptotische Wert für den Absorptionskoeffizienten in Gl. (2.16) erst bei Photonenenergien von etwa 1 GeV erreicht wird, obwohl die Schwellenenergie E_s für Paarbildung bei der doppelten Elektronenmasse liegt, $E_s \approx 2m_ec^2 \approx 1$ MeV.

2.4 Detektoren für einfach geladene Teilchen

Die in der Hochenergiephysik verwendeten Detektoren sollen den Ort, den Zeitpunkt des Auftreffens eines Teilchens und seine Identität feststellen. Eine genaue Messung der Ortskoordinaten ist notwendig, um die Teilchenspur und insbesondere den Teilchenimpuls (aus der Bahnkrümmung in einem magnetischen Feld) zu bestimmen; eine genaue Messung des Zeitpunktes wird benötigt, um die gleichzeitige Emission mehrerer Teilchen aus einer elementaren Reaktion festzustellen, wobei oft die Reaktionsrate pro Zeitintervall sehr groß ist. Die Identifizierung eines Teilchens kann z.B. durch gleichzeitige Messung der Geschwindigkeit (aus der Flugzeit oder aus Cherenkov-Strahlung) und des Impulses geleistet werden, da sich aus diesen Meßgrößen die Masse des Teilchens ergibt; eine andere Möglichkeit ist die Beobachtung der Zerfallsprodukte, falls das Teilchen instabil ist;

ein dritter Weg ist die Beobachtung der Wechselwirkung mit Materie über starke, elektromagnetische oder schwache Kräfte. Neutrale Teilchen werden über ihren Zerfall in geladene Teilchen (z.B. $K^0 \to \pi^+\pi^-$) oder über die Erzeugung von geladenen Reaktionsprodukten bei der Wechselwirkung mit Materie (z.B. $\pi^0 \to 2\gamma$, $\gamma \to e^+e^-$) beobachtet.

Im allgemeinen ist kein einzelner Detektor in der Lage, alle diese Anforderungen zu erfüllen, man braucht deshalb eine Kombination von Detektoren verschiedenen Typs. Wir diskutieren hier die hauptsächlich verwendeten Arten von Detektoren und geben dann einige Beispiele dafür, wie diese Einzeldetektoren zu einem integrierten System zusammengesetzt werden können.

In den letzten beiden Jahrzehnten sind sehr wenige radikal neue Detektorprinzipien erfunden worden. Der Fortschritt lag eher in der Ausnutzung und Anpassung bekannter Methoden, in einer Revolution der Elektronik und Computertechnologie, die es ermöglichte, gewaltige Datenmengen mit großer Geschwindigkeit auszuwählen, aufzuzeichnen und auszuwerten, und in der Entwicklung hybrider, oft riesiger, Systeme mit vielen verschiedenartigen Einzelkomponenten.

2.4.1 Proportionalzähler

Der Proportionalzähler ist eines der am frühesten entwickelten Geräte zur Ionisationsmessung. Solche Drahtzähler bestehen aus einem gasgefüllten Zylinder des Radius r_2 aus Metall oder Glas auf negativem elektrischen Potential und einem dünnen Anodendraht des Radius r_1 auf positivem Potential in der Zylinderachse. Das elektrische Feld im Innern ist dann für eine Potentialdifferenz V_0 zwischen Zylinder und Draht

$$E(r) = \frac{V_0}{r \ln(r_2/r_1)}. \tag{2.17}$$

Ein durch Ionisation beim Radius r_a freigesetztes Elektron driftet in Richtung des Anodendrahtes und gewinnt dabei auf dem Weg bis zum radialen Abstand r_b die Energie $T = e\int_{r_b}^{r_a} E(r)dr$. Wenn T die Ionisationsenergie des Gases überschreitet, dann kann dieses Elektron seinerseits ein neues Ion-Elektron-Paar erzeugen. Eine Kette solcher Prozesse führt zu einer Lawine von Elektronen und positiven Ionen. Der Gasverstärkungsfaktor, d.h. die Gesamtzahl von sekundären Elektronen aus einem primären Elektron-Ion-Paar, die die Anode erreichen, ist typischerweise etwa 10^5, unabhängig von der Anzahl der primären Ionenpaare. Deshalb heißt dieser Zähler *Proportionalzähler.*

Der bedeutsamste Fortschritt auf diesem Gebiet war die Entwicklung der Proportionalkammer mit vielen Zähldrähten (englisch multiwire proportional chamber, MWPC) durch Charpak und Mitarbeiter (1968, 1970). Dieses Gerät besteht aus vielen parallelen Anodendrähten, die in einer

Ebene zwischen zwei Kathodenebenen aufgespannt sind (Abb. 2.11). Die verschiedenen Anodendrähte arbeiten als unabhängige Detektoren. Eine typische Kammer hat Anodendrähte mit 20 μm Durchmesser im Abstand von 2 mm zwischen zwei Kathodenebenen im Abstand von 12 mm, wobei die Potentialdifferenz 5 kV beträgt und das Kammergas aus einem Argon-Isobutan-Gemisch besteht. Im allgemeinen driften mehrere Elektronen aus dem primären Ionisationsprozeß auf den Anodendraht zu, kommen in der Nähe des Drahtes in die Region hoher Feldstärke und bilden dort Lawinen. Die Anstiegszeit der entsprechenden negativen Impulse auf dem Anodendraht ist sehr kurz ($\sim$ 0.1 ns). Die positiven Ionen bewegen sich viel langsamer, sie induzieren Impulse auf der Kathode und auf benachbarten Anodendrähten, die langsamer ansteigen ($\sim$ 30 ns). Die effektive Ortsauflösung aus den Anodenimpulsen ist etwa 0.7 mm. Wenn die Kathode aus Streifen senkrecht zu den Anodendrähten aufgebaut ist, kann der Schwerpunkt der auf diesen induzierten Ladungen zu einer genauen Messung der Position der Lawine ($\sim$ 0.05 mm) benutzt werden.

2.4.2 Driftkammern

Wie oben angegeben beträgt die Ortsauflösung der Proportionalkammer typischerweise 1 mm, ihre Zeitauflösung etwa 30 ns. Um diese Auflösung für großflächige Kammern zu erreichen, benötigt man allerdings eine riesige Anzahl von Drähten und zugehörigen Verstärkern. Diese Kosten können stark reduziert werden, wenn man die primären Elektronen aus dem Ionisationsprozeß zunächst in einem Bereich niedriger Feldstärke (1 kV/cm) über eine Strecke von ca. 10 cm driften läßt, bevor sie die Region hoher Feldstärke in der Nähe des Anodendrahtes erreichen. Die Ankunftszeit der Lawine auf dem Draht ergibt dann die Driftzeit des Elektrons, und daraus kann der Ort der Primärionisation gewonnen werden. Abb. 2.11 zeigt schematisch eine typische Anordnung von Anode, Kathode und Felddrähten, mit der ein konstantes Driftfeld aufgebaut werden kann. Mit solchen Kammern können Ortsauflösungen von 0.1 mm erreicht werden. Für spezielle Gasgemische, z.B. aus Argon und Isobutan, ist die Driftgeschwindigkeit etwa 4 cm/μs, fast unabhängig vom Betrag des Driftfeldes. Wegen der langen Driftzeit von etwa 2 μs über eine Strecke von 10 cm sind solche Kammern nur für relativ niedrige Strahlintensitäten oder Wechselwirkungsraten verwendbar, so z.B. bei e^+e^--Speicherringen.

Driftkammern mit sehr großen Volumina sind gebaut worden (100 m^3). Eine dieser Kammertypen wird Zeit-Projektions-Kammer („Time Projection Chamber", TPC) genannt. Aus der Driftzeit der primären Elektronen im elektrischen Feld kann die Ortskoordinate in Richtung dieses Feldes und daraus die Teilchenspur rekonstruiert werden. Außerdem kann aus der Impulshöhe am Zähldraht die Ionisationsdichte der Teilchenspur und daraus mit Hilfe des auf andere Weise gemessenen Impulses die Masse des

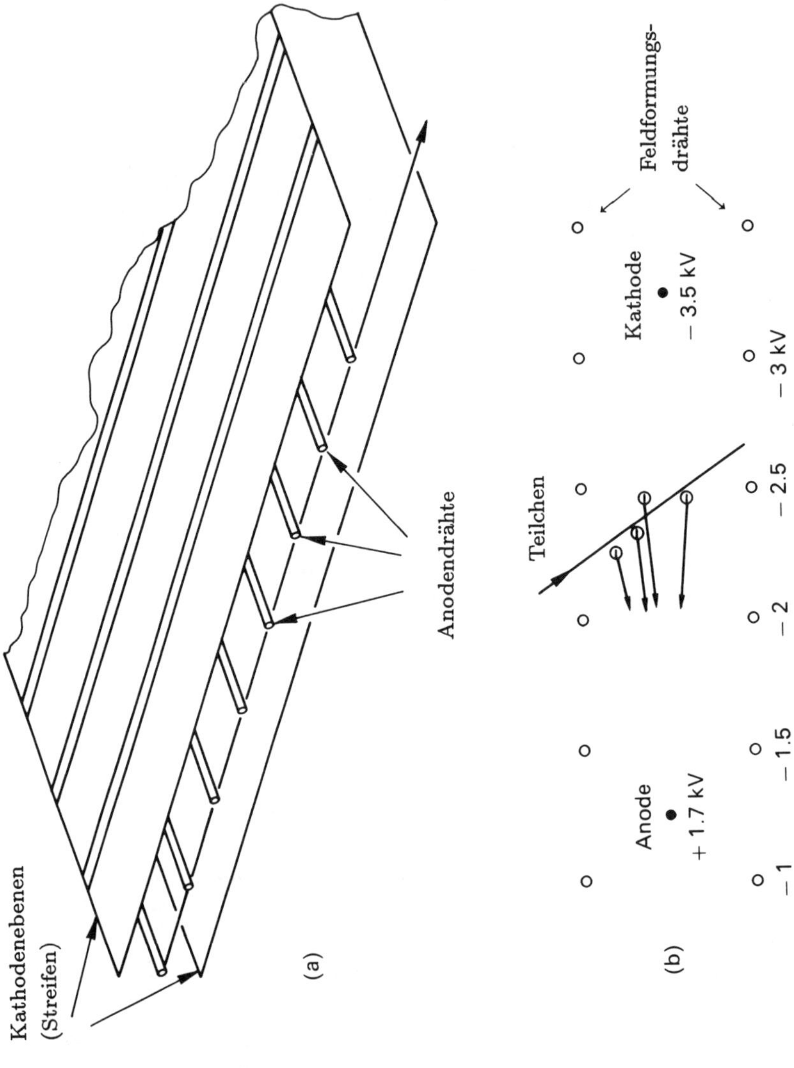

Abbildung 2.11 (a) Schematischer Aufbau einer Vieldraht-Proportionalkammer. (b) Typische Anordnung von Potentialdrähten in einer Driftkammer-Zelle.

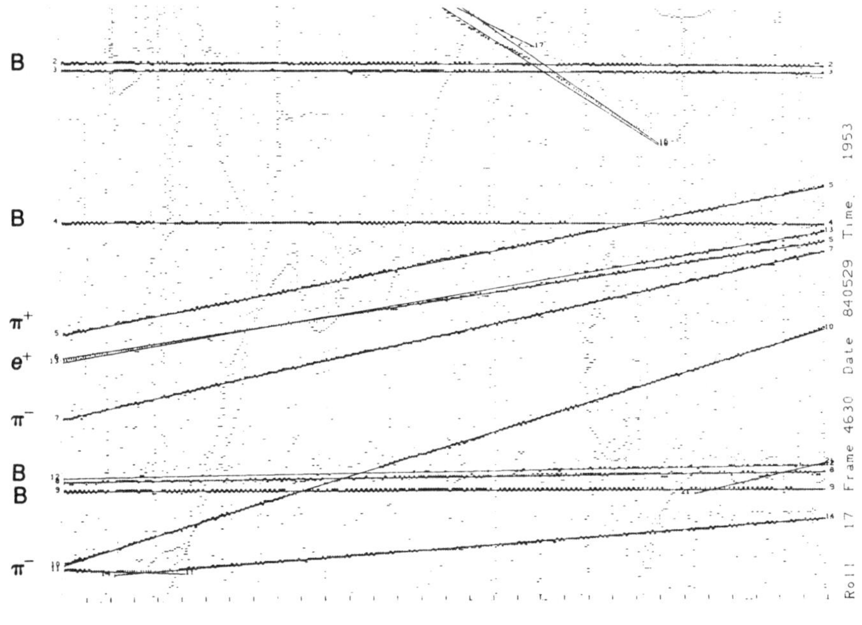

Abbildung 2.12 Rekonstruierte Spuren in der großen Driftkammer des ISIS-Detektors ($4{\times}2{\times}5$ m^3 Volumen, gefüllt mit Argon +20% CO_2). Diese Kammer befindet sich strahlabwärts hinter einer kleinen Blasenkammer und einem Magnetspektrometer als Teil des Europäischen Hybrid-Spektrometers. Geladene Teilchen werden mit Hilfe von Impulsmessung und Ionisationsmessung in dieser Kammer identifiziert (s. Abb. 2.8). Zusätzlich zu den mit Linien angedeuteten Spuren von hochenergetischen Teilchen sieht man mehrere stark gekrümmte Spuren von niederenergetischen, nicht zum Ereignis gehörenden Teilchen (Elektronen) und Teilchen aus dem von links einfallenden Strahl (bezeichnet mit B). Man sieht Teilchen aus dem Zerfall eines Mesons mit Charm, $D^0 \to \pi^+\pi^-\pi^-e^+\nu$, der in der links von der Kammer aufgestellten Blasenkammer stattfand.

Teilchens ermittelt werden (s. Abb. 2.8). Abb. 2.12 zeigt als Beispiel die Spurrekonstruktion in der ISIS-Driftkammer.

2.4.3 Szintillationszähler

Der Szintillationszähler ist seit 30 Jahren ein allgemein verwendbarer Detektor in einem großen Bereich von Hochenergieexperimenten. Die Anregung der Atome gewisser transparenter Materialien durch ionisierende Teilchen führt zur Lumineszenz (Szintillation), die mit einem Photovervielfacher nachgewiesen werden kann. Die gebräuchlichsten Szintillatoren sind anorganische Monokristalle und organische Flüssigkeiten und Polymere, das Phänomen der Szintillation gibt es allerdings auch in anderen Flüssigkeiten und Gasen. Die Abklingzeiten der Lumineszenz in den schnellsten organischen Szintillatoren betragen etwa 1 ns.

Anorganische kristalline Szintillatoren (wie z.B. NaJ) werden mit Aktivator-Substanzen (z.B. Thallium) dotiert. Ionisierende Teilchen erzeugen beim Durchqueren des Kristalls freie Elektronen und Löcher, die sich solange bewegen, bis sie von solch einem Aktivator-Zentrum eingefangen werden. Dieses wird angeregt und zerfällt unter Emission eines breiten Spektrums von sichtbarem Licht, mit einer Zeitkonstanten von etwa 250 ns.

In organischen Materialien (fest oder flüssig) verläuft der Mechanismus der Szintillation andererseits über die Anregung von beigemischten speziellen Molekülen. Beim Zerfall dieser angeregten Molekülniveaus entsteht UV-Strahlung. Die Konversion dieses Lichts in blaues Licht geschieht über Fluoreszenzstoffe, die sog. Wellenlängenschieber. Diese organischen Moleküle werden ebenso wie die primären Fluoreszenzstoffe dem transparenten Trägermaterial beigemischt. Tabelle 2.3 gibt eine Liste einiger organischer und anorganischer Szintillatoren an.

Tabelle 2.3 Kenngrößen typischer Szintillatoren

Material	Impulshöhe (rel. zu Anthrazen)	Abkling-Zeit (ns)	λ_{max} Å	Dichte (g/cm^3)
Polystyrol + *p*-Terphenyl	0.28	3	3550	0.9
+ Tetraphenylbutadien	0.38	4.6	4800	
NaJ (+ Tl)	2.1	250	4100	3.7
Anthrazen	1.0	32	4100	3.7
Toluol	0.7	< 0.3	4300	0.9

Das Licht aus Szintillatoren wird mit Photovervielfacher-Röhren registriert (Abb. 2.13). Diese bestehen aus einer aufgedampften Photokathode aus Alkalimetall, aus der das Licht über Photoeffekt Elektronen freisetzt. Diese bewegen sich in einer evakuierten Röhre zu eine Kette von Sekundäremissions-Elektroden (Dynoden), die stufenweise auf höheren Potentialen (positiv gegenüber der Kathode) liegen. Da für ein auf die Dynode auftreffendes Elektron etwa vier Sekundärelektronen emittiert werden, ergibt sich für 14 Dynoden ein Verstärkungsfaktor von 10^8. Die Laufzeit von der Kathode zur Anode (der letzten Dynode) beträgt typischerweise 50 ns mit einer Schwankungsbreite von der Größenordnung 1 ns. Diese Schwankungen stammen hauptsächlich von der Variation der Laufzeit des Photoelektrons von verschiedenen Punkten der Photokathode zur ersten Dynode her. Die Quantenausbeute der Photokathoden liegt bei $\leq 25\%$, sie erreicht ihr Maximum für die gebräuchlichen Typen bei der Wellenlänge $\lambda = 400$ nm.

Das im Szintillator erzeugte Licht breitet sich in dem Szintillator durch interne Totalreflexion aus, und die übliche Methode, dieses Licht aus dem

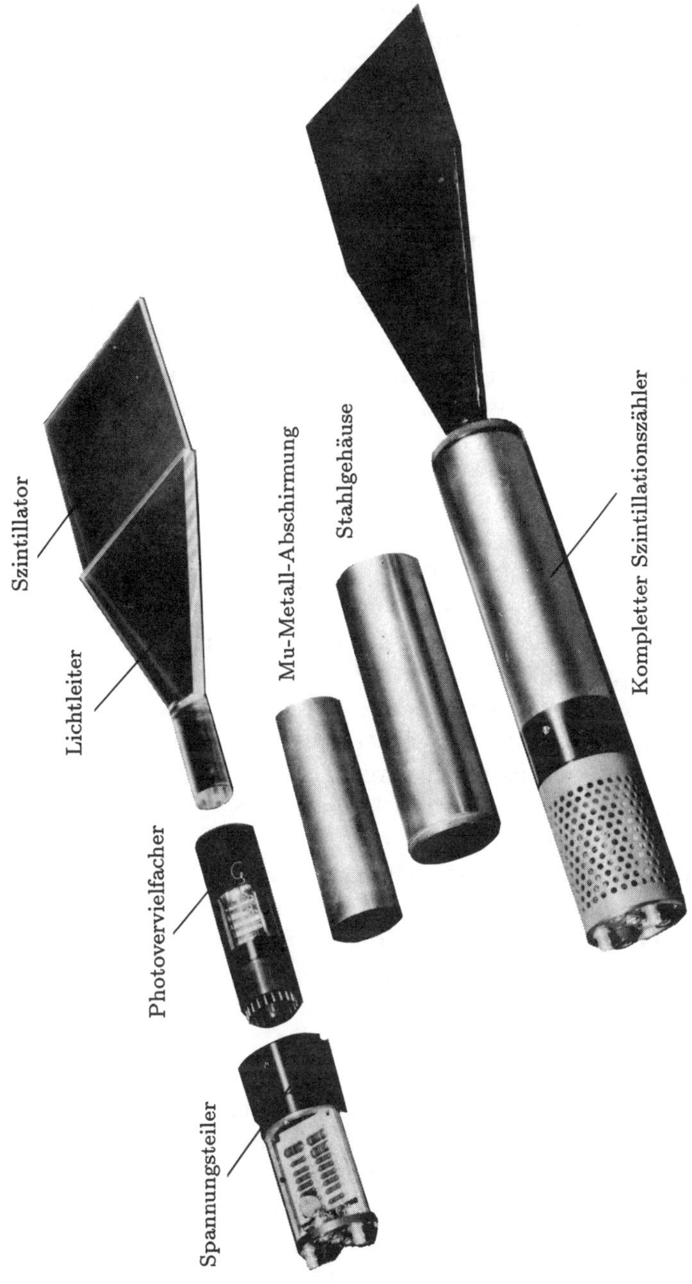

Abbildung 2.13 Plastikszintillator, Lichtleiter und Photovervielfacher. (Photographie des Rutherford-Laboratoriums.)

Ende eines Szintillatorstreifens zur Photokathode zu leiten, benützt geeignet geformte *adiabatische* Lichtleiter aus Plexiglas. Für sehr großflächige Szintillatoren sind diese Lichtleiter gebogene Streifen aus Plexiglas, und die Herstellung kann sehr aufwendig werden. Eine Alternative besteht darin, entlang den Kanten des Szintillators Stäbe aus *Wellenlängenschieber*-Material zu montieren, in die das blaue Szintillationslicht einfällt. Organische Moleküle (z.B. BBQ) in diesen Stäben absorbieren das blaue Licht und emittieren isotrop grünes Fluoreszenzlicht. Ein Teil dieses grünen Lichts breitet sich durch Totalreflexion zu einem Ende des Stabes aus und wird in einem Photovervielfacher registriert. Bei diesem Verfahren ist die am Photovervielfacher ankommende Lichtintensität viel geringer als bei der Benutzung von adiabatischen Lichtleitern, aber dafür spart man Platz, komplizierte Lichtleiter und Photovervielfacher ein. Der Ausgangsimpuls aus dem Photovervielfacher wird in geeignete Verstärker, Diskriminatoren und Zähler geleitet, deren wesentliche Funktion es ist, die Anzahl von Impulsen einer gewissen Größe zu registrieren.

2.4.4 Blasenkammern

Die Blasenkammer war 30 Jahre lang ein unersetzliches Werkzeug der Hochenergiephysik, speziell für die Untersuchung komplexer Reaktionen mit vielen Sekundärteilchen. Dieses von Glaser 1952 erfundene Gerät beruht auf der Tatsache, daß in einer überhitzten Flüssigkeit die Blasenbildung entlang dem von einem geladenen Teilchen erzeugten Ionisationsschlauch einsetzt. Die Blasenkammerflüssigkeit wird unter einem Druck von 5–20 bar gehalten, und die Überhitzung wird durch kurzzeitige Dekompression mit Hilfe eines Kolbens oder einer Membran an der Rückseite der Kammer erreicht. Nach der Expansion wachsen die Gasblasen entlang der Teilchenspur etwa 10 ms lang und werden dann mit Stereokameras und Blitzlicht photographiert. Bei der anschließenden Rekompression schrumpfen die Blasen wieder zusammen. Die Wiederholungsrate einer Blasenkammer liegt bei 1 s, und deshalb paßt das Gerät gut zu zyklischen gepulsten Beschleunigern, deren Zykluszeit eine ähnliche Dauer hat.

Die gebräuchlichsten Flüssigkeiten zur Füllung von Blasenkammern sind Wasserstoff, Deuterium und schwere Flüssigkeiten wie ein Gemisch aus Neon und Wasserstoff, Propan (C_3H_8) und Freon (CF_3Br). Abb. 2.14 zeigt die große europäische Blasenkammer BEBC. Die Kammer befindet sich in einem starken Magnetfeld (2 bis 3.5 T), das durch konventionelle oder supraleitende Spulen erzeugt wird. Die Krümmung der Spuren in diesem Feld erlaubt eine Messung der Teilchenimpulse. Das Bild der Blasen wird mit mehreren Kameras stereoskopisch auf Film registriert. Die Bilder werden digitalisiert, um mit Hilfe von Computerprogrammen die Spuren und die Orte der Elementarereignisse in drei Dimensionen zu rekonstruieren. Die

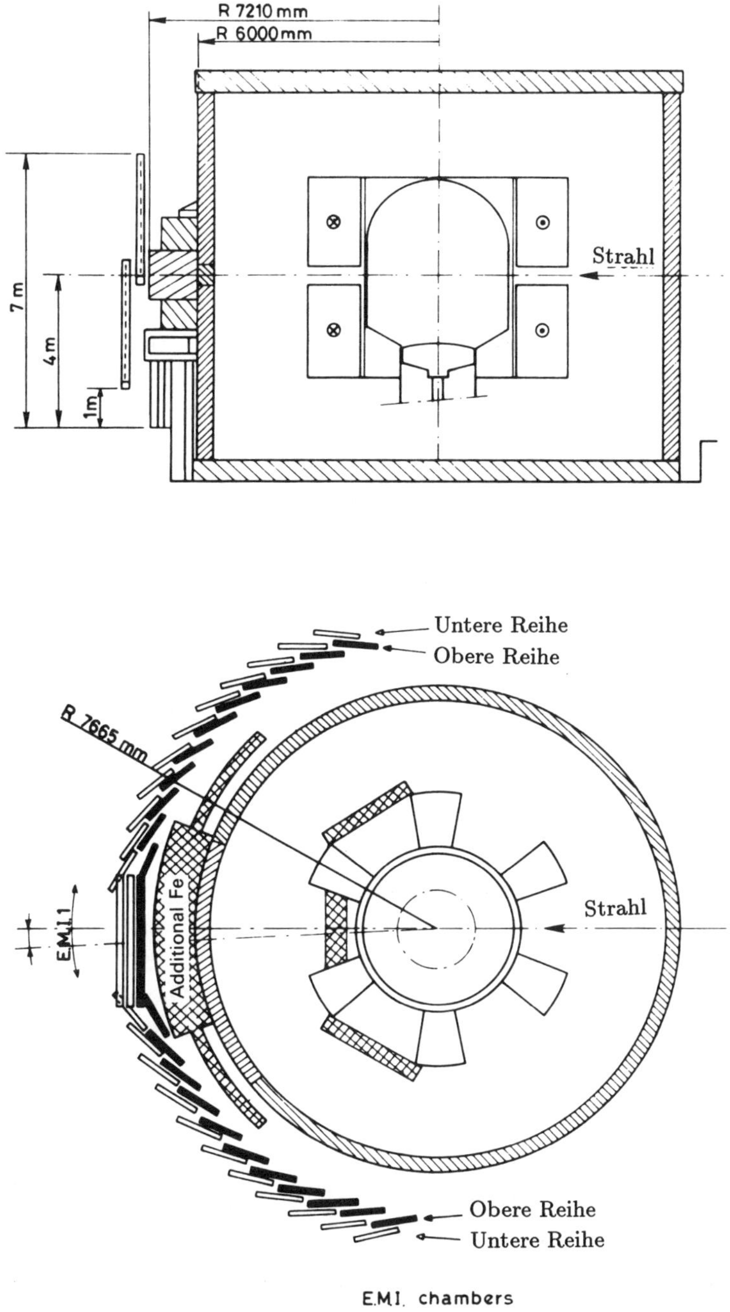

Abbildung 2.14 Seiten-und Aufriß der BEBC-Blasenkammer mit 3.7 m Durchmesser am CERN. Die Kammer wurde mit flüssigem Wasserstoff, Deuterium oder einem Wasserstoff-Neon-Gemisch gefüllt und wurde für Neutrino-Experimente mit einem externen Myon-Detektor (EMI) ausgerüstet. Dieser besteht aus Proportionalkammern außerhalb des Magnetjochs mit insgesamt 150 m^2 Fläche.

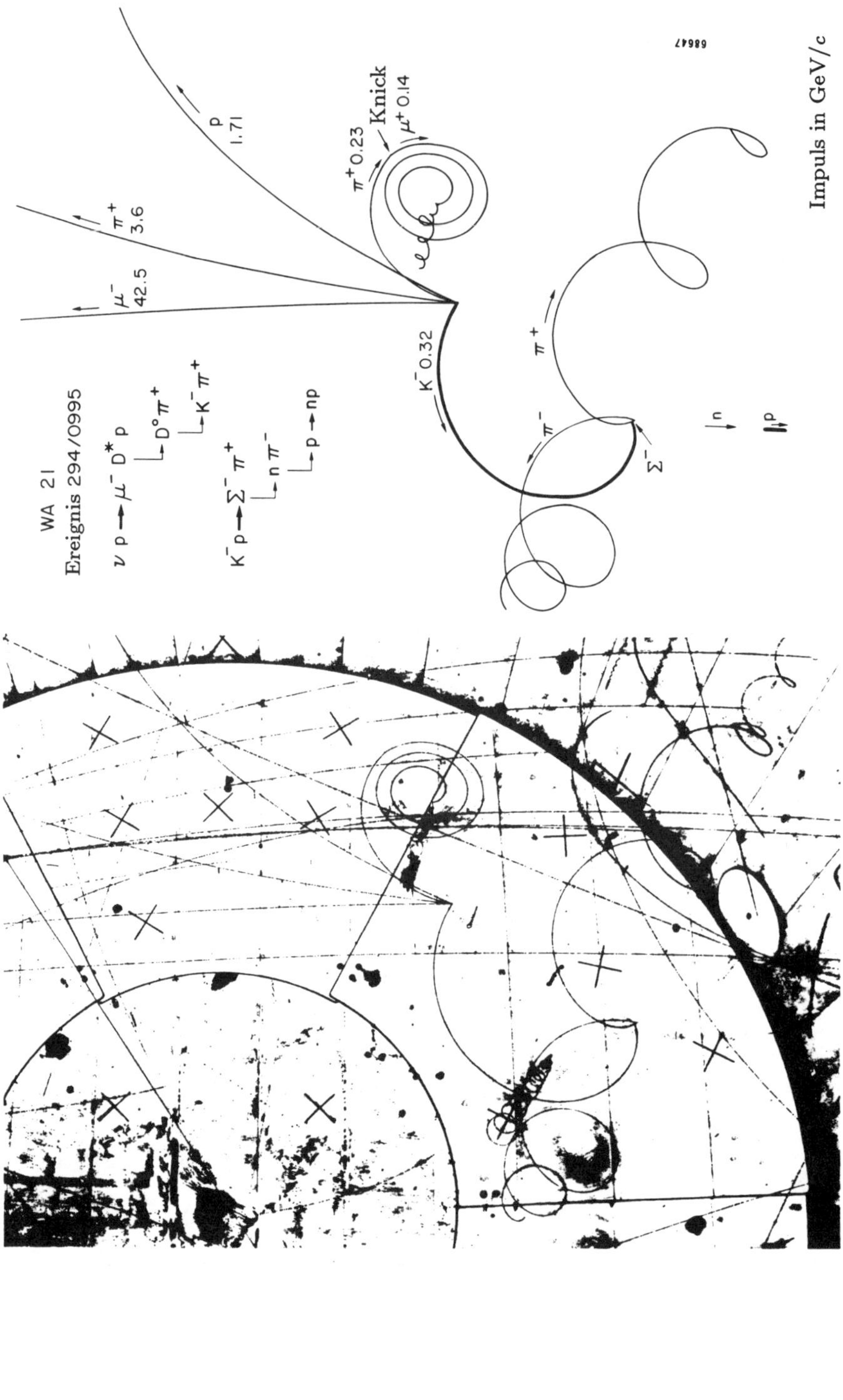

Abbildung 2.15 Beispiel für die Erzeugung und den Zerfall eines Charm-Teilchens in der BEBC Blasenkammer im Neutrino-Strahl des CERN SPS.

detaillierte Information, die aus einem komplexen Ereignis gewonnen werden kann, ist am Beispiel Abb. 2.15 illustriert.

Die hauptsächlichen Nachteile der Blasenkammer sind erstens, daß sie eine niedrige Wiederholungsfrequenz hat und daß die Auswertung der Filme ein langwieriger Prozeß ist (in typischen Experimenten können selten mehr als 10^5 nützliche analysierte Ereignisse verwendet werden); zweitens, daß viele gegenwärtige und fast alle neu gebauten Beschleuniger Speicherringe mit einer gleichmäßigen zeitlichen Verteilung der Stoßereignisse sind; das sehr kleine Tastverhältnis (10^{-2}) der Blasenkammer und die geometrische Anordnung der Wechselwirkungszonen in Speicherringen machen eine Verwendung von Blasenkammern an diesen Beschleunigern unmöglich.

2.4.5 Streamer- und Flashkammern

Proportionalkammern werden mit Spannungen zwischen Anode und Kathode von etwa 5 kV betrieben, wo die Nachweiswahrscheinlichkeit für einfach geladene Teilchen ein Plateau von nahezu 100% erreicht. Erhöht man die Spannung weiter, so führt dies zur elektrischen Entladung im Gas. Dieser Fall tritt ein, wenn die Raumladung im Innern der Lawine so groß ist, daß sie diese vom äußeren elektrischen Feld abschirmt; dann rekombinieren die Ionen mit Elektronen, emittieren dabei Licht, das weitere Photoelektronen und neue Lawinen außerhalb der ursprünglichen erzeugt. Dieser Vorgang breitet sich solange räumlich aus, bis ein Ionenschlauch die Anode mit der Kathode verbindet und eine Funkenentladung eintritt. Man sagt dann, der Zähler werde im Geiger-Bereich betrieben.

Wird jedoch nur ein kurzer (10 ns) Hochspannungsimpuls (Feldstärke 10–50 kV/cm) zwischen Anode und Kathode angelegt, so entwickeln sich nur kurze, „Streamer“ genannte, Entladungen ausgehend von der Ionisationsspur eines das Gas durchquerenden Teilchens, und diese Folge von kurzen Streamern bildet eine Spur, die durch die transparente Elektrode hindurch photographiert werden kann. Eine derartige Streamerkammer besitzt gute Nachweiswahrscheinlichkeit für viele Spuren und sehr gute Ortsauflösung. Ein Vorteil dieser Kammer gegenüber der Blasenkammer ist es, daß der Hochspannungsimpuls durch äußere Signale (von Szintillationszählern) ausgelöst wird und daß die hierfür benötigte Auslösezeit sehr kurz ist, so daß die Wiederholfrequenz nur durch die Geschwindigkeit des Filmtransports begrenzt ist.

Die Flash-Kammer ist ein einfacher und billiger Detektor, der aus einer großen Anzahl von Rohren oder Plastik-Kanälen mit Neon-Helium-Füllung besteht. Diese werden zwischen zwei ebene Elektroden gebracht, an die bei Durchgang eines Teilchens ein Hochspannungsimpuls angelegt wird. Dadurch entsteht in denjenigen Kanälen, in denen ein durchfliegendes geladenes Teilchen Ionisation erzeugt hat, eine Glimmentladung. Diese wird photographisch oder elektronisch registriert. Die räumliche Auflösung

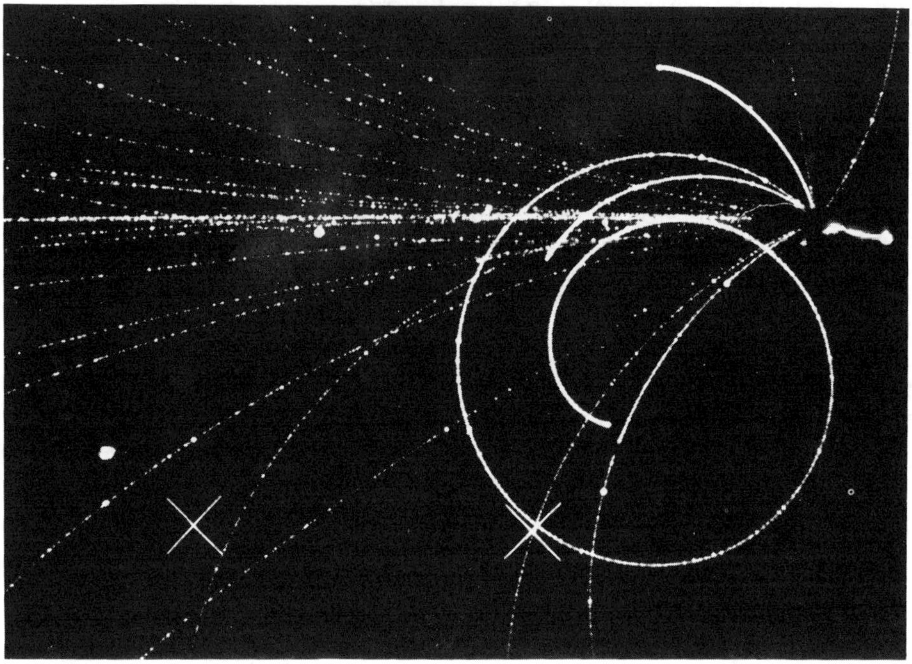

Abbildung 2.16 Wechselwirkung eines von rechts einfallenden Protons mit 200 GeV Energie in einem Target mit Xenon-Gas, registriert in einer Streamer-Kammer. Die Streamer laufen senkrecht zur Bild-Ebene, ebenso das Magnetfeld. Die Kammer ist mit 90% Ne und 10% He gefüllt. (Bild von V. Eckhardt, MPI München.)

entspricht dem Durchmesser der Röhren oder Kanäle, typischerweise einige Millimeter, aber die Methode erlaubt es, Kalorimeter-Detektoren mit großem Volumen bei niedrigen Kosten zu bauen.

2.4.6 Cherenkov-Zähler

Durchquert ein hochenergetisches geladenes Teilchen ein Dielektrikum, so bildet ein Teil des von angeregten Atomen emittierten Lichts eine Wellenfront unter einem festen Winkel relativ zur Teilchenbahn — ein Phänomen, das nach seinem Entdecker als Cherenkov-Effekt benannt wird. Diese Strahlung wird erzeugt, sobald die Geschwindigkeit βc des Teilchens die Lichtgeschwindigkeit im Dielektrikum mit dem Brechungsindex n, c/n, übersteigt. Aus der Huygensschen Konstruktion in Abb. 2.17 sieht man, daß die Wellenfront die Oberfläche eines Kegels um die Teilchenbahn als Achse bildet, so daß

$$\cos\theta = \frac{ct/n}{\beta ct} = \frac{1}{\beta n}, \qquad \beta > \frac{1}{n}. \tag{2.18}$$

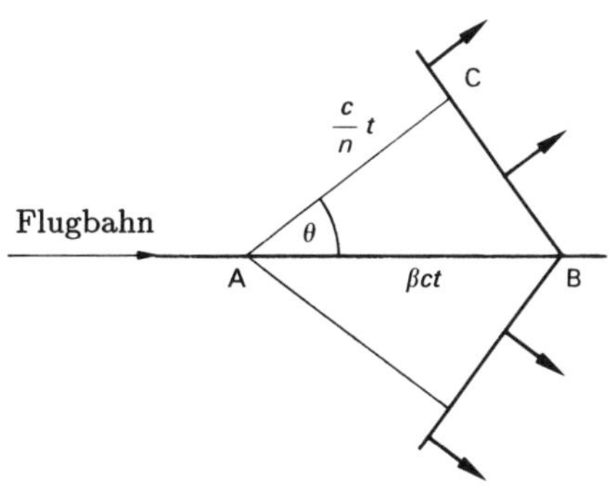

Abbildung 2.17 Huygenssche Konstruktion der Wellenfront von Cherenkov-Licht.

Cherenkov-Strahlung hat ein kontinuierliches Frequenzspektrum. In einem dispersiven Medium sind n und θ Funktionen der Frequenz ν. Die abgestrahlte Energie pro Einheit der Spurlänge ist

$$\frac{dE}{dx} = \frac{4\pi^2 z^2 e^2}{c^2} \int \left(1 - \frac{1}{\beta^2 n^2}\right) \nu \, d\nu. \tag{2.19}$$

Die Anzahl der Photonen einer bestimmten Frequenz oder Wellenlänge ist proportional zu $d\nu$ oder $d\lambda/\lambda^2$. Aus diesem Grund überwiegt das blaue Licht. In einem kleinen Frequenzintervall können wir die Frequenzabhängigkeit von n vernachlässigen, und aus Gl. (2.19) folgt

$$\frac{dE}{dx} = \frac{z^2}{2}\left(\frac{e^2}{\hbar c}\right)\left(\frac{mc^2}{e^2}\right)\left[\frac{(h\nu_1)^2 - (h\nu_2)^2}{mc^2}\right]\left(1 - \frac{1}{\beta^2 n^2}\right)_{\text{av}}. \tag{2.20}$$

Für ein Teilchen mit $z = 1$ und $\beta = 1$ ergibt dieser Ausdruck für Wasser als Radiator ($n = 1.33$) einen Wert $dE/dx = 400$ eV cm^{-1} im Bereich des sichtbaren Lichts ($\lambda = 400$–700 nm) und deshalb 200 Photonen pro cm. Dies ist nur ein kleiner Teil des gesamten Energieverlustes von etwa 2 MeV cm^{-1}.

Die Nützlichkeit des Cherenkov-Effektes liegt darin, daß eine Messung des Winkels in (2.18) eine direkte Messung der Geschwindigkeit βc ergibt. In Tabelle 2.4 sind einige als Radiatoren für den Cherenkov-Effekt geeignete Materialien angegeben. Aus diesen Daten geht hervor, daß der größte Teil der γ-Werte von 1.2 bis 100 mit festen, flüssigen, gasförmigen oder aerogelartigen Radiatoren überdeckt wird.

Cherenkov-Schwellenzähler können verwendet werden, um zwischen zwei relativistischen Teilchen desselben Impulses p und verschiedener Massen m_1 und m_2 zu unterscheiden, wenn das schwerere und langsamere Teilchen (m_2) knapp unterhalb der Schwelle liegt. Dann ist $\beta_2^2 = 1/n^2$ und die Lichtintensität, die das Teilchen mit Masse m_1 erzeugt, ist proportional zu

$$\sin^2\theta_1 = 1 - \frac{1}{\beta_1^2 n^2} \simeq \frac{m_2^2 - m_1^2}{p^2}. \tag{2.21}$$

Tabelle 2.4
Cherenkov-Radiatoren (nach Kleinknecht)

Material	$n-1$	γ (Schwelle)
Helium (NTP)	3.3×10^{-5}	123
CO_2 (NTP)	4.3×10^{-4}	34
Pentan (NTP)	1.7×10^{-3}	17.2
Aerogel	$0.075 \rightarrow 0.025$	$2.7 \rightarrow 4.5$
H_20	0.33	1.52
Glas	$0.75 \rightarrow 0.46$	$1.22 \rightarrow 1.37$

Deshalb wächst die Länge des Radiators, der benötigt wird, um eine bestimmte Anzahl von Photoelektronen zu erzeugen und das Teilchen m_1 damit nachzuweisen, proportional zum Quadrat des Impulses an (falls man jeweils einen geeigneten Radiator findet). Für hochenergetische Strahlen werden deshalb Gas-Radiatoren von einigen Metern Länge unter Überdruck benötigt.

Im differentiellen Cherenkov-Zähler wird der Winkel der Cherenkov-Emission gemessen. Der vom Teilchen erzeugte Lichtkegel wird mit einer Linse oder einem sphärischen Spiegel auf einen Ring abgebildet. Eine justierbare Ringblende in der Fokalebene läßt das Licht auf eine Photoröhre fallen. Differentielle Zähler mit einer Geschwindigkeitsauflösung von $\Delta\beta/\beta \simeq 10^{-7}$ sind gebaut worden, und die Trennung von geladenen Pionen, Kaonen und Protonen bis zu Impulsen von einigen hundert GeV/c ist möglich. Alternativ zur Änderung des Radius der Ringblende bei der differentiellen Messung der Geschwindigkeit kann dieser festgehalten und der Gasdruck variiert werden. Integriert man die Ausgangsimpulse des Photovervielfachers, so kann man Sekundärteilchenerzeugung unter Höchstraten messen.

Es ist auch möglich, auf Photovervielfacher zum Lichtnachweis zu verzichten. In einem neuentwickelten Zähler durchqueren die Photonen aus dem in einem flüssigen Radiator erzeugten Cherenkov-Kegel ein leicht ionisierbares Gas; die Elektronen aus der Photo-Ionisation driften in einem schwachen elektrischen Feld auf eine ebene Vieldrahtkammer zu, so daß mit dieser Kammer ein Ringbild aus den elektronischen Anoden- und Kathodensignalen nachgewiesen wird. Der Radius des Rings ist durch die Teilchengeschwindigkeit bestimmt.

2.5 Schauerzähler und Kalorimeter

Die Energie und die Ortskoordinaten von Sekundärteilchen aus hochenergetischen Stößen können unter bestimmten Bedingungen auch mit total ab-

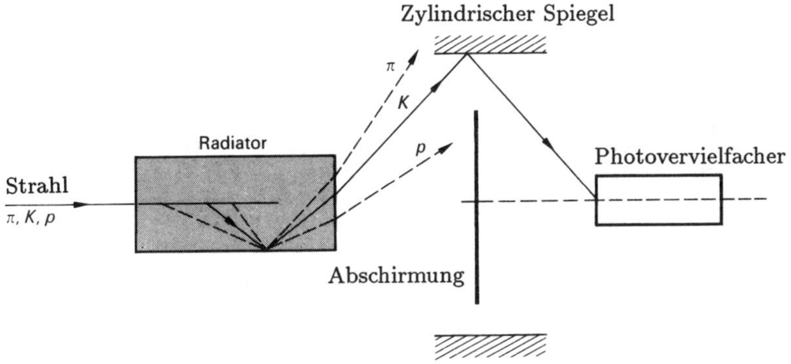

Abbildung 2.18 Beispiel für einen differentiellen Cherenkovdetektor. Die gezeigte Anordnung soll Licht von einer der drei Teilchenkomponenten eines Strahls auswählen (in diesem Fall der K-Mesonen).

sorbierenden Zählern gemessen werden. Beim Absorptionsprozeß erzeugt das einfallende Teilchen in einer ersten Wechselwirkung in einem massiven Detektor Sekundärteilchen, diese wiederum erzeugen tertiäre Teilchen, und so weiter, so daß (fast) die ganze Energie des einfallenden Teilchens in Ionisations- oder Anregungsenergie des Detektormaterials umgesetzt wird — daher der Name „Kalorimeter". Solche Geräte sind unentbehrlich für die Energiemessung neutraler Hadronen. Da die relative Energieauflösung $\Delta E/E$ proportional zu $E^{-1/2}$ variiert, ermöglichen solche Kalorimeter auch für geladene Hadronen bei hohen Energien (10–100 GeV) eine Meßgenauigkeit, die vergleichbar mit oder besser als die von magnetischen Spektrometern ist. Ebenso wichtig ist die Tatsache, daß aus total absorbierenden Kalorimetern in sehr kurzer Zeit (100 ns) Signale mit der Information über die Gesamtenergie extrahiert werden können, die für schnelle Entscheidungen über die elektronische Auswahl von Ereignissen benutzt werden können.

2.5.1 Elektromagnetische Schauerzähler

Für Elektronen und Photonen hoher Energie führt das Zusammenspiel der beiden Prozesse Bremsstrahlung und Paarbildung zur Bildung von kaskadenartigen Teilchenschauern. Ein primäres Elektron strahlt Photonen ab, diese konvertieren zu Elektron-Positron-Paaren, diese geladenen Teilchen strahlen wiederum neue Photonen ab, und die Zahl der Teilchen steigt exponentiell mit der Dicke der durchquerten Schicht an. Die Entwicklung des Schauers kann mit dem folgenden vereinfachten Modell erläutert werden. Wir beginnen mit einem primären Elektron der Energie E_0 und nehmen an, daß es bei der Durchquerung einer Strahlungslänge Material die Hälfte seiner Energie in Form eines Photons abstrahlt. Weiterhin soll in der nächsten Strahlungslänge das Photon zu einem Paar konvertieren, wobei Elektron und Positron je die halbe Photonenergie, d.h. $E_0/4$, erhalten und das primäre Elektron wiederum die Hälfte seiner jetzigen Energie, also $E_0/4$, als Photon abstrahlt. Nach zwei Strahlungslängen haben wir also ein Photon, zwei Elektronen und ein Positron, alle mit der Energie $E_0/4$. Durch Fortsetzung dieser Überlegung erhält man nach t Strahlungslängen $2^t = N$ Teilchen, gemischt aus Photonen, Elektronen und Positronen zu etwa gleichen Teilen. In diesem Modell sind Energieverluste durch Ionisation und die Energieabhängigkeit der Wirkungsquerschnitte für Bremsstrahlung und Paarbildung vernachlässigt. Die Energie eines Teilchens bei der Schichtdicke t ist dann $E(t) = E_0/2^t$. Der Prozeß geht weiter, bis der Energieverlust durch Ionisation denjenigen durch Bremsstrahlung überwiegt. Dies geschieht, wenn $E(t)$ auf die kritische Energie abgesunken ist, $E(t) = E_c$. Der Schauer wird so ein Maximum erreichen und dann plötzlich abbrechen. Das Maximum wird dabei in einer Tiefe

$$t = t_{\max} = \frac{\ln(E_0/E_c)}{\ln 2} \tag{2.22}$$

erreicht, und die Zahl der Schauerteilchen beim Maximum ist

$$N_{\max} = \exp[t_{\max} \ln 2] = \frac{E_0}{E_c}. \tag{2.23}$$

Die Anzahl der Teilchen mit einer Energie oberhalb E ist dann

$$\begin{aligned} N(> E) &= \int_0^{t(E)} N\,dt = \int_0^{t(E)} e^{t \ln 2} dt \\ &\simeq \frac{e^{t(E)\ln 2}}{\ln 2} = \frac{E_0/E}{\ln 2}, \end{aligned}$$

wobei $t(E)$ die Schichtdicke ist, bei der die Teilchenenergie auf E abgefallen ist. Deshalb ist die differentielle Energieverteilung dN/dE proportional zu $1/E^2$. Die gesamte integrierte Spurlänge von geladenen Teilchen in Einheiten von Strahlungslängen im gesamten Schauer ist dann

$$L = \frac{2}{3} \int_0^{t_{\max}} N\,dt = \frac{2}{3 \ln 2} \frac{E_0}{E_c} \simeq \frac{E_0}{E_c}. \tag{2.24}$$

Dieses letztere Ergebnis folgt aus der Definition von E_c und Energieerhaltung; der gesamte Energieverlust von geladenen Teilchen muß schließlich durch Ionisation im Medium meßbar werden.

In Wirklichkeit zeigt die Entwicklung eines Schauers einen anfänglichen exponentiellen Anstieg, ein breites Maximum und einen allmählichen Abfall. Trotzdem geben die obigen Beziehungen qualitativ richtig die hauptsächlichen Eigenschaften der Schauer an:

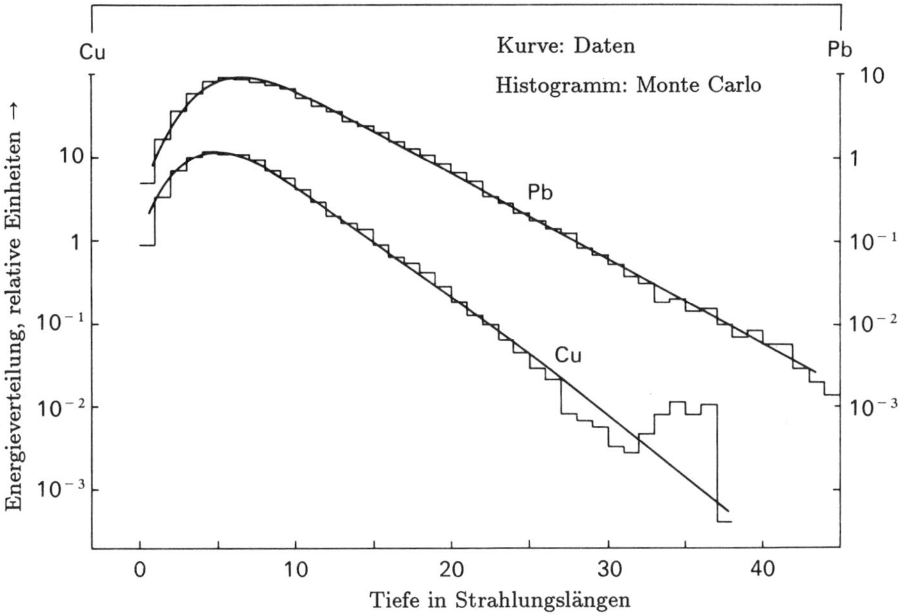

Abbildung 2.19 Longitudinale Verteilung der freigesetzten Energie bei einem durch ein primäres Elektron von 6 GeV Energie ausgelösten Schauer (nach Bathow et al. 1970).

(a) ein Maximum bei einer Eindringtiefe, die logarithmisch mit der Primärenergie E_0 ansteigt;
(b) die Anzahl der Schauerteilchen beim Maximum proportional zu E_0
(c) die gesamte integrierte Spurlänge geladener Teilchen proportional zu E_0.

Die beobachtete longitudinale Entwicklung eines durch ein 6 GeV-Elektron ausgelösten Schauers in verschiedenen Absorbern ist in Abb. 2.19 gezeigt, zusammen mit der Vorhersage einer Monte-Carlo-Rechnung, die die bekannten energieabhängigen Wirkungsquerschnitte für Bremsstrahlung, Paarbildung und andere Prozesse berücksichtigt.

Wegen der Coulombstreuung dehnt sich ein Schauer auch seitlich aus. Diese radiale Ausdehnung wird durch die Strahlungslänge im Medium und durch die Winkelablenkung pro Strahlungslänge bei der kritischen Energie bestimmt. In allen Materialien ist diese Ausdehnung von der Größenordnun pro Strahlungslänge bei der kritischen Energie bestimmt. In allen Materialien ist diese Ausdehnung von der Größenordnung einer Molière-Einheit $R_m = 21(X_0/E_c)$, wobei E_c in MeV gemessen ist (siehe Abb. 2.20).

Elektromagnetische Schauerzähler werden aus Materialen mit großem Z und kleinem X_0 gebaut, um den Schauer auf ein kleines Volumen zu

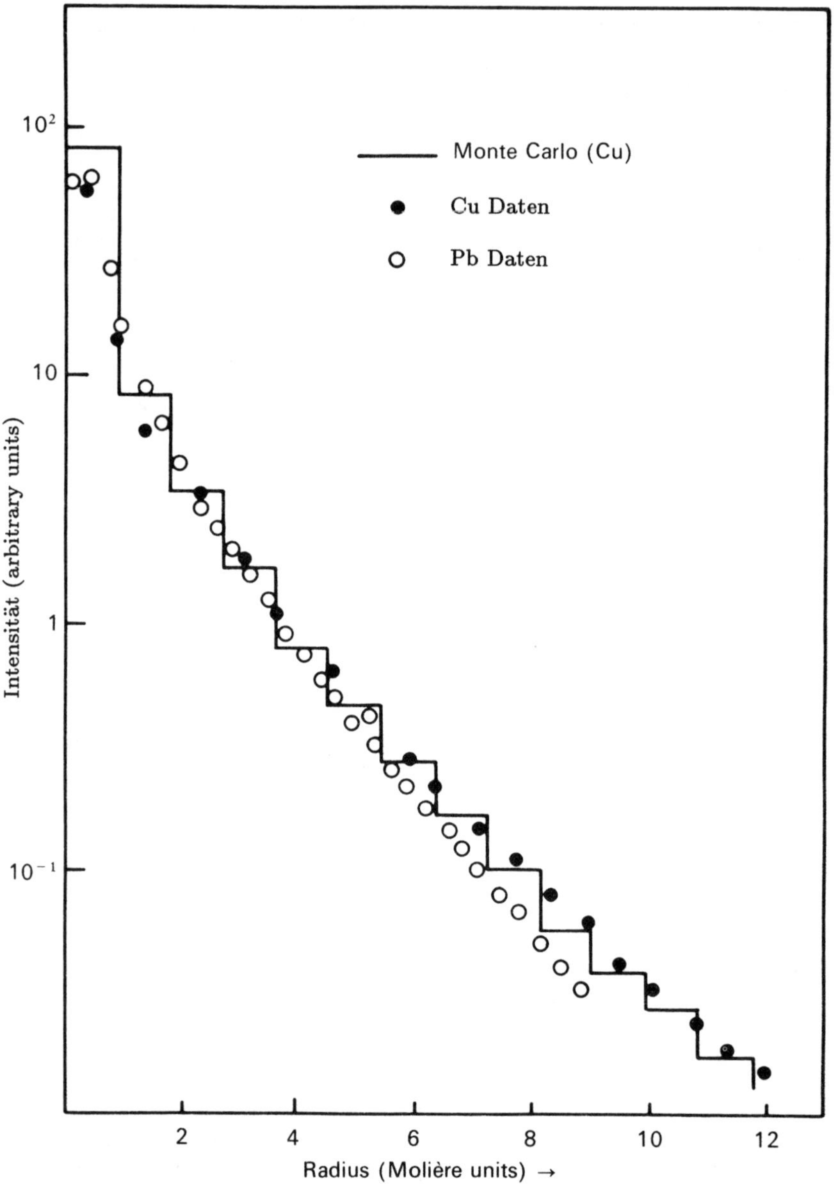

Abbildung 2.20 Transversale Verteilung der freigesetzten Energie bei einem durch ein primäres Elektron von 6 GeV Energie ausgelösten Schauer. Die horizontale Skala ist in Molière-Einheiten R_m angegeben; R_m=21(X_0/E_c) mit der Strahlungslänge X_0 und der kritischen Energie E_c in MeV (nach Bathow et al. 1970).

beschränken. In Detektoren aus Bleiglas (55% PbO, 45% SiO_2) wird das Cherenkov-Licht der relativistischen Elektronen zur Messung der Schauerenergie verwendet. Die typische Energieauflösung beträgt $\Delta E/E = 0.05/\sqrt{E(\mathrm{GeV})}$. Sie wird bestimmt durch die statistische Fluktuation $\sqrt{N}$ der Anzahl N von Teilchen im Schauermaximum, wobei N proportional zu E ist. Weiterhin werden Schauerzähler aus alternierenden Schichten von Blei und Plastikszintillator benutzt. Hier hängt die Auflösung von der Dicke der Bleischichten ab; sie ist vergleichbar mit derjenigen von Bleiglaszählern.

2.5.2 Kalorimeter für Hadronschauer

Ein Hadronschauer ist das Ergebnis einer inelastischen Wechselwirkung eines einfallenden hochenergetischen Hadrons mit einem Kern, wobei sekundäre Hadronen erzeugt werden. Diese wechselwirken wieder inelastisch und erzeugen eine neue Hadron-Generation, und so weiter. Der Maßstab für die longitudinale Ausdehnung solcher Schauer ist durch die hadronische Absorptionslänge λ bestimmt, die von 80 $\mathrm{g\,cm^{-2}}$ für Kupfer über 130 $\mathrm{g\,cm^{-2}}$ bei Eisen bis hin zu 210 $\mathrm{g\,cm^{-2}}$ für Blei variiert. Diese Ausdehnung ist groß verglichen mit der Strahlungslänge in schweren Elementen, so daß Hadron-Kalorimeter im Vergleich zu elektromagnetischen Schauerzählern sehr groß und massiv sind. Für ein Hadron-Kalorimeter aus Schichten von Eisen und Szintillator sind die longitudinalen und transversalen Ausdehnungen eines Schauers etwa 2 m und 0.5 m.

Bei einem elektromagnetischen Schauer erscheint der ganz überwiegende Teil der Energie des einfallenden Teilchens schließlich als Ionisationsenergie. Im Gegensatz dazu gehen in einer Hadron-Kaskade etwa 30% dieser Energie durch die Spaltung und Spallation von Kernen, Anregung von Kernen und Verdampfung von Neutronen (und Protonen) verloren und tragen deshalb nicht zum beobachtbaren Signal (der *sichtbaren Energie*) bei. Eine erfolgreiche Methode zur Kompensation dieses Verlustes ist die Benutzung von ^{238}U als Kalorimeter-Material, wobei die zusätzliche Energie aus der Spaltung des ^{238}U durch schnelle Neutronen den Verlust durch den Aufbruch von Kernen ausgleicht. Diese Kompensation ist aus folgendem Grund wichtig: in einer hadronischen Kaskade, die neutrale und geladene Pionen enthält, erzeugen diese Pionen elektromagnetische bzw. hadronische Kaskaden. Die integrierte Szintillator-Impulshöhe sollte aber proportional zur primären Energie sein, unabhängig von Fluktuationen im Verhältnis der Zahl von neutralen oder geladenen Pionen im Schauer. Abb. 2.21 zeigt Messungen der longitudinalen Schauerentwicklung in einem Kalorimeter aus alternierenden Schichten von Eisen und Szintillator.

Die Energieauflösung von Hadron-Kalorimetern ist typischerweise $\Delta E/E \simeq 0.5/\sqrt{E}$ mit E in GeV. Verschiedene Typen von Kalorimetern werden zur Zeit benutzt. Das Sandwich aus Eisen und Szintillator wurde

Spallation: Kernreaktion, bei der aus dem von einem energiereichen Teilchen getroffenen Kern mehrere Nukleonen herausgeschlagen werden und ein schwerer Restkern zurückbleibt.

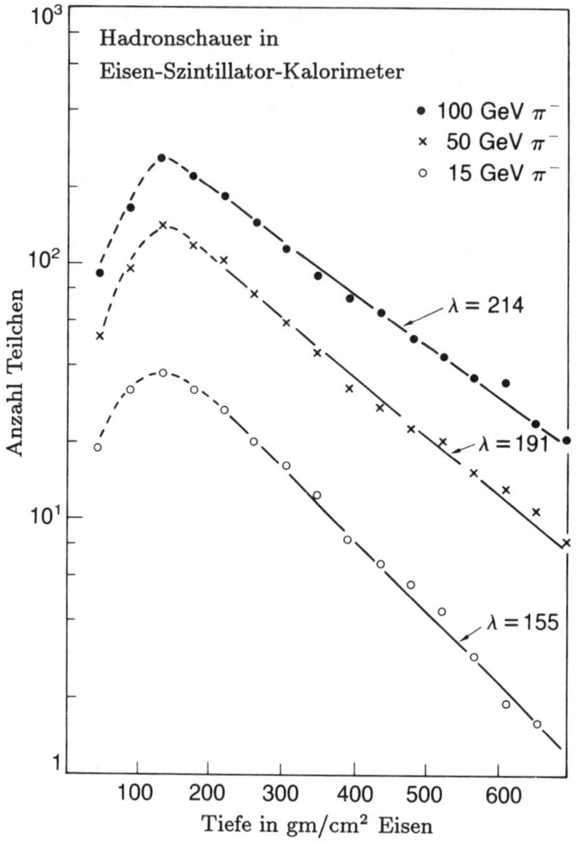

Abbildung 2.21 Mittlere longitudinale Entwicklung von hadronischen Schauern, die von negativen Pionen in einem Kalorimeter aus alternierenden Schichten von 5 cm dicken Eisenplatten und Plastikszintillatoren ausgelöst werden. Die Ordinate gibt die äquivalente Anzahl von minimal ionisierenden Teilchen bei der betreffenden Eindringtiefe an. Die Standardabweichung der Fluktuationen um den Mittelwert ist in einzelnen Schauern etwa 100%. (Nach Holder et al. 1978.)

schon erwähnt, daneben werden zur Messung der Teilchenzahlen Proportionalröhren, Flash-Röhren und Driftkammern verwendet.

2.5.3 Beispiele für große hybride Detektoren

Typische Experimente in der Hochenergiephysik erfordern gleichzeitig den Nachweis, die Messung und die Identifizierung vieler geladener und neutraler Teilchen aus jedem ablaufenden Elementarereignis. Deshalb werden bei einem Experiment üblicherweise mehrere Detektortypen zu einem Detektorsystem integriert.

Als ein Beispiel zeigt Abb. 2.22 den großen Spektrometer-Detektor, den die JADE-Kollaboration am e^+e^--Speicherring PETRA bei DESY in

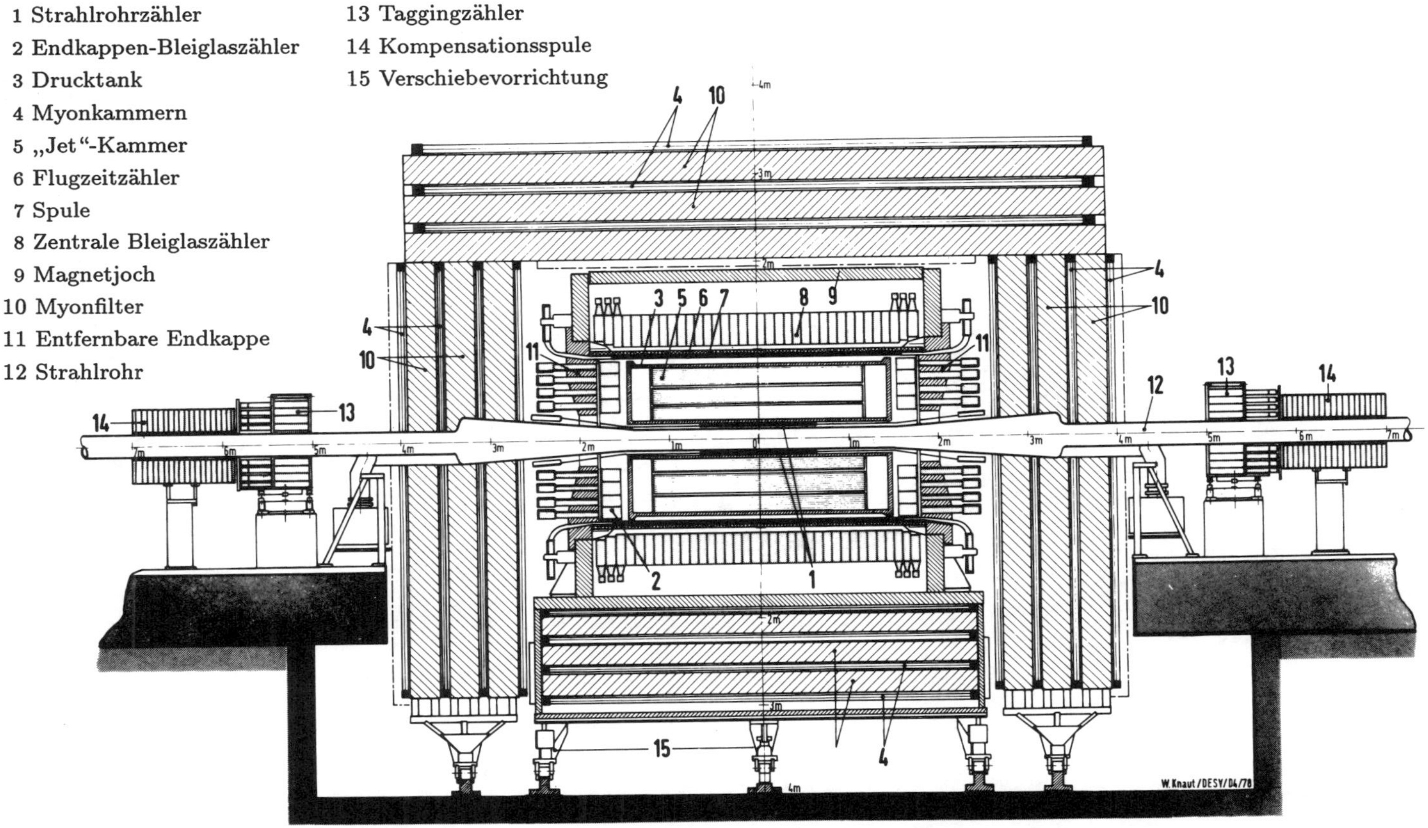

Abbildung 2.22 Der Spektrometer-Detektor JADE, der am e^+e^--Speicherring PETRA bei DESY in Hamburg benutzt wurde. Das Bild zeigt einen vertikalen Schnitt durch das Strahlrohr (Bild DESY).

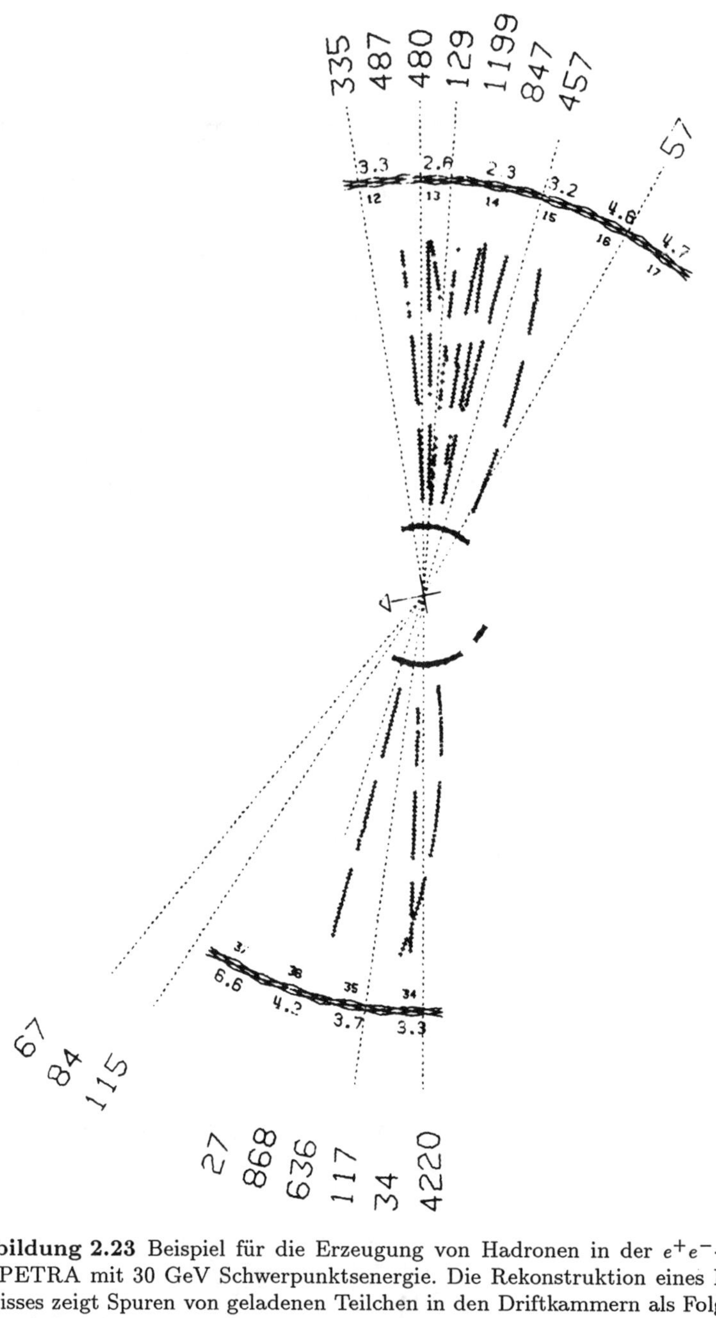

Abbildung 2.23 Beispiel für die Erzeugung von Hadronen in der e^+e^--Vernichtung bei PETRA mit 30 GeV Schwerpunktsenergie. Die Rekonstruktion eines Elementarereignisses zeigt Spuren von geladenen Teilchen in den Driftkammern als Folge von Kreuzen und die rekonstruierten Bahnen von Photonen aus Zerfällen neutraler Pionen, die in Bleiglaszählern außerhalb der Driftkammern nachgewiesen werden, als punktierte Linien. Das Bild ist eine Projektion auf die Ebene senkrecht zur Strahlrichtung. Die Konzentration der Hadronen auf zwei in entgegengesetzter Richtung davonfliegende Teilchenbündel („Jets") ist gut sichtbar. Das Ereignis ist mit dem JADE-Detektor (Abb. 2.22) aufgenommen.

Abbildung 2.24 Magnetisiertes Kalorimeter der CERN-Dortmund-Heidelberg-Saclay-Kollaboration (CDHS) zur Untersuchung von Neutrino-Wechselwirkungen am SPS des CERN. Es besteht aus Eisen-Toroidmagneten, Szintillationszählern und Driftkammern zur Identifizierung und Impulsmessung von sekundären Myonen und zur Messung der Schauerenergie von sekundären Hadronen. Die Gesamtmasse beträgt 1400 Tonnen. (Photo CERN.)

Hamburg verwendete. Das Bild zeigt einen vertikalen Schnitt durch den Detektor, der die Strahlachse enthält. Geladene Teilchen aus dem Kreuzungspunkt der Strahlen werden durch Strahlrohrzähler, eine zylindrische Driftkammer („Jet-Kammer") und durch Flugzeitzähler vermessen. Die Driftkammer mißt die Spurkoordinaten und die Ionisationsdichte der Spuren. Diese Detektoren befinden sich innerhalb eines zylindrischen Solenoidfeldes mit B = 0.5 T parallel zur Strahlrichtung mit einer Länge von 3.5 m und einem Durchmesser von 2 m. Driftkammern außerhalb des Eisenjoches des Solenoids dienen zur Identifizierung und Messung der durchdringenden Myonen. Zähler nahe dem Strahlrohr strahlauf- und abwärts weisen Teilchen unter kleinen Winkeln relativ zur Strahlachse nach (*Tagging-Zähler*). Ein Ereignis in diesem Detektor zeigt Abb. 2.23.

Als zweites Beispiel zeigt Abb. 2.24 den von der CDHS-Kollaboration am CERN SPS aufgebauten Neutrino-Detektor. Es ist im wesentlichen ein magnetisiertes Kalorimeter mit 1400 Tonnen Masse. Es besteht aus einer Folge von 5 cm dicken Eisenplatten mit 3.5 m Durchmesser, Szintillationszählern und Driftkammern. Die letzteren registrieren die Bahn geladener Sekundärteilchen aus einer Neutrinoreaktion, während die integrierte

Impulshöhe der Szintillationszähler die Energie des Hadronschauers ergibt. Hochenergetische Myonen aus der Reaktion werden durch ihre große Reichweite in Eisen identifiziert, ihr Impuls ergibt sich aus der Krümmung im magnetisierten Eisen. Ein anderes Beispiel für einen großen Detektor ist der UA1-Detektor (Abb. 7.18), der zur Entdeckung der W- und Z^0-Bosonen der schwachen Wechselwirkung verwendet wurde.

Aufgaben

2.1 Die mittlere Anzahl $\bar{n}$ von ionisierenden Stößen eines schnellen Teilchens mit der Ladung ze bei der Durchquerung einer Schicht der Dicke dx (g cm^{-2}) eines Materials, die zu dem Energieübertrag $E' \rightarrow E' + dE'$ führen, ist:

$$\bar{n} = f(E')\,dE'\,dx = \frac{2\pi z^2 e^4 N_0 Z}{mv^2 A}\,\frac{dE'}{(E')^2}\left(1 - \frac{v^2}{c^2}\,\frac{E'}{E'_{\text{max}}}\right) dx.$$

Dabei haben die Symbole die Bedeutung wie in Gl. (2.7) und der maximale Energieübertrag ist $E'_{\text{max}} = 2mv^2/(1-\beta^2)$, mit $\beta = v/c$. Für einzelne Teilchen ist die Verteilung in der Anzahl n der Stöße eine Poisson-Verteilung, so daß $\langle(n - \bar{n})\rangle = \bar{n}$ ist. Wenn wir die obige Gleichung mit $(E')^2$ multiplizieren und integrieren, erhalten wir die mittlere quadratische Abweichung $\varepsilon^2 = \langle(\Delta E - \overline{\Delta E})^2\rangle$ um den mittleren Energieverlust $\overline{\Delta E}$. Zeigen Sie, daß

$$\varepsilon^2 = 0.6\frac{Z}{A}(mc^2)^2\gamma^2\left(1 - \frac{\beta^2}{2}\right)\Delta x.$$

Berechnen Sie die relative mittlere quadratische Abweichung $\varepsilon/\overline{\Delta E}$ im Energieverlust für Protonen der kinetischen Energie 500 MeV, die eine Schicht von (a) 0.1, (b) 1.0, und (c) 10 g cm^{-2} Dicke aus Plastikszintillator durchqueren ($Z/A = 1/2$). Nehmen Sie $dE/dx = 3$ MeV g^{-1} cm^2 an.

2.2 Ein schmaler Strahl von einfach geladenen Teilchen mit Impuls p durchquert entlang der x-Richtung eine Materialschicht der Dicke s Strahlungslängen. Berechnen Sie unter Vernachlässigung des Energieverlustes durch Ionisation die mittlere quadratische Aufweitung des Strahls in y-Richtung beim Austritt aus der Schicht. [Hinweis: Betrachten Sie ein Element der Schicht mit Dicke dx bei der Eindringtiefe x und berechnen Sie den Beitrag $(dy)^2$, den dieses Element zur quadratischen Aufweitung beiträgt; integrieren Sie dann über x. Benutzen Sie die abgeleitete Formel, um die mittlere quadratische Aufweitung eines Strahls von Myonen des Impulses 10 GeV/c bei der Durchquerung einer 100 m langen Röhre mit Füllung aus (a) Luft, (b) Helium bei Normalbedingungen zu berechnen.

2.3 Ausgedehnte Luftschauer in der kosmischen Strahlung enthalten eine *weiche* Komponente aus Elektronen und Photonen und eine *harte* Komponente aus Myonen. Nehmen Sie an, daß der Zentralbereich eines Schauers einen schmalen, vertikalen Strahl aus parallelen Myonen der Energie 1000 GeV enthält, die in die Erde eindringen. Der Energieverlust durch Ionisation sei konstant 2 MeV g^{-1} cm^2. Berechnen Sie die Eindringtiefe der Myonen in Fels mit der Dichte 3 g cm^{-3}. Schätzen Sie unter Benutzung der in der vorhergehenden Aufgabe abgeleiteten Formel die radiale Ausdehnung des Myonstrahls (in Metern) am Ende der Reichweite der Myonen ab, wobei das Absinken der Energie der Myonen bei der Durchquerung des Felsens berücksichtigt werden soll (Strahlungslänge im Felsen 25 g/cm^2).

2.4 Zeigen Sie, daß beim frontalen Zusammenstoß zweier Strahlen von relativistischen Teilchen mit der Energie E_1 bzw. E_2 das Quadrat der Energie im Schwerpunktsystem $4E_1E_2$ ist, und daß dieser Betrag bei einem Kreuzungswinkel θ zwischen den Strahlen um den Faktor $(1+\cos\theta)/2$ reduziert wird. Zeigen Sie, daß die verfügbare kinetische Energie beim frontalen Stoß von zwei 25 GeV-Protonen gleich derjenigen beim Stoß eines 1300 GeV-Protons mit einem ruhenden Nukleon ist.

2.5 Ein hochenergetisches Elektron stößt mit einem Elektron eines Atom zusammen. Was ist die Schwellenenergie für die Erzeugung eines e^+e^--Paares?

2.6 Ein extrem relativistisches Proton mit Impuls $\boldsymbol{p}$ stößt auf ein in einem Target-Kern gebundenes Proton mit Fermi-Impuls $\boldsymbol{p}_f$. Berechnen Sie die zur Verfügung stehende kinetische Energie beim Stoß im Vergleich zu derjenigen beim Stoß auf ein freies Target-Nukleon, wobei die drei Fälle betrachtet werden sollen, daß $\boldsymbol{p}$ und $\boldsymbol{p}_f$ (a) parallel, (b) antiparallel, (c) aufeinander senkrecht stehen.

2.7 Es ist manchmal möglich, zwischen Spuren von relativistischen Pionen, Kaonen und Protonen in einer Blasenkammer aufgrund von emittierten δ-Elektronen zu unterscheiden. Was ist die minimale Energie, die ein δ-Elektron haben muß, damit seine Beobachtung die Identifizierung eines Pions mit 5 GeV/c Impuls und die Trennung von Kaonen und Protonen erlaubt? Wie groß ist die Wahrscheinlichkeit, solch ein δ-Elektron bei einer 1 m langen Spur in flüssigem Wasserstoff zu beobachten (Dichte 0.06)? (Benutzen Sie Aufgabe 2.1.)

2.8 Ein Experiment zum Protonzerfall wird mit einem großen kubischen Wassertank als Protonenquelle ausgeführt, wobei die mögliche Zerfallsart $p \to e^+ + \pi^0$ durch das Cherenkovlicht der durch die Zerfallsprodukte erzeugten elektromagnetischen Schauer beim Durchfliegen des Wassers nachgewiesen werden soll. Wie groß muß der Wassertank sein, um solche Schauer ganz zu absorbieren? Schätzen Sie die integrierte Spurlänge der Schauer bei einem solchen Zerfall ab und berechnen Sie daraus die Gesamtzahl der sichtbaren Cherenkov-Photonen im Wellenlängenbereich λ = 400–700 nm. Das Licht soll in einer Anordnung von Photomultipliern nachgewiesen werden, die die Oberfläche des Würfels bedecken. Es sei die optische Transmission des Wassers 20% und die Photokathodenausbeute 15%. Welcher Bruchteil der Oberfläche muß mit Photokathoden bedeckt werden, um eine Energieauflösung von 10% zu erreichen?

Literatur

Allison, W.M., and J.H. Cobb, „Relativistic charged particle indentification by energy loss", *Ann. Rev. Nucl. Part. Science* **30**, 253 (1980).

Bethe, A.A., and J. Ashkin, „Passage of radiations through matter", in Segre (ed.), *Experimental Nuclear Physics*, John Wiley, New York, 1953, Vol. 1, p. 166.

Blewett, M.H., „Characteristics of typical accelerators", *Ann. Rev. Nucl. Science* **17**, 427 (1967).

Bradner, H., „Bubble chambers", *Ann. Rev. Nucl. Science* **10**, 109 (1960).

Charpak, G., „Evolution of automatic spark chambers", *Ann. Rev. Nucl. Science* **20**, 195 (1970).

Charpak, G., and F. Sauli, „High resolution electronic particle detectors", *Ann. Rev. Nucl. Part. Science* **34**, 285 (1984).

Courant, E.D., „Accelerators for high intensities and high energies", *Ann. Rev. Nucl. Science* **18**, 435 (1968).

Fabjan, C.W., and H.G. Fischer, „Particle detectors", *Rep. Prog. Physics* **43**, 1003 (1980).

Fabjan, C.W., and T. Ludlam, „Calorimetry in high energy physics", *Ann. Rev. Nucl. Part. Science* **32**, 335 (1982).

Glaser, D., „The bubble chamber", in S. Fluegge (ed.), *Encyclopaedia of Physics*, Springer (Berlin), 1955, Vol. 45.

Hutchinson, G., „Čerenkov detectors", *Prog. Nucl. Phys.* **8**, 195 (1960).

Kleinknecht, K., „Particle detectors", Proc. Advanced Study Inst. on Techniques and Concepts in High Energy Physics, St Croix USVI (ed. T. Ferbel), 1980.

Kleinknecht, K., „Detectors for particle radiation", Cambridge University Press, Cambridge 1986; Paperback edition, 1987.

Kleinknecht, K., Detektoren für Teilchenstrahlung, Teubner, Stuttgart, 2. Aufl. 1987.

Kohaupt, R.D., and G.A. Voss, „Progress and performance of e^+e^- storage rings", *Ann. Rev. Nucl. Part. Science* **33**, 67 (1983).

Lawson, J.D., and M. Tigner, „The physics of particle accelerators", *Ann. Rev. Nucl. Part. Science* **34**, 99 (1984).

Litt, J., and P. Meunier, „Čerenkov counter techniques in high energy physics", *Ann. Rev. Nucl. Part. Science* **23**, 1 (1973).

Livingstone, M.S., and J.P. Blewett, *Particle Accelerators*, McGraw-Hill, New York, 1962.

McMillan, E.M., „Particle accelerators", in Segre (ed.), *Experimental Nuclear Physics*, John Wiley, New York, 1959, Vol. 3, p. 639.

Palmer, R., and A.V. Tollestrup, „Superconducting magnet technology for accelerators", *Ann. Rev. Nucl. Part. Science* **34**, 247 (1984).

Panofsky, W.K.H., „High energy physics horizons", *Physics Today*, **26**, (June 1973).

Pellegrini, C., „Colliding beam accelerators", *Ann. Rev. Nucl. Science* **22**, 1 (1972).

Price, W.J., *Nuclear Radiation Detection*, McGraw-Hill, New York, 1964.

Rossi, B., *High Energy Particles*, Prentice-Hall, New Jersey, 1952.

Sanford, J.R., „The Fermi National Accelerator Laboratory", *Ann. Rev. Nucl. Part. Science* **26**, 151 (1976).

Segre, E., *Nuclei and Particles*, Benjamin, New York, 1977, Chapters 2–4.

Sternheimer, R.M., „Interaction of radiation with matter", in Yuan and Wu (eds.), *Methods of Experimental Physics*, Academic Press, 1961, Vol. 5A, p. 1. (This volume also contains articles on the different types of particle detector.)

Van der Meer, S., „Stochastic cooling and the accumulation of antiprotons", *Rev. Mod. Phys.* **57**, 699 (1985).

Kapitel 3

Invarianzprinzipien und Erhaltungssätze

Eines der wichtigsten Konzepte in der Physik ist das Prinzip der Symmetrie oder der Invarianz von Gleichungen, die ein System beschreiben, unter einer Operation. Solch eine Operation kann z.B. eine Verschiebung oder Drehung im Raum sein. Mit solchen Invarianzeigenschaften sind Erhaltungssätze verknüpft — in den erwähnten Fällen sind dies die Erhaltung von Impuls und Drehimpuls. Ein bestimmter Typ von Wechselwirkung gehorcht im allgemeinen vielen verschiedenen Erhaltungssätzen, so daß die mathematische Beschreibung dieser Wechselwirkung unter mehreren Operationen invariant sein muß; dies schränkt die möglichen Formen der Wechselwirkung stark ein und erlaubt es außerdem, Beziehungen zwischen Wirkungsquerschnitten für verschiedene Prozesse abzuleiten, die über diese Wechselwirkung ablaufen. So ist die Erhaltung des Isospins in der starken Wechselwirkung äquivalent zu einer Invarianz unter Drehungen im *Isospinraum* und führt zu Beziehungen zwischen den Wirkungsquerschnitten für die verschiedenen möglichen Ladungszustände in der Pion-Nukleon-Streuung.

Die betrachteten Transformationen können kontinuierlich oder diskret sein. Verschiebungen oder Drehungen im Raum sind Beispiele für kontinuierliche Transformationen, während eine Spiegelung am Koordinatenursprung (*Paritätsoperation*) eine diskrete Transformation ist. Die damit verbundenen Erhaltungssätze sind in den beiden Fällen additiv bzw. multiplikativ.

In diesem Kapitel besprechen wir die wichtigeren Beispiele für Erhaltungssätze und Invarianzprinzipien in der Teilchenphysik. Invarianz unter

Raum-Zeit-Transformationen in der speziellen Relativitätstheorie wird im Anhang A diskutiert.

3.1 Invarianz und Operatoren in der Quantenmechanik

In der Quantenmechanik wird ein System von Teilchen durch eine Wellenfunktion oder einen Zustandsvektor ψ dargestellt. Die Bewegungsgleichungen von Schrödinger und Heisenberg beschreiben die zeitliche Entwicklung solch eines Systems. Das Ergebnis einer physikalischen Messung am System entspricht dem Erwartungswert eines auf die Wellenfunktion wirkenden Operators Q, der den Wert $q = \int \psi^* Q \psi dV$ hat. Die zeitliche Entwicklung von q kann entweder der Zeitabhängigkeit von ψ (Schrödinger-Darstellung) oder derjenigen des Operators Q (Heisenberg-Darstellung) zugeschrieben werden. Für die erste Möglichkeit schreiben wir $\psi = \psi_s(t)$. Die Schrödinger-Bewegungsgleichung ist dann

$$i\hbar \frac{\partial}{\partial t} \psi_s(t) = H \psi_s(t), \tag{3.1}$$

wobei H der Operator der Gesamtenergie oder Hamilton-Operator ist; er ergibt die Energie-Eigenwerte für stationäre Zustände $H\psi = E\psi$. $\psi_s(t)$ ist dann natürlich

$$\psi_s(t) = T(t, t_0)\psi_s(t_0), \tag{3.2}$$

mit

$$T(t, t_0) = \exp[-i(t - t_0)H/\hbar]. \tag{3.3}$$

Dabei wurde angenommen, daß H nicht explizit von t abhängt. Der Operator T erhält die Norm der Wellenfunktion und ist unitär, d.h. $T^{-1} = T^* = \exp[i(t - t_0)H/\hbar]$ und $T^{-1}T = 1$. Daher genügt die komplex konjugierte Wellenfunktion der Gleichung

$$\psi_s(t)^* = \psi_s(t_0)^* T^{-1}(t, t_0). \tag{3.4}$$

In der Heisenberg-Darstellung wird die Zeitabhängigkeit dem Operator Q, und nicht ψ, zugeschrieben. Der physikalisch beobachtete Erwartungswert muß in den beiden Darstellungen derselbe sein, so daß

$$q = \underbrace{\int \psi_s(t_0)^* Q \psi_s(t_0) dV}_{\text{Heisenberg}} \equiv \underbrace{\int \psi_s(t)^* Q_0 \psi_s(t) dV}_{\text{Schrödinger}},$$

oder mit (3.2) und (3.4)

$$\psi_s(t_0)^* Q \psi_s(t_0) = \psi_s(t_0)^* T^{-1} Q_0 T \psi_s(t_0),$$

oder

$$Q = T^{-1} Q_0 T. \tag{3.5}$$

Daraus folgt mit Hilfe von (3.3) und (3.5) ein Ausdruck für die Zeitabhängigkeit des Operators Q:

$$\begin{aligned} i\hbar\frac{dQ}{dt} &= i\hbar\frac{dT^{-1}}{dt}Q_0T + i\hbar T^{-1}Q_0\frac{dT}{dt} \\ &= -HT^{-1}Q_0T + T^{-1}Q_0TH \\ &= -HQ + QH = [Q,H]. \end{aligned} \tag{3.6}$$

Dabei ist $[Q,H]$ der Kommutator von Q und H. Wenn Q explizit von der Zeit abhängt, d.h. $\partial Q/\partial t \neq 0$, dann verallgemeinert sich (3.6) zu

$$i\hbar\frac{dQ}{dt} = i\hbar\frac{\partial Q}{\partial t} + [Q,H]. \tag{3.7}$$

Dies ist die Heisenbergsche Bewegungsgleichung für den Operator Q. Wenn $\partial Q/\partial t = 0$ ist, haben wir $dQ/dt = 0$ falls $[Q,H] = 0$. Daher ist ein nicht explizit von der Zeit abhängiger Operator eine Konstante der Bewegung, wenn er mit dem Hamilton-Operator kommutiert. Ganz allgemein sind erhaltene Quantenzahlen mit solchen Operatoren verknüpft, die mit dem Hamilton-Operator kommutieren.

3.2 Translation und Rotation

Quantenmechanische Operatoren erzeugen zwei Typen von Transformationen: kontinuierliche (z.B. Translation in Raum und Zeit) und diskrete (z.B. Raumspiegelung am Koordinatenursprung). Als Beispiel für kontinuierliche Transformationen besprechen wir zuerst räumliche Translationen. Die Wirkung einer infinitesimalen Translation δr im Raum auf eine Wellenfunktion ψ ist:

$$\psi' = \psi(r + \delta r) = \psi(r) + \delta r\frac{\partial\psi(r)}{\partial r} = \left(1 + \delta r\frac{\partial}{\partial r}\right)\psi = D\psi,$$

wobei

$$D = \left(1 + \delta r\frac{\partial}{\partial r}\right) \tag{3.8}$$

ein infinitesimaler Operator für räumliche Verschiebungen ist. Da der Impulsoperator $p = i\hbar\,\partial/\partial r$ ist können wir (3.8) umschreiben:

$$D = (1 + ip\,\delta r/\hbar). \tag{3.9}$$

Eine endliche Translation kann durch die Zusammensetzung von n Schritten hintereinander erreicht werden ($\Delta r = n\delta r$), so daß

$$D = \lim_{n\to\infty}\left(1 + \frac{i}{\hbar}p\,\delta r\right)^n = \exp\left(\frac{i}{\hbar}p\,\Delta r\right). \tag{3.10}$$

Daher ist D ein unitärer Operator mit $D^*D = D^{-1}D = 1$. Der Impulsoperator p wird der Generator des Translationsoperators D genannt. Wenn

besser $D^+D = 1$

der Hamiltonoperator H unabhängig von solchen räumlichen Translationen ist, gilt $[D, H] = 0$. Aus Gl. (3.9) ergibt sich, daß in diesem Fall auch p mit H kommutiert:

$$[p, H] = 0. \tag{3.11}$$

Wenn also der Hamilton-Operator invariant unter räumlichen Translationen ist, dann kommutiert der Impulsoperator p (der Generator dieser Translationen) mit dem Hamiltonoperator, und der Erwartungswert von p (der Impuls des System) ist eine erhaltene Größe. Deshalb sind die folgenden Aussagen äquivalent:

(a) Der Impuls eines isolierten Systems ist erhalten.

(b) Der Hamiltonoperator ist invariant unter räumlichen Translationen.

(c) Der Impulsoperator kommutiert mit dem Hamiltonoperator.

In vollständiger Analogie mit dem Operator D für räumliche Translationen nach (3.8) kann man den Generator für infinitesimale Rotationen um eine Achse folgendermaßen schreiben:

$$R = 1 + \delta\phi \frac{\partial}{\partial \phi}. \tag{3.12}$$

Der Operator der z-Komponente des Drehimpulses ist (nach Anhang C):

$$J_z = -i\hbar \left(x \frac{\partial}{\partial y} - y \frac{\partial}{\partial x} \right) = -i\hbar \frac{\partial}{\partial \phi}, \tag{3.13}$$

wobei ϕ der Azimut-Winkel um die z-Achse ist. Daher gilt

$$R = 1 + \frac{i}{\hbar} J_z \delta\phi.$$

Eine endliche Rotation wird wiederum durch die n-fache Wiederholung der infinitesimalen Rotation erzeugt, $\Delta\phi = n\delta\phi$, wobei $n \to \infty$ und $\delta\phi \to 0$. Daher ist

$$R = \lim_{n \to \infty} \left(1 + \frac{i}{\hbar} J_z \delta\phi \right)^n = \exp\left(\frac{i}{\hbar} J_z \Delta\phi \right). \tag{3.14}$$

Die Drehimpulserhaltung bezüglich einer Achse entspricht also der Invarianz des Hamiltonoperators gegen Drehungen um diese Achse; sie kann auch durch die Vertauschungsrelation $[J_z, H] = 0$ ausgedrückt werden.

3.3 Parität

Die Raumspiegelung am Koordinatenursprung $(x, y, z \to -x, -y, -z)$ ist ein Beispiel für eine diskrete Transformation. Sie wird durch den Paritätsoperator P erzeugt:

$$P\psi(\boldsymbol{r}) \to \psi(-\boldsymbol{r}).$$

Die Wiederholung dieser Operation ergibt $P^2 = 1$, so daß P ein unitärer Operator ist. Der Eigenwert des Operators (wenn einer existiert) ist ± 1, und dieser Wert wird die Parität des Systems genannt. Eine Wellenfunktion kann, aber muß nicht eine wohldefinierte Parität haben, die gerade ($P = +1$) oder ungerade ($P = -1$) sein kann. So gilt z.B. für

$$\psi = \cos x, \quad P\psi \to \cos(-x) = \cos x = +\psi : \quad \text{gerade} \quad (P = +1),$$

$$\psi = \sin x, \quad P\psi \to \sin(-x) = -\sin x = -\psi : \quad \text{ungerade} \quad (P = -1),$$

während

$$\psi = \sin x + \cos x, \quad P\psi \to \cos x - \sin x \neq \pm\psi,$$

so daß diese letzte Funktion keine definierte Parität hat. Wie üblich ist die Parität eines Systems eine erhaltene Quantenzahl falls $[H, P] = 0$. So hat z.B. jedes kugelsymmetrische Potential die Eigenschaft $H(-\boldsymbol{r}) = H(\boldsymbol{r}) = H(r)$, so daß $[P, H] = 0$. Daher haben die gebundenen Zustände des Systems eine definierte Parität. Ein bekanntes Beispiel sind die Wellenfunktionen des Wasserstoff-Atoms (ohne Spineffekte), wo die winkelabhängigen Lösungen die Kugelfunktionen sind (s. Anhang, Tabelle II):

$$\begin{aligned}\psi(r, \theta, \phi) &= \chi(r) Y_l^m(\theta, \phi) \\ &= \chi(r) \sqrt{\frac{(2l+1)\,(l-m)!}{4\pi(l+m)!}} P_l^m(\cos\theta) e^{im\phi}.\end{aligned} \tag{3.15}$$

Die Raumspiegelung $\boldsymbol{r} \to -\boldsymbol{r}$ entspricht den Transformationen

$$\theta \to \pi - \theta,$$

$$\phi \to \pi + \phi,$$

wie in Abb. 3.1, mit dem Ergebnis

$$e^{im\phi} \to e^{im(\pi+\phi)} = (-1)^m e^{im\phi},$$

$$P_l^m(\cos\theta) \to P_l^m(\cos(\pi - \theta)) = (-1)^{1+m} P_l^m(\cos\theta)$$

oder

$$Y_l^m(\theta, \phi) \to Y_l^m(\pi - \theta, \pi + \phi) = (-1)^l Y_l^m(\theta, \phi). \tag{3.16}$$

Die Kugelfunktionen mit Bahndrehimpuls l haben also die Parität $(-1)^l$. Die s, d, g, ...-Elektronenzustände im Atom haben gerade Parität, die p, f, h, ...-Zustände ungerade. Elektrische Dipolübergänge zwischen Zuständen sind durch die Auswahlregel $\Delta l = \pm 1$ charakterisiert, so daß sich bei einem solchen Übergang die Parität des Zustandes ändern muß. Die Parität des abgestrahlten ($E1$)-Photons muß -1 sein, und die Parität des Gesamtsystems (Atom + Photon) ist erhalten.

Die Parität ist eine multiplikative Quantenzahl, so daß die Parität eines zusammengesetzten Systems mit der Wellenfunktion $\psi = \phi_a \phi_b \cdots$ gleich dem Produkt der einzelnen Paritäten ist.

In starken und elektromagnetischen Wechselwirkungen ist die Parität erhalten. Dies ist z.B. in der Reaktion $p + p \to \pi^+ + p + n$ der Fall, in der ein

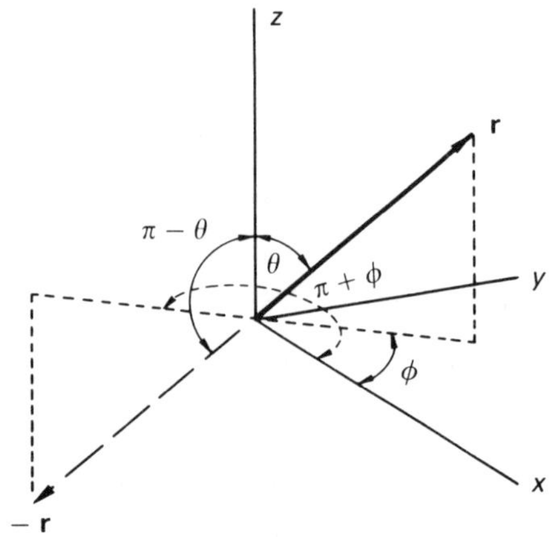

Abbildung 3.1

einzelnes Boson (Pion) erzeugt wird. In einem solchen Fall ist es nötig, dem Pion eine Eigenparität zuzuschreiben, damit im Anfangs- und Endzustand die Parität gleich ist; dies entspricht der Zuordnung einer Ladung für das Pion in derselben Reaktion, um Ladungserhaltung sicherzustellen.

3.3.1 Parität des Pions

Wie in Kap. 4 gezeigt wird, ist das Pion ein Boson mit verschwindendem Spin ($J = 0$). Wir benutzen diese Eigenschaft und die experimentelle Beobachtung der Absorption von langsamen Pionen in Deuterium

$$\pi^- + d \to n + n \tag{3.17}$$

$$\to 2n + \gamma, \tag{3.18}$$

um abzuleiten, daß dem Pion eine ungerade Parität zugeschrieben werden muß. Dies folgt aus der Tatsache, daß der Pion-Einfang im Deuteron aus einem atomaren S-Zustand erfolgt (wie es die Untersuchung von mesonischen Röntgenstrahlen und Rechnungen zeigen). Da der Spin des Deuterons $s_d = 1$ und $s_\pi = 0$ ist, ist der Gesamtdrehimpuls auf beiden Seiten der Reaktion $J = 1$. Dabei ist $\boldsymbol{J} = \boldsymbol{L} + \boldsymbol{S}$, wobei L der Bahndrehimpuls der beiden Neutronen im Endzustand und S ihr Gesamtspin ist. Wie in Gl. (3.40) angegeben, ist der Triplett-Zustand mit $S = 1$ symmetrisch, der Singulett-Zustand mit $S = 0$ antisymmetrisch. Daher ist die Symmetrie der Gesamtwellenfunktion bei Vertauschung der beiden identischen Neutronen $(-1)^{L+S+1}$, und dies muß für Fermionen nach Gl. (1.2) negativ sein, d.h. $L + S$ gerade. Der Gesamtdrehimpuls $J = 1$ verlangt entweder $L = 0$ und $S = 1$ oder $L = 1$ mit $S = 0$ oder 1, oder $L = 2$ mit $S = 1$. Von diesen Möglichkeiten hat nur die Kombination $L = S = 1$ ein gerades $L + S$. Deshalb ist die einzige Möglichkeit der $^3P_1$-Zustand der beiden

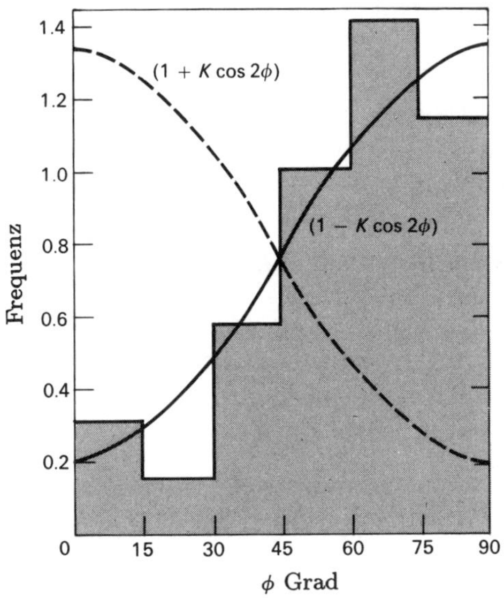

Abbildung 3.2 Histogramm der gewichteten Häufigkeitsverteilung des Winkels ϕ. Zwischen den beiden Polarisationsebenen der Paare im doppelten Dalitzzerfall $\pi \to (e^+ + e^-) + (e^+ + e^-)$. Für ein skalares π^0 sollte die Verteilung die Form $1 + K \cos 2\phi$ haben, für ein pseudoskalares π^0 $1 - K \cos 2\phi$. (Nach Plano et al. 1959.)

Neutronen mit Parität $(-1)^L = -1$. Dies erfordert auch negative Parität für den Anfangszustand.

Neutronen und Protonen wird konventionell die Parität +1 zugeordnet. (Da die Baryonzahl erhalten ist, heben sich die Nukleon-Paritäten in jeder Reaktion weg; die Definition ist also ohne Bedeutung.) Deshalb ist die Parität des Deuterons gerade, und dem Pion muß negative Parität zugeschrieben werden.

Die Parität des neutralen Pions wurde aus Messungen der γ-Polarisation im Zerfall $\pi^0 \to 2\gamma$ bestimmt. Unter Benutzung der Argumente in Kap. 3.10 für den 2γ-Zerfall des Positroniums zeigt man, daß eine negative Parität des Pions Polarisationsvektoren ($\boldsymbol{E}$-Vektoren) der beiden Photonen voraussagt, die vorzugsweise orthogonal aufeinander stehen. Die Experimente wurden am *doppelten Dalitz-Zerfall*

$$\pi^0 \to (e^+ + e^-) + (e^+ + e^-),$$

ausgeführt, bei dem jedes Photon sich durch innere Konversion in ein Paar umwandelt. Das Verzweigungsverhältnis hierfür ist relativ zum Zerfall $\pi^0 \to 2\gamma$ etwa $\alpha^2 \sim 10^{-4}$. Da die Ebene jedes Elektron-Positron-Paares vorzugsweise in der Ebene des $\boldsymbol{E}$-Vektors liegt, erlaubt die Messung der Winkelverteilung zwischen den beiden Ebenen der Paare den Nachweis der negativen Parität des neutralen Pions (s. Abb. 3.2).

Zusammenfassend stellen wir fest, daß das Pion Spin 0 und negative Eigenparität hat, $J^P = 0^-$. Es wird durch eine Wellenfunktion beschrieben, die sich unter Raumspiegelung und Rotation wie ein Pseudoskalar verhält. Solche Mesonen werden deshalb pseudoskalare Mesonen genannt. In ähnlicher Weise heißen Teilchen mit $J^P = 0^+$ Skalare, solche mit $J^P = 1^-$ Vektor-Teilchen und solche mit $J^P = 1^+$ Axialvektor-Teilchen.

3.4 Parität von Teilchen und Antiteilchen

Während die Eigenparität des Protons durch Konvention festgelegt wird, ist dies für die relative Parität von Proton und Antiproton (oder jedes Fermions und Antifermions) nicht möglich. So kann man z.B. ein Proton-Antiproton-Paar in der Reaktion

$$p + p \to p + p + (p + \bar{p})$$

erzeugen, so daß die Eigenparität eines Proton-Antiproton-Paars eine meßbare Größe ist — ebenso wie bei der Erzeugung eines einzelnen Pions. Die Dirac-Theorie für relativistische Fermionen (s. Anhang D) sagt entgegengesetzte Parität für Fermion und Antifermion vorher. Diese Vorhersage ist experimentell bestätigt worden, zum Beispiel bei Untersuchungen am Positronium (Kap. 3.10). Für Bosonen dagegen haben Teilchen und Antiteilchen dieselbe Eigenparität.

Während die Zuschreibung der Eigenparität des Pions auf Reaktionen beruht, bei denen ein einzelnes Pion erzeugt oder vernichtet wird, können seltsame Mesonen nur zusammen mit anderen seltsamen Teilchen erzeugt werden. In einer solchen Reaktion, z.B. $p + p \to K^+ + \Lambda + p$, kann dann nur die Parität des ΛK-Paares (relativ zum Nukleon) gemessen werden. Sie ergibt sich experimentell als negativ. Man legt dann durch Konvention fest, daß das Λ-Hyperon dieselbe (gerade) Parität wie das Nukleon und das K-Meson negative Parität hat.

3.5 Tests der Paritätserhaltung

Experimente zeigen, daß die starke und die elektromagnetische Wechselwirkung paritätserhaltend sind, die schwache Wechselwirkung jedoch nicht. Bei solchen paritätsverletzenden Wechselwirkungen enthalten die Matrixelemente Überlagerungen von Amplituden gerader und ungerader Parität. So wird der β-Zerfall von Kernen durch die sog. $V-A$-Theorie beschrieben, in der die Amplituden gerader und ungerader Parität etwa dieselbe Größe haben. Dies wird das Prinzip der maximalen Paritätsverletzung genannt. Eine weitergehende Diskussion findet sich in Kapitel 7.

Bei experimentellen Untersuchungen der starken und elektromagnetischen Wechselwirkung beobachtet man winzige Paritätsverletzungen. Diese kommen aber nicht von einer Verletzung der Paritätserhaltung in diesen Wechselwirkungen her, sondern sind verursacht von der unvermeidlichen Präsenz der paritätsverletzenden schwachen Wechselwirkung in dem Hamilton-Operator des Systems:

$$H = H_{\text{stark}} + H_{\text{elektromagnetisch}} + H_{\text{schwach}}. \tag{3.19}$$

In Kernzerfällen wird der Grad der beobachteten Paritätsverletzung von der Größenordnung des Verhältnisses zwischen der schwachen und starken Kopplungskonstanten bestimmt, also etwa 10^{-7}. Als ein Beispiel führen wir hier die Vorwärts-Rückwärts-Asymmetrie im γ-Zerfall polarisierter ^{19}F-Kerne an:

$$\begin{array}{ccc} ^{19}\mathrm{F}^* & \to & ^{19}\mathrm{F} + \gamma(110\,\mathrm{keV}) \\ J^P = \dfrac{1}{2}^- & & J^P = \dfrac{1}{2}^+ . \end{array} \tag{3.20}$$

Hier gibt es Paritätsmischung zwischen den Kernzuständen. Die beobachtete Asymmetrie, $\Delta = (-18\pm 9)\times 10^{-5}$ stimmt gut mit der aus Effekten der neutralen Ströme berechneten überein (Adelberger et al. 1975). Als zweites Beispiel zitieren wir den α-Zerfall des angeregten Zustandes bei 8.87 MeV in ^{16}O:

$$\begin{array}{ccc} ^{16}\mathrm{O}^* & \to & ^{12}\mathrm{C} + \alpha, \\ J^P = 2^- & & J^P = 2^+, \end{array} \tag{3.21}$$

wobei die Paritäten des Anfangszustandes (negativ) und des Endzustandes (positiv) bekannt sind. Die extrem kleine Partialbreite für diesen Zerfall, $\Gamma_\alpha = (1.0 \pm 0.3) \times 10^{-10}$ eV (Neubeck et al. 1974) ist konsistent mit der erwarteten Größe des paritätsverletzenden schwachen Prozesses; sie kann verglichen werden mit der Zerfallsbreite des γ-Zerfalls $\Gamma(^{16}\mathrm{O}^* \to ^{16}\mathrm{O}+\gamma) = 3 \times 10^{-3}$ eV. Weitere Beispiele für Paritätsverletzung in Kernreaktionen findet man in dem Übersichtsartikel von Tadic (1980).

Solche sehr kleinen paritätsverletzenden Effekte wurden auch in atomaren Übergängen beobachtet. So wurde z.B. eine winzige Drehung der Polarisationsebene von Licht beim Durchqueren von Wismut-Dampf beobachtet (10^{-7} Radian). Die Paritätsverletzung entsteht aus der Interferenz zwischen schwachen neutralen Strömen und den rein elektromagnetischen Beiträgen zur Übergangsamplitude bei der optischen Absorption des Lichts. Die Größe des beobachteten Effekts stimmt ungefähr mit der in der Weinberg-Salam-Glashow-Theorie der neutralen Ströme berechneten überein. Eine Übersicht gibt der Artikel von Fortson und Lewis (1984). Neutrale Ströme werden in Kapitel 9 behandelt.

3.6 Ladungserhaltung, Eichinvarianz und Photonen

Eine wichtige Klasse von kontinuierlichen Transformationen in der Teilchenphysik sind Eichtransformationen, die mit der Erhaltung der elektrischen Ladung verknüpft sind. Die Erhaltung der elektrischen Ladung ist experimentell äußerst genau bestätigt. So ist z.B. die Erhaltung der Ladung im Zerfall des freien Neutrons, $n \to p + e^- + \bar{\nu}$, mit einer Genauigkeit von besser als eins zu 10^{19} überprüft (s. Übungsaufgabe 1.7).

3.6.1 Ladungserhaltung und Eichinvarianz in der klassischen Mechanik und der Quantenmechanik

Das Prinzip der Eichinvarianz und der Ladungserhaltung kann mit Hilfe einer Überlegung von Wigner (1949) eingeführt werden. In der Elektrostatik hat das Potential ϕ eines Systems eines beliebigen Nullpunkt. In den Gleichungen tauchen immer Änderungen des Potentials auf, sie sind unabhängig vom Absolutwert von ϕ an einem bestimmten Raumpunkt. Wir nehmen nun an, daß Ladung durch einen imaginären Prozeß erzeugt oder vernichtet werden kann. Um eine Ladung Q zu erzeugen, sei die Arbeit W notwendig, die wiedergewonnen werden kann, wenn die Ladung wieder vernichtet wird. Die Ladung werde an einem Punkt erzeugt, an dem das Potential auf der gewählten Skala ϕ betrage. Die Arbeit zur Erzeugung ist W, unabhängig von ϕ, da ja nach Annahme kein physikalischer Prozeß vom Nullpunkt der Potentialskala abhängen kann. Wird die Ladung jetzt zu einem anderen Punkt verschoben, an dem das Potential ϕ' ist, dann ist die Energieänderung $Q(\phi - \phi')$. Wenn wir jetzt die Ladung vernichten, kommen wir zum vorherigen System zurück, haben aber die Energie $W - W + Q(\phi - \phi')$ gewonnen. Aus der Erhaltung der Energie folgt also, daß Ladung nicht erzeugt oder vernichtet werden kann sofern die Skala des elektrostatischen Potentials beliebig ist. Anders ausgedrückt, die Erhaltung der Ladung erlaubt uns, die Skala des Potentials frei zu wählen.

In der Quantenmechanik kann die Verbindung zwischen Eichinvarianz und Ladungserhaltung durch ein einfaches Beispiel erläutert werden. Abb. 3.3 skizziert einen Strahl niederenergetischer Elektronen, die auf einen Doppelspalt AB fallen und in der Ebene C hinter dem Spalt nachgewiesen wurden. In der Ebene C beobachtet man das charakteristische Beugungsbild. Die Elektronenwelle wird durch eine Wellenfunktion der Form $\psi = \exp i(\boldsymbol{k} \cdot \boldsymbol{x} - \omega t)$ oder, mit $\hbar = c = 1$, durch

$$\psi = \exp i(\boldsymbol{p} \cdot \boldsymbol{x} - Et) = \exp(ipx), \tag{3.22}$$

beschrieben, wobei $p = (\boldsymbol{p}, iE)$ der Viererimpuls und $x = (\boldsymbol{x}, it)$ die Raum-Zeit-Koordinaten sind. Diese Wellenfunktion kann ohne Änderung der physikalischen Sachverhalte mit einem Phasenfaktor $\exp(-ie\alpha)$ multipliziert werden, so daß

$$\psi = \exp i(px - e\alpha). \tag{3.23}$$

Die Phasenverschiebung ist — aus Gründen, die später klar werden — $e\alpha$ genannt. Die Intensität in der Ebene C hängt von der Differenz der Phasen bei A und B ab, ist aber unabhängig von der globalen konstanten Phase

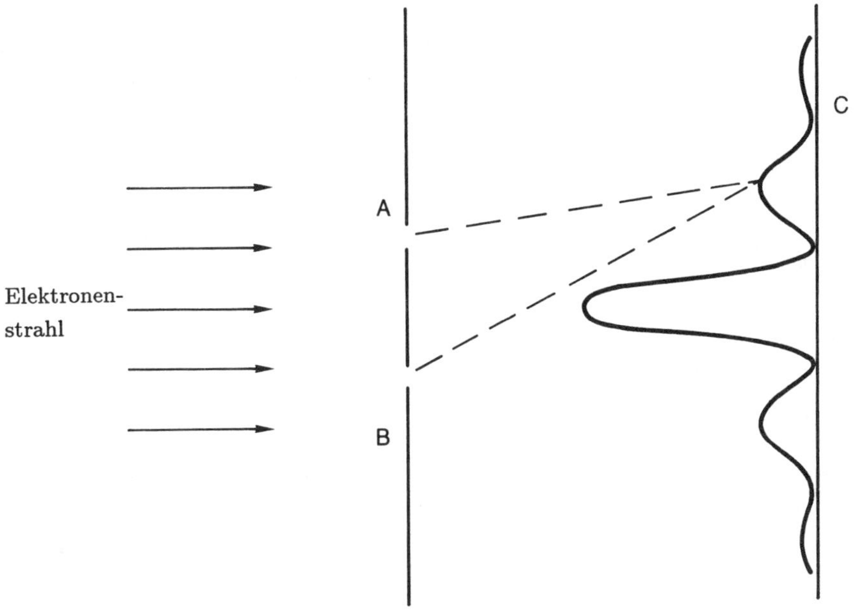

Abbildung 3.3 Beugung eines Elektronenstrahls an einem Doppelspalt AB mit Nachweisebene C.

$e\alpha$, die beliebig und unbeobachtbar ist. Wenn wir jetzt aber annehmen, daß diese Phase vom Ort abhängt, $e\alpha = e\alpha(x)$, so ist der Raum-Zeit-Gradient der Gesamtphase der Wellenfunktion

$$\frac{\partial}{\partial x} i(px - e\alpha) = i\left(p - e\frac{\partial \alpha}{\partial x}\right). \tag{3.24}$$

Da jetzt α von x abhängt, wird auch die Phasendifferenz zwischen A und B sich ändern und damit das Beugungsmuster. Daher erwarten wir, daß das physikalische Ergebnis nicht invariant gegen lokale Phasentransformationen ist. Nun sind die Elektronen geladen und wechselwirken über ein elektromagnetisches Potential, das wir als Viererpotential $A = (\boldsymbol{A}, i\phi)$ mit dem Vektorpotential $\boldsymbol{A}$ und den skalaren Potential ϕ schreiben. Die Wirkung des Potentials ist es, die Phase der Wellenfunktion eines Elektrons in der Weise abzuändern, daß in (3.22) die Ersetzung

$$p \rightarrow p + eA, \tag{3.25}$$

gemacht wird*) . Die Ableitung (3.24) wird nun zu

$$\frac{\partial}{\partial x} i(px + eA - e\alpha) = i\left(p + eA - e\frac{\partial \alpha}{\partial x}\right). \tag{3.26}$$

*) Siehe z.B. J.D. Jackson, Classical Electrodynamics, 2.Aufl., John Wiley, New York, 1975, S.254.

Die Potentialskala (oder Eichung) ist beliebig, und man kann sie ändern, indem man — durch eine lokale Eichtransformation — zu A den Gradienten einer beliebigen skalaren Funktion addiert. Wenn wir also die Transformation

$$A \to A + \frac{\partial \alpha}{\partial x}, \tag{3.27}$$

machen, dann wird aus der Ableitung (3.26) einfach ip, unabhängig von α. Anders ausgedrückt, die Effekte der ursprünglichen lokalen Phasentransformation und der Eichtransformation (3.27) heben sich genau weg, und das Muster bei C ist unverändert.

Diese Aufhebung hängt von zwei Voraussetzungen ab. Erstens muß es ein langreichweitiges Feld geben (hier das elektromagnetische Feld), das auf die Elektronen wirkt und ihre Phase ändert. Die große Reichweite ist nötig, weil der Abstand der Spalte beliebig groß sein kann. Zweitens wird die Aufhebung nur dann stattfinden, wenn die elektrische Ladung erhalten ist; der Mechanismus würde nicht funktionieren, wenn ein Elektron plötzlich Ladung verlieren oder gewinnen könnte.

Zusammenfassend stellen wir fest, daß wir geladene Teilchen durch Wellenfunktionen beschreiben können, deren Phasen an verschiedenen Orten und zu verschiedenen Zeiten beliebig gewählt werden kann. Diese Wahl wird auf die physikalischen Ergebnisse keine Auswirkung haben, sofern nur die Ladungen an ein langreichweitiges Feld (das elektromagnetische Feld) gekoppelt sind, auf das gleichzeitig lokale Eichtransformationen angewendet werden, und sofern die Ladung erhalten ist.

In Feldtheorien mit lokaler Eichinvarianz bedingt eine absolut erhaltene Größe wie die elektrische Ladung die Existenz eines langreichweitigen, an diese Ladung gekoppelten Feldes. Wenn also die Baryonenzahl eine absolut erhaltene Größe ist, muß sie an ein langreichweitiges Feld gekoppelt sein (Lee und Yang (1955)). Experimentell gibt es keinen Hinweis auf ein solches Feld, und die obere Grenze für die Kopplungsstärke eines solches Feldes ist ein Bruchteil von 10^{-9} der Gravitationskonstante (siehe Übungsaufgabe 9.5). Aus diesem Grund wird es für möglich gehalten, daß Protonen zerfallen können, allerdings mit einer sehr langen Lebensdauer (s. Kapitel 9).

3.6.2 Das elektromagnetische Feld und das Photon

In der Elektrodynamik können die Felder $\boldsymbol{B}$ und $\boldsymbol{E}$ als Ableitungen von vektoriellen und skalaren Potentialen $\boldsymbol{A}$ und ϕ ausgedrückt werden

$$\boldsymbol{B} = \nabla \times \boldsymbol{A}, \tag{3.28}$$

$$\boldsymbol{E} = -\nabla\phi - \frac{1}{c}\frac{\partial \boldsymbol{A}}{\partial t}. \tag{3.29}$$

$\boldsymbol{B}$ und $\boldsymbol{E}$ genügen den Maxwellschen Gleichungen, die die Ladungserhaltung durch die Kontinuitätsgleichung zwischen der Ladungsdichte ρ und der Stromdichte j enthalten: $\partial\rho/\partial t = -\nabla \cdot j$. Die Werte von $\boldsymbol{B}$ und $\boldsymbol{E}$ sind invariant gegen eine Eichtransformation der Art:

$$\boldsymbol{A} \to \boldsymbol{A}' = \boldsymbol{A} + \nabla\alpha, \tag{3.30}$$

$$\phi \to \phi' = \phi - \frac{1}{c}\frac{\partial\alpha}{\partial t}. \tag{3.31}$$

Dabei ist α eine beliebige Funktion von Raum und Zeit. Diese Freiheit, den Wert von α zu wählen („Eichinvarianz“), bedeutet eine Freiheit bei der Wahl von $\boldsymbol{A}$ und ϕ. So kann man z.B. die Coulomb-Eichung wählen

$$\nabla \cdot \boldsymbol{A} = 0. \tag{3.32}$$

Dann erhält man mit (3.29) und der Maxwell-Gleichung $\nabla \cdot \boldsymbol{E} = 4\pi\rho$ die Poisson-Gleichung

$$\nabla^2\phi = -4\pi\rho,$$

so daß in dieser Eichung das Potential ϕ nur aus der statischen Ladungsdichte ρ bestimmt wird.

Im Vakuum genügt das Vektorpotential $\boldsymbol{A}$ der Wellengleichung

$$\nabla^2\boldsymbol{A} - \frac{1}{c^2}\frac{\partial^2\boldsymbol{A}}{\partial t^2} = 0, \tag{3.33}$$

die der Ausbreitung freier masseloser Photonen entspricht. Diese Gleichung hat eine Lösung aus ebenen Wellen

$$\boldsymbol{A} = \boldsymbol{e}A_0 \exp i(\boldsymbol{k}\cdot\boldsymbol{r} - \omega t),$$

bei der $\boldsymbol{k}$ der Ausbreitungsvektor und $\boldsymbol{e}$ ein Einheitsvektor in $\boldsymbol{E}$-Richtung (*Polarisationsvektor*) sind. Die x-Komponente von $\boldsymbol{A}$ ist

$$\begin{aligned} A_x &= e_x A_0 \exp i(\boldsymbol{k}\cdot\boldsymbol{r} - \omega t) \\ &= e_x A_0 \exp i(k_x x + k_y y + k_z z - \omega t), \end{aligned}$$

und die Ableitung

$$\frac{\partial A_x}{\partial x} = i e_x k_x A_0 \exp i(\boldsymbol{k}\cdot\boldsymbol{r} - \omega t).$$

Ähnliche Ausdrücke gelten für die y- und z-Komponenten. Mit (3.32) erhalten wir

$$\nabla \cdot \boldsymbol{A} = \frac{\partial A_x}{\partial x} + \frac{\partial A_y}{\partial y} + \frac{\partial A_z}{\partial z} = 0,$$

und in der Coulomb-Eichung ergibt sich

$$\boldsymbol{e}\cdot\boldsymbol{k} = 0. \tag{3.34}$$

Wir sehen, daß das Feld $\boldsymbol{E}$ (und $\boldsymbol{B}$) einer ebenen elektromagnetischen Welle im Vakuum transversal zum Ausbreitungsvektor steht (Abb. 3.4). Legt man

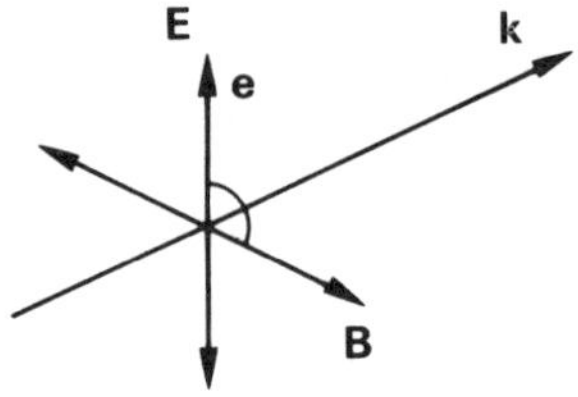

Abbildung 3.4

$\boldsymbol{k}$ in Richtung der z-Achse, dann verschwinden e_z und A_z und es bleiben zwei linear unabhängige Komponenten:

$$A_x = e_x A_0 \exp i(kz - \omega t + \delta),$$
$$A_y = e_y A_0 \exp i(kz - \omega t).$$

Dabei ist jetzt $e^2 = e_x^2 + e_y^2 = 1$, und die Amplituden und die relative Phase δ sind beliebig. Für $\delta = 0$ erhält man lineare Polarisation und für $\delta = \frac{1}{2}\pi$ und $e_x = e_y$ zirkulare Polarisation.

Die letztere kann man mit einem rotierenden $\boldsymbol{e}$-Vektor interpretieren. Für rechts- bzw. linkszirkular polarisierte Wellen sind die entsprechenden Kombinationen

$$\begin{aligned} e_R &= \frac{1}{\sqrt{2}}(e_x + ie_y), \\ e_L &= \frac{1}{\sqrt{2}}(e_x - ie_y). \end{aligned} \tag{3.35}$$

Man bemerkt, daß $|e_R|^2 = |e_L|^2$ für alle Werte von e_x und e_y gilt, wie es wegen Paritätserhaltung sein muß. Die Polarisationsvektoren des klassischen Feldes können mit den Spinzuständen der freien Photonen des Feldes verknüpft werden. Für eine unendlich ausgedehnte ebene Welle in der z-Richtung ist die z-Komponente des Bahndrehimpulses, $L_z = xp_y - yp_x = 0$, weil die Impulskomponenten $p_x = p_y = 0$ sind. Der Gesamtdrehimpuls um die z-Achse, J_z, muß also der Spin der Photonen sein.

Wir betrachten jetzt eine Drehung um den Winkel θ um die z-Achse, die mit dem Rotationsoperator aus (3.14), $R = \exp(iJ_z\theta)$ erzeugt werden kann (hier ist $\hbar = 1$ gesetzt). Die transformierten Werte der Komponenten e_x, e_y und e_z sind

$$\begin{aligned} e'_x &= e_x \cos\theta - e_y \sin\theta, \\ e'_y &= e_x \sin\theta + e_y \cos\theta, \\ e'_z &= e_z. \end{aligned} \tag{3.36}$$

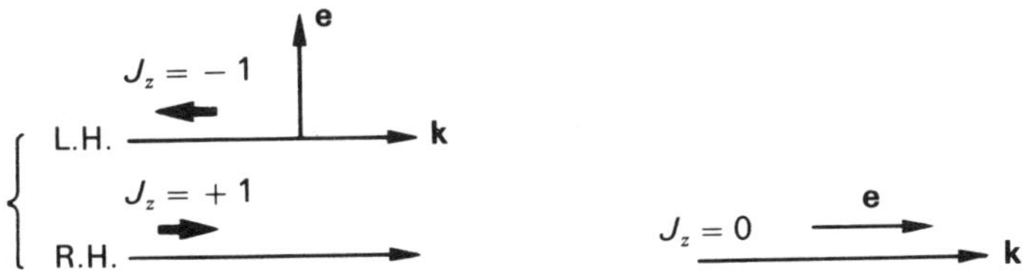

Transversal polarisiertes Photon (m=0) Longitudinal polarisiertes Photon (m≠0)

Abbildung 3.5

Die ersten beiden Gleichungen können kombiniert werden

$$\begin{aligned} e'_R &= \frac{1}{\sqrt{2}}(e'_x + ie'_y) = \frac{1}{\sqrt{2}}(e_x + ie_y)\exp(i\theta) \\ e'_L &= \frac{1}{\sqrt{2}}(e'_x - ie'_y) = \frac{1}{\sqrt{2}}(e_x - ie_y)\exp(-i\theta). \end{aligned} \tag{3.37}$$

Daher sind die Zustände e_R, e_L und e_Z Eigenzustände des Rotationsoperators $\exp(iJ_z\theta)$ mit $J_z = +1, -1$ und 0. Sie entsprechen den $2J{+}1 = 3$ möglichen Drehimpulszuständen eines Photons mit Spin 1. Wegen der Transversalitätsbedingung (3.34) haben wir jedoch $e_z = 0$, d.h. der Zustand mit $J_z = 0$ existiert für ein freies Photon nicht. Ganz allgemein erlaubt die Lorentzinvarianz für ein masseloses Teilchen mit Spin J nur zwei Spinzustände, nämlich $J_z = \pm J$.

Reelle Photonen breiten sich mit Lichtgeschwindigkeit aus und haben deshalb exakt die Masse Null (die experimentelle Obergrenze für die Photonenmasse ist $< 10^{-47}$ g (Goldhaber und Nieto 1971)). Sie werden transversale Photonen genannt, weil $\boldsymbol{E}$ und $\boldsymbol{B}$-Felder senkrecht auf der Ausbreitungsrichtung $\boldsymbol{k}$ stehen. Elektromagnetische Wellen in Materie breiten sich jedoch mit Geschwindigkeiten $v < c$ aus (z.B. in einem Wellenleiter), und dann gibt es longitudinale und transversale Feldkomponenten. In diesem Fall sind die Photonen nicht genau masselos. Sie haben außer den Spinkomponenten mit $J_z = \pm 1$ auch eine Komponente mit $J_z = 0$ (Abb. 3.5). Ein solches Photon mit $J_z = 0$ wird longitudinal (oder skalar) genannt. Ein Beispiel für ein longitudinales Photon ist das virtuelle Photon, das die statische Wechselwirkung zwischen zwei Ladungen vermittelt, wobei der $\boldsymbol{e}$-Vektor die Richtung der Verbindungslinie zwischen den Ladungen hat.

Die Polarisation des Spins von Teilchen wird oft mit dem Ausdruck *Helizität* bezeichnet. Für ein Teilchen mit dem Spinvektor σ, dem Impuls $\boldsymbol{p}$ und der Energie E ist sie definiert als:

$$H = \frac{\boldsymbol{\sigma} \cdot \boldsymbol{P}}{E|\sigma|}. \tag{3.38}$$

Demnach haben rechtshändige, linkshändige und skalare Photonen $H = +1, -1$ und 0. Da das Produkt $\boldsymbol{\sigma} \cdot \boldsymbol{p}$ unter Raumspiegelung sein Vorzeichen ändert (s. Tabelle 3.2), muß die Gesamthelizität von Photonen, die mit der paritätserhaltenden elektromagnetischen Wechselwirkung verknüpft sind, verschwinden: auf diese Weise kommen rechtshändige und linkshändige Photonen immer mit gleichen Amplituden vor, und die Bezeichnung „transversal“ bezieht sich auf beide Helizitätszustände zusammen.

Wir fassen diesen Abschnitt zusammen: Eichinvarianz ist eine Eigenschaft elektromagnetischer Felder, die mit der Ladungserhaltung verbunden ist. Sie führt zur Transversalitätsbedingung für ebene elektromagnetische Wellen im Vakuum. Daher können freie Photonen nur in zwei Spinzuständen existieren und müssen masselos sein. Die verschwindende Masse des Photons folgt aus (1.7) und der unendlichen Reichweite des Feldes. Kompliziertere Eichtransformationen sind nötig, wenn es geladene und neutrale Feldquanten (Bosonen) gibt. Diese wurden 1954 von Yang und Mills eingeführt. Solche Betrachtungen sind wesentlich für die vereinheitlichten Eichtheorien der elektromagnetischen und schwachen Wechselwirkung, die in Kap. 9 besprochen werden.

3.7 Invarianz gegen Teilchen-Antiteilchen-Konjugation

Wie bereits der Name impliziert, kehrt die Ladungs- oder Teilchen-Antiteilchen-Konjugation das Vorzeichen der Ladung und des magnetischen Moments eines Teilchens um, während alle übrigen Quantenzahlen unverändert bleiben. In der klassischen Physik läßt sich die Symmetrie unter Ladungskonjugation aus der Invarianz der Maxwellschen Gleichungen unter der Vorzeichenumkehr von Ladung und Stromdichte, somit auch der von $\boldsymbol{E}$ und $\boldsymbol{H}$, erkennen. In der relativistischen Quantenmechanik beinhaltet der Begriff „Ladungskonjugation“ darüber hinaus auch noch einen Austausch von Teilchen und Antiteilchen. Für Baryonen und Leptonen bewirkt Ladungskonjugation also auch eine Vorzeichenumkehr der Baryon- oder Leptonzahl. Als konkrete Beispiele sind in Tabelle 3.1 die Auswirkungen der Ladungskonjugation auf ein Elektron und ein Proton angegeben. Man beachte, daß für positives (negatives) μ das magnetische Moment parallel (antiparallel) zum Spinvektor steht.

Die experimentelle Evidenz für die Invarianz der starken und elektromagnetischen Wechselwirkungen gegenüber Ladungskonjugation wird in Abschnitt 3.11 diskutiert. Im Gegensatz dazu verletzt jedoch die schwache Wechselwirkung die Ladungskonjugationssymmetrie, so wie sie auch nicht invariant unter der Paritätstransformation ist. Diese Effekte werden detailliert in Kapitel 7 diskutiert, aber es ist vielleicht lohnend, sie bereits an dieser Stelle kurz anzuschneiden. Die Nichtinvarianz der schwachen Wechselwirkung unter Ladungskonjugation und Paritätstransformationen manifestiert sich zum Beispiel in der longitudinalen Polarisation der Neutrinos (ν) und Antineutrinos ($\bar{\nu}$), die beim β-Zerfall zusammen mit einem Positron bzw. Elektron emittiert werden. Neutrinos haben Spin-$1/2$

Tabelle 3.1 Teilchen-Antiteilchen Konjugation

	Proton	Antiproton
Q	$+e$	$-e$
B	$+1$	-1
μ	$+2.79(e\hbar/2Mc)$	$-2.79(e\hbar/2Mc)$
σ	$\frac{1}{2}\hbar$	$\frac{1}{2}\hbar$
	Elektron	**Positron**
Q	$-e$	$+e$
L_e	$+1$	-1
μ	$-e\hbar/2mc$	$+e\hbar/2mc$
σ	$\frac{1}{2}\hbar$	$\frac{1}{2}\hbar$

und verschwindende (oder nahezu verschwindende) Ruhemasse, so daß die möglichen Spin-Eigenzustände gemäß der Diskussion von Gl. (3.37) durch $J_z = \pm 1/2$ mit der Quantisierungsrichtung z in Richtung des Impulsvektors $\boldsymbol{p}$ beschrieben werden. Experimentell findet man für Neutrinos ausschließlich $J_z = -1/2$ und für Antineutrinos $J_z = +1/2$. Anders ausgedrückt, Neutrinos sind „linkshändig“ und Antineutrinos sind „rechtshändig“. Dies ist in Abb. 3.6(a) dargestellt, wo $\boldsymbol{p}$ parallel zur negativen z-Achse orientiert ist. Unter der Paritätstransformation, die in diesem Falle $z \to -z$ überführt, kehrt der polare Vektor $\boldsymbol{p}$ seine Richtung um, wohingegen gemäß Tabelle 3.2 der axiale Vektor $\boldsymbol{\sigma}$ unverändert bleibt. Diese Situation ist im Teildiagramm 3.6(b) dargestellt. Sie entspricht einem rechtshändigen Neutrino, das es in der Natur nicht gibt. Das zeigt uns, daß die schwache Wechselwirkung nicht invariant unter Raumspiegelungen ist. Im Vergleich dazu findet man, daß Photonen, die bei elektromagnetischen Prozessen emittiert werden, sowohl rechts- als auch linkshändig sein können. Da beide Orientierungen mit gleicher Wahrscheinlichkeit auftreten, ist diese Wechselwirkung invariant unter Raumspiegelungen.

Wenn wir auf ähnliche Weise die Ladungskonjugation auf den ν-Zustand 3.6(a) anwenden, so erhalten wir ein linkshändiges $\bar{\nu}$ (3.6(c)). Auch dieses tritt in der Natur nicht auf. Wenn wir jedoch zusätzlich noch eine Raumspiegelung auf diesen Zustand anwenden, so kommen wir zu einem rechtshändigen Antineutrino (3.6(d)), welches experimentell beobachtet wird.

Die schwache Wechselwirkung ist also weder allein unter C, noch allein unter P invariant, besitzt aber CP-Invarianz. Obwohl wir zu dieser Schlußfolgerung lediglich aus der Betrachtung von Neutrinozuständen ge-

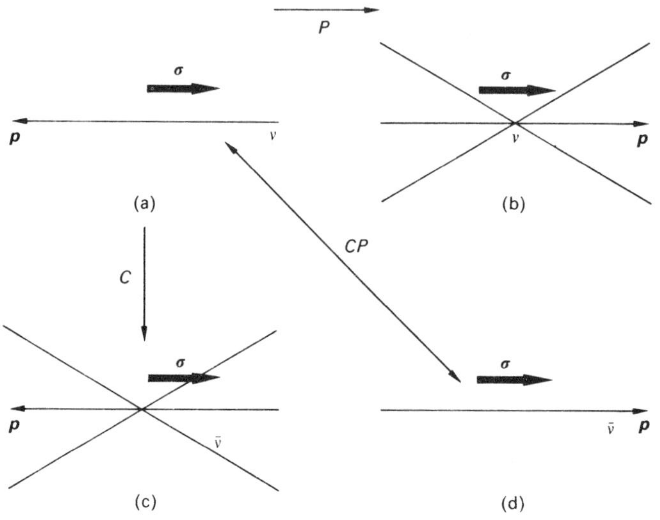

Abbildung 3.6 Auswirkungen der C- und P-Operation auf Neutrinozustände. Nur die Zustände (a) und (d) werden in der Natur beobachtet.

langt sind, repräsentiert sie eine generelle Eigenschaft aller schwachen Prozesse, unabhängig davon ob Neutrinos beteiligt sind.*)

3.8 Eigenzustände des C-Operators

Wir betrachten nun die Operation der Ladungskonjugation C angewendet auf die Wellenfunktion eines geladenen Pions $|\pi^{\pm}\rangle$:

$$C|\pi^+\rangle \to |\pi^-\rangle \neq \pm|\pi^+\rangle.$$

Bei dieser Operation kann ein beliebiger Phasenfaktor auftreten, der jedoch für die gegenwärtige Diskussion irrelevant ist. Wir stellen fest, daß $|\pi^+\rangle$ und $|\pi^-\rangle$ keine C-Eigenzustände sind. Für ein neutrales System kann der C-Operator jedoch einen definierten Eigenwert haben, z.B. für das neutrale Pion, das in sich selbst transformiert wird

$$C|\pi^0\rangle = \eta|\pi^0\rangle.$$

Der Eigenwert η ist eine Konstante. Wiederholen wir die C-Operation, so finden wir $\eta^2 = 1$, also

$$C|\pi^0\rangle = \pm 1|\pi^0\rangle.$$

Um das Vorzeichen festzulegen, stellen wir zunächst fest, daß elektromagnetische Felder durch bewegte Ladungen (Ströme) erzeugt werden, die

*) Die CP-Invarianz schwacher Wechselwirkungen ist de facto nicht exakt. Die kleinen Abweichungen von exakter CP-Invarianz werden in Kapitel 7 diskutiert.

ihrerseits unter Ladungskonjugation das Vorzeichen umkehren. Konsequenterweise hat das Photon die C-Parität $C = -1$. Da die mit der Ladungskonjugation verbundene Quantenzahl multiplikativ ist, besitzt ein System aus n Photonen die C-Parität $(-1)^n$. Das neutrale Pion zerfällt gemäß

$$\pi^0 \to 2\gamma,$$

und hat dementsprechend gerade C-Parität

$$C|\pi^0\rangle = +|\pi^0\rangle.$$

Der Zerfall

$$\pi^0 \to 3\gamma$$

ist damit verboten, falls die elektromagnetische Wechselwirkung invariant unter C ist. Experimentell findet man für das Verzweigungsverhältnis

$$\frac{\pi^0 \to 3\gamma}{\pi^0 \to 2\gamma} < 4 \times 10^{-7}.$$

3.9 Zerfall des Positroniums

Wir untersuchen nun die Einschränkungen, die aus der C-Invarianz für die Zustände des Positroniums resultieren, welches über die Zerfallskanäle

$$e^+e^- \to 2\gamma,\ 3\gamma$$

annihiliert.

Der gebundene Zustand aus einem Elektron und einem Positron besitzt Energieniveaus ähnlich denen des Wasserstoffatoms (jedoch nur mit dem halben Niveauabstand, da die reduzierte Masse etwa um einen Faktor 2 kleiner ist). Die gesamte Wellenfunktion eines Positroniumzustandes können wir durch das Produkt von drei Wellenfunktionen darstellen, die von den Spin-, Ladungs- und räumlichen Koordinaten abhängen:

$$\psi(\text{total}) = \Phi(\text{Raum})\alpha(\text{Spin})\chi(\text{Ladung}). \tag{3.39}$$

Wir untersuchen nun, wie sich diese Funktionen unter Teilchenaustausch verhalten. Wären Elektron und Positron anstatt Teilchen und Antiteilchen identische Fermionen, dann könnten wir schließen, daß $\psi(\text{total})$ gemäß Gl.(1.1) vollständig antisymmetrisch unter Teilchenaustausch sein müßte.

Die Spinwellenfunktion für die Kombination von zwei Spin-$1/2$ Teilchen kann folgendermaßen geschrieben werden. Seien $\psi_1(s, s_z)$ und $\psi_2(s, s_z)$ die Wellenfunktionen für Teilchen 1 und 2, und $\alpha(S, S_z)$ diejenige des Gesamtsystems (wobei s, S die Gesamtspins und s_z, S_z die dritten Komponenten angeben), so sind die vier möglichen Kombinationen gegeben durch

$$\alpha(1,1) = \psi_1\left(\frac{1}{2}, \frac{1}{2}\right)\psi_2\left(\frac{1}{2}, \frac{1}{2}\right), \tag{3.40a}$$

$$\alpha(1,0) = \frac{1}{\sqrt{2}}\left[\psi_1\left(\frac{1}{2},\frac{1}{2}\right)\psi_2\left(\frac{1}{2},-\frac{1}{2}\right) + \psi_2\left(\frac{1}{2},\frac{1}{2}\right)\psi_1\left(\frac{1}{2},-\frac{1}{2}\right)\right], \tag{3.40b}$$

$$\alpha(1,-1) = \psi_1\left(\frac{1}{2},-\frac{1}{2}\right)\psi_2\left(\frac{1}{2},-\frac{1}{2}\right), \tag{3.40c}$$

$$\alpha(0,0) = \frac{1}{\sqrt{2}}\left[\psi_1\left(\frac{1}{2},\frac{1}{2}\right)\psi_2\left(\frac{1}{2},-\frac{1}{2}\right) - \psi_2\left(\frac{1}{2},\frac{1}{2}\right)\psi_1\left(\frac{1}{2},-\frac{1}{2}\right)\right], \tag{3.40d}$$

wobei die ersten drei ein Spin-Triplett mit $S = 1$, $S_z = +1, 0, -1$ und die letzte ein Singlett mit $S = S_z = 0$ beschreiben. Die Triplettzustände haben die Eigenschaft, daß sie symmetrisch unter Teilchenaustauch $1 \leftrightarrow 2$ sind (das Vorzeichen von α bleibt unverändert), wohingegen der Singlettzustand antisymmetrisch ist (α ändert das Vorzeichen). Die Symmetrie der Spinwellenfunktion α gegenüber Teilchenaustausch ist also $(-1)^{S+1}$, wobei S den Gesamtspin des Systems angibt.

Formal kann die Zerlegung (3.40) in der Sprache der Gruppentheorie ausgedrückt werden. Diese Zustände sind Darstellungen der Gruppe $SU(2)$, der „speziellen unitären Gruppe in zwei Dimensionen",*) wobei zwei Basiszustände kombiniert wurden, die jeweils für ein System mit Spin-$1/2$ stehen. Symbolisch kann dieses Resultat geschrieben werden als

$$2 \otimes 2 = 1 \oplus 3, \tag{3.41}$$

was bedeutet, daß wir aus der Kombination zweier fundamentaler „2"-Darstellungen der $SU(2)$ eine „3"-Darstellung ($S = 1$ Triplett) und eine „1"-Darstellung ($S = 0$ Singlett) erhalten.

Die räumliche Wellenfunktion Φ wird wie in Gl. (3.16) durch eine Kugelfunktion $Y_l^m(\theta, \phi)$ ausgedrückt. Teilchenaustausch wird damit äquivalent zu einer Raumspiegelung, was einen Faktor $(-1)^l$ liefert, wobei l den Bahndrehimpuls des Zustandes angibt.

Schließlich möge die Ladungswellenfunktion χ einen Faktor C unter Teilchenaustausch beitragen. Das Produkt aller Faktoren, die separat von der Spin-, Ladungs- und räumlichen Wellenfunktion kommen, ergibt nun die Symmetrie K der Gesamtwellenfunktion ψ gegenüber Teilchenaustausch, also

$$K = C(-1)^{S+1}(-1)^l. \tag{3.42}$$

Um C und K zu erhalten, müssen wir zusätzliche Informationen heranziehen. Wie bereits erwähnt, werden für den Grundzustand ($l = 0$) des Positroniums zwei unterschiedliche Zerfallsmoden, nämlich in zwei bzw. drei Photonen, beobachtet. Diese Moden müssen offenbar den beiden möglichen

*) Der Matrix-Operator, der die Transformation zwischen den Gruppenelementen beschreibt, hat die Determinante +1 (ist damit „speziell") und ist unitär, d.h., er erhält die Norm eines Zustandes.

Spinzuständen, dem Singlett ($J = 0$) und dem Triplett ($J = 1$), entsprechen. Berücksichtigen wir entweder die Bose-Symmetrie des Zweiphotonsystems oder aber die Tatsache, daß Photonen masselos sind (Abb. 3.5), dann wissen wir, daß der 2γ-Zerfall aus dem Zustand $J = 0$ stattfinden muß, so daß der 3γ-Zerfall dem Zustand $J = 1$ zugewiesen werden kann. Gemäß der Formel $C = (-1)^n$ für ein System aus n Photonen finden wir also $C = +1$ für den $J = 0$ Zustand und $C = -1$ für den $J = 1$ Zustand. Setzen wir diese Faktoren in (3.42) ein, so erhalten wir

Zerfall	$S = J$	l	C	K	Lebensdauer, s
Singlett ($^1S_0$) 2γ	0	0	+1	−1	1.25×10^{-10}
Triplett ($^3S_1$) 3γ	1	0	−1	−1	1.4×10^{-7}

Wir finden, daß der Faktor, den die Gesamtwellenfunktion ψ unter Teilchenaustausch erhält, $K = -1$ ist, d.h., wenn wir die Ladungskonjugation mitberücksichtigen, so ist die Gesamtwellenfunktion genau wie im Falle identischer Fermionen total antisymmetrisch.

Die Annihilationsrate in zwei Photonen, ausgedrückt durch die Breite $\Gamma = \hbar/\tau$, mit τ der Lebensdauer des Systems, berechnet sich zu

$$\Gamma(2\gamma)4\pi r_e^2 \hbar c|\psi(0)|^2, \tag{3.43}$$

wobei $r_e = e^2/4\pi mc^2$ der klassische Elektronenradius und $\psi(0)$ die Amplitude der radialen Wellenfunktion des Elektron-Positron-Bindungszustandes am Ursprung sind. Aus der Lösung der Schrödingergleichung für den Grundzustand des Wasserstoffatoms wissen wir

$$|\psi(0)|^2 = \frac{1}{\pi a^3}, \tag{3.44}$$

worin a den Bohrschen Radius bezeichnet. Berücksichtigen wir den Faktor 2 in der reduzierten Masse, so wird der Bohrsche Radius des Positroniums zu

$$a = \frac{2r_e}{\alpha^2}, \tag{3.45}$$

also

$$\Gamma(2\gamma) = \frac{1}{2}mc^2\alpha^5$$

und damit

$$\tau(2\gamma) = 1.252 \times 10^{-10}\,\mathrm{s}, \tag{3.46}$$

im Vergleich zu dem gemessenen Wert von $(1.252 \pm 0.017) \times 10^{-10}$ s. Für den 3γ Zerfall ist die Annihilationsrate um einen Faktor der Größenordnung α kleiner, d.h. mit

$$\begin{aligned} \Gamma(3\gamma) &= \left(\frac{2}{9\pi}\right)(\pi^2 - 9)\alpha^6 mc^2, \\ \tau(3\gamma) &= 1.374 \times 10^{-7}\,\mathrm{s}, \quad \text{(gemessen } 1.377 \pm 0.004). \end{aligned} \tag{3.47}$$

Sowohl der 3γ- als auch der 2γ-Zerfall wurde erstmalig in den Arbeiten von Deutsch (1953) nachgewiesen, der die Annihilationsrate von in Gasen gestoppten Positronen gemessen hat. Berechnete und gemessene Werte sind in sehr guter Übereinstimmung. Für einen weiterführenden Vergleich mit den Energieniveaus schwerer Quark-Antiquark-Systeme sei auf Kapitel 5 verwiesen.

3.10 Photon-Polarisation im Positronium-Zerfall

Zum Abschluß der Diskussion der Quantenzahlen des Positroniums untersuchen wir nun noch die Polarisation der beiden γ-Quanten, die beim Zerfall des Singlettzustandes ($J = 0$) emittiert werden. Elektron und Positron müssen als Fermion und Antifermion entgegengesetzte Eigenparitäten haben (siehe Anhang D). Die relative Parität von e^+ und e^- spielt für die obige Analyse keine Rolle, da die Parität des Gesamtsystems unter Teilchenaustausch unverändert bleibt. Sie impliziert jedoch, daß die beiden Zerfallsphotonen in einem Zustand ungerader Parität emittiert werden müssen.

Es seien $\boldsymbol{k}$ und $-\boldsymbol{k}$ die Impulsvektoren der beiden Photonen und $\boldsymbol{e}_1$ und $\boldsymbol{e}_2$ deren Polarisationsvektoren ($\boldsymbol{E}$-Vektoren). Der Anfangszustand besitzt $J = 0$ und die einfachsten Linearkombinationen, die man unter Verwendung beider $\boldsymbol{E}$-Vektoren so bilden kann, daß sie der Forderung nach Symmetrie unter Austausch identischer Bosonen genügen, sind

$$\psi(2\gamma) = a(\boldsymbol{e}_1 \cdot \boldsymbol{e}_2) \tag{3.48a}$$

und

$$\psi(2\gamma) = b(\boldsymbol{e}_1 \times \boldsymbol{e}_2) \cdot \boldsymbol{k}, \tag{3.48b}$$

wobei a und b noch freie Konstanten sind. Der erste Ausdruck ist ein Skalar und daher gerade (invariant) unter Raumspiegelungen. Der zweite ist jedoch ein Pseudoskalar (Skalarprodukt von einem polaren mit einem axialen Vektor) und hat damit die geforderte ungerade Parität. Eine endliche Amplitude $\psi(2\gamma)$ erhält man also nur, wenn e_1 und e_2 nicht parallel sind. Die Polarisationsebenen der beiden Photonen sollten also bevorzugt senkrecht zueinander stehen, wobei die Wahrscheinlichkeit, den Winkel ϕ zwischen den beiden Ebenen zu beobachten, sich gemäß (3.48b) wie $|\psi|^2 \propto \sin^2\phi$ verhält. Experimentell läßt sich dieses Verhalten untersuchen, indem man die Winkelverteilung der Zerfallsphotonen in Compton-Streuprozessen mißt. Diese hängen stark von der Polarisation der Photonen ab, wobei Streuwinkel senkrecht zur Ebene des elektrischen Feldes bevorzugt werden. Der Grund dafür wird klar, wenn man bedenkt, daß das einfallende Photon das Targetelektron zu Schwingungen in Richtung des $\boldsymbol{E}$-Vektors anregt. Für die daraufhin als gestreutes Photon emittierte Dipolstrahlung wird also die senkrecht zu $\boldsymbol{E}$ abgestrahlte Intensität maximal sein.

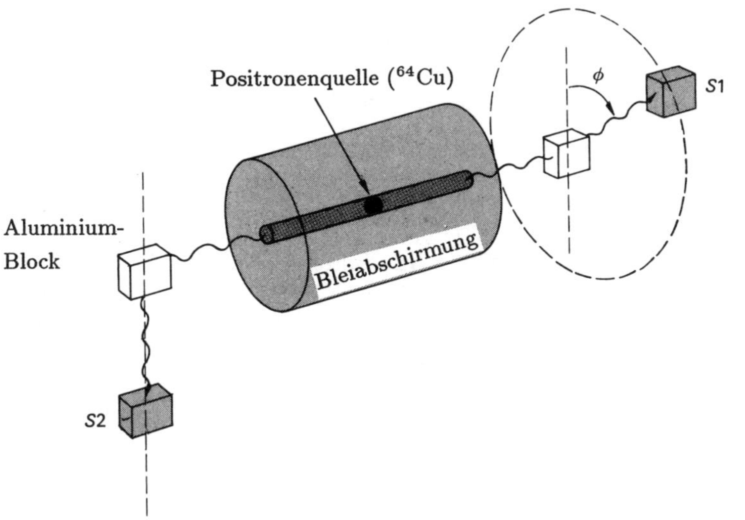

Abbildung 3.7 Prinzip der Methode die Wu und Shaknov (1950), die zur Bestimmung der relativen Orientierung der Polarisationsvektoren von Photonen aus dem Zerfall von $^1S_0$-Positronium verwendet wurde. $S1$ und $S2$ sind Anthrazenzähler, die die γ-Strahlen nach Compton-Streuung an Elektronen der Aluminiumblocks nachweisen. Das Resultat bewies, daß Fermionen und Antifermionen, wie von der Dirac-Theorie vorausgesagt, entgegengesetzte innere Paritäten haben.

Der von Wu und Shaknov (1950) verwendete experimentelle Aufbau ist in Abb. 3.7 dargestellt. Die Koinzidenzrate der von den Aluminiumblöcken gestreuten γ-Quanten wurde in den Anthrazenzählern $S1$ und $S2$ als Funktion des relativen Azimuthwinkels ϕ bestimmt. Die erwartete ϕ-Abhängigkeit variiert mit dem Polarwinkel θ der Streuung an den Aluminiumwürfeln und wird maximal für $\theta \simeq 81°$ (Pryce und Ward 1947, Snyder et al. 1948). Das beobachtete Verhältnis ergab sich zu

$$\frac{\text{Rate}(\phi = 90°)}{\text{Rate}(\phi = 0°)} = 2.04 \pm 0.08, \tag{3.49}$$

was mit dem theoretisch erwarteten Wert von 2.00 zu vergleichen ist. Derartige Experimente bestätigen also die Vorhersage von bevorzugt orthogonalen Polarisationsrichtungen der γ-Quanten und demonstrieren damit die Richtigkeit der Annahme entgegengesetzter innerer Paritäten von Fermionen und Antifermionen. Ähnliche Argumente wurden angeführt, um zu zeigen, daß das neutrale Pion negative innere Parität besitzt (Abb. 3.2).

3.11 Experimentelle Tests der C-Invarianz

Experimentelle Tests der Invarianz unter Ladungskonjugation vergleichen Reaktionen, in denen Teilchen durch ihre Antiteilchen ersetzt sind. Beispielsweise wurden in der starken Wechselwirkung Vergleiche gemacht zwischen den Spektren und Raten positiver und negativer Mesonen in den Reaktionen

$$\begin{aligned} p+\bar{p} &\to \pi^+ + \pi^- + \cdots \\ &\to K^+ + K^- + \cdots . \end{aligned}$$

Das Ergebnis war, daß jede mögliche C-Verletzung weit unter 1% liegt.

Die Suche nach C-Verletzung in elektromagnetischer Wechselwirkung hat eine interessante Geschichte. Im Jahre 1964 wurde im Zerfall neutraler K-Mesonen (siehe Abschnitt 7.14.3) eine kleine CP-Verletzung (0.1%) entdeckt. Die Ursache hierfür war unbekannt, aber ein solcher Effekt könnte als Ursache eine C-Verletzung in elektromagnetischer (oder starker) Wechselwirkung haben, da die Parität in diesen Reaktionen exakt erhalten ist. Intensiv wurden daher die Zerfallsprodukte des η-Mesons (Masse 550 MeV/c^2) untersucht, das elektromagnetisch zerfällt. Einige der Zerfallsmoden sind:

$$\eta \to \gamma\gamma \tag{3.50a}$$

$$\to \pi^+\pi^-\pi^0 \tag{3.50b}$$

$$\to \pi^+\pi^-\gamma \tag{3.50c}$$

$$\to \pi^0 e^+ e^- . \tag{3.50d}$$

Der Zerfall $\eta \to \gamma\gamma$, mit einem Verzweigungsverhältnis von 38%, legt fest, daß die C-Parität des η den Wert +1 hat. Deshalb sollte der Zerfall $\eta \to \pi^0 e^+ e^-$ verboten sein, wenn wir ihn als Zerfall $\eta \to \pi^0\gamma$ mit interner Konversion des Photons in ein Elektronpaar interpretieren, da $C_\gamma = -1$ und $C_{\pi^0} = +1$. Die Existenz dieses Zerfalls wäre damit Evidenz für C-Verletzung. Aktuelle Grenzen für das Verzweigungsverhältnis sind $< 5 \times 10^{-5}$.

Unglücklicherweise beweist die Abwesenheit dieses Zerfalls nicht zweifelsfrei das Fehlen von C-Verletzung, da die Interpretation des Wertes modellabhängig ist. Ein besserer Test ist der Vergleich der Spektren der positiven und negativen Pionen in den Zerfällen $\eta \to \pi^+\pi^-\gamma$ und $\eta \to \pi^+\pi^-\pi^0$. In der Tat zeigten frühe Experimente eine signifikante Asymmetrie, aber weiterführende sorgfältigere Experimente zeigten, daß die Spektren der beiden Pionen auf besser als 0.5% übereinstimmen.

Wir fassen zusammen: in den späten 60er Jahren wurde intensiv nach einer möglichen C-Verletzung in starker und elektromagnetischer Wechselwirkung gesucht, es wurde aber keine solche Verletzung beobachtet.

3.12 Zeitumkehrinvarianz

Sowohl Erhaltung wie Verletzung der Zeitumkehr sind aus der klassischen Physik bekannt. Zum Beispiel ist das Newtonsche Gesetz $F = m\, d^2x/dt^2$

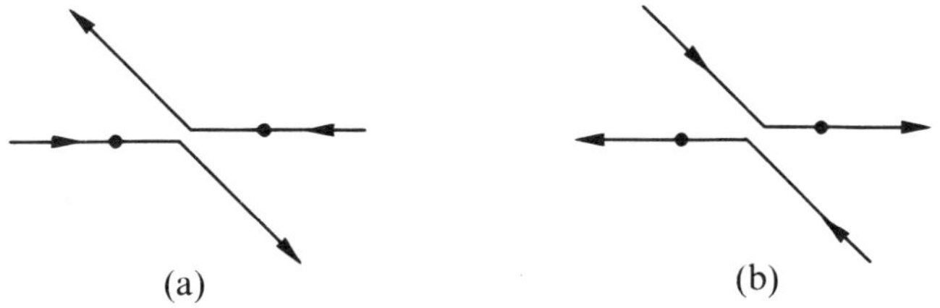

Abbildung 3.8 (a) Stoß zwischen zwei Molekülen. (b) Zeitgespiegelter Stoß.

invariant gegen einen Vorzeichenwechsel der Zeitkoordinate: Ein Film, der die Bahn eines Geschosses im Gravitationsfeld der Erde zeigt, sieht (vernachlässigen wir die Luftreibung) gleich realistisch aus, wenn wir ihn vorwärts oder rückwärts laufen lassen. Die Situation ist für Gesetze der Wärmeleitung oder Diffusion, die von der ersten Ableitung nach der Zeit abhängen, anders. In diesem Falle gehorchen die elementaren Stöße zwischen den Molekülen dem Prinzip der mikroskopischen Umkehrbarkeit. Wie Abbildung 3.8 zeigt, gibt es zu jedem Stoß einen entsprechenden in der Zeit gespiegelten. Für ein im Gleichgewicht befindliches Gas treten beide Arten von Stößen mit gleicher Häufigkeit auf, und die Entropie bleibt konstant. Ein Film mit einem Übergang von Ordnung nach Unordnung, so wie ein Gas mit hohem Druck, daß durch eine Düse in einen Raum niedrigen Drucks austritt, hat eine deutliche Zeitrichtung und sieht unrealistisch aus, läßt man ihn andersherum ablaufen. Dies ist jedoch einfach eine Konsequenz der Anfangszustände und hat nichts mit Zeitumkehrinvarianz der elementaren Prozesse zu tun.

Das Transformationsverhalten üblicher Größen der klassischen Physik unter Raumspiegelung P und Zeitumkehr T zeigt Tabelle 3.2. Wir sehen, daß ein Elementarteilchen mit Spin σ kein elektrisches Dipolmoment haben darf, soll die Wechselwirkung des Teilchens mit dem Feld invariant unter T- oder P-Operationen sein. Auf den ersten Blick sieht dies seltsam aus, da Moleküle und selbst Atome starke elektrische Dipolmomente haben dürfen, während die beteiligten Wechselwirkungen klarerweise invariant unter T- und P-Operationen sind. Im Falle molekularer oder atomarer Systeme haben elektrische Dipolmomente immer etwas mit entarteten oder fast entarteten Energieeigenzuständen zu tun. Zum Beispiel hat der erste angeregte Zustand des Wasserstoffatoms $s_{1/2}$ und $p_{1/2}$ Niveaus, die (bis auf die Lamb-Shift) entartet sind. Diese Zustände haben entgegengesetzte Parität, aber unter einem äußeren Feld E tritt die Stark-Effekt-Zustandsmischung auf. Die neuen Energieeigenzustände sind Linearkombinationen der $s(l = 0)$ und $p(l = 1)$ Zustände und haben keine definierte Parität. Sie sind mit einer asymmetrischen (meistens birnenförmigen) Ladungsverteilung der Elektronen verknüpft, damit tritt ein elektrisches Dipolmoment μ_e und eine Energieverschiebung $\pm\mu_e E$ auf. (Die Zustände

Tabelle 3.2

Größe	T	P	
$\boldsymbol{r}$	$\boldsymbol{r}$	$-\boldsymbol{r}$	
$\boldsymbol{p}$	$-\boldsymbol{p}$	$-\boldsymbol{p}$	Polarvektor
$\boldsymbol{\sigma}$(Spin)	$-\boldsymbol{\sigma}$	$\boldsymbol{\sigma}$	Axialvektor ($\boldsymbol{r} \times \boldsymbol{p}$)
$\boldsymbol{E}$(Elektr. Feld)	$\boldsymbol{E}$	$-\boldsymbol{E}$	($\boldsymbol{E} = -\partial \boldsymbol{V}/\partial \boldsymbol{r}$)
$\boldsymbol{B}$(Magnet. Feld)	$-\boldsymbol{B}$	$\boldsymbol{B}$	Wie bei $\boldsymbol{\sigma}$, (Ringstrom)
$\boldsymbol{\sigma} \cdot \boldsymbol{B}$	$\boldsymbol{\sigma} \cdot \boldsymbol{B}$	$\boldsymbol{\sigma} \cdot \boldsymbol{B}$	Magnet. Dipolmoment
$\boldsymbol{\sigma} \cdot \boldsymbol{E}$	$-\boldsymbol{\sigma} \cdot \boldsymbol{E}$	$-\boldsymbol{\sigma} \cdot \boldsymbol{E}$	Elektr. Dipolmoment
$\boldsymbol{\sigma} \cdot \boldsymbol{p}$	$\boldsymbol{\sigma} \cdot \boldsymbol{p}$	$-\boldsymbol{\sigma} \cdot \boldsymbol{p}$	Longitud. Polarisation
$\boldsymbol{\sigma} \cdot (\boldsymbol{p}_1 \times \boldsymbol{p}_2)$	$-\boldsymbol{\sigma} \cdot (\boldsymbol{p}_1 \times \boldsymbol{p}_2)$	$\boldsymbol{\sigma} \cdot (\boldsymbol{p}_1 \times \boldsymbol{p}_2)$	Transv. Polarisation

sind nicht exakt entartet, was wir hier meinen, ist, daß die ursprüngliche Energieaufspaltung klein gegen $\mu_e E$ ist.)

Im Falle des Neutrons kann ein elektrisches Dipolmoment bei Abwesenheit von P- und T-Verletzung nur auftreten, wenn ein „Geisterzustand" des Neutrons mit entgegengesetzter Parität existiert, der mit dem normalen entartet ist. Eine Superposition dieser Zustände könnte einen Drehsinn und eine asymmetrische Ladungsverteilung und damit ein elektrisches Dipolmoment erzeugen (siehe Abbildung 3.10). Es gibt keinerlei Evidenz für zwei Neutronenzustände; gäbe es die, wäre die ganze Physik der Struktur der Kerne anders. Deshalb nehmen wir an, daß es sich beim Neutron um ein Teilchen fester Parität handelt. Der Spinvektor $\boldsymbol{\sigma}$ beschreibt die einzige mögliche Raumrichtung jedes möglichen elektrischen (und magnetischen) Dipolmoments, insbesondere müssen $\boldsymbol{\mu}_e$ oder $\boldsymbol{\mu}_m$ parallel oder antiparallel zu $\boldsymbol{\sigma}$ sein. Die Messung des elektrischen Dipolmoments des Neutrons ist deshalb ein wesentlicher Test der T-Invarianz; sie wird in Abschnitt 3.14 behandelt.

Experimentell wurde Zeitumkehr in der starken Wechselwirkung durch Anwendung des Prinzips des detaillierten Gleichgewichts getestet, wie in Abschnitt 4.1 beschrieben. Abbildung 3.9 zeigt die Ergebnisse eines Tests des detaillierten Gleichgewichts in der Reaktion

$$p +^{27}\mathrm{Al} \rightleftarrows \alpha +^{24}\mathrm{Mg},$$

aus denen geschlossen wurde, daß die T-verletzende Amplitude $< 0.3\%$ der T-erhaltenden Amplitude ist.

3.13 *CP*-Verletzung und das *CPT*-Theorem

Experimentelle Tests der T-Invarianz haben in den vergangenen Jahren große Bedeutung erlangt wegen der beobachteten CP-Verletzung im Zer-

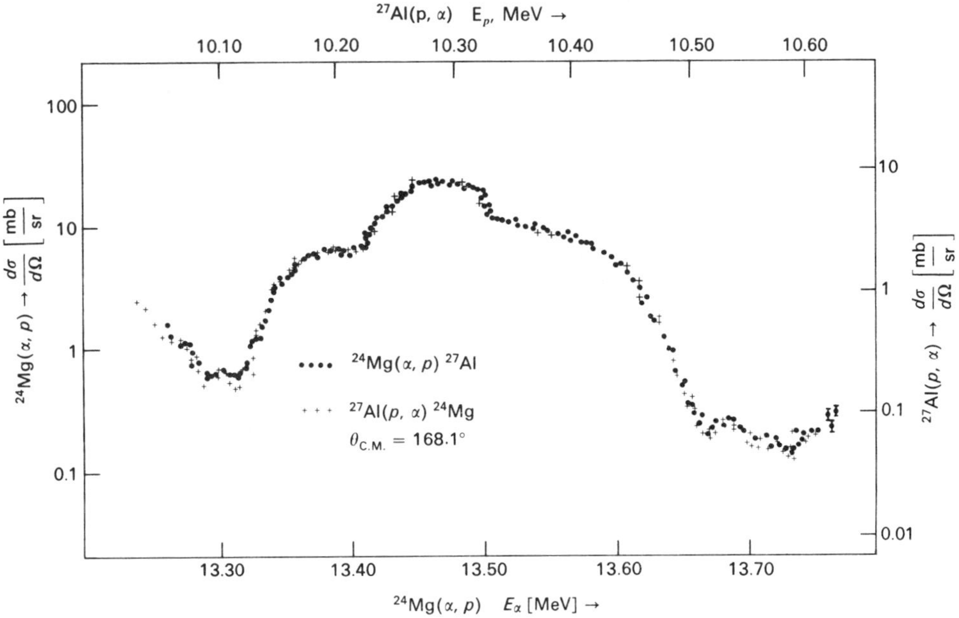

Abbildung 3.9 Der differentielle Wirkungsquerschnitt für die Reaktion ^{24}Mg$(\alpha,p)^{27}$Al und die Umkehrreaktion, gemessen von Von Witsch et al., (1968).

fall des K^0-Mesons in der schwachen Wechselwirkung. Der Grund dafür ist, daß T- und CP-Transformationen durch das berühmte CPT-Theorem, eines der wesentlichsten Prinzipien der Quantenmechanik, verknüpft sind. Dieses Theorem legt fest, daß alle Prozesse unter der Folge der drei Operationen C, P und T unabhängig von der Reihenfolge invariant sind. Der Beweis dieses Theorems folgt aus sehr allgemeinen Annahmen und wird von den Theoretikern für sehr wichtig gehalten, da es sehr schwierig ist, eine Feldtheorie zu entwickeln, die nicht automatisch CPT erhält. Das CPT-Theorem jedoch ist experimentell nicht auf einem so sicheren Grund wie z.B. Energieerhaltung, und wenn man die Geschichte von lange anerkannten Erhaltungssätzen, die irgendwann beiseite gelegt werden mußten, betrachtet, muß man experimentelle Tests machen.

Einige Konsequenzen aus dem CPT-Theorem, die man experimentell überprüfen kann, verknüpfen die Eigenschaften von Teilchen und Antiteilchen; sie sollten dieselbe Masse und Lebensdauer haben, magnetische Momente sollten gleich in der Größe, mit unterschiedlichem Vorzeichen sein. Diese Ergebnisse würden bereits aus der Ladungsinvarianz allein folgen, falls diese allgemein gälte. Da jedoch die schwache Wechselwirkung nicht C-invariant ist, basieren diese Vorhersagen hier auf einem viel allgemeineren Prinzip.

Tabelle 3.3

		Obere Grenze der relativen Differenz
Lebensdauer	$\tau_{\pi^+} - \tau_{\pi^-}$	$< 10^{-3}$
	$\tau_{\mu^+} - \tau_{\mu^-}$	$< 10^{-4}$
	$\tau_{K^+} - \tau_{K^-}$	$< 10^{-3}$
Magnetisches Moment	$\lvert\mu_{\mu^+}\rvert - \lvert\mu_{\mu^-}\rvert$	$< 10^{-8}$
	$\lvert\mu_{e^+}\rvert - \lvert\mu_{e^-}\rvert$	$< 10^{-10}$
Masse	$M_{\pi^+} - M_{\pi^-}$	$< 10^{-3}$
	$M_{\bar{p}} - M_p$	$< 10^{-4}$
	$M_{K^+} - M_{K^-}$	$< 10^{-4}$
	$M_{K^0} - M_{\bar{K}^0}$	$< 10^{-14}$

Die experimentellen Voraussagen der CPT-Invarianz scheinen sich zu bestätigen. Die besten experimentellen Grenzen kommen aus dem Vergleich der K^0- und $\bar{K}^0$-Mesonen.

Eine andere Folge des CPT-Theorems ist, daß Teilchen der *normalen* Spinstatistik folgen, d.h. Teilchen mit ganz- bzw. halbzahligem Spin gehorchen der Bose- bzw. Fermistatistik.

Bis 1964 wurde angenommen, daß alle Wechselwirkungen invariant unter der zusammengesetzten Operation CP seien. Von der schwachen Wechselwirkung war bekannt, daß sie C und P einzeln verletzt, aber CP erhält. In diesem Jahr jedoch entdeckten Christenson et al., daß das langlebige neutrale Kaon, daß normalerweise schwach in drei Pionen mit CP-Eigenwert -1 zerfällt, manchmal (Wahrscheinlichkeit 2×10^{-3}) in zwei Pionen mit $CP = +1$ zerfällt. Diese Ergebnisse werden in Abschnitt 7.14 noch näher dargestellt.

Der Grund für diese CP-Verletzung ist bisher noch nicht gefunden, auch wenn sie eine Eigenschaft von fundamentalen Wechselwirkungen mit mindestens sechs verschiedenen Quarks ist. Glaubt man an die Urknalltheorie des Weltalls, so sind die Folgen der CP- und damit T-Verletzung rund um uns zu sehen: Das Weltall hat sich so entwickelt, daß es viel mehr Materie als Antimaterie gibt. Die weitere Diskussion dieser Fragen stellen wir hier bis Kapitel 9 zurück. Die Stärke der CP-Verletzung ist sehr klein, deshalb war bisher die einzig mögliche Beobachtung im Labor die im hochempfindlichen Interferometer, welches das K^0-System bereitstellt. Trotzdem wurden Experimente zur T-Verletzung gemacht, als nächstes werden wir ein Experiment zum elektrischen Dipolmoment des Neutrons besprechen.

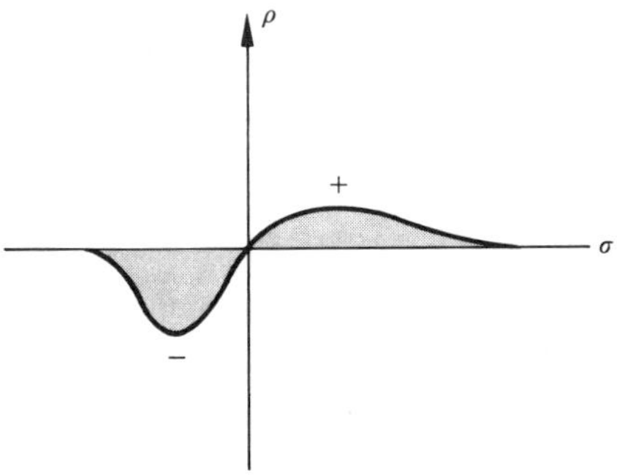

Abbildung 3.10 Eine asymmetrische Verteilung der positiven und negativen Ladungsdichte ρ im Neutron kann ein elektrisches Dipolmoment erzeugen.

3.14 Das elektrische Dipolmoment des Neutrons

Wir haben weiter oben festgestellt, daß die Existenz eines elektrischen Dipolmoments (EDM) sowohl T- wie P-Verletzung bedeutet. Da man ein Dipolmoment mit großer Genauigkeit messen kann, stellt dies einen empfindlichen Test der T-Invarianz dar. Bevor wir ein solches Experiment beschreiben, versuchen wir, aus Dimensionsüberlegungen die Größenordnung des Effekts abzuschätzen. Man kann wie folgt schreiben:

$$\text{EDM} = \text{Ladung}(e) \times \text{Länge}(l) \times T - \text{Verletzungsparameter}(f).$$

Das Neutron ist ungeladen, so daß das Dipolmoment des Neutrons von einer Asymmetrie zwischen positiver und negativer Ladungswolke mit Summenladung 0 relativ zur Spinrichtung σ herrühren kann (Abbildung 3.10). Da auch die Parität verletzt ist, müssen wir die schwache Wechselwirkung mit ins Spiel bringen; die natürliche Länge der schwachen Wechselwirkung ist $l = GM$, wobei M irgendeine Masse (hier wählt man natürlich die Neutronmasse) und $G = 10^{-5}/M^2$ die Kopplungskonstante der schwachen Wechselwirkung ist. Hier haben wir $\hbar = c = 1$ als Einheiten benutzt. Es folgt, daß

$$\text{EDM} = 10^{-5}\frac{ef}{M} \sim 10^{-19} fe\,\text{cm}, \tag{3.51}$$

wobei wir für $1/M$ die Comptonwellenlänge $\hbar/Mc = 2 \times 10^{-14}$ cm benutzt haben. Welchen Wert kann f haben? Das CPT-Theorem sagt uns über die elektromagnetische Wechselwirkung, daß T-Verletzung eine C-Verletzung zur Folge hat, aus den η-Zerfallsexperimenten (Abschnitt 3.11) folgt $f < 10^{-2}$. Nehmen wir den T-verletzenden Parameter aus dem K^0-Zerfall, ist $f < 10^{-3}$. Auf jeden Fall kann man einen maximalen Wert des EDM von $10^{-22} e$ cm erwarten. Die effektive Länge eines solchen Dipols ist sehr klein, verglichen mit der Größe eines Elementarteilchens von 10^{-13} cm.

Im Experiment von Dress et al. (1968) wurde ein Reaktor als Quelle thermischer Neutronen benutzt. Um die Empfindlichkeit des Experiments zu steigern, wurden die Neutronen gekühlt, indem sie ein schmales poliertes Nickelrohr mit 1 m Krümmungsradius durchqueren (siehe Abbildung 3.11). Der kritische Winkel für Totalreflektion der Neutronen im Rohr ist umgekehrt proportional zur Geschwindigkeit, so daß für einen Strahl mit endlicher Divergenz nur Neutronen mit niedriger Geschwindigkeit mit hoher Intensität das Rohr passieren. Beim Austritt durchquert der Strahl dann einen polarisierenden Magneten, der aus einem polierten, magnetisierten Spiegel aus einer Eisen-Kobalt Legierung besteht, mit Magnetfeld $\boldsymbol{B}$ senkrecht zur Oberfläche. Totalreflexion von Neutronen wird für Winkel unterhalb eines kritischen Winkels θ_c auftreten, wobei

$$\sin^2\theta_c = 1 - n^2 = \frac{\lambda^2 Na}{\pi} \pm \frac{\mu B}{T}. \tag{3.52}$$

Dabei sind λ, T und μ die Wellenlänge, kinetische Energie und das magnetische Moment des Neutrons, n der Brechungsindex des Spiegels, N die Anzahl der streuenden Kerne pro Einheitsvolumen, und a ist die kohärente Streulänge. Aufgrund des zweiten Terms in (3.52) hängt θ_c vom Vorzeichen von μ und damit der Spinrichtung des Neutrons ab. Damit kann der Reflexionswinkel so gewählt werden, daß man einen transversal spinpolarisierten Strahl erhält. Typischerweise ergibt für Neutronen mit einer Geschwindigkeit $v = 100\text{m}\cdot\text{s}^{-1}$ (Temperatur 1K) ein Winkel $\theta = 2°$ einen Strahl mit 70% Polarisation.

Nachdem sie ein Spektrometer durchfliegen, werden die Neutronen von einem Analysator (ähnlich dem Polarisator) abgelenkt und dann in einem Detektor nachgewiesen, der aus mit ^{6}Li angereichertem Glasszintillator besteht und auf Neutronen sensitiv ist. Die Intensität I ist für die Neutronen, die im Spektrometer nicht depolarisiert werden, maximal.

Das Spektrometer besteht in der ersten Stufe aus einem homogenen Magnetfeld $H(\simeq 10\ \text{G})$, welches das Neutron mit der Lamorfrequenz $\nu_L = \mu H/h$ präzedieren läßt, wobei μ das magnetische Moment des Neutrons ist ($\nu_L \simeq 25$ kHz). Anschließend wird ein Hochfrequenzfeld der Frequenz ν durch zwei Spulen angelegt, so daß bei der Resonanz $\nu = \nu_L$ Spinflipübergänge auftreten, der Neutronenstrahl teilweise depolarisiert wird und die Intensität I sich verändert. Zwei Spulen werden verwendet, um einen Interferometereffekt zu erzielen, der mehrere Maxima und Minima in der Resonanzkurve (Abbildung 3.12) ergibt und damit eine schnelle Änderung der Zählrate mit der Hochfrequenz. Zum Abschluß wird ein umkehrbares elektrisches Feld E von 100 kV/cm parallel zum homogenen statischen Magnetfeld H angelegt.

Das Experiment wird in einem Bereich, in dem $dI/d\nu$ groß ist, durchgeführt, und mißt die Änderung von I bei Umkehr des elektrischen Feldes E. Falls das Neutron ein elektrisches Dipolmoment in Richtung des Spins

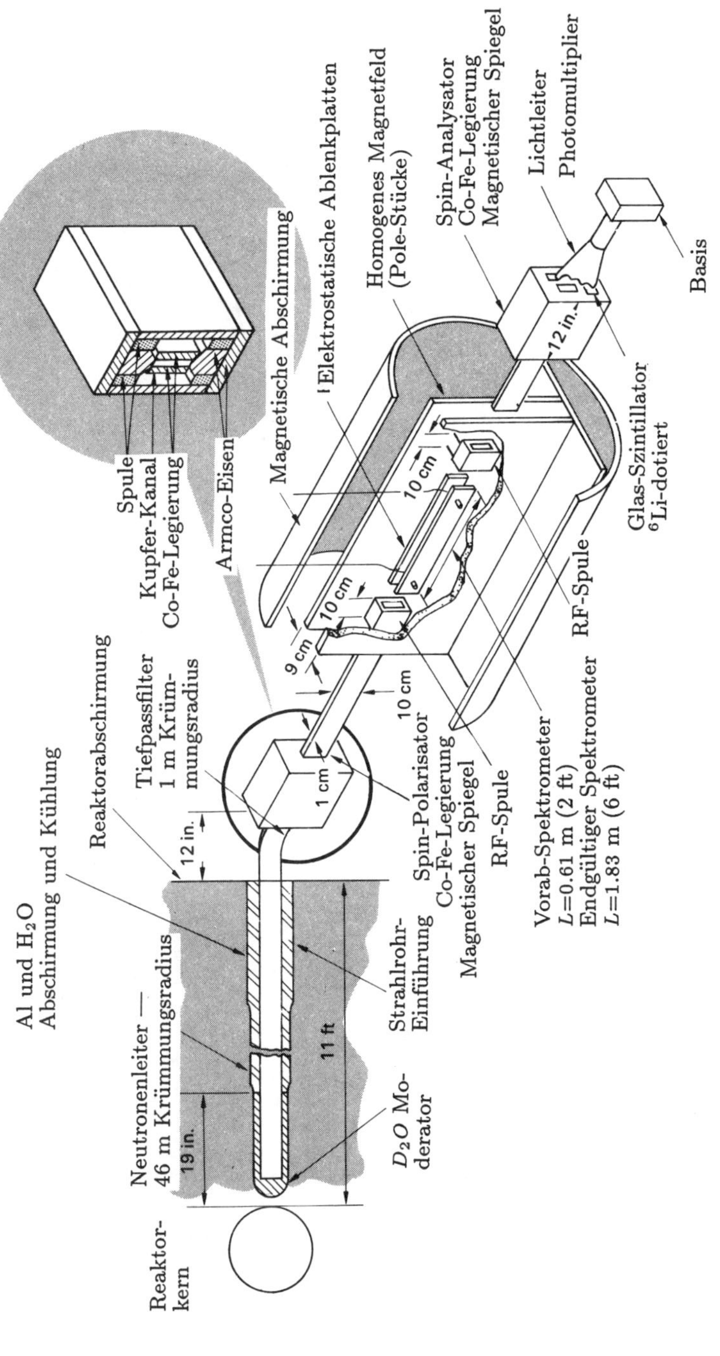

Abbildung 3.11 Skizze des Experiments von Dress et al. (1968) zur Messung des elektrischen Dipolmoments des Neutrons.

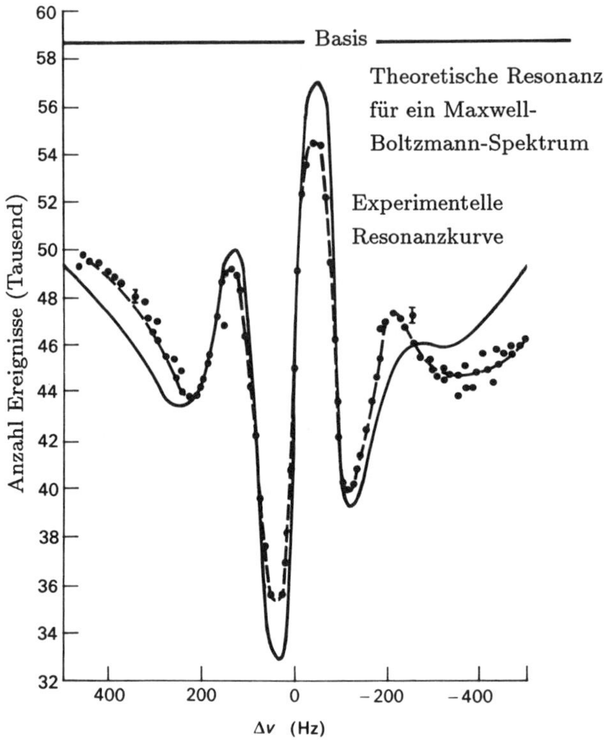

Abbildung 3.12 Resonanzkurve, die im Experiment von Abbildung 3.11 gemessen wurde, wenn die Hochfrequenz um den Resonanzwert geändert wurde. Im steilsten Teil der Kurve ändert sich die Zählrate um 1% bei einer Frequenzänderung $\Delta\nu$=1 Hz. Die durchgezogene Kurve ist die unter der Annahme einer Maxwellverteilung der Geschwindigkeit des Neutronenstrahls berechnete Resonanzkurve.

besitzt, wird das Feld E eine zusätzliche Präzession und damit eine Änderung von I bei konstantem ν bewirken. $dI/d\nu$ ist proportional zur Zeit, die das Neutron zwischen den Hochfrequenzspulen verbringt, damit groß für große Spulenabstände und niedrige Geschwindigkeiten — daher der Vorteil bei der Verwendung kalter Neutronen. Das Ergebnis einer neueren Version dieses Experimentes (Dress. et al. (1978)) findet für das elektrische Dipolmoment eine obere Grenze von

$$\text{EDM} = (0.4 \pm 1.5) \times 10^{-24} e\,\text{cm}. \tag{3.53}$$

Erwähnt werden soll hier, daß eine der Begrenzungen dieses Experimentes in der Schwierigkeit liegt, $\boldsymbol{E}$ und $\boldsymbol{H}$ exakt parallel zu machen. Eine kleine Komponente $E_\perp$ senkrecht zu $\boldsymbol{H}$ wird ein zusätzliches magnetisches Feld $\Delta H = (v/c)E_\perp$ in Richtung von $\boldsymbol{H}$ induzieren und damit einen kleinen Effekt vortäuschen.

Aus (3.52) können wir ablesen, daß für ultrakalte Neutronen ($T \simeq 0.002$ K, $v \simeq 6$ m/s) der Wert von θ_c den Wert $\pi/2$ überschreiten kann, so daß Neutronen auch bei senkrechtem Aufprall reflektiert werden können. Solche Neutronen können eingefangen und in „magnetischen Flaschen“ gespeichert werden, dies erlaubt längere Beobachtungszeiten und genauere Messungen des EDM. Das aktuellste Ergebnis mit dieser Technik erzielten Altarev et al. (1981):

$$\mathrm{EDM} = (2.3 \pm 2.3) \times 10^{-25} e\,\mathrm{cm}$$

und Pendlebury et al.:

$$\mathrm{EDM} = (0.3 \pm 4.8) \times 10^{-25} e\,\mathrm{cm}. \tag{3.54}$$

Eine Übersicht über die Messungen des elektrischen Dipolmoments des Neutrons und anderer Teilchen findet man bei Ramsey (1982).

Theoretische Abschätzungen für das EDM variieren über viele Größenordnungen. Da es keine Evidenz für C-Verletzung im Elektromagnetismus gibt, nimmt man im allgemeinen an, daß ein EDM des Neutrons mit der im K^0-System beobachteten CP-Verletzung zusammenhängt (siehe Abschnitt 7.14). Dies führt zu einer Vorhersage im Bereich $10^{-30} e$ cm im sogenannten Standardmodell mit sechs Quarks, aber mit anderen Annahmen sind höhere Werte möglich. Zukünftige Experimente zum elektrischen Dipolmoment des Neutrons können von fundamentaler Bedeutung für unser Verständnis der CP-Verletzung sein.

Aufgaben

3.1 Λ-Hyperonen werden durch einen Pionstrahl in der Reaktion $\pi^- + p \to K^0 + \Lambda$ erzeugt und im Zerfall $\Lambda \to p + \pi^-$ beobachtet. Wir bezeichnen mit J den Spin des Λ, z die Strahlrichtung und θ den Winkel des Zerfallsprodukts relativ zu z, gemessen im Ruhesystem des Λ. (a) Welche Werte kann J_z annehmen, wenn das Λ genau in Strahlrichtung produziert wird? (b) Zeigen Sie, daß bei unpolarisierten Protonen die Zerfallswinkelverteilung für die in Vorwärtsrichtung erzeugten Λ's als Funktion des Λ-Spins die folgende Form hat:

$$J_\Lambda = \frac{1}{2} \qquad \text{(isotrop)},$$

$$J_\Lambda = \frac{3}{2} \qquad (3\cos^2\theta + 1),$$

$$J_\Lambda = \frac{5}{2} \qquad (5\cos^4\theta - 2\cos^2\theta + 1).$$

(Diese Methode, den Spin des Λ zu bestimmen, wurde zuerst von Adair (1955) vorgeschlagen. Eine Diskussion finden Sie bei Sakurai (1964) und Tripp (1965).) (c) Wie kann man den Spin des $\Sigma^{\pm}$ aus dem (s-Wellen) Einfang des negativen Kaons im Wasserstoff, $K^- + p \rightarrow \Sigma^{\pm} + \pi^{\mp}$ bestimmen?

3.2 Das Σ^0-Hyperon zerfällt elektromagnetisch in den Zustand $\Sigma^0 \rightarrow \Lambda + \gamma$. Zeigen Sie, daß die relative Parität des Σ^0 und des Λ die Multipolarität des emittierten Photons bestimmt. Bestimmen Sie aus dem Polarisationsvektor des Photons $\boldsymbol{\varepsilon}$, dem Wellenvektor $\boldsymbol{k}$ und dem Spin $\boldsymbol{\sigma}$ des Λ die einfachste mögliche Form des Matrixelements für gerade und ungerade relative Parität. Die experimentelle Bestimmung der Σ-Λ Parität erfolgte durch die Analyse des Dalitzzerfalls $\Sigma \rightarrow \Lambda e^+ e^-$. Welche Paritätszuordnung hat die steilere Verteilung in der invarianten Masse des e^+e^- Paares?

3.3 Zeigen Sie, daß ein skalares Meson bei Paritätserhaltung nicht in drei pseudoskalare Mesonen zerfallen kann.

3.4 Die innere Parität des Ξ^--Hyperons, Seltsamkeit $S = -2$, kann im Prinzip aus der Beobachtung des Einfangs im Wasserstoff aus einem s-Wellenzustand bestimmt werden:

$$\Xi^- + p \rightarrow \Lambda + \Lambda.$$

Die Polarisation des Λ-Hyperons kann aus der Asymmetrie im schwachen Zerfall $\Lambda \rightarrow p + \pi^-$ bestimmt werden (siehe Abschnitt 7.7). Stellen Sie fest, wie die Polarisation der Λ's in der obigen Reaktion ist (wenn es überhaupt eine gibt) und wie die relative Polarisation von der Ξ-Parität abhängt.

3.5 Der Einfang negativer Kaonen in Helium führt manchmal zur Bildung von Hyperkernen (einem Kern, bei dem ein Neutron durch ein Λ ersetzt ist), etwa in der Reaktion

$$K^- + ^4\mathrm{He} \rightarrow ^4\mathrm{H}_\Lambda + \pi^0.$$

Untersuchungen der Verzweigungsverhältnisse des $^4\mathrm{He}_\Lambda$ und die Isotropie der Zerfallsprodukte legen fest, daß $J(^4\mathrm{He}_\Lambda) = 0$. Zeigen Sie, daß daraus folgt, daß das K^- negative Parität hat, unabhängig von dem Zustand, aus dem es eingefangen wurde.

3.6 Zeigen Sie, daß die Reaktion $\pi^- + d \rightarrow n + n + \pi^0$ nicht für ruhende Pionen auftreten kann.

3.7 Zeigen Sie, daß für Pionen ohne relativen Bahndrehimpuls die Kombination $\pi^+\pi^-$ einen Eigenwert $CP = +1$ hat, während $\pi^+\pi^-\pi^0$ einen Eigenwert $CP = -1$ hat.

3.8 Was folgt aus dem Zerfallsmodus $K_1^0 \rightarrow 2\pi^0$ für (a) den Spin des Kaons, (b) die Parität des Kaons ?

Literatur

Fraser, W.R., *Elementary Particles*, Prentice-Hall, Englewood Cliffs, New Jersey, 1966.

Hamilton, W.D., „Parity violation in electromagnetic and strong interaction processes“, *Prog. Nucl. Phys.* **10**, 1 (1969).

Henley, E.M., „Parity and time-reversal invariance in nuclear physics“, *Ann. Rev. Nucl. Science*, **19**, 367 (1969).

Jackson, J.D., *The Physics of Elementary Particles*, Princeton University Press, Princeton, New Jersey, 1958.

Kemmer, N., J.C. Polkinghorne, and D. Pursey, „Invariance in elementary particle physics“, *Rep. Prog. Phys.* **22**, 368 (1959).

Muirhead, A., *The Physics of Elementary Particles*, Pergamon, London, 1965, Chapter 5.

Ramsey, N.F., „Dipole moments and spin rotations of the neutron“, *Phys. Reports* **43**, 409 (1978).

Ramsey, N.F., „Electric dipole moments of particles“, *Ann. Rev. Nucl. Part. Science* **32**, 211 (1982).

Rowe, E.G., and E.J. Squires, „Present status of C-, P-, and T-invariance“, *Rep. Prog. Phys.* **32**, 273 (1969).

Sakurai, J.J., *Invariance Principles and Elementary Particles*, Princeton University Press, Princeton, New Jersey, 1964.

Tadic, D., „Parity non-conversation in nuclei“, *Rep. Prog. Phys.* **43**, 67 (1980).

Tripp, R.D., „Spin and parity determination of elementary particles“, *Ann. Nucl. Science* **15**, 325 (1965).

Wick, G.C., „Invariance principles of nuclear physics“, *Ann. Rev. Nucl. Science* **8**, 1 (1958).

Williams, W.S., *An Introduction to Elementary Particles*, Academic Press, New York, and London, 1971.

Kapitel 4

Hadron-Hadron Wechselwirkung

In diesem Kapitel werden wir die Eigenschaften der starken Wechselwirkung zwischen Hadronen diskutieren. Wie im Kapitel 5 noch gezeigt wird, ist die grundlegende starke Wechselwirkung diejenige zwischen den elementaren Quarkbausteinen der Hadronen. In der Tat haben wir heute eine schlüssige Theorie der Kräfte zwischen zwei Quarks, die Quantenchromodynamik (QCD), die allerdings nur für hohe Impulsüberträge zwischen den Quarks berechenbare Resultate liefert. Im Gegensatz dazu sind bei Stößen zwischen Hadronen viele Quarks (oder Antiquarks) gleichzeitig beteiligt und die individuellen Impulsüberträge sind meistens klein — dies ist also ein unlösbares Vielkörperproblem.

Diese Situation ist vergleichbar mit den Stößen zwischen Atomen. Die fundamentale elektromagnetische Wechselwirkung zwischen den einzelnen Elektronen und Kernen ist gut verstanden. Die Beschreibung von atomaren Stoßprozessen ist hingegen so komplex, weil viele Elektronen beteiligt sind. So wird ein vorwiegend empirisches Vorgehen erforderlich. Die Behandlung von Hadron-Hadron-Stößen geht dem Quarkmodell um viele Jahre voraus. Ein sehr allgemeiner Zugang — die Streumatrix-Theorie — beschreibt Hadron-Hadron-Stöße analog zur Optik durch Amplituden und Phasen von Materiewellenfunktionen und verwendet Konzepte und Methoden (etwa der Resonanzen), die aus der Kernphysik stammen.

Eine solche Beschreibung von hadronischen Wechselwirkungen war von großer Bedeutung für die Entdeckung verschiedener Hadron-Zustände und die Messung ihrer Massen und Quantenzahlen. Aus dieser Anhäufung von Daten heraus konnte schließlich die Quantenchromodynamik entstehen.

4.1 Wirkungsquerschnitt und Zerfallsrate

Ein großer Teil unseres Wissens über die Eigenschaften und Wechselwirkungen von Teilchen stammt von experimentellen Daten über Stoßwirkungsquerschnitte und Zerfallsraten. Als ein Beispiel betrachten wir die Reaktion

$$\underbrace{a+b}_{i} \rightarrow \underbrace{c+d}_{f} \tag{4.1}$$

mit zwei Teilchen im Anfangszustand i und zwei Teilchen im Endzustand f. Wenn wir b als das Target und a als Projektil — normalerweise in einem kollimierten Teilchenstrahl — auffassen, dann ist der Wirkungsquerschnitt für die obige Reaktion durch die Übergangsrate W pro Einheitsfluß und pro Targetteilchen gegeben. Es sei n_a die Teilchendichte im einfallenden Strahl und v_i die relative Geschwindigkeit von a und b. Dann ist der Fluß pro Zeiteinheit durch eine Einheitsfläche (senkrecht zum Strahl) gegeben durch

$$\phi = n_a v_i. \tag{4.2}$$

Wenn es n_b Targetteilchen pro Einheitsfläche gibt und jedes einen effektiven Wirkungsquerschnitt σ besitzt, dann ist die Wahrscheinlichkeit, daß irgendein einfallendes Teilchen ein Ziel trifft, σn_b, und die Anzahl Wechselwirkungen pro Zeiteinheit ist $n_a n_b \sigma i$. Die Übergangsrate pro Targetteilchen ist also

$$W = \sigma\phi = \sigma n_a v_i. \tag{4.3}$$

W läßt sich auch als Produkt eines Matrixelementes M_{if} und der Dichte der Endzustände ρ_f darstellen. ρ_f wird auch als Phasenraumfaktor bezeichnet. M_{if} enthält verschiedene Eigenschaften der Wechselwirkung: Kopplungsstärke, Energieabhängigkeit, Winkelverteilung usw. Die Formel für W ist im Anhang E hergeleitet:

$$W = \frac{2\pi}{\hbar}|M_{if}|^2\rho_f. \tag{4.4}$$

Diese Beziehung gilt ebenso für einen Zerfallsprozeß, in dem der Anfangszustand i ein instabiles Teilchen ist, das in einen Endzustand f zerfällt ($X \rightarrow c + d$). In der Störungsrechnung erster Ordnung wird angenommen, daß die Wechselwirkung „schwach“ ist. M_{if} wird dort interpretiert als Überlappintegral über ein Volumen, $\int \psi_f^* H' \psi_i d\tau$, worin H' der Wechselwirkungsoperator und ψ_i, ψ_f die Anfangs- und Endzustandswellenfunktion sind. Diese Interpretation ist dann gültig, wenn $H' \ll H_0$ ist (H_0 ist der ungestörte Hamiltonoperator). Wenn jedoch die Wechselwirkung stark ist, kann man M_{if} nicht explizit ausrechnen und Gleichung (4.4) nur als Definition für M_{if} auffassen.

Um nun den Phasenraumfaktor ρ_f zu berechnen, beschränken wir alle Teilchen auf ein beliebiges Volumen, das später in der Rechnung wieder herausfällt und als 1 angenommen wird. Dann ist

$$\rho_f = \frac{dn}{dE_0} = \frac{d\Omega}{h^3} p_f^2 \frac{dp_f}{dE_0} g_f, \tag{4.5}$$

worin E_0 die Gesamtenergie im Schwerpunktsystem, p_f der Impuls des Endzustands in diesem System ($|\boldsymbol{p}_c| = |\boldsymbol{p}_d| = p_f$), und $d\Omega$ das Raumwinkelelement ist, in dem sich die auslaufenden Teilchen befinden. g_f ist die Anzahl der möglichen Spinzustände. Gleichung (4.1) bezieht sich auf ein Teilchen jeden Typs im Normierungsvolumen. Mit $n_a = 1$ erhält man nach Integration über alle Winkel der Reaktionsprodukte c und d mit Hilfe von (4.3):

$$\sigma = \frac{W}{v_i} = |M_{if}|^2 \frac{p_f^2 dp_f}{v_i dE_0} g_f. \tag{4.6}$$

Numerische Konstanten sind hierbei in $|M_{if}|^2$ enthalten. Energieerhaltung liefert uns

$$\sqrt{p_f^2 + m_c^2} + \sqrt{p_f^2 + m_d^2} = E_0$$

und daher

$$\frac{dp_f}{dE_0} = \frac{E_c E_d}{E_0 p_f} = \frac{1}{v_f}. \tag{4.7}$$

Darin sind E_c, E_d die Gesamtenergien, und $v_f = v_c + v_d$ ist die relative Geschwindigkeit von c und d. Aus den Spins s_c und s_d ergeben sich $2s_c + 1$ bzw. $2s_d + 1$ mögliche Spinzustände, so daß folgt $g_f = (2s_c + 1)(2s_d + 1)$. Gleichung (4.6) wird dann

$$\sigma(a + b \to c + d) = |M_{if}|^2 \frac{(2s_c + 1)(2s_d + 1)}{v_i v_f} p_f^2. \tag{4.8}$$

Dabei wird angenommen, daß $|M_{if}|^2$ der Mittelwert über alle möglichen Spinzustände von a und b ist, und daß über alle Bahndrehimpulse des Endzustands summiert wurde.

Wie schon gesagt, ist die exakte Form von M_{if} normalerweise nicht bekannt. Wenn wir nur die Reaktion und ihre Umkehrung ($a + b \rightleftharpoons c + d$) bei der gleichen Schwerpunktsenergie vergleichen wollen, ist die genaue Kenntnis von M_{if} auch nicht erforderlich. Wir können uns dann auf das Prinzip des detaillierten Gleichgewichts verlassen, demzufolge

$$|M_{if}|^2 = |M_{fi}|^2 \tag{4.9}$$

gilt. Diese Beziehung folgt aus der Annahme, daß die Wechselwirkung invariant gegen Zeitumkehr und Raumspiegelung ist. Für die Starke Wechselwirkung ist dies erfüllt, siehe Kapitel 3. Zeitumkehr vertauscht die End- und Anfangszustände und kehrt alle Impulse und Spins um. Die Raumspiegelung kehrt die Impulse wieder in die alte Richtung, läßt aber die

Spins unverändert. Wir schreiben nun $M_{if} = \langle f|T|i\rangle$, mit einem geeigneten Übergangsmatrix-Operator T und erhalten

$$\langle f(p_c, p_d, s_c, s_d)|T|i(p_a, p_b, s_a, s_b)\rangle \xrightarrow[\text{+Raumspiegelung}]{\text{Zeitumkehr}} \langle i(p_a, p_b, -s_a, -s_b)|T|f(p_c, p_d, -s_c, -s_d)\rangle. \tag{4.10}$$

Wir summieren nun über alle $2s+1$ Spinprojektionen von $-s$ bis $+s$ und erhalten $|M_{if}|^2 = |M_{fi}|^2$ wie schon in (4.9).

Invarianz gegen Zeitumkehr und Raumspiegelung gilt nicht für die schwache Wechselwirkung. Dort kann man jedoch die Störungsrechnung erfolgreich anwenden ($H' \ll H_0$), und H' ist ein hermitescher Operator ($\langle f|H'|i\rangle = \langle i|H'|f\rangle^*$), so daß (4.9) erneut gilt. Die Gleichungen (4.8) und (4.9) wollen wir nun benutzen, um den Spin des Pions zu bestimmen.

4.1.1 Der Spin des Pions

Der Spin geladener Pionen ist unter Anwendung des Prinzips des detaillierten Gleichgewichts aus der reversiblen Reaktion

$$p + p \rightleftharpoons \pi^+ + d \tag{4.11}$$

bestimmt worden.

Wir wenden Gleichung (4.8) auf die erste Reaktionsrichtung an und erhalten

$$\sigma_{pp\to\pi^+d} = |M_{if}|^2 \frac{(2s_\pi + 1)(2s_d + 1)}{v_i v_f} p_\pi^2. \tag{4.12}$$

Darin ist p_π der Absolutwert des Pionimpulses $\boldsymbol{p}_\pi = -\boldsymbol{p}_d$ im Schwerpunktsystem (CMS: center-of-momentum system), und $s_d = 1$. Für die umgekehrte Reaktion gilt entsprechend

$$\sigma_{\pi^+d\to pp} = \frac{1}{2}|M_{fi}|^2 \frac{(2s_p + 1)^2}{v_f v_i} p_p^2. \tag{4.13}$$

Das Prinzip des detaillierten Gleichgewichts sorgt nun dafür, daß die Faktoren $|M_{if}|^2/v_i v_f$ in beiden Reaktionen bei einer gegebenen Schwerpunktsenergie gleich sind. Der Faktor $1/2$ in (4.13) trägt dem Umstand Rechnung, daß der Phasenraumfaktor (4.5) nur über einen Raumwinkel von 2π (statt über 4π) integriert werden muß, um alle Zustände mit einem Paar identischer Protonen zu erfassen. Damit folgt für das Verhältnis der Wirkungsquerschnitte:

$$\frac{\sigma(pp \to \pi^+ d)}{\sigma(\pi^+ d \to pp)} = 2\frac{(2s_\pi + 1)(2s_d + 1)}{(2s_p + 1)^2} \frac{p_\pi^2}{p_p^2}. \tag{4.14}$$

Der differentielle Wirkungsquerschnitt $d\sigma/d\Omega$ für die Reaktion $p + p \to \pi^+ d$ ist zuerst von Cartwright et al. (1953) gemessen worden. Bei

340 MeV Protonenergie betrug die kinetische Energie der Pionen im CMS $T_\pi = 21.4$ MeV. Der totale Wirkungsquerschnitt für die inverse Reaktion $\pi^+ + d \rightarrow p + p$ wurde von Clark et al. (1951, 1952) bei $T_\pi = 23$ MeV und von Durbin et al. (1951) bei $T_\pi = 25$ MeV gemessen: $\sigma = 4.5 \pm 0.8$ mb, bzw. $\sigma = 3.1 \pm 0.3$ mb. Die Integration von Cartwrights Messung sagte Werte von $\sigma = 3.0 \pm 1.0$ mb für $\sigma_\pi = 0$ und $\sigma = 1.0 \pm 0.3$ mb für $\sigma_\pi = 1$ voraus. Diese Daten zeigen deutlich, daß das Pion einen Spin Null hat. Spätere Messungen haben dies bestätigt.

Im Fall der neutralen Pionen beweist die Existenz des Zerfalls

$$\pi^0 \rightarrow 2\gamma,$$

daß σ_π erstens ganzzahlig sein muß und zweitens nicht Eins sein kann (der Spin des Photons ist 1, $\sigma_\gamma = 1$). Ein Photon besitzt nur zwei mögliche Spinzustände, entweder parallel oder antiparallel zur Bewegungsrichtung (siehe auch Abschnitt 3.6.2). Wir legen als Quantisierungsachse die gemeinsame Fluggerade der Photonen im Ruhesystem der π^0 fest. Die z-Komponente des gesamten Photonspins kann dann die Werte $s_z = 0$ oder 2 annehmen. Für $s_\pi = 1$ ist nur $s_z = 0$ möglich. In diesem Fall muß sich die 2-Photon-Amplitude unter räumlichen Rotationen wie Polynome $P_1^m(\cos\theta)$ mit $m = 0$ verhalten, θ ist der Rotationswinkel zur z-Achse. Durch eine 180°-Rotation um eine Achse senkrecht zu z wird $\theta \rightarrow \pi - \theta$, und $P_1^0 \propto \cos\theta$ ändert sein Vorzeichen. Der Fall $s_z = 0$ entspricht zwei rechts- (oder links-) zirkular polarisierten Photonen, die in entgegengesetzter Richtung laufen. Die erwähnte Rotation um 180° ist daher äquivalent zu einer Vertauschung der Photonen. Die Wellenfunktion muß jedoch symmetrisch unter solchen Vertauschungen sein. Also kann der Spin des neutralen Pions nicht Eins sein, also $s_\pi = 0$, oder ≥ 2. In hochenergetischen Nukleon-Nukleon-Stößen wird beobachtet, daß neutrale, positive und negative Pionen in gleichen Mengen produziert werden. Dies deutet ebenfalls darauf hin, daß der Spin des neutralen Pions Null ist wie der seiner geladenen Verwandten und so die gleiche Spin-Multiplizität hat.

4.2 Isospin

Heisenberg schlug 1932 vor, Proton und Neutron als die verschiedenen Ladungszustände eines einzigen Teilchens, des Nukleons, zu behandeln. Dem Nukleon wird eine neue Quantenzahl I, der Isospin, gegeben. Zu dem Wert $I = 1/2$ gehören zwei Zustände I_z oder I_3 mit $\pm 1/2$. Die elektrische Ladung wird durch die Beziehung $Q/e = 1/2 + I_3$ gegeben, wenn wir dem Proton $I_3 = +1/2$ und dem Neutron $I_3 = -1/2$ zuweisen. Die gänzlich formale Beschreibung geht analog zu der eines Teilchens mit normalem Spin $1/2$ und und Unterzuständen $J_z = \pm 1/2$ (in Einheiten von $h/2\pi$).

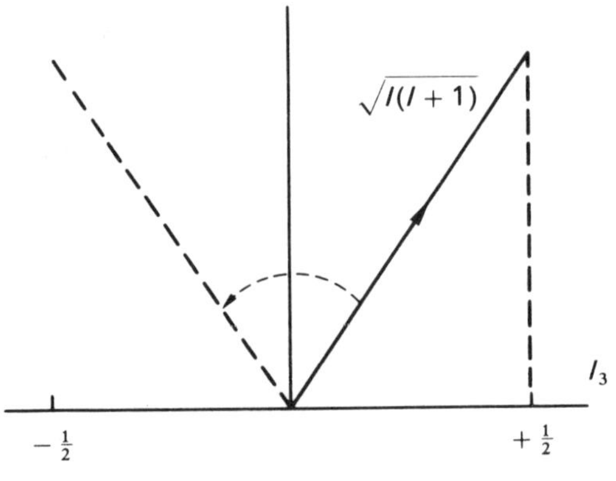

Abbildung 4.1 Die Erhaltung des Isospins I in der starken Wechselwirkung kann als Invarianz eines Isospinvektors der Länge $\sqrt{I(I+1)}$ unter Rotation in einem dreidimensionalen Isospinraum interpretiert werden. Für $I=1/2$ kann die z-Komponente die Eigenwerte $I_3=\pm 1/2$ annehmen. In einem elektrischen Feld unterscheiden sich dadurch Proton und Neutron.

Isospin erweist sich als ein nützliches Konzept, weil er in der starken Wechselwirkung erhalten ist. Diese hängt dementsprechend von I ab und nicht von der dritten Komponente I_3. Insbesondere sind die starken Wechselwirkungen zwischen Nukleonen durch I gegeben und wir brauchen nicht zwischen Neutron und Proton unterscheiden, es sind degenerierte Zustände. Bildlich kann man sich den Isospin als einen Vektor $\boldsymbol{I}$ in einem dreidimensionalen „Isospinraum" mit kartesischen Koordinaten I_x, I_y, I_z, oder gebräuchlicher, I_1, I_2, I_3, vorstellen. Isospinerhaltung bedeutet dann, daß sich die Länge dieses Vektors $\boldsymbol{I}$ bei Rotationen des Isospin-Koordinatensystems nicht ändert. Elektromagnetische Wechselwirkungen erhalten $\boldsymbol{I}$ nicht. Weil sie an die elektrische Ladung Q koppeln, sondern sie die I_3-Achse aus (siehe Abb. 4.1).

Die erste Evidenz für Isospinerhaltung in der starken Wechselwirkung stammte von der Beobachtung von Ladungssymmetrie und Ladungsunabhängigkeit der Kernkräfte, wenn man die Coulombeffekte berücksichtigte. Die n-p, p-p und n-n Kräfte sind dann bei gleichem Bahndrehimpuls gleich stark. Diese Gleichheit ergab sich aus der bemerkenswerten Ähnlichkeit im Niveauschema der Spiegelkerne, in denen die Anzahl der Protonen und Neutronen jeweils vertauscht ist.

4.3 Isospin im Zwei-Nukleonen-System

Die Isospin-Zustände im 2-Nukleon-System können in direkter Analogie zur Kombination zweier Spin-$1/2$-Objekte geschrieben werden. Nennen wir die

Wellenfunktion n und p für Neutron und Proton, dann erhalten wir

$$S\left\{\begin{aligned} \chi(1,1) &= p(1)p(2), &(4.15a)\\ \chi(1,0) &= \frac{1}{\sqrt{2}}[p(1)n(2)+n(1)p(2)], &(4.15b)\\ \chi(1,-1) &= n(1)n(2), &(4.15c)\end{aligned}\right.$$

$$A \qquad \chi(0,0) = \frac{1}{\sqrt{2}}[p(1)n(2)-n(1)p(2)]. \qquad (4.15d)$$

Die ersten drei Zustände sind Mitglieder eines $I = 1$ Tripletts, symmetrisch unter einer Vertauschung $1 \leftrightarrow 2$. Der letzte Zustand ist ein antisymmetrisches $I = 0$ Singlett.

Die gesamte Wellenfunktion für einen 2-Nukleonen-Zustand kann als

$$\psi(\text{Total}) = \phi(\text{Raum})\alpha(\text{Spin})\chi(\text{Isospin}) \qquad (4.16)$$

geschrieben werden, wenn Bahndrehimpuls und Spin unabhängig voneinander quantisiert werden können (in einem nichtrelativistischen System). Wir sehen aus Gleichung (4.16), daß α für ein Deuteron symmetrisch gegen Vertauschung der Nukleonen ist. Die räumliche Wellenfunktion ϕ hat die Symmetrie $(-1)^l$ unter Vertauschung. Da man weiß, daß die Nukleonen im Deuteron in einem $l = 0$-Zustand sind (mit wenigen Prozenten Beimischung von $l = 2$), ist ϕ symmetrisch und χ muß antisymmetrisch sein, um die Antisymmetrie der totalen Wellenfunktion ψ zu gewährleisten. Aus (4.15) folgt, daß $I = 0$ ist: das Deuteron ist ein Isospin-Singlett.

Als Beispiel wollen wir die Reaktionen

	(i)	$p+p$	$\rightarrow d$	$+\pi^+$,	(ii)	$p+n$	$\rightarrow d$	$+\pi^0$
I		1	0	1		1 od. 0	0	1

betrachten. In beiden Fällen hat der Endzustand den Isospin Eins. Der Anfangszustand in (i) ist ein reiner $I = 1$-Zustand, aber (ii) ist eine Mischung aus $I = 0$ und $I = 1$ zu je 50%. Isospinerhaltung bedeutet, daß beide Reaktionen nur über den $I = 1$-Kanal ablaufen können. Folglich sollte das Verhältnis der Wirkungsquerschnitte $\sigma(\text{ii})/\sigma(\text{i}) = 0.5$ sein; dies stimmt mit der Beobachtung überein.

4.4 Isospin im Pion-Nukleon-System

Das Pion existiert in drei verschiedenen Ladungszuständen von ungefähr gleicher Masse, π^+, π^-, π^0. Aufgrund dieser Multiplizität erhält es den Isospin $I = 1$, und die Ladung ist einfach $Q/e = I_3$, im Unterschied zu $Q/e = I_3 + 1/2$ für die Nukleonen. Beide Situationen können mit einer einzigen Gleichung

$$\frac{Q}{e} = I_3 + \frac{B}{2} \qquad (4.17)$$

unter Einführung der Baryonenzahl B beschrieben werden.

Ein wichtige Anwendung der Isospinerhaltung taucht in den starken Wechselwirkungen von nicht-identischen Teilchen auf, die im allgemeinen in zusammengesetzten verschiedenen Isospinzuständen sind. Das klassische Beispiel hierfür ist die Pion-Nukleon-Streuung. Da $I_\pi = 1$ und $I_N = 1/2$ ist, kann es $I_{\text{total}} = 1/2$ oder $3/2$ geben. Wenn die starke Wechselwirkung nur von I und nicht von I_3 abhängt, können alle $3 \times 2 = 6$ pn-Streuprozesse durch nur zwei Isospin-Amplituden beschrieben werden.

Von diesen sechs Prozessen haben

$$\pi^+ p \to \pi^+ p \tag{4.18a}$$

$$\pi^- n \to \pi^- n \tag{4.18b}$$

$I_3 = \pm 3/2$ und können durch eine reine $I = 3/2$-Amplitude beschrieben werden. Da die beiden Reaktionen sich nur im Vorzeichen von I_3 unterscheiden, haben sie bei gegebener Stoßenergie auch gleiche Wirkungsquerschnitte.

Die verbleibenden Wechselwirkungen

$$\pi^- p \to \pi^- p, \tag{4.18c}$$

$$\pi^- p \to \pi^0 n, \tag{4.18d}$$

$$\pi^+ n \to \pi^+ n, \tag{4.18e}$$

$$\pi^+ n \to \pi^0 p, \tag{4.18f}$$

haben $I_3 = \pm 1/2$ und daher ist $I = 1/2$ oder $3/2$. Die Gewichte dieser beiden Anteile werden durch Clebsch-Gordan-Koeffizienten gegeben, auch als Vektor-Kopplungs- oder Wigner-Koeffizienten bekannt. Ihre Herleitung wird in Anhang C gegeben.

Feynman hat eine weitere Methode entwickelt, die auf den vorliegenden Fall angewandt werden kann. Die Kraft zwischen zwei Nukleonen ist ladungsunabhängig. Diese Kraft kann man sich durch den Austausch von virtuellen Teilchen zwischen den Nukleonen vermittelt denken (gerade so wie man sich vorstellt, daß die elektrostatische Kraft zwischen zwei Ladungen durch den Austausch virtueller Photonen aufgebaut wird). Jedoch können in Hadron-Hadron-Wechselwirkungen viele Prozesse beitragen, wie Pion-, ρ-Meson- und Kaon-Austausch. Dabei ist es sehr plausibel, wenn man annimmt, daß schon der Beitrag vom Austausch einzelner Pionen ladungsunabhängig ist — wäre es anders, so wäre die Ladungsunabhängigkeit nur ein Zufall aufgrund der gegenseitigen Aufhebung von einzelnen Kräften, die jede für sich nicht ladungsunabhängig wären. Diese Möglichkeit wird als zu weit hergeholt verworfen.

Die pp-, pn- und nn-Wechselwirkungen mit einem Ein-Pion-Austausch sind in den Diagrammen Abb. 4.2 dargestellt, wobei a, b und c unbekannte Kopplungskonstanten sind.

Im letzten Diagramm kann natürlich das virtuelle π^- durch ein π^+ mit umgekehrtem Pfeil ersetzt werden; diese Fälle werden nicht unterschieden.

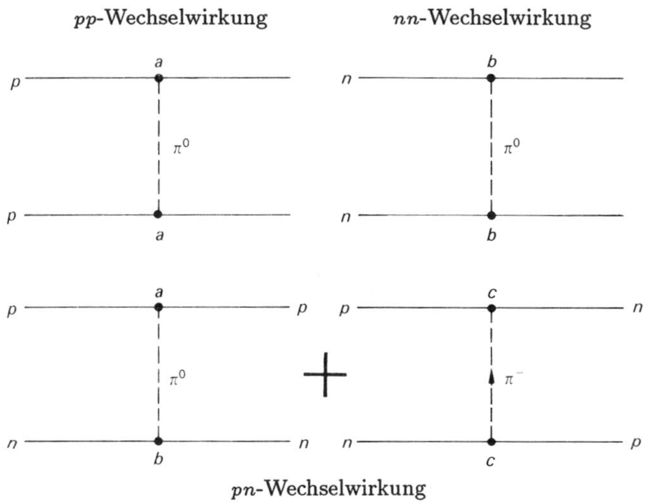

Abbildung 4.2

Wenn die *pp*-, *pn*- und *nn*-Kräfte gleich stark sind, dann muß gelten

$$a^2 = b^2 = ab + c^2$$

und folglich $a = \pm b$. Ferner kann c nicht Null sein, weil der Prozeß im letzten Diagramm existiert (*pn*-Streuung mit Ladungsaustausch). Daher muß gelten

$$b = -a,$$

$$c = \pm\sqrt{2}a,$$

wobei das letzte Vorzeichen beliebig ist.

Wegen seiner starken Wechselwirkung kann ein Nukleon virtuell in ein Nukleon plus Pion(en), ein Hyperon-Kaon-Paar, usw. dissoziieren. Die möglichen virtuellen Zustände des Neutrons mit einem Pion sind klarerweise in der untersten Zeile von Abb. 4.2 gezeigt, wir wollen sie $|n\pi^0\rangle$ und $|p\pi^-\rangle$ nennen. Das Neutron als Anfangszustand hat $I = 1/2$, $I_3 = -1/2$. Die Zerlegung dieses Zustandes ist

$$|\chi\left(\frac{1}{2}, -\frac{1}{2}\right)\rangle = b|n\pi^0\rangle + c|p\pi^-\rangle$$

$$= b(n\pi^0\rangle + \sqrt{2}|p\pi^-\rangle).$$

Mit der Normierung $\langle\chi|\chi\rangle = \int \chi^*\chi dV = 1$, $\langle n\pi^0|n\pi^0\rangle = \langle p\pi^-|p\pi^-\rangle = 1$ erhalten wir dann

$$|\chi\left(\frac{1}{2}, -\frac{1}{2}\right)\rangle = \sqrt{\frac{1}{3}}|n\pi^0\rangle - \sqrt{\frac{2}{3}}|p\pi^-\rangle. \tag{4.19}$$

Tabelle 4.1
Clebsch-Gordan-Koeffizienten in der Pion-Nukleon-Streuung

		$I=\frac{3}{2}$				$I=\frac{1}{2}$	
Pion	Nukleon	$I_3=\frac{3}{2}$	$\frac{1}{2}$	$-\frac{1}{2}$	$-\frac{3}{2}$	$\frac{1}{2}$	$-\frac{1}{2}$
π^+	p	1					
π^+	n		$\sqrt{\frac{1}{3}}$			$\sqrt{\frac{2}{3}}$	
π^0	p		$\sqrt{\frac{2}{3}}$			$-\sqrt{\frac{1}{3}}$	
π^0	n			$\sqrt{\frac{2}{3}}$			$\sqrt{\frac{1}{3}}$
π^-	p			$\sqrt{\frac{1}{3}}$			$-\sqrt{\frac{2}{3}}$
π^-	n				1		

Ganz ähnlich für den Proton-Zustand

$$|\chi\left(\frac{1}{2},\frac{1}{2}\right)\rangle = -\sqrt{\frac{1}{3}}|p\pi^0\rangle + \sqrt{\frac{2}{3}}|n\pi^+\rangle, \tag{4.20}$$

wobei das Vorzeichen von c der üblichen Konvention entspricht (London und Shortly 1951).

Um die Koeffizienten für die $I = {}^3\!/_2$, $I_3 = \pm{}^1\!/_2$-Zustände zu finden, benutzen wir die Orthogonalitäts- und Normierungsbedingungen, z.B.

$$\langle\chi\left(\frac{3}{2},\frac{1}{2}\right)|\chi\left(\frac{1}{2},\frac{1}{2}\right)\rangle = 0, \quad \langle n\pi^0|n\pi^0\rangle = 1, \quad \langle p\pi^-|n\pi^0\rangle = 0.$$

Wenn wir also definieren

$$|\chi\left(\frac{3}{2},\frac{1}{2}\right)\rangle = A|p\pi^0\rangle + B|n\pi^+\rangle, \tag{4.21}$$

$$|\chi\left(\frac{3}{2},-\frac{1}{2}\right)\rangle = C|p\pi^-\rangle + D|n\pi^0\rangle, \tag{4.22}$$

dann folgt

$$A^2 + B^2 = C^2 + D^2 = 1,$$

und, aus einer Multiplikation von (4.21) mit (4.20) sowie von (4.22) mit (4.19),

$$A = B\sqrt{2}, \qquad D = C\sqrt{2}.$$

Dabei ist

$$B = C = \sqrt{\frac{1}{3}}, \qquad D = A = \sqrt{\frac{2}{3}} \tag{4.23}$$

wieder mit der üblichen Vorzeichenkonvention. Die resultierende Liste von Clebsch-Gordan-Koeffizienten ist in Tabelle 4.1 angegeben.

Wir können jetzt für eine feste Energie die relativen Wirkungsquerschnitte der drei Prozesse

$$\pi^+ p \to \pi^+ p \quad \text{(Elastische Streuung)} \tag{4.24a}$$

$$\pi^- p \to \pi^- p \quad \text{(Elastische Streuung)} \tag{4.24b}$$

$$\pi^- p \to \pi^0 n \quad \text{(Ladungsaustausch)} \tag{4.24c}$$

berechnen.

Der Wirkungsquerschnitt ist proportional zum Quadrat des Matrixelementes, das die Anfangs- und Endzustände verknüpft, d.h.

$$\sigma \propto \langle \psi_f | H | \psi_i \rangle^2 = M_{if}^2,$$

wobei H ein Isospinoperator ist. H soll den Wert H_1 haben, wenn er auf Anfangs- und Endzustände mit $I = 1/2$ wirkt, und H_3 für $I = 3/2$. Wegen Isospinerhaltung gibt es keinen Operator, der Anfangs- und Endzustände von verschiedenem Isospin verknüpft. Es sei

$$M_1 = \langle \psi_f \left(\frac{1}{2}\right) | H_1 | \psi_i \left(\frac{1}{2}\right) \rangle,$$

$$M_3 = \langle \psi_f \left(\frac{3}{2}\right) | H_3 | \psi_i \left(\frac{3}{2}\right) \rangle.$$

Die Reaktion (4.24a) beinhaltet einen reinen Zustand mit $I = 3/2$, $I_3 = +3/2$. Deswegen ist

$$\sigma_a = K|M_3|^2,$$

wobei K eine Konstante ist.

Mit Hilfe der Tabelle 4.1 können wir die Reaktion (4.24b) auch als

$$|\psi_i\rangle = |\psi_f\rangle = \sqrt{\frac{1}{3}} |\chi\left(\frac{3}{2}, -\frac{1}{2}\right)\rangle - \sqrt{\frac{2}{3}} |\chi\left(\frac{1}{2}, -\frac{1}{2}\right)\rangle$$

schreiben. Der Wirkungsquerschnitt wird dann

$$\begin{aligned} \sigma_b &= K \langle \psi_f | H_1 + H_3 | \psi_i \rangle^2 \\ &= K |\frac{1}{3} M_3 + \frac{2}{3} M_1|^2. \end{aligned}$$

Für die Reaktion (4.24c) haben wir

$$|\psi_i\rangle = \sqrt{\frac{1}{3}} |\chi\left(\frac{3}{2}, -\frac{1}{2}\right)\rangle - \sqrt{\frac{2}{3}} |\chi\left(\frac{1}{2}, -\frac{1}{2}\right)\rangle,$$

$$|\psi_f\rangle = \sqrt{\frac{2}{3}} |\chi\left(\frac{3}{2}, -\frac{1}{2}\right)\rangle - \sqrt{\frac{1}{3}} |\chi\left(\frac{1}{2}, -\frac{1}{2}\right)\rangle,$$

und somit

$$\sigma_c = K |\sqrt{\frac{2}{9}} M_3 - \sqrt{\frac{2}{9}} M_1|^2.$$

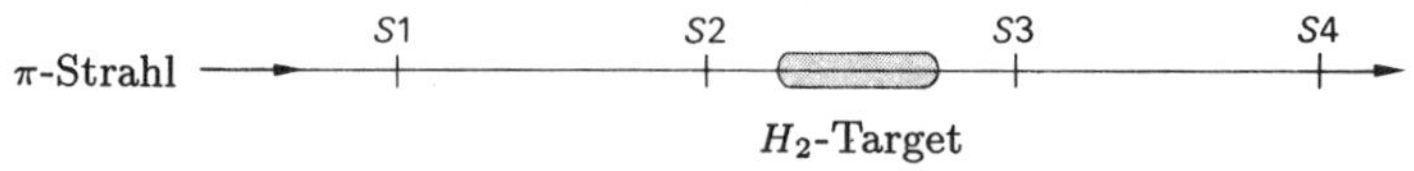

Abbildung 4.3 Schematische Zeichnung der Messung des totalen Pion-Proton-Wirkungsquerschnittes.

Die Verhältnisse der Wirkungsquerschnitte sind dann

$$\sigma_a : \sigma_b : \sigma_c = |M_3|^2 : \frac{1}{9}|M_3 + 2M_1|^2 : \frac{2}{9}|M_3 - M_1|^2. \tag{4.25}$$

Die Grenzfälle, in denen nur eine Isospinamplitude unter den experimentellen Bedingungen dominiert, sind

$$M_3 \gg M_1, \quad \sigma_a : \sigma_b : \sigma_c = 9 : 1 : 2,$$

$$M_1 \gg M_3, \quad \sigma_a : \sigma_b : \sigma_c = 0 : 2 : 1.$$

Viele experimentelle Messungen des totalen und differentiellen Pion-Nukleon-Wirkungsquerschnittes sind durchgeführt worden. Das erste und einfachste Experiment maß die Abschwächung eines gebündelten, monoenergetischen $\pi^{\pm}$-Strahls in einem Target aus flüssigem Wasserstoff. Gemäß der Skizze 4.3 kann man die Änderung der Koinzidenzrate in den Zählern $S3$ und $S4$ mit und ohne Target messen, normiert auf den einfallenden Fluß in $S1$ und $S2$. Die Ergebnisse solcher Messungen sind in Abb. 4.4 gezeigt. Sowohl für positive als auch für negative Pionen gibt es einen starke Spitze in σ_{total} bei einer kinetischen Energie des Pions von 200 MeV. Das Verhältnis $(\sigma_{\pi^+ p}/\sigma_{\pi^- p})_{\text{total}}$ ist 3, was beweist, daß die $I = 3/2$-Amplitude in dieser Region dominiert. Diese Überhöhung wird als Resonanz $\Delta(1236)$ bezeichnet (1236 MeV ist die invariante Pion-Nukleon-Masse). Die Breite der Kurve in halber Höhe ist 120 MeV. Weil sich herausstellte, daß Spin und Parität $J^P = 3/2^+$ sind, und $I = 3/2$, wird sie auch als die (3,3)-Resonanz bezeichnet. Dieser Pion-Nukleon-Zustand wird im Abschnitt 4.9 noch weiter diskutiert werden. Wie man in Abb. 4.4 sieht, gibt es noch mehr Pion-Nukleon-Resonanzen, z.B. eine $I = 1/2$-Resonanz bei 1525 MeV. Im allgemeinen tragen in jedem Bereich der invarianten Pion-Nukleon-Masse mehrere Amplituden bei, und man kann nicht einfach eine Überhöhung im Wirkungsquerschnitt als einen eindeutigen Resonanzzustand interpretieren. Nur für die erste (3,3)-Resonanz ist diese Interpretation eindeutig.

4.5 Seltsamkeit und Isospin

Wie bereits in Kapitel 1 gesagt, wurden die seltsamen Teilchen so genannt, weil sie trotz ihrer zahlreichen Produktion durch starke Wechselwirkung so ungewöhnlich lange Lebensdauern besaßen (durch den Zerfall in schwacher Wechselwirkung). Es wurde diskutiert, daß eine neue Quantenzahl,

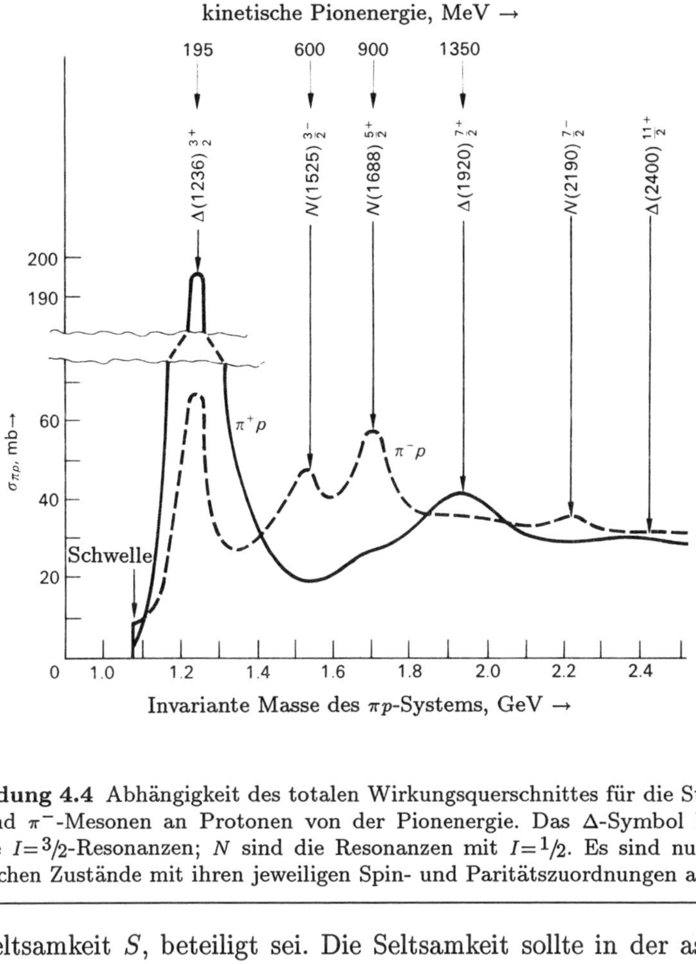

Abbildung 4.4 Abhängigkeit des totalen Wirkungsquerschnittes für die Streuung von π^+- und π^--Mesonen an Protonen von der Pionenergie. Das Δ-Symbol bezieht sich auf die $I=3/2$-Resonanzen; N sind die Resonanzen mit $I=1/2$. Es sind nur einige der zahlreichen Zustände mit ihren jeweiligen Spin- und Paritätszuordnungen angegeben.

die Seltsamkeit S, beteiligt sei. Die Seltsamkeit sollte in der assoziierten starken Produktion von Teilchen mit entgegengesetzter Seltsamkeit erhalten bleiben, wäre aber im schwachen Zerfall einzelner seltsamer Teilchen verletzt.

Die Zuordnung von Isospin und Seltsamkeit wurde folgendermaßen erhalten. Zunächst bemerken wir, daß das Λ kein geladenes Gegenstück besitzt und deswegen $I_\Lambda = 0$ ist. Im *schwachen* Zerfall des Λ sind weder I noch I_3 erhalten:

$$\begin{array}{cccc} & \Lambda & \to p + & \pi^- . \\ I & 0 & \frac{1}{2} & 1 \\ I_3 & 0 & \frac{1}{2} & -1 \end{array}$$

Das Λ-Hyperon und das neutrale Kaon sind in assoziierter Produktion durch starke Wechselwirkung beobachtet worden (bereits in den frühen Nebelkammerexperimenten). Daraus können wir für das Kaon einen halb-

Tabelle 4.2 Isospin und Seltsamkeit für Teilchen, die in schwacher oder elektromagnetischer Wechselwirkung zerfallen

					I_3		
B	S	I	-1	$-\frac{1}{2}$	0	$+\frac{1}{2}$	$+1$
1	0	$\frac{1}{2}$		n		p	
1	−1	0			Λ		
0	0	1	π^-		π^0		π^+
0	+1	$\frac{1}{2}$		K^0		K^+	
0	−1	$\frac{1}{2}$		K^-		$\bar{K}^0$	
1	−1	1	Σ^-		Σ^0		Σ^+
1	−2	$\frac{1}{2}$		Ξ^-		Ξ^0	
1	−3	0			Ω^-		
0	0	0			η		

zahligen Isospin ableiten. $I_K = 1/2$ ist der einfachste Fall:

$$\begin{array}{llllll} & \pi^- & + p & \rightarrow \Lambda + & K^0. \\ I & 1 & \frac{1}{2} & 0 & \frac{1}{2} \\ I_3 & -1 & \frac{1}{2} & 0 & -\frac{1}{2} \end{array}$$

Die richtige Ladung für das Kaon erhalten wir, wenn wir

$$\frac{Q}{e} = I_3 + \frac{1}{2} \tag{4.26}$$

setzen, was beinhaltet, daß das K^+-Meson mit $I_3 = +1/2$ das geladene Mitglied eines Kaon-Dubletts ist. Diese Zuordnung verbietet auch den starken Zerfall eines Kaons in drei Pionen ($K^+ \rightarrow \pi^+ + \pi^- + \pi^0$); wie bereits gesehen, ist das ein schwacher Prozeß. Das K^- passt nicht in unser Schema. Daher war es notwendig, ein zweites K-Dublett mit

$$\frac{Q}{e} = I_3 - \frac{1}{2}, \tag{4.27}$$

zu postulieren. Dies sagt ein zweites neutrales Kaon mit $I_3 = +1/2$ voraus, genannt $\bar{K}^0$. K^+ und K^- werden als Teilchen und Antiteilchen betrachtet, ebenso K^0 und $\bar{K}^0$. Die interessanten Phänomene des $K^0\bar{K}^0$-Systems werden im Abschnitt 7.14 näher diskutiert.

Gell-Mann (1953) und Nishijima (1955) wiesen darauf hin, daß die Gleichungen (4.17), (4.26) und (4.27) eleganter durch die Einführung der Quantenzahl *Seltsamkeit* geschrieben werden können:

$$\frac{Q}{e} = \frac{B}{2} + \frac{S}{2} + I_3. \tag{4.28}$$

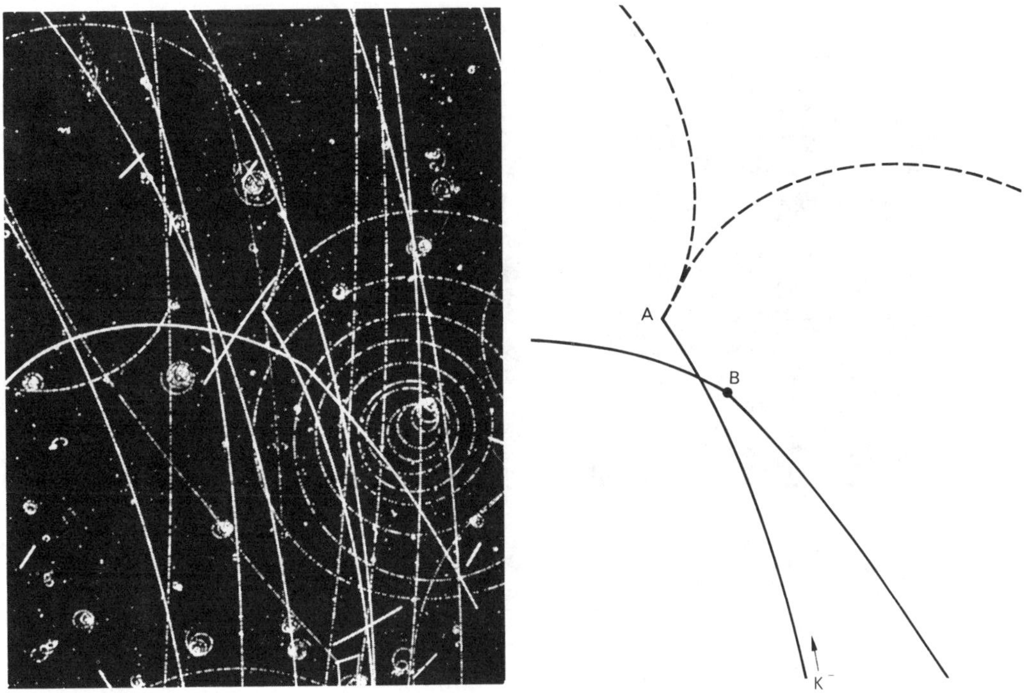

Abbildung 4.5 Beispiel für die Reaktion $K^- + p \to \Lambda + \pi^0$, die am Punkt A stattfindet, wo ein K^--Meson in einer Wasserstoff-Blasenkammer zum Stillstand kommt. Das neutrale Pion erfährt einen Dalitz-Zerfall, $\pi^0 \to e^+ e^- \gamma$. Das Λ-Hyperon zerfällt am Punkt B ($\Lambda \to \pi^- + p$). (Mit freundlicher Genehmigung des CERN.)

Die Seltsamkeit S folgt dann aus der Isospinzuordnung, siehe Tabelle 4.2. Nukleonen und Pionen haben natürlich $S = 0$, das Λ-Hyperon $S = -1$, das K^0, K^+-Dublett $S = +1$ und das $\bar{K}^0$, K^--Dublett $S = -1$.

Ein Beispiel für die Erhaltung der Seltsamkeit ist in Abb. 4.5 gezeigt.

$$\begin{array}{lcccc} & K^- & + p & \to \Lambda & + \pi^0 \\ S & -1 & 0 & -1 & 0 \\ I_3 & -\frac{1}{2} & +\frac{1}{2} & 0 & 0 \end{array}$$

Die Hyperonen passen in ein Ladungstriplett mit $I = 1$. Diese Zuordnung steht auch mit der beobachteten starken Produktion

$$\begin{array}{lcccc} & \pi^\pm & +p & \to \Sigma^\pm & +K^+ \\ I & 1 & \frac{1}{2} & 1 & \frac{1}{2} \\ I_3 & \pm 1 & \frac{1}{2} & \pm 1 & \frac{1}{2} \\ S & 0 & 0 & -1 & 1 \end{array}$$

im Einklang und trägt der Tatsache Rechnung, daß der Zerfall $\Sigma^+ \to n + \pi^+$ schwach ist. Das vorausgesagte neutrale Mitglied des Tripletts, Σ^0, wurde

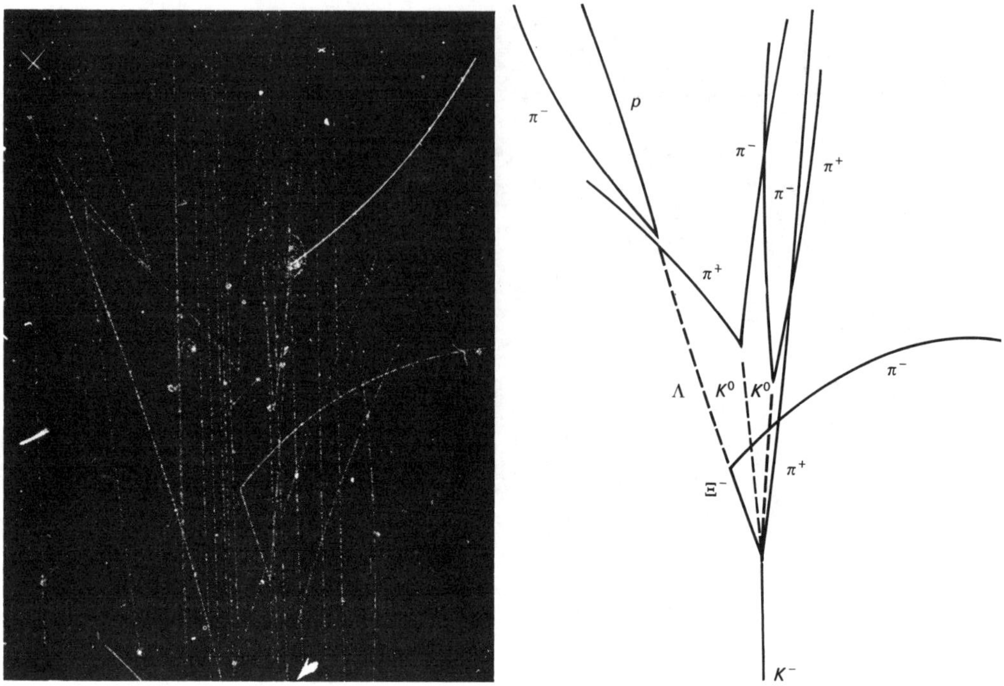

Abbildung 4.6 Beispiel für einen Zerfall $\Xi^- \to \pi^- + \Lambda$ in einer Wasserstoff-Blasenkammer. Die Reaktion wird durch ein einlaufendes K^--Meson von 10 GeV/c hervorgerufen:

$$\begin{array}{lccccccccccccc} & K^- & + & p & \to & \Xi^- & + & \pi^+ & + & K^0 & + & K^0 & + & \bar{K}^0 \\ \text{Seltsamkeit } S: & -1 & & 0 & & -2 & & 0 & & +1 & & +1 & & -1. \end{array}$$

Das $\bar{K}^0$ wird auf diesem Bild nicht beobachtet. Beide K^0-Mesonen zerfallen über den Kanal $K^0 \to \pi^+\pi^-$. (CERN Informationsdienst.)

erst 1959 identifiziert. Es zerfällt elektromagnetisch:

$$\begin{array}{lccc} & \Sigma^0 & \to \Lambda & +\gamma. \\ I & 1 & 0 & 0 \\ I_3 & 0 & 0 & 0 \\ S & -1 & -1 & 0 \end{array}$$

Das Ξ^--Hyperon wurde zunächst in den frühen Arbeiten mit Nebelkammern in der kosmischen Strahlung entdeckt; die Zuordnung $S = -2$ ergab sich aus der assoziierten Produktion mit einem Paar K^0-Mesonen und aus der schwachen Natur des Zerfalls

$$\Xi^- \to \Lambda + \pi^-$$

Das erwartete neutrale Gegenstück Ξ^0 wurde 1959 entdeckt. Ein Beispiel des Ξ^--Zerfalls ist in Abb. 4.6 gezeigt.

Tabelle 4.3 Massendifferenzen in Isospin-Multipletts

	$\Delta m\,(\mathrm{MeV}/c^2)$	$\langle m\rangle\,(\mathrm{MeV}/c^2)$	$10^3\Delta m/m$
$n-p$	1.3	939	1.4
$\Sigma^0-\Sigma^+$	3.1	1190	2.6
$\Sigma^--\Sigma^0$	4.9	1195	4.1
$\Xi^--\Xi^0$	6.5	1318	4.9
$K^0-K^\pm$	4.0	495	8.1
$\pi^\pm-\pi^0$	4.6	140	33

Die Existenz des Ω^--Baryons mit $S=-3$, seine Masse und seine Zerfallskanäle wurden auf der Basis von Unitaritätssymmetrie und mit Hilfe des Quarkmodells (Kapitel 5) vorhergesagt, bevor es im Jahr 1964 beobachtet wurde. Ein Bild des ersten Ω^--Zerfalls ist in Abb. 5.2 gezeigt.

Die elektromagnetische Massenaufspaltung zwischen Mitgliedern von Isospinmultipletts ist in Tabelle 4.3 zusammengefasst. Wie erwartet, sind sie von der Größenordnung $\Delta m/m \simeq \alpha \simeq 10^{-2}$. Zu beachten ist, daß Teilchen und Antiteilchen wegen des CPT-Theorems identische Massen haben müssen, $m_{\pi^+}\equiv m_{\pi^-}$ und $m_{K^+}\equiv m_{K^-}$. Jedoch ist $m_{\Sigma^+}\neq m_{\Sigma^-}$, weil beide Teilchen Baryonen sind, nicht Bayron und Antibaryon.

4.5.1 *G*-Parität

Der Operator C der Ladungskonjugation kann nur für neutrale Systeme, wie π^0, γ, η, e^+e^-, Eigenwerte besitzen. Es ist jedoch nützlich, wenn man auch für einige geladene Systeme Auswahlregeln formulieren kann; für die starke Wechselwirkung kann dies erreicht werden, wenn man Ladungskonjugation mit einer Isospinrotation verbindet. Zu diesem Zweck betrachten wir die Operation

$$G = CR = C\exp(i\pi I_2). \tag{4.29}$$

Die Operation G besteht aus einer Rotation R um 180° um die y-Achse im Isospinraum und einer Ladungskonjugation. Angewandt auf einen Zustand mit einer z-Komponente I_3 des Isospins, ergibt G zunächst ein Umklappen $I_3 \to -I_3$ und dann eine Umkehr dieses Vorgangs, $-I_3 \to I_3$. Es ist also plausibel, daß geladene Zustände Eigenfunktionen des G-Operators sein können. Um die Eigenwerte zu finden, betrachten wir einen Isospinzustand $\chi(I, I_3=0)$. Unter Isospinrotation verhält sich dieser Zustand genau wie die Bahndrehimpuls-Wellenfunktion $Y_l^{m=0}(\theta,\phi)$ von Gleichung (3.16) unter Drehungen im normalen Raum. Die R-Operation $\exp(i\pi L_y)$ beinhaltet $\theta\to\pi-\theta$, $\phi\to\pi-\phi$ und somit

$$Y_1^0 \underset{R}{\to} (-1)^l Y_l^0.$$

Daher

$$\chi(I,0) \underset{R}{\rightarrow} (-1)^l \chi(I,0).$$

Wir betrachten als Beispiel einen Nukleon- plus Antinukleonzustand mit Gesamtspin s und Bahndrehimpuls l. Genau wie für Positronium gibt die C-Operation einen Faktor $(-1)^{l+s}$. Also ergibt sich der Effekt der Operation $G = CR$ auf ein neutrales ($I_3 = 0$) Nukleon-Antinukleonsystem $|\psi\rangle$ zu

$$G|\psi\rangle = (-1)^{l+s+I}|\psi\rangle.$$

Weil die starken Wechselwirkungen invariant unter Isospinrotationen sind, muß dies eine allgemeingültige Beziehung sein, die nicht nur auf den Fall $I_3 = 0$ beschränkt ist, für den sie hergeleitet wurde.

Nehmen wir nun an, G wirke auf eine Pion-Wellenfunktion $|\pi^+\rangle$. R invertiert I_3, also $\pi^+ \rightarrow \pi^-$, und C macht dies wieder rückgängig, $\pi^- \rightarrow \pi^+$. Wir können dann schreiben

$$G|\pi^+\rangle = \pm|\pi^+\rangle,$$

$$G|\pi^-\rangle = \pm|\pi^-\rangle,$$

$$G|\pi^0\rangle = \pm|\pi^0\rangle.$$

Das neutrale Pion muß ein Eigenzustand von C mit Eigenwert $+1$ sein, weil es in 2γ zerfällt. Der R-Eigenwert ist somit $(-1)^I = -1$. Also ist

$$G|\pi^0\rangle = -|\pi^0\rangle.$$

Der Eigenwert des G-Operators wird G-Parität genannt. Während die G-Parität des neutralen Pions eindeutig festliegt, ist dies für die geladenen Pionen nicht der Fall. Sie sind keine Eigenzustände von C, und durch Ladungskonjugation taucht eine beliebige Phase auf, die willkürlich gewählt werden darf. Es ist jedoch vorteilhaft, diese Phase so zu definieren, daß alle Mitglieder eines Isospintripletts die gleiche G-Parität erhalten wie das neutrale Mitglied. In unserem Beispiel können wir dann schreiben

$$G|\pi\rangle = -|\pi\rangle, \tag{4.30}$$

vorausgesetzt, wir definieren

$$C|\pi^\pm\rangle = -|\pi^\mp\rangle.$$

Da die C-Operation das Vorzeichen der Baryonenzahl umkehrt, müssen offenbar Eigenzustände der G-Parität die Baryonenzahl Null aufweisen. Die Ladungskonjugationsquantenzahl ist multiplikativ, Isospin additiv, folglich ist G-Parität auch multiplikativ. Für einen Zustand aus n Pionen gilt

$$G|\psi(n\pi)\rangle = (-1)^n|\psi(n\pi)\rangle. \tag{4.31}$$

Das Konzept der G-Parität führt nichts qualitativ Neues ein, was nicht schon aus den Postulaten der Ladungskonjugation und Isospininvarianz bekannt ist; es erlaubt einfach einige Abkürzungen, wenn wir Auswahlregeln

Tabelle 4.4

Teilchen $\left(\frac{\text{Masse,}}{\text{MeV}}\right)$	$\pi(140)$	$\rho(770)$	$\omega(783)$	$\phi(1020)$	$f(1270)$	$\eta(549)$	$\eta'(958)$
Spin Parität J^P	0^-	1^-	1^-	1^-	2^+	0^-	0^-
Isospin I	1	1	0	0	0	0	0
G-Parität	-1	$+1$	-1	-1	$+1$	$+1$	$+1$
Vorherrschender Pionzerfalls-kanal	–	2π	3π	3π	2π	3π	5π

für den Zerfall von Mesonresonanzen betrachten. Die wichtigsten Quantenzahlen sind in Tabelle 4.4 gegeben.

Die Vektormesonen ρ, ω, ϕ und f zerfallen durch starke Wechselwirkung mit großen Breiten (3 bis 100 MeV). Die Multiplizität der Pion-Zerfallsmoden folgt der Regel $G = (-1)^n$. Auf der anderen Seite beweist die Existenz des $\gamma\gamma$-Zerfallskanals von η und η', daß diese Mesonen durch elektromagnetische Übergänge zerfallen, mit Breiten von 0.9 keV und 0.3 MeV. Wegen $I = 0$ und $C(2\gamma) = +1$ müssen sie $G = +1$ haben. Der starke Zerfall in zwei Pionen ist durch Paritätserhaltung verboten, und so bleibt nur der elektromagnetische, G-verletzende Zerfall in drei Pionen als einzige Möglichkeit übrig.

4.6 Dalitzdiagramm

In einer Reaktion wie

$$\pi + p \to \pi + \pi + p \tag{4.32}$$

möchte man gerne die möglichen Wechselwirkungen zwischen den Teilchen im Endzustand untersuchen — zum Beispiel das Auftreten von Resonanzen (πp, $\pi\pi$) — und damit auch, inwieweit die beobachteten Verteilungen von Sekundärimpulsen und Streuwinkeln von der Situation abweichen, in der das Matrixelement konstant ist. In diesem letzten Fall werden die Verteilungen einfach durch die Phasenraumfaktoren bestimmt sein. Die Abweichungen solcher Verteilungen vom Phasenraum-Verhalten können anhand eines Phasenraum- oder Dalitzdiagramms bewertet werden (Dalitz 1953, Fabri 1954).

4.6.1 Dreikörper-Phasenraum

Wie bereits in Gleichung (4.5) angegeben, ist die Zahl der pro Normierungsvolumen verfügbaren Quantenzustände gleich

$$\frac{p^2\, dp\, d\Omega}{h^3}$$

für ein spinloses Teilchen mit dem Impuls zwischen p und $p+dp$ im Raumwinkelelement $d\Omega$. In einer Reaktion wie (4.32) mit drei Teilchen (1,2,3) im Endzustand und einer festen Anfangsenergie ist die Zahl der Zustände proportional zu

$$p_1^2\,dp_1 p_2^2\,dp_2\,d\Omega_1\,d\Omega_2.$$

Im Schwerpunktsystem (center-of-momentum system, CMS) ist $\boldsymbol{p}_3 = -(\boldsymbol{p}_1 + \boldsymbol{p}_2)$ festgelegt, so daß es keinen Faktor für Teilchen 3 gibt. Wenn der Anfangszustand unpolarisiert ist, ist die globale Orientierung im Raum isotrop. Das Integral über alle Richtungen von Teilchen 1 ist dann $\int d\Omega_1 = 4\pi$, während $d\Omega_2 = 2\pi\, d(\cos\theta_{12})$ ist. θ_{12} ist der Winkel zwischen Teilchen 1 und 2. Somit ist die Anzahl von Zuständen im Intervall $dp_1\; dp_2\; d(\cos\theta_{12})$ gleich

$$dN = \text{konst}\; p_1^2\,dp_1 p_2^2\,dp_2\,d(\cos\theta_{12}).$$

Das Matrixelement der Wechselwirkung wird üblicherweise in eine lorentzinvariante Form gebracht, indem man die Wellenfunktion der Teilchen in deren individuellen Ruhesystemen normiert. Ein Volumen V im Ruhesystem des Teilchens ist zu Vm/E kontrahiert, wenn es von einem Bezugssystem (hier das CMS-System) aus betrachtet wird, in welchem das Teilchen die Gesamtenergie E hat. Der Phasenraumfaktor kann relativistisch invariant gemacht werden, wenn man einen Faktor m/E oder $1/E$ für jedes Endzustands-Teilchen einschließt (siehe Anhang A). Er hat dann die Form

$$dN = \text{konst}\,\frac{p_1^2\,dp_1 p_2^2\,dp_2\,d(\cos\theta_{12})}{E_1 E_2 E_3}. \tag{4.33}$$

Mit Hilfe der Beziehungen

$$E_1^2 = p_1^2 + m_1^2, \quad E_2^2 = p_2^2 + m_2^2,$$
$$E_3^2 = p_3^2 + m_3^2 = p_1^2 + p_2^2 + m_3^2 + 2p_1 p_2 \cos\theta,$$
$$E_1\,dE_1 = p_1\,dp_1, \quad E_2\,dE_2 = p_2\,dp_2,$$
$$(E_3\,dE_3)_{p_1,p_2\,\text{fix}} = p_1 p_2\,d(\cos\theta)$$

erhält man

$$dN = \text{konst}\,\frac{E_1\,dE_1 E_2\,dE_2 E_3\,dE_3}{E_1 E_2 E_3}.$$

Die Dichte von Endzuständen bekommt man daraus durch Division mit dE_f, wobei $E_f = E_1 + E_2 + E_3$ die Gesamtenergie ist und $dE_f = dE_3$ für feste Energien E_1 und E_2. Also ist

$$\rho = \frac{dN}{dE_f} = \text{konst}\,dE_1\,dE_2. \tag{4.34}$$

Wenn wir das Matrixelement M der Wechselwirkung mit einbeziehen, so erhalten wir schließlich für die Population des Dalitzdiagramms im Intervall $dE_1\,dE_2$

$$\rho = |M(E_1, E_2)|^2\,dE_1\,dE_2. \tag{4.35}$$

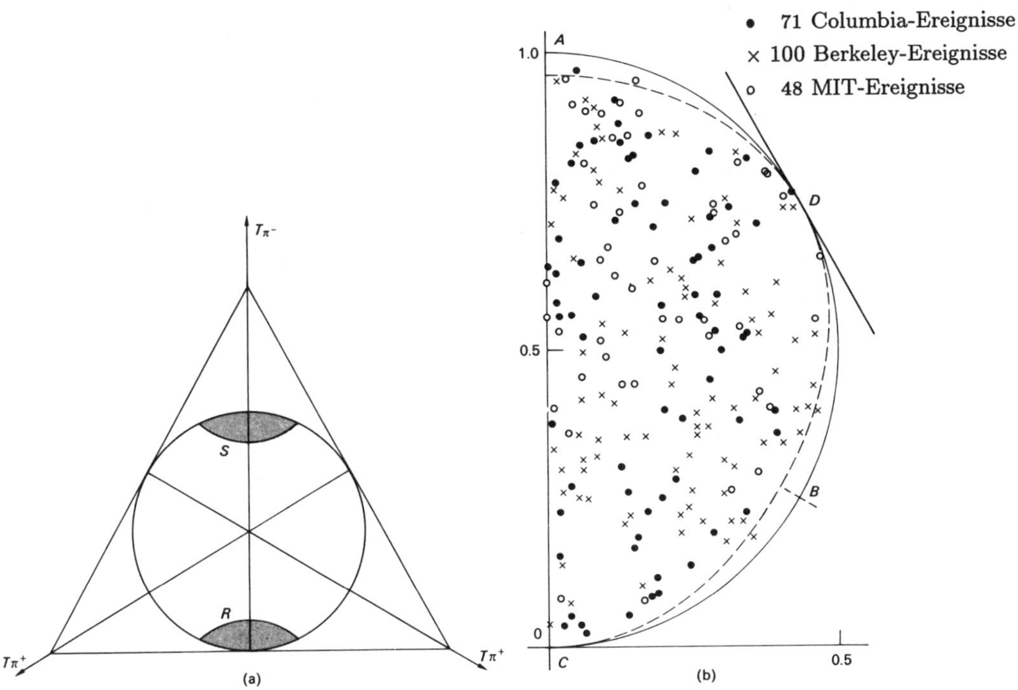

Abbildung 4.7 (a) Erwartete Bereiche fehlender Ereignisse (R und S) im Dalitzdiagramm des Zerfalls $K \to 3\pi$ für von Null verschiedenen Kaonspin. (b) Beobachtete Verteilung von $K \to 3\pi$-Zerfällen, die Besetzung ist gleichförmig und daher ist $J_K = 0$. Alle Ereignisse sind in einem Halbkreis dargestellt. Die gestrichelte Kurve ergibt sich aus relativistischer Kinematik und weicht etwas von einem Kreis ab (nach Orear et al., 1956).

Wir sehen, daß an jedem Punkt die Dichte ein Maß für das Quadrat des Matrixelementes ist.

4.6.2 $K_{\pi 3}$-Zerfall

Das ursprüngliche Dalitzdiagramm wurde für den Zerfall

$$K^+ \to \pi^+ + \pi^+ + \pi^-$$

gemacht, die totale kinetische Energie ist $Q = 75$ MeV. In diesem Fall haben die drei Teilchen gleiche Masse und sind (fast) nichtrelativistisch. Tatsächlich wurde das Diagramm für die kinetischen Energien T_π der Pionen entlang dreier Achsen unter 120° erstellt, siehe Abb. 4.7(a). Wieder sollte die Dichte der Punkte gleichförmig sein, wenn das Matrixelement konstant ist, und alle Punkte sollten innerhalb eines Kreises mit dem Radius $Q/3$ liegen (siehe auch Aufgabe 4.10).

Wir fragen nun nach den erwarteten Abweichungen vom Phasenraumverhalten, wenn wir dem Kaon, d.h. der $\pi^+\pi^+\pi^-$-Kombination, verschiedene Spins zuschreiben. Sei l^+ der Bahndrehimpuls der beiden gleichen Pionen im CMS — geradzahlig aufgrund der Bose-Statistik — und sei l^- der Bahndrehimpuls des negativen Pions relativ zum zwei-Pion-System. Wenn $l^+ > 0$ ist (also 2, 4, 6, ...), dann sollte das Matrixelement und die Punktdichte im Dalitzdiagramm im Gebiet S in Abb. 4.7(a) verschwinden, wo die beiden gleichen Pionen gemeinsam in Ruhe sind. Für $l^- > 0$ (d.h. 1, 2, 3, ...) sollte die Punktdichte im Bereich R ausgedünnt sein, wo das negative Pion nur wenig Energie relativ zu den beiden anderen hat. Da das gemessene Diagramm aber überall gleichförmig ist (Abb. 4.7(b)), können weder l^+ noch l^- von Null verschieden sein, und $J_K = 0$ ist die einzige verbleibende Zuordnung.

Es muß betont werden, daß die obige Analyse keinerlei Information über die Parität des Kaons liefert. Drei Pionen in einem relativen S-Zustand haben die Parität $(-1)^3 = -1$; da jedoch die Parität im schwachen Zerfall $K \to 3\pi$ nicht erhalten bleibt, sagt das nichts über den Anfangszustand aus. Die Kaon-Parität kann aus dem Studium von Hyperkernen bestimmt werden. Dies sind Kerne, in denen ein Neutron durch ein gebundenes Λ-Hyperon ersetzt ist. Wenn z.B. negative Kaonen in Helium gestoppt werden und von einem atomaren S-Zustand eingefangen werden, bilden sich in einigen Prozent der Fälle gebundene statt freie Λ-Hyperonen gemäß der Reaktion

$$K^- + {}^4\mathrm{He} \to {}^4\mathrm{H}_\Lambda + \pi^0.$$

Der Hyperkern ${}^4\mathrm{H}_\Lambda$ besteht aus einem Tritiumkern (${}^3\mathrm{H}$) plus einem gebundenen Λ-Teilchen. Detaillierte Messungen seiner (schwachen) Zerfallsmoden bestätigen $J_{{}^4\mathrm{H}_\Lambda} = 0$. Also gilt $J = l = 0$ auf beiden Seiten der Gleichung. Wenn die Λ-Parität als positiv definiert wird wie die des Nukleons, dann muß das Kaon $J^P = 0^-$ haben, wie auch das Pion.

4.6.3 Dalitzdiagramm mit drei verschiedenen Teilchen

Als Beispiel für ein Dalitzdiagramm mit drei Teilchen von verschiedener Masse nehmen wir den Fall der Hyperonresonanz $Y_1^*(1385)$ — auch $\Sigma(1385)$ genannt. Dies Objekt wurde zuerst von Alston et al. im Jahre 1960 im Lawrence Radiation Laboratory in Berkeley (LBL) gefunden, und zwar in Wechselwirkungen von 1.15 GeV/c K^--Mesonen in einer Flüssigwasserstoff-Blasenkammer. Sie untersuchten die Reaktion

$$K^- + p \to \pi^+ + \pi^- + \Lambda. \tag{4.36}$$

Die kinetische Energie T der π^+ und π^- im Schwerpunktsystem sind entlang der x- und y-Achse aufgetragen. Wenn Q die gesamte verfügbare kinetische Energie der drei Endzustandsteilchen in diesem Bezugssystem ist, dann ist $T_\Lambda = Q - (T_{\pi^+} + T_{\pi^-})$. Linien von konstanter Λ-Energie T_Λ verlaufen unter 45° zu den Achsen, siehe Abb. 4.8. Impuls- und Energieerhaltung

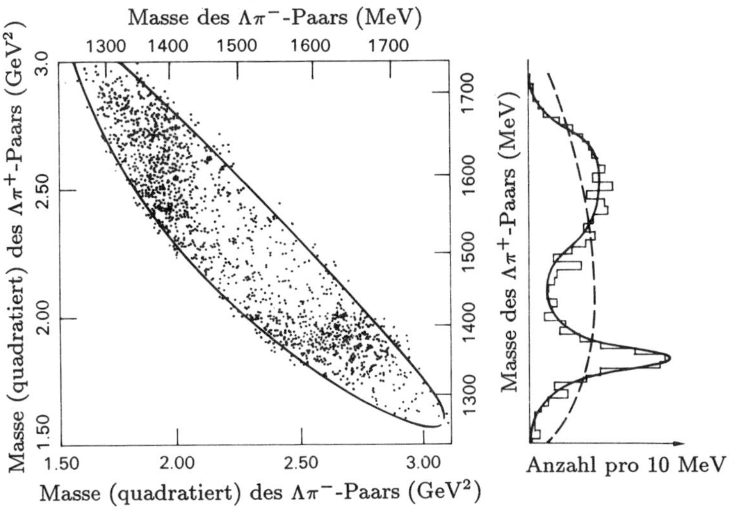

Abbildung 4.8 Dalitzdiagramm für $\Lambda\pi^+\pi^-$-Ereignisse aus Reaktion (4.36) bei 1.22 GeV/c Impuls der einlaufenden Teilchen (nach Shafer et al., 1963). Das effektive Massenspektrum der Kombination $\Lambda\pi^+$ ist rechts gezeigt. Die gestrichelte Kurve ist die Erwartung für eine Phasenraumverteilung (Ordinate gleich dem Intervall in $M^2_{\Lambda\pi^-}$ innerhalb der Grenzen des Dalitzdiagramms), während die durchgezogene Linie einer Breit-Wigner-Resonanzkurve entspricht, die an die $\Lambda\pi^+$- und $\Lambda\pi^-$-Systeme angepasst wurde.

schränken die Lage der Punkte von einzelnen Ereignissen auf die deformierte Ellipse ein. Wenn es keine starken Korrelationen im Endzustand (4.36) gäbe, sollte die Dichte der Punkte wie üblich gleichförmig sein.

Abb. 4.8 zeigt deutlich starke Abweichungen von einer gleichförmigen Dichteverteilung, die horizontalen und vertikalen Bänder gehören zu bevorzugten Werten von T_{π^+} und T_{π^-}. Dies bedeutet, daß die Reaktion (4.36) dann als Zweikörperzerfall abläuft, nämlich in ein Pion ($\pi 1$) und in einen Resonanzzustand von Λ mit dem anderen Pion ($\pi 2$) von einer (mehr oder weniger) festen Masse $M_{\Lambda\pi} = 1385$ MeV. Wenn p der jeweilige Impuls im Schwerpunktsystem ist, dann ist die gesamte Schwerpunktsenergie

$$W = \sqrt{M^2_{\Lambda\pi} + p^2} + \sqrt{m^2_\pi + p^2}, \tag{4.37}$$

und p ist durch $M_{\Lambda\pi}$ festgelegt. Wenn die Resonanz breit ist, kann T_π offensichtlich um einen Mittelwert streuen und so eher ein Band als eine Linie im Dalitzdiagramm bilden. Sowohl ein horizontales als auch ein vertikales Band tritt auf, weil entweder das π^- oder das π^+ mit dem Λ-Hyperon die Resonanz bilden kann. Also

$$\begin{array}{cccc} & \Sigma(1385) \rightarrow & \Lambda + & \pi^\pm, \\ I & 1 & 0 & 1 \end{array}$$

und die Resonanz muß Isospin 1 haben, weil sie unter Isospinerhaltung in starker Wechselwirkung zerfällt.

Im Dalitzdiagramm trägt man meistens $M^2_{\Lambda\pi^-}$ anstelle von T_{π^+} auf der Abszisse (und $M_{\Lambda\pi^+}$ entlang der Ordinate) auf, so daß man die invariante $\Lambda\pi$-Masse direkt ablesen kann. Es wird gleich gezeigt, daß

$$M^2_{\Lambda\pi^-} = W^2 + m_\pi^2 - 2WE_{\pi^+} = a + bT_{\pi^+}, \qquad (4.38)$$

so daß $M^2_{\Lambda\pi^-}$ bei fester Gesamtenergie W im Schwerpunktsystem proportional zu T_{π^+} ist. Abb. 4.8 schließt auch das $\Lambda\pi^+$-Massenspektrum ein. Die reine Phasenraumverteilung (4.34) ist zusammen mit einer Breit-Wigner-Kurve (4.55) gezeigt. Diese wurde unter der Annahme erstellt, daß sowohl $\Lambda\pi^+$ als auch $\Lambda\pi^-$ die Resonanz bilden können und daß die Breite $\Gamma = 40$ MeV ist.

Spin und Parität des $\Sigma(1385)$ sind schließlich zu $J^P = {}^3\!/_2{}^+$ bestimmt worden; zu dieser Schlußfolgerung kam man durch die Auswertung der Polarisation im Λ-Zerfall relativ zur Produktionsebene von Reaktion (4.36).

4.7 Wellenoptische Behandlung der Hadron-Streuung

Betrachten wir einen Teilchenstrahl dargestellt als ebene Welle, die in z-Richtung läuft und auf ein spinloses Target-Teilchen oder -Streuzentrum trifft. Eine solche einlaufende Welle mit normierter Amplitude wird durch

$$\psi_i = e^{ikz}$$

beschrieben, wobei $k = 1/\lambda\!\!\!^-$ und $2\pi\lambda\!\!\!^-$ die de Broglie-Wellenlänge ist. Die Zeitabhängigkeit $e^{-i\omega t}$ ist der Kürze halber fortgelassen. Eine ebene Welle kann als Superposition von ein- und auslaufenden Kugelwellen dargestellt werden. In einer Entfernung r vom Streuzentrum, $kr \gg 1$, hat die radiale Abhängigkeit der Kugelwellen die Form $e^{\pm ikr}/kr$. Damit ist der Fluß durch irgendeine Kugelschale unabhängig von r, wie es wegen der Wahrscheinlichkeitserhaltung sein muß. Die Winkelabhängigkeit wird durch die Legendre-Polynome $P_l(\cos\theta)$ bestimmt.

Die Entwicklung ist für $(kr \gg 1)$*)

$$\psi_i = e^{ikz} = \frac{i}{2kr}\sum_i (2l+1)\,[(-1)^l e^{-ikr} - e^{ikr}]P_l(\cos\theta), \qquad (4.39)$$

wobei der erste Term in eckigen Klammern die einlaufende und der zweite die auslaufende Welle beschreibt, wie in Abb. 4.9 (die Bedeutung wird klar, wenn man die Zeitabhängigkeit $e^{-i\omega t}$ mit einschließt). In allen unseren Problemstellungen hier ist k typischerweise 10^{13} cm^{-1} und r, die Entfernung vom Streuzentrum, ist viele Zentimeter. Folglich ist die asymptotische Näherung (4.39) gerechtfertigt.

*) Siehe z.B: F. Mandl, Quantum Mechanics, Butterworths, London, 1957, Seite 166; L. I. Schiff, Quantum Mechanics, McGraw-Hill, New York, 1955, Seite 103.

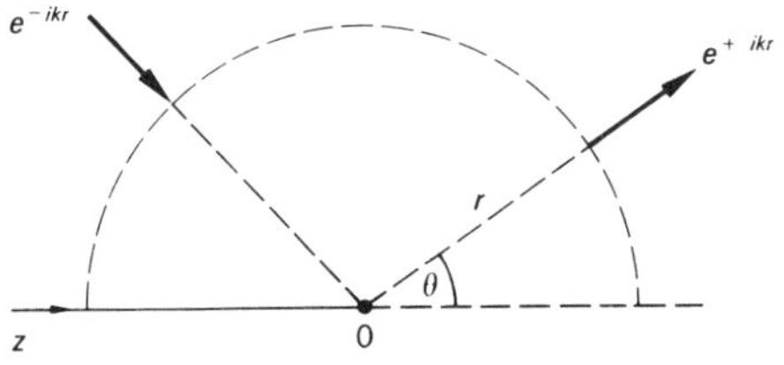

Abbildung 4.9

Das Streuzentrum bzw. das Potential kann die einlaufenden Wellen nicht beeinflussen, kann aber im allgemeinen sowohl Phase als auch Amplitude der auslaufenden Welle verändern. Die Phasenänderung der l-ten Partialwelle sei $2\delta_l$ genannt, und ihre Amplitude sei η_l, wobei $1 > \eta_l > 0$.

Die gesamte Welle hat nun die asymptotische Form

$$\psi_{\text{total}} = \frac{i}{2kr}\sum_l (2l+1)\left[(-1)^l e^{-ikr} - \eta_l e^{2i\delta_l} e^{ikr}\right] P_l(\cos\theta). \tag{4.40}$$

Die gestreute Welle stellt gerade die Differenz zwischen den auslaufenden Wellen ohne und mit Streupotential dar,

$$\begin{aligned}\psi_{\text{gestr.}} = \psi_{\text{total}} - \psi_i &= \frac{e^{ikr}}{kr}\sum_l (2l+1)\frac{(\eta_l e^{2i\delta_l} - 1)}{2i} P_l(\cos\theta)\\ &= \frac{e^{ikr}}{r} F(\theta),\end{aligned} \tag{4.41}$$

mit der Streuamplitude $F(\theta)$

$$F(\theta) = \frac{1}{k}\sum_l (2l+1)\left(\frac{\eta_l e^{2i\delta_l} - 1)}{2i}\right) P_l(\cos\theta). \tag{4.42}$$

Wir bemerken, daß dies eine elastisch gestreute Welle ist, weil die Wellenzahl k vor und nach der Streuung gleich ist. Im Laborsystem kann dies nur gelten, wenn das Streuzentrum unendlich massiv ist. Im allgemeinen wird das Targetteilchen sowohl Energie als Impuls erhalten; demzufolge beziehen sich k und λ genaugenommen auf die Eigenschaften der Welle im Schwerpunktsystem der einlaufenden und der Targetteilchen und ändern sich nicht in einer elastischen Kollision. Der gestreute auslaufende Fluß im Raumwinkelelement $d\Omega$ durch eine Kugelfläche mit Radius r ist

$$v_0 \psi_{\text{gestr.}} \psi^*_{\text{gestr.}} r^2 d\Omega = v_0 |F(\theta)|^2 \, d\Omega, \tag{4.43}$$

worin v_0 die Geschwindigkeit der auslaufenden Teilchen relativ zum Streuzentrum ist. Per definitionem ist aber (4.43) das Produkt des Streuwirkungsquerschnittes mit dem einlaufende Fluß ($= v_i \psi_i \psi_i^* = v_i$). Da in elastischer Streuung $v_i = v_0$ ist, folgt

$$v_0 d\sigma = v_0 |F(\theta)|^2 \, d\Omega,$$

oder

$$\left(\frac{d\sigma}{d\Omega}\right)_{\text{el.}} = |F(\theta)|^2. \tag{4.44}$$

Die Legendre Polynome P_l gehorchen der Orthogonalitätsbedingung

$$\int P_l P_{l'}\, d\Omega = \frac{4\pi\delta_{l,l'}}{2l+1},$$

worin

$$\delta_{l,l'} = 1 \quad \text{für} \quad l = l',$$
$$= 0 \quad \text{für} \quad l \neq l'.$$

Durch Integration über alle Winkel erhalten wir den gesamten elastischen Streuwirkungsquerschnitt aus (4.42) und (4.44) zu

$$\sigma_{\text{el.}} = 4\pi\lambda\!\!\!^{-2} \sum_l (2l+1) \left| \frac{\eta_l e^{2i\delta_l} - 1}{2i} \right|^2. \tag{4.45}$$

Wenn die einlaufende Welle nicht absorbiert wird, ist $\eta = 1$ und

$$\sigma_{\text{el.}} = 4\pi\lambda\!\!\!^{-2} \sum_l (2l+1) \sin^2 \delta_l. \tag{4.46}$$

Offensichtlich ist $\sigma_{\text{el.}}$ Null, wenn $\delta_l = 0$, dies entspricht einem verschwindenden Streupotential. Wenn $\eta < 1$ ist, können wir den *Reaktionswirkungsquerschnitt* σ_r aus dem Prinzip der Wahrscheinlichkeitserhaltung erhalten:

$$\sigma_r = \int (|\psi_{\text{in}}|^2 - |\psi_{\text{out}}|^2) r^2\, d\Omega,$$

wobei ψ_{in} der erste Term von (4.39) ist und ψ_{out} der zweite Term von (4.40). Dies ergibt

$$\sigma_r = \pi\lambda\!\!\!^{-2} \sum_l (2l+1)\,(1-\eta_l^2). \tag{4.47}$$

Der gesamte Wirkungsquerschnitt wird dann zu

$$\sigma_T = \sigma_r + \sigma_{\text{el.}} = \pi\lambda\!\!\!^{-2} \sum_l (2l+1) 2(1 - \eta_l \cos 2\delta_l).$$

Da $P_l(1) = 1$ für alle l ist, ergibt (4.42) in der Vorwärtsrichtung ($\theta = 0$, $\cos\theta = 1$):

$$\operatorname{Im} F(0) = \frac{1}{2k} \sum_l (2l+1)\,(1 - \eta_l \cos 2\delta_l).$$

Ein Vergleich der beiden letzten Gleichungen liefert uns schließlich das Optische Theorem:

$$\operatorname{Im} F(0) = \frac{k}{4\pi}\sigma_T, \tag{4.48}$$

welches den totalen Wirkungsquerschnitt mit dem Imaginärteil der elastischen Streuamplitude in Vorwärtsrichtung verknüpft.

Die oben abgeleiteten Ausdrücke beschreiben die verschiedenen Wirkungsquerschnitte $\sigma_{\text{el.}}$, σ_r und σ_T mit Hilfe der Parameter η und δ. Sie setzen Grenzen auf die Wirkungsquerschnitte aufgrund der Wahrscheinlichkeitserhaltung (oft auch als Unitaritätsbedingung bezeichnet). Zum Beispiel sehen wir in Gleichung (4.46), daß der maximale elastische Streuwirkungsquerschnitt für die l-te Partialwelle dann auftritt, wenn $\delta_l = \pi/2$ ist, und den Wert

$$\sigma_{\text{el.}}^{\max} = 4\pi\lambda\!\!\!^{-}{}^2(2l+1) \tag{4.49}$$

für $\eta = 1$ hat, d.h. im Fall einer reinen Streuung ohne Absorption. Ähnlich erhalten wir den maximalen Reaktions- oder Absorptionswirkungsquerschnitt aus (4.47), indem wir $\eta_l = 0$ setzen:

$$\sigma_r^{\max} = \pi\lambda\!\!\!^{-}{}^2(2l+1).$$

Diese letzte Gleichung kann man auch mit einem einfachen klassischen Argument bekommen. Ein Bahndrehimpuls l entspricht einem Stoßparameter b, der durch $l\hbar = pb$ oder $b = l\lambda\!\!\!^{-}$ gegeben ist. Teilchen mit einem Drehimpuls von $l \to l+1$ treffen daher auf einen Ring der Querschnittsfläche

$$\sigma = \pi(b_{l+1}^2 - b_l^2) = \pi\lambda\!\!\!^{-}{}^2(2l+1)$$

und werden dort absorbiert. Wir weisen auch darauf hin, daß im Fall totaler Absorption, $\eta = 0$, der elastische Wirkungsquerschnitt ebenfalls $\pi\lambda\!\!\!^{-}{}^2(2l+1)$ ist — siehe Abschnitt 4.11.

Die Größe

$$f(l) = \frac{\eta_l e^{2i\delta_l} - 1}{2i} = \frac{i}{2} - \frac{i\eta_l}{2} e^{2i\delta_l} \tag{4.50}$$

von Gleichung (4.42) ist die elastische Streuamplitude (für die l-te Partialwelle). Es handelt sich um eine komplexe Zahl, und in Abb. 4.10 zeigen wir $\boldsymbol{f}$ als Vektor in der komplexen Ebene. Für $\eta = 1$ beschreibt der Vektor einen Kreis mit Radius $1/2$ um den Mittelpunkt $i/2$, während die Phasenverschiebung zwischen 0 und $\pi/2$ variiert. Wenn $\delta = \pi/2$ ist, ist $\boldsymbol{f}$ rein imaginär und hat Einheitslänge entsprechend Gleichung (4.49). Wenn $\eta < 1$ ist, liegt das Ende des Vektors $\boldsymbol{f}$ innerhalb des gezeigten Kreises, der manchmal als Unitaritätskreis bezeichnet wird. Diese Bezeichnung rührt daher, daß die maximale Länge von $\boldsymbol{f}$ nur Eins sein kann, wenn die Wahrscheinlichkeit erhalten ist — die Intensität in einer bestimmten auslaufenden Partialwelle kann nicht größer sein als in der entsprechenden einlaufenden Welle.

4.8 Die Resonanzformel von Breit und Wigner

Wir wollen nun die Verbindung zwischen der vorausgegangen wellenoptischen Diskussion und der Streuung zweier Elementarteilchen herstellen — eines entspricht der einlaufenden Welle und das andere dem Streuzentrum. Zur Vereinfachung sollen beide Teilchen keinen Spin besitzen. Wenn

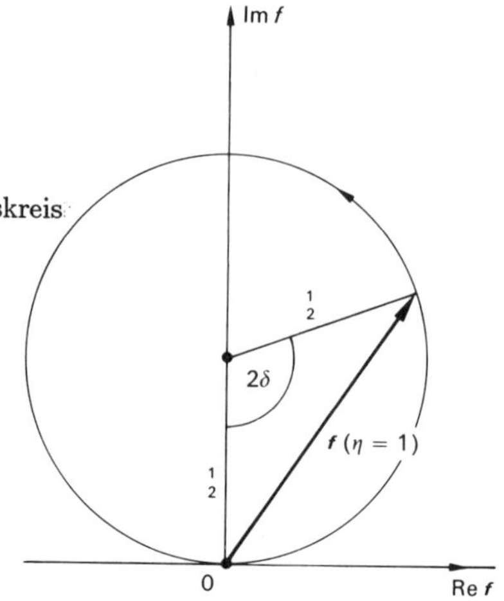

Abbildung 4.10 Streuamplitude f dargestellt als Vektor in der komplexen Ebene. Aufgrund des Kausalitätsprinzips muss mit steigender Energie der Vektor den Kreis entgegen dem Uhrzeigersinn durchlaufen.

die elastische Streuamplitude $f(l)$ für einen bestimmten Wert von l und für eine bestimmte Schwerpunktswellenlänge $\lambda\!\!\!^{-}$ durch ein Maximum geht, so nennt man dies eine Resonanz zwischen den beiden Teilchen. Der Resonanzzustand wird dann durch einen ganz bestimmten Drehimpuls oder Spin $J = l$, eine definierte Parität, Isospin und durch eine Masse charakterisiert, die der gesamten Schwerpunktsenergie der beiden Teilchen entspricht. Ein Kriterium für das Vorliegen von Resonanz ist eine Phasenverschiebung δ_l der l-ten Partialwelle von $\pi/2$. Der Wirkungsquerschnitt kann auch folgendermaßen mit der Hilfe der Breite Γ oder Lebensdauer τ des Resonanzzustandes beschrieben werden: wir lassen den Index l in Gleichung (4.50) fort und können f mit $\eta = 1$ in der Form

$$\begin{aligned} f &= \frac{e^{i\delta}(e^{i\delta} - e^{-i\delta})}{2i} \\ &= e^{i\delta}\sin\delta = \frac{1}{\cot\delta - i} \end{aligned} \tag{4.51}$$

schreiben. Nahe der Resonanz ist $\delta \simeq \pi/2$ und $\cot\delta \simeq 0$. Wenn E die Gesamtenergie des Zweiteilchenzustandes im Schwerpunktsystem und E_R der Wert von E in der Resonanz ist ($\delta = \pi/2$), lautet die Taylor-Entwicklung

$$\begin{aligned} \cot\delta(E) &= \cot\delta(E_R) + (E - E_R)\left[\frac{d}{dE}\cot\delta(E)\right]_{E=E_R} + \cdots \\ &\simeq -(E - E_R)\frac{2}{\Gamma}, \end{aligned}$$

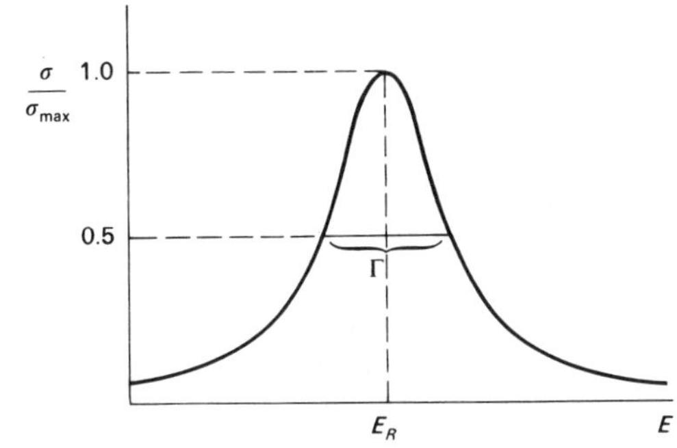

Abbildung 4.11 Breit-Wigner-Resonanzkurve

wobei $\cot\delta(E_R) = 0$. Wir haben $2/\Gamma = -[d(\cot\delta(E))/dE]_{E=E_R}$ definiert. Terme höherer Ordnung können vernachlässigt werden, wenn $|E - E_R| \simeq \Gamma \ll E_R$. Dann ist die Resonanz symmetrisch und $[d^2(\cot\delta(E))/dE^2]_{E=E_R} = 0$. (Wenn die Resonanz jedoch breit ist, variiert der Phasenraumfaktor des Zerfalls bemerkbar über die Breite, und die Resonanz ist asymmetrisch.) Aus (4.51) folgt

$$f(E) = \frac{1}{\cot\delta - i} = \frac{\Gamma/2}{(E_R - E) - i\Gamma/2}. \tag{4.52}$$

Aus (4.45) und (4.50) erhalten wir für den elastischen Wirkungsquerschnitt

$$\sigma_{\text{el.}}(E) = 4\pi\lambda\!\!\!^{-2}(2l+1)\frac{\Gamma^2/4}{(E - E_R)^2 + \Gamma^2/4}. \tag{4.53}$$

Dieser Ausdruck ist als Breit-Wigner-Formel bekannt. Die Resonanzkurve $\sigma(E)$ ist in Abb. 4.11 gezeigt. Die Breite Γ ist so definiert, daß der elastische Wirkungsquerschnitt $\sigma_{\text{el.}}$ auf die Hälfte des Spitzenwertes abfällt, wenn $|E - E_R| = \pm\Gamma/2$.

Wie schon in Kapitel 1 herausgestellt wurde, sind Breite Γ und Lebensdauer τ durch die Beziehung $\tau = \hbar/\Gamma$ verknüpft. Die Energieabhängigkeit der Amplitude (4.53) ist einfach die Fouriertransformierte eines exponentiellen Zeit-Pulses, der dem radioaktiven Zerfall der Resonanz entspricht. Die Wellenfunktion eines nichtstationären Zustands mit Kreisfrequenz $\omega = E_R/\hbar$ und Lebensdauer $\tau = \hbar/\Gamma$ kann als

$$\begin{aligned} \psi(t) &= \psi(0)e^{-i\omega_R t}e^{-t/2\tau} \\ &= \psi(0)e^{-t(iE_R+\Gamma/2)} \end{aligned} \tag{4.54}$$

geschrieben werde (in Einheiten von $\hbar = c = 1$). Die Intensität $I(t) = \psi\psi^* = I(0)e^{-t/\tau}$ gehorcht dem normalen Exponentialgesetz für radioaktiven Zerfall. Die Fouriertransformierte dieses Ausdrucks ist

$$g(\omega) = \int_0^\infty \psi(t)e^{i\omega t}\,dt,$$

mit $\omega = E/\hbar = E$. Die Amplitude als Funktion von E ist dann

$$\chi(E) = \int \psi(t) e^{iEt}\, dt = \psi(0) \int e^{-t[(\Gamma/2)+iE_R-iE]}\, dt$$

$$= \frac{K}{(E_R - E) - i\Gamma/2},$$

wobei K eine Konstante ist.

Der letzte Schritt besteht darin, die integrierte Wahrscheinlichkeit eines Zerfalls mit Gesamtenergie E mit dem Wirkungsquerschnitt $\sigma_{\text{el.}}(E)$ zu verknüpfen. Wenn es sich um eine rein elastische Resonanz handelt, muß wegen Erhaltung der Wahrscheinlichkeit der Wirkungsquerschnitt, der die Wahrscheinlichkeit für die Bildung des Resonanzzustandes mißt, proportional zur Zerfallswahrscheinlichkeit sein. Also können wir $\sigma(l, E) \propto \chi^*\chi$ schreiben, wobei $\chi = \chi_l(E)$ ist und l der Wert des Bahndrehimpulses ist, der bei der Bildung des Resonanzzustandes vorliegt. Beide Größen haben ein Maximum, wenn $E = E_R$ und $\delta_l = \pi/2$, so daß gilt

$$(\sigma_{\text{el.}})_{\max} = 4\pi\lambda\!\!\!^{-2}(2l+1) \quad \text{und} \quad (\chi^*\chi)_{\max} = 4K^2/\Gamma^2.$$

So erhalten wir mit Γ als Maß für die Breite eines Zerfallsprozesses an Stelle von δ, der Phasenverschiebung in einem Streuprozeß

$$\sigma_{\text{el.}} = 4\pi\lambda\!\!\!^{-2}(2l+1)\frac{\Gamma^2/4}{(E-E_R)^2+\Gamma^2/4},$$

genau wie in (4.53).

Wenn ein spinloses Projektil auf ein spinloses Target trifft, ist $l = J$, der totale Drehimpuls des Resonanzzustandes. Der Übergang ist daher $(2l+1) \rightarrow (2J+1)$. Für die Bildung und den Zerfall einer Resonanz des Drehimpulses J im Zusammenstoß von zwei Teilchen mit den Spins s_a und s_b erhalten wir

$$\sigma_{\text{el.}}(E) = \frac{4\pi\lambda\!\!\!^{-2}(2J+1)\Gamma^2/4}{(2s_a+1)(2s_b+1)\left[(E_r-E)^2+\Gamma^2/4\right]}, \tag{4.55}$$

wobei der Wirkungsquerschnitt über die Spinzustände von a und b gemittelt ist. Der Spin-Multiplizitätsfaktor folgt aus der Betrachtung der verfügbaren Quantenzustände in der reversiblen Reaktion $a + b \rightleftharpoons c$, wie in (4.8) und (4.14).

Bisher wurde angenommen, daß die Resonanz nur elastisch zerfallen kann, z.B. $\pi + n \rightarrow \Delta \rightarrow \pi + n$, aber nicht $\Delta + 2\pi + n$. Im allgemeinen ist $\Gamma = \Gamma_{\text{el.}} + \Gamma_r$, wobei $\Gamma_{\text{el.}}$ und Γ_r die partiellen Breiten für Zerfall in den elastischen und inelastischen Kanal sind. Für $\sigma_{\text{el.}}(E)$ in Gleichung (4.55) sollte dann der Zähler Γ^2 durch $\Gamma^2_{\text{el.}}$ ersetzt werden. Der inelastische Wirkungsquerschnitt $\sigma_1(E)$ wird ebenso durch (4.55) gegeben, mit Γ_r^2 statt $\Gamma^2_{\text{el.}}$.

Die Streuamplitude f beschreibt im Fall einer elastischen Resonanz $(\eta = 1)$ den Unitaritätskreis von Abb. 4.10. Indem man das Konzept der

Kausalität anwendet — die auslaufende Welle kann das Streuzentrum nicht verlassen, bevor die einfallende Welle ankommt — kann man beweisen, daß f einen Kreis entgegen dem Uhrzeigersinn beschreibt (für ein anziehendes Potential).

4.9 Beispiel einer Baryon-Resonanz — das $\Delta(1232)$

Abb. 4.4 zeigt die totalen π^+p und π^-p-Wirkungsquerschnitte als Funktion der kinetischen Energie des einfallenden Pions. Es gibt eine sehr deutliche $I = 3/2$-Resonanz bei $T_\pi = 195$ MeV, entsprechend einer Pion-Proton-Masse von 1232 MeV. Sie wurde 1949 von Fermi und Anderson entdeckt. Sie wird als $P_{33}(1232)$ bezeichnet, d.h. eine p-Wellen- ($l = 1$) Pion-Nukleon-Resonanz mit $I = 3/2$ und $J = 3/2$. Man kann noch weitere Strukturen in σ_{total} unterscheiden. Im $I = 1/2$-Kanal gibt es Evidenz für Zustände $D_{13}(1520)$ und $F_{15}(1688)$ als Spitzen in $\sigma(\pi^-p)$, ferner $F_{37}(1950)$ als Spitze in $\sigma(\pi^+p)$, d.h. $I = 3/2$.

Bei der niedrigsten $\Delta(1232)$-Pion-Nukleon-Resonanz ist die Amplitude wegen der geringen Masse fast vollständig elastisch, und die Ausläufer von höheren Resonanzen können vernachlässigt werden. Von Gleichung (4.55) erwarten wir $\sigma_{\text{el.}} = 2\pi\lambda\!\!\!^-{}^2(2J+1)$ als Spitzenwert. Der Grenzwert für $J = 3/2$ ist $\sigma_{\text{el.}} = 8\pi\lambda\!\!\!^-{}^2$ und ist als gestrichelte Kurve in Abb. 4.12 eingezeichnet, ein klarer Beweis, daß das $\Delta(1232)$ eine p-Wellen-Resonanz mit Spin-Parität $J^P = 3/2^+$ ist.

Die Zuordnung $J = 3/2$ als Spin des $\Delta(1232)$ kann mit Hilfe der Winkelverteilung in der elastischen π^+p-Streuung im Bereich der Resonanz bestätigt werden. Wir nehmen die Richtung des einfallenden Pions als Quantisierungsachse (z-Achse). Die Drehimpuls-Wellenfunktion eines p-Wellen-Pions ist $\phi(l,m) = \phi(1,0)$, weil das Pion keinen Spin hat. Für das Proton haben wir $\alpha(1/2, \pm 1/2)$, entsprechend den beiden möglichen Spinorientierungen, siehe Abb. 4.13. Das Produkt ist der Zustand

$$\psi(j,m) = \psi(\frac{3}{2}, \pm\frac{1}{2}).$$

Wenn das Δ ein Pion abstrahlt, kann das verbleibende Proton seinen Spin umgedreht haben oder nicht. Mit Hilfe der Clebsch-Gordan-Koeffizienten aus Tabelle 4.1 können wir für die Wellenfunktionen α' und ϕ' des Endzustandes schreiben

$$\psi\left(\frac{3}{2},\frac{1}{2}\right) = \sqrt{\frac{1}{3}}\phi'(1,1)\alpha'\left(\frac{1}{2},-\frac{1}{2}\right) + \sqrt{\frac{2}{3}}\phi'(1,0)\alpha'\left(\frac{1}{2},\frac{1}{2}\right).$$

Da das gestreute Pion unter einem gewissen Winkel θ relativ zur z-Achse fliegt, kann sein Bahndrehimpuls nur eine endliche Projektion (0 oder 1) auf die alte Quantisierungsachse haben. Die ϕ' sind einfach die sphärisch

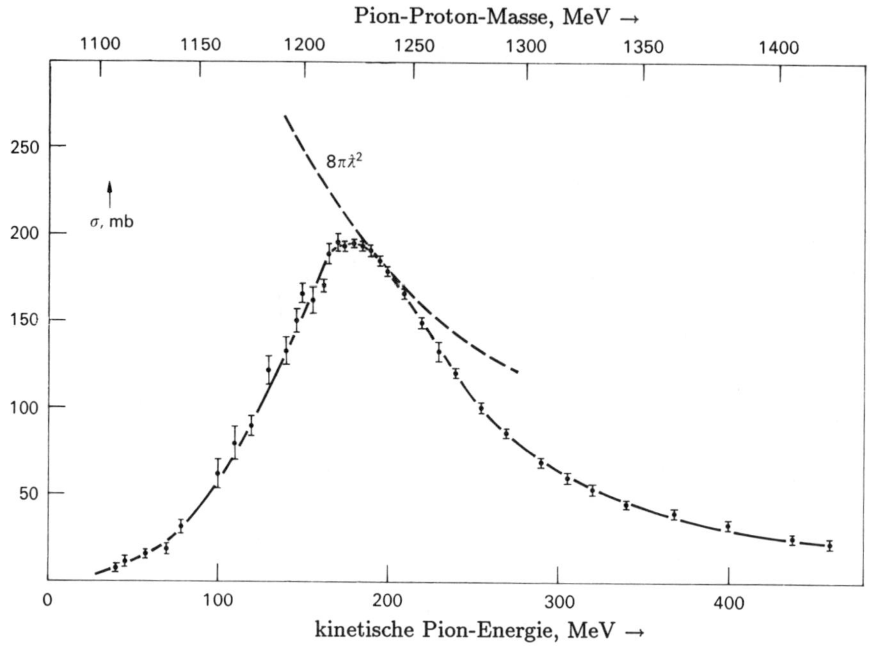

Abbildung 4.12 Totaler π^+p-Wirkungsquerschnitt als Funktion der kinetischen Energie des einlaufenden Protons im Bereich der $I{=}3/2$, $J^P{=}3/2^+$-Resonanz. Zusätzlich ist die invariante Pion-Proton-Masse angegeben. Nicht alle verfügbaren Datenpunkte sind eingezeichnet. Der wegen der Wahrscheinlichkeitserhaltung erlaubte maximale Wirkungsquerschnitt, $8\pi\lambda\!\!\!^{-2}$, ist gestrichelt eingezeichnet.

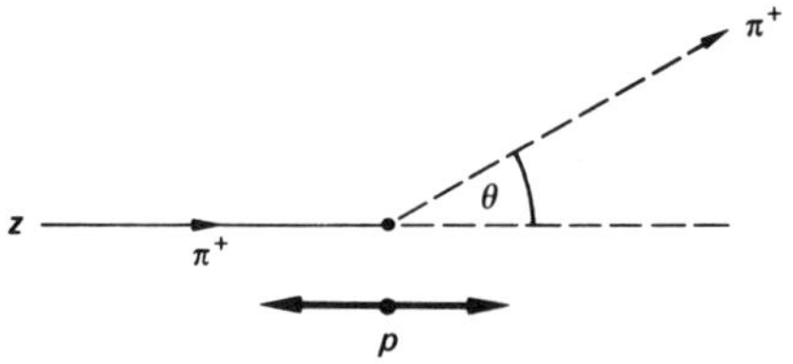

Abbildung 4.13

Harmonischen:

$$\phi'(1,1) = Y_1^1 = -\sqrt{\frac{3}{4\pi}}\sin\theta\frac{e^{i\phi}}{\sqrt{2}},$$

$$\phi'(1,0) = Y_1^0 = \sqrt{\frac{3}{4\pi}}\cos\theta.$$

Die Winkelverteilung der Pionen ist daher

$$I(\theta) = \psi\psi^* = \frac{1}{3}(Y_1^1)^2 + \frac{2}{3}(Y_1^0)^2,$$

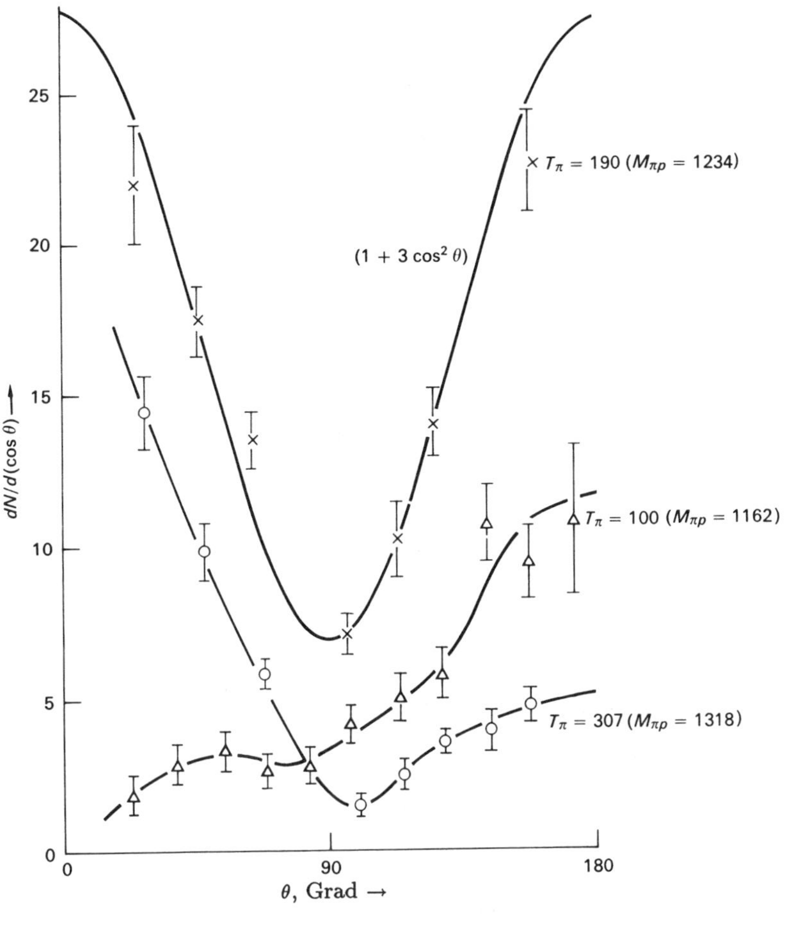

Abbildung 4.14 Gemessene Winkelverteilung des gestreuten Pions relativ zum einlaufenden Pion im Schwerpunktsystem der π^+p-Streuung. Im Bereich der Δ-Resonanz bei einer Masse von 1232 MeV (T_π=190 MeV) hat die Verteilung die Form $1+3\cos^2\theta$, wie in Gl. (4.56).

wobei der gemischte Term verschwindet, da sowohl Y_1^1 und Y_1^0 als auch $\alpha'(1/2, -1/2)$ und $\alpha'(1/2, 1/2)$ orthogonal sind. Also ist

$$I(\theta) \propto \sin^2\theta + 4\cos^2\theta = 1 + 3\cos^2\theta. \qquad (4.56)$$

Der differentielle Wirkungsquerschnitt ist in Abb. 4.14 als Funktion des Schwerpunktswinkels θ für verschiedene Werte von T_π gezeigt. Im Bereich der Resonanz ist der Verlauf mit (4.56) in Übereinstimmung.

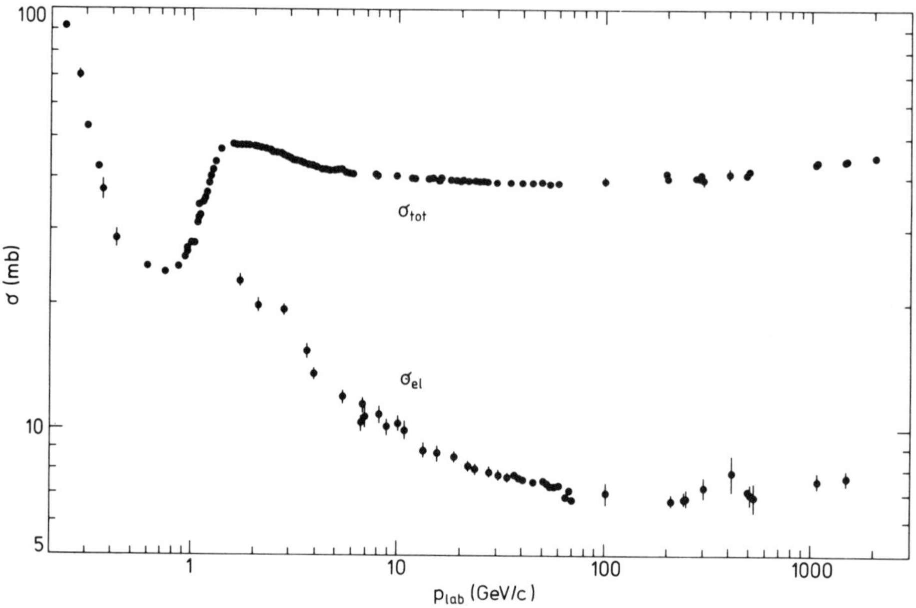

Abbildung 4.15 Elastischer und totaler Wirkungsquerschnitt für pp-Streuung als Funktion der Energie.

4.10 Bosonische Resonanzen

Beispiele für Boson-Resonanzen werden später im Text angegeben. Bemerkenswert sind die in der e^+e^--Vernichtung beobachtete J/ψ-Resonanz (Abschnitt 5.13) und die W^+- und Z^0-Resonanzen (Abschnitt 7.13 und 9.8).

4.11 Totale und elastische Wirkungsquerschnitte bei hoher Energie

Abbildung 4.15 zeigt totale und elastische pp-Wirkungsquerschnitte bei hohen Energien, und Abb. 4.16 den totalen Wirkungsquerschnitt für verschiedene Teilchen mit Protonen. Der elastische Wirkungsquerschnitt in Abb. 4.15 stellt nur einen kleinen Beitrag des totalen Wirkungsquerschnittes bei hoher Energie dar.

Die totalen Wirkungsquerschnitte sind oberhalb von etwa 5 GeV innerhalb von 10% konstant, einem langsamen Abfall folgt ein Anstieg bei höheren Energien. Die Größe des Wirkungsquerschnittes variiert mit dem Teilchentyp, liegt aber im Bereich zwischen 20 und 40 mb. Wenn man diesen Wert einem „geometrischen" Querschnitt πR^2 gleichsetzt, erhält man $R \simeq 10^{-13}$ cm = 1 fm als die „Reichweite" der starken Wechselwirkung. Zudem beobachtet man, besonders im unteren Energiebereich, einen großen Unterschied zwischen pp- und $\bar{p}p$-Wirkungsquerschnitten, und

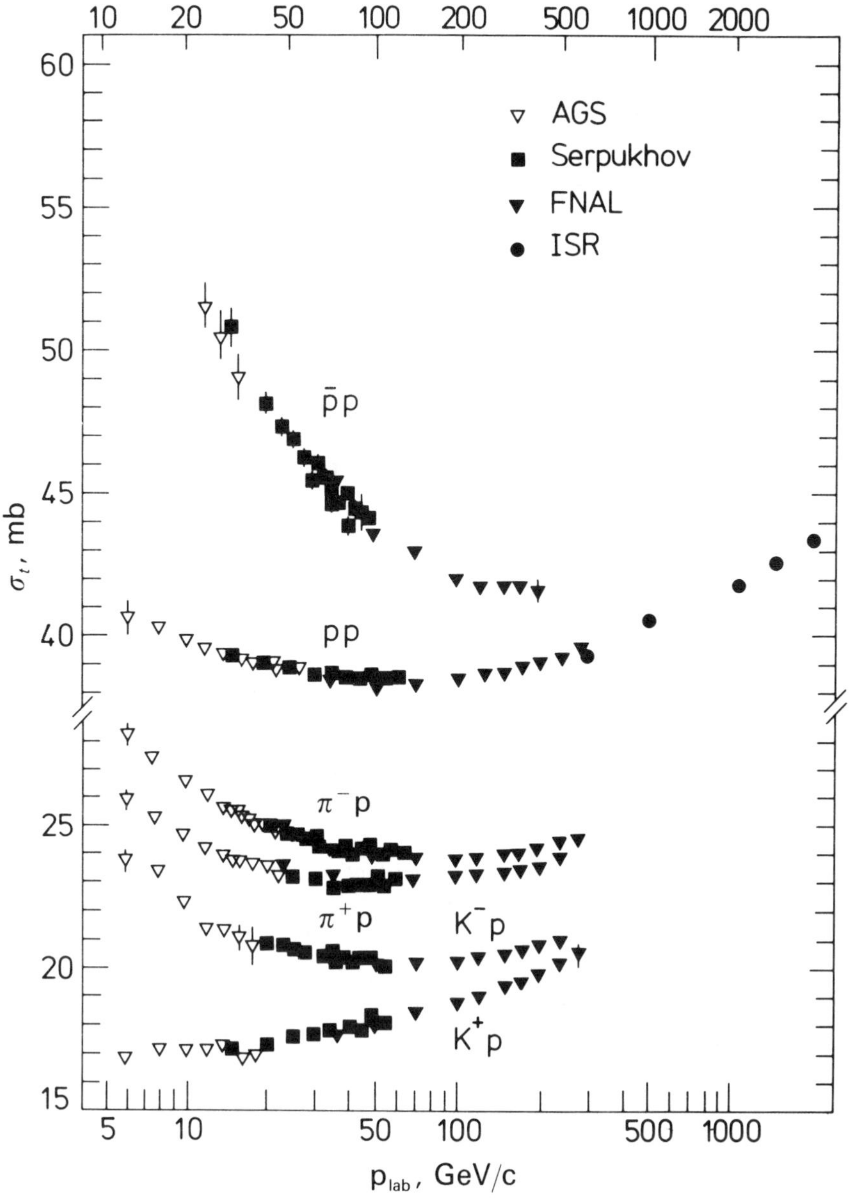

Abbildung 4.16 Totaler Wirkungsquerschnitt für die Streuung verschiedener Teilchen an Protontargets.

dies ist nicht unerwartet im Hinblick auf die größere Anzahl von Isospinkanälen, die im Nukleon-Antinukleon-Prozeß offenstehen, wie auch aufgrund der höheren Energie nach einer Paarvernichtung. Ähnliches trifft auch im Vergleich von $\pi^- p$ mit $\pi^+ p$, und von $K^- p$ mit $K^+ p$ zu. Für

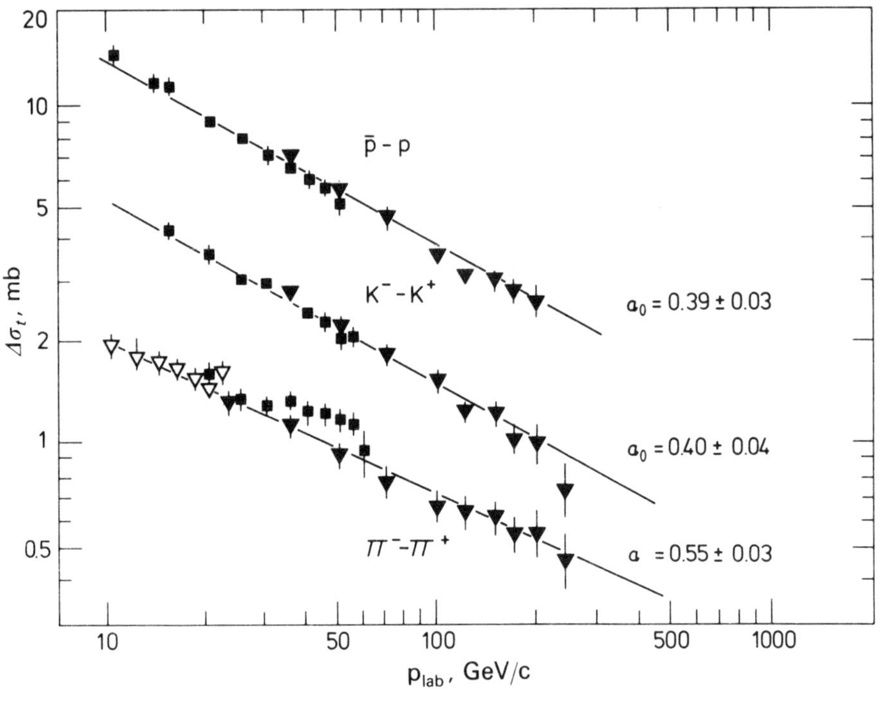

Abbildung 4.17 Unterschiede in den Wirkungsquerschnitten von Teilchen und Antiteilchen in der Streuung an Protonen als Funktion der Energie.

sehr hohe Energien gibt es eine Vorhersage aus der Quantenfeldtheorie, bekannt als das Pomeranschuk-Theorem, daß die Wirkungsquerschnitte für Teilchen und Antiteilchen gleich und obendrein isospinunabhängig werden. Also sollten die Wirkungsquerschnitte für $\pi^- p$ und $\pi^+ p$ ($\equiv \pi^- n$ wegen Ladungsunabhängigkeit) gleich werden. Der Trend in den Daten (Abb. 4.17) unterstützt diese Vorhersage.

Das einfachste Modell von Absorption und Streuung ist das einer totalabsorbierenden schwarzen Scheibe mit einem wohldefinierten Radius R. Wir setzen $\eta = 0$ in Gleichung (4.45) und (4.47) und erhalten

$$\begin{aligned} \sigma_{\text{el.}} &= \pi\lambda\!\!\!^{-2} \sum (2l+1) = \pi R^2, \\ \sigma_{\text{inel.}} &= \pi\lambda\!\!\!^{-2} \sum (2l+1) = \pi R^2, \\ \sigma_{\text{total}} &= 2\pi\lambda\!\!\!^{-2} \sum (2l+1) = 2\pi R^2, \end{aligned} \tag{4.57}$$

wobei $\lambda\!\!\!^{-}$ die de Broglie-Wellenlänge der kollidierenden Teilchen in ihrem Schwerpunktsystem ist. In diesem Modell variiert der Drehimpulsanteil der einlaufenden Welle, l, zwischen 0 und $l_{\max} = R/\lambda\!\!\!^{-}$. Zum Beispiel ist für

$R = 1$ fm und 20 GeV/c Impuls $\lambda\!\!\!^{-} = 0.01$ fm und $l_{\max} = 100$. Dann wird

$$\sum(2l+1) = (l_{\max}+1)^2 \simeq l_{\max}^2 = R^2/\lambda\!\!\!^{-2}.$$

Wie erwartet, ist der inelastische Reaktions- oder Absorptions-Wirkungsquerschnitt einfach die geometrische Fläche der Scheibe, πR^2. Wir bemerken, daß $\sigma_{\text{el.}} = \sigma_{\text{inel.}}$ ist und Diffraktions- oder Schattenbeugung darstellt, die aus der Optik vertraut ist, wenn eine ebene Welle durch ein vollständig absorbierendes Hindernis unterbrochen wird. Die Winkelverteilung der elastischen Streuung ist die Fouriertransformierte der räumlichen Verteilung des Hindernisses. Für die l-te Partialwelle wird sie durch die Polynome $P_l(\cos\theta)$ dargestellt. Die Summe über Legendre-Polynome kann bei kleinen Streuwinkeln durch eine Besselfunktion in erster Ordnung angenähert werden. Mit dem Impulsübertrag $q = 2p\sin(\theta/2)$, p ist der Impuls der kollidierenden Teilchen im Schwerpunktsystem, gilt

$$\frac{d\sigma_{\text{el.}}\,(\text{schwarze Scheibe})}{dq^2} = \pi R^4 \left|\frac{J_1(Rq)}{Rq}\right|^2 \tag{4.58}$$

$$\simeq \frac{\pi R^4}{4}\exp\left(-\frac{R^2q^2}{4}\right), \tag{4.59}$$

wobei der zweite Ausdruck mit $R = 1$ fm hinreichend genau ist für $q^2 < 0.2$ $(\text{GeV}/c)^2$. Für größere Werte von Rq durchläuft die Funktion $J_1(Rq)/Rq$ die für Diffraktionsphänomene charakteristischen Maxima und Minima.

Die Minima befinden sich bei $Rq = 3.83$, 7.02, 10.17, usw., so daß die erste Nullstelle bei $q^2 = 1.15$ GeV^2 liegt (für $R = 0.7$ fm). Beispiele für pp-Streudaten sind in Abb. 4.18 gezeigt, man erkennt den exponentiellen Abfall bei kleinen q^2 und Diffraktionsminima, besonders für hohe Streuimpulse. Man bemerkt auch, daß sich das Minimum bei steigender Energie langsam zu kleineren q^2 verschiebt. Dies entspricht einem langsamen (logarithmischen) Anstieg im effektiven Durchmesser der „Scheibe“. Eine ähnliche Aufweitung erscheint auch im totalen Wirkungsquerschnitt (Abb. 4.16).

Während unser Modell einer schwarzen Scheibe qualitativ einige Eigenschaften der elastischen Hadronstreuung vorhersagen kann, so schlägt es doch quantitativ fehl. Beispielsweise legt es ein Verhältnis $\sigma_{\text{el.}}/\sigma_{\text{total}} = 0.5$ nahe, wogegen der Wert tatsächlich weit unter 0.5 liegt und mit steigender Energie abfällt. Die Energieabhängigkeit von $d\sigma/dq^2$ wird ebenfalls in einfachen Modellen nicht richtig wiedergegeben. Die Regge-Pol-Theorie erzielt wesentlich bessere Anpassungen an die Daten, indem sie den Austausch von Objekten mit komplexen Drehimpulsen einschließt. Wir wollen dieses Thema aber nicht weiter diskutieren und verweisen den Leser auf die Bibliographie.

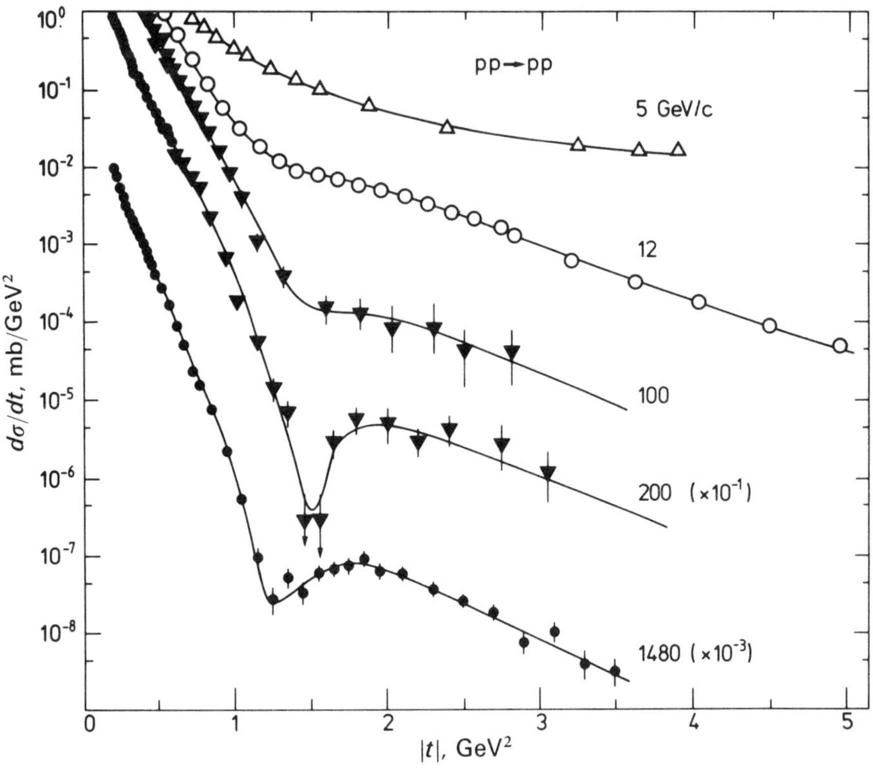

Abbildung 4.18 Differentieller Wirkungsquerschnitt für elastische pp-Streuung als Funktion des Quadrats des Impulsübertrags, $|t|=q^2$.

4.12 Teilchenerzeugung bei hoher Energie

Aus Abb. 4.15 wird deutlich, daß inelastische Prozesse in hochenergetischen Hadronstößen dominieren. Diese werden durch vielfache Erzeugung von sekundären Mesonen und Baryon-Antibaryon-Paaren charakterisiert. Die mittlere Multiplizität der verschiedenen Arten von Sekundärteilchen in pp-Kollisionen ist in Abb. 4.19 gezeigt und weist einen langsamen Anstieg bei den höchsten Stoßenergien auf. Ganz grob gesehen, variiert die Multiplizität wie

$$n = A + B \ln s, \qquad (4.60)$$

wobei s das Quadrat der Schwerpunktsenergie ist.

Die Impulsverteilung der Sekundärteilchen folgt angenähert einfachen Skalengesetzen. Wenn E, $\boldsymbol{p}$ die Gesamtenergie und der Impuls eines bestimmten Sekundärteilchen sind, so hat der invariante Wirkungsquerschnitt

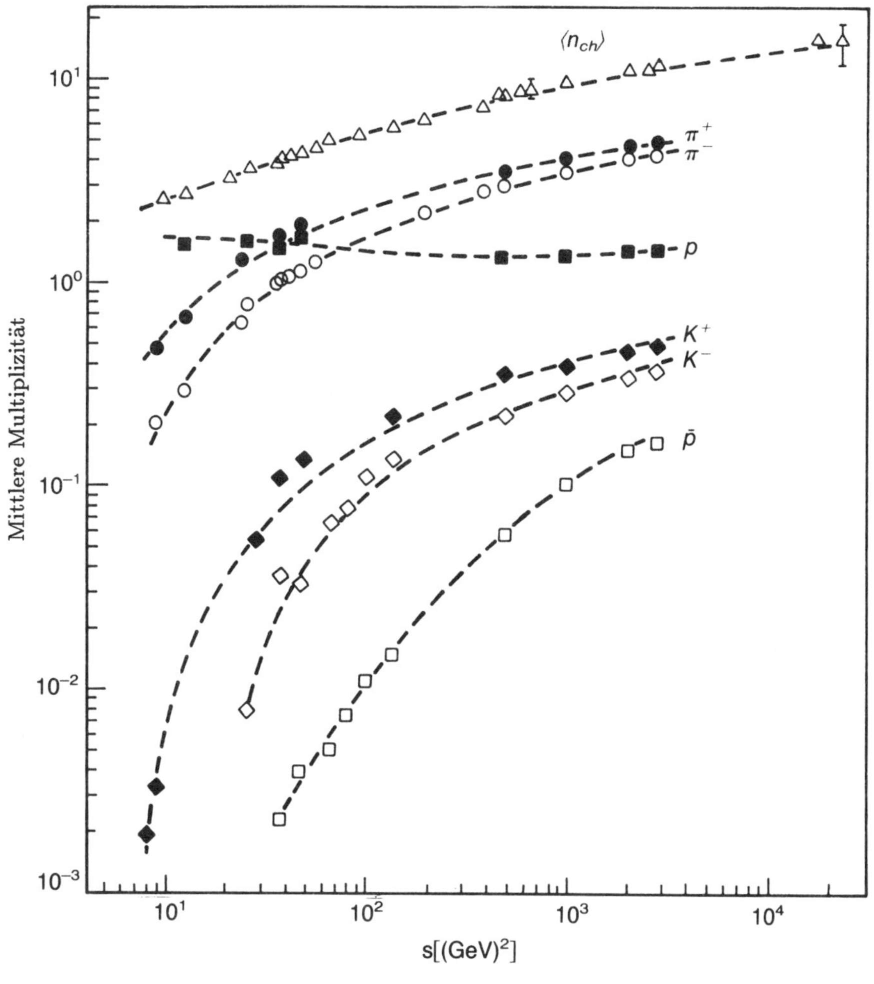

Abbildung 4.19 Mittlere Multiplizität von π^+-, π^--, K^+-, K^--, $\bar{p}$- und p-Sekundärteilchen als Funktion des Quadrats der Schwerpunktsenergie, s. Die totale Multiplizität, $\langle n_{ch} \rangle$, verändert sich ungefähr wie $\ln(s)$ bei hoher Energie (Antinucci et al., 1973).

(siehe Anhang A) die Form

$$\frac{E\,d^3\sigma}{dp^3} = \frac{E\,d^3\sigma}{dp_x\,dp_y\,dp_z} = \frac{d^2\sigma}{\pi d(p_T^2)d(p_L/E)} = F(x, p_T, s), \tag{4.61}$$

worin $p_T = \sqrt{p_x^2 + p_y^2}$ der Transversalimpuls des Sekundärteilchens, und $p_L = p_z$ sein longitudinaler Impuls im Schwerpunktsystem sind, relativ zur Richtung des primären Teilchens. Feynmans Variable x ist $p_L/p_L(\max)$, während der maximale Wert des Longitudinalimpulses $p_L(\max) \simeq \sqrt{s}/2$ ist. Man beobachtet, daß bei genügend hohen Energien (über 10 GeV in pp-Kollisionen) die Funktion F nahezu unabhängig von s (d.h. von der

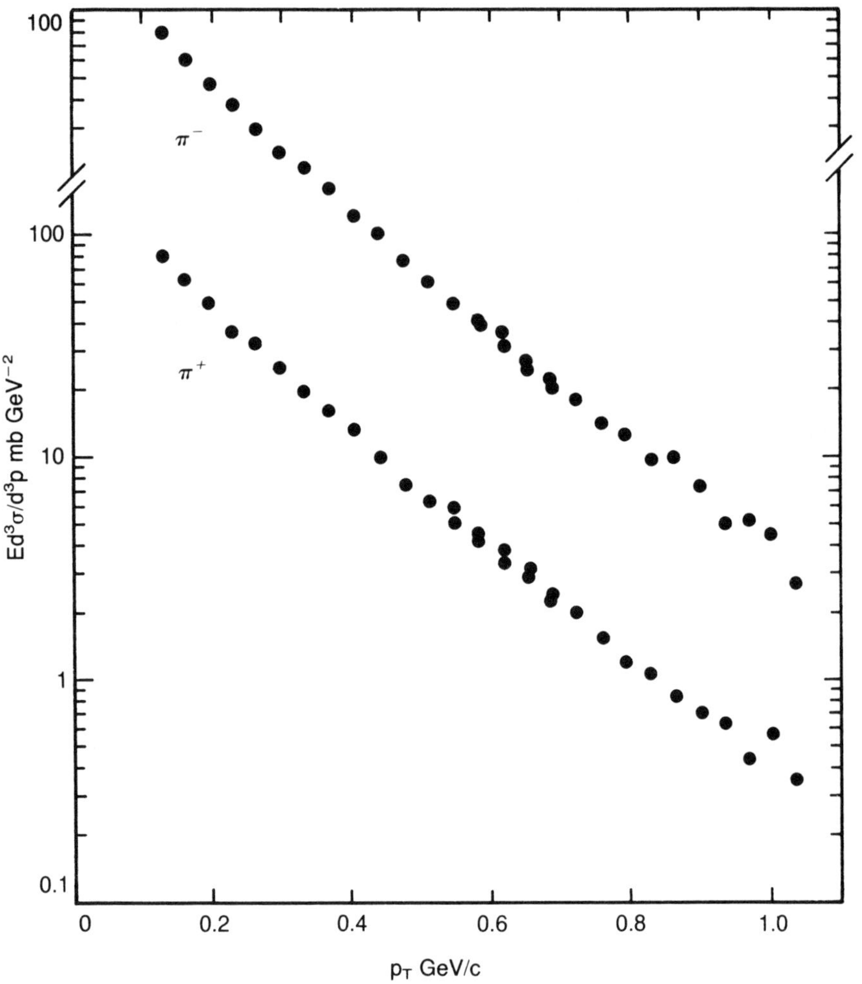

Abbildung 4.20 Verteilung des Transversalimpulses, dN/dp_T^2, von Pionen bei ISR-Energien ($\sqrt{s}$=31 GeV) und unter 90° im Schwerpunktsystem. Man erkennt eine exponentielle Abhängigkeit von p_T (Alper et al., 1973).

einfallenden Energie) wird und in das Produkt

$$F(x, p_T) = F_1(x) \cdot (p_T) \tag{4.62}$$

faktorisiert. Also wird die transversale Impulsverteilung der Sekundärteilchen nahezu unabhängig von s und p_L (eine Tatsache, die zuerst in der Kosmischen Strahlung vor über 20 Jahren beobachtet wurde). Bei festem x ist $d\sigma/dp_T^2$ näherungsweise eine Exponentialfunktion in p_T, mit einem Mittelwert von etwa 0.35 GeV/c (siehe Abb. 4.20). Das p_T der Sekundärteilchen wird im Mittel durch die „Größe" der Hadronen bestimmt, d.h. $p_T c \simeq \hbar c/R$, mit $R \simeq 0.5$ fm.

Feynman postulierte, daß für kleine Werte von x die Funktion $F_1(x) \simeq B$ konstant werde, so daß aus (4.61) und (4.62) folgt

$$d^2\sigma = \pi F_2(p_T) \cdot d(p_T^2) \cdot B \cdot (dp_L/E). \tag{4.63}$$

Die longitudinale Impulsverteilung wird oft mit Hilfe der „Rapidität" y beschrieben, die durch

$$y = \frac{1}{2} \ln \left(\frac{E + p_L}{E - p_L} \right) = \ln \left(\frac{E + p_L}{\sqrt{p_T^2 + m^2}} \right) \tag{4.64}$$

definiert ist. Darin ist m die Masse des Sekundärteilchen und wir haben die Tatsache ausgenutzt, daß $E^2 = p_T^2 + p_L^2 + m^2$. Wenn E, p_L im Schwerpunktsystem gemessen sind, entspricht der Fall $p_L = 0$ der Rapidität $y = 0$, wogegen

$$\begin{aligned} y_{\max} &= \frac{1}{2} \ln \left(\frac{s}{p_T^2 + m^2} \right), \\ y_{\min} &= -y_{\max}. \end{aligned} \tag{4.65}$$

Wenn eine Lorentztransformation in ein anderes Koordinatensystem gemacht wird, das sich mit der Geschwindigkeit β entlang der z-Achse (der einfallenden Strahlrichtung) bewegt, dann gilt dort (siehe Anhang A):

$$\begin{aligned} y' &= \ln \left(\frac{E' + p'_L}{\sqrt{p_T^2 + m^2}} \right) = \ln \left(\frac{\gamma(E - \beta p_L) + \gamma(p_L - \beta E)}{\sqrt{p_T^2 + m^2}} \right) \\ &= \ln \frac{(E + p_L)\gamma(1 - \beta)}{\sqrt{p_T^2 + m^2}} = y + \frac{1}{2} \ln \frac{(1 - \beta)}{(1 + \beta)}, \end{aligned} \tag{4.66}$$

so daß die y-Verteilung invariant ist und eine Transformation in ein anderes Koordinatensystem einfach in einer Ursprungsverschiebung von y resultiert.

Aus (4.64),

$$dy = \frac{dp_L}{E}$$

und der Integration von (4.63) über p_T erhalten wir

$$\frac{d\sigma}{dy} = \text{konst.} \tag{4.67}$$

Abb. 4.21 zeigt Daten vom CERN ISR über die Rapiditätsverteilung von π^+, p, und $\bar{p}$ in pp-Stößen bei hohen Energien. Das Plateau bei kleinen y-Werten ist offensichtlich und untermauert Gleichung (4.67). Hier ist der größte Teil der produzierten Sekundärteilchen konzentriert. Für große y-Werte, $y \simeq y_{\max}$, fällt die Dichte rapide ab. Wenn wir diesen Abfall vernachlässigen, ist die totale Multiplizität durch das Integral über $d\sigma/dy$

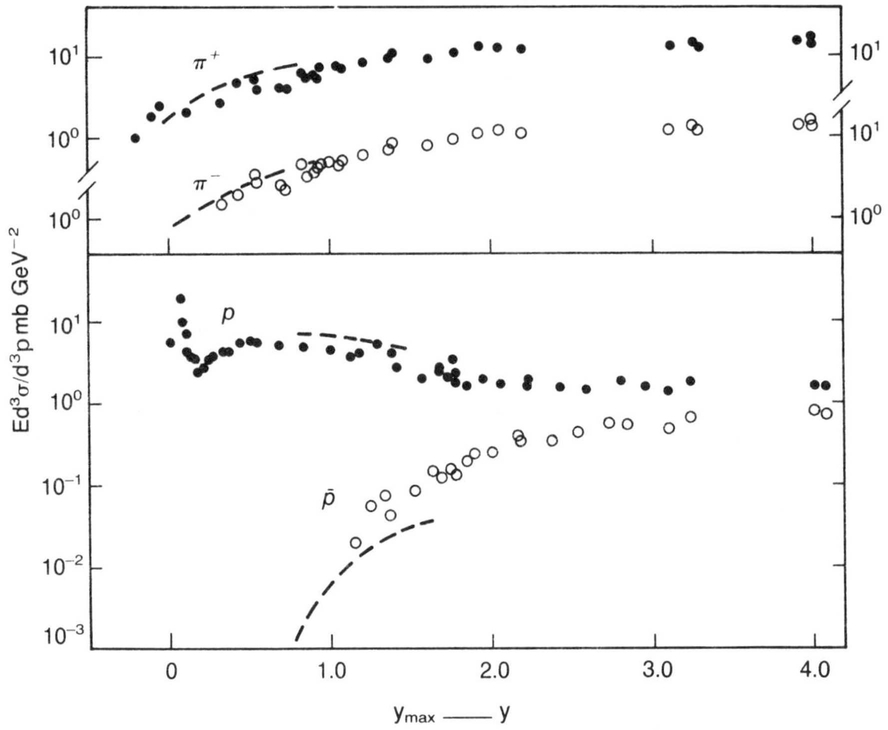

Abbildung 4.21 Rapiditätsverteilung $d\sigma/dy$ bei festem Transversalimpuls p_T=0.4 GeV in pp-Kollisionen im CERN-ISR. Die Werte für $\sqrt{s}$ variieren von 22.5 bis 53 GeV. Die Abszisse ist $y_{\max}-y$, wobei y die Rapidität im Schwerpunktsystem der Kollision ist. Je nach s liegt der Punkt y=0 auf dieser Skala zwischen 3 und 4. Das Plateau bei kleinen y (auf der rechten Seite) ist deutlich sichtbar. Der Anstieg in $d\sigma/dy$ für Protonen nahe $y=y_{\max}$ (auf der linken Seite) ist mit diffraktiven Prozessen verknüpft, bei denen die Protonen unter kleinem Winkel und mit nahezu voller Energie austreten.

gegeben und variiert wie $y_{\max}$, welches wiederum proportional zu $\ln s$ ist (4.65), im Einklang mit der empirischen Beziehung (4.60).

Sieht man von dem langsamen Anstieg in Multiplizität mit steigender Energie ab, so erhalten die individuellen Hadronen im Mittel einen eher konstanten Bruchteil der Stoßenergie und also einen Longitudinalimpuls, der mit dem Impuls des einlaufenden Teilchens skaliert. Im Gegensatz dazu sind die Transversalimpulse begrenzt und sowohl von der primären als auch von der sekundären Energie nahezu unabhängig. Die produzierten Hadronen neigen deswegen dazu, in einem Konus oder „Jet“ entlang der einfallenden Strahlachse konzentriert zu sein.

Die Eigenheiten von Hadron-Hadron-Stößen bei hoher Energie werden im großen und ganzen von der langreichweitigen, zusammenhaltenden Kraft der starken Quarkkräfte dominiert. Es ist geradezu unmöglich, aus solchen „weichen“ Kollisionen irgendwelche Einsichten über die Natur der elementaren Quark-Gluon-Bausteine der Hadronen zu gewinnen. Darum muß eine Analyse solcher Kollisionen im wesentlichen phänomenologisch bleiben. Trotzdem ist es möglich, bei extrem hohen Stoßenergien die sehr seltenen Ereignisse (typisch eines pro 10^9 Stößen) auszuwählen, deren Eigenschaften größtenteils von der kurzreichweitigen Quark-Quark-Wechselwirkung bestimmt werden. Diese Ereignisse entsprechen gelegentlichen frontalen Stößen eines Quarks mit einem anderen Quark (oder Gluon), wobei das gestreute Quark unter großem Winkel und mit p_T bis 100 GeV/c zurückläuft und in einen Jet von Hadronen fragmentiert. Solche dramatischen Ereignisse sind am Proton-Antiproton-Speicherring des CERN beobachtet worden (siehe Abb. 8.18), und ihre Analyse gibt einen sehr direkten Einblick in die Natur der Kräfte zwischen den Quarks (Abschnitt 8.9).

Aufgaben

4.1 Finden Sie eine Beziehung zwischen den totalen Wirkungsquerschnitten der Reaktionen

$$\pi^- p \to K^0 \Sigma^0,$$
$$\pi^- p \to K^+ \Sigma^-,$$
$$\pi^+ p \to K^+ \Sigma^+$$

für eine gegebene Energie.

4.2 Berechnen Sie das Verhältnis der Wirkungsquerschnitte für die Reaktionen $p + d \to^3 \text{He} + \pi^0$ und $p + d \to^3 \text{He} + \pi^0$ bei einer gegebenen Schwerpunktsenergie.

4.3 Wenn ein Neutron in einem Atomkern durch ein gebundenes Λ-Hyperon ersetzt wird, bezeichnet man den Kern als Hyperkern. $^4\text{He}_\Lambda$ und $^4\text{H}_\Lambda$ sind ein Dublett von Spiegel-Hyperkernen. Leiten Sie das Verhältnis der Reaktionsraten ab für

$$K^- + {}^4\text{He} \to {}^4\text{He}_\Lambda + \pi^-$$
$$\to {}^4\text{H}_\Lambda + \pi^0.$$

4.4 Begründen Sie, welche der folgenden Teilchenkombinationen in einem $I = 1$-Zustand existieren können (oder nicht): (a) $\pi^0\pi^0$, (b) $\pi^+\pi^-$, (c) $\pi^+\pi^+$, (d) $\Sigma^0\pi^0$, (e) $\Lambda\pi^0$.

4.5 In welchem Isospinzustand können (a) $\pi^+\pi^-\pi^0$, (b) $\pi^0\pi^0\pi^0$ existieren? [Hinweis: schreiben Sie zunächst die Isospinfunktionen eines Paares hin, z.B. $\pi^0\pi^0$, und kombinieren Sie es dann mit dem dritten Pion. Tabelle III im Anhang gibt die dazu erforderlichen Clebsch-Gordan-Koeffizienten an.]

4.6 Leiten Sie ab, über welche Isospinkanäle die folgenden Reaktionen ablaufen können: (a) $K^+ + p \to \Sigma^0 + \pi^0$, (b) $K^- + p \to \Sigma^+ + \pi^-$. Finden

Sie das Verhältnis der Wirkungsquerschnitte für (a) und (b), indem Sie annehmen, daß der eine oder der andere Kanal dominiert.

4.7 Das $A1$-Meson mit dem Isospin $I = 1$ wird als Resonanzzustand aus einem ρ-Meson ($I = 1$) und einem Pion ($I = 1$) betrachtet. Daher zerfällt es vorwiegend in der Reaktion $A1 \to \rho + \pi$. Berechnen Sie das Verzweigungsverhältnis

$$\frac{A1 \to \pi^0\pi^0\pi^+}{A1 \to \pi^+\pi^-\pi^+}.$$

4.8 Das ω-Meson hat Isospin $I = 0$, und das ρ-Meson $I = 1$. Beide Teilchen haben die gleiche Spin-Parität-Zuordnung (1^-). Das ρ-Meson hat eine zentrale Masse von 775 MeV und ist ein breiter Zustand mit einer Breite $\Gamma \simeq 120$ MeV. Es überlappt daher das ω-Meson, das bei 783 MeV liegt und eine Breite von 10 MeV aufweist. Erwarten Sie Interferenzen zwischen ρ- und ω-Meson? Welche qualitativen Effekte würde eine Interferenz auf die Massenspektren von $\pi^+\pi^-$ und $\pi^+\pi^-\pi^0$ in Reaktionen haben, in denen ρ und ω gemeinsam erzeugt werden können?

4.9 Wie im Kapitel 7 gezeigt wird, zerfallen die neutralen Kaonen aus Zuständen K_1^0 und K_2^0, die CP-Eigenwerte +1 bzw. −1 haben. Wir glauben, daß die $p\bar{p}$-Vernichtung in Ruhe nur aus atomaren S-Zuständen heraus geschieht. Zeigen Sie, daß unter dieser Annahme der Prozeß $p\bar{p} \to K_1^0 + K_2^0$ ablaufen kann, nicht jedoch $p\bar{p} \to 2K_1^0$ oder $p\bar{p} \to 2K_2^0$.

4.10 In der Analyse des Zerfalls $K \to 3\pi$ sind die kinetischen Energien der Pionen im Dalitz-Diagramm entlang dreier Achsen unter 120° aufgetragen, d.h. senkrecht zu den Seiten eines gleichseitigen Dreiecks. Die Höhe dieses Dreiecks ist Q, die gesamte kinetische Energie des Zerfalls. Nehmen Sie die Pionen als nichtrelativistisch an und zeigen Sie: (a) Energieerhaltung verlangt, daß alle Punkte innerhalb des Dreiecks liegen, (b) Impulserhaltung beschränkt alle Punkte auf das Innere des einbeschriebenen Kreises im Dreieck, (c) wenn das Matrixelement konstant ist, ist die Verteilung der Punkte innerhalb des Kreises gleichförmig. Zeigen Sie ferner, daß sich diese Begrenzungslinie im Dalitz-Diagramm zu einem gleichseitigen Dreieck innerhalb des genannten Kreises deformiert, wenn der Zerfall in drei relativistische Teilchen von gleicher Masse erfolgt.

4.11 Zeigen Sie, daß in dem Zerfall $K \to 3\pi$ der relativistische Faktor $E_1E_2E_3$ über verschiedene Regionen im Dalitz-Diagramm innerhalb von 1% konstant ist.

4.12 Betrachten Sie den Zerfall einer Resonanz der Masse M in drei Teilchen mit den Impulsen $\boldsymbol{p}_1, \boldsymbol{p}_2, \boldsymbol{p}_3$. Zeigen Sie, daß die Gleichung der Begrenzungslinie im Dalitz-Diagramm durch die Bedingung $|\boldsymbol{p}_1|+|\boldsymbol{p}_2|-|\boldsymbol{p}_3| =$

0 gegeben ist. Drücken Sie die Gleichung der Begrenzungslinie durch die Energien E_1 und E_2 aus, wenn alle drei Zerfallsteilchen die gleiche Masse m haben. Zeigen Sie, daß unter der Bedingung $m \ll M$ die Begrenzungslinie gleich dem einbeschriebenen Dreieck ist.

4.13 Nehmen Sie eine Reaktion $A+B \rightarrow C+D+E$ bei fester Kollisionsenergie. Die Größen m_{CD}^2 und m_{DE}^2 werden entlang der x- und y-Achse im Dalitz-Diagramm dargestellt (m_{CD} ist die Masse der Teilchen C und D, usw.). θ sei die Richtung des Teilchens E relativ zu C oder D im Schwerpunktsystem von CD. Bei einer festen Masse trete eine Resonanz zwischen C und D auf. Zeigen Sie, daß $m_{DE}^2 = \alpha - \beta \cos\theta$, wobei α und β Konstanten sind.

4.14 In der folgenden Reaktion in Wasserstoff

$$\pi^- + p \rightarrow X^- + p$$

wird eine Bosonresonanz X mit einer Masse von 2.4 GeV beobachtet. Der Pionimpuls ist 12 GeV/c. Berechnen Sie den maximalen Winkel des zurückgestoßenen Protons relativ zur Strahlachse und seinen Impuls. Berechnen Sie ferner Winkel und Impuls des Protons, wenn der Vierer-Impulsübertrag maximal ist und finden Sie $q_{\max}^2$.

4.15 Die Breit-Wigner-Formel (4.55) beschreibt eine Resonanz, deren Breite klein gegen die Energie ist, $\Gamma \ll E_0$. Für eine sehr breite Resonanz gilt diese Beziehung nicht exakt, da sich der verfügbare Phasenraum des Zweikörperzerfalls über den Bereich der Resonanz hinweg beträchtlich ändert. Zeigen Sie, daß man diesen Effekt in einer S-Wellen-Resonanz berücksichtigen kann, indem man Γ durch $\Gamma_0 \cdot (pE_0/Ep_0)$ ersetzt. Darin sind p der Impuls im Schwerpunktsystem jedes Teilchens, und Γ_0, p_0, E_0 beziehen sich auf die Resonanzmitte. Welche zusätzlichen Faktoren erwartet man für eine Resonanz, die in zwei Teilchen mit dem Bahndrehimpuls l zerfällt?

4.16 Zeigen Sie, daß die Rapidität y nur noch vom Emissionswinkel eines relativistischen Sekundärteilchen abhängt, wenn man m^2 im Vergleich zu p_T^2 vernachlässigen kann. Zeigen Sie, daß gilt $y = \ln(2\cot\theta) \simeq \ln(\cot\theta^*/2) + \ln 2\gamma$, wobei θ und θ^* die Winkel im Labor- bzw. Schwerpunktsystem sind und γ der Lorentzfaktor ist.

4.17 Geben Sie an, welche der folgenden Zerfallskanäle des ρ-Mesons ($J^P = 1^-, I = 1$) in starker oder elektromagnetischer Wechselwirkung erlaubt sind:

$$\begin{aligned} \rho^0 &\rightarrow \pi^+\pi^- \\ &\rightarrow \pi^0\pi^0 \\ &\rightarrow \eta^2\pi^0 \\ &\rightarrow \pi^0\gamma^0. \end{aligned}$$

Literatur

Amaldi, U., M. Jacob, and G. Matthiae, „Diffraction of matter waves", *Ann. Rev. Nucl. Science* **26**, 385 (1976).

Blatt, J., and V.F. Weisskopf, *Theoretical Nuclear Physics*, John Wiley, New York, 1952.

Bøggild, H., and T. Ferbel, „Inclusive reaction", *Ann. Rev. Nucl. Science* **24**, 451 (1974).

Dalitz, R.H., „Strange particle resonant states", *Ann. Rev. Nucl. Science,* **13**, 339 (1963).

Foa, L., „High energy hadron physics", *Riv. Nuovo Cim.* **3**, 283 (1973).

Giacomelli, G., „Total cross-sections and elastic scattering at high energies", *Phys. Reports* **23**, 1231 (1976).

Källen, G., *Elementary Particle Physics*, Addison-Wesley, Reading, Mass., 1964.

Kapitel 5

Das Statische Quarkmodell der Hadronen

5.1 Einleitung

Während der Ansammlung gewaltiger Datenmengen über Baryon- und Mesonresonanzen in den sechziger Jahren wurden Regelmäßigkeiten und Muster in diesen Hadronzuständen bemerkt und als Ausdruck einer höheren, ungefähr erhaltenen Symmetrie, der Unitaritätssymmetrie, interpretiert. Diese Beschreibung wurde inzwischen durch eine neuere überholt, in welcher die Muster oder Multipletts von Zuständen einfach durch Quarkbausteine erklärt werden konnten. Danach sollte ein Baryon aus drei Quarks und ein Meson aus einem Quark-Antiquark-Paar bestehen. Diese Hinweise sind besonders zwingend im Niveauschema von gebundenen Zuständen aus schweren Quark-Antiquark-Paaren. Zunächst wollen wir jedoch die Bildung von leichten Baryon- und Mesonmultipletts mit Hilfe der Quarkkonstituenten diskutieren.

5.2 Das Baryon-Dekuplett

Abbildung 5.1 zeigt die zehn Baryonzustände mit der geringsten Masse und Spin-Parität $J^P = {}^3\!/_2{}^+$, wobei wir die Seltsamkeit S gegen die dritte Komponente des Isospins, I_3, aufgetragen haben.

Von oben nach unten betrachtet, bestehen diese aus einem $S = 0$, $I = {}^3\!/_2$ Isospinquadruplett, dem $\Delta(1232)$, das in den Ladungszuständen

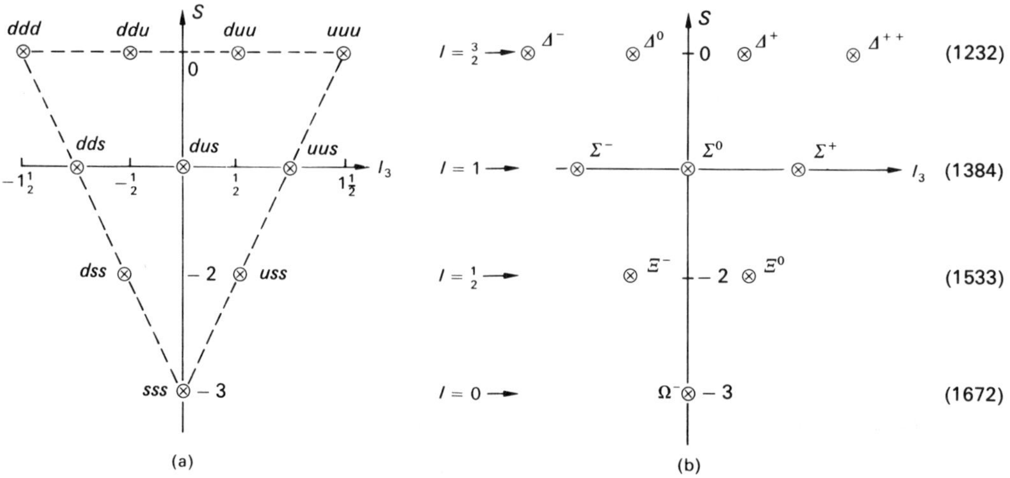

Abbildung 5.1 (a) Quarkzuordnungen im Baryondekuplett. (b) Das beobachtete Dekuplett der Baryonen mit Spin-Parität $3/2^+$. In Klammern ist die mittlere Masse jedes Dekuplettmitgliedes in MeV angegeben.

Δ^{++}, Δ^+, Δ^0, Δ^- vorkommt. Die Zahl 1232 in Klammern gibt die mittlere Masse der Resonanz in MeV an. Als nächstes kommt ein $I = 1$ Isospintriplett von $S = -1$, das $\Sigma(1384)$; ein $S = -2$, $I = 1/2$ Isospindublett, das $\Xi(1533)$; und schließlich ein $I = 0$ Singlett mit $S = -3$, das $\Omega^-(1672)$. Die Mitglieder jedes Isospinmultipletts haben im wesentlichen die gleiche Masse, nur um einige MeV verschieden, dies ist charakteristisch für die elektromagnetische Aufspaltung von Isospinmultipletts. Die Zustände mit verschiedener Seltsamkeit unterscheiden sich beträchtlich in ihrer Masse, aber die Massendifferenz ist bei jedem Inkrement in der Seltsamkeit ungefähr gleich. Dies kann sicherlich kein Zufall sein, in der Tat war das Ω^--Baryon auf dieser Basis drei Jahre vor seiner Entdeckung vorhergesagt worden (siehe Abb. 5.2).

Den Regelmäßigkeiten in diesem Dekuplett kann Rechnung getragen werden, indem man drei Arten von Fermionen als Bausteine eines Baryons postuliert, genannt Quarks. Die Quantenzahlen sind in Tabelle 5.1 zusammengestellt. Die Quarkhypothese wurde 1964 von Gell-Mann und Zweig aufgestellt. Diese Quarks sind ein $S = 0$ Isospindublett, genannt u und d, [für $I_3 = +1/2$ (up) und $I_3 = -1/2$ (down)], und ein $S = -1$ Isospinsinglett, genannt s [für strange oder seltsam]. Die Zuweisungen u, d, s werden als Flavour des Quarks bezeichnet.

Die Baryonen sollen aus drei Quarks zusammengesetzt sein, und die demokratischste Zuordnung von Baryonenzahl B ist je ein Drittel, $B = 1/3$. Aus der Beziehung (4.28)

$$Q/e = \frac{1}{2}(B + S) + I_3, \tag{5.1}$$

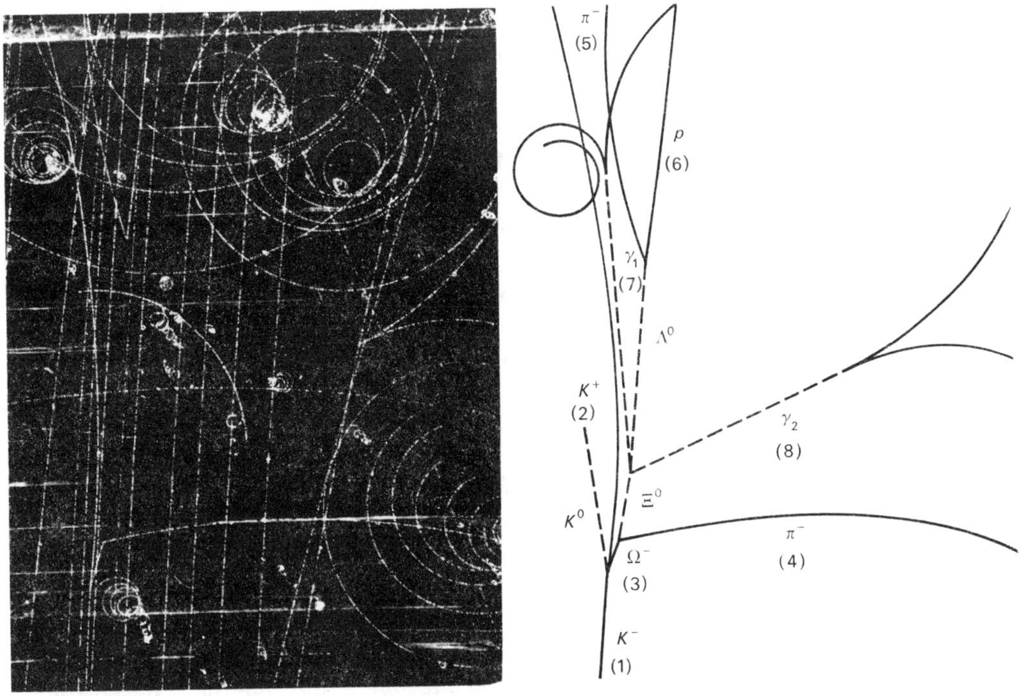

Abbildung 5.2 Das erste beobachtete Ω^--Ereignis (Barnes et al., 1964). (Mit freundlicher Genehmigung des Brookhaven National Laboratory.) Es demonstriert die folgende Zerfallskette:

$K^- + p \to \Omega^- + K^+ + K^0$

└→ $\Xi^0 + \pi^-$ ($\Delta S = 1$ schwache Wechselwirkung)

  └→ $\pi^0 + \Lambda$ ($\Delta S = 1$ schwache Wechselwirkung)

    └→ $\pi^- + p$ ($\Delta S = 1$ schwache Wechselwirkung)

  └→ $\gamma_1 + \gamma_2$ (elektromagnetische Wechselwirkung)

  $\gamma_1 \to e^+ e^-$, $\gamma_2 \to e^+ e^-$.

Tabelle 5.1
Quark-Quantenzahlen (Stand 1964)[a]

Quark	B	J	I	I_3	S	Q/e
u	$\frac{1}{3}$	$\frac{1}{2}$	$\frac{1}{2}$	$+\frac{1}{2}$	0	$+\frac{2}{3}$
d	$\frac{1}{3}$	$\frac{1}{2}$	$\frac{1}{2}$	$-\frac{1}{2}$	0	$-\frac{1}{3}$
s	$\frac{1}{3}$	$\frac{1}{2}$	0	0	-1	$-\frac{1}{3}$

[a] Die Antiquarks $\bar{u}$, $\bar{d}$ und $\bar{s}$ haben die Vorzeichen von B, I_3, S und Q/e umgekehrt.

worin die Kombination $Y = B + S$ Hyperladung genannt wird, folgt nun, daß auch die Quarkladungen nicht mehr ganzzahlig sind, sondern $^2/_3$ und $-^1/_3$. Die passenden Quarkzuordnungen von Abb. 5.1 können dann den Quantenzahlen I, I_3, S (oder Y) aller Mitglieder des Dekupletts Rechnung tragen, und natürlich ebenso ihrer elektrischen Ladungen. Die fortschreitende Zunahme in der Masse von Dekuplettmitgliedern mit abnehmender Seltsamkeit S kann dann einfach der Differenz zwischen der Masse eines s- und der eines u- oder d-Quarks in der Größenordnung $m_s - m_{u,d} \simeq 150$ MeV erklärt werden. Die Massen von u und d sollten nahezu gleich sein, jedenfalls muß der Unterschied in der Größenordnung der elektromagnetischen Massenaufspaltung zwischen den Mitgliedern eines Isospinmultipletts liegen (siehe Tabelle 4.3).

Quarks werden nicht als freie Teilchen beobachtet und müssen demzufolge in den Hadronen durch das Potential zwischen den Quarks eingeschlossen sein. Innerhalb dieses einschließenden Potentials kann das Quark als ein quasifreies Teilchen mit einer effektiven Masse m^* (in der Größenordnung von einem Drittel der Baryonmasse) und einem Impuls von ungefähr R_0^{-1} betrachtet werden, wobei R_0 die typische Hadronenausdehnung ist (etwa 1 fm). Die ersten Berechnungen nahmen an, die Quarks bewegten sich nichtrelativistisch, $m^* \gg R_0^{-1}$. Für die leichten Quarks u, d, s liegt diese Annahme an der Grenze, scheint aber zu funktionieren. Die besten Tests des nichtrelativistischen Quarkmodells beinhalten in der Tat diejenigen Hadronen, die schwere Quarks (c, b) enthalten.

Geht man davon aus, daß ein Baryon aus 3 Quarks besteht, die je 3 Flavours haben können, so sind 27 Kombinationen möglich. Was zeichnet dann 10 von ihnen aus? Wir müssen ein Symmetrieprinzip einführen, das den Mitgliedern eines speziellen Multipletts eigen ist. Im Hinblick auf die Flavour-Quantenzahl können wir fordern, das der Flavouranteil der Baryon-Wellenfunktion eine definierte Symmetrie unter Vertauschung irgendeines Quarkpaares besitzen soll. Die Eckzustände uuu, ddd und sss von Abb. 5.1 sind klarerweise symmetrisch bei Vertauschung von Quarks, so erscheint es natürlich, die gleiche Symmetrie auch für die anderen Zustände zu fordern. Wir haben sie kurz als ddu, duu, uss usw. geschrieben, als Abkürzung für die richtig symmetrisierten Ausdrücke. Die vollständige Form für den ddu-Zustand ist z.B.

$$\frac{1}{\sqrt{3}}(ddu + udd + dud), \tag{5.2}$$

was symmetrisch gegen Vertauschung von irgendwelchen zwei Quarks ist, der numerische Faktor dient der Normierung. Ähnlich ist dus die Abkürzung für

$$\frac{1}{\sqrt{6}}(dsu + uds + sud + sdu + dus + usd). \tag{5.3}$$

Die verschiedenen Zustände im Multiplett kann man voneinander erhalten, indem in horizontaler Richtung sukzessive Isospin-Schiebeoperatoren angewandt werden (siehe Anhang C):

$$\begin{aligned} I^-(uuu) &= [I^-(u)]\,(uu) + (u)\,[I^-(u)]\,(u) + (uu)\,[I^-(u)] \\ &= duu + udu + uud. \end{aligned}$$

Ähnlich werden aufeinanderfolgende Reihen konstruiert, indem u-Quarks durch s-Quarks ersetzt werden.

Diese 10 Zustände sind die einzigen vollständig symmetrischen Kombinationen, die wir aus den 27 Möglichkeiten aufbauen können. Von den übrigen 17 ist eine vollständig antisymmetrisch. Die Wellenfunktion

$$(dsu + uds + sud - usd - sdu - dus) \tag{5.4}$$

beschreibt diesen Zustand, sie ändert ihr Vorzeichen bei der Vertauschung von zwei Quarks, z.B. $1 \leftrightarrow 2$ oder $2 \leftrightarrow 3$. Der Zustand kann leicht aus einer antisymmetrischen u, d-Kombination durch Addieren eines s-Quarks aufgebaut werden, etwa $(ud - du)s$, plus zyklischer Vertauschungen davon. So bleiben noch 16 Zustände, die sich als zwei Oktetts von gemischter Symmetrie entpuppen.

5.3 Spin und Farbe der Quarks

Da die Mitglieder des Dekupletts aus den Spin-$3/2$-Baryonen mit der geringsten Masse bestehen, nehmen wir an, daß die Quarks im räumlich symmetrischen Grundzustand sind ($l = 0$). Der Wert $J = 3/2$ wird dann für einen symmetrischen Spinzustand erzielt, mit allen Spins parallel wie z.B. im $\Delta^{++} = u \uparrow u \uparrow u \uparrow$. Somit wird das $3/2^+$-Dekuplett durch eine Symmetrie der Quarkwellenfunktion in Flavour, Spin und Raum gekennzeichnet. Dies verletzt natürlich das Pauli-Prinzip, wonach zwei oder mehr Fermionen sich nicht im gleichen Quantenzustand befinden können. Dies war vor einigen Jahren ein Problem: nach und nach stellte sich heraus, daß ein weiterer Freiheitsgrad, genannt Farbe, notwendig war. Es wird postuliert, daß Quarks in drei Farben existieren, rot, grün, blau, und daß Baryonen und Mesonen insgesamt keine Farbe tragen, also Farbsingletts sind. (Hadronen müssen „farblos" sein, ansonsten wäre die Farbe eine notwendige und meßbare Eigenschaft der Hadronen.) So besteht das Δ^{++} aus einem roten, einem blauen und einem grünen u-Quark, die dann nicht mehr identisch sind. „Farbe" ist vielleicht ein unglücklicher Name; es ist einfach eine Notation für eine neue Eigenschaft der Quarks, verschieden von der Flavour-Quantenzahl. Die drei Farben geben die „starken Ladungen" der Quarks, in der gleichen Weise wie + und − Vorzeichen die elektrischen Ladungen angeben. Die Evidenz für Farbladungen stammt aus einer Vielzahl von Quellen. So ist z.B. die vorhergesagte Rate des Zerfalls $\pi^0 \to 2\gamma$ proportional zum Quadrat der Anzahl N_c der Farben, und ein Vergleich mit dem Experiment liefert $N_c = 2.98 \pm 0.11$. Das Verhältnis der Wirkungsquerschnitte

$\sigma(e^+e^- \to \text{Hadronen})/\sigma(e^+e^- \to \mu^+\mu^-)$ ist bei hohen Energien proportional zu N_c und erfordert $N_c = 3$ innerhalb von 10% (siehe Abschnitt 8.6).

5.4 Das Baryon-Oktett

Wir haben festgestellt, daß die Baryon-Dekuplettmitglieder Wellenfunktionen haben, die in Spin, Flavour und Raum symmetrisch sind. Es ist plausibel, daß wir auch 3-Quark-Zustände bilden können, die unter gleichzeitiger Vertauschung von Flavour und Spin irgendeines Quarkpaares symmetrisch sind, wenn auch nicht unter jeder Operation einzeln wie im Dekuplett. Diese Zustände werden mit den leichtesten Baryonen von $J^P = 1/2^+$ identifiziert, ein Oktett, welches auch Proton und Neutron enthält.

Um die Baryon-Oktett-Wellenfunktionen zu konstruieren, beginnen wir mit einem Proton (uud) und setzen zwei Quarks in einen Spin-Singlettzustand (siehe (3.40))

$$\frac{1}{\sqrt{2}}(\uparrow\downarrow - \downarrow\uparrow),$$

der antisymmetrisch ist. Um den Zustand insgesamt symmetrisch zu machen, benötigen wir eine in Flavour antisymmetrische Kombination von u und d (da u und u dies nicht sein können), nämlich das Isospinsinglett (siehe Abschnitt 4.3)

$$\frac{1}{\sqrt{2}}(ud - du).$$

Wir addieren nun das dritte Quark u mit Spin $\uparrow$, um die Kombination

$$(u\uparrow d\downarrow - u\downarrow d\uparrow - d\uparrow u\downarrow + d\downarrow u\uparrow)u\uparrow$$

zu erhalten. Obwohl der Term in Klammern symmetrisch unter Vertauschung des ersten und zweiten Quarks ist (in Flavour und Spin), muss doch der ganze Ausdruck durch zyklische Vertauschung symmetrisiert werden. Die 12 Terme ergeben schließlich

$$\begin{aligned}\phi(p, J_z = +\frac{1}{2}) = \frac{1}{\sqrt{18}}[&2u\uparrow u\uparrow d\downarrow + 2d\downarrow u\uparrow u\uparrow + 2u\uparrow d\downarrow u\uparrow \\ &- u\downarrow d\uparrow u\uparrow - u\uparrow u\downarrow d\uparrow - u\downarrow u\uparrow d\uparrow \\ &- d\uparrow u\downarrow u\uparrow - u\uparrow d\uparrow u\downarrow - d\uparrow u\uparrow u\downarrow].\end{aligned} \tag{5.5}$$

Die anderen Mitglieder des Baryon-Oktetts mit $J^P = 1/2^+$ können in ähnlicher Weise hergeleitet werden. Das Oktett ist in Abbildung 5.3 gezeigt, wobei die Wellenfunktionen als uud, ssu, etc. geschrieben sind, aber dies soll nur als Abkürzung für die richtig symmetrisierten Ausdrücke gelten. Die acht Mitglieder sind das n und $p(939)$-Nukleon-Isospindublett

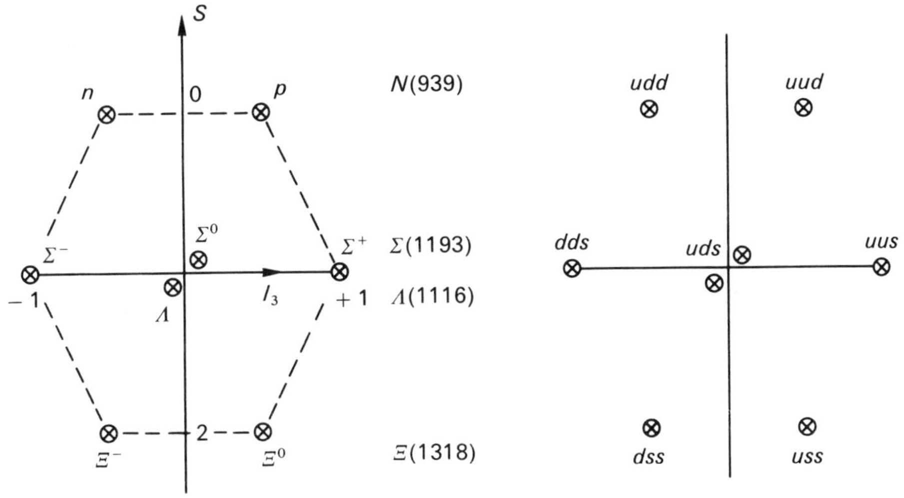

Abbildung 5.3 Das Baryon-Oktett mit Spin-Parität $1/2^+$. Links sind die beobachteten Zustände, rechts die Quarkinhalte angegeben.

($I = 1/2$, $S = 0$), das $\Sigma(1193)$-Isospintriplett ($I = 1$, $S = -1$), das $\Xi(1318)$-Isospindublett ($I = 1/2$, $S = -2$) und das $\Lambda(1116)$-Isospinsinglett ($I = 0$, $S = -1$).

Die Hypothese, daß Baryonmassen sich aufgrund des unterschiedlichen Inhalts an seltsamen Quarks unterscheiden, gab für das Dekuplett

$$\underset{152\,\mathrm{MeV}}{\Sigma(1384) - \Delta(1232)} = \underset{149\,\mathrm{MeV}}{\Xi(1533) - \Sigma(1384)} = \underset{139\,\mathrm{MeV}}{\Omega^-(1672) - \Xi(1533)}. \tag{5.6}$$

Im $1/2^+$-Oktett liefert die gleiche Annahme jedoch

$$\begin{aligned} \underset{1193\,\mathrm{MeV}}{M_\Sigma} &= \underset{1116\,\mathrm{MeV}}{M_\Lambda}, \\ \underset{177\,\mathrm{MeV}}{M_\Lambda - M_N} &= \underset{203\,\mathrm{MeV}}{M_\Xi - M_\Lambda}. \end{aligned} \tag{5.7}$$

Die drei Gleichungen sind ziemlich schlecht erfüllt, und es gibt eine große Diskrepanz zwischen den Massendifferenzen in Oktett und Dekuplett. Historisch wurden die Massenrelationen in Multipletts zuerst aus gewissen Annahmen über die Natur der Unitaritäts-Symmetriebrechung erhalten, und eine Vorhersage war die Gell-Mann-Okubo Massenformel für Baryonen:

$$M = M_0 + M_1 Y + M_2 \left[I(I+1) - \frac{Y^2}{4} \right], \tag{5.8}$$

worin die Hyperladung $Y = B + S$ ist. Im Dekuplett von Abb. 5.1 sind die Zustände durch $Y = B + S = 2(I - 1)$ verknüpft, so daß $M = A + BY$ ist und wir die lineare S-Abhängigkeit der Masse wie in (5.6) erhalten. Für das Baryon-Oktett sagt (5.8)

$$\begin{array}{c} 3M_\Lambda + M_\Sigma = 2M_N - M_\Xi \\ 4541\,\mathrm{MeV} \qquad 4514\,\mathrm{MeV} \end{array} \tag{5.9}$$

voraus, korrekt bis auf 1% Genauigkeit. Jedoch gibt es keine klaren physikalischen Gründe für die Annahmen, auf denen (5.8) basiert, und sie erklären sicherlich nicht die große Differenz in den M_0-Werten für Oktett und Dekuplett. Eine bessere quantitative Beschreibung der Baryon- und Meson-Massen wird durch Einführung von Hyperfeinaufspaltung in der Wechselwirkung zwischen den Quarks erzielt (Abschnitt 5.10).

Es werden auch Baryon-Multipletts von höherem Spin beobachtet, die man als u, d, s-Quarkkombination erklären kann. Man muß dazu den relativen Bahndrehimpuls l der Quarks einführen, um jeweils die Zustände mit großem J zu erhalten. Die getrennte Quantisierung von Bahn- und Spindrehimpuls der Quarks ist natürlich nur in der nichtrelativistischen Näherung gültig.

5.5 Quark-Antiquark-Systeme: pseudoskalare Mesonen

Wie bereits angegeben, werden in der Natur Zustände beobachtet, die aus einer Kombination von drei Quarks (Baryonen) oder aus je einem Quark und Antiquark (Mesonen) bestehen. Wenn wir uns auf drei Flavours beschränken, erwarten wir Mesonfamilien mit $3^2 = 9$ Zuständen, also Nonetts. Aufgrund des Spins $1/2$ für Quarks und Antiquarks können wir sowohl Spintripletts ($\uparrow\uparrow$) mit $J = 1$ (die Vektormesonen) als auch Spinsingletts ($\downarrow\uparrow$) mit $J = 0$ (die pseudoskalaren Mesonen) erwarten.

In der Diskussion um die Baryonmultipletts lag die Betonung auf der Quarkaustauschsymmetrie. Jetzt haben wir es jedoch mit Quarks und Antiquarks zu tun, also einer Vertauschung $u \to \bar{u}$ zum Beispiel. Es ist daher notwendig, den Effekt der Ladungskonjugation auf Quarkwellenfunktionen zu betrachten. Wenn die Baryonzahl B erhalten ist, gibt es keinen physikalischen Prozeß $Q \leftrightarrow \bar{Q}$ als Ergebnis der Ladungskonjugation, oder Teilchen-Antiteilchen-Konjugation tritt eine willkürliche und unbeobachtbare Phase auf. Wir können dies als $|u\rangle \xrightarrow{C} |\bar{u}\rangle$ oder $|u\rangle \xrightarrow{C} |\bar{u}\rangle e^{i\phi}$ schreiben. Die Phase ϕ wird im allgemeinen gemäß der Condon-Shortley-Konvention gewählt, die an einigen Stellen ein Minuszeichen einführt. In der folgenden Tabelle stellen die Pfeile die C-Operation dar:

	Nukleonen		Quarks	
I_3	Teilchen	Antiteilchen	Teilchen	Antiteilchen
$+\frac{1}{2}$	$\vert p\rangle$ ↘	↗ $+\vert\bar{n}\rangle$	$\vert u\rangle$ ↘	↗ $+\vert\bar{d}\rangle$
$-\frac{1}{2}$	$\vert n\rangle$ ↗	↘ $-\vert\bar{p}\rangle$	$\vert d\rangle$ ↗	↘ $-\vert\bar{u}\rangle$

(5.10)

Mit der Annahme eines $l = 0$ Singlett-Spinzustandes für unsere Quark-Antiquark-Kombination (siehe (3.40)) und unter Erinnerung an die entgegengesetzte innere Parität von Fermion und Antifermion (Abschnitt 3.4) erhalten wir die Quantenzahlen zu $B = 0$, $J^P = 0^-$. Dies entspricht pseudoskalaren Mesonen, so genannt, weil sie Wellenfunktionen $J = 0$ haben, ungerade Parität besitzen und ihr Vorzeichen unter räumlicher Inversion ändern.

Aus ausschließlich u- und d-Quarks und -Antiquarks können wir $2^2 = 4$ Kombinationen aufbauen:

I	I_3	Wellenfunktion	Q/e	
1	1	$u\bar{d} = \pi^+$	+1	Isospin-Triplett
1	−1	$-\bar{u}d = \pi^-$	−1	Isospin-Triplett
1	0	$\sqrt{\frac{1}{2}}(d\bar{d} - u\bar{u}) = \pi^0$	0	Isospin-Triplett
0	0	$\sqrt{\frac{1}{2}}(d\bar{d} + u\bar{u}) = \eta$	0	Isospin-Singlett

(5.11)

Diese Zuordnungen werden gerechtfertigt durch Anwendung der Isospin-Schiebeoperatoren $I^\pm$ in exakter Analogie zu den Drehimpulsoperatoren $J^\pm$ (siehe Anhang C):

$$I^\pm|\Psi(I, I_3)\rangle = \sqrt{I(I+1) - I_3(I_3 \pm 1)}\Psi(I, I_3 \pm 1)\rangle. \tag{5.12}$$

Angewandt auf die einzelnen Quarkzustände:

$$I^+|d\rangle \to u\rangle, \quad I^+|\bar{u}\rangle \to |-\bar{d}\rangle, \quad I^+|u\rangle = I^+|\bar{d}\rangle = 0. \tag{5.13}$$

Ferner ist

$$\begin{aligned} I^-|\Psi(1,1)\rangle = I^+|\Psi(1,-1)\rangle &= \sqrt{2}|\Psi(1,0)\rangle, \\ I^+|\Psi(1,0)\rangle = \sqrt{2}|\Psi(1,1)\rangle, \quad I^+\Psi|1,1\rangle &= I^-\Psi|1,-1\rangle = 0. \end{aligned} \tag{5.14}$$

Wenn wir diese Resultate auf die Quark-Antiquark-Kombinationen (5.11) anwenden, erhalten wir z.B.

$$\begin{aligned} I^+|\pi^-\rangle &= I^+|-d\bar{u}\rangle = |-u\bar{u} + d\bar{d}\rangle = \sqrt{2}|\pi^0\rangle, \\ I^+|\pi^0\rangle &= I^+\frac{|d\bar{d} - u\bar{u}\rangle}{\sqrt{2}} = \frac{|u\bar{d} + 0 - 0 + u\bar{d}\rangle}{\sqrt{2}} = \sqrt{2}|u\bar{d}\rangle = \sqrt{2}|\pi^+\rangle. \end{aligned} \tag{5.15}$$

Die $I = 1$-Kombinationen in (5.11) werden somit als π^+, π^-, π^0 identifiziert, die leichtesten pseudoskalaren Mesonen. Die vierte Kombination in (5.11) hat die Eigenschaft

$$I^\pm|\eta\rangle = I^\pm\frac{|d\bar{d} + u\bar{u}\rangle}{\sqrt{2}} = \frac{|u\bar{d} - u\bar{d}\rangle}{\sqrt{2}} = 0. \tag{5.16}$$

Also ist das $|\eta\rangle$ ein Isospinsinglett, das sich unter einer Isospintransformation in keinen anderen Zustand transformiert; es ist orthogonal zu den

Tabelle 5.2 Quarkinhalte der pseudoskalaren Mesonen

	I	I_3	S	Meson	Quark–inhalt	Zerfall	Masse (MeV)
Oktett	1	1	0	π^+	$u\bar{d}$	$\pi^\pm\to\mu\nu$	140
	1	−1	0	π^-	$d\bar{u}$		
	1	0	0	π^0	$(d\bar{d}-u\bar{u})/\sqrt{2}$	$\pi^0\to 2\gamma$	135
	$\frac{1}{2}$	$\frac{1}{2}$	+1	K^+	$u\bar{s}$	$K^+\to\mu\nu$	494
	$\frac{1}{2}$	$-\frac{1}{2}$	+1	K^0	$d\bar{s}$	$K^0\to\pi^+\pi^-$	498
	$\frac{1}{2}$	$-\frac{1}{2}$	−1	K^-	$\bar{u}s$	$K^-\to\mu\nu$	494
	$\frac{1}{2}$	$\frac{1}{2}$	−1	$\bar{K}^0$	$\bar{d}s$	$\bar{K}^0\to\pi^+\pi^-$	498
	0	0	0	η_8	$(d\bar{d}+u\bar{u}-2s\bar{s})/\sqrt{6}$	$\eta\to 2\gamma$	549
Singlett	0	0	0	η_0	$(d\bar{d}+u\bar{u}+s\bar{s})/\sqrt{3}$	$\eta'\to\eta\pi\pi$ $\to 2\gamma$	958

$I = 1$-Kombinationen, so daß z.B. $\langle\eta|\pi^0\rangle = 0$. Mit der vereinbarten Phasenkonvention unter C-Konjugation ist der Singlettzustand symmetrisch in den Flavours ($d \to u$, $\bar{d} \to \bar{u}$), wogegen die π^+-, π^--, π^0-Zustände alle ihre Vorzeichen ändern. Das Singlett wird als das η-Meson mit einer Masse von 550 MeV identifiziert.

Die Einführung von zusätzlichen s-Quarks liefert uns insgesamt $3^2 = 9$ Zustände, die in Tabelle 5.2 zusammen mit den pseudoskalaren Mesonen aufgelistet sind. In Analogie zum Singlettzustand (5.16) aus u- und d-Quarks zerlegen sich auch die neun Zustände mit u-, d-, s-Quarks in ein Singlett — die symmetrische $Q\bar{Q}$-Kombination η_0 in der letzten Zeile von Tabelle 5.2 — und acht Zustände, die durch Austausch von u-, d-, s-Quarks ineinander transformiert werden können. Wir weisen darauf hin, daß das achte Mitglied, η_8, als $(d\bar{d}+u\bar{u}-2s\bar{s})/\sqrt{6}$ orthogonal zu η_0 ist. Die Wurzel-Faktoren sind zur Normierung auf Eins eingefügt worden.

Die lineare Massenformel (5.8) für das Baryonoktett ist für die Mesonen nicht erfüllt; man findet jedoch, daß (Masse)^2 statt (Masse) bessere Übereinstimmung liefert:

$$2(M_{K^0}^2 + M_{\bar{K}^0}^2) = \underset{0.988\,\mathrm{GeV}^2}{4M_{K^0}^2} = \underset{0.924\,\mathrm{GeV}^2}{M_{\pi^0}^2 + 3M_\eta^2}. \tag{5.17}$$

Die tatsächlich in der Natur beobachteten η und η' erscheinen jedoch als Linearkombinationen der Wellenfunktionen η_8 und η_0. Basierend auf Massenformeln ergibt sich der Mischungswinkel zu $\theta \simeq 11°$. Dieser Punkt wird nun ausführlicher für das Nonett der Vektormesonen diskutiert.

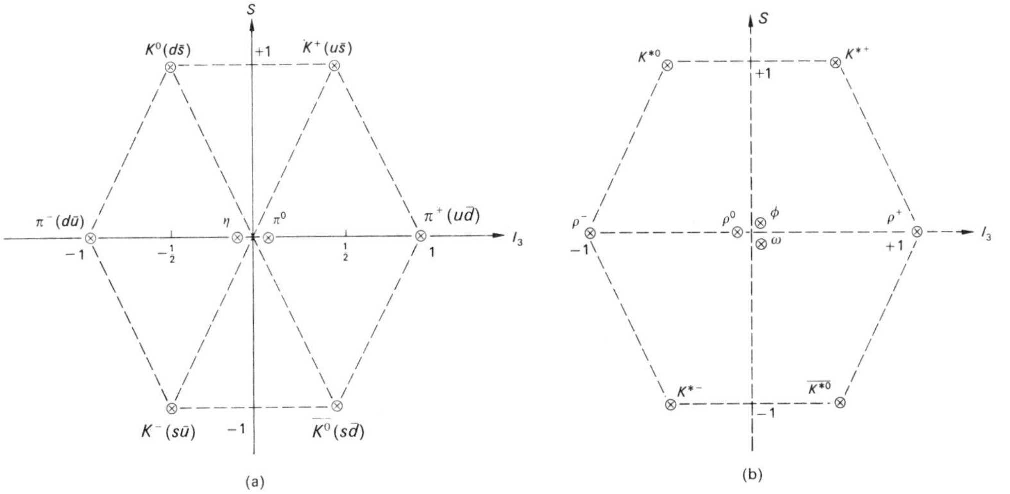

Abbildung 5.4 (a) Die Quarkinhalte der leichtesten pseudoskalaren Mesonen ($J^P = 0^-$). (b) Das Nonett der Vektormesonen ($J^P = 1^-$). Die Quarkzusammensetzungen sind die gleichen wie in (a).

5.6 Die Vektormesonen

Die $l = 0$ Spintripletts ($\uparrow\uparrow$) von Q und $\bar{Q}$ geben uns die Vektormesonen ($J^P = 1^-$) (siehe Abb. 5.4). In diesem Fall ist der Mischungswinkel zwischen Oktett und Singlett groß ($\theta \simeq 35°$). Formal können wir schreiben

$$\begin{aligned} \phi &= \phi_0 \sin\theta - \phi_8 \cos\theta, \\ \omega &= \phi_8 \sin\theta + \phi_0 \cos\theta, \end{aligned} \tag{5.18}$$

wobei ϕ, ω die physikalischen Vektormesonen sind und ϕ_8, ϕ_0 die Singlett- bzw. Oktettzustände mit $I = S = 0$. Unter der Annahme, daß das Matrixelement des Hamiltonoperators zwischen den Zuständen das Quadrat der Masse liefert, d.h. $M_\phi^2 = \langle\phi|H|\phi\rangle$, erhalten wir aus (5.18)

$$M_\phi^2 = M_0^2 \sin^2\theta + M_8^2 \cos^2\theta - 2M_{08}^2 \sin\theta\cos\theta, \tag{5.19a}$$

$$M_\omega^2 = M_8^2 \sin^2\theta + M_0^2 \cos^2\theta + 2M_{08}^2 \sin\theta\cos\theta, \tag{5.19b}$$

in einer offensichtlichen Schreibweise. Da ϕ und ω orthogonal sind, bekommen wir weiter

$$M_{\phi\omega}^2 = 0 = (M_0^2 - M_8^2)\sin\theta\cos\theta + M_{08}^2(\sin^2\theta - \cos^2\theta). \tag{5.20}$$

Eliminieren von M_{08} und M_0 aus diesen drei Gleichungen ergibt dann

$$\tan^2\theta = \left(\frac{M_\phi^2 - M_8^2}{M_8^2 - M_\omega^2}\right). \tag{5.21}$$

Tabelle 5.3 Nonett der Vektormesonen

Zustand	I	Y	Masse (MeV)	Dominanter Zerfall
ρ	1	0	776	$\rho \to 2\pi$
K^*	$\frac{1}{2}$	± 1	892	$K^* \to K\pi$
ω	0	0	783	$\omega \to 3\pi$
ϕ	0	0	1019	$\phi \to K\bar{K}$

In Analogie zu (5.17) ist

$$M_8^2 = \frac{1}{3}(4M_{K^*}^2 - M_\rho^2), \tag{5.22}$$

so daß die beobachteten Massen in Tabelle 5.3 einen Mischungswinkel $\theta \simeq 40°$ ergeben. Für den speziellen Fall $\sin\theta = 1/\sqrt{3}$, $\theta \simeq 35°$, würde Gleichung (5.8)

$$\phi = \frac{1}{\sqrt{3}}(\phi_0 - \sqrt{2}\phi_8),$$

$$\omega = \frac{1}{\sqrt{3}}(\phi_8 + \sqrt{2}\phi_0)$$

ergeben, wobei aus Tabelle 5.2 folgt

$$\begin{aligned} \phi_0 &= (d\bar{d} + u\bar{u} + s\bar{s})/\sqrt{3}, \\ \phi_8 &= (d\bar{d} + u\bar{u} - 2s\bar{s})/\sqrt{6}, \end{aligned} \tag{5.23}$$

so daß

$$\begin{aligned} \phi &= s\bar{s} \\ \omega &= (u\bar{u} + d\bar{d})/\sqrt{2}. \end{aligned} \tag{5.24}$$

In diesem Fall „idealer Mischung“ — die in der Praxis nahezu gegeben ist — ist das ϕ ganz aus s-Quarks aufgebaut und das ω aus u und d. Diese einfachen Ausdrücke sagen ähnliche Massen für ω und ρ sowie eine größere Masse für das ϕ voraus, wie beobachtet. Wichtiger ist noch, daß sie auch Verständnis der Zerfallsmoden von ω und ϕ erlauben. Diese sind

$$\begin{array}{llll} \phi(1020) \to K^+K^- & \multirow{2}{*}{\Big\} 84\%} & \omega(783) \to \pi^+\pi^-\pi^0 & 90\% \\ \to K^0\bar{K}^0 & & \to \pi^+\pi^- & \multirow{2}{*}{\Big\} 10\%} \\ \to \pi^+\pi^-\pi^0 & 15\% & \to \pi^0\gamma & \end{array} \tag{5.25}$$

Die Phasenraumfaktoren bevorzugen den 3π-Zerfall des ϕ, da der Q-Wert 600 MeV beträgt, verglichen mit $Q = 24$ MeV für den $K\bar{K}$-Zerfall. Dennoch dominiert der Zerfall in $K\bar{K}$. Dies muss mit der $s\bar{s}$-Zusammensetzung des ϕ wie in (5.24) zu tun haben. Um dies zu verstehen, können wir Quarkflußdiagramme zeichnen (Abb. 5.5). Diagramm (c) beschreibt den Zerfall $\phi \to 3\pi$. In diesem unterdrückten Prozeß treten nichtverbundene Quarklinien auf. Diese Unterdrückung ist bekannt als die Zweig-Regel und spielt

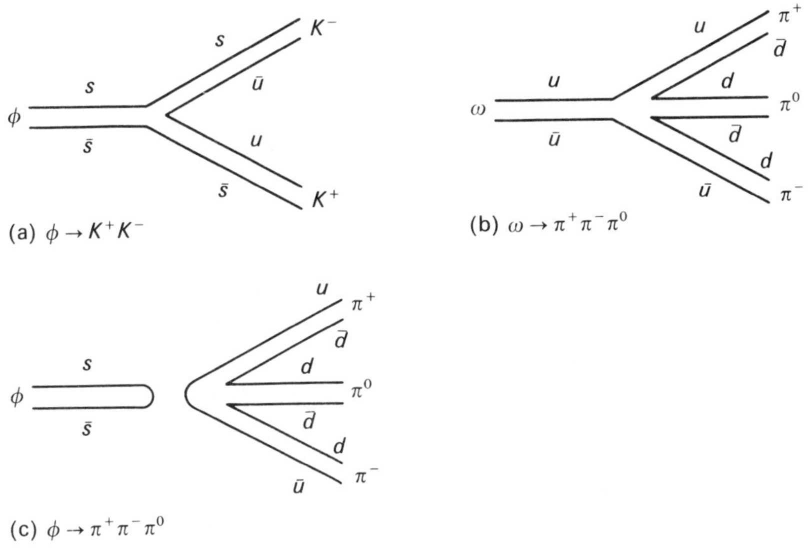

Abbildung 5.5 Quarkflußdiagramme für ϕ- und ω-Zerfälle.

eine wichtige Rolle beim Verständnis der schmalen Breiten von massiven Mesonen (ψ, Υ) aus b- und c-Quarks (siehe Abschnitt 5.13).

Im Kontext einer Feldtheorie der Quarkwechselwirkungen (Quantenchromodynamik) wird die Zweig-Unterdrückung als Multigluon-Zwischenzustand behandelt (Abschnitt 5.15).

5.7 Leptonische Zerfälle von Vektormesonen

Zur Illustration der oben erwähnten Quark-Antiquark-Zuordnung für die Vektormesonen

$$\begin{aligned} \rho^0 &= \frac{1}{\sqrt{2}}(u\bar{u} - d\bar{d}), \\ \omega^0 &= \frac{1}{\sqrt{2}}(u\bar{u} + d\bar{d}), \\ \phi^0 &= s\bar{s}, \end{aligned} \tag{5.26}$$

betrachten wir ihre leptonischen Zerfälle $V \to l^+l^-$ ($l = e, \mu$), die durch Austausch eines einzelnen virtuellen Photons stattfinden (siehe Abb. 5.6). Die Halbwertsbreite des Zerfalls wird durch die Van Royen-Weisskopf-Gleichung gegeben (1967):

$$\Gamma(V \to l^+l^-) = \frac{16\pi\alpha^2 Q^2}{M_V^2}|\psi(0)|^2, \tag{5.27}$$

wobei $Q^2 = |\sum a_i Q_i|^2$ das Quadrat der Ladungssumme der Quarks ist. $\psi(0)$ ist die Amplitude der $Q\bar{Q}$-Wellenfunktion am Ursprung, und M_V ist

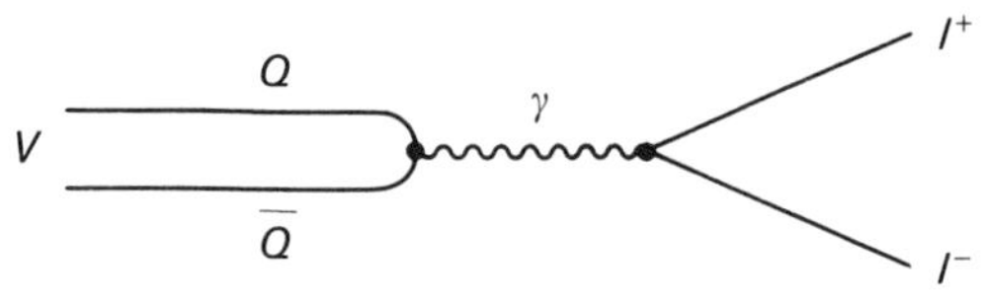

Abbildung 5.6

die Mesonmasse. Abgesehen von numerischen Faktoren läßt sich dieser Ausdruck relativ leicht herleiten. Das Quadrat des Ein-Photon-Propagators liefert einen Faktor q^{-4} (mit $|q|^2 = M_V^2$). Der Phasenraumfaktor des Zweikörperzerfalls liefert einen Faktor $q^2\sqrt{\alpha}Q_i$. Die Q_i sind die Quarkladungen, die die Kopplungsstärke an das Photon messen, und wir nehmen eine Superposition der Amplituden a_i von allen Quarks im Meson. Die Kopplung des Photons an das Leptonpaar ergibt einen weiteren Faktor $\sqrt{\alpha}\sqrt{\alpha}\sum a_i Q_i$, der quadriert werden muß, um die Zerfallsrate zu erhalten. Schließlich ist $|\psi(0)|^2$ die Wahrscheinlichkeit, daß Quark und Antiquark mit dem Photon an einem Punkt in Raum-Zeit wechselwirken (dem Ursprung der relativen Koordinaten). Im Ausdruck für den Phasenraum haben wir angenommen, daß $M_V^2 \gg m_l^2$.

Da ρ, ω, ϕ praktisch gleiche Massen besitzen, erwarten wir, daß $|\psi(0)|^2/M_V^2$ praktisch konstant bleibt und $\Gamma_{e^+e^-} \propto Q^2$ ist, siehe Tabelle 5.9. Die Q^2-Faktoren sind (aus (5.26)):

$$\rho^0: \quad \left[\frac{1}{\sqrt{2}}\left(\frac{2}{3} - \left(-\frac{1}{3}\right)\right)\right]^2 = \frac{1}{2},$$

$$\omega^0: \quad \left[\frac{1}{\sqrt{2}}\left(\frac{2}{3} - \frac{1}{3}\right)\right]^2 = \frac{1}{18},$$

$$\phi^0: \quad \left(\frac{1}{3}\right)^2 = \frac{1}{9}.$$

Die gemessenen und erwarteten leptonischen Breiten haben die Verhältnisse

$$\Gamma(\rho^0) : \Gamma(\omega^0) : \Gamma(\phi^0) = \begin{array}{ll} 9:1:2 & \text{vorhergesagt;} \\ 8.8 \pm 2.6 : 1 : 1.70 \pm 0.41 & \text{gemessen} \end{array} \tag{5.28}$$

Dieses Resultat ist sowohl ein Test der Quarkzuordnung in den Vektormesonen als auch der Quarkladungen.

5.8 Drell-Yan-Erzeugung von Leptonpaaren durch Pionen an isoskalaren Targets

Die Produktion von Leptonpaaren in der Pionstreuung an Nukleonen liefert einen weiteren Test der Zuordnung von Quarkladungen. Wie in Abb. 5.7 gezeigt ist, stellen wir uns diesen Prozeß als die Vernichtung eines Antiquarks des Pions mit einem Quark des Nukleons vor. Das entstehende

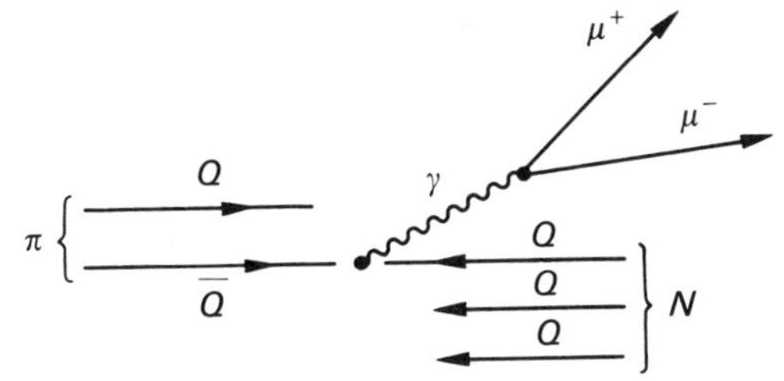

Abbildung 5.7 Der Drell-Yan-Mechanismus der Leptonpaarerzeugung wird als Fusion eines Quarks mit einem Antiquark zu einem virtuellen Photon angesehen, das dann in das Leptonpaar zerfällt.

virtuelle Photon bildet dann ein Myonpaar. Wieder ist der Wirkungsquerschnitt proportional zum Quadrat der Quarkladungen. Für ein π^- ($= \bar{u}d$) und einen isoskalaren ^{12}C-Kern ($= 18u + 18d$) erwarten wir die Vernichtung von $u\bar{u}$, also

$$\sigma(\pi^- \mathrm{C} \to \mu^+\mu^- + \cdots) \propto 18 Q_u^2 = 18\left(\frac{4}{9}\right),$$

wogegen für ein einfallendes π^+ ($= u\bar{d}$),

$$\sigma(\pi^+ \mathrm{C} \to \mu^+\mu^- + \cdots) \propto 18 Q_d^2 = 18\left(\frac{1}{9}\right).$$

Das Verhältnis der Wirkungsquerschnitte $\sigma(\pi^-\mathrm{C})/\sigma(\pi^+\mathrm{C})$ ist tatsächlich 4:1 in den Bereichen, die von irgendwelchen schweren Mesonresonanzen (z.B. $\psi \to \mu^+\mu^-$) weit genug entfernt sind.

5.9 Pion-Nukleon-Wirkungsquerschnitte

Das Quarkmodell macht Vorhersagen über die relativen Größen von hochenergetischen Hadron-Hadron-Wirkungsquerschnitten, indem es diese als additive Effekte der Streuamplituden zwischen den individuellen Quarkbausteinen interpretiert. Die Stöße zwischen einzelnen Quarkpaaren werden als quasiunabhängig von den anderen Konstituenten behandelt. Dann ist die totale Amplitude $f(0)$ für elastische Vorwärtsstreuung die Summe der Amplituden für jedes Quarkpaar. Das Optische Theorem (4.48) besagt, daß der totale Hadron-Hadron-Wirkungsquerschnitt $\sigma_T \propto \operatorname{Im} f(0)$ ist. Der Realteil der Amplitude $f(0)$ wird als klein angenommen, und dies wird zum Beispiel bestätigt, wenn man die Coulomb-Interferenz in der Vorwärtsrichtung von elastischer pp-Streuung betrachtet. Wir müssen ferner das Pomeranschuk-Theorem (Abschnitt 4.11) benutzen, wonach bei hoher Energie $\sigma(QQ) = \sigma(Q\bar{Q})$ wird und Isospininvarianz der u- und d-Quarkwellenfunktionen gilt: $\sigma(uu) = \sigma(ud) = \sigma(dd)$. Zusammengenommen folgt aus einfachem Abzählen der Quarks, daß wir ein Verhältnis von

$$\frac{\sigma(\pi N)}{\sigma(NN)} = \frac{2}{3}$$

erwarten.

Bei $E_\pi = 60$ GeV sind sowohl $\sigma(\pi^+ p)$ als auch $\sigma(\pi^- p)$ gleich 24 mb, während $\sigma(pp) = \sigma(pn) = 38$ mb in einem entsprechenden Energiebereich sind (siehe Abb. 4.16). Das Verhältnis ist ungefähr $2/3$. Weitere Beispiele werden in Aufgabe 5.4 gegeben.

5.10 Massenformeln und Hyperfeinwechselwirkung

Bislang haben wir die Massendifferenzen in Hadronenmultipletts einfach den verschiedenen Massen der u, d, s-Quarkbausteine zugeschrieben. Diese allein können aber die beobachteten Differenzen nicht erklären, insbesondere nicht diejenigen zwischen Baryonoktett- und Baryondekuplettmitgliedern mit den gleichen Quarkinhalten. Der Unterschied muß aus der Quark-Quark-Wechselwirkung herrühren, die ihre theoretische Beschreibung in der Quantenchromodynamik findet. In Kapitel 8 werden wir darauf näher eingehen, hier wollen wir nur kurz skizzieren, wie der wichtigste neue Beitrag, die Hyperfeinaufspaltung der Hadronenergieniveaus, durch die Farbkräfte zwischen den Quarks beschrieben werden kann.

Zunächst erinnern wir daran, daß jedes Niveau im Energietermschema des Wasserstoffatoms, gegeben durch die n, l, und j-Quantenzahlen, in zwei sehr dicht benachbarte Hyperfeinniveaus aufgespalten ist. Ursache ist die Wechselwirkung der magnetischen Momente von Proton und Elektron. Im Grundzustand ($1S$) erzeugt der Übergang zwischen den beiden Niveaus durch Umklappen der Spins die berühmte Radiolinie von 21 cm Wellenlänge (1420 MHz). Wir betrachten nun zwei geladene punktförmige Fermionen mit magnetischen Dipolmomenten $\boldsymbol{\mu}_i$ und $\boldsymbol{\mu}_j$ im Abstand r_{ij}. Die Wechselwirkungsenergie ist proportional zu $\boldsymbol{\mu}_i \cdot \boldsymbol{\mu}_j / r_{ij}^3$. Für zwei Teilchen in einem relativen S-Zustand verschwindet die über alle Raumrichtungen gemittelte Wechselwirkung, außer im Ursprung. Das Dipolmoment hat die Form, wie man sie für ein punktförmiges Dirac-Fermion erwartet,

$$\boldsymbol{\mu}_i = \frac{e_i}{2m_i} \boldsymbol{\sigma}_i \tag{5.29}$$

in Einheiten $\hbar = c = 1$, wobei e_i und m_i die elektrischen Ladungen bzw. die Masse des Teilchens sind, $\boldsymbol{\sigma}_i$ sein Spinvektor ($\sigma_i^2 = 1$). Die Energie dieser Dipol-Dipol-Wechselwirkung ist dann*)

$$\Delta E = \frac{2\pi}{3} \frac{e_i e_j}{m_i m_j} |\psi(0)|^2 \boldsymbol{\sigma}_i \cdot \boldsymbol{\sigma}_j, \tag{5.30}$$

*) Siehe z.B. J.D.Bjorken und S.D.Drell, Relativistic Quantum Mechanics, McGraw-Hill, New York, 1964, Seite 58.

wobei $\psi(0)$ die Wellenfunktion unseres Zweiteilchensystems am Ursprung ist ($r_{ij} = 0$). Der numerische Faktor stammt aus der Integration der S-Wellenfunktion über alle Winkel.

Wenn wir uns nun den Quarks zuwenden, ist die normale magnetische Wechselwirkung aufgrund der elektrischen Ladung und des Quarkspins klein gegen die typischen Hadronmassen; sie ist von der Größenordnung der elektromagnetischen Massendifferenzen (~ 1 MeV). Aber die Quarks tragen eine starke Farbladung, und bei kleinen Abständen zwischen den Quarks wird die Form des Farbpotentials als $1/r$ angenommen, wie für das Coulombpotential [siehe (5.47)]. Mit den Farbladungen der Quarks und ihrem Spin ist eine farb-magnetische Wechselwirkung von der Form (5.30) verbunden, wobei die elektrischen Ladungen durch die Farbladungen zu ersetzen sind. Der numerische Koeffizient für ΔE hängt davon ab, ob die Wechselwirkung zwischen einem Quark-Quark- oder einem Quark-Antiquark-Paar stattfindet, sowie von den Eigenwerten gewisser Operatoren in der Farbsymmetrie. Die tatsächlichen Ausdrücke lauten (siehe Anhang G):

$$\Delta E(Q\bar{Q}) = \frac{8\pi\alpha_s}{9m_i m_j}|\psi(0)|^2 \boldsymbol{\sigma}_i \cdot \boldsymbol{\sigma}_j, \tag{5.31}$$

$$\Delta E(QQ) = \frac{4\pi\alpha_s}{9m_i m_j}|\psi(0)|^2 \boldsymbol{\sigma}_i \cdot \boldsymbol{\sigma}_j. \tag{5.32}$$

Darin ist α_s die starke Kopplungskonstante (Abschnitt 8.8) und gleich dem Quadrat der Farbladung, in Analogie zur Feinstrukturkonstante des Elektromagnetismus, $\alpha = e^2/4\pi\hbar c$. Das Produkt der Paulivektoren $\boldsymbol{\sigma}_i$, $\boldsymbol{\sigma}_j$ hängt in Größe und Vorzeichen von der relativen Orientierung der Quarkspins ab, genau wie für zwei Stabmagneten die Kraft von der Orientierung abhängt. Mit den Quarkspinvektoren $\boldsymbol{s}_i$, $\boldsymbol{s}_j$ ($s_z = \pm 1/2$) und dem totalen Spin $\boldsymbol{S} = \boldsymbol{s}_i + \boldsymbol{s}_j$ erhalten wir

$$\begin{aligned} \boldsymbol{\sigma}_i \cdot \boldsymbol{\sigma}_j &= 4\boldsymbol{s}_i \cdot \boldsymbol{s}_j = 2[S(S+1) - s_i(s_i+1) - s_j(s_j+1)] \\ &= \begin{cases} +1 & \text{für } S = 1, \\ -3 & \text{für } S = 0. \end{cases} \end{aligned} \tag{5.33}$$

Baryonen bestehen aus drei Quarks, so daß wir (5.33) über drei Quarkspins summieren müssen, um $\boldsymbol{S} = \boldsymbol{s}_i + \boldsymbol{s}_j + \boldsymbol{s}_k$ zu erhalten,

$$\begin{aligned} \sum \boldsymbol{\sigma}_i \cdot \boldsymbol{\sigma}_j &= 4\sum \boldsymbol{s}_i \cdot \boldsymbol{s}_j = 2[S(S+1) - 3s(s+1)] \\ &= \begin{cases} +3 & \text{für } S = \frac{3}{2}, \\ -3 & \text{für } S = \frac{1}{2}. \end{cases} \end{aligned} \tag{5.34}$$

Diese Gleichung wird für die Nukleonzustände N und Δ zufriedenstellend sein, wo die drei (u und d) Quarkmassen im Nenner von (5.32) gleich sind. Für ein $\Sigma^+(1193)$-Hyperon (uus) im Oktett müssen die unterschiedlichen Massen der s- und u-Quarks berücksichtigt werden, wenn

Tabelle 5.4 Vorhersagen für Baryonmassen aufgrund von Hyperfein-Aufspaltung (nach Rosner 1960)

Baryon Masse (MeV)	Quarkinhalt (n bedeutet u oder d)	$\Delta E/K$	Vorhergesagte Masse (MeV)
$N(939)$	$3n$	$-3/m^2$	939
$\Lambda(1116)$	$2n,1s$	$-3/m_n^2$	1114
$\Sigma(1193)$	$2n,1s$	$1/m_n^2-4/(m_n m_s)$	1179
$\Xi(1318)$	$1n,2s$	$1/m_s^2-4/(m_n m_s)$	1327
$\Delta(1232)$	$3n$	$3/m_n^2$	1239
$\Sigma(1384)$	$2n,1s$	$1/m_n^2+2/(m_n m_s)$	1381
$\Xi(1533)$	$1n,2s$	$1/m_s^2+2/(m_n m_s)$	1529
$\Omega(1672)$	$3s$	$3/m_s^2$	1682

wir (5.33) über den Dreiquarkzustand summieren. Das gleiche Paar ist $u\uparrow u\uparrow$, in einem Triplettspinzustand mit $\boldsymbol{\sigma}_u \cdot \boldsymbol{\sigma}_u = 1$, so daß aus (5.34) folgt $2\boldsymbol{\sigma}_u \cdot \boldsymbol{\sigma}_s = \sum \boldsymbol{\sigma}_i \cdot \boldsymbol{\sigma}_j - \boldsymbol{\sigma}_u \cdot \boldsymbol{\sigma}_u = -4$. So finden wir z.B.

$$
\begin{aligned}
(\Delta E)_\Delta &= +\frac{3}{m_u^2}K,\\
(\Delta E)_N &= -\frac{3}{m_u^2}K,\\
(\Delta E)_\Sigma &= \left(\frac{1}{m_u^2}-\frac{4}{m_u m_s}\right)K,
\end{aligned}
\tag{5.35}
$$

wobei $K = 4\pi\alpha_s|\psi(0)|^2/9$. Aus den acht Baryon-Isospinmultipletts im Dekuplett und Oktett sind wir also in der Lage, die vier unbekannten Parameter K, m_u, m_s und M_0 von Gleichung (5.8) zu bestimmen. Die resultierenden Massenwerte sind in Tabelle 5.4 mit den beobachteten verglichen, und liefern

$$
\begin{aligned}
m_n(=m_u=m_d) &= 363\,\text{MeV},\\
m_s &= 538\,\text{MeV},\\
K/m_n^2 &= 50\,\text{MeV}.
\end{aligned}
\tag{5.36}
$$

In allen Fällen ist die Übereinstimmung innerhalb 1% oder besser. Insbesondere wird die 300 MeV-Massendifferenz zwischen N und Δ richtig wiedergegeben. Für die pseudoskalaren und Vektor-Mesonen (Abschnitte 5.5 und 5.6) ist eine ähnliche Behandlung möglich. Der Hyperfeinwechselwirkung wird insbesondere die große Massendifferenz zwischen $\pi(140)$ und $\rho(776)$ zugeschrieben, die Singlett- und Triplett-Spinkombinationen von u-, d-Quarks und -Antiquarks darstellen. Wir sehen aus (5.31) und (5.32), daß der Koeffizient für Mesonen doppelt so groß wie bei den Baryonen ist;

dies ist eine wichtige Vorhersage der Theorie des Farbfeldes zwischen den Quarks.

Auch hier stimmen die vorhergesagten Massen innerhalb $\sim 1\%$ mit den beobachteten Werten überein. Die angepassten m_n, m_s-Werte sind etwas niedriger als bei den Baryonen, und K/m_n^2 ist nun 80 MeV (verglichen mit 50 MeV bei den Baryonen). Es ist aber bekannt, daß der R.M.S.-Radius der Ladungsverteilung von Mesonen ($R_0 \simeq 0.6$ fm) kleiner ist als derjenige von Baryonen ($R_0 \simeq 0.8$ fm), so daß $|\psi(0)|^2$, proportional zu $1/R_0^3$, fast einen Faktor 2 größer ist. So erscheint die erwartungsgemäß größere Hyperfeinaufspaltung der Mesonen, verglichen mit den Baryonen, in den Daten bestätigt zu sein.

5.11 Elektromagnetische Massendifferenzen und Isospinsymmetrie

Die tatsächliche Masse eines geladenen Hadrons kann man sich aus zwei Komponenten zusammengesetzt denken. Erstens gibt es eine Art *nackter* Masse m, die von der Masse der Quarkkonstituenten und deren gegenseitiger starker Wechselwirkung herrührt, wie im vorangegangenen Abschnitt. Zweitens wird es einen Beitrag Δ_m aufgrund der elektrischen Ladung des Hadrons geben — im wesentlichen die erforderliche Arbeit, um die Ladung auf das zunächst neutrale Teilchen zu bringen. Wenn alle Baryonen im $1/2^+$-Oktett ähnliche Ladungsverteilungen besitzen, können wir auch ähnliche Δ_m-Werte erwarten:

$$\Delta m_p = \Delta m_{\Sigma^+},$$

$$\Delta m_{\Sigma^-} = \Delta m_{\Xi^-},$$

$$\Delta m_{\Xi^0} = \Delta m_n.$$

Addition der *nackten* Massen zu jeder Seite und Aufsummieren ergibt

$$m_p + m_{\Sigma^-} + m_{\Xi^0} = m_{\Sigma^+} + m_{\Xi^-} + m_n$$

oder

$$\begin{array}{c} (m_p - m_n) = (m_{\Sigma^+} - m_{\Sigma^-}) + (m_{\Xi^-} - m_{\Xi^0}). \\ -1.3\text{MeV} \quad \underbrace{-8.0\text{ MeV} \quad +6.4\text{ MeV}}_{-1.6\text{ MeV}} \end{array} \tag{5.37}$$

Diese Formel stammt ursprünglich von Coleman und Glashow und ist innerhalb der Unsicherheiten gut bestätigt. Die einzelnen Massendifferenzen sind mit Isospinsymmetriebrechung verknüpft, die bereits im Anschnitt 4.5 diskutiert wurde (siehe Tabelle 4.3). Innerhalb des Quarkmodells müssen mehrere verschiedene Effekte in Betracht gezogen werden, um die Massendifferenzen zu erklären:

(a) Unterschiedliche Massen der u- und d-Quarks. Das Vorzeichen der verschiedenen Terme in (5.37) deutet auf $m_d > m_u$ hin.

(b) Coulombenergiedifferenzen aufgrund der elektromagnetischen Energie zwischen Quarkpaaren. Dieser Beitrag ist von der Größenordnung $e^2/R_0 = (e^2/\hbar c)(\hbar c/R_0)$, wobei R_0 die Ausdehnung eines Baryons ist. Mit $\hbar c = 197$ MeV fm, $R_0 \simeq 0.8$ fm erhalten wir $e^2/R_0 \simeq 2$ MeV.

(c) Differenzen in der magnetischen Energie aufgrund der Wechselwirkung der magnetischen Momente zwischen Quarkpaaren (Hyperfein-Wechselwirkung). Aus (5.30) läßt sich die Größenordnung zu $(e\hbar/mc)^2(1/R_0)^3$ abschätzen, wenn wir m als Quarkmasse und $|\psi(0)|^2 \simeq R_0^{-3}$ nehmen. Da $\hbar/mc$ ungefähr gleich R_0 ist, fällt die magnetische Energie ebenfalls in den Bereich e^2/R_0, d.h. 1 bis 2 MeV.

Wenn man die exakte Form dieser Beiträge an die Zahlen in (5.37) anpasst, so findet man $m_d - m_u = 2$ MeV. Während jedes Modell anhand der gegebenen Werte für Spins, Ladungen und Radien der Baryonen die Coulomb- und magnetischen Energien in den erwähnten Größenordnungen vorhersagen muß, konnten diese kaum unterschiedlichen u- und d-Massen nicht vorhergesehen werden. Die Eigenschaft der näherungsweise gültigen Isospin-Invarianz kann mit den nahezu gleichen Massen von u- und d-Quark verknüpft werden und erscheint nicht mehr als fundamentale Eigenschaft. Gegenwärtig sind freilich die Herkunft der Quarkmassen und die Ähnlichkeit von m_u und m_d unverstanden.

5.12 Magnetische Momente der Baryonen

Wegen der Symmetrieeigenschaften der drei-Quark-Wellenfunktion im Baryonoktett ist es eine verhältnismäßig unkomplizierte Angelegenheit, die magnetischen Momente der verschiedenen Mitglieder zu berechnen. Wir nehmen an, daß diese gleich der Vektorsumme der Quarkmomente sind. Wenn die Quarks sich wie punktförmige Dirac-Teilchen verhalten, besitzt jedes ein magnetisches Moment wie in Gleichung (5.29) angegeben. Für das Proton, uud, haben wir bereits bemerkt, daß die zwei u-Quarks in einem symmetrischen (Triplett-) Spinzustand sind, der durch eine Spinfunktion $\chi(J = 1; m = 0, \pm 1)$ beschrieben wird. Die Funktion für den totalen Drehimpuls eines Protons mit Spin *up* wird dann $\psi(J = 1/2, m = 1/2)$, und die Clebsch-Gordan-Koeffizienten für eine Kombination von $J = 1$ und $J = 1/2$ geben uns (siehe Anhang C und Tabelle III)

$$\psi\left(\frac{1}{2},\frac{1}{2}\right) = \sqrt{\frac{2}{3}}\chi(1,1)\phi\left(\frac{1}{2},-\frac{1}{2}\right) - \sqrt{\frac{1}{3}}\chi(1,0)\phi\left(\frac{1}{2},\frac{1}{2}\right). \qquad (5.38)$$

Die Momente sind $\mu_u + \mu_u - \mu_d$ für die erste und einfach μ_d für die zweite Kombination. Somit erhalten wir für das Protonmoment

$$\mu_p = \frac{2}{3}(2\mu_u - \mu_d) + \frac{1}{3}\mu_d = \frac{4}{3}\mu_u - \frac{1}{3}\mu_d. \qquad (5.39)$$

Dieses Ergebnis gilt auch für ein Neutron, wenn wir die Indizes u und d vertauschen. Für ein Σ^+ ersetzen wir μ_d durch μ_s in (5.39), und im Falle eines

Tabelle 5.5 Magnetische Momente der „stabilen" Baryonen im $J^P = {}^1\!/_2{}^+$-Oktett

Baryon	Magnetisches Moment im Quarkmodell	Vorhersage n.M.	Beobachtung n.M.
p	$\frac{4}{3}\mu_u - \frac{1}{3}\mu_d$	2.79	2.793
n	$\frac{4}{3}\mu_d - \frac{1}{3}\mu_u$	−1.86	−1.913
Λ	μ_s	−0.58	-0.614 ± 0.005
Σ^+	$\frac{4}{3}\mu_u - \frac{1}{3}\mu_s$	2.68	2.33 ± 0.13
Σ^0	$\frac{2}{3}(\mu_u + \mu_d) - \frac{1}{3}\mu_s$	0.82	—
Σ^-	$\frac{4}{3}\mu_d - \frac{1}{3}\mu_s$	−1.05	-1.00 ± 0.12
Ξ^0	$\frac{4}{3}\mu_s - \frac{1}{3}\mu_u$	−1.40	-1.25 ± 0.014
Ξ^-	$\frac{4}{3}\mu_s - \frac{1}{3}\mu_d$	−0.47	-1.85 ± 0.75

Σ^- entsprechend μ_d durch μ_s sowie μ_u durch μ_d. Das Λ-Hyperon ist eine uds-Kombination mit $I = 0$. Das Paar ud muß hier in einem antisymmetrischen $J = 0$ Isospinzustand sein, und folglich in einem antisymmetrischen $J = 0$ Spinzustand. Daher tragen u und d im Λ nichts zum magnetischen Moment bei und $\mu_\Lambda = \mu_s$. Die Werte für Σ^0, Ξ^0 und Ξ^- kann man ähnlich berechnen. Tabelle 5.5 zeigt einen Vergleich der beobachteten und vorhergesagten Werte, indem die Quarkmassen aus Tabelle 5.4 benutzt wurden, um die einzelnen Momente der Quarks mit Gleichung (5.35) zu berechnen. Alle Werte sind in Einheiten des nuklearen Magnetons (n.M.) $\mu = e\hbar/2Mc$ gegeben, mit M als Protonmasse.

Die vorhergesagten p-, n- und Λ-Momente stimmen gut mit dem Experiment überein. Insbesondere stimmt das Verhältnis $\mu_n/\mu_p = -{}^2\!/_3$ in beeindruckender Weise mit dem beobachteten Wert −0.685 überein. Es gibt jedoch beträchtliche Diskrepanzen für die Σ-und Ξ-Zustände, und hier zeigt sich eine grundlegende Schwäche des statischen, nichtrelativistischen Quarkmodells. In späteren Kapiteln werden wir sehen, daß die Baryonen (und Mesonen) in einem ausgefeilteren Bild aus den *Valenz-Quarks* des statischen Modells plus neutralen Vektorgluonen bestehen. Letztere sind die Träger des Farbfeldes zwischen Quarks, und einige von ihnen können sich in Quark-Antiquarkpaare transformieren. Obwohl der $Q\bar{Q}$-Inhalt eines Baryons klein ist, kann er doch zusätzliche Ströme beitragen und das magnetische Moment beeinflussen. Gegenwärtig existiert jedoch keine umfassende dynamische Theorie der Quarkwechselwirkungen, die auch auf die statischen Baryonzustände anwendbar ist.

Eine kurze Diskussion der Messung von magnetischen Momenten der Hyperonen ist hier angebracht. Zur Illustration wollen wir das Λ-Hyperon betrachten. Es kann in Hadron-Hadron-Stößen erzeugt werden, etwa

$$\pi^- + p \to \Lambda^0 + K^0.$$

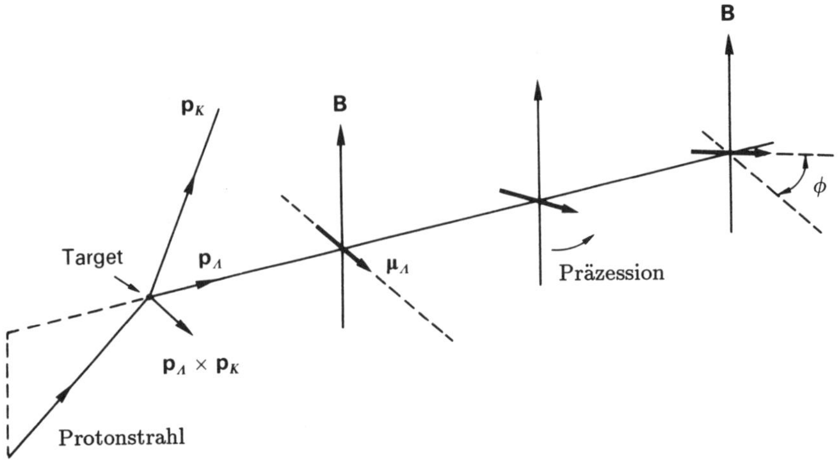

Abbildung 5.8 Schematische Darstellung der Spinpräzession im Magnetfeld von Λ-Hyperonen, die assoziiert mit neutralen Kaonen erzeugt werden. Die Hyperonen sind anfänglich senkrecht zur Produktionsebene polarisiert.

Man findet, daß sie mit Spins senkrecht zur ΛK-Produktionsebene polarisiert sind, d.h. in Richtung des Vektors $(\boldsymbol{p}_K \times \boldsymbol{p}_\Lambda)$. Der Polarisationsgrad und die Richtung können aus einer *up-down*-Asymmetrie im nachfolgenden paritätsverletzenden schwachen Zerfall $\Lambda \to p + \pi^-$ bestimmt werden (Abschnitt 7.7). Das Λ durchquere ein magnetisches Feld $\boldsymbol{B}$ senkrecht zu $\boldsymbol{p}_\Lambda$ und in der Produktionsebene wie in Abbildung 5.8. Die Lamor-Präzessionsfrequenz ist

$$\nu_L = \mu_\Lambda \frac{B}{h},$$

und der Polarisationswinkel

$$\phi = \mu_\Lambda \int \frac{B\,dl}{h}$$

proportional zum Wegintegral über das Feld. Numerisch sind dies $18°(\mu_\Lambda/\mu_N)$ für ein Feldintegral von $\int B\,dl = 1$ Tm, mit μ_N gleich dem nuklearen Magneton.

Die ersten Experimente zur Messung von μ_Λ wurden mit Kernemulsionsdetektoren und Pionstrahlen von $\simeq 1.05$ GeV/c ausgeführt. Die transversale Polarisation war sehr hoch ($\simeq 100\%$), aber die Wegstrecke im Magnetfeld war wegen der kurzen Lebensdauer auf $c\tau_\Lambda \sim 10$ cm begrenzt. Nennenswerte Präzessionswinkel konnten daher nur mit gepulsten Feldern von 20 T erreicht werden. Neuere Experimente haben hochenergetische Protonstrahlen von 300 GeV/c verwendet, die wesentlich intensivere sekundäre Hyperonstrahlen von $\simeq$100–200 GeV/c Impuls erzeugen. Die nutzbare Wegstrecke wird durch die relativistische Zeitdilatation um zwei Größenordnungen verlängert, und man kann Spektrometer mit Gleichstrommagneten

Tabelle 5.6 Quark-Quantenzahlen (Stand 1985):
$Q/e = I_3 + {}^1/_2(B + S + C + B^* + T)$[a]

Flavours	I	I_3	S	C	B^*	T	Q/e
u	$\frac{1}{2}$	$\frac{1}{2}$	0	0	0	0	$+\frac{2}{3}$
d	$\frac{1}{2}$	$-\frac{1}{2}$	0	0	0	0	$-\frac{1}{3}$
s	0	0	-1	0	0	0	$-\frac{1}{3}$
c	0	0	0	1	0	0	$+\frac{2}{3}$
b	0	0	0	0	-1	0	$-\frac{1}{3}$
t	0	0	0	0	0	1	$+\frac{2}{3}$

[a] B ist die Baryonzahl, für alle Quarks ist $B = {}^1/_3$.
B^* ist die bottom- oder beauty-Quantenzahl.

einsetzen. Die Zerfallsprodukte werden mit Vieldrahtproportionalkammern aufgezeichnet. Die stark reduzierte Polarisation ($\simeq$ 8% statt 100%) bei hoher Energie wird durch den gewaltigen Anstieg in der verfügbaren Intensität der Hyperonstrahlen mehr als ausgeglichen — das neueste Experiment verfügt über einen Datensatz von 3×10^6 Λ-Teilchen.

5.13 Spektroskopie schwerer Mesonen und das Quarkmodell

In den vergangenen 10 Jahren ist die Tabelle 5.1 mit den bekannten Quarks durch die Entdeckung von zwei weiteren Flavours, c für Charm und b für Bottom, erweitert worden, die mit noch wesentlich massiveren Quarks verknüpft sind (siehe Tabelle 5.6). Ferner gibt es Hinweise auf die Existenz eines Top-Quarks t, siehe Abschnitt 5.6.

Es ist charakteristisch für die starke *Farbkraft* zwischen den Quarks, daß diese schwereren Bausteine eine etwas schwächere Wechselwirkung bei kleinen Abständen besitzen. Die Serien der Psi- und Ypsilon-Mesonen werden aus $c\bar{c}$ bzw. $b\bar{b}$-Zuständen gebildet und besitzen kleine Halbwertsbreiten. Ähnlich dem Positronium (e^+e^-), aber auf einer ganz anderen Energieskala, weisen sie Spektren von diskreten Energieniveaus auf. Die Lage der Niveaus und ihre Abstände können mit einfachen Potentialmodellen berechnet werden und sind in erstaunlich guter Übereinstimmung mit der Beobachtung. Tatsächlich stellen die Spektren der schweren Mesonen noch die eindeutigste Evidenz für die Existenz der grundlegenden Quark- und Antiquarkbausteine der Hadronen dar (siehe Abbildung 5.15).

5.13.1 Charmonium

Die Serie der ψ-Mesonresonanzen wurde zuerst 1974 in e^+e^--Kollisionen im Speicherring SPEAR am SLAC (Stanford) beobachtet (Augustin et al.

1974). Der Grundzustand, genannt ψ oder auch J/ψ, wurde gleichzeitig auch in Experimenten am AGS in Brookhaven in Stößen von Protonen auf ein Berylliumtarget bei 28 GeV beobachtet, wobei massive e^+e^--Paare entstanden (Aubert et al. 1974).

$$\text{SLAC:} \qquad e^+e^- \to \psi \to \text{Hadronen} \qquad (5.40)$$
$$\to e^+e^-, \mu^+\mu^-$$
$$\text{BNL:} \qquad p + Be \to \psi/J + \text{andere.} \qquad (5.41)$$
$$\to e^+e^-$$

Die Originaldaten der Reaktion (5.40) sind in Abb. 5.9, die für Reaktion (5.41) in Abb. 5.10 gezeigt. In beiden Fällen wird eine scharfe Resonanz ψ beobachtet, mit einem Maximum der invarianten Masse bei 3.1 GeV. In der Reaktion (5.41) wurden die schweren Elektronpaare mit Hilfe eines Magnetfeldspektrometers und weiteren Detektoren strahlabwärts des Targets nachgewiesen. Es wurden Koinzidenzen von Elektronen und Positronen auf gegenüberliegenden Seiten der Strahlachse und große Öffnungswinkel verlangt. Im e^+e^--Experiment wurde die Wechselwirkungsrate in der Strahlkreuzungsregion als Funktion der Strahlenergie gemessen. Zusätzlich zum ψ wurde eine weitere Resonanz ψ' bei einer Masse von 3.7 GeV in diesem ersten SPEAR-Experiment gefunden (Abrams et al. 1974).

Die beobachteten Breiten der Verteilungen in den Abbildungen 5.9 und 5.10 werden durch die experimentelle Auflösung dominiert. Das BNL-Experiment war in der Impulsauflösung der sekundären Elektronen und das SLAC-Experiment durch die Energieunschärfe der kollidierenden Strahlen begrenzt. Die *wahre* Breite des ψ ist wesentlich schmaler und kann experimentell aus der totalen Reaktionsrate und dem leptonischen Verzweigungsverhältnis bestimmt werden. Beide Größen sind gemessen worden. Mit der Breit-Wigner-Formel (4.55) für die Bildung einer Resonanz mit Spin J aus zwei Teilchen mit Spins s_1 und s_2 können wir schreiben

$$\sigma(E)_{e^+e^- \to \psi \to e^+e^-} = \frac{4\pi\lambda\!\!\!^{-}{}^2(2J+1)\Gamma^2_{e^+e^-}/4}{(2s_1+1)(2s_2+1)\left[(E-E_R)^2+\Gamma^2/4\right]}, \qquad (5.42)$$

worin $\lambda\!\!\!^{-}$ die de Broglie-Wellenlänge der e^+ und e^- im Schwerpunktsystem, E die Schwerpunktsenergie, E_R die Energie im Resonanzmaximum, Γ die totale Breite der Resonanz und $\Gamma_{e^+e^-}$ die partielle Breite des Zerfalls $\psi \to e^+e^-$ sind. Mit $s_1 = s_2 = 1/2$, der Annahme $J = 1$ und der Substitution $\tan\theta = 2(E - E_R)/\Gamma$ findet man leicht den totalen integrierten Wirkungsquerschnitt aus (5.42)

$$\int_0^\infty \sigma(E)\, dE = \frac{3\pi^2}{2}\lambda\!\!\!^{-}{}^2 \left(\frac{\Gamma_{e^+e^-}}{\Gamma}\right)^2 \Gamma. \qquad (5.43)$$

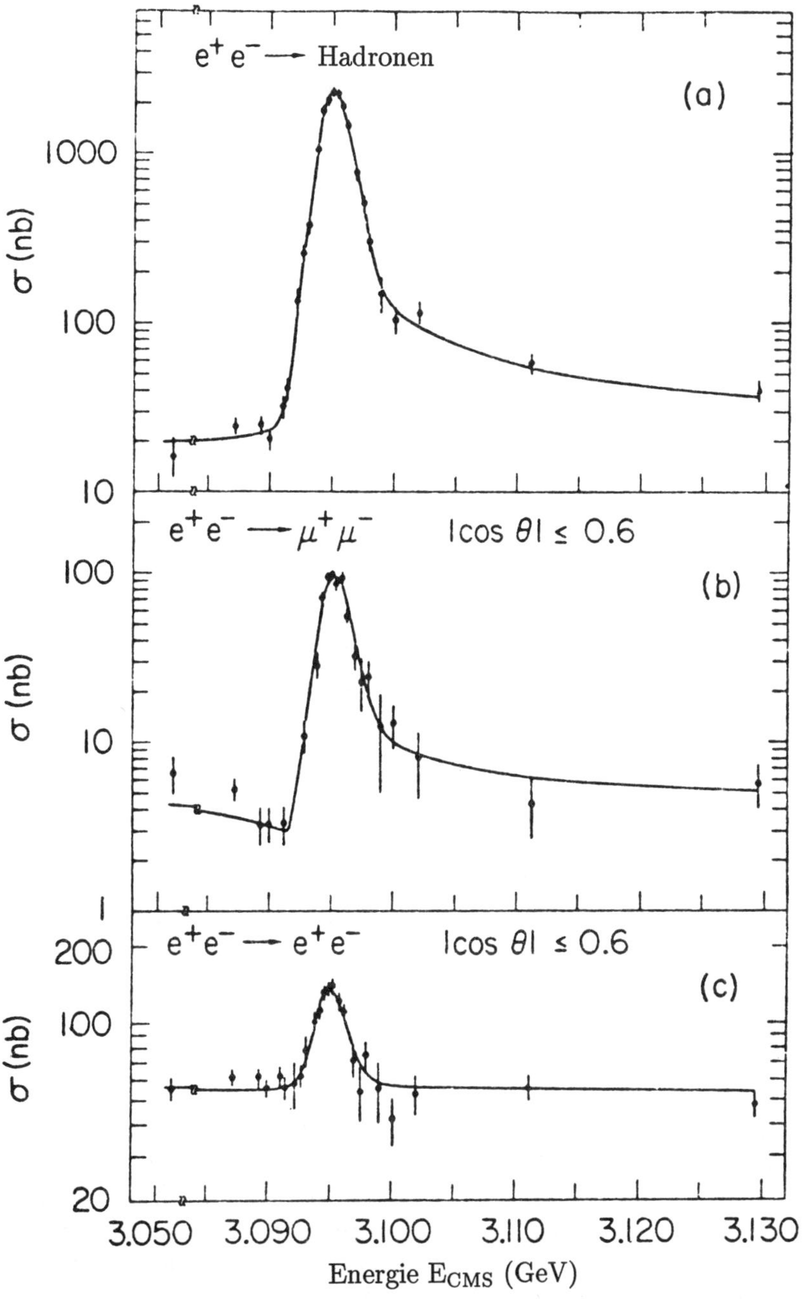

Abbildung 5.9 Ergebnisse der Messungen von Augustin et al. (1974), die die J/ψ-Resonanz bei einer Masse von 3.1 GeV zeigen. Die Resonanz wurde in e^+e^--Kollisionen am Speicherring SPEAR des SLAC erzeugt.

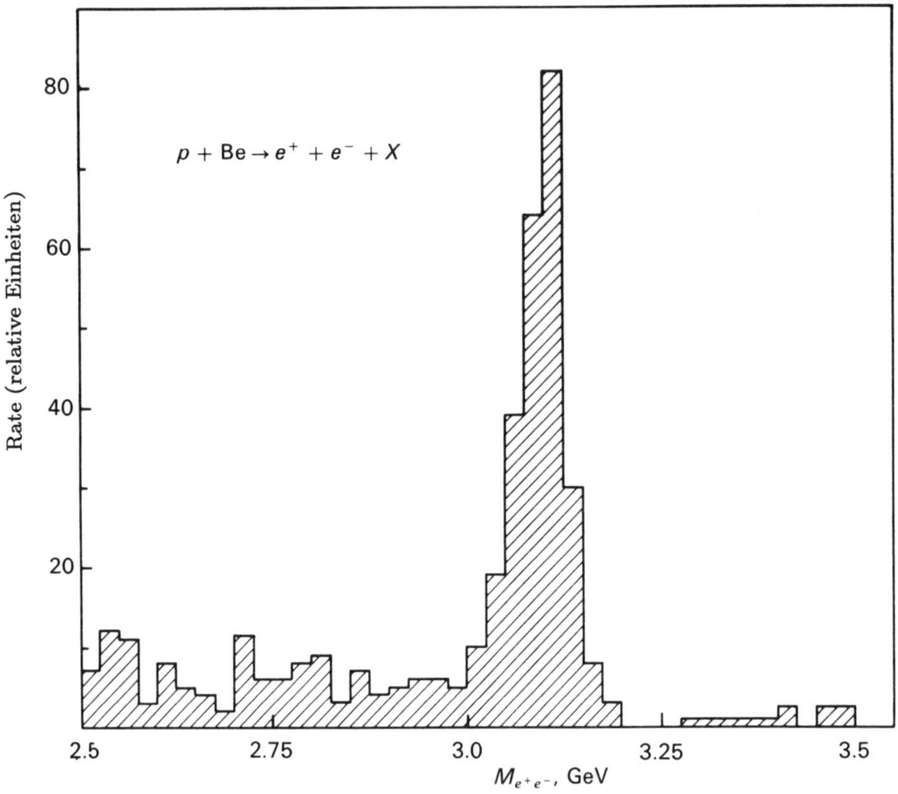

Abbildung 5.10 Die Ergebnisse von Aubert et al. (1974) zeigen die schmale J/ψ-Resonanz in der Verteilung der invarianten Masse des e^+e^--Paars, das in inklusiven Reaktionen von Protonen an einem Berylliumtarget erzeugt wurde. Dies Experiment wurde am 28 GeV-AGS des Brookhaven National Laboratorys ausgeführt.

Der integrierte Wirkungsquerschnitt in Abb. 5.9(c) muß gleich $\int \sigma(E)dE$ sein, numerisch ergeben sich 900 nb MeV. Das Verzweigungsverhältnis $\Gamma_{e^+e^-}/\Gamma$ ist 0.07, und $\lambda\!\!\!^{-} = \hbar c/pc$, wobei $pc = 1500$ MeV und $\hbar c = 200$ MeV fm. Wenn wir diese Werte in (5.43) einsetzen, erhalten wir $\Gamma = 0.067$ MeV für die wahre Breite des ψ, viel weniger als die direkt beobachtete Breite von einigen MeV. Im Vergleich zu anderen Vektormesonen wie etwa dem ρ(776 MeV) mit $\Gamma = 100$ MeV und dem ω(784 MeV) mit $\Gamma =$ 11 MeV hat das ψ(3100 MeV) eine extrem geringe Breite und der rein elektromagnetische Zerfall $\psi \to e^+e^-$ ist dem Zerfall in Hadronen ebenbürtig. Die partielle Breite $\Gamma(\psi \to e^+e^-)$ ist 4 keV und damit nicht sehr verschieden von der anderer Vektormesonen. Beispielsweise sind $\Gamma(\omega \to e^+e^-)$ $= 0.8$ keV und $\Gamma(\phi \to e^+e^-) = 1.6$ keV.

Die Annahme, daß das ψ ein Vektormeson mit $J^P = 1^-$ ist, wird durch die Form der Resonanzkurve in Abb. 5.9(b) gerechtfertigt. Sie zeigt ein ty-

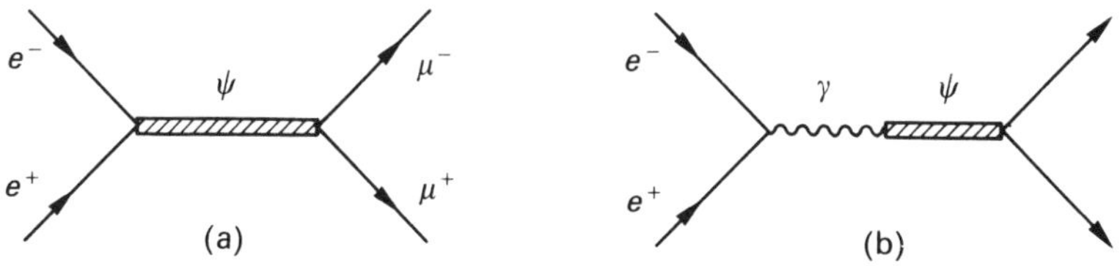

Abbildung 5.11

Tabelle 5.7 Charmoniumzustände und Zerfallskanäle

Zustand	Masse, MeV	J^P, I	Γ, MeV	Verzweigungsverhältnis	
$J/\psi(3100)$	3097 ± 0.1	$1^-, 0$	0.063	Hadronen	86%
				[meistens $(2n+1)\pi$]	
				e^+e^-	7%
				$\mu^+\mu^-$	7%
$\psi(3700)$	3686 ± 0.1	$1^-, 0$	0.215	$\psi + 2\pi$	50.0%
				$\chi + \gamma$	23.0%
				e^+e^-	0.9%
				$\mu^+\mu^-$	0.9%

pisches Dispersionsverhalten zweier interferierender Amplituden, nämlich der des direkten Zerfalls (Abb. 5.11(a)) und der eines intermediären virtuellen Photons (Abb. 5.11(b)). Die Interferenz zwischen diesen Amplituden beweist, daß das ψ die gleichen Quantenzahlen wie das Photon besitzt. Die Isospinzuordnung $I = 0$ basiert auf den Eigenschaften der hadronischen Zerfälle. Das ψ zerfällt bevorzugt in eine ungerade Anzahl Pionen, woraus sich mit Hilfe der G-Parität (Abschnitt 4.5.1) ein geradzahliger Isospin des ψ ableiten läßt. Die Zuordnung $I = 0$ schließlich wird durch die Beobachtung des Zerfallskanals $\psi \to \rho\pi$ bestätigt: die verschiedenen Ladungszustände $\rho^+\pi^-$, $\rho^0\pi^0$, $\rho^-\pi^+$ treten gleich häufig auf. Aus den Clebsch-Gordan-Koeffizienten der Tabelle III im Anhang kann man dann entnehmen, daß $I = 0$ in der Tat die richtige Zuordnung ist.

Eine Zusammenfassung der Eigenschaften von ψ und ψ' ist in Tabelle 5.7 gegeben. Abbildung 5.12 zeigt die Rekonstruktion eines Zerfalls $\psi' \to \psi + \pi^+\pi^-$, $\psi \to e^+e^-$.

Die extreme Schärfe der ψ- und ψ'-Zustände bedeutete, daß es keine Möglichkeit gab, sie als Kombination der herkömmlichen Quarks u, d, s bzw. $\bar{u}$, $\bar{d}$, $\bar{s}$ zu verstehen. Ein neuer Quarktyp war bereits einige Jahre zuvor Glashow, Iliopoulos und Maiani postuliert worden, um die Nichtexistenz von schwachen neutralen Strömen mit Änderung der Seltsamkeit

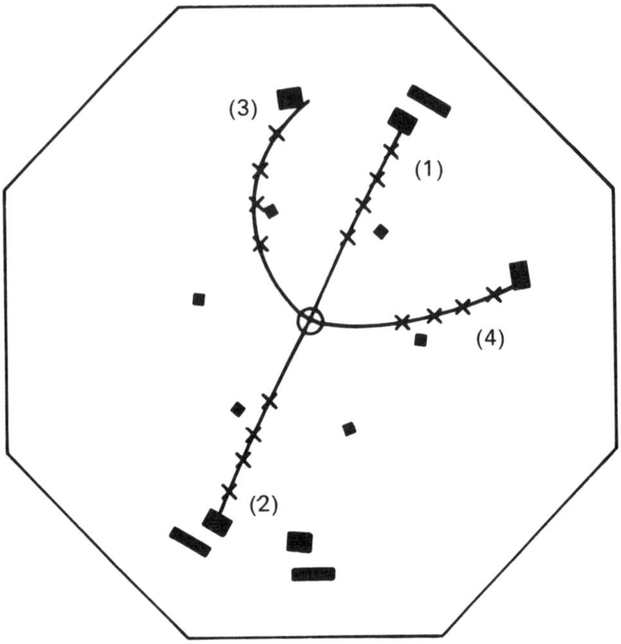

Abbildung 5.12 Beispiel für die Beobachtung eines Zerfalls $\psi(3.7)\rightarrow\psi(3.1)+\pi^{+}+\pi^{-}$ in einem Funkenkammer-Detektor. Das $\psi(3.1)$ zerfällt in $e^{+}+e^{-}$. Die Spuren (3) und (4) gehören zu den relativ niederenergetischen Pionen (150 MeV), (1) und (2) zu den 1.5 GeV-Elektronen. Das Magnetfeld und die Strahlröhre des SPEAR stehen senkrecht auf der Zeichenebene. Die eingezeichnete Bahn jedes Teilchens ist die beste Anpassung durch die beobachteten Funken (Kreuze). [Nach G. S. Abrams et al., Phys. Rev. Letters 34, 1181 (1975).]

zu erklären. Die damit verbundene neue Quantenzahl C für *Charm* sollte wie die Seltsamkeit in den starken und elektromagnetischen Wechselwirkungen erhalten sein. Die großen Lebensdauern der ψ-Mesonen bedeuten dann auch, daß die c-Quarks als ihre Bausteine massiv sein müssen. Es wird postuliert, daß die ψ, ψ'-Teilchen aus den Vektorkombinationen von $c\bar{c}$ bestehen, genannt Charmonium (ähnlich wie das ρ^0 aus $u\bar{u}$ und $d\bar{d}$ besteht). Andere Kombinationen mit nichtverschwindender Charmladung c wie etwa $c\bar{d}$ bilden die sogenannten charmanten Mesonen. Diese waren bereits früher in Neutrinoexperimenten gefunden worden, allerdings ohne eindeutig identifiziert worden zu sein. Sie wurden alsbald in SLAC-Experimenten katalogisiert. Mit Ausnahme des leichtesten D-Mesons (1870 MeV), das durch schwache Wechselwirkung mit $\Delta C = 1$ zerfällt, sind dies alles sehr breite Zustände wie ρ und ω. Da $M_\psi < 2M_D$ ist, ist der ψ-Zerfall in die Mesonzustände mit $C = +1$ und $C = -1$ energetisch unmöglich; daraus folgt, daß das ψ nur in Zustände zerfallen kann, die u-, d-, s-Quarks und Antiquarks enthalten.

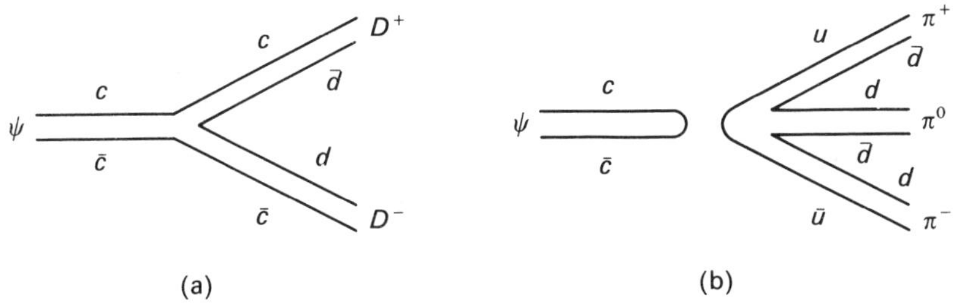

Abbildung 5.13 Quarkdiagramme für den Charmoniumzerfall. Diagramm (a) ist zwar bevorzugt, aber wegen Energieerhaltung für die Charmoniumzustände $\psi(3.1)$ und $\psi(3.7)$ mit den Massen unterhalb der Schwelle $2M_D$=3.75 GeV verboten. Das nach der Zweig-Regel verbotene Diagramm (b) ist daher der einzige erlaubte hadronische Zerfall.

Wir erinnern uns, daß das kleine Verzweigungsverhältnis für $\phi \to \pi^+\pi^-\pi^0$ im Vergleich zu $\phi \to K\bar{K}$ (siehe Abb. 5.5) der sogenannten Zweig-Regel zugeschrieben worden war, wonach unverbundene Quarklinien im Zerfallsdiagramm zu einer Unterdrückung der Zerfallsamplitude führen. Ähnliche Diagramme können wir für den ψ-Zerfall zeichnen (Abb. 5.13).

Nach dieser Regel ist der Zerfall $\psi \to D\bar{D}$ zwar bevorzugt (Abb. 5.13(a)), aber wegen Energieerhaltung nicht möglich. So bleibt nur ein Zerfall in Mesonen ohne Charm übrig (b), der hier noch viel stärker unterdrückt ist als beim ϕ-Zerfall. Wir werden das Problem der Breite des ψ weiter in Abschnitt 5.15 diskutieren.

Es werden noch schwerere Charmoniumzustände beobachtet, aber sie liegen alle oberhalb der $D\bar{D}$-Schwelle; höherliegende Zustände werden rasch breiter, weil die Zerfälle in $D\bar{D}$ und andere *charmante* Mesonen nach der Zweig-Regel bevorzugt werden. Es wurden sowohl pseudoskalare Mesonen D^+ $(= c\bar{d})$, D^0 $(= c\bar{u})$ und ihre Antiteilchen, als auch Vektormesonen D^* mit Zerfällen in πD katalogisiert; ferner F-Mesonen $(= c\bar{s}$ etc.), die sowohl Charm als auch Seltsamkeit tragen. Diese pseudoskalaren Mesonen zerfallen durch schwache Wechselwirkung mit $\Delta C = 1$ in Zustände ohne Charm, wobei der Zerfall in Kaonen (z.B. $D^0 \to K^-\pi^+$ usw.) durch den Cabbibo-Unterdrückungsfaktor bevorzugt wird. Abbildung 2.15 zeigt ein schönes Beispiel für Produktion und Zerfall eines Vektormesons D^* in einer Neutrinoreaktion in der BEBC-Blasenkammer am CERN.

5.13.2 Ypsilon-Zustände (Υ)

Der Entdeckung der schmalen Charmoniumzustände $(\psi = c\bar{c})$ im Jahr 1974 folgte im Jahr 1977 die Entdeckung ähnlich schmaler Resonanzen im Massenbereich 9.5–10.5 GeV. Man schrieb sie den gebundenen Zuständen von noch schwereren *bottom*-Quarks mit Ladung $^1/_3$ zu und nannte sie allgemein $\Upsilon = b\bar{b}$ — siehe Tabelle 5.8.

Tabelle 5.8 Ypsilon-Zustände

	$\Upsilon(1^3S)$	$\Upsilon'(2^3S)$	$\Upsilon''(3^3S)$	$\Upsilon'''(4^3S)$
Masse, GeV	9.46 ± 0.01	10.02 ± 0.01	10.35 ± 0.01	10.57 ± 0.01
$\Gamma_{e^+e^-}$, keV	1.2 ± 0.2	0.50 ± 0.14	0.40 ± 0.10	0.30 ± 0.10
$\Gamma_{(\text{tot})}$, MeV	0.042 ± 0.015	0.03 ± 0.01	—	14 ± 5

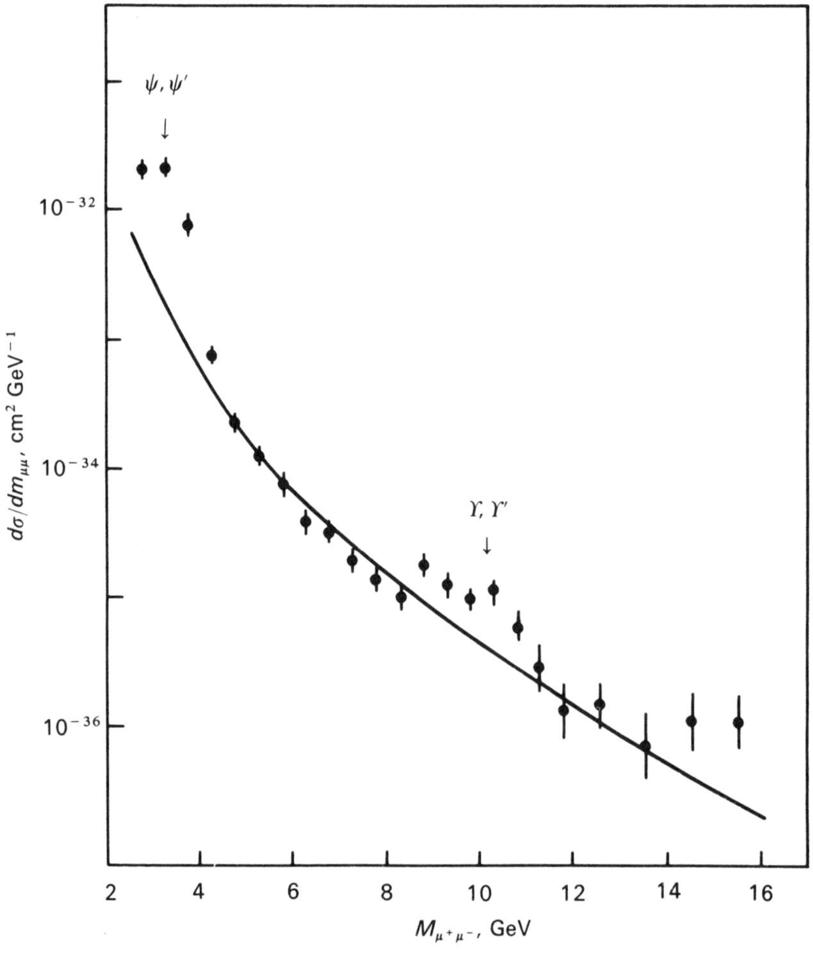

Abbildung 5.14 Erster Beweis für die Existenz der Ypsilon-Resonanzen Υ, Υ' durch Herb et al. (1977) aus dem Spektrum von Myonpaaren, die in Kollisionen von 400 GeV-Protonen an Kernen im Fermilab-Labor nahe Chicago beobachtet wurden. Im Bereich dieser Resonanzen ist der Wirkungsquerschnitt deutlich über dem schnell abfallenden, kontinuierlichen Untergrund überhöht. Die individuellen Zustände Υ, Υ' etc. konnten hier nicht aufgelöst werden.

Abbildung 5.14 zeigt die resultierenden Massenspektren von Myonpaaren, wie sie in 400 GeV-Proton-Nukleon-Kollisionen

$$p + \text{Be, Cu, Pt} \rightarrow \mu^+ + \mu^- + \text{weitere Teilchen},$$

in einem Experiment von Herb et al. (1977) und Irmes et al. (1977) am FNAL beobachtet wurden. Eine breite Überhöhung ist bei 10 GeV über einem schnell abfallenden Untergrund zu erkennen. Da die Gesamtbreite ($\simeq$ 1.2 GeV) größer als die experimentelle Auflösung ($\simeq$ 0.5 GeV) war, wurde auf zwei oder drei Resonanzen mit 9.4, 10.01, und evtl. 10.4 GeV geschlossen, die man Υ, Υ' und Υ'' nannte.

Tabelle 5.9 Leptonische Zerfallsbreiten von Vektormesonen

Meson	Quark-Wellenfunktion	$\lvert\Sigma a_i Q_i\rvert^2$	$\Gamma_{e^+e^-}$, keV	$\Gamma_{e^+e^-}/\lvert\Sigma a_i Q_i\rvert^2$
ρ	$(u\bar{u} - d\bar{d})/\sqrt{2}$	$\frac{1}{2}$	6.6±0.8	13.2±1.5
ω	$(u\bar{u} + d\bar{d})/\sqrt{2}$	$\frac{1}{18}$	0.71±0.07	12.8±1.3
ϕ	$s\bar{s}$	$\frac{1}{9}$	1.31±0.06	11.8±0.5
ψ	$c\bar{c}$	$\frac{4}{9}$	4.7±1.0	10.5±2.3
Υ	$b\bar{b}$	$\frac{1}{9}$	1.2±0.2	10.6±1.8

Wie auch die Charmonium-Zustände, so wurden die Υ und Υ'' ebenfalls (ein Jahr später) in e^+e^--Experimenten am DORIS-Speicherring in Hamburg gefunden und klar aufgelöst. Am CESR-Ring in Cornell wurden die schmalen Resonanzen Υ'' und Υ''' identifiziert. Wie schon beim Charmonium, so waren die scheinbaren Breiten aller drei Υ-Zustände durch die Auflösung in der Strahlenergie gegeben. Die Massen und leptonischen Zerfallsbreiten sind in Tabelle 5.8 angegeben.

Im nichtrelativistischen Quarkmodell erwartet man, daß die leptonische Zerfallsbreite eines Vektormesons, das an ein einzelnes Photon koppelt, dem Quadrat der Quarkladungen proportional ist (Rutherford-Streuung, siehe (5.27)). Empirisch findet man, daß das Verhältnis der leptonischen Breite zum Quadrat der mittleren Quarkladung, $\Gamma_{e^+e^-}/\lvert\Sigma a_i Q_i\rvert^2$, für die ρ-, ω-, ϕ- und ψ-Mesonen ungefähr gleich ist. Das Υ fügt sich gut in Tabelle 5.9 ein, wenn man annimmt, daß es aus $b\bar{b}$-Quarks besteht, die jeweils die Ladung $Q = \pm 1/3$ besitzen.

Man bemerkt in Tabelle 5.8, daß der $4\,{}^3S$-Zustand des Υ''' eine wesentlich größere Gesamtbreite als die niedrigeren S-Zustände aufweist. Dies deutet darauf hin, daß er sich oberhalb der Schwelle für die Paarproduktion von pseudoskalaren B-Mesonen ($\bar{b}u$, $b\bar{u}$, $b\bar{d}$, $\bar{b}d$) befindet, analog zum D-Meson, welches c-Quarks enthält. Die Masse des B-Mesons beträgt 5.27 GeV.

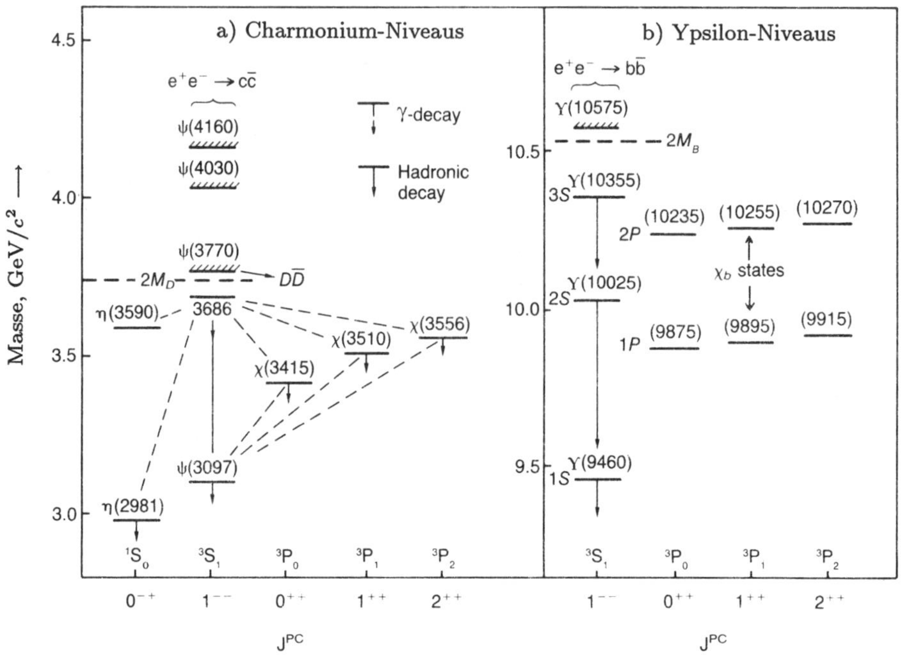

Abbildung 5.15 Energieniveaus von (a) Charmonium ($c\bar{c}$) und (b) Ypsilon ($b\bar{b}$). Die Zahlen in Klammern geben die Massen in MeV/c^2 an.

5.14 Vergleich zwischen Quarkonium und Positronium

Die Abbildungen 5.15 und 5.16 zeigen die Energieniveauschemata des Charmoniums ($c\bar{c}$), der Ypsilon-Serie ($b\bar{b}$) und des Positroniums (e^+e^-). Die Ähnlichkeiten sind wirklich hervorstechend und eine überzeugende Stütze für die These, daß die ψ- und Υ-Familien wie das Positronium als gebundene Zustände von Fermion-Antifermion-Paaren beschrieben werden können. Wir wollen nun diesen Vergleich auf eine quantitative Grundlage stellen.

Im $c\bar{c}$-Niveauschema kennen wir bereits die Triplett-S-Zustände $\psi(3100)$ und $\psi(3685)$ mit $J^{PC} = 1^{--}$. Wie in Abschnitt 3.9 sind $P = (-1)^{l+1}$ und $C = (-1)^{l+s}$. Zusätzlich gibt es einen Kandidaten für einen ${}^1S_0$-Singlettzustand mit $J^{PC} = 0^{-+}$, der $\eta_c(2980)$ genannt wird und über den radiativen Zerfall $\psi(3685) \to \gamma\eta_c$ produziert wird. Bei einer Masse von 3590 MeV existiert zudem ein 2^1S_0-Zustand. Die P-Zustände werden als χ_c bezeichnet (oder χ_b im Ypsilon-System, siehe Abb. 5.15(b)), sie werden über radiative Zerfälle $\psi \to \gamma\chi_c$ erzeugt. Alle diese Zustände liegen unterhalb der Schwelle für $D\bar{D}$-Erzeugung und sind schmal (Zweig-Regel). Das Υ-System enthält drei Gruppen von schmalen S-Zuständen und zwei von

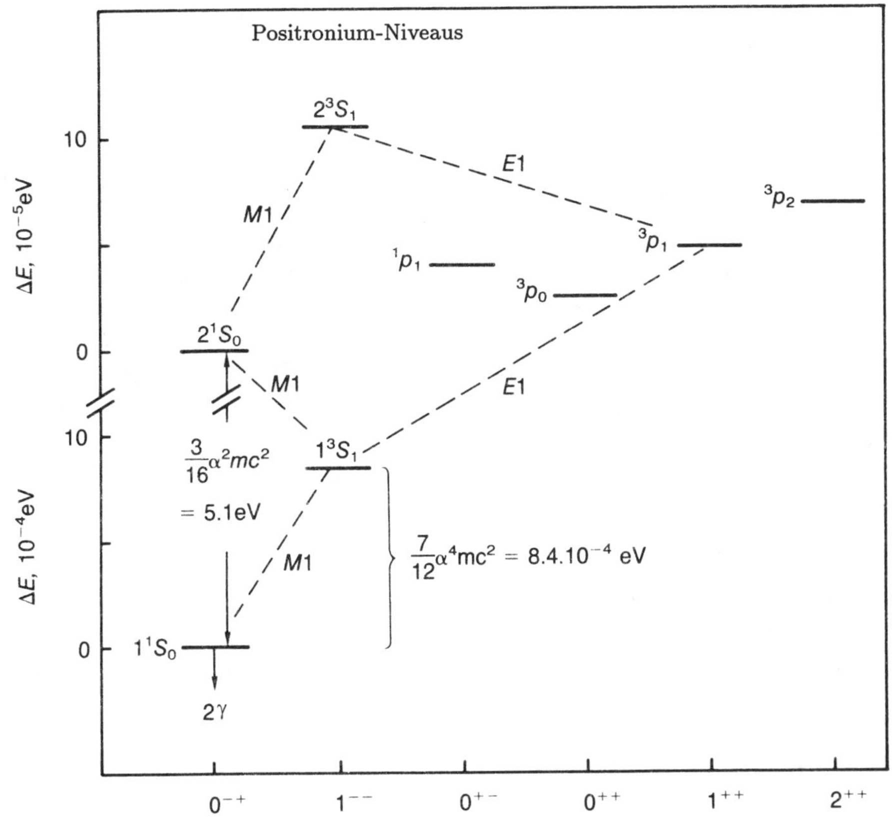

Abbildung 5.16 Energieniveaus des Positroniums. Man beachte den Sprung in der (vertikalen) Energieskala.

P-Zuständen unterhalb der Schwelle für die Erzeugung von B-Mesonpaaren (10.54 GeV).

Im Positronium sind die Energieniveaus durch die nichtrelativistische Schrödingergleichung und ein Coulombpotential gegeben,

$$E_n = -\frac{\alpha^2 mc^2}{4n^2}, \tag{5.44}$$

wobei n die Hauptquantenzahl ist (entsprechend $1S$-, $2S$-, ...-Zuständen) und m die Elektronmasse. Dies ist die bekannte Balmerformel für die Wasserstoffatom-Niveaus, enthält jedoch einen Faktor $1/2$, um der reduzierten Masse im Positronium Rechnung zu tragen. In der relativistischen Beschreibung sind diese Niveaus aufgespalten: Spin-Bahn-Wechselwirkung erzeugt S, P, ...-Zustände mit verschiedenem Bahndrehimpuls $l(< m)$, und Spin-Spin-Wechselwirkung (über die magnetischen Momente) erzeugt Triplett- $^3S_1$- und Singlett- $^1S_0$-Zustände. In der Atomspektroskopie werden diese Aufspaltungen als Feinstruktur und Hyperfeinstruktur bezeichnet, aber im Positronium haben beide Komponenten gleiche magnetische Momente und eine ähnliche Größenordnung von

$$\Delta E(\text{Feinstruktur}) \sim \frac{\alpha^4 mc^2}{n^3}. \tag{5.45}$$

Die Triplett- und Singlettzustände werden Ortho- und Para-Positronium genannt, siehe Abschnitt 3.9. Die Gleichungen (5.44) und (5.45) sind in führender Ordnung in α angegeben; in der vollständigen quantenelektrodynamischen Rechnung (QED) gibt es Korrekturterme höherer Ordnung mit Beiträgen der Größenordnungen α, α^2, ... usw. Die gemessenen Übergangsfrequenzen für $2^3S_1 \to 1^3P_2$ (8628 MHz) und $1^3S_1 \to 1^1S_0$ (203286 MHz) sind in exakter Übereinstimmung mit der QED-Vorhersage, desgleichen die Lebensdauern (3.46) und (3.47) für den Zerfall der Grundzustände von Ortho- und Para-Positronium.

Wir wissen, daß das Potential im Positroniumsystem die Coulomb-Form

$$V_{em} = -\frac{\alpha}{r}, \tag{5.46}$$

besitzt, worin r der Abstand von e^+ und e^- ist. Die genaue Form des Potentials in schweren $Q\bar{Q}$-Systemen ist jedoch unbekannt. In der Feldtheorie von Quark-Quark-Wechselwirkungen, der Quantenchromodynamik (QCD), wird das starke Farbfeld durch masselose Vektorgluonen vermittelt, genau wie in der QED durch Vektorphotonen. Folglich könnte man eine Coulomb-Form für das Potential erwarten, und dies wird experimentell durch den Wirkungsquerschnitt für Zwei-Jet-Ereignisse an Hadronspeicherringen bestätigt (siehe Abschnitt 8.9). Bei großen Abständen r unterliegen die Quarks den Einschließungskräften. Aus der Linearität von J als Funktion von (Masse)^2 für Baryonen und Mesonen wird abgeleitet, daß das Potential linear bei großen r ist (siehe Abschnitt 8.10). Also ist ein bevorzugtes QCD-Potential

$$V_{\mathrm{QCD}} = -\frac{4}{3}\frac{\alpha_s}{r} + kr, \tag{5.47}$$

worin $4/3$ ein Farb-Faktor*) ist (siehe Anhang J). α_s ist die Quark-Gluon-Kopplungskonstante analog zu α in Gleichung (5.46), und $k \simeq 1$ GeV fm^{-1}. Ein Graph dieses Potentials ist für $\alpha_s = 0.3$ in Abb. 5.17 gezeigt. Die Energieniveaus für ein solches Potential müssen numerisch berechnet werden. Der erste Term liefert eine $2S - 1S$-Trennung proportional zur Masse der Konstituenten wie in (5.44), der zweite Term dagegen proportional zu $m^{-1/3}$. Die Ähnlichkeit der beobachteten Aufspaltung in den ψ-

*) Der Faktor $4/3$ soll kurz erläutert werden. Das Quark hat drei Farbfreiheitsgrade und koppelt an ein Oktett von Gluonzuständen. Durch Mittelung über alle Quarkfarben erhalten wir einen Faktor $8/3$ im Vergleich zum Elektromagnetismus (eine 'Farbe' für das Photon und eine Fermionladung). Da α_s als das zweifache Quadrat der starken Farbladung definiert ist, müssen wir noch durch 2 dividieren.

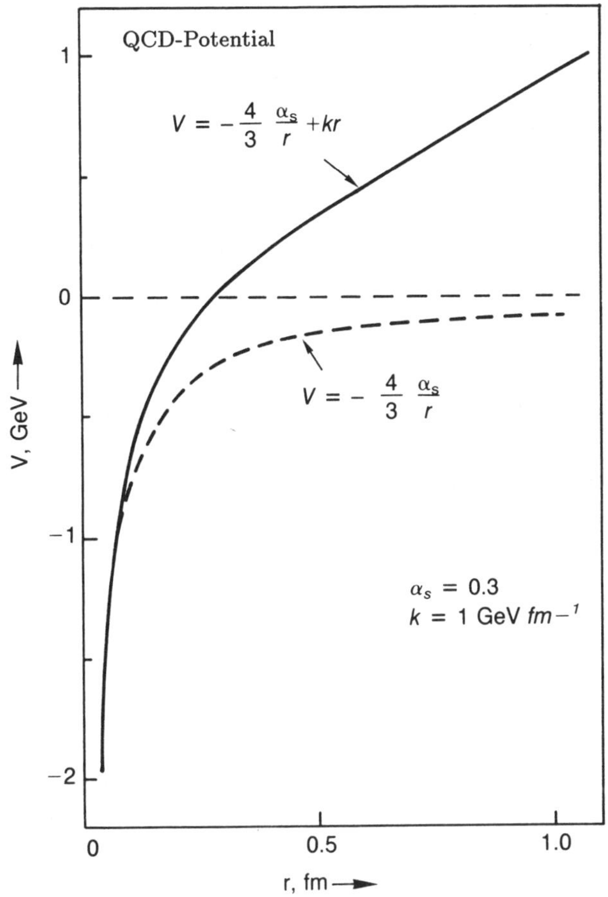

Abbildung 5.17 Form des QCD-Potentials $V = \frac{-4}{3}(\alpha_s/r) + kr$, mit $\alpha_s = 0.3$ und $k = 1$ GeV fm^{-1}.

und Υ-Zuständen (589 MeV und 565 MeV, Abb. 5.15) trotz der um einen Faktor drei unterschiedlichen Quarkmassen ist vermutlich auf einen zufälligen Ausgleich zwischen diesen beiden Termen zurückzuführen.

Wir wollen nun nur den ersten (Coulomb-) Term von Gl. (5.47) betrachten, um aus der analytischen Lösung ein qualitatives Gefühl für die Energieniveauaufspaltung zu erhalten. Für ein $1/r$-Potential sind $\Delta E(2^3S_1 - 1^3S_1) \simeq \alpha^2 m$ und $\Delta E(2^3S_1 - 1^3P_2) \simeq \alpha^4 m$. Indem wir die c- und b-Quarkmassen gleich den D- und B-Mesonmassen setzen, erhalten wir Werte für α_s (in Ausdrücken von α), die in Tabelle 5.10 gezeigt sind. Die Faktoren 10^8 in der Struktur- und 10^{13} in der Feinstruktur-Aufspaltung können durch die wesentlich größeren Massen der Konstituenten und einen Wert $\alpha_s \simeq 1$ erklärt werden. Da wir den linearen Term in (5.47) vernachlässigt haben, führt dies nach Abb. 5.17 zu einer Überschätzung von

Tabelle 5.10 Niveauaufspaltungen für Positronium und Quarkonium

System	Kopplung	Masse des Bausteins	$\Delta E(2^3S_1-1^3S_1)$ $\sim\alpha^2 m$	α_s	$\Delta E(2^3S_1-1^3P_2)$ $\sim\alpha^4 m$	α_s
e^+e^-	α=1/137	0.51 MeV	5.1 eV	—	$3.6.10^{-5}$ eV	—
$\psi=c\bar{c}$	$4\alpha_s/3$	1870 MeV	589 MeV	~1	130 MeV	~1
$\Upsilon=b\bar{b}$	$4\alpha_s/3$	5280 MeV	565 MeV	~0.6	110 MeV	0.7

α_s. Numerische Lösungen des gesamten Potentials geben $\alpha_s \simeq 0.3$ für die ψ- und Υ-Systeme. Dies ist verträglich mit den Werten, die man aus der Häufigkeit von Drei-Jet-Ereignissen in der e^+e^--Vernichtung bei hohen Energien im Kontinuum, aus dem Zwei-Jet-Wirkungsquerschnitt in Hadron-Hadron-Stößen und aus der Analyse von tiefinelastischer Lepton-Nukleon-Streuung erhält. Alle diese Themen werden wir in Kapitel 8 diskutieren.

5.15 Interpretation der Zweig-Regel

Wir diskutieren nun die außergewöhnlich schmale Energiebreite der schweren Quarkoniumzustände (in der Größenordnung von 10 keV), die in der Zweig-Regel für unverbundene Quarklinien zum Ausdruck kommt (Abb. 5.13). Diese Zustände und ebenso die Mesonen, in die sie zerfallen, sind Farbsingletts, so daß die Verbindung zwischen den Anfangs- und Endzuständen durch eine Kombination von Farbsinglett-Gluonen hergestellt werden muß. Daher müssen mindestens zwei Gluonen ausgetauscht werden. Da ψ und Υ an Photonen koppeln, haben sie die Quantenzahlen der Ladungskonjugation $C = -1$. Mit dem gleichen Argument, das wir schon für Positronium benutzt haben, muß die Anzahl ausgetauschter Gluonen ungerade sein. Ein drei-Gluon-Austausch ist also die einfachste Möglichkeit. Für das ψ haben wir zum Beispiel aus Gleichung (5.27)

$$\Gamma(\psi \to \gamma \to e^+e^-) = \frac{16\pi\alpha^2}{M^2}|\psi(0)|^2|Q_i|^2 \simeq 5\,\text{keV}, \tag{5.48}$$

während für den hadronischen Zerfall über drei Gluonen gilt

$$\Gamma(\psi \to 3G \to \text{Hadronen}) = \frac{160(\pi^2-9)}{81M^2}\alpha_s^3|\psi(0)|^2 \simeq 70\,\text{keV}. \tag{5.49}$$

Abgesehen von einem numerischen Faktor $5/18$ wegen der Farbladungen in $Q\bar{Q} \to 3G$ und der Substitution $\alpha \to \alpha_s$ ist diese Beziehung gleich derjenigen für $e^+e^- \to 3\gamma$ [(3.47)]. Aus (5.48) und (5.49) erhalten wir Zahlenwerte für α_s, die in Tabelle 5.11 angegeben sind. Die Werte aus den leptonischen Verzweigungsverhältnissen sind in guter Übereinstimmung mit den vorherigen Abschätzungen. Der größere Wert von α_s aus dem $\phi(1020)$-Zerfall ist konsistent mit einem Abfall von α_s zu höheren Massen und Impulsüberträgen hin, worauf wir in Abschnitt 8.2 zurückkommen. Im Fall des $\phi(1020)$ ist Γ(total) nur für den Zweig-verbotenen Zerfall $\phi \to 3\pi$ angegeben und schließt den Beitrag von $\phi \to K\bar{K}$ nicht ein. Die geringe Breite der

Tabelle 5.11 Leptonische Verzweigungsverhältnisse für Vektormesonen

Meson	$\Gamma_{e^+e^-}/\Gamma_{\text{total}}$	α_s
$\phi(1020)$	$(2.09 \pm 0.07) \times 10^{-3}$	0.44
$\psi(3100)$	$(7.4 \pm 1.2) \times 10^{-2}$	0.21
$\Upsilon(9480)$	$(3.0 \pm 1.0) \times 10^{-2}$	0.18

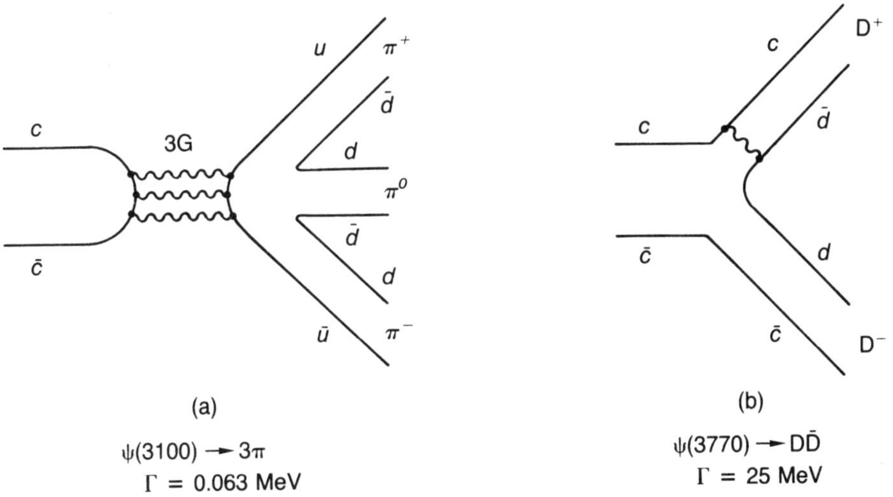

Abbildung 5.18 Interpretation der Zweig-Regel für Quarkonium-Zerfall nach der QCD. Der Zerfall (a) des $\psi(3100)$ in Quarkzustände ohne charm über den Drei-Gluonaustausch, ist stark unterdrückt im Vergleich zum Zerfall (b) des $\psi(3770)$ in ein $D\bar{D}$-Paar, welches charm-Quarks enthält.

Quarkoniumzustände läßt sich also dem Austausch von drei *harten* Gluonen wie in Abb. 5.18(a) zuschreiben, der die hadronische Breite entscheidend begrenzt. Im Gegensatz dazu kann der Zerfall $\psi(3770) \to D\bar{D}$ durch ein einzelnes „weiches“ Gluon mit geringem Impulsübertrag erfolgen, und entsprechend hat dieser Zustand eine viel größere Breite (25 MeV verglichen mit 0.063 MeV).

5.16 Das Top-Quark

Nach der Entdeckung des Ypsilon-Mesons im Jahr 1977 war die Existenz eines t-Quarks (t für top) vorausgesagt worden, das als Partner des b-Quarks eine Ladung von $+2/3$ haben sollte. Die Existenz von drei Quarkpaaren mit Ladungen $+2/3$ und $-1/3$ war parallel zu den drei Leptonpaaren mit Ladungen -1 und 0 aufgrund von Symmetrieüberlegungen erwartet worden, siehe Abschnitt 7.12. Die experimentelle Suche bei den (gegenwärtig) höchsten

Energien am e^+e^--Speicherring PETRA haben gezeigt, daß $m_t > 22$ GeV. Vorläufige Resultate vom $p\bar{p}$-Speicherring am CERN finden Ereignisse, die mit der Erzeugung und dem Zerfall von W-Bosonen nach der Reaktion $W \to t\bar{b} \to 2$ Jets + geladenes Lepton (e oder μ) konsistent sind, mit einer top-Masse von $m_t \simeq 40$ GeV (Arnison et al. 1984a).*)

5.17 Die Suche nach freien Quarks

Eine intensive Suche nach freien Quarks war begonnen worden, seitdem die Quarkhypothese der Hadronsubstruktur im Jahre 1964 von Gell-Mann und Zweig formuliert worden war. Die überwiegende Mehrzahl solcher Experimente konnte keine Evidenz für die Existenz freier Quarks finden. Daraus leitete man das Postulat des Quarkeinschlusses ab. Dies besagt, daß man Quarks aufgrund ihrer gegenseitigen Wechselwirkung nicht als freie Teilchen trennen kann, wenn sie einmal in einem Hadron gefangen sind.

Die experimentellen Ergebnisse für oder gegen die Existenz freier Quarks sind bereits ausführlich zusammengestellt worden. Hier soll daher nur eine Zusammenfassung gegeben werden. Generell lassen sich zwei Klassen von Experimenten unterscheiden:

(a) Produktion von Quarks in situ in hochenergetischen Stößen an Beschleunigern, in Hadron-Hadron-, Lepton-Hadron- und e^+e^--Reaktionen, sowie in sekundären Reaktionen der kosmischen Strahlung.

(b) Suche nach Quarks, die bereits in Materie existieren, entweder in der Erde, oder sonstwo.

5.17.1 Beschleunigerexperimente

Die Suche nach Quarks in den Reaktionsprodukten von Hadron-Hadron-Stößen (gewöhnlich Proton-Kern-Stöße) wurde mit Kombinationen von Čerenkovzählern, Pulshöhen- und Flugzeittechniken und Magnetspektrometern ausgeführt, um Teilchen mit Ladungen $|2e/3|$ und $|e/3|$ zu identifizieren. Diese Experimente liefern Grenzwerte von $< 10^{-11}$ für das Verhältnis von erzeugten Quarks zu Pionen und sind auf freie Quarkmassen bis zu 10 GeV hin empfindlich. Normalerweise sind solche hadronischen Wechselwirkungen ziemlich *weiche* Stöße, in denen der Impulsübertrag klein ist. Lepton-Hadron-Stöße (siehe Kapitel 8) bieten höhere Impulsüberträge und könnten daher wirkungsvoller sein, um ein Quark aus dem Nukleon herauszuschlagen. Die obere Grenze liegt hier bei $< 10^{-4}$ Quarks pro Wechselwirkung. In e^+e^--Reaktionen beträgt das Verhältnis $\sigma(e^+e^- \to$ Quarks

*) Anmerkung der Übersetzer: Das Top-Quark ist bis jetzt (1990) noch nicht gefunden worden. Seine Masse muß nach neueren Experimenten (CDF am Fermilab) größer als 78 GeV sein.

+ andere Teilchen) / $\sigma(e^+e^- \to \mu^+\mu^-) < 10^{-2}$. Die bisherigen Leptonexperimente sind nur bis zu Quarkmassen von 20 GeV empfindlich.

Die Analysen von Sekundärteilchen der kosmischen Strahlung haben mehr als einmal ein mögliches Quarksignal ergeben, aber die Evidenz war nie überzeugend. Die einzige gesicherte Aussage besteht hier darin, daß der Quarkfluß auf Meereshöhe weniger als 10^{-10} des primären Nukleonflusses beträgt, der auf die Atmosphäre trifft. Die Ausgefeiltheit und Datenredundanz dieser Experimente ist den Beschleunigerexperimenten weit unterlegen.

5.17.2 Die Suche nach bereits existierenden Quarks

Wenn Quarks in normaler Materie existieren, könnten sie sich in Quark-Atomen befinden, die besondere physikalische und chemische Eigenschaften hätten und natürlich eine nichtganzzahlige Nettoladung besäßen. Einige Experimente haben daher versucht, durch elektrische Felder Quarks in Materieproben anzureichern. So wurde die Dichte freier Quarks in Seewasser zu $< 10^{-24}$ Quarks pro Nukleon gemessen. Wenn Quarks in der Höhenstrahlung existierten und in den Ozeanen gestoppt würden, ergäbe sich daraus ein Quarkfluß in der kosmischen Strahlung von weniger als 10^{-8} des primären Nukleonflusses. Weitere Suchaktionen wurden ferner in Mondfelsen, Meteoriten, Tiefseesedimenten und sogar Austernschalen gemacht. Die Existenz von Quarks wurde durch optische oder Massenspektroskopie mit einer Ionenquelle oder einem Lichtbogen untersucht. Alle diese Untersuchungen sind ohne Resultat verlaufen und ergeben Grenzwerte für die Quarkdichte, die nicht viel unterhalb der von Seewasser liegen. Natürlich kann man einwenden, daß Quarkatome wegen ihrer besonderen physikalischen und chemischen Eigenschaften nur in ganz bestimmten Materialien oder gar außerhalb des Sonnensystems vorkommen.

Bislang hat nur ein Experiment ein positives Resultat berichtet und tatsächlich die Existenz freier Teilchen mit gebrochenzahliger Ladung behauptet (LaRue, Fairbank und Hebard, 1977). Das Prinzip ihrer Elektrometermethode ähnelt dem des Öltropfenversuchs von Millikan. Es besteht darin, kleine diamagnetische Niob-Kügelchen von 100 μg in einem geeignet geformten Magnetfeld in der Schwebe zu halten, wobei die Proben vertikale Oszillationen mit einer Frequenz $f \simeq 1$ Hz ausführen. Die Kugeln befinden sich zwischen zwei Kondensatorplatten (1 cm Abstand), an die ein oszillierendes Feld mit der Frequenz f, jedoch 90° Phasenverschiebung zu den freien Oszillationen angelegt wird. Die Änderungsrate der Oszillationsamplitude ist proportional zur elektrischen Ladung der Kugeln. Die Nettoladung auf einer Kugel kann durch Annäherung einer radioaktiven Elektronen- oder Positronenquelle um $\pm 1e$ verändert werden. Mit diesen Änderungen wird die Apparatur kalibriert. Die untersuchten Niobiumproben waren in Niobium- oder Wolframsubstraten wärmebehandelt, um den Q-Wert der natürlichen Oszillationen zu verbessern. In der neuesten Veröffentlichung (LaRue et al. 1981) wurde über 39 Messungen an 13 Kugeln mit Radien von 100–140 μm berichtet. Fünf der Kugeln zeigten verschiedentlich gebrochenzahlige Ladungen. Fünf Messungen ergaben eine mittlere negative Ladung von $-0.343 \pm 0.011e$ und neun Messungen eine positive Ladung von $+0.328 \pm 0.007e$. Die übrigen 39 Messungen lieferten ganzzahlige Ladungen von $(0.001 \pm 0.003)e$. Die Anzahl gebrochenzahliger Ladungen entspricht etwa 10^{-20} Quarks pro Nukleon, wenn wir alle Nukleonen pro Kugel mit einschließen. Die ist vergleichbar mit den Grenzwerten der anderen Quarksuche-Experimenten.

Ein zweites Experiment (Gallinaro, Marinelli und Morpugo, 1977) verwendete ferromagnetische Eisenzylinder von 200 μg, die in einem Magnetfeld gehalten wurden. Hier wurden nur ganzzahlige Ladungen gefunden, d.h. $\Delta Q < 3 \times 10^{-21}$ Quarks pro Nukleon. Eine Zusammenfassung von Schwebeexperimenten mit Magnetfeldern findet man bei Marinelli und Morpugo, 1982.

Im Hinblick auf die obigen Resultate kann man schließen, daß freie Quarks unter terrestrischen Bedingungen mit einer Häufigkeit von nicht mehr als $\leq 10^{-20}$ der gebundenen Quarks auftreten, wenn es sie überhaupt gibt. Der Quarkeinschluß in Hadronen mag auch absolut gültig sein, und irgendwelche existierenden Teilchen mit gebrochenzahliger Ladung wären Überreste aus einer frühen Phase der Erzeugung im Universum.

Aufgaben

5.1 (a) Beweisen Sie die Ausdrücke für das magnetische Moment der Baryonen in Tabelle 5.5. Die magnetischen Momente von Proton und Neutron, wie auch das der entsprechend gewählten Kombinationen von Hyperonen, hängen nur von den magnetischen Momenten der u- und d-Quarks ab. Nehmen Sie an, daß u- und d-Quark je ein Drittel der Nukleonmasse tragen, berechnen Sie die Baryon-Momente und vergleichen Sie sie mit den experimentell gefundenen Werten. (b) Die anomalen magnetischen Momente von Proton und Neutron sind nahezu betragsgleich, haben aber verschiedene Vorzeichen. Zeigen Sie, daß man dieses Resultat verstehen kann, wenn man das Nukleon als Mischung aus einem punktförmigen (Dirac-) Teilchen und einem zirkulierenden Pion in einem P-Zustand auffasst. Das Pion trägt dann als ein Kreisstrom zum gesamten magnetischen Moment bei.

5.2 Diskutieren Sie die aufgrund von Erhaltungssätzen erlaubten Zerfälle des Ω^--Hyperons und zeigen Sie, daß nur ein schwacher Zerfall möglich ist.

5.3 Berechnen Sie $|\psi(0)|^2$ in (5.27) aus der typischen Größe eines Hadrons und schätzen Sie damit die absoluten leptonischen Breiten der Vektormesonen ρ, ω, ϕ.

5.4 Zeigen Sie, daß aus dem additiven Quarkmodell die folgenden Beziehungen zwischen Wirkungsquerschnitten folgen:

$$\begin{aligned}\sigma(\Lambda p) &= \sigma(pp) + \sigma(K^-n) - \sigma(\pi^+p),\\ \sigma(\Sigma^-p) &= \sigma(pp) + \sigma(K^-p) - \sigma(\pi^-p) + 2[\sigma(K^+n) - \sigma(K^+p)],\\ \sigma(\Sigma^-n) &= \sigma(pp) + \sigma(K^-p) - \sigma(\pi^-p).\end{aligned}$$

Literatur

Close, F.E., *An Introduction to Quarks and Partons*, Academic Press, 1979.

Berkelman, K., „Upsilon spectroskopy at CESR“, *Phys. Rep.* **98**, 145 (1983).

Feldman, G.J., and M.L. Perl, „Recent results in e^+e^- annihilation above 2 GeV“, *Phys. Rep.* **33**, 285 (1977).

Franzini, P., and J. Lee-Franzini, „Upsilon resonances“, *Ann. Rev. Nucl. Part. Science* **33**, 1 (1983).

Gell-Mann, M., and Y. Ne'eman, *The Eightford Way*, Benjamin, New York, 1964.

Glashow, S.L., „Quarks with color and flavour“, *Sci. Am.* **233**, 38 (Oct. 1975).

Greenberg, O.W., „Quarks“, *Ann. Rev. Nucl. Science* **28**, 327 (1978).

Jones, L.W., „A review of quark search experiments“, *Rev. Mod. Phys.* **49**, 717 (1977).

Kernan, A., and G. Van Dalen, „Charm and beauty production in strong interactions“, *Phys. Rep.* **106**, 297 (1984).

Kim, Y.S., „The search for quarks in terrestrial matter“. *Contemp. Phys.* **14**, 289 (1973).

Kokkedee, J.J., *The Quark Model*, Benjamin, New York, 1969.

Lederman, L., „The upsilon particle“, *Sci. Am.* **239**, 60 (Oct. 1978).

Lipkin, H., *Lie Groups for Pedestrians*, North-Holland, Amsterdam, 1966.

Nambu, Y., „Confinement of quarks“, *Sci. Am.* **235**, 48 (Nov. 1976).

Schwitters, R.F., „Fundamental particles with charm“, *Sci. Am.* **238**, 56 (Oct. 1977).

Kapitel 6

Elektromagnetische Wechselwirkung

6.1 Einleitung

Die elektromagnetische Wechselwirkung ist uns bereits von den Bindungskräften in Atomen und Molekülen her vertraut. Unter Vernachlässigung von Spineffekten sind die Energieniveaus des Wasserstoffatoms durch

$$E = -\frac{\alpha^2\mu}{2n^2} \left(= -\frac{13.6}{n^2}\,\mathrm{eV} \right) \tag{6.1}$$

gegeben. Darin sind $\mu = mM/(m+M) \simeq m$ die reduzierte Masse, m und M die Massen von Elektron und Proton und $n = 1, 2, \ldots$ die Hauptquantenzahl. Andere einfache Systeme, die wie Myonium (μ^+e^-) und Positronium (e^+e^-) durch ein Coulombpotential gebunden werden, besitzen Energieeigenwerte, die durch die gleiche Formel beschrieben werden (wir haben diese Gleichung bereits in Kapitel 5.14 benutzt). In all diesen Systemen werden die tatsächlichen Niveaus durch Spin-Bahn- und Spin-Spin-Wechselwirkungen aufgespalten (Feinstruktur- und Hyperfeinstruktur-Aufspaltung), die beide von der Größenordnung $\alpha^2 E$ sind. Die Energien der Niveaus werden ferner durch radiative Korrekturen höherer Ordnung (Lamb-Shift) verschoben, wie es die QED vorhersagt.

Hier soll nun hervorgehoben werden, daß die Energiewerte der gebundenen Zustände — zum Beispiel die Abhängigkeit von μ und n in Gleichung (6.1) — von der $1/r$-Form des Coulombpotentials abhängen. Darüber hinaus messen sie auch Eigenschaften der Bausteine selber, wie etwa das Massenverhältnis (aus μ), magnetische Momente und die Kopplung α an das Coulombfeld.

In diesem Kapitel wollen wir uns mit dem Kontinuum von ungebundenen Zuständen befassen, das aus der elastischen Streuung von Elektronen an Protonen oder anderen Kernen resultiert. Wieder wird die Winkelverteilung der gestreuten Teilchen durch die Form des Potentials, die Kopplungsstärke α, die Massen und magnetischen Momente bestimmt (und natürlich durch die Energie des einfallenden Strahls). Zuerst behandeln wir den einfachsten Fall ohne Spin und dann die Modifikation durch Berücksichtigung des Teilchenspins.

6.2 Elastische Streuung spinloser Elektronen an Kernen

Die Rutherford-Streuung „spinloser" Elektronen an Kernen kann sowohl klassisch als auch mit Hilfe der Störungsrechnung erster Ordnung abgeleitet werden. Wir benutzen Gl. (4.4) für die Übergangswahrscheinlichkeit:

$$W = \frac{2\pi}{\hbar}|M_{if}|^2\rho_f. \tag{6.2}$$

Für ein zentrales Störpotential $V(r)$ eines ruhenden Kernes der Ladung Ze wird aus dem Matrixelement das Volumenintegral

$$M_{if} = \int \psi_f^* V(r)\psi_i d\tau, \tag{6.3}$$

worin ψ_i, ψ_f die Wellenfunktionen der Anfangs- und Endzustände des gestreuten Elektrons sind. Die Bornsche Näherung nimmt an, daß die Störung schwach ist, so daß nur eine einzelne Streuung berücksichtigt wird (man kann zeigen, daß diese Forderung äquivalent zur Bedingung $Z < 137$ ist). Vor und nach der Streuung können wir also ψ_i und ψ_f als ebene Welle darstellen. Mit den Wellenvektoren $\boldsymbol{k}_0$ und $\boldsymbol{k}$ für die ein- und auslaufende Welle erhalten wir aus (6.3):

$$M_{if} = \int e^{i(\boldsymbol{k}_0-\boldsymbol{k})\cdot\boldsymbol{r}} V(\boldsymbol{r}) d^3\boldsymbol{r}. \tag{6.4}$$

Wie in Gleichung (4.6) ist der differentielle Wirkungsquerschnitt W/v, wobei v die Geschwindigkeit des einfallenden Strahls relativ zum Streuzentrum ist. Wir setzen den Faktor für die Zustandsdichte

$$\rho_f = \frac{p^2\, d\Omega}{h^3}\, \frac{dp}{dE_f},$$

worin $\boldsymbol{p} = \hbar\boldsymbol{k}$ der Impuls des gestreuten Elektrons und E_f die Gesamtenergie des Endzustands ist. Dies gibt für den differentiellen Wirkungsquerschnitt

$$\frac{d\sigma}{d\Omega} = \frac{1}{(2\pi)^2\hbar^4}\, \frac{p^2}{v}\, \frac{dp}{dE_f}|M_{if}|^2. \tag{6.5}$$

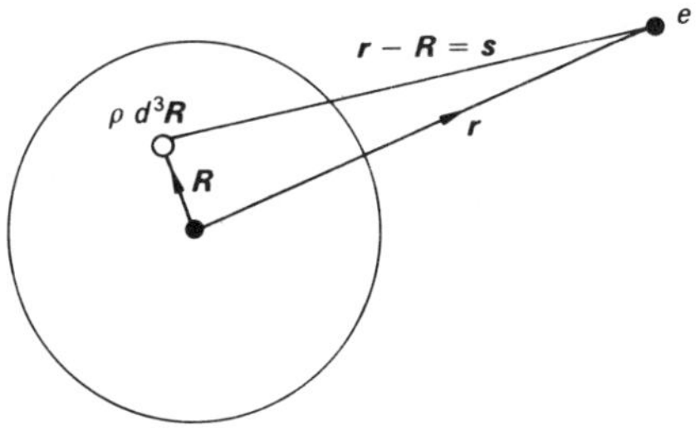

Abbildung 6.1

Bisher haben wir den Kern als unendlich massiv betrachtet. In der Praxis müssen wir jedoch den Rückstoß des Kerns berücksichtigen. Es seien $\boldsymbol{p}'$, W und M der Impuls, die Gesamtenergie und die Ruhemasse des rückstoßenden Kernes und θ der Ablenkwinkel des Elektrons (siehe Abb. 6.1). Mit den Einheiten $\hbar = c = 1$ gilt für den hochrelativistischen Grenzfall

$$p_0 = k_0 = E_0, \quad p = k = E, \quad v \simeq 1.$$

Alle Größen beziehen sich auf das Laborsystem. Aus Energieerhaltung

$$E_i = p_0 + M = E_f = p + W, \quad \boldsymbol{p}_0 = \boldsymbol{p} + \boldsymbol{p}'$$

finden wir

$$E_f = p + \sqrt{p'^2 + M^2} = p + \sqrt{p_0^2 + p^2 - 2pp_0 \cos\theta + M^2},$$

$$\left(\frac{\partial p}{\partial E_f}\right)_\theta = \frac{W}{E_f - p_0 \cos\theta} = \frac{W}{M}\frac{p}{p_0},$$

und

$$\frac{p}{p_0} = \frac{1}{1 + \frac{p_0}{M}(1 - \cos\theta)}. \tag{6.6}$$

Gleichung (6.5) wird damit zu

$$\frac{d\sigma}{d\Omega} = \frac{1}{4\pi^2} p^2 \frac{W}{M}\frac{p}{p_0}\left|\int e^{i\boldsymbol{q}\cdot\boldsymbol{r}} V(\boldsymbol{r}) d^3\boldsymbol{r}\right|^2, \tag{6.7}$$

mit dem Impulsübertrag

$$\boldsymbol{q} = \boldsymbol{p}_0 - \boldsymbol{p}.$$

Der Kern sei durch eine Kugel mit der Ladungsverteilung $\rho(\boldsymbol{R})$ wie in Abb. 6.1 repräsentiert, wobei die Ladung normiert ist zu

$$\int_0^\infty \rho(\boldsymbol{R}) d^3\boldsymbol{R} = 1.$$

Dann gilt

$$V(\boldsymbol{r}) = \frac{Ze^2}{4\pi}\int \frac{\rho(\boldsymbol{R}) d^3\boldsymbol{R}}{|\boldsymbol{r} - \boldsymbol{R}|},$$

und das Matrixelement wird

$$\begin{aligned} M_{if} &= \frac{Ze^2}{4\pi} \iint \frac{\rho(\boldsymbol{R}) e^{i\boldsymbol{q}\cdot\boldsymbol{R}} d^3\boldsymbol{R} e^{i\boldsymbol{q}\cdot(\boldsymbol{r}-\boldsymbol{R})} d^3\boldsymbol{r}}{|\boldsymbol{r}-\boldsymbol{R}|} \\ &= \frac{Ze^2}{4\pi} \int \rho(\boldsymbol{R}) e^{i\boldsymbol{q}\cdot\boldsymbol{R}} d^3\boldsymbol{R} \int \frac{e^{iqs\cos\alpha} 2\pi s^2\, ds\, d(\cos\alpha)}{s}, \end{aligned} \tag{6.8}$$

wobei $\boldsymbol{s} = \boldsymbol{r} - \boldsymbol{R}$ und α der Polarwinkel zwischen $\boldsymbol{s}$ und $\boldsymbol{q}$ sind. Wir definieren den Kern-Formfaktor

$$F(q^2) = \int \rho(\boldsymbol{R}) e^{i\boldsymbol{q}\cdot\boldsymbol{R}} d^3\boldsymbol{R}. \tag{6.9}$$

Damit

$$\begin{aligned} M_{if} &= \frac{Ze^2}{2} F(q^2) \int s\, ds \int e^{iqs\cos\alpha} d(\cos\alpha) \\ &= \frac{Ze^2}{2} F(q^2) \int \frac{s\, ds (e^{iqs} - e^{-iqs})}{iqs}. \end{aligned} \tag{6.10}$$

Leider divergiert dieses Integral — wie erwartet, da der Wirkungsquerschnitt für die Streuung zweier Teilchen über ein $1/r$-Feld unendlich ist. Tatsächlich wird der Kern natürlich in großer Entfernung durch die Hüllenelektronen abgeschirmt. Der Trick besteht darin, das Potential $V(\boldsymbol{r})$ durch einen Faktor $e^{-r/a}$ zu modifizieren, wobei a einen typischen Atomradius darstellt; anschließend setzen wir $a \to \infty$. Da $a \gg R$ ist (um einen Faktor $\simeq 10^4$), können wir $e^{-r/a} = e^{-s/a}$ setzen. Dann wird aus Gl. (6.10)

$$\begin{aligned} M_{if} &= \frac{(Ze^2/2)F(q^2)}{iq} \left\{ \int e^{-s(1/a - iq)} ds - \int e^{-s(1/a + iq)} ds \right\} \\ &= \frac{(Ze^2)F(q^2)}{iq} \left\{ \frac{1}{(1/a) - iq} - \frac{1}{(1/a) + iq} \right\} \\ &= \frac{(Ze^2/2)F(q^2)}{q^2 + (1/a)^2}. \end{aligned} \tag{6.11}$$

Wenn $q < 1/a$ ist (d.h. der Impulsübertrag klein ist), wird $M^2 \propto d\sigma/d\Omega \to$ konstant. Nun ist aber $a \sim 10^{-8}$ cm und $1/a \sim 1$ keV; im interessierenden Bereich ist $q \gg 1/a$ und wir erhalten für den differentiellen Wirkungsquerschnitt

$$\frac{d\sigma}{d\Omega} = \frac{4Z^2(e^2/4\pi)^2}{q^4} p^2 \frac{W}{M} \frac{p}{p_0} [F(q^2)]^2. \tag{6.12}$$

Wie später deutlich werden wird, gilt $(W/M) - 1 = q^2/2M^2 \ll 1$, so daß wir in allen praktischen Fällen $W/M = 1$ setzen können — der rückstoßende Kern ist nichtrelativistisch. Unter der weiteren Annahme, daß der Rückstoßimpuls $p' = q \ll p_0$ ist, können wir $p = p_0$ setzen und

$$q^2 = 2p_0^2 - 2p_0^2 \cos\theta = 4p_0^2 \sin^2 \frac{1}{2}\theta, \tag{6.13}$$

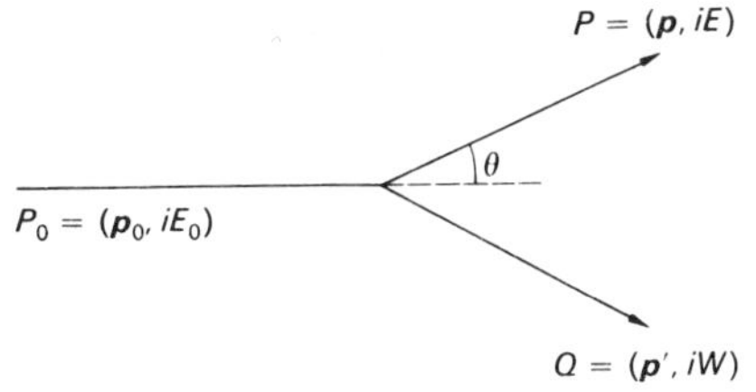

Abbildung 6.2

woraus folgt

$$\frac{d\sigma}{d\Omega} = \frac{Z^2(e^2/4\pi)^2[F(q^2)]^2}{4p_0^2 \sin^4 \frac{1}{2}\theta}. \tag{6.14}$$

Da

$$\alpha = \frac{e^2}{4\pi}$$

und

$$d\Omega = 2\pi\, d(\cos\theta) = \frac{2\pi\, dq^2}{2p_0^2}, \tag{6.15}$$

können wir unser Ergebnis auch in der Form

$$\frac{d\sigma}{dq^2} = \frac{4\pi\alpha^2 Z^2[F(q^2)]^2}{q^4} \tag{6.16}$$

schreiben. Die Gleichungen (6.14) und (6.16) sind die berühmten Rutherford-Streuformeln für ein effektiv punktförmiges Streuzentrum — d.h. für kleine Werte von q^2, so daß $F(q^2) \simeq 1$ ist.

Wir bemerken noch, daß die q^2-Abhängigkeit in (6.16) eine andere Art ist, die $1/r$-Abhängigkeit des Coulombpotentials auszudrücken, analog zum $1/n^2$-Verhalten der Energien der gebundenen Zustände in (6.1).

6.3 Vierer-Impulsübertrag

Gleichung (6.16) enthält den Dreierimpulsübertrag zwischen Projektil und Target, $q^2 = |\boldsymbol{q}|^2$ im Laborsystem. Es ist wünschenswert, dies in einer kovarianten Form auszudrücken, die von der Wahl des Bezugsystems (Laborsystem bzw. Schwerpunktsystem) unabhängig ist. Dazu definieren wir q nun als Viererimpulsübertrag. In Abb. 6.2 sind P_0, P und Q die Viererimpulse der beteiligten Teilchen. Jeder Viererimpuls hat drei Raum- und eine Zeitkomponente. Das Quadrat des Vierer-Impulsvektors (eines realen Teilchens) ist durch

$$P^2 = \boldsymbol{p}^2 + (iE)^2 = p^2 - E^2 = -m^2$$

gegeben und daher invariant (siehe Anhang A).

Ähnlich ist auch das Quadrat des Vierer-Impulsübertrags zwischen einlaufendem und gestreutem Elektron invariant und hat den Wert

$$\begin{aligned} q^2 &= (\boldsymbol{p}_0 - \boldsymbol{p})^2 - (E_0 - E)^2 = -2m^2 - 2pp_0 \cos\theta + 2EE_0 \\ &= 2pp_0(1 - \cos\theta) = 4pp_0 \sin^2 \frac{1}{2}\theta, \end{aligned} \tag{6.17a}$$

wenn wir die Elektronmasse vernachlässigen ($m^2 \ll q^2$). Da der Streuwinkel eine reelle Größe ist ($-1 < \cos\theta < 1$), ist q^2 stets positiv. Für den Austausch eines reellen Teilchens wäre q^2 negativ, d.h. mit dem gleichen Vorzeichen in der Energie- oder Zeitkomponente $(iE)^2$. Werte $q^2 > 0$ werden manchmal als raumartige Impulsüberträge bezeichnet, im Gegensatz zu den zeitartigen mit $q^2 < 0$. Alle Streuprozesse laufen notwendigerweise im raumartigen Bereich von q^2 ab.

Eine alternative Formulierung für q^2 erhalten wir aus der Betrachtung des Impulsübertrags auf den Kern:

$$q^2 = (-\boldsymbol{p}')^2 - (M - W)^2 = -2M^2 + 2MW = 2MT, \tag{6.17b}$$

wobei $T = W - M$ die durch den Stoß erhaltene kinetische Energie des Kerns ist. Daraus folgt

$$\frac{W}{M} = 1 + \frac{q^2}{2M^2}. \tag{6.18}$$

Wenn kohärent am Kern gestreut wird, ist $q^2 \ll M^2$, so daß in allen praktischen Fällen $W/M \simeq 1$ ist, wie bereits in (6.14) angenommen.

Obwohl die Ausdrücke für q^2 in (6.17) sich aus Größen berechnen, die im Laborsystem gemessen werden, so sind die numerischen Werte dennoch in allen Inertialsystemen identisch. Das Ergebnis für das Matrixelement $|M_{if}|^2$ bleibt unverändert, abgesehen davon, daß (6.9) genaugenommen ein Integral über Raum-Zeitkoordinaten mit qR als Skalarprodukt zweier Vierervektoren ist, wenn q ein Viererimpulsübertrag ist. Solange jedoch $W/M \simeq 1$ bleibt, ist der Energieübertrag (die Zeitkomponente) klein, und wir können (6.9) immer noch als Integral über eine räumliche Ladungsverteilung interpretieren.

Man erkennt, daß Gleichung (6.9) für den Kern-Formfaktor einfach die Fouriertransformierte der Ladungsverteilung $\rho(R)$ im Kern ist. Durch Integration über die Winkel kann man leicht zeigen, daß

$$F(q^2) = \int \rho(R) \frac{\sin qR}{qR} 4\pi R^2 \, dR. \tag{6.19}$$

Der Leser sei auch auf die Aufgaben (6.1, 6.2) am Ende dieses Kapitels verwiesen. Kerne haben Radien von typischerweise einigen Fermi. Wenn wir z.B. $R = 4$ fm nehmen, ist $qR = 1$ äquivalent zu $qc = \hbar c/R = 197$ MeV fm/4 fm $\simeq 50$ MeV. Wenn also $q \ll 50$ MeV$/c$ ist, handelt es sich um eine punktförmige Streuung, wogegen bei größeren Werten der Wirkungsquerschnitt durch den Formfaktor reduziert wird.

Schließlich bemerken wir noch, daß der differentielle Wirkungsquerschnitt (6.16) für $Z = 1$ und $F(q^2) = 1$ (Streuung eines spinlosen Elektrons an einem spinlosen Proton) die Form

$$\frac{d\sigma}{dq^2} = \frac{4\pi\alpha^2}{q^4} \tag{6.20}$$

annimmt. Dafür gibt es eine einfache Interpretation. Das Matrixelement läßt sich als Produkt zweier Vertexfaktoren und eines Photon-Propagatorterms schreiben (siehe Abschnitt 1.6),

$$M = \sqrt{\alpha} \cdot \sqrt{\alpha} \cdot \frac{1}{q^2},$$

während aus (6.6) und (6.15) die Phasenraumdichte für $p \simeq p_0$ gleich

$$p^2 \frac{dp}{dE_f} d\Omega = \pi\, dq^2$$

ist. Also ist

$$\frac{d\sigma}{dq^2} \simeq |M|^2 \simeq \frac{\alpha^2}{q^4}.$$

6.4 Streuung von Elektronen mit Spin an Kernen ohne Spin

Die relativistische Wellengleichung von Dirac beschreibt punktförmige Elektronen mit Spin $1/2\hbar$. Im Anhang D wird im Detail gezeigt, daß in einem Bezugssystem, in dem sich das Elektron relativistisch bewegt, der Spinvektor $\boldsymbol{\sigma}$ (mit $\boldsymbol{\sigma}^2 = 1$) parallel zum Impulsvektor $\boldsymbol{p}$ ist. Wenn $\boldsymbol{p}$ die z-Richtung definiert, gilt für den Erwartungswert $\langle\sigma_z\rangle = \pm 1$, während $\langle\sigma_x\rangle = \langle\sigma_y\rangle = 0$ ist. Der Grad der longitudinalen Polarisation wird Helizität H genannt und durch

$$H = \frac{\boldsymbol{\sigma} \cdot \boldsymbol{p}}{|\boldsymbol{p}|} = \pm 1 \tag{6.21}$$

definiert. Teilchen mit $H = +1$ werden „rechtshändig“, solche mit $H = -1$ „linkshändig“ genannt. Diese Zustände werden als ψ_R bzw. ψ_L geschrieben.

Man findet (Anhang D), daß die Helizität in einer elektromagnetischen Wechselwirkung erhalten ist — in der Tat ist dies für jede Kopplung von Spin-$1/2$-Fermionen mit einem Vektor- oder Axialvektorfeld der Fall. Der Zustand ψ_L bleibt als ψ_l nach der Streuung erhalten, und genauso ψ_R. Das bedeutet, daß für den elektromagnetischen Anteil der Streuung eines Elektrons an einem anderen geladenen Teilchen (ohne Umdrehen des Spins) die Streuung unter 180° wegen Drehimpulserhaltung verboten ist. Der Photonaustausch ist also transversal ohne Drehimpulskomponente längs der z-Achse (siehe Abb. 6.3).

Nehmen wir einmal ein Elektron mit linkshändiger Helizität, das unter einem beliebigen Winkel θ gestreut wird. Es wird durch eine Wellenfunktion $\psi_L(\theta)$ beschrieben, die eine Superposition von Amplituden mit $J_z = 1/2$

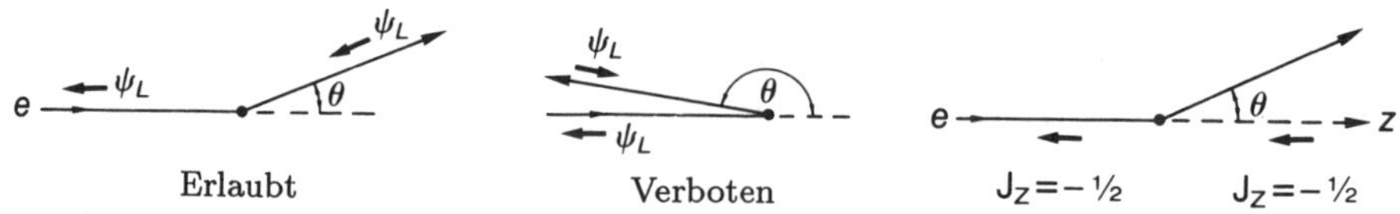

Abbildung 6.3

und $J_z = -1/2$ ist. Der Bruchteil der Amplitude, welcher das ursprünglich in einem Zustand mit $J_z = -1/2$ befindliche und unter einem Winkel θ mit ebenfalls $J_z = -1/2$ auslaufende Elektron beschreibt, wird durch die d-Funktion gegeben (Rotationsmatrizen, siehe Anhang C):

$$d^j_{m,m'}(\theta) = d^{1/2}_{-1/2,-1/2} = d^{1/2}_{1/2,1/2} = \cos\left(\frac{\theta}{2}\right), \tag{6.22}$$

während

$$d^{1/2}_{1/2,-1/2}(\theta) = \sin\left(\frac{\theta}{2}\right).$$

Somit führt die Berücksichtigung des Elektronspins zu einem zusätzlichen Faktor $\cos^2(\theta/2)$ im Wirkungsquerschnitt für die Streuung an einem spinlosen Target. In einer relativistischen Rechnung fällt ferner der Term W/M heraus (siehe Anhang A über die relativistische Normierung von Wellenfunktionen). Wenn wir q^2 wie in (6.17) als Quadrat des Viererimpulsübertrags schreiben, wird (6.16) zu

$$\left(\frac{d\sigma}{d\Omega}\right)_{\text{Mott}} = \frac{Z^2\alpha^2\cos^2\frac{1}{2}\theta}{4p_0^2\sin^2\frac{1}{2}\theta[1+(2p_0/M)\sin^2\frac{1}{2}\theta]}, \tag{6.23}$$

genannt die Mott-Gleichung. Der letzte Term im Nenner berücksichtigt den Rückstoß des Kerns. Offensichtlich muss man bei großen q^2 noch mit dem Quadrat des elastischen Formfaktors $|F(q^2)|^2$ multiplizieren, da dann der Kern nicht mehr punktförmig erscheint.

6.5 Elektronenstreuung an Nukleonen

Der letzte Schritt besteht nun darin, sowohl den Spin des Projektils als auch den Spin des Targets in unserer Formel zu berücksichtigen. Wir wollen dazu die Streuung von Elektronen an (hypothetischen) punktförmigen Protonen betrachten. Dabei tritt neben der elektrischen Coulomb-Wechselwirkung eine elektromagnetische Wechselwirkung auf, die die Spins der Teilchen umklappt. Da das Magnetfeld aufgrund des Protonmomentes proportional zu r^{-3} ist (zu vergleichen mit r^{-2} für das elektrische Feld), tragen zentrale Stöße mit hohen q^2 in der magnetischen Wechselwirkung mehr zum Wirkungsquerschnitt bei. Die genaue Form des Dirac-Wirkungsquerschnittes lautet (siehe Anhang G):

$$\left(\frac{d\sigma}{d\Omega}\right)_{\text{Dirac}} = \left(\frac{d\sigma}{d\Omega}\right)_{\text{Rutherford}}\left(\cos^2\frac{1}{2}\theta + \frac{q^2}{2M^2}\sin^2\frac{1}{2}\theta\right), \tag{6.24}$$

wobei

$$\left(\frac{d\sigma}{d\Omega}\right)_{\text{Rutherford}} = \frac{\alpha^2}{(4p_0^2 \sin^4 \frac{1}{2}\theta)\,[1 + (2p_0/M)\sin^2 \frac{1}{2}\theta]}.$$

Der erste Term in der rechten Klammer von (6.24) steht für die elektrische (Mott-) Streuung, während die den Spin umklappende Streuung im zweiten Term einen Faktor $\sin^2 {}^1\!/\!_2\theta$ aus Gl. (6.22) enthält. Der Wirkungsquerschnitt (6.24) würde gelten, wenn sowohl Elektron als auch Proton punktförmige Dirac-Teilchen mit magnetischen Momenten $\mu = e\hbar/2mc$ wären, wobei m die Teilchenmasse ist.

Protonen und Neutronen sind jedoch nicht punktförmig, und ihre magnetischen Momente sind anomal in dem Sinn, daß sie von der Vorhersage für punktförmige Dirac-Teilchen abweichen:

	μ(Dirac)	μ(beobachtet)
Proton	$e\hbar/2Mc = 1\,\text{n.m.}$	$+2.79\,\text{n.m.}$
Neutron	0	$-1.91\,\text{n.m.}$

Man beschreibt die Struktur von Protonen und Neutronen ähnlich wie bei den Kernen durch geeignete Formfaktoren: für jedes sind zwei Formfaktoren erforderlich (einer für den elektrischen und einer für den magnetischen Teil der Wechselwirkung). Mit ihnen nimmt der Wirkungsquerschnitt die Form

$$\frac{d\sigma}{d\Omega} = \left(\frac{d\sigma}{d\Omega}\right)_{\text{Mott}} \left\{ \left(\frac{G_E^2 + (q^2/4M^2)G_M^2}{1 + (q^2/4M^2)} \right) + \frac{q^2}{4M^2} \cdot 2G_M^2 \tan^2 \frac{\theta}{2} \right\} \tag{6.25}$$

an, wobei $G_E = G_E(q^2)$, $G_M = G_M(q^2)$ mit den Normierungen $G_E^P(0) = 1$, $G_E^N(0) = 0$, $G_M^P(0) = 2.79$, $G_M^N(0) = -1.91$. Diese Beziehung wird als Rosenbluth-Gleichung bezeichnet. Eine wichtige Eigenschaft ist

$$\left(\frac{d\sigma}{d\Omega}\right) \Big/ \left(\frac{d\sigma}{d\Omega}\right)_{\text{Mott}} = A(q^2) + B(q^2) \tan^2 \frac{\theta}{2}. \tag{6.26}$$

Danach sollte man eine lineare Abhängigkeit des Wirkungsquerschnittes von $\tan^2(\theta/2)$ erhalten, wenn man ihn so darstellt, daß q^2 bei verschiedenen Impulsen und Streuwinkeln konstant bleibt. Die Rosenbluth-Gleichung basiert im wesentlichen auf der Annahme, daß die Bornsche Näherung gilt — in einer einzelnen Kollision trägt der Austausch nur eines virtuellen Photons bei. Im Prinzip könnte auch ein Zwei-Photonen-Austausch stattfinden. Die Wirkungsquerschnitte für e^+p und e^-p sind jedoch gleich groß,woraus folgt, daß der Zwei-Photon-Austausch keine Rolle spielt (der entsprechende Term hat unterschiedliche Vorzeichen in den beiden Fällen). Dies wird noch durch die beobachtete Linearität des Rosenbluth-Graphen (Abb. 6.4) unterstützt.

Experimentell wurde der Proton-Formfaktor durch den Beschuß von Wasserstofftargets mit hochenergetischen Elektronenstrahlen (400 MeV bis

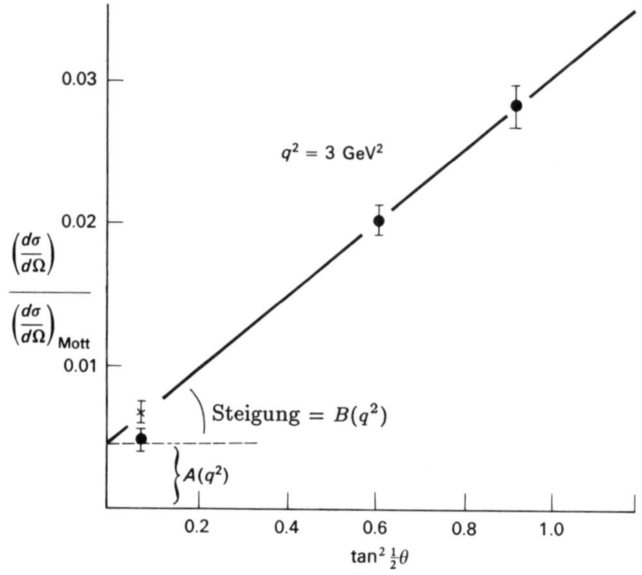

Abbildung 6.4 Elektron-Proton-Streuwirkungsquerschnitt bei festem q^2 und verschiedenen Streuwinkeln θ (Rosenbluth-Diagramm). (Nach Weber, 1967.)

16 GeV) und durch genaue Messungen von Winkel und Impuls der gestreuten Elektronen in Magnetspektrometern bestimmt. Elastische Reaktionen können ausgewählt werden, indem man die kinematische Beziehung (6.6) zwischen Energie und Winkel der gestreuten Elektronen mit M als Protonenmasse ausnutzt. Die Formfaktoren des Neutrons wurden durch Streuung an Deuteriumtargets und Subtraktion des Protonanteils erhalten:

$$\frac{d\sigma}{d\Omega}(en) = \frac{d\sigma}{d\Omega}(ed) - \frac{d\sigma}{d\Omega}(ep) + \text{Korrekturfaktor}.$$

Der Korrekturfaktor beinhaltet kernphysikalische Effekte des Deuterons. Neutrondaten sind daher weniger genau. Die ersten Experimente, die eine Abweichung des Streuverhaltens von der Erwartung für punktförmige Teilchen zeigten und daher die Formfaktoren messen konnten, wurden von Hofstadter und seinen Mitarbeitern 1961 in Stanford ausgeführt, und sind seitdem in zahlreichen Laboratorien wiederholt und erweitert worden. Das Endergebnis der gegenwärtigen Experimente ist die Entdeckung eines einfachen Skalengesetzes

$$G_E^p(q^2) = \frac{G_M^p(q^2)}{|\mu_p|} = \frac{G_M^n(q^2)}{|\mu_n|} = G(q^2), \quad G_E^n(q^2) = 0, \tag{6.27}$$

und einer empirischen Dipolgleichung

$$G(q^2) = \left(1 + \frac{q^2}{M_V^2}\right)^{-2}, \quad \text{mit} \quad M_V^2 = (0.84\,\mathrm{GeV})^2. \tag{6.28}$$

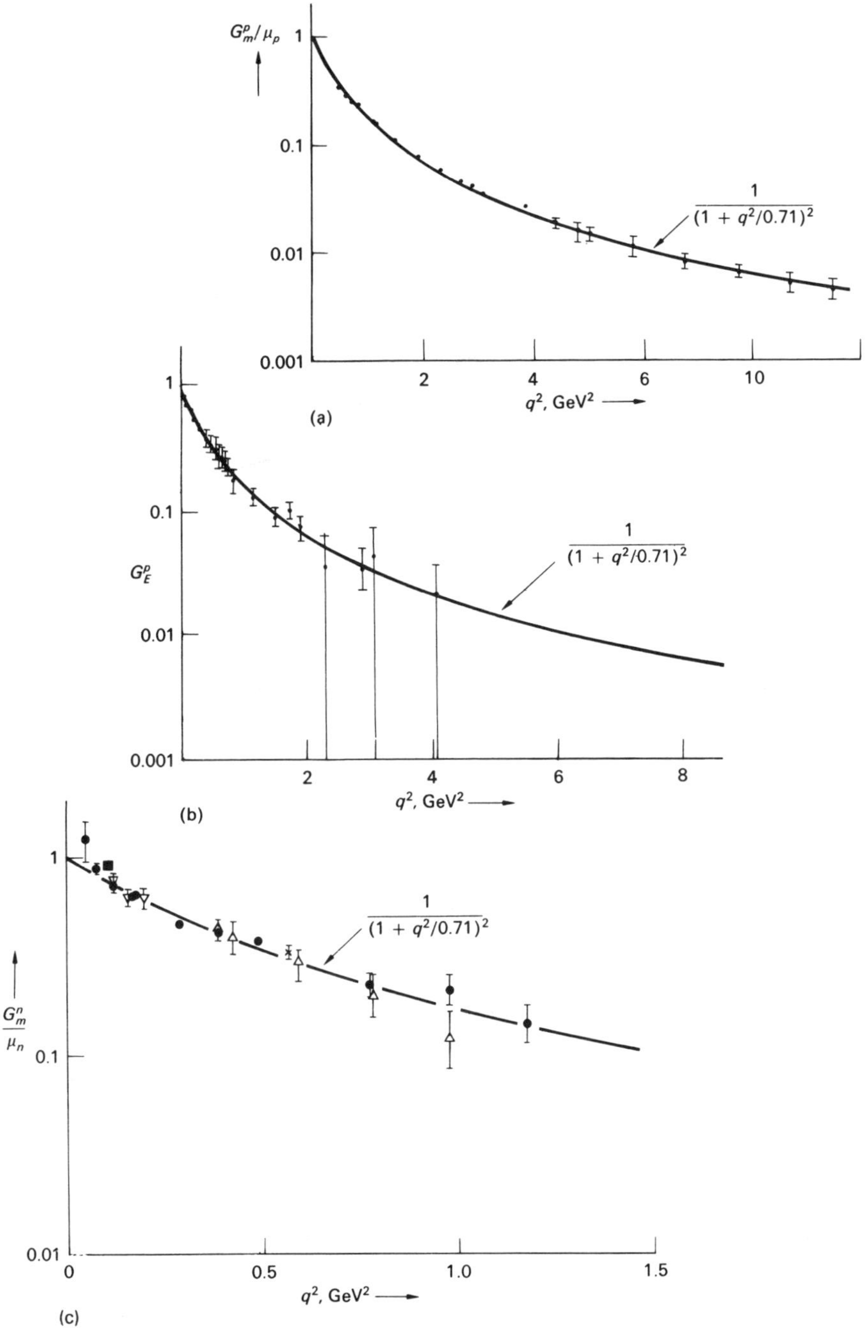

Abbildung 6.5 Vergleich der magnetischen und elektrischen Formfaktoren von Proton und Neutron. Die Werte sind konsistent mit dem Skalengesetz (6.27). (a) Magnetischer Formfaktor des Protons; (b) elektrischer Formfaktor des Protons; (c) magnetischer Formfaktor des Neutrons. (Nach Weber, 1967.)

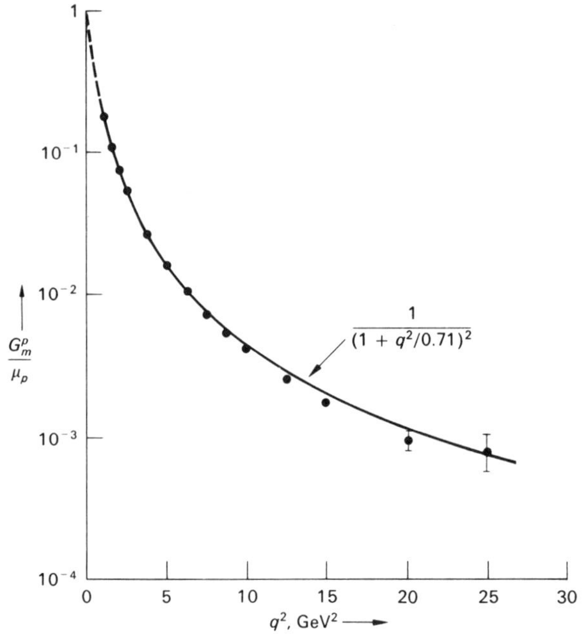

Abbildung 6.6 Elektromagnetischer Formfaktor des Protons für hohe q^2. Die beobachteten Werte werden gut durch die angepaßte Dipolgleichung beschrieben. Die hier gezeigten Daten stammen im wesentlichen vom SLAC-Laboratorium. (Nach Panofsky (1968).)

Die Gleichungen (6.27) gelten über den ganzen bisher experimentell untersuchten Bereich $q^2 = 0 - 2$ GeV^2 (siehe Abb. 6.5). Für höhere q^2 gibt es nur Daten über Elektron-Proton-Streuung. Nach Gl. (6.25) trägt hier nur noch der magnetische Formfaktor $G_M^p(q^2)$ bei, der elektrische Anteil wird unmeßbar klein. Die Dipolgleichung (6.28) beschreibt diese Streuung innerhalb von 10% Genauigkeit bis hinauf zu $q^2 = 25$ GeV^2, wie in Abb. 6.6 gezeigt wurde. In diesem Bereich fällt das Quadrat des Formfaktors um einen Faktor 10^6 ab. Aus der Umkehrung von (6.19) findet man, daß Gl. (6.28) als der Effekt einer exponentiellen Dichte-Verteilungsfunktion von Ladung und magnetischem Moment im Proton interpretiert werden kann

$$\rho(R) = \rho_0 \exp(-M_V R), \tag{6.29}$$

mit einem mittleren quadratischen Radius von

$$R_{\text{rms}} = \frac{\sqrt{12}}{M_V} = 0.80\,\text{fm}. \tag{6.30}$$

Die elastischen Formfaktoren spiegeln die räumliche Verteilung von Ladung und magnetischem Moment im Nukleon wider. Wenn wir eine vollständige Theorie der Hadronstruktur hätten, könnten diese Formfaktoren berechnet werden. Gegenwärtig existiert eine solche Theorie jedoch

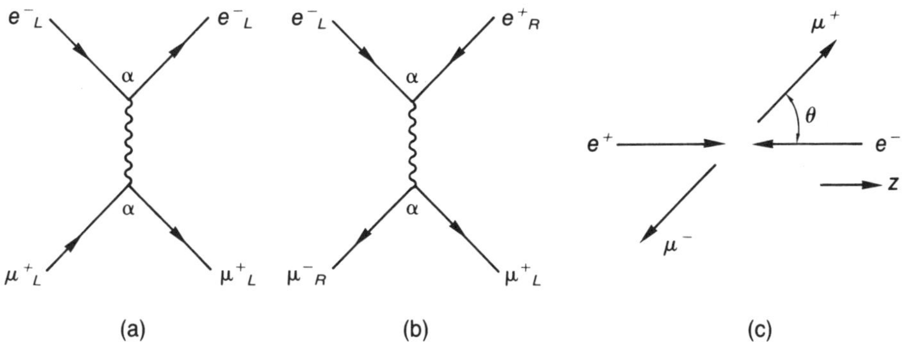

Abbildung 6.7

nicht und das Thema muß auf vorwiegend empirischer Basis behandelt werden.

6.6 Der Prozeß $e^+e^- \to \mu^+\mu^-$

Der Wirkungsquerschnitt für diesen elektromagnetischen Prozeß hat die Größe

$$\sigma(e^+e^- \to \mu^+\mu^-) = \frac{4\pi\alpha^2}{3s}, \tag{6.31}$$

mit der einfachen Winkelverteilung

$$\frac{d\sigma}{d\Omega} \propto (1 + \cos^2\theta), \tag{6.32}$$

wobei θ der Emissionswinkel des Myons bezüglich der Richtung des einfallenden Strahls im Schwerpunktsystem ist. Alle Leptonmassen sind im Vergleich zu den Schwerpunktsenergien vernachlässigt worden, s ist das Quadrat der CMS-Energie ($s = 4E_1E_2$, wobei E_1 und E_2 die Energien der frontal kollidierenden Elektronen sind).

Die exakte Form der obigen Gleichungen erhält man aus der Dirac-Gleichung und der Berechnung der entsprechenden Spur (siehe Anhang G). Die allgemeine Form im relativistischen Grenzfall folgt jedoch schon aus einfachen Argumenten. Zunächst muß der Wirkungsquerschnitt proportional zu α^2 sein, weil das ausgetauschte Photon einmal an jedem Vertex koppelt (Abbildung 6.7(b)). Zweitens hat σ die Dimension (Länge)^2 oder (Energie)$^{-2}$ und kann daher nur wie $1/s$ variieren, da dies die einzige Energieskala des Problems darstellt (falls $s \gg m_e^2, m_\mu^2$ ist). (Der numerische Faktor $4\pi/3$ stammt aus der Integration über Raumwinkel und der Mittelung über alle Spins.)

Schließlich folgt die Winkelverteilung direkt aus der Helizitätserhaltung für relativistische Fermionen in einer Vektorwechselwirkung. Betrachten wir zunächst den Streuprozeß $e^-\mu^+ \to e^-\mu^+$ (Abb. 6.7(a)). Da die

Helizität erhalten ist, gilt $e_L^- \to e_L^-$ und $e_R^- \to e_R^-$ (und entsprechendes für das Myon). Dies Diagramm ist mit dem für den Prozeß $e^+e^- \to \mu^+\mu^-$ (Abb. 6.7(b)) dadurch verknüpft, daß ein einlaufendes (auslaufendes) Teilchen durch ein auslaufendes (einlaufendes) Antiteilchen ersetzt wird, welches demzufolge die entgegengesetzte Helizität hat. Es wird als Diagramm im gekreuzten Kanal bezeichnet. Daraus folgt, daß e_L^- und e_R^+ (oder e_R^- und e_L^+) gekoppelt sind, nicht aber e_L^+ und e_L^- (oder e_R^- und e_L^+). Also darf das intermediäre Photon nur einen Spin $J = 1$, $J_z = \pm 1$ haben und nicht $J_z = 0$. Man sieht dies im Schwerpunktsystem, Abb. 6.7(c). Weil die elektromagnetische Wechselwirkung die Parität erhält, treten beide Zustände $J_z = +1$ und $J_z = -1$ mit gleicher Häufigkeit auf. Wenn der Anfangszustand etwa $J_z = +1$ hat, so muß der Endzustand ebenfalls $J_z = +1$ haben. Die Amplitude für die Emission eines Myons unter einem Winkel θ zur Richtung des e^+ im System von Abb. 6.7(c) ist durch die d-Funktion gegeben (siehe Anhang C),

$$d^j_{m,m'} = d^1_{1,1} = \frac{1}{2}(1 + \cos\theta). \qquad (6.33)$$

Wenn der Anfangszustand $J_z = -1$ ist müssen wir θ (relativ zur positiven z-Richtung definiert) durch $\pi - \theta$ ersetzen, d.h. die Amplitude wird $1/2(1 - \cos\theta)$. Quadrieren und addieren der Amplituden der orthogonalen Zustände ergibt dann wie in (6.32)

$$\frac{d\sigma}{d\Omega} \propto (1 + \cos^2\theta).$$

Wenn die Myonmasse nicht vernachlässigt werden kann, sind die Myonen nicht in reinen Helizitätszuständen ± 1, und man sollte diesen Ausdruck zu $(1 + \cos^2\theta + 2(m_\mu^2 2/s)\sin^2\theta)$ modifizieren. Die Herleitung dieses Resultats wird im Anhang G gegeben.

Die experimentellen Daten über totale und differentielle Wirkungsquerschnitte bei hohen Energien sind für die Prozesse $e^+e^- \to \mu^+\mu^-$ und $e^+e^- \to \tau^+\tau^-$ in Abb. 6.8 gezeigt. Der totale Wirkungsquerschnitt ist in guter Übereinstimmung mit der Vorhersage. Die Winkelverteilung hat generell die Form $(1 + \cos^2\theta)$, weist jedoch eine markante Rückwärts-Vorwärts-Asymmetrie auf. Die Ursache dafür ist, daß es zusätzlich zum reinen Photon-Austauschdiagramm (Abb. 6.7(b)) eine paritätsverletzende schwache Amplitude aus dem Z^0-Austausch gibt, die rückwärts-vorwärts asymmetrisch ist. Die schwache Amplitude ist von der Größenordnung G, während der elektromagnetische Anteil von der Stärke $4\pi\alpha/s$ ist. Der schwache Anteil ist daher $f = a_w \cdot a_{em}/a_{em}^2$, d.h. $f = Gs/4\pi\alpha \sim 10^{-4}$, mit s in GeV^2. Somit ist die zu erwartende Asymmetrie $(R-V)/(R+V) = f \simeq 10\%$ bei $s = 1000$ GeV^2, wie beobachtet. Solche Asymmetrien sind wichtige Tests der Theorie der elektroschwachen Wechselwirkung und werden im Kapitel 9 quantitativ behandelt.

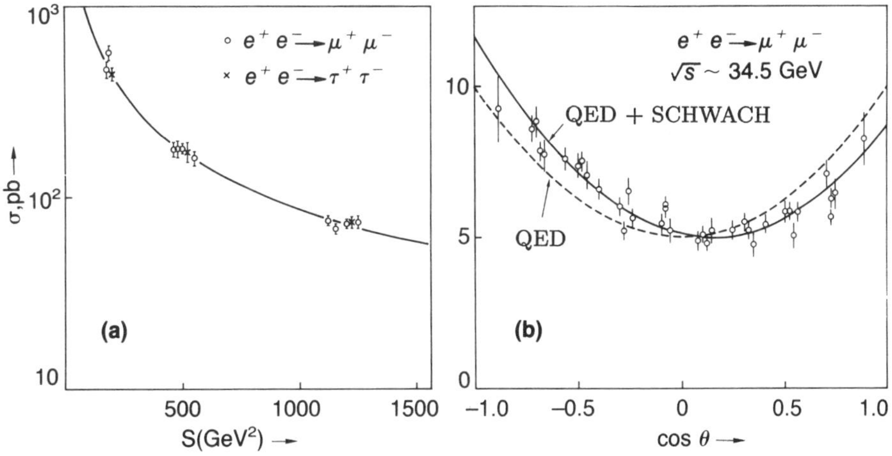

Abbildung 6.8 (a) Zusammenfassung von Resultaten zum totalen Wirkungsquerschnitt in den Reaktionen $e^+e^- \to \mu^+\mu^-$ und $e^+e^- \to \tau^+\tau^-$, gemessen am e^+e^--Speicherring PETRA am DESY (nach Wu, 1984). Die eingezeichnete Kurve ist die QED-Vorhersage (6.31). Die Einflüsse des neutralen Stroms (Z^0-Austausch) sind im totalen Wirkungsquerschnitt unmeßbar klein. (b) Winkelverteilung im Schwerpunktsystem der Reaktion $e^+e^- \to \mu^+\mu^-$, gemessen bei PETRA. Die reine QED-Vorhersage (6.32) ist als gestrichelte Kurve gezeigt. Die durchgezogene Linie gibt die kleine Vorwärts-Rückwärts-Asymmetrie wieder, die man aus der Kombination von γ- und Z^0-Austausch erwartet. Mehr dazu im Abschnitt 9.7.2.

6.7 Bhabha-Streuung $e^+e^- \to e^+e^-$

Die Dimensionsargumente aus dem vorigen Abschnitt lassen sich gleichermaßen auf die Bhabha-Streuung anwenden und liefern hier eine $1/s$-Abhängigkeit des totalen Wirkungsquerschnittes. Die Winkelverteilung ist jedoch komplexer, weil zwei Diagramme dazu beitragen (siehe Abb. 6.9). Abbildung 6.9(a) ist analog zur *ep*-Streuung und Abb. 6.9(b) zu $e^+e^- \to \mu^+\mu^-$. Der erste Kanal dominiert bei kleinen Streuwinkeln.

Wir geben die Formel hier nicht an, bemerken aber, daß bei kleinen Winkeln der Wirkungsquerschnitt groß ist und dazu benutzt wird, die Luminosität von e^+e^--Speicherringen zu messen. Die Winkelverteilung ist insgesamt in sehr guter Übereinstimmung mit der QED.

6.8 Quantenelektrodynamik und Prozesse höherer Ordnung

Die vorangegangene Diskussion von *ep*-Streuung und e^+e^--Vernichtung basierte auf der Annahme, daß ein einziges Photon ausgetauscht wird. Natürlich ist der Austausch von 2, 3, ... virtuellen Photonen ebenso möglich, ist aber relativ zum Ein-Photonaustausch um Faktoren α^2, α^4, ...

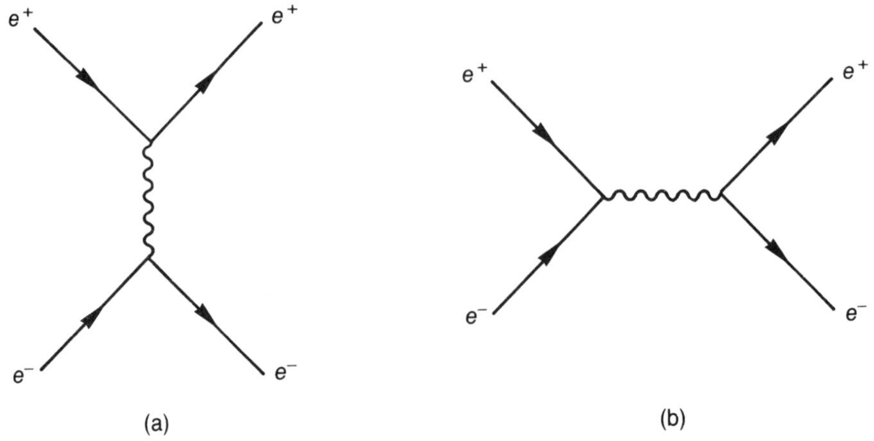

Abbildung 6.9 Feynman-Diagramme für Bhabha-Streuung, $e^+e^- \to e^+e^-$.

unterdrückt. Mit der erreichbaren Genauigkeit von Streuexperimenten ist der Einfluß solcher Terme jedoch kaum meßbar.

Diese Prozesse höherer Ordnung können alle in der Quantenelektrodynamik berechnet werden. Um die Vorhersagen zu überprüfen, benötigt man sehr präzise Experimente, welche notwendigerweise stationäre Zustände untersuchen, die sich mit großer Genauigkeit vermessen lassen. Die hauptsächlichen Gruppen von Experimenten befassen sich mit den magnetischen Momenten der Leptonen sowie mit den Grundzustandsenergien von Wasserstoff und anderen Atomen, Myonium μ^+e^- und Positronium e^+e^-. Wir haben hier nicht genügend Raum, um diese Experimente hinreichend detailliert zu beschreiben, aber wir können ihre Motivation darlegen und Resultate angeben.

6.8.1 Magnetische Momente der Leptonen

Nach der Dirac-Theorie sind Elektronen oder Myonen punktförmig und besitzen ein magnetisches Moment von einem Bohrschen Magneton,

$$\mu_B = \frac{e\hbar}{2mc}, \tag{6.34}$$

wobei m die Leptonmasse ist. Ganz allgemein ist das magnetische Moment $\boldsymbol{\mu}$ mit dem Spinvektor $\boldsymbol{s}$ durch

$$\boldsymbol{\mu} = g\mu_B \boldsymbol{s} \tag{6.35}$$

verknüpft, wobei g der Landé-g-Faktor ist. Ferner ist $g\mu_B = \mu/s$ das gyromagnetische Verhältnis, d.h. das Verhältnis von magnetischem zu mechanischem Moment. Die Dirac-Theorie sagt also für Teilchen mit Spin $1/2$

$$g = 2 \tag{6.36}$$

voraus.

Die tatsächlichen g-Werte von Elektron und Myon sind mit hoher Genauigkeit bestimmt worden und weichen nur um einen kleinen Betrag (0.2%) vom Wert 2 ab. Das Bild eines strukturlosen, punktförmigen Teilchens ist also nicht ganz exakt. Ähnliche Abweichungen trifft man auch in den Atomniveaus: z.B. ist der berühmte Lamb-Shift eine 1%-Korrektur zur $2P_{1/2} - 2S_{1/2}$ Niveauaufspaltung in der Feinstruktur des Wasserstoffs.

Das magnetische Moment eines geladenen Teilchens hängt vom Verhältnis e/m ab, d.h. in der klassischen Physik für eine rotierende Struktur von der räumlichen Verteilung von Ladung und Masse. (Wenn beide Verteilungen gleich sind, erhält man aus der klassischen Betrachtung den Wert $g = 1$). Abweichungen vom Wert $g = 2$ für ein Spin-$^1/_2$-Teilchen bedeuten also, daß Prozesse stattfinden, welche die relativen Verteilungen von Ladung und Masse verschieben. So hat etwa das Proton einen Wert $g = 5.99$, der aus seiner zusammengesetzten Struktur und verschiedenen Werten von e/m seiner Komponenten (Quarks) herrührt.

Zu jedem Zeitpunkt gibt es eine gewisse Wahrscheinlichkeit dafür, daß ein Elektron aus einem *nackten* oder punktförmigen Objekt besteht, das von einer Wolke aus einem oder mehreren virtuellen Photonen umgeben ist, die ständig emittiert und wieder absorbiert werden. Qualitativ sehen wir, daß zwar die Ladung e sich auf dem Elektron befindet, ein Teil der Masse jedoch von der Wolke virtueller Photonen getragen wird. Das Verhältnis e/m des Elektrons selbst ist daher etwas erhöht. Diesen erhöhten Wert würde man finden, wenn man das magnetische Moment des Elektrons mit einem äußeren Magnetfeld B mißt. Die Größe der Korrektur ist proportional zur Emissionswahrscheinlichkeit der Photonen, die durch die Kopplungskonstante $\alpha = e^2/4\pi\hbar c$ festgelegt ist. Offenbar gehören die Korrekturterme der Ordnung α, α^2, ... zur Emission von 1, 2, ... virtuellen Photonen in dem Augenblick, in dem das Feld B angelegt wird.

Abbildung 6.10 zeigt verschiedene Diagramme der betrachteten virtuellen Prozesse. Abb. 6.10(a) entspricht der Wechselwirkung mit einem „nackten“ Dirac-Elektron. Abb. 6.10(b) zeigt die Emission eines einzelnen virtuellen Photons (Ordnung α), während 6.10(c) Prozesse der Ordnung α^2 zeigt, eine Zwei-Photon-Emission und eine virtuelle Paarbildung. Da das e^+e^--Paar polarisiert ist und die Elektronladung gegen äußere Felder abschirmt, nennt man diesen Effekt auch „Vakuumpolarisation“.

Man findet, daß das Spektrum virtueller Photonen mit einem Viererimpuls k in solchen Prozessen von der Form $f(k)dk \simeq dk/k$ ist. Da es für den Impuls in den virtuellen Zuständen keine obere Grenze gibt, müsste eigentlich die totale Korrektur (d.h. das Integral über das gesamte Spektrum) logarithmisch divergieren. Die Masse oder *Selbstenergie* eines Elektrons wäre anscheinend unendlich. Man hat jedoch herausgefunden, daß die Theorie die bemerkenswerte Eigenschaft der Renormierbarkeit besitzt; die Divergenzen können stets in einer Umdefinition der *nackten* Leptonladungen und -massen absorbiert werden, diese sind ohnehin willkürlich und

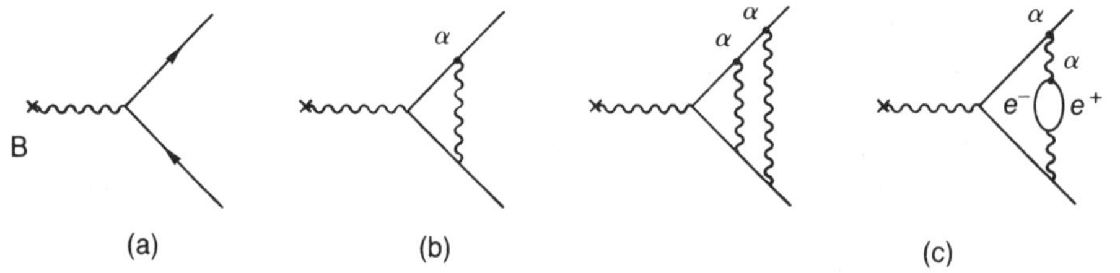

Abbildung 6.10 Feynman-Diagramme für einige der Strahlungskorrekturen zur QED, die zum magnetischen Moment der Leptonen beitragen.

werden gleich den physikalisch gemessenen Werten gesetzt. Alle anderen vorhergesagten physikalischen Größen, wie Niveauverschiebungen in Atomen, magnetische Dipolmomente der Leptonen oder Streuwirkungsquerschnitte, sind dann endlich.

Die Vorhersagen für die magnetischen Momente der Leptonen lassen sich als Potenzreihe in α schreiben, wobei die Koeffizienten durch Aufsummieren aller relevanten Feynman-Graphen berechnet werden müssen. Für das Elektron ist die vorhergesagte Anomalie

$$\begin{aligned}\left(\frac{g-2}{2}\right)_e^{\mathrm{QED}} &= 0.5\frac{\alpha}{\pi} - 0.32848\left(\frac{\alpha}{\pi}\right)^2 + 1.19\left(\frac{\alpha}{\pi}\right)^3 + \cdots \\ &= (1\,159\,652.4 \pm 0.4) \times 10^{-9},\end{aligned} \tag{6.37}$$

während diejenige des Myons

$$\begin{aligned}\left(\frac{g-2}{2}\right)_\mu^{\mathrm{QED}} &= 0.5\frac{\alpha}{\pi} + 0.76578\left(\frac{\alpha}{\pi}\right)^2 + 24.45\left(\frac{\alpha}{\pi}\right)^3 + \cdots \\ &= (1\,165\,851.7 \pm 2.3) \times 10^{-9}\end{aligned} \tag{6.38}$$

ist.

Es sei darauf hingewiesen, daß der führende Term $0.5(\alpha/\pi)$ offensichtlich in beiden Fällen gleich ist, wohingegen der Term mit α^2 sowohl in der Größe als auch im Vorzeichen verschieden ist. Das rührt daher, daß die Impulse der Teilchen in den intermediären virtuellen Zuständen proportional zu den Massen der Elternteilchen wachsen. Der Beitrag der Vakuumpolarisation ist beim Myon wesentlich größer.

Das Ergebnis der QED-Rechnung (6.38) weicht signifikant um neun Standardabweichungen vom beobachteten Wert ab (Tabelle 6.1). Es gibt nämlich noch zusätzliche Effekte, weil sich ein virtuelles Photon nicht nur in ein Leptonpaar, sondern auch in Hadronen umwandeln kann. Dieser Beitrag kann direkt aus den experimentellen Ergebnissen der Elektron-Positron-Speicherringe über den Prozeß $e^+e^- \to \gamma \to$ Hadronen berechnet werden. Er ist vernachlässigbar für den Wert von $g-2$ des Elektrons, aber im Falle des Myons ist die Korrektur

$$\Delta a_{\mathrm{S.I.}} = \frac{m_\mu}{12\pi^3} \int \frac{\sigma(e^+e^- \to \mathrm{Hadronen})\, ds}{s} \simeq 7 \times 10^{-8}, \tag{6.39}$$

Tabelle 6.1 Die $(g-2)/2$-Anomalie für Leptonen

	$10^9(g-2)/2$	
	Elektron	Myon
QED-Vorhersage	$1\,159\,652.4 \pm 0.4$	$1\,165\,851.7 \pm 2.3$
Mit Korrektur wg. starker Wechselwirkung	—	$1\,165\,918 \quad \pm 10$
Beobachteter Wert	$1\,159\,652.4 \pm 0.2$	$1\,165\,924 \quad \pm 9$

Berücksichtigen wir dies in Gl. (6.38), so erhalten wir

$$\left(\frac{g-2}{2}\right)_\mu^{\mathrm{Theorie}} = (1\,165\,918 \pm 10) \times 10^{-9} \tag{6.40}$$

in perfekter Übereinstimmung mit dem Experiment. Weitere Beiträge von Effekten, wie Schwache Wechselwirkung, QED-Erzeugung schwerer $\tau^\pm$-Leptonpaare, können angesichts der gegenwärtig erzielbaren Genauigkeit vernachlässigt werden.

Die Bestimmung der g-Faktoren von Elektron und Myon gehört zu den genauesten und schönsten Experimenten in der Physik und wird ständig noch weiter verbessert. Für weitere Details sei der Leser auf die Bibliographie hingewiesen. Tabelle 6.1 zeigt einen Vergleich von Experiment und Theorie.

6.8.2 Hyperfeinstruktur

Als Beispiel für den Test von QED-Vorhersagen für gebundene Zustände wollen wir den Vergleich mit Experimenten anführen, die das Umklappen des Spins in $1^3S_1 \to 1^1S_0$-Grundzuständen des Myoniums (μ^+e^-) und Positronium (e^+e^-) untersucht haben. Die Resultate sind in Tabelle 6.2 aufgelistet. Die auftretenden Diskrepanzen zwischen Theorie und Experiment werden der Vernachlässigung von Korrekturen höherer Ordnung zugeschrieben. Die aufgeführten Grenzwerte sind in führender Ordnung durch einfache numerische Faktoren verknüpft (siehe auch Aufgabe 6.6).

In der geschichtlichen Entwicklung war es zunächst so, daß in der Dirac-Theorie die Atomniveaus des Wasserstoffs durch die Hauptquantenzahl n und durch den Gesamtdrehimpuls j des Elektrons gegeben waren. In der verfeinerten Theorie QED hängen die Energieniveaus außerdem noch vom Bahndrehimpuls l ab, wodurch die Elektronniveaus $2P_{1/2}$ und $2S_{1/2}$ nicht mehr entartet sind. Der Unterschied ist gerade der berühmte Lamb-Shift mit einer Übergangsfrequenz von 1057 MHz. Die richtige Vorhersage dieser Verschiebung war einer der ersten Erfolge der QED.

Tabelle 6.2 Hyperfeinintervall ($^3S_1 - {}^1S_0$) in Myonium und Positronium (nach Bodwin und Yennie (1978) und Berko und Pendleton (1980)).

	μ^+e^-	e^+e^-	Wasserstoff (e^-p)
Theorie	4463.304 (±6) MHz	203400 (±10) MHz	
Experiment	4463.302 (±5) MHz	203387 (±2) MHz	1420.4057 MHz ($\lambda = 21$ cm)

6.8.3 Hochenergietests der QED

Zum Ende dieses Kapitel mögen wir uns noch fragen, wo möglicherweise die Grenzen der Gültigkeit der QED zu hohen Energien und Impulsüberträgen liegt. Man versucht dies durch einen Abschneideparameter Λ zu beschreiben, der über einen willkürlichen Strukturfaktor $F = 1 + s/\Lambda^2$ eingeführt wird. Dabei ist s das Quadrat der Schwerpunktsenergie, d.h. $F = 1{+}q^2/\Lambda^2$. Wenn man solch einen Faktor in den QED-Wirkungsquerschnitt für den Prozeß $e^+e^- \to \mu^+\mu^-$ einführt, liefern die experimentellen Daten einen Grenzwert $\Lambda > 100$ GeV. Andere elementare Reaktionen liefern ähnliche Grenzen.

Aufgaben

6.1 Zeigen Sie, daß eine exponentielle Verteilung der Ladungsdichte im Proton von der Form (6.29) zu einem Formfaktor führt, der die Dipolform von (6.28) hat und verifizieren Sie, daß man für $M_V = 0.84$ GeV einen mittleren quadratischen Radius von 0.8 fm erhält.

6.2 Der Prozeß $e^+e^- \to \pi^+\pi^-$ mißt den elektromagnetischen Formfaktor des Pions im zeitartigen Bereich von q^2. Nehmen Sie an, der Prozeß werde durch den ρ-Zwischenzustand dominiert, und zeigen Sie, daß der RMS-Radius des Pions 0.64 fm ist (für $M_\rho = 765$ MeV).

6.3 Der Radius eines e^+e^--Speicherringes sei 10 m, jeder der Strahlen habe 10 mA und eine Querschnittsfläche von 0.1 cm^2. Die Elektronen und Positronen seien in zwei Bündeln konzentriert, die zweimal pro Umlauf frontal kollidieren. Berechnen Sie die Luminosität in cm^{-2} s^{-1} (eine Luminosität L ergibt eine Wechselwirkungsrate σL pro Sekunde für einen Prozeß mit dem Wirkungsquerschnitt σ). Verwenden Sie die Breit-Wigner-Formel (4.55), um den Wirkungsquerschnitt der

Reaktion $e^+e^- \to \pi^+\pi^-\pi^0$ in der Mitte der ω-Resonanz zu berechnen, unter der vereinfachenden Annahme, das Verzweigungsverhältnis $\omega \to e^+e^-$ sei gleich α^2. Berechnen Sie weiterhin die Ereignisrate pro Stunde bei der obigen Luminosität.

6.4 Ein Elektron von 10 GeV gehe aus der Streuung an einem Proton mit einer Energie von 7 GeV und unter einem Ablenkwinkel von 10° hervor. Berechnen Sie die Ruhemasse W des gestreuten hadronischen Zustands.

6.5 Ein *bleistiftförmiger* Elektronenstrahl von 15 GeV Energie und einer Intensität von 10^{14} Teilchen s^{-1} treffe auf ein Flüssigwasserstofftarget von 1 m Länge parallel zum Strahl (und entsprechendem Querschnitt). Schätzen Sie die Anzahl Elektronen ab, die unter 0.1 rad elastisch in ein Raumwinkelelement von 10^{-4} sr gestreut werden: (a) für spinlose, punktförmige Protonen, (b) für Protonen mit den Formfaktoren von Gl. (6.25). (Die Dichte des Flüssigwasserstoffs ist = 0.06.)

6.6 Die Niveauaufspaltung $1^3S_1 - 1^1S_0$ im Grundzustand des Wasserstoffatoms, des Positroniums und des Myoniums ist proportional zum Produkt der magnetischen Momente der beteiligten Fermionen (siehe (5.30)). Gehen Sie von der Übergangsfrequenz von 1420 MHz beim Wasserstoff aus, berechnen Sie den entsprechenden Wert für Myonium und vergleichen Sie das Ergebnis mit dem experimentellen Wert in Tabelle 6.2. Im Fall des Positroniums gibt es einen zusätzlichen Faktor $^7/_{16}$, weil im Gegensatz zu den beiden anderen Systemen noch ein Beitrag aus der Paarvernichtung existiert. Berücksichtigen Sie die Effekte der reduzierten Masse (6.1), berechnen Sie die Aufspaltung für Positronium und vergleichen Sie Ihr Ergebnis mit der Tabelle. (Die erzielte Übereinstimmung sollte etwa $\simeq 0.5\%$ sein; worin liegt die Abweichung begründet?)

Literatur

Combley, F., F.J.M. Farley, and E. Picasso, „The CERN muon $(g-2)$ experiment", *Phys. Rep.* **68**, 93 (1981).

Combley, F., „$(g-2)$ factors for the muon and electron and the consequences for QED", *Rep. Prog. Phys.* **42**, 1889 (1979).

Farley, F.J.M., and E. Picasso, „The muon $(g-2)$ experiment", *Ann. Rev. Nucl. Science* **29**, 243 (1979).

Perez-y-Yorba, Y., and F. Renard, „The physics of e^+e^- colliding beams", *Phys. Rep.* **31**, 1 (1977).

Wu, S.L., „e^+e^- physics at PETRA — the first five years", *Phys. Rep.* **107**, 59 (1984).

Kapitel 7

Schwache Wechselwirkung

7.1 Klassifizierung schwacher Prozesse

Die schwache Wechselwirkung wurde erstmals in einem niederenergetischen Prozeß, dem Kern-β-Zerfall, beobachtet. Sie wird nur dann beobachtbar, wenn die viel schneller ablaufenden starken und elektromagnetischen Zerfälle durch Erhaltungssätze verboten sind. Obwohl alle Hadronen und Leptonen der schwachen Wechselwirkung unterliegen, werden ihre Auswirkungen meistens durch die viel stärkeren starken und elektromagnetischen Kopplungen verdeckt.

In der schwachen Wechselwirkung findet man oft Leptonen als Wechselwirkungspartner. Insbesondere die neutralen Leptonen, die Neutrinos, haben die einzigartige Eigenschaft, nur an der schwachen Wechselwirkung teilzunehmen. Faßt man die Ergebnisse von Experimenten mit den aus dem Zerfall hochenergetischer Pionen und Kaonen gewonnenen Neutrinostrahlen, die teils schon 20 Jahre zurückliegen, mit jüngeren Daten von e^+e^--Experimenten zusammen, ergibt sich ein konsistentes Bild, in dem die neutralen und die geladenen Leptonen als Paare erscheinen.

$$\begin{array}{c|ccc} Q & L_e = 1 & L_\mu = 1 & L_\tau = 1 \\ \hline \begin{array}{c} 0 \\ -1 \end{array} & \begin{pmatrix} \nu_e \\ e^- \end{pmatrix} & \begin{pmatrix} \nu_\mu \\ \mu^- \end{pmatrix} & \begin{pmatrix} \nu_\tau \\ \tau^- \end{pmatrix} \end{array} \qquad (7.1)$$

Jedem dieser Dubletts ist eine Leptonenzahl (L_e, L_μ, L_τ) zugeordnet. Die Antileptonen haben jeweils die entgegengesetzte Ladung und Leptonenzahl. So wurde gezeigt, daß Myon-Neutrinos, die aus dem Zerfall $\pi^+ \to \mu^+\nu_\mu$ stammen, in Folgereaktionen immer wieder Myonen und niemals Elektronen bilden (z.B. $\nu_\mu n \to p\mu^-$). Genauso ist der Zerfall $\mu^+ \to e^+\gamma$ verboten.

Außer der Erhaltung der Leptonzahl (falls überhaupt Leptonen beteiligt sind) können schwache Prozesse auch die Quantenzahlen Seltsamkeit S und Isospin I erhalten oder verletzen. Einige typische schwache Prozesse, und die Gründe, warum elektromagnetische oder starke Übergänge verboten sind, sind die folgenden:

Prozeß	mittlere Lebensdauer, s		
Neutronzerfall $n \to pe^-\bar{\nu}_e$	10^3	Elektromagn. Zerfall durch Ladungserhaltung verboten	(7.2)
Inverser Neutron-zerfall $\bar{\nu}_e p \to ne^+$		Neutrinos kennen nur die schwache Wechselwirkung	(7.3)
Lambdazerfall $\Lambda \to p\pi^-$	10^{-10}	$\Delta S=1$: starker und elektromagn. Zerfall verboten	(7.4)
Pionzerfall $\pi^+ \to \mu^+\nu_\mu$	10^{-8}	Nur Leptonen sind leichtere Teilchen als das Pion	(7.5)

Die Lebensdauern der schwachen Zerfälle sind lang im Vergleich zu den typischen Lebensdauern der elektromagnetischen ($\simeq 10^{-19}$ s) oder starken ($\simeq 10^{-23}$ s) Zerfälle und hängen sowohl von Phasenraumfaktoren wie auch von der schwachen Kopplungskonstante G ab. Dementsprechend sind auch die schwachen Wirkungsquerschnitte klein. Beispielsweise beträgt bei einer Energie von 1 GeV der Wirkungsquerschnitt der Reaktion ($\nu_\mu + N \to N + \pi + \mu^-$) etwa 10^{-38} cm^2 und ist damit um 12 Größenordnungen kleiner als der für die Reaktion $\pi + N \to \pi + N$ bei der gleichen Energie.

Zur Klassifizierung einer schwachen Wechselwirkung dient häufig das Kriterium, ob sie nur Leptonen, Leptonen und Hadronen oder nur Hadronen als Wechselwirkungspartner enthält (siehe Tabelle 7.1).

Die kosmologische Bedeutung der schwachen Wechselwirkung kann man nicht groß genug einschätzen. Sie steuert die thermonuklearen Reaktionsraten der Hauptreihensterne. Man nimmt heute an, daß der erste Schritt der Energieproduktion im Sonneninneren ein schwacher Prozeß ist:

$$pp \to de^+\nu_e. \tag{7.6}$$

Ein Beweis für die Kleinheit des Wirkungsquerschnittes ist es, daß trotz der enormen Dichte im Sonneninneren (100 mal so dicht wie Wasser) jedes Proton im Mittel 10^{10} Jahre lebt, bevor es diesen Prozeß durchläuft.

So erklärt dies sowohl das lange Leben des Sonnensystems wie auch, warum diese Reaktion nicht direkt im Labor beobachtet werden kann. Allerdings können unter gewissen Umständen schwache Effekte zwischen Nukleonen beobachtet werden, sie führen zu Paritätsverletzungen in Kernübergängen (siehe Abschnitt 3.5).

Tabelle 7.1 Klassifizierung der schwachen Wechselwirkung mit Beispielen

Leptonisch	$\mu^+ \to e^+ \nu_e \bar{\nu}_\mu$	$\nu_e e^- \to e^- \nu_e$
Semileptonisch	$\Delta S = 0:$	$\Delta S = 1:$
	$n \to p e^- \bar{\nu}_e,$	$K^+ \to \pi^0 + e^+ + \nu_e,$
	$\bar{\nu}_e p \to n e^+$	$K^+ \to \mu^+ \nu_\mu$
Nichtleptonisch	$N + N \to N + N,$	$\Lambda \to \pi^- p,$
	Paritätsverletzung in	$K^+ \to \pi^+ \pi^0,$
	Kernen	$K^+ \to \pi^+ \pi^- \pi^+$

7.2 Beta-Zerfall von Kernen: Fermi-Theorie

Historisch gesehen war der Kern-β-Zerfall

$$n \to p + e^- + \bar{\nu}_e$$

der Prototyp der schwachen Wechselwirkung. Im Schema der Quarkkonstituenten wird er wie folgt geschrieben:

$$d \to u + e^- + \bar{\nu}_e. \tag{7.7}$$

Man beschreibt diesen Prozeß wie in Abbildung 7.1(a) als Austausch eines virtuellen W-Bosons. Bei den niedrigen dabei vorkommenden Impulsüberträgen, $q^2 \ll M_W^2$, ist die Wechselwirkung praktisch punktförmig und wird durch eine effektive Vierfermionkopplung $G = g^2/M_W^2$, die Fermikonstante, beschrieben.

In der Fermitheorie beträgt die Übergangswahrscheinlichkeit oder Zerfallsrate pro Zeiteinheit (4.4)

$$W = \frac{2\pi}{\hbar} G^2 |M|^2 \frac{dN}{dE_0}. \tag{7.8}$$

Dabei bedeutet E_0 die Energie des Endzustandes, dN/dE_0 die Endzustandsdichte und M^2 das Quadrat des Matrixelementes nach der Integration über alle Winkel- und Spinorientierungen der beteiligten Teilchen. M^2 ist eine Konstante der Größenordnung 1. Tatsächlich ist $M^2 = 1$, falls der Gesamtdrehimpuls der Leptonen 0 ist. Falls $J(\text{Lepton}) = 1$ ist, beträgt $M^2 \simeq 3$ (Spinmultiplizitätsfaktor). Diese beiden Übergangsarten werden als Fermi- bzw. Gamow-Teller-Übergang bezeichnet. Der Faktor

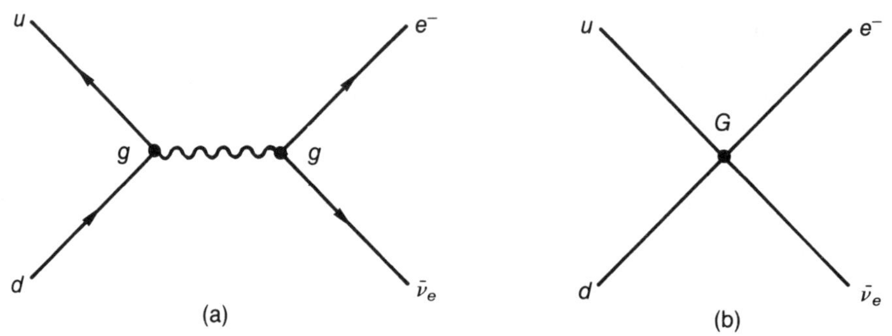

Abbildung 7.1

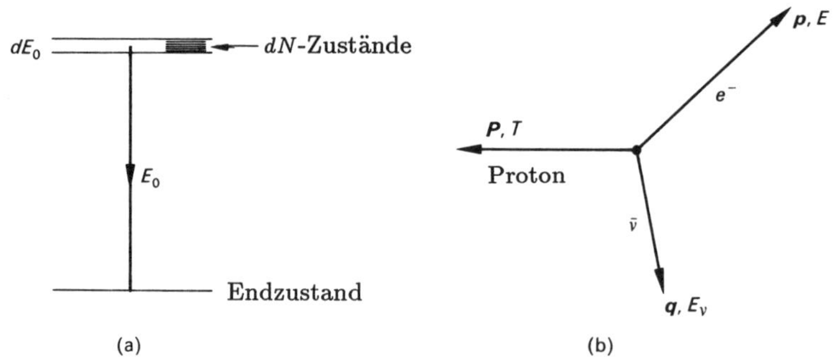

Abbildung 7.2 (a) Ein Anfangszustand mit einer Energieunschärfe dE_0 zerfällt in einen stabilen Endzustand, die Energie E_0 wird frei. (b) Die Impulsvektoren im Neutron-β-Zerfall.

Endzustandsdichte wird durch die Anzahl der Möglichkeiten bestimmt, die verfügbare Energie $E_0 \to E_0 + dE_0$ zwischen den Zerfallsprodukten aufzuteilen. Die Ursache für die Größe dE_0 entsteht aus der Energieunschärfe des Endzustands aufgrund seiner endlichen Lebensdauer. In dem in Abbildung 7.2 dargestellten Neutronzerfall $n \to p + e^- + \bar{\nu}e$ sind $\boldsymbol{p}$, $\boldsymbol{q}$ und $\boldsymbol{P}$ die Impulse von Elektron, Neutrino und Proton, E, E_ν und T sind die entsprechenden kinetischen Energien.

Im Ruhesystem des Neutrons gilt dann:

$$\boldsymbol{P} + \boldsymbol{q} + \boldsymbol{p} = 0.$$

$$T + E_\nu + E = E_0.$$

Unter der Annahme von $m_\nu = 0$ gilt $E_\nu = qc$. Die Größenordnung von E_0 ist 1 MeV, so ist auch $Pc \simeq 1$ MeV. Die kinetische Energie des Protons beträgt dann nur $P^2/2M \simeq 10^{-3}$ MeV und kann damit vernachlässigt werden. Das Proton dient dazu, den Impuls auszubalancieren, die Energie teilen das leichte Elektron und das Neutrino unter sich auf. Also gilt $qc =$

$E_0 - E$. Die Zahl der Phasenraumzustände, die ein Elektron mit Impuls $p \to p + dp$ im Volumen V innerhalb eines Raumwinkelintervalls $d\Omega$ hat, ist

$$\frac{V\,d\Omega}{h^3} p^2\,dp.$$

Werden die Fermionwellenfunktionen auf das Einheitsvolumen $V = 1$ normiert und integrieren wir über alle Raumwinkel, so ist der Phasenraumfaktor des Elektrons:

$$\frac{4\pi p^2\,dp}{h^3}.$$

Entsprechend gilt für das Neutrino

$$\frac{4\pi q^2\,dq}{h^3}.$$

Wir vernachlässigen alle Winkelkorrelationen zwischen Elektron und Neutrino und behandeln beide Faktoren unabhängig, da das Proton den verbliebenen Impuls ausgleichen wird. Für das Proton gibt es dann keinen Phasenraumfaktor, da sein Impuls durch die Beziehung $\boldsymbol{P} = -(\boldsymbol{p} + \boldsymbol{q})$ festliegt. Damit erhalten wir die Anzahl der Endzustände:

$$d^2N = \frac{16\pi^2}{h^6} p^2 q^2\,dp\,dq.$$

Da für gegebene Werte von p und E der Neutrinoimpuls innerhalb des Bereiches $dq = dE_0/c$ festliegt,

$$q = (E_0 - E)/c,$$

gilt:

$$\frac{d^2N}{dE_0} = \frac{16\pi^2}{h^6 c^3} p^2 (E_0 - E)^2\,dp.$$

Betrachten wir dann noch M^2 als eine Konstante, erhalten wir aus dem letzten Ausdruck das Elektronenspektrum

$$N(p)\,dp \propto p^2(E_0 - E)^2\,dp, \tag{7.9}$$

und wenn wir $[N(p)/p^2]^{-1/2}$ gegen E auftragen, erhalten wir eine Gerade, die die Abszisse bei $E = E_0$ schneidet. Diese Darstellung heißt Kurie-Diagramm. Für viele β-Übergänge ist das Kurie-Diagramm linear, wie hier für den Übergang $^3\mathrm{H} \to {}^3\mathrm{He}+e^-+\bar{\nu}$ gezeigt wird. Allerdings muß ein exakt berechenbarer Coulombkorrekturterm berücksichtigt werden, um den Energieverlust (e^-) bzw. Gewinn (e^+) im Coulombfeld des Kernes zu berücksichtigen. Diese Korrekturen sind nur für niederenergetische Elektronen oder für Kerne mit hoher Kernladungszahl Z wichtig.

Für endliche Neutrinomassen wird die Endzustandsdichte zu

$$N(p)\,dp\,F(Z,p) \propto p^2(E_0 - E)^2 \sqrt{1 - \left(\frac{m_\nu c^2}{E_0 - E}\right)^2}\,dp. \tag{7.10}$$

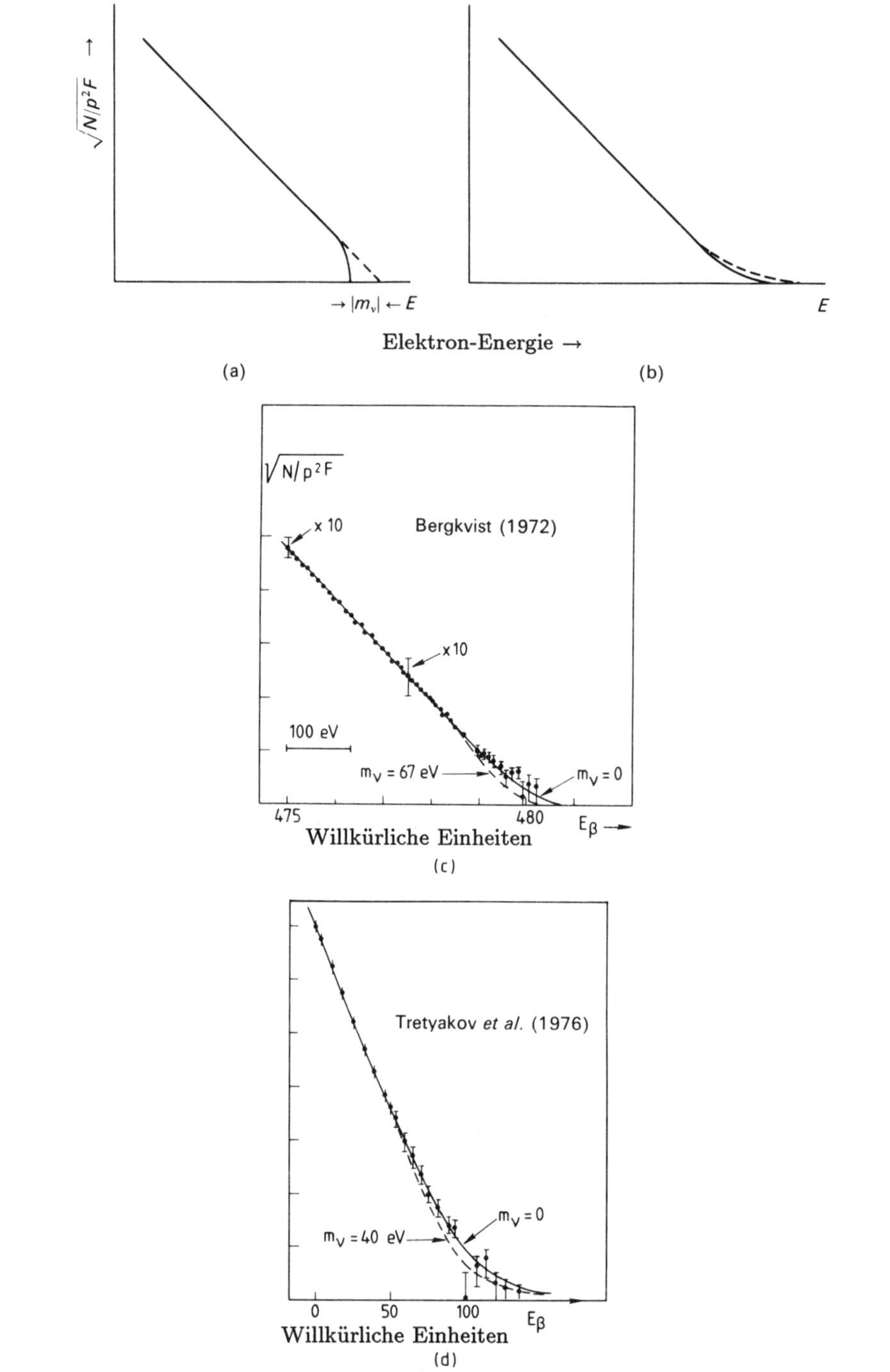

Abbildung 7.3 Kurie-Diagramm für verschwindende und endliche Neutrinomasse: (a) unendliche Auflösung, (b) endliche experimentelle Auflösung. (c) und (d) Messungen am Tritium-β-Zerfall.

Damit schneidet das Kurie-Diagramm die x-Achse bei einem Wert von $E_0 - m_\nu c^2$, wie in Abbildung 7.3(a) gezeigt wird. So kann im Prinzip aus dem Verlauf des Diagramms in der Nähe des Endpunktes die Masse des Neutrinos bestimmt werden. Im Experiment ist die Lage komplizierter, hier tragen sowohl die Auflösung des Spektrometers wie auch die Tatsache bei, daß das Tochteratom in einen angeregten Zustand übergehen kann (Abbildung 7.3(b)). Tabelle 7.2 gibt aktuelle obere Grenzen bzw. Abschätzungen für die Neutrinomasse an. Die Frage, ob im β-Zerfall eine endliche Neutrinomasse beobachtet wird, ist zur Zeit umstritten.

Tabelle 7.2 Einige Bestimmungen der Neutrinomasse ($\bar{\nu}_e$) in Einheiten von eV/c^2 aus dem Kurie-Diagramm des Tritium-β-Zerfalls ($Q = 18.6$ keV)

Langer und Moffat (1952)	< 10 000
Bergkvist (1972)	< 65
Tretyakov et al. (1976)	< 35
Lyubimov et al. (1980)	≃ 30
Fritschi et al. (1986)	< 18

Die gesamte Zerfallsrate erhält man, indem man das Elektronspektrum integriert. Dies kann exakt gemacht werden, aber als Abschätzung reicht es aus (nicht für Tritium!), das Elektron als extrem relativistisch zu betrachten, $E \simeq pc$, so erhalten wir

$$N \simeq \int_0^{E_0} E^2 (E_0 - E)^2 \, dE = \frac{E_0^5}{30}. \tag{7.11}$$

Die Zerfallsbreite hängt in dieser Näherung von der 5. Potenz der Zerfallsenergie ab — dies bezeichnet man als die Sargent-Regel.

Der Wert für G kann aus den beobachteten Zerfallsraten und (7.8) nach Integration über den Phasenraum gewonnen werden. So hat der Zerfall $O^{14} \to N^{14*} + e^+ + \nu_e$, ein Fermiübergang ($J^P = 0^+ \to J^P = 0^+$) mit $M^2 = 1$, eine Lebensdauer von 3100 s. Wir müssen den Wert der Lebensdauer verdoppeln, da O^{14} einen C^{12} Kern plus 2 Protonen enthält, von denen jedes zerfallen kann. Setzen wir die numerischen Werte ein, erhalten wir

$$\begin{aligned} G &= 1.02 \times 10^{-5} \hbar c \left(\frac{\hbar}{M_p c} \right)^2 \\ &= \frac{1.02 \times 10^{-5}}{M_p^2} \text{ in den Einheiten mit } \hbar = c = 1 \\ &= 1.16 \times 10^{-5}\,\text{GeV}^{-2}. \end{aligned} \tag{7.12}$$

7.3 Wechselwirkung freier Neutrinos: inverser β-Zerfall

Aus (7.8) kann der Wirkungsquerschnitt für die Umkehrreaktion (7.3) von freien Antineutrinos an Protonen berechnet werden. In diesem Falle haben wir nur zwei Teilchen im Endzustand, so daß wir unter Benutzung von (4.6) (in den Einheiten von $\hbar = c = 1$)

$$\sigma(\bar{\nu}_e p \to n e^+) = \frac{W}{v_i} = \frac{G^2}{\pi} |M|^2 \frac{p^2}{v_i v_f} \tag{7.13}$$

erhalten, wobei v_i und v_f die Relativgeschwindigkeiten der Teilchen im Anfangs- und Endzustand sind ($v_i = v_f = c$) und p der Wert des Schwerpunktimpulses der Neutronen und Protonen ist. Es liegt hier ein gemischter Übergang vor, mit $M_F^2 = 1$ für den Fermibeitrag ($\Delta J = 0$) und $M_{GT}^2 \simeq 3$ für die Spinmultiplizität des Gamow-Teller Anteils ($\Delta J = 1$). So gilt

$$\sigma = \frac{M_F^2 + M_{GT}^2}{\pi} G^2 p^2 \simeq \frac{4G^2 p^2}{\pi}. \tag{7.14}$$

Für Neutrinos im Energiebereich von einigen MeV, die auf ein ruhendes Nukleontarget treffen, sind Schwerpunktsimpuls p und die Energie im Laborsystem oberhalb der Schwelle ($Q = 1.8$ MeV) durch die Beziehung $p \simeq (E_\nu - Q)/c$ verknüpft. Für $pc \simeq 1$ MeV und dem Wert von G aus (7.12) erhalten wir deshalb

$$\sigma = \frac{4}{\pi} \times 10^{-10} \left(\frac{\hbar}{M_p c}\right)^2 \left(\frac{p}{M_p c}\right)^2 \simeq 10^{-43}\,\mathrm{cm}^2. \tag{7.15}$$

Dies entspricht für die Absorption von Antineutrinos in Wasser einer mittleren freien Weglänge von 10^{20} cm oder 100 Lichtjahren. Erstmals wurde eine solche Reaktion 1959 von Reines und Cowan beobachtet. Als Antineutrinoquelle benutzten sie einen Reaktor. Die Spaltprodukte des Urans besitzen einen Überschuß an Neutronen und zerfallen mittels β-Zerfalls, dabei entstehen Elektronen und im Mittel pro Spaltung 6 Antineutrinos mit einer mittleren Energie von 1 MeV. Der nutzbare Antineutrinofluß an einem 1000 MW-Reaktor beträgt 10^{13} $\mathrm{cm}^{-2}\mathrm{s}^{-1}$. Die Reaktion

$$\bar{\nu}_e p \to n e^+$$

wurde mit einem Target, welches aus $CdCl_2$ und Wasser bestand, beobachtet. Das in dieser Reaktion entstandene Positron wird durch Ionisationsverluste schnell abgebremst und bildet ein Positronium, dieses zerfällt in Photonen, die wiederum durch Comptoneffekt schnelle Elektronen erzeugen. Diese werden mit Flüssigszintillatorzählern nachgewiesen. Dieser Prozeß läuft innerhalb von etwa 10^{-9} s ab, das Positron gibt einen sogenannten *prompten Puls* ab. Das Cadmium hat das Neutron, nachdem es im Wasser durch mehrfache elastische Stöße an Protonen moderiert ist, einzufangen. Dieser Prozeß verzögert die Photonen, die von diesem Strahlungseinfang des

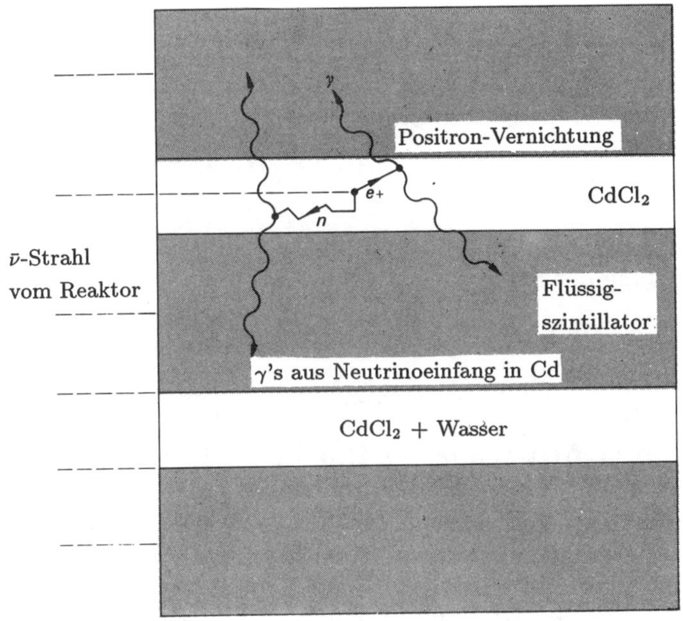

Abbildung 7.4 Schematischer Aufbau des Experimentes von Reines und Cowan (1959), mit dem die Wechselwirkung freier Antineutrinos aus einem Reaktor nachgewiesen werden konnte.

Neutrons im Cadmium stammen, um einige Mikrosekunden. Die Signatur eines Ereignisses sind also zwei Pulse im Abstand einiger Mikrosekunden. Abbildung 7.4 zeigt schematisch den experimentellen Aufbau.

7.4 Paritätsverletzung im β-Zerfall

Im Jahre 1956 kamen bei einem kritischen Vergleich damals verfügbarer experimenteller Daten Lee und Yang zu dem Schluß, daß die schwache Wechselwirkung unter Raumspiegelung nicht invariant ist und damit die Parität verletzt wird. Dieses Argument beruht im wesentlichen auf dem sogenannten τ-θ-Paradoxon, der Tatsache, daß das K^+ in die zwei Zerfallsmoden $K^+ \to 2\pi$, $K^+ \to 3\pi$ zerfallen kann, bei denen die Endzustände entgegengesetzte Parität haben.

Um die Paritätserhaltung zu testen, haben Wu et al. 1957 ein Experiment durchgeführt, welches eine Probe von ^{60}Co bei 0.01 K innerhalb eines Solenoids untersucht. Bei dieser Temperatur ist ein großer Teil der ^{60}Co Kerne ausgerichtet. ^{60}Co ($J = 5$) zerfällt in einem reinen Gamow-Teller-Übergang zu ^{60}Ni* ($J = 4$). Gemessen wurden die relativen Intensitäten der Elektronen in und entgegen der Feldrichtung. Der Ausrichtungsgrad des ^{60}Co konnte durch die Beobachtung der Winkelverteilung der Photo-

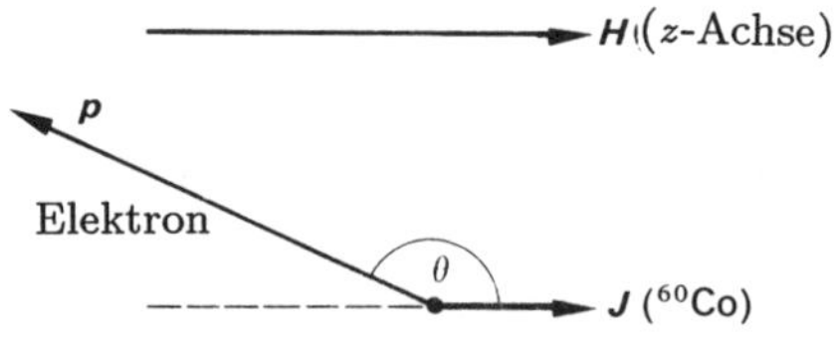

Abbildung 7.5

nen des $^{60}Ni^*$ bestimmt werden. Die gemessene Elektronenintensität war mit einer Verteilung der Form

$$\begin{aligned} I(\theta) &= 1 + \alpha\left(\frac{\boldsymbol{\sigma}\cdot\boldsymbol{p}}{E}\right) \\ &= 1 + \alpha\frac{v}{c}\cos\theta \end{aligned} \tag{7.16}$$

verträglich mit dem Wert von $\alpha = -1$; $\boldsymbol{\sigma}$ ist ein Einheitsspinvektor in Richtung von $\boldsymbol{J}$, $\boldsymbol{p}$ und E sind der Elektronimpuls und die Gesamtenergie, θ ist Winkel zwischen der Elektronemission und $\boldsymbol{J}$. Die Abhängigkeit von der Elektrongeschwindigkeit wurde im Bereich $0.4 < v/c < 0.8$ überprüft.

Aus der Vorwärts-Rückwärts-Asymmetrie der Intensität in (7.16) kann man schließen, daß die gesamte Wechselwirkung die Parität verletzt. Man stelle sich vor, das ganze System würde an einem Spiegel senkrecht zur z-Achse reflektiert. Der 1. Term, die 1, ändert ihr Vorzeichen nicht nach der Spiegelung, er ist ein Skalar mit gerader Parität. $\boldsymbol{\sigma}$, ein Axialvektor, ändert sein Vorzeichen auch nicht, aber der Polarvektor $\boldsymbol{p} \to -\boldsymbol{p}$. Also verhält sich das Produkt unter Spiegelung wie $\boldsymbol{\sigma}\cdot\boldsymbol{p} \to -\boldsymbol{\sigma}\cdot\boldsymbol{p}$; man nennt es einen Pseudoskalar mit ungerader Parität. Die Erhaltung der z-Komponente des Drehimpulses in obigem Übergang hat zur Folge, daß auch der Elektronspin in die Richtung von $\boldsymbol{J}$ zeigen muß. Damit ist, wenn man $\boldsymbol{\sigma}$ auch als Vektor des Elektronspins in der Normierung $\sigma_z = \pm 1$ betrachtet, die Intensität gegeben als

$$I = 1 + \alpha\frac{\boldsymbol{\sigma}\cdot\boldsymbol{p}}{E}. \tag{7.17}$$

Die sich ergebende longitudinale Polarisation oder Helizität H wird definiert als

$$H = \frac{I_+ - I_-}{I_+ + I_-} = \alpha\frac{v}{c},$$

wobei I^+ und I^- die Intensitäten angeben für Zerfälle mit $\boldsymbol{\sigma}$ parallel und antiparallel zu $\boldsymbol{p}$. Experimentell ist

$$\alpha = \begin{cases} +1 & \text{für } e^+,\ H = +v/c, \\ -1 & \text{für } e^-,\ H = -v/c. \end{cases} \tag{7.18}$$

Die Eigenschaft der Helizität beschränkt sich nicht auf Leptonen. Wir haben schon gesehen, daß masselose Photonen zwei mögliche Spinzustände haben, $J_z = \pm 1$, wobei die z-Achse die Ausbreitungsrichtung festlegt.

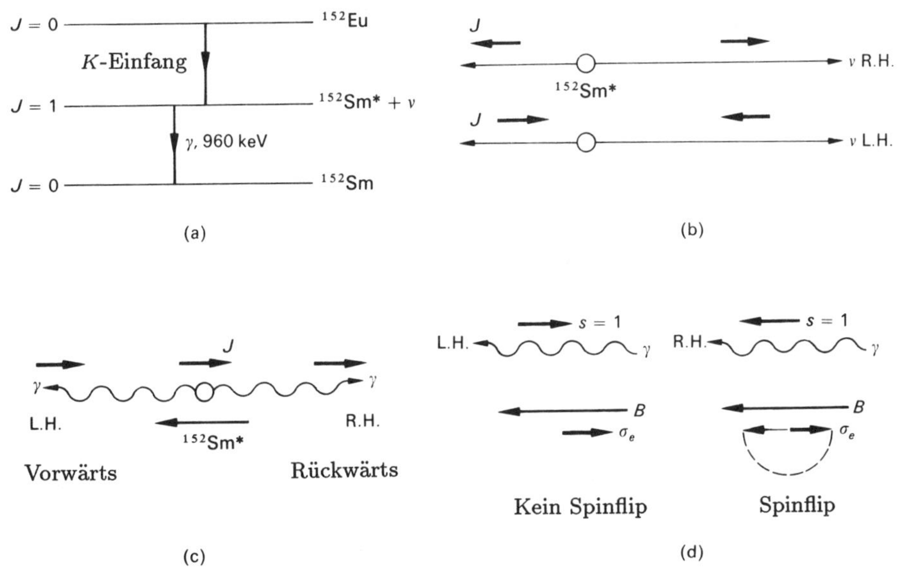

Abbildung 7.6 Prinzipielle Schritte des Experimentes zur Bestimmung der Helizität des Neutrinos von Goldhaber et al.

Rechtshändige ($J_z = +1$) und linkshändige ($J_z = -1$) Photonen haben Helizitäten von $+1$ bzw. -1. In elektromagnetischen Prozessen wird die Parität in Prozessen mit Photonen deshalb erhalten, weil beide Helizitätszustände mit gleicher Häufigkeit emittiert werden, und man damit keine effektive Polarisation beobachtet. Dagegen bestehen die β-Zerfälle der schwachen Wechselwirkung aus der Emission entweder von Elektronen mit einer effektiven linkshändigen Spinpolarisation, oder von Positronen, die hauptsächlich rechtshändig sind.

7.5 Helizität des Neutrinos

Wendet man das Ergebnis 7.18 auf ein masseloses Neutrino an, ergibt sich, daß ein solches Teilchen vollständig polarisiert sein muß, $H = +1$ oder -1. Das Vorzeichen der Neutrinohelizität ist wesentlich, um den Typ des Wechselwirkungsoperators zu bestimmen. Das Neutrino ist hier als das Teilchen definiert, welches zusammen mit dem Positron im β^+-Zerfall oder im K-Einfang emittiert wird. Dementsprechend begleitet das Antineutrino das negative Elektron im β^--Zerfall. Goldhaber et al. bestimmten 1958 die Helizität des Neutrinos in einem inzwischen klassischen gewordenen, sehr eleganten Experiment. Abbildung 7.6 gibt die einzelnen Schritte dieses Experimentes an:

(i) ^{152}Eu geht durch K-Einfang in einen angeregten Zustand ^{152}Sm mit $J = 1$ über (Abb. 7.6(a)). Um den Drehimpuls zu erhalten, muß $\boldsymbol{J}$

parallel zum Spin des Elektrons, aber antiparallel zu dem des Neutrinos sein. Also hat das rückgestoßene ^{152}Sm* dieselbe Polarisation wie das Neutrino (Abb. 7.6(b)).

(ii) Im nun folgenden Übergang $^{152}\mathrm{Sm}^* \to {}^{152}\mathrm{Sm} + \gamma$ werden die in Flugrichtung des ^{152}Sm* entstehenden Photonen (siehe Abb. 7.6(c)) im selben Drehsinn polarisiert wie das Neutrino. Also ist die Polarisation der in Vorwärtsrichtung erzeugten Photonen dieselbe wie die der Neutrinos.

(iii) Im nächsten Schritt wird die Resonanzstreuung der Photonen an einem ^{152}Sm-Target untersucht, diese ist für Photonen möglich, die genau die richtige Frequenz haben, um den angeregten Zustand zu treffen:

$$\gamma +^{152}\mathrm{Sm} \to {}^{152}\mathrm{Sm}^* \to \gamma + {}^{152}\mathrm{Sm}. \tag{7.19}$$

Um Resonanzstreuung zu ermöglichen, muß die Photonenergie geringfügig oberhalb der 960 keV liegen, um den Rückstoß des Kerns auszugleichen. Dies aber gilt genau für die in Vorwärtsrichtung emittierten Photonen, die durch den ursprünglichen Rückstoß des Neutrinos auf die richtige Energie gebracht werden und damit bei der Resonanzstreuung automatisch ausgewählt werden.

(iv) Im letzten Schritt muß die Polarisation der emittierten Photonen gemessen werden. Dazu werden sie vor der Resonanzabsorption durch magnetisiertes Eisen geschickt. Ein Elektron im Eisen, dessen Spin σ_e entgegen dem des Photons steht, kann durch Spinflip dieses absorbieren; eines mit Spin parallel zu dem des Photons kann dies nicht (siehe Abb. 7.6(d)). Damit ist, falls der Photonenstrahl parallel zum Magnetfeld verläuft, die Durchlässigkeit des Eisens für linkshändige Photonen größer als für rechtshändige.

Abb. 7.7 zeigt eine Prinzipskizze des Experiments. Durch Umdrehen des Magnetfeldes kann die Polarisation aus der Änderung der Zählrate bestimmt werden. Die Schlußfolgerung, nach Korrektur auf einige die Polarisation störende Effekte, war, daß Neutrinos linkshändigen Spin tragen.

Den Leptonen aus dem Kern-β-Zerfall kann man zusammenfassend die folgende Helizität zuordnen:

Teilchen	e^+	e^-	ν	$\bar{\nu}$	
Helizität	$+v/c$	$-v/c$	-1	$+1$	(7.20)

7.6 Die $V-A$-Wechselwirkung

Die Beziehungen (7.16), (7.19) und (7.20) wurden unter rein empirischen Gesichtspunkten eingeführt. Ihre tatsächliche Form folgt aus der sogenannten $V - A$-Theorie der schwachen Wechselwirkung. Diese beinhaltet die Dirac-Beschreibung für relativistische Fermionen; eine kurze Zusammen-

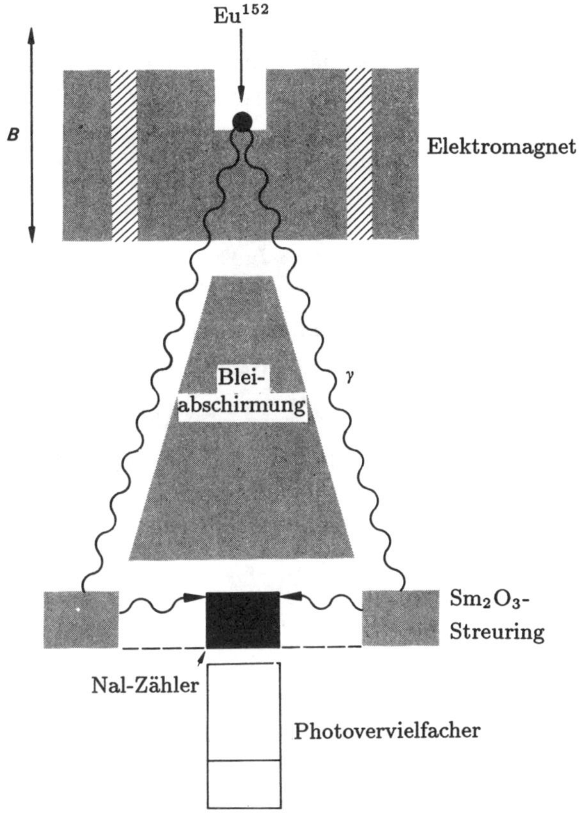

Abbildung 7.7 Skizze des experimentellen Aufbaus von Goldhaber et al. Photonen aus dem Zerfall von ^{152}Sm*, welches aus dem Zerfall von ^{152}Eu stammt, werden in Sm_2O_3 resonant gestreut und mit einem Natriumjodid-Szintillator und einem Photovervielfacher aufgezeichnet. Der Durchgang der Photonen durch das Eisen um die Eu-Quelle hängt von ihrer Helizität und der Richtung des Magnetfeldes $\boldsymbol{B}$ ab.

fassung dieser Theorie, die Definition von γ-Matrizen und die Ableitung der nun folgenden Ergebnisse kann man in Anhang D finden.

Fermi entwickelte seine Theorie des β-Zerfalls analog zur elektromagnetischen Wechselwirkung. Wir betrachten zuerst den Vorgang der elektromagnetischen Streuung eines Elektrons und eines Protons:

$$e^- + p \to e^- + p. \tag{7.21}$$

Da die Elektronen und Baryonen in diesem Prozeß erhalten bleiben, können wir ihn als eine Wechselwirkung von 2 Strömen durch Austausch eines virtuellen Photons beschreiben (siehe Abb. 1.5(c)), und das Matrixelement ist proportional zu

$$M \propto \frac{e^2}{q^2} J_{\text{Baryon}} \cdot J_{\text{Lepton}}, \tag{7.22}$$

dabei ist q der Impulsübertrag.

In der Dirac-Theorie werden relativistische Fermionen mit 4-komponentigen Spinorwellenfunktionen beschrieben, auf die als Operatoren 4×4 Matrizen O wirken. Elektromagnetische Ströme enthalten den Vektoroperator $O_{\text{em}} = \gamma_4 \gamma_\mu$ (mit $\mu = 1, \ldots, 4$ für die Raum-Zeit-Komponenten) und die Ströme haben die Form

$$\begin{aligned} J_{\text{Lepton}} &= \psi_e^* \gamma_4 \gamma_\mu \psi_e \equiv \bar{\psi}_e \gamma_\mu \psi_e, \\ J_{\text{Baryon}} &= \bar{\psi}_p \gamma_\mu \psi_p, \end{aligned} \tag{7.23}$$

wobei $\bar{\psi} = \psi^* \gamma_4$ ist.

Analog nahm Fermi an, daß man für den schwachen Prozeß des Neutronzerfalls die folgende Form benutzen kann:

$$M = G J_{\text{Baryon}}^{\text{schwach}} \cdot J_{\text{Lepton}}^{\text{schwach}} = G(\bar{\psi}_p O \psi_n)(\bar{\psi}_e O \psi_\nu). \tag{7.24}$$

Dabei wird die Anordnung der Wellenfunktionen plausibler, wenn man den Zerfallsprozeß

$$n \rightarrow p + e^- + \bar{\nu}$$

in der äquivalenten Form

$$\nu + n \rightarrow p + e^-$$

schreibt.

Fermi nahm an, daß der Matrixoperator O in (7.24) wiederum ein Vektoroperator wie in (7.23) sei. Die einzigen Unterschiede sind, daß man im β-Zerfall eine Konstante G statt e^2/q^2 hat, daß die schwachen Ströme punktförmig wirken, man also keinen $1/q^2$-Faktor wie in (7.22) hat, und daß die elektrische Ladung der Leptonen und Baryonen sich in der Wechselwirkung um eine Einheit ändern. Deshalb werden diese β-Zerfälle als ladungsändernde schwache Wechselwirkung oder einfach als geladene Ströme bezeichnet (siehe Abb. 1.5(a) und (b)).

Vor der Entdeckung der Paritätsverletzung reichte die Vektortheorie aus, um Fermiübergänge zu beschreiben. Für Gamow-Teller-Übergänge traf sie nicht zu, da sie kein Umklappen des Nukleonspins erklären konnte. Allgemein kann man, nimmt man nur gewisse Forderungen nach relativistischer Invarianz an, fünf unabhängige Formen des Operators O in (7.4) haben. Diese werden Skalar (S), Vektor (V), Tensor (T), Axialvektor (A) und Pseudoskalar (P) genannt, diese Namen hängen zusammen mit dem Transformationsverhalten der geladenen Ströme und Raumspiegelung. S- und V-Wechselwirkung führen zu Fermi-, T und A zu Gamow-Teller-Übergängen. Im β-Zerfall ist der P-Operator unwesentlich, da er die Spinorkomponenten, die proportional zur Teilchengeschwindigkeit sind, koppelt und damit in M^2 einen Faktor $v^2/c^2 \simeq 10^{-6}$ bewirkt.

Wie in Anhang D gezeigt wird, haben Leptonen und Antileptonen (z.B. e^+ und ν_e) in der V- und in der A-Wechselwirkung entgegengesetzte Helizität, in der S, T, P-Wechselwirkung dagegen gleiche Parität. Die Ergebnisse von (7.20) zeigen daher, daß V- und A-Wechselwirkungen vorliegen, nicht S, P, T. Für eine allgemeine β-Wechselwirkung können wir daher anstelle von (7.24) schreiben

$$M = G \sum_{i=V,A} C_i(\bar{\psi}_p O_i \psi_n)(\bar{\psi}_e O_i \psi_\nu), \tag{7.25}$$

wobei C_V und C_A passende Koeffizienten sind. So ist für einen reinen Fermi-Übergang $C_A = 0$. Das Matrixelement (7.25) jedoch ist eine skalare Größe und impliziert daher Paritätserhaltung. Dies ist klarerweise falsch, und wir müssen noch einen weiteren Term, der einen Pseudoskalar ergibt, hinzufügen, um ein Gemisch zu erhalten, das weder skalar noch pseudoskalar ist und damit keine wohldefinierte Parität hat. Dies können wir machen, indem wir einen ähnlichen Term addieren, bei dem ein Term mit der Matrix γ_5 ($\gamma_5 = \gamma_1\gamma_2\gamma_3\gamma_4$) multipliziert ist. Fügen wir dann noch einen Faktor $1/\sqrt{2}$ ein, um die Definition von G zu erhalten, erhalten wir

$$M = \frac{G}{\sqrt{2}} \sum_{i=V,A} [\bar{\psi}_p O_i \psi_n][\bar{\psi}_e O_i (C_i + C_i' \gamma_5)\psi_\nu]. \tag{7.26}$$

Falls, was naheliegt, die Wechselwirkung unter Zeitumkehr invariant ist, müssen C_i und C_i' reell sein, ferner muß $C_i' = \pm C_i$ sein, falls das Neutrino vollständig spinpolarisiert ist. Da der skalare und der pseudoskalare Term dann mit gleicher Stärke auftreten, nennt man dies das Prinzip der maximalen Paritätsverletzung. In diesem Falle wählt der Operator $(1 \pm \gamma_5)$ aus der Neutrino-Wellenfunktion jeweils ein Vorzeichen der Helizität aus:

$(1 + \gamma_5) \to$ linkshändiges Neutrino (rechtshändiges Antineutrino),

$(1 - \gamma_5) \to$ rechtshändiges Neutrino (linkshändiges Antineutrino).

Da das Experiment in Abschnitt 7.5 zeigt, daß das Neutrino linkshändig ist, gilt der 1. Ausdruck, und wir erhalten das Ergebnis, daß $C_i' = +C_i$ ist. Dieser Typ der schwachen Wechselwirkung, den unabhängig voneinander Lee und Yang, Landau und Salam einführten, wird die 2-Komponenten-Neutrinotheorie genannt. Diese sagt auch korrekt die Helizität $\pm v/c$ für geladene Leptonen in (7.18) voraus. So wird der Ausdruck (7.26) zu:

$$M = G/\sqrt{2} \sum_{i=V,A} C_i[\bar{\psi}_p O_i \psi_n][\bar{\psi}_e O_i (1 + \gamma_5)\psi_\nu].$$

Setzt man nun die Dirac-Matrizen für die Operatoren $O_V = \gamma_\mu$ und $O_A = i\gamma_\mu\gamma_5$ ein, setzt man $C_A/C_V = \lambda$ und $C_V = 1$ (um die alte Definition der Fermikopplung G zu erhalten), erhält man

$$M = [G/\sqrt{2}][\bar{\psi}_p \gamma_\mu (1 - \lambda\gamma_5)\psi_n][\bar{\psi}_e \gamma_\mu (1 + \gamma_5)\psi_\nu]. \tag{7.27}$$

Das Verhältnis λ von A- und V-Kopplung ist -1 im Myonzerfall, der nur Leptonen enthält. In hadronischen Prozessen können Effekte der starken Wechselwirkung C_A modifizieren, nicht aber C_V (Aufgabe 7.1), und λ wird ungleich -1. Beispielsweise ist $\lambda = -1.25$ im Neutronzerfall $n \to p + e^- +$

$\bar{\nu}_e$ und $\lambda = -0.69$ für den β-Zerfall des Λ-Hyperons, $\Lambda \rightarrow p + e^- + \bar{\nu}_e$. Wäre der schwache Nukleonenstrom rein $V - A$, $(\lambda = -1)$, dann wären die Operatoren in den Lepton- und Nukleonklammern identisch, und alle Fermionen hätten im β-Zerfall die Helizität $-v/c$, alle Antifermionen $+v/c$. Dann wäre das Gesamtergebnis von der reinen Vektortheorie Fermis auch nur um den Projektionsoperator $(1 + \gamma_5)$ verschieden.

7.7 Paritätsverletzung im Λ-Zerfall

Paritätsverletzung ist eine allgemeine Eigenschaft der schwachen Wechselwirkung, nicht nur leptonischer Prozesse. Das „τ-θ-Paradoxon" im nichtleptonischen Zerfall von Kaonen in Pionen wurde schon erwähnt. Ein anderer nichtleptonischer Zerfall ist der des Λ-Hyperons, für den die dominierenden Zerfallsmoden

$$\Lambda \rightarrow \pi^- p, \qquad \Lambda \rightarrow \pi^0 n \tag{7.28}$$

sind. Mit einem kleinen Verzweigungsverhältnis tritt auch der leptonische β-Zerfall $\Lambda \rightarrow p + e^- + \bar{\nu}$ auf.

Paritätsverletzung kann beim Zerfall der Λ-Hyperonen, die assoziiert produziert werden,

$$\pi^- p \rightarrow \Lambda K^0 \tag{7.29}$$

gezeigt werden. In diesem Prozeß kann das Λ spinpolarisiert sein (und ist es auch meistens). Die Paritätserhaltung in der starken Wechselwirkung hat zur Folge, daß das Λ mit einem Spin $\boldsymbol{\sigma}$ senkrecht zur Produktionsebene polarisiert sein muß, also $\boldsymbol{\sigma} \propto (\boldsymbol{p}_\Lambda \times \boldsymbol{p}_K)$, der unter Spiegelung sein Vorzeichen nicht umkehrt. Eine Spinpolarisation in der Produktionsebene dagegen ändert unter Spiegelung im allgemeinen das Vorzeichen und ist daher verboten.

In der Praxis ist die mittlere Polarisation

$$P_\Lambda = (N \uparrow - N \downarrow)/(N \uparrow + N \downarrow) \simeq 0.7$$

für einlaufende Pionen mit einem Impuls knapp oberhalb von 1 GeV. Im Zerfallsprozeß (7.28) definieren wir die Richtung von $\boldsymbol{\sigma}$ als z-Achse im Ruhesystem des Λ (Abb. 7.8). In diesem Bezugssystem hängt die Verteilung der Pionen (bzw. Protonen) im Emissionswinkel (θ, ϕ) von ihrem Bahndrehimpuls l ab.

Da $J_\Lambda = 1/2$, $J_z = \pm 1/2$, kann entweder $l = 0$ (Proton- und Λ-Spin parallel) oder $l = 1$ (antiparallel) sein. Allgemein erwarten wir also eine Kombination von s- und p-Wellen. Bezeichnen wir die z-Komponente des Proton-Spinvektors mit m_1 und mit m_2 die z-Komponente von l. Im Falle der s-Welle ist $m_2 = 0$ und die Drehimpulswellenfunktion $Y_l^m = Y_0^0$. Also ist für $J_z = +1/2$ die totale Wellenfunktion das Produkt:

$$\psi_s = a_s Y_0^0 \chi^+, \tag{7.30}$$

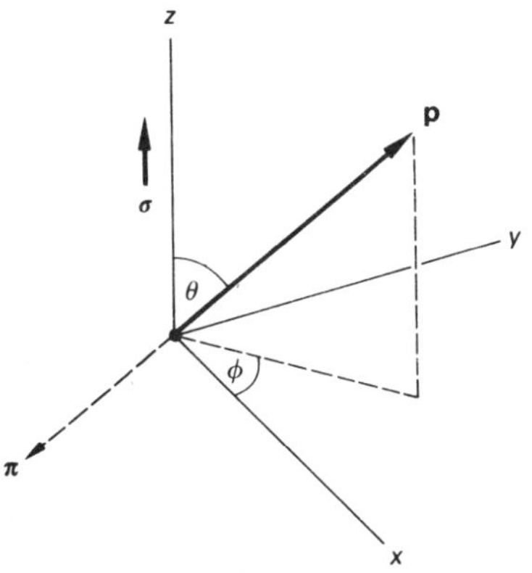

Abbildung 7.8 Definition der Achsen und Richtungen im Λ-Zerfall.

wobei a_s die s-Wellenamplitude und χ^+ der Protonzustand mit $m_1 = +1/2$ ist. Für die p-Welle ist $m_1 + m_2 = J_z = 1/2$, also entweder $m_1 = +1/2$ und $m_2 = 0$ oder aber $m_1 = -1/2$ und $m_2 = +1$.

Aus der Tabelle III für Clebsch-Gordan Koeffizienten im Anhang ergibt sich aus der Addition von $J = 1$ und $J = 1/2$ zum Gesamtspin $J_{\text{total}} = m = +1/2$:

$$\psi_p = a_p \left[\sqrt{\frac{2}{3}} Y_1^1 \chi^- - \sqrt{\frac{1}{3}} Y_1^0 \chi^+ \right]. \tag{7.31}$$

Im allgemeinen sind hierbei a_s und a_p komplexe Amplituden. Falls also sowohl s- wie auch p-Welle vorliegt, ist die Gesamtamplitude

$$\psi = \psi_s + \psi_p = \left[a_s Y_0^0 - a_p \sqrt{\frac{1}{3}} Y_1^0 \right] \chi^+ + \left[a_p \sqrt{\frac{2}{3}} Y_1^1 \right] \chi^-.$$

Erinnern wir uns an die Orthogonalität der Spinwellenfunktionen χ^+ und χ^-, so erhalten wir als Winkelverteilung

$$\psi\psi^* = \left(a_s Y_0^0 - a_p \sqrt{\frac{1}{3}} Y_1^0 \right) \left(a_a Y_0^0 - a_p^* \sqrt{\frac{1}{3}} Y_1^0 \right) + a_p^2 \left(\sqrt{\frac{2}{3}} Y_1^1 \right)^2,$$

dabei ist eine der Phasen willkürlich, und wir wählen a_s als reell. Wegen

$$Y_0^0 = 1, \quad \sqrt{\frac{1}{3}} Y_1^0 = \cos\theta, \quad \sqrt{\frac{2}{3}} Y_1^1 = -\sin\theta,$$

folgt

$$\begin{aligned} \psi\psi^* &= |a_s|^2 + |a_p|^2 \cos^2\theta + |a_p|^2 \sin^2\theta - a_s \cos\theta [a_p + a_p^*] \\ &= |a_s|^2 + |a_p|^2 - 2 a_s \operatorname{Re} a_p^* \cos\theta. \end{aligned} \tag{7.32}$$

Wenn wir definieren, daß

$$\alpha = \frac{2a_s \operatorname{Re} a_p^*}{|a_s| + |a_p|^2},$$

hat die Winkelverteilung die Form

$$I(\theta) = 1 - \alpha \cos\theta. \tag{7.33}$$

Der Winkel θ ist relativ zu $\boldsymbol{\sigma}$ definiert; meßbar ist er nur relativ zur Senkrechten auf der Produktionsebene. Wenn wir also θ entsprechend umdefinieren, erhalten wir

$$I(\theta)| = 1 - \alpha P \cos\theta,$$

wobei P die durchschnittliche Polarisation ist. Experimente zeigen, daß $\alpha P \simeq -0.7$ ist. Die Paritätsverletzung im Λ-Zerfall äußert sich also als eine Oben-Unten-Asymmetrie des Zerfallspions (oder Protons) relativ zur Produktionsebene.

Man beachte, daß (7.33) dieselbe Form wie (7.16) hat, daß der Paritätsverletzungsparameter α nur dann endlich ist, wenn sowohl a_s als auch a_p endlich sind, und daß die Paritätsverletzung von der Interferenz der s- und p-Wellen stammt.

7.8 Pion- und Myonzerfall

Die 1957 im Kern-β-Zerfall beobachteten Helizitäten der Leptonen wurden gleichzeitig auch im Zerfall der Pionen und Myonen gefunden. Erinnern wir uns an die Zerfallsschemata der Pionen und Myonen:

$$\pi^+ \to \mu^+ \nu, \tag{7.34}$$

$$\mu^+ \to e^+ \nu \bar{\nu}. \tag{7.35}$$

Da das Pion einen Spin 0 hat, müssen Neutrino und Myon einen antiparallelen Spinvektor haben (siehe Abb. 7.9). Wenn das Neutrino, wie im β-Zerfall, eine Helizität -1 hat, muß auch das μ^+ negative Helizität haben. Im darauffolgenden Myonzerfall haben die meisten Positronen die maximale Energie, deshalb ist die wahrscheinlichste Konfiguration die in der Abbildung gezeigte — ein Positron mit positiver Helizität. Tatsächlich hat das Positronspektrum den in Abbildung 7.11 gezeigten Verlauf. Im Experiment zerfielen positive Pionen im Fluge, und die in Vorwärtsrichtung mit negativer Helizität produzierten Myonen wurden selektiert. Die μ^+ wurden in einem Kohlenstoffabsorber gestoppt, beobachtet wurde die Winkelverteilung der e^+ gegenüber dem Myonimpuls $\boldsymbol{p}_\mu$. Der Myonspin $\boldsymbol{\sigma}$ sollte entgegengesetzt zum Myonimpuls sein, falls das Myon nicht depolarisiert wird, wenn es zur Ruhe kommt. Dies ist für Kohlenstoff erfüllt. Die beobachtete Winkelverteilung hat die Form

$$\frac{dN}{d\Omega} = 1 - \frac{\alpha}{3} \cos\theta,$$

Abbildung 7.9 Skizze der Spinpolarisation im Pion- und Myonzerfall.

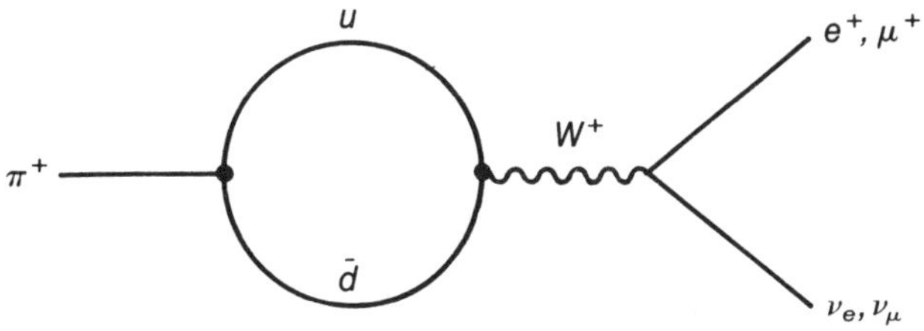

Abbildung 7.10

wobei θ der Winkel zwischen dem Impulsvektor des einlaufenden Myons und dem Elektronimpulsvektor ist. Im Rahmen der experimentellen Fehler hat α den Wert 1, sowohl für positive wie für negative Myonen. Damit ist die Form genau die, die die $V-A$-Theorie vorhersagt. Auch die Messung der Helizitäten von Positronen und Elektronen ergab Werte von $\mp v/c$.

In der $V-A$ Theorie wird die Myonlebensdauer vorhergesagt zu

$$\tau^{-1} = \frac{G^2 m_\mu^5}{192\pi^3},$$

dabei folgt die Massenabhängigkeit aus der Sargent-Regel für Dreikörperzerfälle. Aus den gemessenen Werten $m_\mu c^2 = 105.6593$ MeV, $\tau = 2.19709$ μs, folgt als Wert für die Fermikonstante

$$G = 1.16637 \times 10^{-5}\,\mathrm{GeV}^2, \tag{7.36}$$

wobei eine kleine radiative Korrektur von 0.5% berücksichtigt wurde.

7.8.1 Die Verzweigungsverhältnisse $\pi \to \mu$ und $\pi \to e$

Der Pionzerfall liefert durch das Verzweigungsverhältnis

$$\frac{\pi \to e\nu}{\pi \to \mu\nu} \tag{7.37}$$

einen wichtigen Test der $V-A$ Theorie. Stellt man das Pion (siehe Abb. 7.10) als Quark-Antiquark-Paar dar, so ist der Pionzerfall ein Beispiel für eine 4-Fermion-Wechselwirkung. In der Sprache des Kern-β-Zerfalls handelt es sich um einen Übergang von einem hadronischen Zustand mit $J^P = 0^-$ in einen Vakuumzustand mit $J^P = 0^+$, so daß von den 5 oben genannten Operatoren nur A (Axialvektor) und P (Pseudoskalar) darin vorkommen.

Im Ruhesystem des Pions werden die beiden Leptonen in entgegengesetzter Richtung emittiert, aber, um den Drehimpuls zu erhalten, mit gleicher Helizität. Aus der vorherigen Diskussion wissen wir, daß die P- bzw. A-Wechselwirkung Leptonen mit identischer resp. entgegengesetzter Helizität bevorzugt. In jedem Fall muß das Neutrino eine Helizität von -1 haben. Aus (7.17) folgt, daß die Wahrscheinlichkeit, daß eine A-Wechselwirkung ein e^+ oder μ^+ mit der Geschwindigkeit v und der unterdrückten Helizität $-v/c$ erzeugt, proportional zu $(1 - v/c)$ ist; für die P-Wechselwirkung, die gleiche Helizitäten bevorzugt, ist sie dagegen proportional zu $(1 + v/c)$.

Eine Vorhersage des Verzweigungsverhältnisses (7.37) folgt, wenn man noch den Phasenraumfaktor

$$\frac{dN}{dE_0} = \mathrm{const}\, p^2 \frac{dp}{dE_0}$$

einfügt. Hierbei ist $\boldsymbol{p}$ der Impuls des geladenen Leptons im Ruhesystem des Pions, v seine Geschwindigkeit, m seine Masse. Der Neutrinoimpuls im Pionruhesystem ist dann $-\boldsymbol{p}$:

$-\boldsymbol{p}$ ⟵ • ⟶ $\boldsymbol{p}, m, v$

Neutrino $m = 0$ | m_π | Geladenes Lepton

In den Einheiten von $c = 1$ ist dann die Gesamtenergie

$$E_0 = m_\pi = p + \sqrt{p^2 + m^2}.$$

Also gilt:

$$p^2 \frac{dp}{dE_0} = \frac{(m_\pi^2 + m^2)\,(m_\pi^2 - m^2)^2}{4m_\pi^4},$$

$$1 + \frac{v}{c} = \frac{2m_\pi^2}{m_\pi^2 + m^2},$$

$$1 - \frac{v}{c} = \frac{2m^2}{m_\pi^2 + m^2}.$$

Für A-Kopplung wird das Verzweigungsverhältnis gegeben durch

$$p^2 \frac{dp}{dE_0}\left(1 - \frac{v}{c}\right) = \frac{m^2}{2}\left(1 - \frac{m^2}{m_\pi^2}\right)^2,$$

für P-Kopplung dagegen ist es

$$p^2 \frac{dp}{dE_0}\left(1 + \frac{v}{c}\right) = \frac{m_\pi^2}{2}\left(1 - \frac{m^2}{m_\pi^2}\right)^2.$$

In der Näherung $m_e^2/m_\pi^2 \ll 1$ ist das vorhergesagte Verzweigungsverhältnis daher bei A-Kopplung

$$R = \frac{\pi \to e\nu}{\pi \to \mu\nu} = \frac{m_e^2}{m_\mu^2}\,\frac{1}{(1 - m_\mu^2/m_\pi^2)^2} = 1.275 \times 10^{-4}, \qquad (7.38)$$

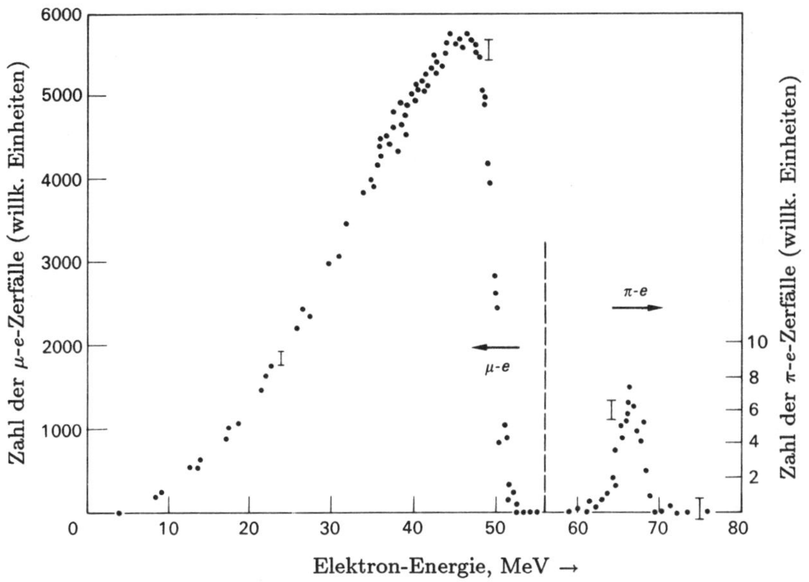

Abbildung 7.11 Das Elektronspektrum gestoppter Pionen aus dem Experiment von Anderson et al. (1960). Die breite Verteilung bis 53 MeV stammt vom Zerfall $\mu^+ \to e^+ + \nu + \bar{\nu}$. Das schmale Signal bei 70 MeV stammt vom $\pi^+ \to e^+ + \nu$-Zerfall. Beachte die unterschiedliche vertikale Skala für diese sehr seltenen Zerfälle.

bei P-Kopplung:

$$R = \frac{\pi \to e\nu}{\pi \to \mu\nu} = \frac{1}{(1 - m_\mu^2/m_\pi^2)^2} = 5.5. \tag{7.39}$$

Der drastische Unterschied rührt daher, daß für A-Kopplung die Drehimpulserhaltung das Elektron oder Myon zwingt, die falsche Helizität anzunehmen. Der Phasenraumfaktor ist für das Elektron größer als für das Myon, der Faktor $(1 - v/c)$ dagegen unterdrückt den Zerfall in das leichtere Lepton stark.

Der aktuelle Meßwert für das Verhältnis ist

$$R_{\text{exp}} = (1.267 \pm 0.023) \times 10^{-4}. \tag{7.40}$$

Dieses Ergebnis ist ein wesentlicher Triumph der $V - A$ Theorie und zeigt, daß die P-Kopplung Null oder zumindest extrem klein ist. Abb. 7.11 zeigt ein typisches Positronspektrum, das in einem Experiment mit in einem Absorber gestoppten Pionen gemessen wurde. Der seltene $\pi \to e\nu$ Zerfall führt zu Positronen mit einer festen Energie bei etwa 70 MeV. Sie werden von viel mehr Positronen aus der Zerfallskette $\pi \to \mu\nu$, $\mu \to e\nu\bar{\nu}$ begleitet, deren Spektrum bis etwa 50 MeV reicht. Die Positronen aus diesem Kaskadenzerfall werden experimentell durch ihren niedrigeren Impuls, die

Zeitinformation (das Pion lebt im Mittel 25 ns, das Myon 2200 ns) und das Fehlen eines Myonsignals in den Zählern zurückgewiesen.

Die obige Formel kann auch auf den Kaonzerfall angewandt werden, Axialkopplung sagt ein Verhältnis

$$R_K = \frac{K \to e\nu}{K \to \mu\nu} = 2.5 \times 10^{-5}$$

voraus, welches gut mit dem experimentellen Wert $(2.43 \pm 0.14) \times 10^{-5}$ übereinstimmt. Das Elektron ist hier noch relativistischer und damit dieser Zerfall noch stärker unterdrückt als der Pionzerfall.

In dieser Analyse haben wir stillschweigend vorausgesetzt, daß die Kopplungskonstante G für Elektronen und Myonen identisch ist, dies wird von den Daten unterstützt. Für Quarks muß diese Hypothese der Universalität in der Kopplung von Elektronen und Myonen (und τ-Leptonen) modifiziert werden, wie wir im nächsten Kapitel erörtern werden.

7.9 Schwache Zerfälle seltsamer Teilchen: Cabibbo-Theorie

Der nichtleptonische Zerfall seltsamer Teilchen wird durch die Auswahlregel $\Delta S = 1$, $\Delta I = 1/2$ beschrieben. Dies erwartet man auch, wenn man ein seltsames Quark $s(S = -1, I = 0)$ durch ein Quark $d(S = 0, I = 1/2)$ ersetzt und die Effekte der anderen Quarks vernachlässigt. Als Evidenz führen wir hier die Verzweigungsverhältnisse für Λ-Zerfälle an:

Zerfall	Quarkbeschreibung	
$\Lambda \to p\pi^-$	$uds \underset{\text{schwach}}{\to} udd \underset{\text{stark}}{\to} uud + \bar{u}d$	(7.41)
$\Lambda \to n\pi^0$	$\to udd + \bar{u}u$	

Da $I = 0$, folgt aus der $\Delta I = 1/2$-Regel, daß Nukleon und Pion im Zustand $I = 1/2$ sein müssen. Benutzt man die Clebsch-Gordan Koeffizienten aus Tabelle III im Anhang, sagt die Regel ein Verzweigungsverhältnis

$$\frac{\Gamma(\Lambda \to n\pi^0)}{\Gamma(\Lambda \to n\pi^0) + \Gamma(\Lambda \to p\pi^-)} = \frac{1}{3} \times 1.036 = 0.345 \qquad (7.42)$$

voraus, wobei der Korrekturfaktor den geringfügig unterschiedlichen Phasenraumfaktor für die $p\pi^-$- und $n\pi^0$-Zustände berücksichtigt. Der gemessene Wert 0.358 ± 0.005 bestätigt diese Vorhersage, wenn man noch kleine elektromagnetische Strahlungskorrekturen berücksichtigt.

In semileptonischen Zerfällen seltsamer Teilchen kann der Isospin des Endzustandes nicht angegeben werden, sie folgen jedoch der Auswahlregel $\Delta Q = \Delta S$, wobei ΔQ und ΔS die Änderungen der Ladung und der Seltsamkeit der Hadronen sind. $\Delta Q = \Delta S = 1$ erwartet man, falls $\Delta I_3 = 1/2$ ist, aus der Relation

$$Q = I_3 + \frac{1}{2}(B + S).$$

Eine Bestätigung dieser Regel ist, daß der Zerfall

Zerfall	Quarkbeschreibung
$\Sigma^- \to n + e^- + \bar{\nu}_e$	$dds \to ddu + e^- + \bar{\nu}_e (\Delta Q = \Delta S = 1)$

(7.43)

mit einem Verzweigungsverhältnis von 1.08×10^{-3} beobachtet wurde, der Zerfall

Zerfall	Quarkbeschreibung
$\Sigma^+ \to n + e^+ + \nu$	$uus \to udd + e^+ + \nu_e (-\Delta Q = \Delta S = 1)$

(7.44)

dagegen nicht, sein Verzweigungsverhältnis ist kleiner als 5×10^{-6}.

Abweichungen von der $\Delta I = 1/2$ Regel werden in den Fällen beobachtet, in denen die Hadronen im Endzustand sowohl $I = 1/2$ wie auch $I = 3/2$ haben können. Beispielsweise ist das Verzweigungsverhältnis

$$\frac{\Gamma(\Omega^- \to \Xi^0 \pi^-)}{\Gamma(\Omega^- \to \Xi^- \pi^0)} = 2.94 \pm 0.35,$$

während die $\Delta I = 1/2$ Regel den Wert 2.00 vorhersagt. Die $I = 3/2$ Amplitude existiert also ebenfalls, nur ist sie stark unterdrückt.

Von besonderem Interesse sind die absoluten Zerfallsraten für $\Delta S = 1$ Übergänge im Vergleich zu $\Delta S = 0$ Zerfällen. $\Delta S = 1$ Übergänge sind gegenüber denen mit $\Delta S = 0$ um einen Faktor 20 unterdrückt. Dieser reduzierten Zerfallsrate für $\Delta S =$ 1-Prozesse trägt die Cabibbo-Theorie (1963) Rechnung. In diesem Modell sind die an der schwachen Wechselwirkung teilhabenden d- und s-Zustände um einen Winkel θ_C, den sogenannten Cabibbo-Winkel, „gedreht“. Analog zu den Leptondubletts, die an den geladenen schwachen Strömen teilhaben, sind die u, d, und s-Quarks ebenfalls in einem Dublett angeordnet:

Leptonen Quarks

$$\begin{pmatrix} \mu \\ \nu_\mu \end{pmatrix}, \quad \begin{pmatrix} e \\ \nu_e \end{pmatrix}, \quad \begin{pmatrix} u \\ d_C \end{pmatrix} = \begin{pmatrix} u \\ d\cos\theta_C + s\sin\theta_C \end{pmatrix} \tag{7.45}$$

Für jedes dieser Dubletts wird die schwache Wechselwirkung durch die Fermikonstante G beschrieben. Für einen $\Delta S = 0$ semileptonischen Zerfall, der u- und d-Quarks beinhaltet, ist dementsprechend die Kopplung $G\cos\theta_C$, und für einen $\Delta S = 1$ Zerfall mit s-Quarks ist sie $G\sin\theta_C$. Dies wird in Tabelle 7.3 illustriert, die den Myonzerfall, den O^{14}-β-Zerfall, den Pion-β-Zerfall und den semileptonischen Kaonzerfall durch die beteiligten Quarks beschreibt.

Wir stellen fest, daß (7.46) und (7.47) erlaubte Fermiübergänge sind ($J^P = 0^+ \to 0^+$ oder $0^- \to 0^-$) und deshalb dieselben Werte von M^2 haben sollten, wie sie es auch tatsächlich haben (siehe Aufgabe 7.1). Aus den verschiedenen Prozessen semileptonischer Zerfälle von Hadronen können wir θ_C über die Beziehungen

$$\begin{aligned} \Delta S = 0, \quad & G_\pi^2 = G_n^2 = G_\mu^2 \cos^2\theta_C, \\ \Delta S = 1, \quad & G_K^2 = G_\mu^2 \sin^2\theta_C \end{aligned} \tag{7.50}$$

abschätzen. Der Vergleich der O^{14}-Zerfallsrate mit der Myonzerfallsrate ((7.46) und (7.49)) ergibt $\cos^2\theta_C$:

$$\theta_C(\text{Vektor}) = 0.210 \pm 0.025. \tag{7.51}$$

Dagegen ergibt der Vergleich der Reaktionen (7.48) und (7.47) für reine Vektorübergänge mit $\Delta S = 1$ und $\Delta S = 0$

$$\theta_C(\text{Vektor}) = 0.25 \pm 0.01. \tag{7.52}$$

Tabelle 7.3

	Hadronische Spinparität	Quarkbe– schreibung	Rate	Gleichung
$p \to n e^+ \nu_e (^{14}\text{O})$	$0^+ \to 0^+$	$u \to d e^+ \nu_e$	$G^2 \cos^2\theta_C$	(7.46)
$\pi^- \to \pi^0 e^- \bar{\nu}_e$	$0^- \to 0^-$	$d \to u e^- \bar{\nu}_e$	$G^2 \cos^2\theta_C$	(7.47)
$K^- \to \pi^0 e^- \bar{\nu}_e$	$0^- \to 0^-$	$s \to u e^- \bar{\nu}_e$	$G^2 \sin^2\theta_C$	(7.48)
$\mu^+ \to e^+ \nu_e \bar{\nu}_\mu$	—	—	G^2	(7.49)

Eine Abschätzung des Cabibbo-Winkels erhält man auch, indem man die reinen Axialvektorübergangsraten vergleicht:

$$\frac{K^+ \to \mu^+\nu}{\pi^+ \to \mu^+\nu} \to \theta_C(\text{axial}) = 0.269 \pm 0.001. \tag{7.53}$$

Die Ergebnisse (7.51), (7.52) und (7.53) ergeben nicht exakt identische Werte, aber die Gründe für die kleinen Unterschiede kann man verstehen. Dies würde uns jedoch zu Themen wie Nichterhaltung der Axialvektorströme und Quarkmasseneffekte führen. Hier ist die Feststellung ausreichend, daß, zieht man all dies in Betracht, die relativen Stärken der die Seltsamkeit verletzenden und erhaltenden Zerfälle mit einem einzigen Wert für den Cabibbo-Winkel beschrieben werden können. Allerdings wurde diese Theorie formuliert, als nur 3 Quarks bekannt waren. Abänderungen in einem 6-Quark-Modell werden in Abschnitt 7.12 diskutiert.

7.10 Schwache neutrale Ströme

Der Bau von Beschleunigern für intensive hochenergetische Neutrino- und Antineutrinostrahlen seit 1960 hat zu einer dramatischen Entwicklung unseres Verständnisses der schwachen Wechselwirkung geführt. Abb. 7.12 skizziert den Aufbau eines solchen Neutrinostrahls. Das grundlegende Prinzip ist, zuerst in der Kollision hochenergetischer Protonen mit einem Target T sekundäre Pionen und Kaonen zu produzieren. Sekundäre Teilchen eines Vorzeichens und in einem schmalen Impulsbereich können durch Dipolablenkmagnete, selektierende Quadrupolmagnete und Kollimatoren ausgewählt werden. Die Pionen und Kaonen gelangen in einen Zerfallstunnel,

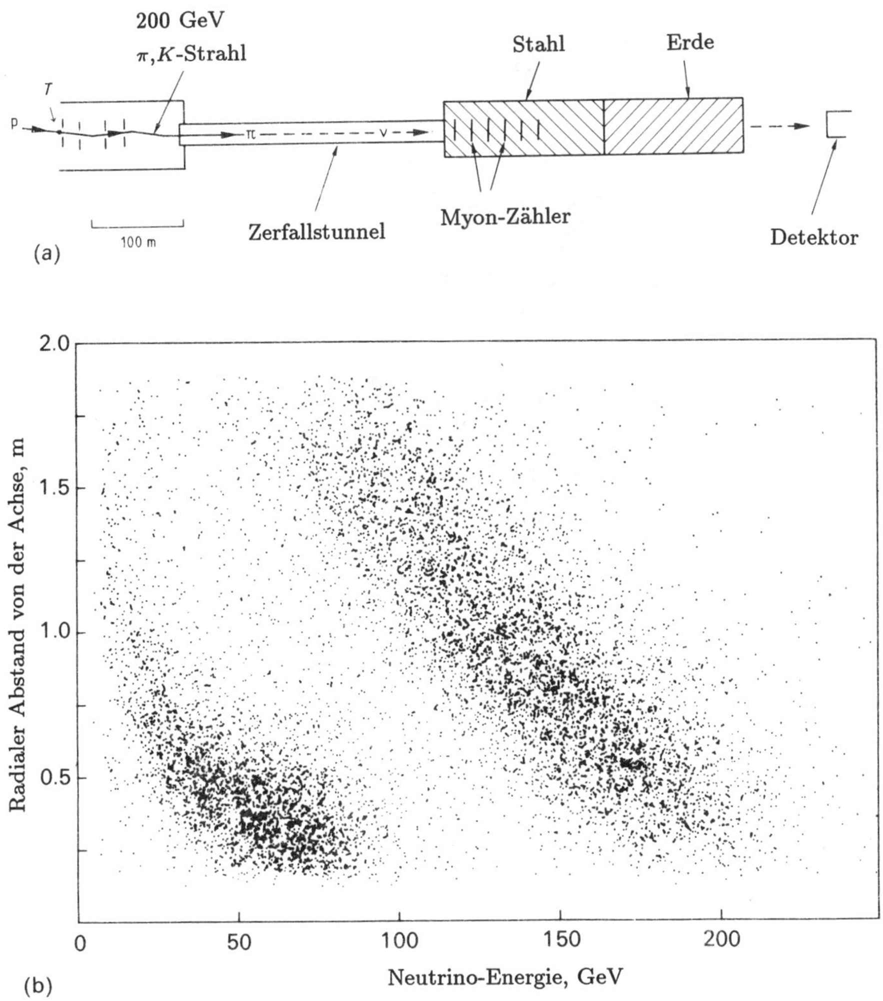

Abbildung 7.12 (a) Aufbau des CERN 200-GeV-Schmalbandstrahls. (b) Zwischen der Energie und der Richtung von Neutrinos aus dem Zerfall monochromatischer Pionen und Kaonen gibt es einen kinematischen Zusammenhang (siehe Aufgabe 7.2). Dadurch ist die Neutrinoenergie mit dem Abstand von der Strahlachse korreliert. Das hochenergetische Band stammt von Neutrinos aus dem Kaonzerfall, die niederenergetischen Ereignisse stammen von Pionen. Daten des Kalorimeterdetektors aus Abb. 2.24 (de Groot et al. (1979)).

in dem ein Teil von ihnen zu Myonen und Neutrinos zerfällt. Myonen werden durch ein dickes Eisenschild absorbiert, und die Neutrinos werden in Detektoren nachgewiesen. Abb 2.24 und 2.14 zeigen Beispiele großer elektronischer Neutrinodetektoren und Blasenkammern.

Wie bereits früher erwähnt, ergaben diese Experimente 1961 den Nachweis des Unterschiedes zwischen Elektronneutrino und Myonneutrino (siehe Abb. 7.13 für ausgewählte Ereignisse). 1973 gelang es zuerst bei einem Bla-

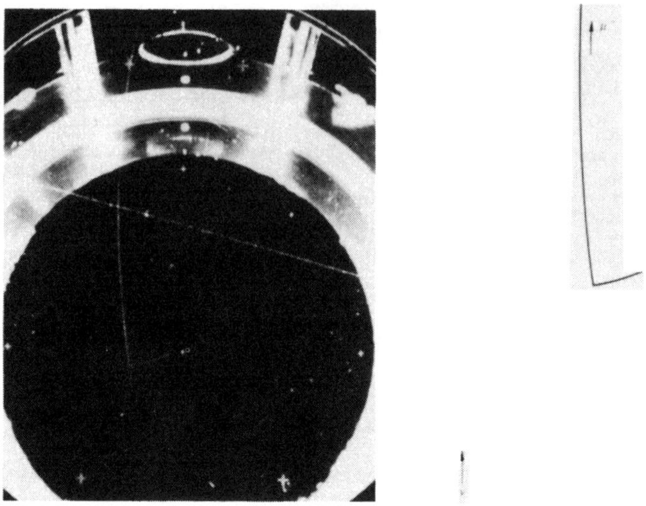

(a)

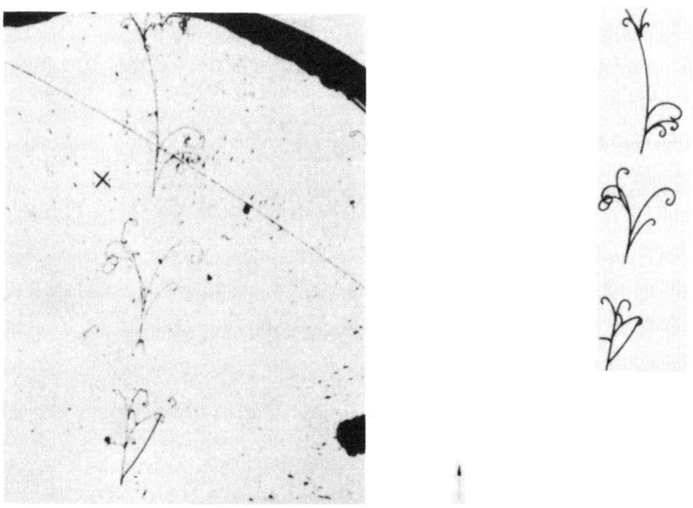

(b)

Abbildung 7.13 Frühe Beispiele „elastischer“ Neutrinowechselwirkung aus einer Schwerflüssigkeitsblasenkammer im CERN (1963). (a) zeigt ein Ereignis, das zur Reaktion $\nu_\mu + n \to p + \mu^-$ gehört. Das kaum wechselwirkende Myon verläßt die Kammer, das Rückstoßproton kommt innerhalb des Volumens zur Ruhe. (b) Durch ein Elektronneutrino erzeugtes Ereignis: $\nu_e + n \to p + e^-$. Der einlaufende Strahl besteht hauptsächlich aus Myonneutrinos mit einer kleinen Beimischung ($1/2\%$) von Elektronneutrinos. Das hochenergetische Elektron kann durch den charakteristischen Schauer, der durch Bremsstrahlung und Paarproduktion entsteht, erkannt werden (mit freundlicher Genehmigung des CERN).

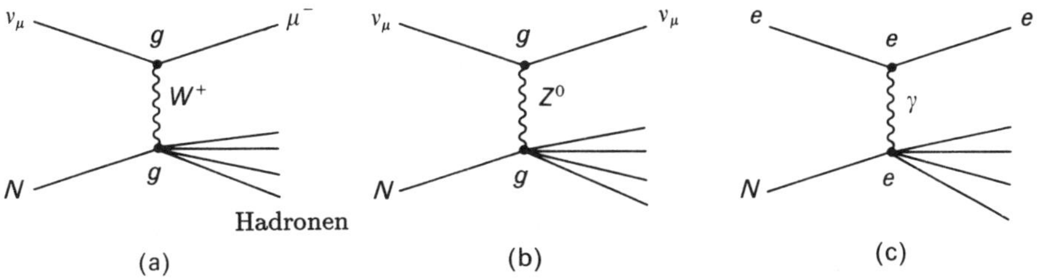

Abbildung 7.14

senkammerexperiment am CERN, die Existenz von ν_μ-Wechselwirkungen ohne geladenes Lepton im Endzustand zu zeigen (Hasert et al. 1973, 1974). Diese wurden als Ereignisse mit neutralem Strom bezeichnet und der Reaktion

$$\begin{aligned} \nu_\mu N &\to \nu_\mu X, \\ \bar{\nu}_\mu N &\to \bar{\nu}_\mu X \end{aligned} \tag{7.54}$$

zugeschrieben, wobei X irgendein hadronischer Zustand ist. Sie traten mit einer geringeren Rate als die vertrauten Ereignisse mit geladenem Strom

$$\begin{aligned} \nu_\mu N &\to \mu^- X, \\ \bar{\nu}_\mu N &\to \mu^+ X \end{aligned} \tag{7.55}$$

auf.

Wie in Kapitel 1 erörtert wurde, werden Reaktionen mit geladenen und neutralen Strömen als Austausch eines intermediären Bosons $W^\pm$ bzw. Z^0 wie in Abb. 7.14(a) und (b) betrachtet. Wenn wir die Kopplung der Leptonen oder Quarks mit g angeben, so enthält das Matrixelement einen Propagator-Term der Form (1.10), der bei niedrigem q^2, (also bei allen bisher diskutierten Prozessen) mit der Fermikonstante durch die Beziehung

$$G = \lim_{q^2 \to 0} \frac{g^2}{(q^2 + M_W^2)} = \frac{g^2}{M_W^2} \tag{7.56}$$

verknüpft ist (siehe (1.17)). In der elektroschwachen Theorie, die wir in Kapitel 9 diskutieren werden, wird die Kopplung g der $W^\pm$ und Z^0 mit der Kopplung der Photonen an geladenen Leptonen oder Quarks verknüpft. Grob gesagt ist $g \simeq e$ mit einigen numerischen Faktoren, so daß eine Vorhersage der Masse der schwachen Bosonen folgt. Im Jahre 1983 wurde die Erzeugung und der Zerfall dieser Teilchen ($W \to e\nu$, $\mu\nu$ und $Z \to e^+e^-$, $\mu^+\mu^-$ am CERN-$p\bar{p}$-Speicherring (270 GeV gegen 270 GeV) beobachtet (siehe Abschnitt 7.13).

Die ersten Experimente ergaben für das Verhältnis der Wirkungsquerschnitte für Reaktionen mit neutralen und geladenen Strömen (7.54) und (7.55)

$$\begin{aligned} \frac{\sigma(\nu_\mu N \to \nu_\mu X)}{\sigma(\nu_\mu N \to \mu^- X)} &\simeq 0.25, \\ \frac{\sigma(\bar{\nu}_\mu N \to \bar{\nu}_\mu X)}{\sigma(\bar{\nu}_\mu N \to \mu^+ X)} &\simeq 0.45, \end{aligned} \tag{7.57}$$

so daß, auf der Basis von einigen hundert Ereignissen, die Raten für Reaktionen mit neutralen und geladenen Strömen vergleichbar sind.

Zusätzlich zu diesen semileptonischen Reaktionen wurden rein leptonische Ereignisse mit neutralem Strom der Art

$$\bar{\nu}_\mu + e^- \to e^- + \bar{\nu}_\mu \tag{7.58}$$

im gleichen Experiment beobachtet; das erste Ereignis dieser Art (Abb. 1.6) trat auf, bevor die Reaktion (7.54) etabliert war. Die Ergebnisse jüngerer Experimente zu semileptonischer und leptonischer Wechselwirkung mit neutralen Strömen werden in Abschnitt 9.7 aufgeführt. Der wesentliche Punkt an dieser Stelle ist, daß neutrale Ströme mit einer den geladenen Strömen vergleichbaren Stärke existieren.

7.11 Unterdrückung neutraler Ströme mit $\Delta S = 1$: GIM-Modell und Charm

Alle beobachteten neutralen Ströme unterliegen der Auswahlregel $\Delta S = 0$. In der Tat wurden die frühen Theorien der schwachen Wechselwirkung, die neutrale Ströme beinhalten, deshalb verworfen, weil diese in Zerfallsprozessen niemals beobachtet wurden. Beispielsweise ist das Verhältnis der Zerfallsraten mit neutralem zum geladenen Strom gegeben durch

$$\frac{K^+ \to \pi^+ \nu\bar{\nu}}{K^+ \to \pi^0 \mu^+ \nu_\mu} < 10^{-5} \qquad (\Delta S = 1). \tag{7.59}$$

Im Kapitel 9 werden wir die in Abb. 7.14 eingeführten Teilchen W^+, W^-, Z^0 als Mitglieder eines Tripletts des „Schwachen Isospin“, die mit Quarks und Leptonen wechselwirken, diskutieren. Lassen wir die Matrixoperatoren aus (7.27) einmal beiseite, so ist der geladene schwache Strom, zum Beispiel im Neutrinozerfall, $J^+ = \bar{u}d \cos\theta_C$. Aus (7.45) erwarten wir dann, daß die neutrale Kopplung (Abb. 7.15) die Form

$$\underbrace{u\bar{u} + (d\bar{d}\cos^2\theta_C + s\bar{s}\sin^2\theta_C)}_{\Delta S=0} + \underbrace{(s\bar{d} + \bar{s}d)\sin\theta_C\cos\theta_C}_{\Delta S=1} \tag{7.60}$$

hat, womit $\Delta S = 1$ neutrale Ströme möglich wären, da sin θ_C ungleich 0 ist. Im Jahre 1970 schlugen Glashow, Iliopoulos und Maiani in einer klassischen Arbeit vor, ein neues Quark einzuführen mit der Quantenzahl c für

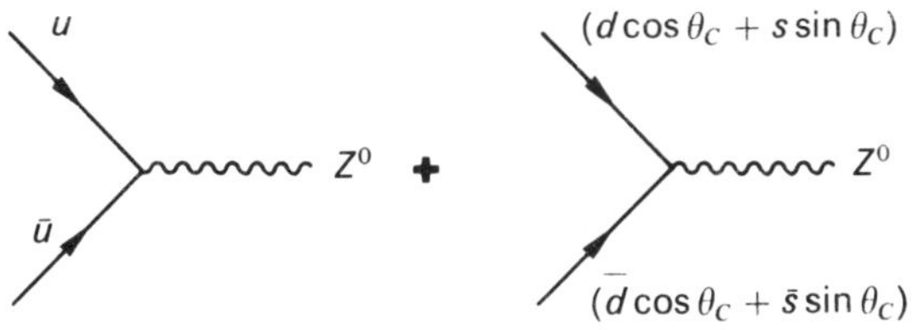

Abbildung 7.15

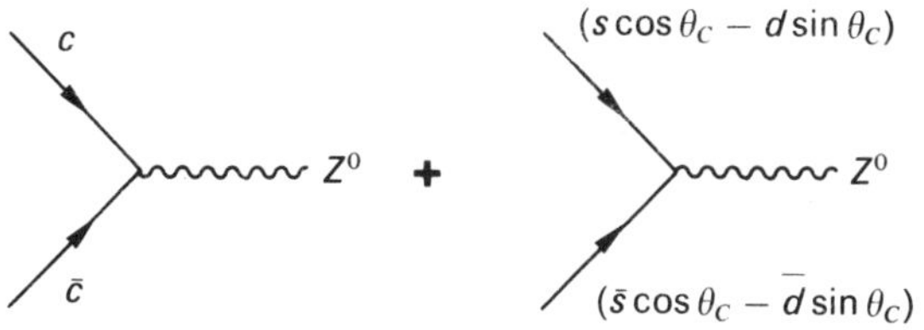

Abbildung 7.16

„Charm", mit Ladung $+2/3$. Für die Quarkzustände der schwachen Wechselwirkung schlugen sie ein neues Dublett aus c- und der s, d-Kombination, die orthogonal zu d_c in (7.45) ist, vor. Die beiden Quarkdubletts sind damit

$$\begin{pmatrix} u \\ d_C \end{pmatrix} = \begin{pmatrix} u \\ d\cos\theta_C + s\sin\theta_C \end{pmatrix}, \quad \begin{pmatrix} c \\ s_C \end{pmatrix} = \begin{pmatrix} c \\ s\cos\theta_C - d\sin\theta_C \end{pmatrix}. \tag{7.61}$$

Damit muß man zu Abb. 7.15, wie in Abb. 7.16 gezeigt, weitere Terme addieren, und fügen wir diese ein, erhalten wir für das Matrixelement der schwachen neutralen Ströme

$$\begin{aligned} &\underbrace{u\bar{u} + c\bar{c} + (d\bar{d} + s\bar{s})\cos^2\theta_C + (s\bar{s} + d\bar{d})\sin^2\theta_C}_{\Delta S=0} \\ &+ \underbrace{(s\bar{d} + \bar{s}d - \bar{s}d - s\bar{d})\sin\theta_C\cos\theta_C}_{\Delta S=1} \end{aligned} \tag{7.62}$$

So sind die unerwünschten neutralen Ströme mit $\Delta S = 1$ verschwunden, der Preis dafür ist ein weiteres Quark und ein zweites Quarkdublett.

Es war daher ein herausragender Triumph der Theorie, als 1974–1976 die schweren c-Quarkzustände ($\psi = c\bar{c}$, $D = c\bar{u}, \ldots$) beobachtet wurden (siehe Kapitel 5.13). Die Zuordnung (7.61) sagt auch voraus, daß bei Zerfällen ($\Delta C = 1$) charmanter Mesonen der Übergang $c \to s$ (Kopplung $\cos^2\theta_C$) gegenüber $c \to d$ (Kopplung $\sin^2\theta_C$) dominiert. Das $D^0(1893)$ Meson zerfällt daher dominant mittels $D^0 \to K^- +$ Pionen, der Zerfall $D^0 \to$ Pionen ist dagegen stark unterdrückt. (Siehe Abb. 2.15 für ein Beispiel eines solchen Zerfalls.)

Genauso, wie $\Delta S = 1$ neutrale Ströme vermieden werden, erwarten wir auch keine neutralen Ströme mit $\Delta C = 1$. Grenzen für diese Reaktionsraten konnten Neutrinoexperimente setzen, die nach der Produktion von nacktem Charm in neutralen Strömen suchten. Die aktuelle obere Grenze liegt bei 3% des $\Delta C = 0$ Wirkungsquerschnitts.

7.12 Schwache Mischungswinkel zwischen sechs Quarks

In den Abschnitten 7.9 und 7.11 haben wir uns auf die u-, d-, s- und c-Quarks und den Cabibbo-GIM Formalismus der Mischungsmatrix, die die an der schwachen Wechselwirkung teilhabenden Quarkzustände beschreibt, beschränkt. Der schwache geladene Strom läßt sich dann in einer Matrixform schreiben:

$$J^+_{\text{schwach}} = (\bar{u}, \bar{c}) \begin{pmatrix} \cos\theta_C & \sin\theta_C \\ -\sin\theta_C & \cos\theta_C \end{pmatrix} \begin{pmatrix} d \\ s \end{pmatrix}, \tag{7.63}$$

wobei die Kopplungskonstante und der Raumzeitstruktur-Operator $\gamma_\mu(1+\gamma_5)$ weggelassen wurden. Die Mischungsmatrix wird hier durch einen einzigen Parameter bestimmt, den Cabibbowinkel θ_C. Alle Daten zu schwachen Zerfällen, die u-, d-, s- und c-Quarks beinhalten, sind mit einem einzigen Wert für θ_C konsistent.

Diese Behandlungsweise müssen wir erweitern, um weitere Quarks einzufügen — so das b-Quark mit Ladung $-1/3$, dessen Existenz nach der Entdeckung der Y-Resonanz (siehe Abschnitt 5.13) gefordert werden mußte, und sein hypothetischer Partner, das t-Quark mit Ladung $+2/3$ (siehe Abschnitt 5.16). Die Existenz von 3 Quarkpaaren in Analogie zu den 3 Leptonpaaren ist vom ästhetischen Standpunkt aus attraktiv und erhält durch das Fehlen gewisser *Dreiecksanomalien* eine weitere Rechtfertigung. Diese werden wir hier nicht weiter diskutieren, wir bemerken nur, daß diese genau dann verschwinden, wenn die Summe der Ladungen aller Fermionen gleich Null ist. Die 3 Leptondubletts tragen mit $-3e$ bei; die drei Quarks u, c, t ($Q = +2/3$) und d, s, b ($Q = -1/3$) tragen genau mit $+3e$ bei, berücksichtigt man den Faktor 3 für die Farbladung.

Mit sechs verschiedenen Quarks werden die schwachen Ströme durch eine unitäre Transformation zwischen 3 Quarkdubletts beschrieben, die 3 Eulerwinkel und 6 Phasen enthält (Kobayashi und Maskawa (1972)). Fünf dieser Phasen sind rein willkürlich und nicht beobachtbar, es bleibt eine nicht triviale Phase δ. Damit ist

$$J^+_{\text{schwach}} = (\bar{u}, \bar{c}, \bar{t}) M \begin{pmatrix} d \\ s \\ b \end{pmatrix}, \tag{7.64}$$

wobei die Kobayashi-Maskawa 3×3 Matrix durch

$$M = \begin{vmatrix} c_1 & c_3 s_1 & s_1 s_3 \\ -c_2 s_1 & c_1 c_2 c_3 - s_2 s_3 e^{i\delta} & c_1 c_2 s_3 + c_3 s_2 e^{i\delta} \\ s_1 s_2 & -c_1 c_3 s_2 - c_2 s_3 e^{i\delta} & -c_1 s_2 s_3 + c_2 c_3 e^{i\delta} \end{vmatrix} \tag{7.65}$$

gegeben ist, mit $c_i = \cos\theta_i$ und $c_i = \sin\theta_i$. Hierbei sind θ_1, θ_2 und θ_3 die drei Mischungswinkel, die den Cabibbowinkel der 2×2 Matrix (7.63) ersetzen. Unter Zeitumkehr $e^{i\delta} \to e^{-i\delta}$ führt der Phasenwinkel δ möglicherweise zu einer T- oder CP-verletzenden Amplitude (siehe Abschnitt 7.14.3).

Vergleichen wir (7.63) und (7.65), so sehen wir, daß die $u \to d$ Mischung, die in der Cabibbotheorie mit dem Koeffizienten $\cos\theta_C$ angegeben ist, im allgemeineren Modell durch $\cos\theta_1$ beschrieben wird. Erinnert sei daran, daß dieser Koeffizient gleich dem Verhältnis der Kopplung G im Myonzerfall und der Kopplung $G\cos\theta_C$ im Kern-β-Zerfall ist. Die semileptonischen Zerfälle der Hyperonen und Kaonen, mit denen wir bisher $\sin\theta_C$ ((7.52) und (7.53)) bestimmt haben, bestimmen nun das Produkt $\sin\theta_1 \cos\theta_3$. Da bekannt ist, daß θ_C aus dem β-Zerfall und dem Kaonzerfall innerhalb der Fehler übereinstimmen, ist $\cos\theta_3 \simeq 1$, $\sin\theta_3$ muß also klein sein.

Informationen über θ_2 können aus der Untersuchung der Charmproduktion in hochenergetischer Neutrinostreuung gewonnen werden. Diese Reaktion hat die Gestalt:

$$\begin{array}{l} \nu_\mu + d \to \mu^- + c \\ \qquad\qquad\qquad \hookrightarrow s + \mu^+ + \nu_\mu . \end{array} \tag{7.66}$$

Das in der $\Delta C = 1$ Reaktion erzeugte Charmquark zerfällt in diesem Prozeß semileptonisch in ein s-Quark und ein Leptonpaar. Solche Ereignisse sind sehr charakteristisch, sie enthalten ein hochenergetisches Paar von Myonen mit entgegengesetztem Vorzeichen ($\mu^+\mu^-$). Die Übergangsrate $d \to c$, verglichen mit der höheren Rate $d \to u$ ($\Delta C = 0$), kann aus der beobachteten Dileptonrate und dem bekannten Verzweigungsverhältnis der charmanten Mesonen ($D^+, D^0, \ldots$) gewonnen werden. Gemäß (7.65) wird damit das Produkt $\sin\theta_1 \cos\theta_2$ bestimmt, die Experimente zeigen, daß auch $\cos\theta_2 \simeq 1$ und mit θ_2 klein ist.

Obwohl die verfügbaren Daten noch nicht sehr genau sind, kann man heute sagen, daß s_1, s_2 und s_3 alle klein sind. Damit macht das Modell Vorhersagen über die schwachen Zerfälle der Mesonen, die ein b-Quark enthalten. Die Zerfallskette

$$b \to c \to s \to u,$$

$$\text{mit der Amplitude} \quad c_1 c_2 s_3 + c_3 s_2 e^{i\delta}$$

sollte gegenüber dem Zerfall

$$b \to u$$

mit der Amplitude $s_1 s_3$ bevorzugt werden, also sollten beim Zerfall solcher Zustände häufig seltsame Teilchen (Kaonen) unter den Zerfallsprodukten zu finden sein. Dies wird in der Tat beobachtet.

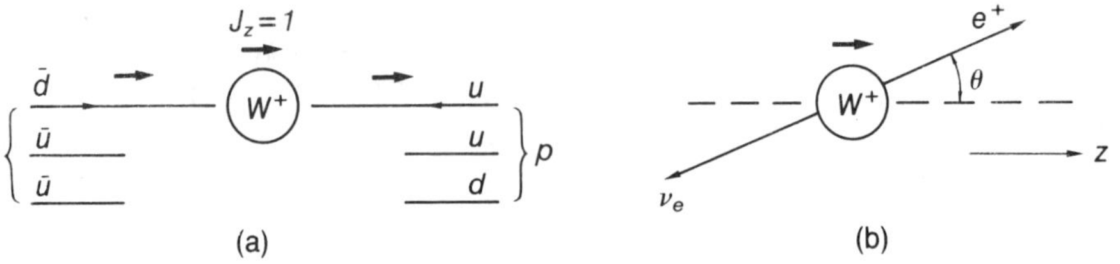

Abbildung 7.17

7.13 Die Entdeckung der $W^{\pm}$- und Z^0-Bosonen

7.13.1 W- und Z-Produktion in $p\bar{p}$-Stössen

Massen und Zerfallseigenschaften der Vektorbosonen $W^{\pm}$ und Z^0, die die neutrale und geladene schwache Wechselwirkung vermitteln, werden durch die elektroschwache Theorie vorhergesagt (siehe Kapitel 9). Die Vorhersage lautet $M_W \simeq 82$ GeV, $M_Z \simeq 93$ GeV. Wie man aus Abbildung 7.14 ersieht, sollte man zwischen den häufigeren Zerfällen in Quarkpaare, $W, Z \to Q\bar{Q} \to$ Hadronen auch die leptonischen Zerfälle $W \to l + \mu_l$, $Z \to l\bar{l}$ oder $\nu_e\bar{\nu}_e$ finden ($l = e, \mu, \tau$).

Diese Bosonen wurden zuerst am CERN $p\bar{p}$-Speicherring (Arnison et al. 1983, Banner et al. 1983, Bagnaia et al. 1983) durch die folgenden Produktions- und Zerfallsprozesse beobachtet:

$$u + \bar{d} \to W^+ \to e^+ + \nu_e, \mu^+ + \nu_\mu, \qquad (7.67(a))$$

$$\bar{u} + d \to W^- \to e^- + \bar{\nu}_e, \mu^- + \bar{\nu}_\mu, \qquad (7.67(b))$$

$$\left.\begin{matrix} u + \bar{u} \\ d + \bar{d} \end{matrix}\right\} \to Z^0 \to e^+e^-, \mu^+\mu^-. \qquad (7.67(c))$$

Den Wirkungsquerschnitt für die Produktion eines ruhenden W-Bosons kann man mit der üblichen Breit-Wigner Resonanzformel (4.55) berechnen:

$$\sigma(u\bar{d}\to W^+\to e^+\nu_e) = \frac{1}{N_c} \cdot \frac{4\pi\lambda\!\!\!^{-2}\Gamma_{u\bar{d}}\Gamma_{e\nu}/4}{(2s_d+1)(2s_u+1)[(E-M_W)^2+\Gamma^2/4]} \cdot \frac{(2J+1)}{3}, \qquad (7.68)$$

wobei E die invariante Masse des $u\bar{d}$-Systems ist, $\lambda\!\!\!^{-} = 2/E$ die de Broglie-Wellenlänge im Schwerpunktsystem der Stoßpartikel ist, und Γ, $\Gamma_{u\bar{d}}$, $\Gamma_{e\nu}$ die totalen und partiellen Zerfallsbreiten sind. $s_d = s_u = 1/2$ sind die Quarkspins. Nach der $V - A$-Theorie sind nur links-(rechts-)händige Zustände der $u(\bar{d})$ beteiligt, deshalb ist der Spinmultiplizitätsfaktor für das W $(2J + 1)/3 = 1$ (siehe Abb. 7.17). Der Farbfaktor $1/N_c = 1/3$ ist die Wahrscheinlichkeit dafür, daß beispielsweise ein rotes Quark ein passendes anti-rotes trifft. Der Wirkungsquerschnitt in der Resonanz ergibt sich dann zu

$$\begin{aligned}\sigma_{\max}(u\bar{d} \to W^+ \to e^+\nu_e) &= \frac{4\pi}{3M_W^2} \cdot \frac{\Gamma_{u\bar{d}}\Gamma_{e\nu}}{\Gamma^2} = \frac{\pi}{36M_W^2} \\ &= 5.2\,\text{nb},\end{aligned} \tag{7.69}$$

dabei haben wir $M_W = 83$ GeV angenommen, jeder der Zerfälle $W \to u\bar{d}$, $c\bar{s}$, $t\bar{b}$ trägt einen Farbfaktor 3, während die leptonischen Zerfälle das Gewicht 1 haben. Damit ist $\Gamma_{u\bar{d}}/\Gamma = 1/4$, $\Gamma_{e\nu}/\Gamma = 1/12$. (Dabei wurden Fermionmassen vernachlässigt, alle Zerfallskanäle erhielten den gleichen Phasenraum.) Der Wirkungsquerschnitt (7.67c) beinhaltet die neutralen Kopplungen von Quarks und Leptonen und hängt damit vom schwachen Mischungswinkel ($\sin^2\theta_w$) ab. Er ist etwa um einen Faktor 10 kleiner (siehe Anhang H).

Den Wirkungsquerschnitt für die Reaktion $p\bar{p} \to W^+ + \cdots$, $W^+ \to e^+\nu$ erhält man, indem man den elementaren Quarkwirkungsquerschnitt über die Breite des Bosons und die Impulsverteilung der Quarks im Nukleon integriert. Für $p\bar{p}$ von je 270 GeV ist $\sigma(p\bar{p} \to W \to e\nu)$ etwa 1 nb (10^{-32} cm^2), $\sigma(p\bar{p} \to Z^0 \to e^+e^-) \simeq 0.1$ nb. Dies muß man mit dem totalen Wirkungsquerschnitt $\sigma(tot) = 40\,\text{mb} = 4.10^7$ nb vergleichen. Solche extrem seltenen Ereignisse auf dem Niveau von 10^{-8} bis 10^{-9} des Gesamtquerschnitts nachzuweisen ist dadurch möglich, daß die Elektronen, Myonen und Neutrinos aus dem Zerfall sehr hohe Transversalimpulse haben; $p_T \leq M_W/2 \simeq 40$ GeV/c. Andere Leptonen, z.B. aus dem Zerfall von Hadronen, haben viel kleinere p_T-Werte (siehe Abb. 4.20).

Einen der bei den Experimenten beteiligten Kalorimeterdetektoren zeigt Abb. 7.18. Im Wesentlichen besteht er aus inneren Spurkammern, die einzelne sekundäre Teilchen nachweisen sollen, umgeben von einem elektromagnetischen Kalorimeter, welches Elektron- und Photonschauer nachweist, einem viel größeren Kalorimeter zur Messung von Hadronjets (siehe Abschnitt 8.9) und einem äußeren Myondetektor. Die Kalorimeter sind in Intervalle des Polar- und des Azimuthalwinkels, θ und ϕ, geteilt. Sieht man vom unterschiedlichen Maßstab ab, ähnelt der Detektor grundsätzlich dem JADE-Detektor (Abb. 2.22).

Abb. 1.7 zeigt die Rekonstruktion eines typischen Ereignisses vom Typ $W \to e\nu$. Die besondere Signatur ist:

(i) ein Elektron mit hohem Transversalimpuls, welches im inneren Spurdetektor als einzelne hochenergetische Spur erscheint,

(ii) ein Schauer im elektromagnetischen Kalorimeter ohne größere Energiedeposition in den nahegelegenen Zellen des Hadronkalorimeters, der mit der Spur (i) zusammenfällt, und

(iii) fehlender Transversalimpuls p_T im gesamten Ereignis, wenn über alle sekundären Spuren addiert wird. (Die anderen am Stoß beteiligten Quarks produzieren bekanntlich sekundäre Hadronen mit meistens ge-

Abbildung 7.18 Der UA1-Kalorimeterdetektor, Ansicht von oben. Die beiden Hälften des Magneten/Hadronkalorimeters sind zur Seite gezogen und geben Sicht auf die Elemente des elektromagnetischen Kalorimeters, welches den zentralen Spurdetektor umschließt, frei. Das Hadronkalorimeter besteht aus dem mit Plastikszintillator bestückten Eisen des Magnetjochs. Der zentrale Detektor umgibt das Vakuumrohr, welches die Proton-und Antiprotonstrahlen führt. Die gesamte Detektormasse ist 2000 Tonnen. (Mit freundlicher Genehmigung des CERN.)

ringem p_T.) Der fehlende Transversalimpuls wird dem Neutrino des W-Zerfalls zugeordnet.

Abbildung 7.19 (a) zeigt den fehlenden Transversalimpuls in der Elektron-Strahl-Ebene, aufgetragen gegen das p_T des Elektrons. Man sieht, daß Neutrino und Elektron etwa gleiche und entgegengesetzte p_T-Werte haben, wie man dies für einen Zweikörperzerfall eines mit einem p_T von im Mittel 5 GeV/c erzeugten W-Bosons erwartet.

Für $Z^0 \rightarrow e^+e^-$ (Abbildung 7.20 zeigt ein Beispiel) beruht die Auswahl auf zwei isolierten, vom Vertex stammenden Spuren, die auf elektromagnetische Schauer zeigen, ein hohes p_T und $M_{ee} > 50$ GeV haben. Gezeigt ist die Energiedeposition im e.m. Kalorimeter, aufgetragen gegen θ und ϕ. Die Konzentration der Energie auf zwei *cluster* ist offensichtlich.

Es wurden auch Zerfälle mit Myonen, $W \rightarrow \mu\nu$, $Z^0 \rightarrow \mu\mu$ beobachtet. In diesem Falle fordert man ein oder zwei hochenergetische Spuren, die das Hadronkalorimeter durchqueren (6 Wechselwirkungslängen) und in den äußeren Myonkammern nachgewiesen werden.

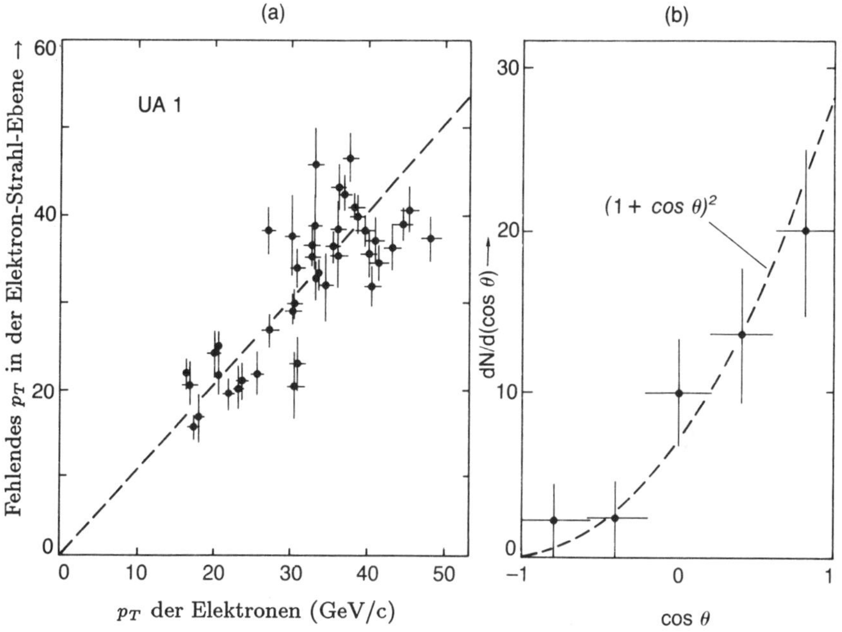

Abbildung 7.19 (a) Fehlendes p_T in der Elektron-Strahlebene, aufgetragen gegen das p_T der Elektronen für 43 mit dem Detektor aus Abb. 7.18 gewonnene Ereignisse des Typs $W \rightarrow e + \nu_e$. Der Transversalimpuls des W und die Summe der Transversalimpulse der anderen Teilchen ist klein, so daß das fehlende p_T im wesentlichen dem Neutrino zugeschrieben werden muß. (b) Winkelverteilung der Zerfallselektronen im Ruhesystem des W-Bosons. Der Winkel θ ist der zwischen e^- und Proton bzw. e^+ und Antiproton.

7.13.2 Bosonmassen, Breiten und Zerfallseigenschaften

Aus der Analyse eines in den UA1- und UA2-Detektoren beobachteten Datensatzes von W- und Z-Zerfällen folgen die folgenden Massen und Produktionsquerschnitte:

	Beobachtet	Vorhergesagt
M_W(GeV)	81.2 ± 1.3	83.0 ± 2.7
M_{Z^0}(GeV)	92.8 ± 1.5	93.8 ± 2.2
$\sigma(p\bar{p} \rightarrow W \rightarrow l\nu)$ (nb)	0.55	~ 0.5
$\sigma(p\bar{p} \rightarrow Z \rightarrow l^+l^-)$ (nb)	0.06	~ 0.05

Die Fehler der Massenvorhersage beruhen auf dem Fehler in der Messung des Weinbergwinkels. Die Übereinstimmung zwischen Beobachtung und Vorhersage ist beeindruckend (siehe auch Kapitel 9.8). Die Zerfallsbreiten der Bosonen werden im Anhang H berechnet. Aus Dimensionsüber-

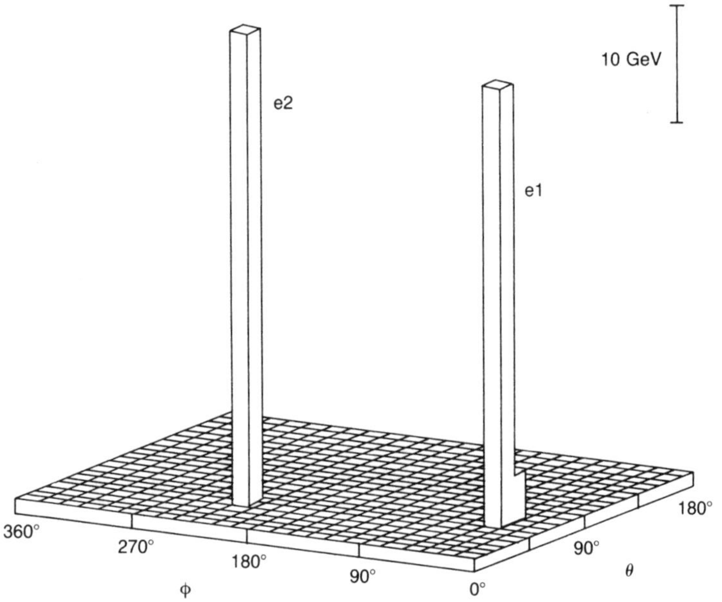

Abbildung 7.20 $Z^0 \to e^+e^-$ Ereignis im UA1-Experiment. Die tranversale Energiedeposition ist für Spuren mit $p_T>2$ GeV/c und transversale (Kalorimeter-) Energie $E_T>2$ GeV als Funktion des Polar- und des Azimuthalwinkels gezeigt.

legungen erwarten wir

$$\Gamma_{W(Z)} \sim GM^3_{W(Z)}, \tag{7.70}$$

da G die Dimension Masse^{-2} hat. In der Tat ist $\Gamma_W = (\sqrt{2}/\pi)GM_W^3 = 2.9$ GeV, wenn wir die Fermikonstante aus (7.12) einsetzen, während $\Gamma_Z = 2.8$ GeV ist. Die beobachteten Werte sind mit dieser Erwartung verträglich. Abbildung 7.17 zeigt, daß in der $V - A$ Theorie die W-Bosonen polarisiert sind, also erwarten wir paritätsverletzende Zerfallsasymmetrien, wobei das e^+ vom W^+-Zerfall bevorzugt in die Antiprotonrichtung, das e^- in die Protonrichtung fliegt. Die Winkelverteilung im Ruhesystem des W erhält man leicht. Wenn der Antiprotonstrahl die z-Achse definiert, wird das W^+ nur im Zustand $J_Z = +1$ produziert. Die Wahrscheinlichkeit, daß das Elektron und das Neutrino, mit den jeweiligen Helizitäten $+1$ und -1, unter Winkeln θ und $(\pi - \theta)$ emittiert werden, ist dann durch das Quadrat der entsprechenden d-Funktion gegeben (siehe Anhang C).

$$\frac{dN}{d(\cos\theta)} = |d^1_{1,1}|^2 = (1+\cos\theta)^2. \tag{7.71}$$

Dabei ist θ der Winkel zwischen Positron und Antiproton bzw. Elektron und Proton. Diese Winkelverteilung stimmt mit der experimentell gemessenen gut überein (siehe Abb. 7.19 (b)).

7.14 Zerfall neutraler K-Mesonen

Die Gell-Mann-Nishijima Formel

$$\frac{Q}{e} = I_3 + \frac{B+S}{2}$$

zeigt an, daß neben den geladenen Kaonen $K^{\pm}$ mit $S = \pm 1$ zwei neutrale Kaonen, K^0 und $\bar{K}^0$ existieren, um die $I = 1/2$ Dubletts zu füllen:

	I_3	
S	$+\frac{1}{2}$	$-\frac{1}{2}$
$+1$	K^+	K^0
-1	$\bar{K}^0$	K^-

(7.72)

Das K^0 kann durch nicht-seltsame Teilchen zusammen mit einem Hyperon erzeugt werden:

$$\begin{array}{lccccc} & \pi^- & + p & \to \Lambda & + K^0 \\ S: & 0 & 0 & -1 & +1 \end{array} \tag{7.73}$$

Dagegen kann das $\bar{K}^0$ nur zusammen mit einem Kaon oder einem Antihyperon mit $S = +1$ erzeugt werden:

$$\begin{array}{lcccccc} & \pi^+ & + p & \to K^+ & + \bar{K}^0 & + p, \\ S: & 0 & 0 & +1 & -1 & 0 \end{array} \tag{7.74}$$

$$\begin{array}{lccccccc} & \pi^- & + p & \to \bar{\Lambda} & + \bar{K}^0 & + n & + n. \\ S: & 0 & 0 & +1 & -1 & 0 & 0 \end{array} \tag{7.75}$$

Die Schwellenenergie der Pionen für (7.73) ist 0.91 GeV, während sie für (7.74) und (7.75) viel höher ist: 1.5 bzw. 6 GeV. Auf diese Weise ist es möglich, einen reinen K^0-Strahl durch Wahl der passenden Pionenergie zu erzeugen.

K^0 und $\bar{K}^0$ sind Teilchen und Antiteilchen und sind durch den Prozeß der Ladungskonjugation verknüpft, welcher den Wert von I_3 umdreht und die Seltsamkeit um $\Delta S = 2$ ändert. Die starke Wechselwirkung erhält I_3 und S, so daß bei der Produktion die Eigenzustände des neutralen Kaonsystems K^0 und $\bar{K}^0$ sind.

Nun stellen wir uns vor, wie die K^0 und $\bar{K}^0$-Teilchen durch den leeren Raum fliegen. Da beide neutral sind, können beide mittels schwacher Wechselwirkung $\Delta S = 1$ zu Pionen zerfallen. Durch virtuelle Pionzustände kann daher eine Zustandsmischung auftreten:

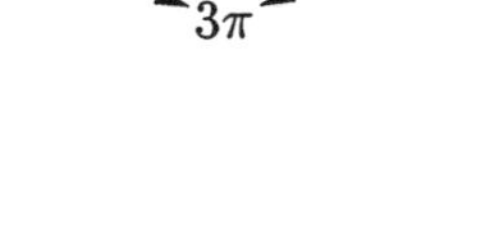

Diese Übergänge haben $\Delta S = 2$ und sind damit 2. Ordnung in der schwachen Wechselwirkung. Obwohl sie deshalb extrem schwach sind, folgt dennoch, daß ein anfangs ($t = 0$) reiner K^0-Zustand später eine Überlagerung von K^0- und $\bar{K}^0$-Zuständen ist, so daß man den Zustand wie folgt schreiben kann:

$$|K(t)\rangle = \alpha(t)|K^0\rangle + \beta(t)|\bar{K}^0\rangle. \tag{7.76}$$

Wir wissen, daß Objekte, die durch schwache Wechselwirkung zerfallen, Eigenzustände von CP und nicht der Seltsamkeit S sind. Die Operation CP auf die Zustände K^0 und $\bar{K}^0$ ergibt:

$$\begin{aligned} CP|K^0\rangle &\to \eta|\bar{K}^0\rangle, \\ CP|\bar{K}^0\rangle &\to \eta'|K^0\rangle, \end{aligned} \tag{7.77}$$

wobei η, η' willkürliche Phasenfaktoren sind, die wir als $\eta = \eta' = 1$ definieren können. Damit sind offensichtlich K^0 und $\bar{K}^0$ keine CP-Eigenzustände, wohl aber die Linearkombinationen

$$\begin{aligned} |K_1\rangle &= \frac{1}{\sqrt{2}}(|K^0\rangle + |\bar{K}^0\rangle), \quad CP = +1, \\ |K_2\rangle &= \frac{1}{\sqrt{2}}(|K^0\rangle - |\bar{K}^0\rangle), \quad CP = -1, \end{aligned} \tag{7.78}$$

wobei

$$\begin{aligned} CP|K_1\rangle &\to |K_1\rangle, \\ CP|K_2\rangle &\to -|K_2\rangle. \end{aligned} \tag{7.79}$$

Im Gegensatz zu K^0 und $\bar{K}^0$, die durch ihren Produktionsmodus unterschieden werden, werden K_1 und K_2 durch den Zerfallsmodus unterschieden: Betrachten wir nun 2- und 3-Pionzerfälle:

a) $\pi^0\pi^0$ und $\pi^+\pi^-$. Aufgrund von Bosesymmetrie müssen beide unter Teilchenaustausch symmetrisch sein. Da kein Spin beteiligt ist, ist dies äquivalent mit der Operation C mit folgendem P, so daß $CP = +1$.
b) $\pi^+\pi^-\pi^0$. Der geringe Q-Wert der Reaktion (70 MeV) macht $l = 0$ wahrscheinlich, so daß die 3 Pionen in einem S-Zustand sind. Aus dem obigen Argument folgt, daß CP $(\pi^+\pi^-) = +1$. Das π^0 hat $C = +1$ (da es in 2 Photonen zerfällt) und $P = -1$, damit also $CP = -1$. Wenn man also das π^0 mit dem $\pi^+\pi^-$ kombiniert, erhält man $CP = -1$. Für $l > 0$ erhält man sowohl positive wie auch negative CP-Eigenwerte, aber solche Zerfälle sind durch Drehimpulsschwelleneffekte stark unterdrückt.
c) $\pi^0\pi^0\pi^0$. Wegen Bosesymmetrie müssen alle Raumdrehimpulse zwischen zwei π^0-Mesonen gerade sein. Also ist der l-Wert des dritten Pions auch gerade, da $J_K = 0$. Damit ist die Gesamtparität das Produkt der intrinsischen Paritäten, also $P = -1$. Da das neutrale Pion $C = +1$ hat, folgt, daß $CP = -1$ unabhängig von den beteiligten Drehimpulsen.

Tabelle 7.4 Neutrale Kaoneigenzustände

Produktion	Zerfall	Lebensdauer, s
$\|K^0\rangle(S{=}+1)$	$\|K_1\rangle{=}(1/\sqrt{2})(\|K^0\rangle{+}\|\bar{K}^0\rangle){\to}2\pi(CP{=}+1)$	$\tau_1{=}0.9{\times}10^{-10}$
$\|\bar{K}^0\rangle(S{=}-1)$	$\|K_2\rangle{=}(1/\sqrt{2})(\|K^0\rangle{-}\|\bar{K}^0\rangle){\to}3\pi(CP{=}-1)$	$\tau_2{=}0.5{\times}10^{-7}$

Wir fassen zusammen: die 2π-Zustände müssen $CP = +1$ haben, während die 3π-Zustände $CP = +1$ und $CP = -1$ haben können, wobei $CP = -1$ stark bevorzugt ist. Die Zwei- und Dreikörperzerfälle haben unterschiedliche Q-Werte, damit auch unterschiedliche Phasenraumfaktoren und Zerfallsraten, wobei der Zweikörperzerfall viel schneller ist. Eine Zusammenfassung der Produktions- und Zerfallszustände der neutralen Kaonen zeigt Tabelle 7.4.

7.14.1 Seltsamkeitsoszillationen

Bisher haben wir K_1- und K_2-Amplituden behandelt, ohne auf ihre Zeitabhängigkeit zu achten. Um genauer zu sein, müssen wir den Amplituden Phasenfaktoren hinzufügen. Die relativen Phasen der K_1- und K_2-Zustände werden nur dann gleich bleiben, wenn die Massen der beiden Teilchen identisch sind. K_1 und K_2 sind nicht ladungskonjugiert und haben unterschiedliche Zerfallskanäle und Lebensdauern. So wie der Massenunterschied zwischen Proton und Neutron Unterschiede in der elektromagnetischen Kopplung als Ursache hat, erwarten wir aufgrund der unterschiedlichen schwachen Kopplung einen — wenn auch viel kleineren — $K_1 - K_2$ Massenunterschied.

Die Amplitude des K_1-Zustandes zur Zeit t läßt sich schreiben als:

$$a_1(t) = a_1(0)e^{-(iE_1/\hbar)t}e^{-\Gamma_1 t/2\hbar}, \tag{7.80}$$

wobei E_1 die Gesamtenergie des Teilchens, $E_1/\hbar$ die Kreisfrequenz ω_1 und $\Gamma_1 = \hbar/\tau_1$ die Zustandsbreite ist, wobei τ_1 die mittlere Lebensdauer bedeutet. Der zweite Term muß nach dem radioaktiven Zerfallsgesetz

$$\begin{aligned} I(t) = a_1(t)a_1^*(t) &= a_1(0)a_1^*(0)e^{-\Gamma_1 t/\hbar} \\ &= I(0)e^{-t/\tau_1} \end{aligned}$$

die angegebene Form haben.

Setzen wir $\hbar = c = 1$ und messen wir alle Zeiten im Ruhesystem, so ist τ_1 die Lebensdauer und $E_1 = m_1$.

$$a_1(t) = a_1(0)e^{-(\Gamma_1/2+im_1)t}. \tag{7.81}$$

Entsprechend gilt für K_2:

$$a_2(t) = a_2(0)e^{-(\Gamma_2/2+im_2)t}. \tag{7.82}$$

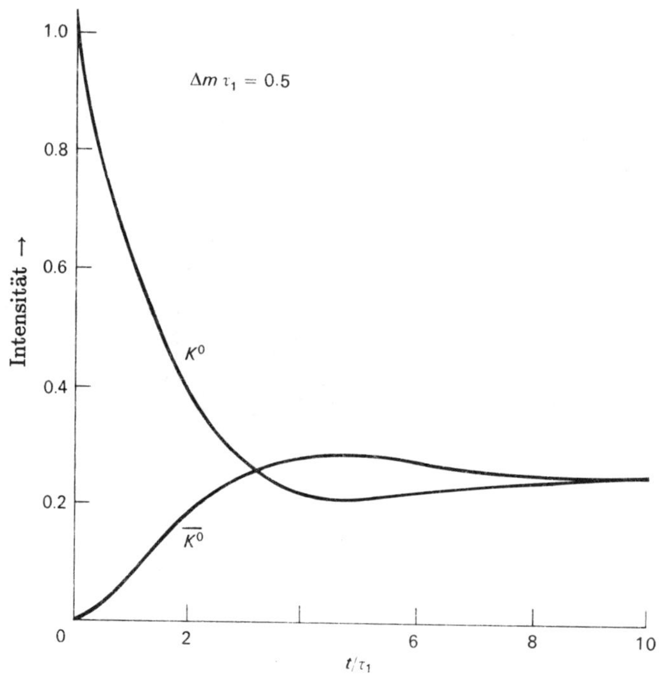

Abbildung 7.21 Oszillationen der K^0 und der $\bar{K}^0$-Intensitäten für einen anfangs reinen K^0-Strahl nach Gleichung (7.83) und (7.84). Ein Wert von $\Delta m\tau_1$=0.5 wurde angenommen.

Nehmen wir nun an, daß bei $t = 0$ ein reiner K^0-Strahl mit Intensität 1 besteht. Aus (7.78) folgt dann, daß $a_1(0) = a_2(0) = 1/\sqrt{2}$. Nach einer Zeit t freien Zerfalls im Vakuum ist die K_0-Intensität

$$\begin{aligned} I(K^0) &= \frac{(a_1(t) + a_2(t))}{\sqrt{2}} \frac{(a_1^*(t) + a_2^*(t))}{\sqrt{2}} \\ &= \frac{1}{4}[e^{-\Gamma_1 t} + e^{-\Gamma_2 t} + 2e^{-[(\Gamma_1+\Gamma_2)/2]t} \cos \Delta m t], \end{aligned} \tag{7.83}$$

wobei $\Delta m = m_1 - m_2$. Entsprechend ist die $\bar{K}^0$-Intensität

$$I(\bar{K}^0) = \frac{1}{4}[e^{-\Gamma_1 t} + e^{-\Gamma_2 t} - 2e^{-[(\Gamma_1+\Gamma_2)/2]t} \cos \Delta m t]. \tag{7.84}$$

Also oszillieren die K^0 und die $\bar{K}^0$-Intensitäten mit der Frequenz Δm. Abbildung 7.21 zeigt die erwartete Variation für $\Delta m = 0.5/\tau_1$. Mißt man die Anzahl der $\bar{K}^0$ Wechselwirkungen, z.B. die Hyperonerzeugung als Funktion vom Abstand von der K^0 Quelle, kann man Δm messen. Der aktuelle Wert ist

$$\Delta m \tau_1 = 0.477 \pm 0.002, \tag{7.85}$$

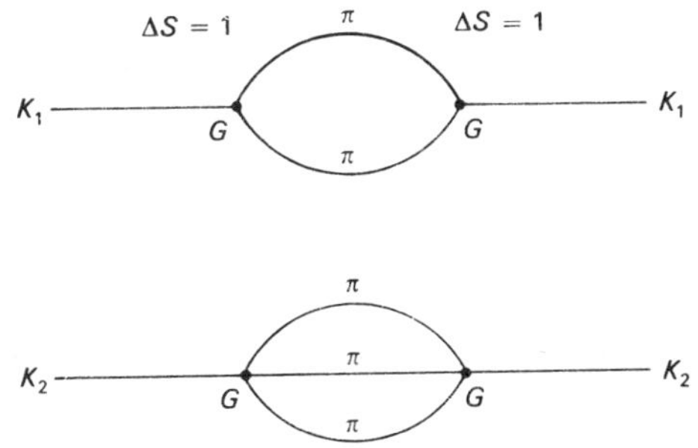

Abbildung 7.22

wobei $\Delta m = m_2 - m_1$ ist. Verschiedene Regenerationsexperimente haben gezeigt, daß $m_2 > m_1$.

Der Wert der Massendifferenz ist winzig:

$$\Delta m = 3.52 \times 10^{-6}\,\text{eV},$$

und der relative Massenunterschied ist

$$\frac{\Delta m}{m} = 0.7 \times 10^{-14}. \tag{7.86}$$

Die Größe der Selbstenergie (damit den Beitrag zur Masse) des K_1 und des K_2 kann man durch Betrachtung von Abb. 7.22 bestimmen. In diesen Graphen ist der *schwache* Massenanteil klarerweise proportional zu G^2 (alle Effekte höherer Ordnung können vergleichsweise vernachlässigt werden.) Damit ist es ein Effekt in zweiter Ordnung schwacher Wechselwirkung — der einzige bisher experimentell beobachtete. Da $G = 10^{-5}/M_p^2$, müssen wir eine Masse einführen, um die richtigen Dimensionen zu erhalten, eine vernünftige Wahl ist die Kaonmasse. Da beide Übergänge die Seltsamkeit verletzen, sollten wir (7.50) G durch $G \sin\theta_C$ ersetzen. Diese grobe Abschätzung bringt

$$\Delta m(\text{für } \Delta S = 1 \text{ Kopplung}) \simeq G^2 m_K^5 \sin^2\theta_C \simeq 10^{-4}\,\text{eV}, \tag{7.87}$$

nur eine Größenordnung vom gemessenen Wert entfernt. Mit einem ähnlichen Argument kann man sehr scharfe Grenzen für die Stärke eines möglicherweise direkten $\Delta S = 2$ Übergangs zwischen K^0- und $\bar{K}^0$-Zuständen setzen. Wenn fG die Kopplungsstärke angibt, gilt

$$\Delta m_K(\text{für } \Delta S = 2 \text{ Kopplung}) \simeq f\, G m_K^3 = 10^3 f\,\text{eV}, \tag{7.88}$$

daraus folgt $f < 10^{-8}$.

Eine exakte Berechnung des Massenunterschiedes, basierend auf dem GIM-Mechanismus und Quarkaustausch, ergibt (Gaillard et al. (1975)):

$$\Delta m = \frac{G^2}{4\pi^2} f_K^2 m_K m_C^2 \cos^2\theta_c \sin^2\theta_c,$$

wobei $f_K \simeq 1.2 m_\pi$ die Kaonzerfallskonstante und m_C die Masse des charmanten Quarks ist. Für $m_C \simeq 1.5$ GeV stimmt dieser Ausdruck mit dem experimentellen Wert überein. Genau diese Formel sagte die ungefähre Masse des c-Quarks voraus, bevor es entdeckt wurde.

7.14.2 Das Phänomen der K^0-Regeneration

Der Zerfall des K_2 wurde erst einige Zeit nach seiner Vorhersage durch Gell-Mann und Pais entdeckt. Jedoch haben 1955 Pais und Piccioni festgestellt, daß die K_1-K_2-Mischung zur Regeneration führt. Stellen wir uns einen reinen K^0-Strahl vor, der im Vakuum 100 K_1-Lebensdauern zurücklegt, so daß alle K_1 zerfallen sind und wir einen reinen K_2-Strahl haben. Nun lassen wir den K_2-Strahl ein Stück Materie durchqueren und darin wechselwirken. Dabei wird die starke Wechselwirkung sofort die Seltsamkeitskomponenten +1 und −1 unterscheiden, denn

$$|K_2\rangle = \frac{1}{\sqrt{2}}(|K^0\rangle - |\bar{K}^0\rangle). \tag{7.89}$$

Also sind von der ursprünglichen K^0-Strahlintensität 50% im K_1-Zerfall verlorengegangen. Der Rest, K_2, der nun das Materiestück, in dem seine starke Wechselwirkung beobachtet werden kann, durchquert, besteht aus 50% K^0 und 50% $\bar{K}^0$. Der Nachweis von $\bar{K}^0$ weit weg von einer reinen K^0-Quelle gelang 1956 durch Untersuchung von Hyperonproduktion, beispielsweise $\bar{K}^0 + p \to \Lambda + \pi^+$.

Die K^0- und $\bar{K}^0$-Komponenten in (7.89) werden unterschiedlich absorbiert; das K^0-Teilchen kann nur durch elastische Streuung und Ladungsaustauschstreuung wechselwirken, während $\bar{K}^0$ außerdem durch Seltsamkeitsaustausch Hyperonen erzeugen kann. Damit hat es mehr Reaktionskanäle, das $\bar{K}^0$ wird stärker absorbiert als das K^0. Beim Austritt aus dem Materiestück haben wir dann eine K^0-Amplitude von $f|K^0\rangle$ und eine $\bar{K}^0$-Amplitude von $\bar{f}|\bar{K}^0\rangle$, wobei $\bar{f} > f > 1$. Wenn wir uns nun die Eigenschaften des austretenden Strahls betrachten, müssen wir (7.89) einsetzen:

$$\begin{aligned} \frac{1}{\sqrt{2}}(f|K^0\rangle - \bar{f}|\bar{K}^0\rangle) &= \frac{f+\bar{f}}{2\sqrt{2}}(|K^0\rangle - |\bar{K}^0\rangle) + \frac{f-\bar{f}}{2\sqrt{2}}(|K^0\rangle + |\bar{K}^0\rangle) \\ &= \frac{1}{2}(f+\bar{f})|K_2\rangle + \frac{1}{2}(f-\bar{f})|K_1\rangle. \end{aligned} \tag{7.90}$$

Da $f \neq \bar{f}$ ist, werden also einige K_1-Zustände regeneriert (Abb. 7.23). Diese Regeneration kurzlebiger K_1-Zustände in langlebigen K_2-Strahlen konnte experimentell nachgewiesen werden.

Die K^0-Regeneration ist eine direkte Folge der Superposition und Quantisierung in der Quantenmechanik. Das Verhalten eines Atomstrahls in einem inhomogenen Magnetfeld — der klassische Stern-Gerlach Versuch — stellt eine enge Analogie dar. Betrachten wir Abb. 7.24 und nehmen wir

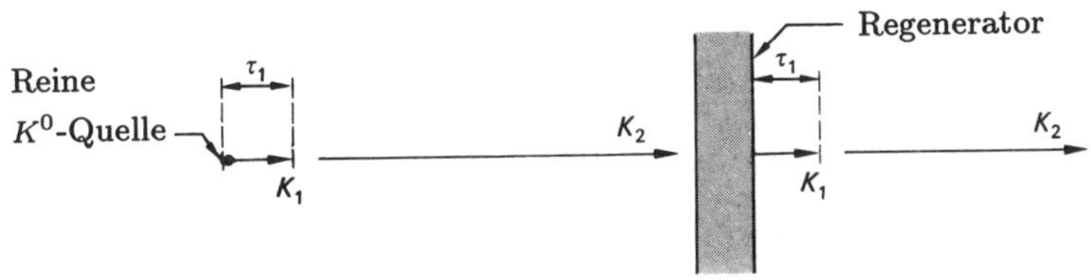

Abbildung 7.23 Regeneration kurzlebiger K_1-Mesonen, wenn ein reiner K_2-Strahl einen Regenerator durchquert.

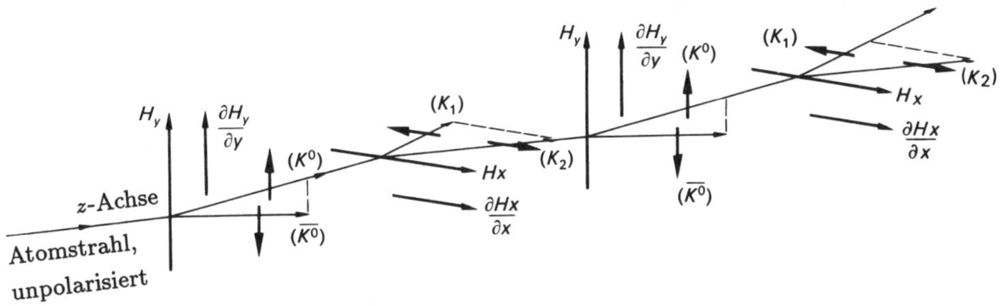

Abbildung 7.24 Analogie zwischen der Ablenkung von Atomstrahlen in zwei senkrechten Ebenen durch ein inhomogenes Magnetfeld, und den K^0-Zerfalls- und Regenerationsphänomenen.

an, daß wir einen anfangs unpolarisierten Atomstrahl mit Spin $1/2$ haben, der sich entlang der z-Achse bewegt. Dieser durchquert ein inhomogenes, in Richtung der y-Achse ausgerichtetes Magnetfeld H_y (welches der starken Wechselwirkung beim K^0 entspricht). Der Atomstrahl wird dann in zwei Spineigenzustände quantisiert, $\sigma_y = +1/2$ und $\sigma_y = -1/2$. Teilchen im ersten Zustand werden nach oben, im zweiten nach unten abgelenkt, (in Analogie zu den Seltsamkeitseigenzuständen K^0 und $\bar{K}^0$). Wir wählen uns den Teil des Strahls, der nach oben abgelenkt wird, aus und schicken ihn durch ein inhomogenes Magnetfeld H_x (entsprechend der schwachen Wechselwirkung). Der Strahl spaltet sich wieder in zwei Komponenten auf, 50% mit $\sigma_x = +1/2$, nach links abgelenkt, und 50% mit $\sigma_x = -1/2$ auf der rechten Seite. Notwendigerweise ist nun alle Information über Quantisierung entlang der y-Achse verloren. Nun können wir wieder die $\sigma_x = +1/2$ Komponente (entspricht K_2) nehmen, durch ein Feld entlang y schicken, und damit die Komponenten $\sigma_y = \pm 1/2$ gewinnen und damit alle Kenntnis über σ_x verlieren (analog zur Regeneration im Absorber). Am Schluß ergibt ein weiteres H_x-Feld wieder $\sigma_x = \pm 1/2$ (analog zum Wiederauftauchen des K_1). Um die Analogie noch exakter zu machen und den unterschiedlichen Zerfalls- und Absorbtionslängen im K^0-System Rechnung zu tragen, könnte man Komponenten in zweien der vier Ablenkungsrichtungen absorbieren.

Die wesentliche Eigenschaft des Stern-Gerlach-Versuches ist, daß es unmöglich ist, gleichzeitig Spinkomponenten des Strahls entlang zweier orthogonaler Achsen zu quantisieren. Dies kann man auch so ausdrücken, daß die Spinoperatoren σ_x und σ_y nicht vertauschen, oder daß von den 3 Matrixoperatoren σ_x, σ_y und σ_z immer nur einer diagonalisiert werden kann (d.h. nur Diagonalelemente enthält und reelle Eigenwerte $\neq 0$ hat). Da ein Operator mit reellen Eigenwerten mit dem Hamiltonoperator vertauschen muß, ist die ausgewählte Achse im Raum immer die des Magnetfeldes. Entsprechend vertauschen der CP- und der S-Operator nicht, so daß man Eigenzustände zu CP oder zu S haben kann, aber nicht zu beiden.

7.14.3 CP-Verletzung im K^0-Zerfall

Infolge der Entdeckung der Paritätsverletzung in schwachen Prozessen 1957 wurde für einige Zeit angenommen, daß die schwache Wechselwirkung zumindest invariant unter CP sei. Die daraus folgende Beschreibung der CP-Eigenzustände der neutralen Kaonen, K_1 und K_2, wurde im vorigen Absatz erläutert. Im Jahre 1964 jedoch gelang es Christenson, Cronin, Fitch und Turlay, in einem Experiment nachzuweisen, daß der langlebige Zustand K_2 auch, mit einem Verzweigungsverhältnis der Größenordnung 10^{-3}, in den Zustand $\pi^+\pi^-$ zerfallen kann. Den experimentellen Aufbau von Christenson et al. zeigt Abb. 7.25. Die Bezeichnung K_1 (für einen Zustand mit $CP = +1$) und K_2 (für $CP = -1$) wird daher ersetzt durch K_S (für den kurzlebigen Anteil) und K_L (für den langlebigen Anteil). Die obige Argumentation über Regeneration und Massenunterschied, die direkt aus dem Superpositionsprinzip folgt, bleibt im wesentlichen unverändert, lediglich muß die Formel (7.78) leicht verändert werden, wenn sie für K_S und K_L gelten soll. Das Maß der CP-Verletzung wird üblicherweise als das Amplitudenverhältnis

$$|\eta_{+-}| = \frac{\mathrm{Ampl}(K_L \to \pi^+\pi^-)}{\mathrm{Ampl}(K_S \to \pi^+\pi^-)} = (2.27 \pm 0.02) \times 10^{-3} \tag{7.91}$$

angegeben.

Der Zustand K_S besteht grundsätzlich aus einer $CP = +1$ Amplitude, nur mit einer kleinen $CP = -1$ Beimischung; der Zustand K_S ist genau umgekehrt zusammengesetzt. Da sowohl K_L wie auch K_S in zwei Pionen zerfallen können, erwartet man Interferenzeffekte im $\pi^+\pi^-$-Signal als Funktion der zeitlichen Entwicklung eines ursprünglich reinen K^0-Strahles. Aus (7.83) erwarten wir, daß die Intensität sich wie

$$\begin{aligned} I_{2\pi}(t) = I_{2\pi}(0)[&e^{-\Gamma_S t} + |\eta_{+-}|^2 e^{-\Gamma_L t} \\ &+ 2|\eta_{+-}|e^{-[(\Gamma_L+\Gamma_S)/2]t}\cos(\Delta m t + \phi_{+-})] \end{aligned} \tag{7.92}$$

verhält, wobei t die Eigenzeit mißt und ϕ_{+-} ein passender Phasenwinkel zwischen der $K_S \to 2\pi$ und der $K_L \to 2\pi$ Amplitude ist. Solche Inter-

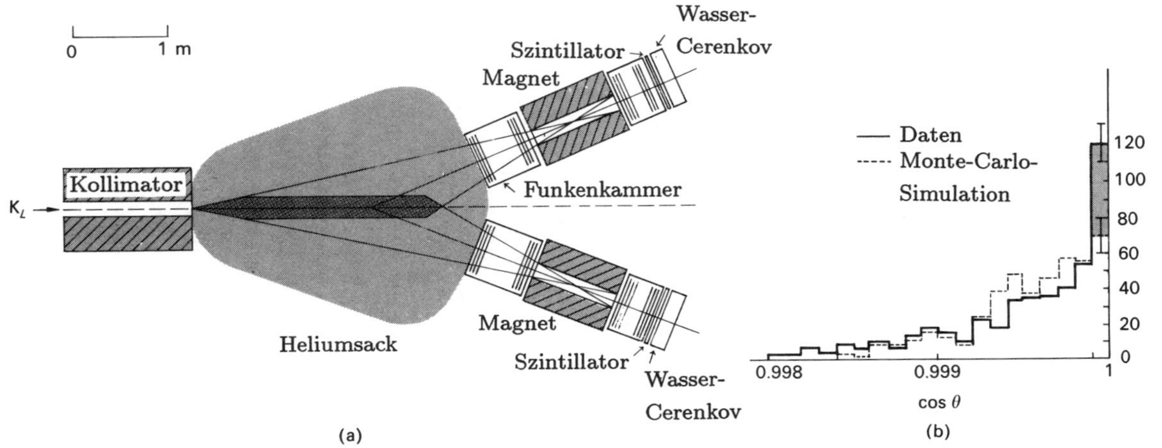

Abbildung 7.25 (a) Experimenteller Aufbau von Christenson et al. (1964), in dem der Zerfall $K_L \to \pi^+\pi^-$ entdeckt wurde. Der K^0-Strahl läuft von links ein und besteht nur aus K_L, die K_S sind bereits ausgestorben. Die K_L-Zerfälle werden in einem Heliumsack beobachtet, und die geladenen Zerfallsprodukte in zwei Spektrometern analysiert. Diese bestehen aus Magneten und durch Szintillatoren ausgelösten Funkenkammern. Die seltenen 2-Pionzerfälle werden von den normalen 3-Pionzerfälle durch die invariante Masse des Paares und die Richtung θ des resultierenden Impulsvektors unterschieden. (b) Verteilung der Ereignisse mit $490 < M_{\pi\pi} < 510$ MeV in $\cos\theta$. Die Verteilung stammt wie erwartet von 3-Körperzerfällen (gestrichelte Linie), aber mit ca. 50 zusätzlichen Ereignissen (unterlegt), die exakt kollinear mit der Strahlachse sind und daher Zweikörperzerfälle in $\pi^+\pi^-$ sind.

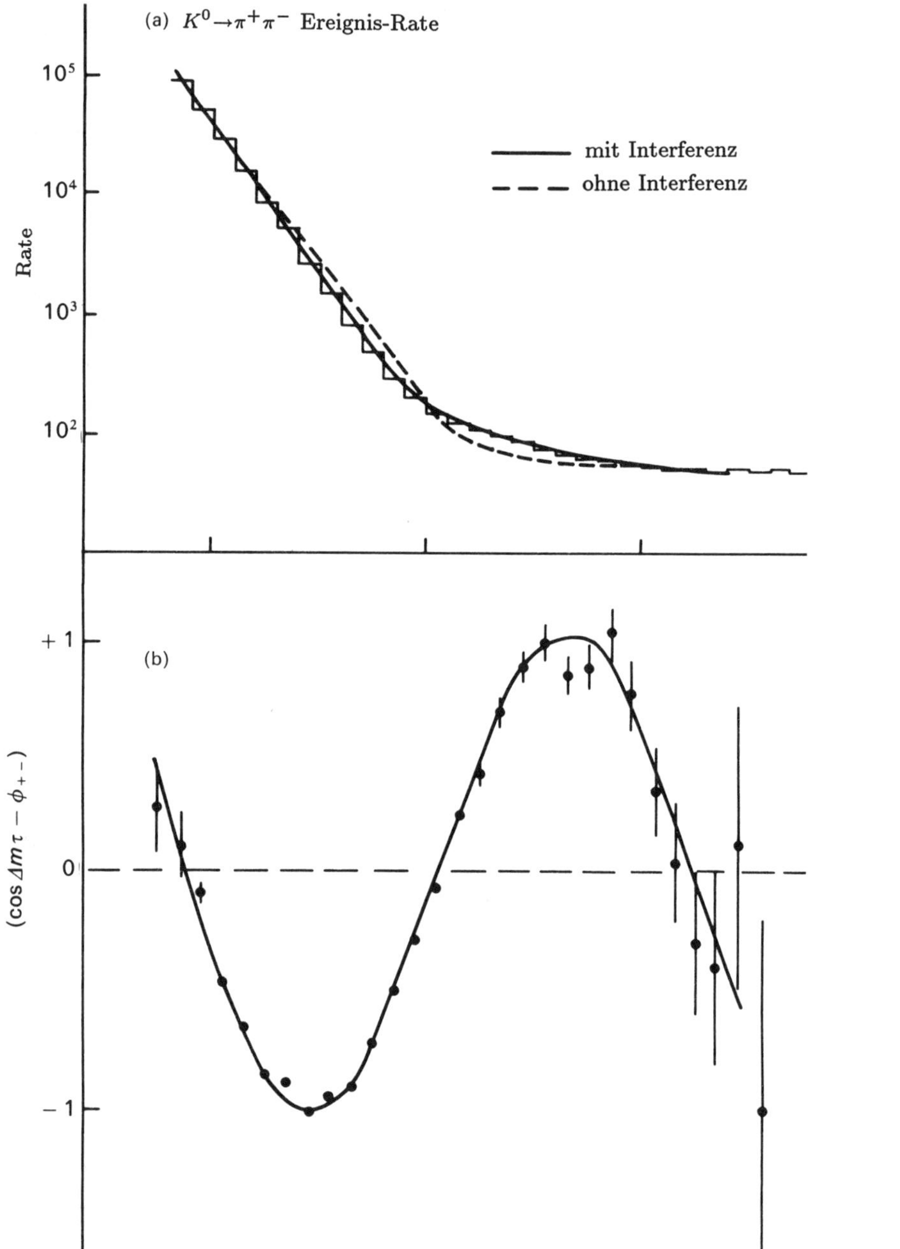

Abbildung 7.26 (a) Ereignisrate für $\pi^+\pi^-$-Zerfälle eines neutralen Kaonstrahls als Funktion der Eigenzeit. Eine brauchbare Anpassung gelingt nur mit Interferenztermen zwischen K_L- und K_S-Amplituden. (b) Der Interferenzterm aus (a). Aus der Anpassung kann man die $K_L - K_S$ Massendifferenz und den Phasenwinkel ϕ_{+-} zwischen den beiden Amplituden gewinnen. (Nach Geweniger et al. (1974).)

ferenzeffekte wurden (siehe Abb. 7.26) tatsächlich beobachtet. Ähnliche CP-verletzende Effekte wurden für den Zerfall $K_L \to 2\pi^0$ gefunden. Die Größen η_{+-} und η_{00} hängen von den Amplituden A_0 und A_2 für Pionen in den Isospinzuständen $I = 0$ oder 2 ab. ($I = 1$ ist wegen Bose-Symmetrie verboten.) Man erhält den Ausdruck

$$\begin{aligned} \eta_{+-} &= \varepsilon + \varepsilon', \\ \eta_{00} &= \varepsilon - 2\varepsilon', \end{aligned} \tag{7.93}$$

wobei

$$\varepsilon' = \frac{i}{\sqrt{2}} \frac{\operatorname{Im} A_2}{A_0} e^{i(\delta_2 - \delta_0)}.$$

Im allgemeinen werden η_{+-} und η_{00} komplexe Zahlen sein, und können als

$$\begin{aligned} \eta_{+-} &= |\eta_{+-}| e^{i\phi_{+-}}, \\ \eta_{00} &= |\eta_{00}| e^{i\phi_{00}} \end{aligned} \tag{7.94}$$

geschrieben werden, wobei der Zusammenhang zwischen η_{+-} und η_{00} und ε' in (7.93) steht.

Wenn die $\Delta I = 1/2$-Regel gilt, erwarten wir $A_2 = 0$ und damit $|\eta_{+-}| = \eta_{00}$, und $\phi_{+-} = \phi_{00}$. Die experimentellen Werte sind

$$\begin{aligned} \eta_{+-} &= (2.274 \pm 0.022) \times 10^{-3}, \quad & \phi_{+-} &= 44.6 \pm 1.2^0, \\ \eta_{00} &= (2.29 \pm 0.04) \times 10^{-3}, & \phi_{00} &= 55 \pm 6^0, \end{aligned} \tag{7.95}$$

und damit mit der Regel verträglich. Eine obere Grenze von $\varepsilon'/\varepsilon \leq 0.02$ folgt aus den obigen Definitionen und Zahlen.

Nichterhaltung von CP läßt sich auch in den semileptonischen Zerfallsmoden des K_L beobachten. Diese Moden sind

$$K_L \to e^+ \nu_e \pi^-, \tag{7.96}$$

$$K_L \to e^- \bar{\nu}_e \pi^+, \tag{7.97}$$

sowie die entsprechenden mit Myonen statt Elektronen. Unter der CP-Transformation geht einer der Zerfälle (7.96) und (7.97) in den anderen über, und falls CP verletzt ist, erwartet man eine kleine Ladungsasymmetrie. Die Asymmetrie ist

$$\begin{aligned} \Delta &= \frac{\text{Rate}(K_L \to e^+ \nu_e \pi^-) - \text{Rate}(K_L \to e^- \bar{\nu}_e \pi^+)}{\text{Rate}(K_L \to e^+ \nu_e \pi^-) + \text{Rate}(K_L \to e^- \bar{\nu}_e \pi^+)} \\ &= (0.330 \pm 0.012) \times 10^{-2}. \end{aligned} \tag{7.98}$$

Seit ihrer Entdeckung 1964 ist die Ursache der CP-Verletzung verborgen. Prinzipiell können die starke, die elektromagnetische und die schwache Wechselwirkung CP verletzen. Falls die starke Wechselwirkung die Ursache ist, würde der Zerfall des Kaons in zwei Stufen ablaufen: Zuerst ein schwacher CP-erhaltender $\Delta S = 1$ Übergang vom K_L zu einem intermediären $CP = -1$ Zustand (beispielsweise 3 Pionen), dann ein starker CP-verletzender Übergang in 2 Pionen auf einem Niveau von 10^{-3} der starken Wechselwirkung. Da die starke Wechselwirkung sowohl CPT wie auch P erhält, müßte sowohl C wie auch T auf dem Niveau 10^{-3} verletzt sein. Direkte Messungen der C- und T-Erhaltung haben nun diese Empfindlichkeit erreicht, so daß eine *millistarke* Ursache noch nicht ausgeschlossen werden kann, auch wenn sie sehr unwahrscheinlich ist.

Die Suche nach Effekten der schwachen neutralen Ströme in Atomen erlaubt es, auf die C- und P-Verletzung in elektromagnetischer Wechselwirkung scharfe Grenzen zu setzen. Außerdem würde eine CP- (und damit T-) Verletzung der geforderten Größe ein elektrisches Dipolmoment des Neutrons von $10^{-23}e$ cm bewirken, welches durch Experimente ausgeschlossen ist. CP-Verletzung in erster Ordnung schwacher Wechselwirkung (*millischwach*) auf dem Niveau 10^{-3} würde eine T-Verletzung auf dem gleichen Niveau erfordern, die experimentell durch die Studie polarisierter Neutronen und L-Zerfälle ausgeschlossen ist.

Eine der verbleibenden Möglichkeiten ist die *superschwache Wechselwirkung*, die Wolfenstein 1964 formulierte. Dieses ist ein neuer Prozeß mit $\Delta S = 2$, der K_L in K_S überführt. Da K_L und K_S in der Masse sehr nahe sind, braucht diese superschwache Kopplung nur eine Stärke von 10^{-10} der normalen schwachen Kopplung zu haben. In diesem Falle wäre die Chance, CP-Verletzung in irgendeinem anderen System zu finden, praktisch gleich Null. Alle existierenden Daten zur CP-Verletzung sind konsistent mit dem superschwachen Modell. Vorhersagen sind, daß $\varepsilon' = 0$ und damit $|\eta_{+-}| = |\eta_{00}|$ und $\phi_{+-} = \phi_{00}$, und wenn man Terme der Größenordnung δ^2 vernachlässigt, erhält man aus (7.95) die Beziehung

$$\Delta = 2\,\mathrm{Re}\,\eta = 2|\eta|\cos\phi = 0.322 \times 10^{-2} \tag{7.99}$$

in Übereinstimmung mit (7.98). Es gibt jedoch auch andere Modelle, die CP-Verletzung erklären, die für praktische Zwecke von der superschwachen Theorie fast ununterscheidbar sind. Wie wir schon in Kapitel 7.12 diskutiert haben, beinhalten Modelle mit sechs oder mehr Quarks und einer verallgemeinerten KM-Mischung einen im Prinzip CP-verletzenden Phasenwinkel δ (siehe 7.65). Der Wert des CP-verletzenden Parameters im K^0-System ist von der Größenordnung $\varepsilon \simeq s_1 s_3 \sin\delta$. Man erwartet einen endlichen Wert für $\varepsilon'/\varepsilon \simeq 10^{-2}$, der in zukünftigen Experimenten gerade meßbar sein sollte.*) Wesentlich ist, daß im Gegensatz zur superschwachen Theorie, in der CP-Verletzung nur im neutralen K^0-System existiert, diese Modelle auch in anderen Reaktionen, wie z.B. dem B-Mesonzerfall und dem elektrischen Dipolmoment des Neutrons, nachweisbar sein müßten. Leider

*) Anmerkung des Übersetzers: ein endlicher Wert von ε'/ε wurde kürzlich in einem Experiment am CERN gemessen: H. Burkhardt et al., Phys. Lett. (1988)...

ist das elektrische Dipolmoment zu $10^{-30} e$ cm vorhergesagt und damit zur Zeit unmeßbar.

Auf einem viel größeren Maßstab können CP-Verletzung und Baryonzerfall die Asymmetrie zwischen Baryonen und Antibaryonen sowie das Verhältnis von Baryonen zu Photonen im Weltall erklären (siehe Absatz 9.12).

Zum Abschluß eine allgemeine Bemerkung: Vor der Entdeckung der CP-Verletzung gab es keinen Weg, eindeutig im kosmischen Maßstab linkshändige und rechtshändige Koordinatensysteme oder Materie von Antimaterie zu unterscheiden. So emittieren ^{60}Co Kerne negative Elektronen mit vorwärts- rückwärts Asymmetrie und linkshändiger Polarisation (so wie wir linkshändig definieren). Diese Information reicht aber nicht aus, um mit Hilfe von Licht einem intelligenten Wesen in einem entfernten Teil des Universums zu erklären, was wir unter linkshändig verstehen, solange wir nicht positive und negative Ladung bzw. ^{60}Co und Anti-^{60}Co definieren können. Positive Ladung ist nun definiert als die des häufigeren Leptons beim K_L-Zerfall, $(K_L \to \pi^- e^+ \nu)/(K_L \to \pi^+ e^- \bar{\nu}) > 1$. Dieses Lepton hat dieselbe (die entgegengesetzte) Ladung wie der Atomkern der Materie (Antimaterie).

7.15 Leptonfamilien, Neutrinomassen und Neutrino-Oszillationen

Wir haben bisher unter Leptonen im wesentlichen Elektronen (e^-, ν_e; e^+, $\bar{\nu}_n e$) und Myonen (μ^-, ν_μ; $\mu^+, \bar{\nu}_\mu$) verstanden. 1975 zeigten Experimente von Perl und Mitarbeitern in Stanford Evidenz für die Existenz eines neuen schweren Leptons namens Tau, wahrscheinlich mit einer neuen Familie (τ^-, ν_τ; $\tau^+, \bar{\nu}_\tau$). Diese Entdeckung basierte auf 24 $e\mu$-Ereignissen in der e^+e^--Vernichtung, in denen nur je ein hochenergetisches Elektron und Myon und sonst nichts beobachtet wurde, und die interpretiert wurden als

$$\begin{array}{l} e^+ + e^- \to \tau^+ + \tau^- \\ \qquad\qquad\qquad\ \hookrightarrow \mu^+ + \bar{\nu}_\mu + \nu_\tau \\ \qquad\qquad \hookrightarrow e^+ + \nu_e + \bar{\nu}_\tau . \end{array} \tag{7.100}$$

Die Masse des τ-Leptons ist 1.78 GeV, so daß die Schwelle für (7.100), 3.56 GeV, sehr nah zu der für Charm-Mesonproduktion (3.74 GeV) ist. Die Unterscheidung der τ-Ereignisse von dieser Reaktion und anderem hadronischem Untergrund ist ein herausragendes Stück wissenschaftlicher Detektivarbeit. Leider haben wir hier nicht den Platz, dieses und weitere bestätigende Experimente zu beschreiben. Abb. 7.27 zeigt als Beispiel eine Analyse, die nachweist, daß das τ einen Spin $1/2$ hat. Das Leptonimpulsspektrum spricht für eine $V-A$ Kopplung wie in der leptonischen schwachen

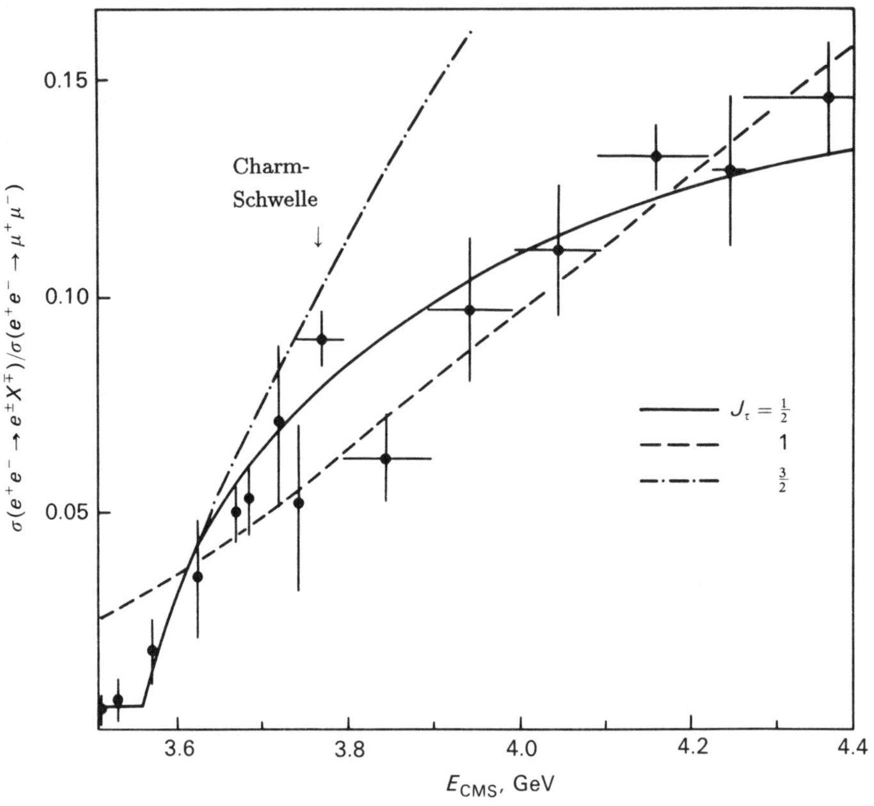

Abbildung 7.27 Analyse der τ-Leptonproduktion durch die DELCO-Kollaboration am SLAC e^+e^--Speicherring SPEAR (Bacino et al. 1978). Paarproduktion von τ-Leptonen erkennt man als Ereignisse, die aus einer Elektronspur und einer anderen Myon-oder Hadronspur entgegengesetzter Ladung bestehen. Die Daten stimmen mit einer Spin $^1\!/_2$-Hypothese überein.

Wechselwirkung. Die relativen leptonischen Verzweigungsverhältnisse sind mit e-μ-Universalität und derselben Fermikonstanten, die den Myonzerfall beschreibt, verträglich. Die semileptonischen Verzweigungsverhältnisse stimmen mit den theoretischen Vorhersagen überein. Beispielsweise kann $\tau \to \pi\nu_\tau$ mit $\pi \to \mu\nu_\mu$ und $\tau \to \rho\nu_\tau$ mit $e^+e^- \to \rho$ verknüpft werden.

Tabelle 7.5 gibt den Wert der Masse des τ-Leptons und eine obere Grenze für die des dazugehörigen Neutrinos an.

Bisher haben wir bei der Diskussion von Leptonen immer vorausgesetzt, daß Neutrinomassen gleich 0 sind, so daß man sie aufgrund ihrer Helizität unterscheiden kann: wie in Abb. 7.18 sind Neutrinos linkshändig ($H = -1$), Antineutrinos rechtshändig ($H = +1$). Dies ist eine relativistisch invariante Beschreibung, gerade wie die für links- und rechtspolarisiertes Licht. Wäre die Neutrinomasse ungleich 0, wäre diese Beschreibung nicht richtig: man könnte immer ein Bezugssystem finden, welches schneller als das Neutrino ist, in diesem wäre das Vorzeichen der Helizität genau umgekehrt.

Tabelle 7.5 Leptonmassen

Familie	Elektronen (e, ν_e)	Myonen (μ, ν_μ)	Tau (τ, ν_τ)
Geladene Leptonen (e, μ, τ)	$0.511\,\mathrm{MeV}$	$105.66\,\mathrm{MeV}$	$1784 \pm 4\,\mathrm{MeV}$
Neutrale Leptonen $(\nu_e, \nu_\mu, \nu_\tau)$	$\leq 30\,\mathrm{eV}$	$< 0.5\,\mathrm{MeV}$	$< 70\,\mathrm{MeV}$

Die Annahme, daß Neutrinos masselos sind und in verschiedenen Familien auftreten, ist vielleicht überraschend und wird zur Zeit intensiv überprüft. Es war notwendig, Quantenzahlen (L_e, L_μ, L_τ) und damit innere Freiheitsgrade einzuführen, um die drei Typen zu unterscheiden, und solch eine interne Struktur kann sich sehr wohl in einem Massenunterschied zeigen, wie sie es für die geladenen Leptonen tut. Es gibt auch Hinweise aus der Astrophysik, daß masselose Neutrinos unser Verständnis des expandierenden Universums erschweren. Gibt man den Neutrinos Masse, führt dies zu dramatisch unterschiedlichen Gravitationspotentialen, mit denen man den Unterschied zwischen der Bewegungsenergie der Galaxien und ihrer Gravitationsenergie von mehr als einer Größenordnung erklären könnte. Falls tatsächlich eine der Massen in der Größenordnung einiger eV ist, wie die Astrophysiker vorschlagen, können Laborexperimente dieses in näherer Zukunft zumindest indirekt aufklären. Es gibt nur eine geringe Hoffnung, die Massenwerte des ν_μ oder ν_τ direkt zu messen.

Sollte die Leptonzahl nicht vollständig erhalten sein (und es gibt keinen Grund, warum dies der Fall sein sollte) und die Neutrinos eine endliche Masse haben, kann zwischen den verschiedenen Neutrinotypen Zustandsmischung auftreten. Diese Möglichkeit wurde schon vor vielen Jahren (Maki et al. 1962, Pontecorvo 1968) aufgezeigt. Die Eigenzustände der schwachen Wechselwirkung ν_e, ν_μ, ν_τ sind danach Linearkombinationen der Massenzustände ν_1, ν_2, ν_3, die sich aufgrund ihrer Massenunterschiede mit leicht unterschiedlichen Frequenzen ausbreiten. In einem anfangs reinen ν_e-Strahl z.B. würden durch Oszillationen ν_μ und ν_τ auftauchen. Um die Diskussion zu vereinfachen, betrachten wir nur zwei Neutrinos, z.B. ν_e und ν_μ. Jedes wird durch eine unitäre Transformation mit einem Mischungswinkel θ aus den Masseneigenzuständen ν_1 und ν_2 gebildet:

$$\begin{pmatrix} \nu_\mu \\ \nu_e \end{pmatrix} = \begin{pmatrix} \cos\theta & \sin\theta \\ -\sin\theta & \cos\theta \end{pmatrix} \begin{pmatrix} \nu_1 \\ \nu_2 \end{pmatrix}, \tag{7.101}$$

so daß die Wellenfunktionen

$$\nu_\mu = \nu_1 \cos\theta + \nu_2 \sin\theta \quad \text{und} \quad \nu_e = -\nu_1 \sin\theta + \nu_2 \cos\theta$$

orthonormale Zustände sind. Die Zustände ν_e und ν_μ werden in der schwachen Wechselwirkung erzeugt, zum Beispiel im Zerfall $\pi \to \mu + \nu_\mu$. Die Ausbreitung im Raum dagegen ist durch die charakteristische Frequenz des Masseneigenzustandes bestimmt,

$$\begin{aligned} \nu_1(t) &= \nu_1(0)e^{-iE_1 t}, \\ \nu_2(t) &= \nu_2(0)e^{-E_2 t}, \end{aligned} \tag{7.102}$$

wobei wir $\hbar = c = 1$ benutzt haben. Aus Impulserhaltung folgt, daß die Zustände $\nu_1(t)$ und $\nu_2(t)$ den gleichen Impuls p haben. Falls die Masse m_i viel kleiner als die Energie E_i ist $(i = 1, 2)$, folgt

$$E_i = p + \frac{m_i^2}{2p}. \tag{7.103}$$

Nehmen wir an, daß wir bei $t = 0$ mit Myonneutrinos beginnen, also $\nu_\mu(t) = 1$ und $\nu_e(t) = 0$. Aus (7.101) folgt dann

$$\begin{aligned} \nu_2(0) &= \nu_\mu(0) \sin\theta, \\ \nu_1(0) &= \nu_\mu(0) \cos\theta, \end{aligned} \tag{7.104}$$

und

$$\nu_\mu(t) = \cos\theta \nu_1(t) + \sin\theta \nu_2(t).$$

Benutzen wir (7.102) und (7.104), erhalten wir

$$\frac{\nu_\mu(t)}{\nu_\mu(0)} = \cos^2\theta\, e^{-E_1 t} + \sin^2\theta\, e^{-iE_2 t},$$

und für die Intensität gilt

$$\begin{aligned} \frac{I_\mu(t)}{I_\mu(0)} = \left|\frac{\nu_\mu(t)}{\nu_\mu(0)}\right|^2 &= \cos^4\theta + \sin^4\theta + \sin^2\theta\cos^2\theta[e^{i(E_2-E_1)t} + e^{-i(E_2-E_1)t}] \\ &= 1 - \sin^2 2\theta \sin^2\left[\frac{(E_2 - E_1)t}{2}\right]. \end{aligned}$$

Wenn wir $\Delta m^2 = m_2^2 - m_1^2$ definieren und (7.103) benutzen, können wir die Wahrscheinlichkeit berechnen, nach Ablauf der Zeit t ein ν_e oder ν_μ zu finden:

$$\begin{aligned} P(\nu_\mu \to \nu_\mu) &= 1 - \sin^2 2\theta \sin^2\left(\frac{1.27\Delta m^2 L}{E}\right), \\ P(\nu_\mu \to \nu_e) &= 1 - P(\nu_\mu \to \nu_\mu). \end{aligned} \tag{7.105}$$

Die numerische Konstante, 1.27, ist anzuwenden, wenn Δm^2 in $(\mathrm{eV}/c^2)^2$, L, der Abstand von der Quelle, in Meter und E, die Strahlenergie, in MeV gemessen wird. Gleichung (7.105) zeigt, daß die Intensitäten der ν_e und ν_μ als Funktion des Abstandes von der Quelle oszillieren. Beispielsweise ist für

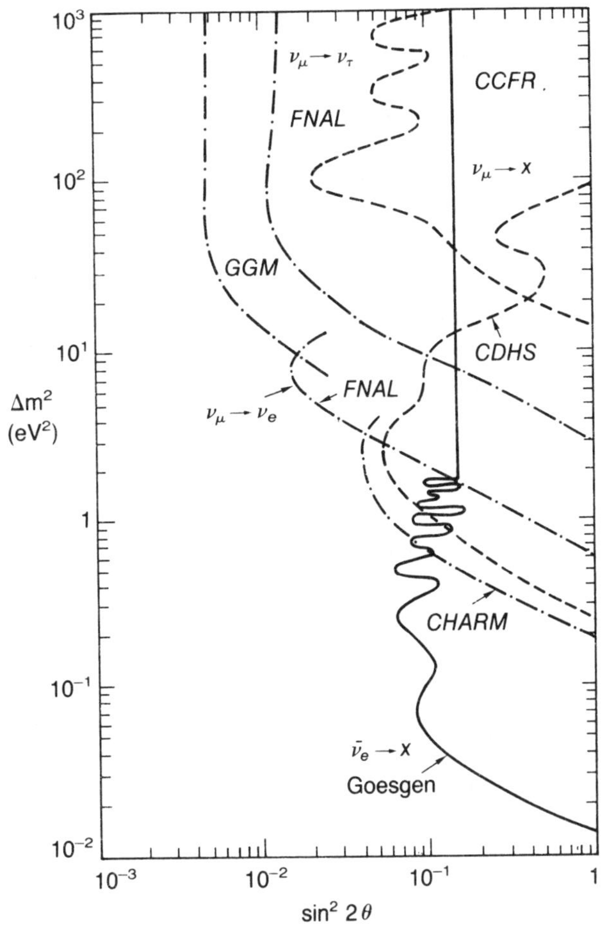

Abbildung 7.28 Grenzen für Neutrinooszillationen. Die Differenz der Massenquadrate ist gegen $\sin^2 2\theta$ aufgetragen. Das $\bar{\nu}_e$-Ergebnis stammt von einem Reaktor, alle anderen Ergebnisse von Beschleunigern. Die Gebiete rechts von den Kurven sind mit 90% Wahrscheinlichkeit ausgeschlossen. (Nach Boehm 1984.)

einen Reaktor als Quelle von Antineutrinos $E \simeq 1$ MeV, und für $\Delta m \simeq 1$ eV$/c^2$ ist die Oszillationslänge einige Meter.

Neutrinooszillationen haben erhebliche Bedeutung bei der Diskussion des sogenannten solaren Neutrinoproblems: In der Reaktion $\nu_e +^{37}\mathrm{Cl} \to^{37}\mathrm{Ar} + e^-$ werden etwa 3 mal weniger solare Neutrinos gemessen als erwartet (Davis et al. (1968)). Es gibt jedoch Unsicherheiten in den Berechnungen des Sonnenmodells, und diese Diskrepanz kann nicht als Evidenz für Neutrinooszillationen benutzt werden, obwohl die Mischung von ν_e mit ν_μ und ν_τ gerade einen solchen Wert geben würde. Es gibt jedoch heute (1984) aus

Laborexperimenten keine Evidenz für Oszillationen, wenn man Reaktoren oder Beschleuniger als Neutrinoquellen benutzt.

Abbildung 7.28 zeigt aktuelle Grenzen für Δm^2 und $\sin^2 2\theta$ aus Reaktor- und Beschleunigerexperimenten. Am Reaktor mißt man Ereignisse des Typs $\bar{\nu}_e + p \rightarrow n + e^+$ als Funktion des Abstandes vom Reaktorkern und der Positronenergie: Man sucht nach dem Verschwinden eines $\bar{\nu}_e$-Signals, d.h. nach dem Übergang $\bar{\nu}_e \rightarrow \bar{\nu}_X$, wobei X irgendein anderer Leptontyp ist. Wegen der niedrigen Energie ($\simeq 1$ MeV) können diese in einer Folgereaktion kein geladenes Myon oder Tau produzieren. Neutrinos aus Beschleunigerexperimenten sind bei höheren Energien (1–200 GeV) zu 99.5% reine Myonneutrinos, sie suchen nach dem Erscheinen einer ungewöhnlich großen Anzahl von Wechselwirkungen des Typs $\nu_e + N \rightarrow e^- + \ldots$, $\nu_\tau + N \rightarrow \tau^- + \ldots$, die aus den Oszillationen $\nu_\mu \rightarrow \nu_e$, ν_τ stammen.

Aufgaben

7.1 Die Grundzustände von $^{34}_{17}$Cl und $^{34}_{16}$S haben $J^P = 0^+$ und gehören zu einem $I = 1$ Multiplett. Der Zerfall $^{34}_{17}\text{Cl} \rightarrow ^{34}_{16}\text{S} + \beta^+ + \nu$ hat eine Lebensdauer von $\tau = 2.3$ s. Die Lebensdauer des Pions ist 26 ns. Schätzen Sie das Verzweigungsverhältnis für den Zerfall $\pi^+ \rightarrow \pi^0 e^+ \nu$ ab.

7.2 Ein Schmalbandneutrinostrahl (siehe Abb. 7.12) wird erzeugt, indem man ein Berylliumtarget mit Protonen von 400 GeV beschießt und einen bleistiftförmigen sekundären Strahl mit kleinem Impulsintervall um 200 GeV/c formt. Dieser Strahl enthält geladene Pionen und Kaonen eines Ladungsvorzeichens und durchquert einen evakuierten Tunnel von 300m Länge, in dem ein Teil von ihnen zu Myonen und Neutrinos zerfällt. Es folgt ein Absorber von 200 m Stahl und 150 m Felsen. Ein zylindrischer Detektor mit einem Radius von 2 m steht 400 m hinter dem Ende des Zerfallstunnels genau auf der Strahlachse. (a) Finden Sie einen Zusammenhang zwischen der Laborenergie des Neutrinos und seinem Winkel relativ zur Strahlachse für Neutrinos aus Pion- und Kaonzerfall. (b) Was sind die minimale und die maximale Energie des produzierten Neutrinos in beiden Fällen? (c) Oberhalb welcher Energie durchqueren alle Neutrinos von Kaonzerfall den Detektor? (d) Wieviel Neutrinos durchqueren den Detektor, wenn 10^{10} Pionen pro Schuß in den Tunnel geleitet werden? (e) Wenn der Detektor eine Masse von 100 Tonnen hat und der Wirkungsquerschnitt pro Nukleon bei der Energie E den Wert $0.6E \times 10^{-38}$ cm^2 hat (E in GeV), wieviele Neutrinos vom Pionzerfall wechselwirken pro Schuß? (f) Warum ist eine Absorberlänge von 350 m notwendig? Greifen Sie auf Aufgabe 2.1 zurück für Reichweitenschwankungen.

7.3 Das Neutron hat eine mittlere Lebensdauer $\tau_n = 930$ s, und das Myon $\tau_\mu = 2.2 \times 10^{-6}$. Zeigen Sie, daß nach Berücksichtigung von Phasenraumfaktoren die beteiligten Kopplungskonstanten etwa gleich groß sind.

7.4 Schätzen Sie das Verzweigungsverhältnis $(\Sigma^- \to \Lambda e^- \bar{\nu})/(\Sigma^- \to n\pi^-)$ ab unter der Annahme, daß das Matrixelement für den leptonischen Zerfall gleich dem für den Neutronzerfall ist, und daß Baryonrückstoß vernachlässigbar ist. (Siehe Tabelle IV des Anhangs für Neutron- und Σ-Zerfallsdaten.)

7.5 Seltsamkeit verletzende Zerfälle erhalten nicht den Isospin, aber gehorchen der $\Delta I = 1/2$ Regel. Benutzen Sie diese Regel, um die Verhältnisse

(a) $K_S \to \pi^+\pi^- / K_S \to \pi^0\pi^0$,

(b) $\Xi^- \to \Lambda\pi^- / \Xi^0 \to \Lambda\pi^0$.

Vergleichen Sie Ihre Ergebnisse mit den experimentellen Werten in Tabelle IV. (Hinweis: Man kann die $\Delta I = 1/2$ Regel anwenden, indem man ein hypothetisches Teilchen mit $I = 1/2$ — das sogenannte Spurion — auf die linke Seite eines schwachen Prozesses hinzufügt und dann den Zerfall als eine Isospin erhaltende Reaktion behandelt.)

7.6 Welches Verhältnis erwartet man für $K_L \to \pi^0\pi^0 / K_L \to \pi^+\pi^-$, falls die Pionen (a) in einem $I = 0$ Zustand ($\Delta I = 1/2$ Regel) oder (b) in einem $I = 2$ Zustand ($\Delta I = 3/2$ oder $5/2$) sind?

7.7 Finden Sie unter Benutzung der $\Delta I = 1/2$ Regel eine Relation zwischen den Amplituden für

$$\Sigma^+ \to n\pi^+, \quad „a_+“$$

$$\Sigma^- \to n\pi^-, \quad „a_-“,$$

$$\Sigma^+ \to p\pi^0, \quad „a_0“.$$

Dabei müssen Sie $I = 3/2$ und $I = 1/2$ Amplituden einführen. Sie sollten die Dreiecksrelation

$$a_+ + \sqrt{2}a_0 = a_-$$

erhalten. Experimentell ist $|a_+| \simeq |a_0| \simeq |a_-|$, so daß man ein rechtwinkliges Dreieck erhält.

7.8 Vorausgesetzt, die Breite der $\Delta(1234)$ πp Resonanz ist 150 MeV, schließen Sie auf das Verzweigungsverhältnis für den β-Zerfall:

$$\frac{\Delta^{++} \to pe^+\nu}{\Delta^{++} \to p\pi^+}.$$

7.9 Wie kann man experimentell einen reinen, monoenergetischen Strahl von K^0-Teilchen erzeugen? Wenn ein kurzer Puls solcher Teilchen ein Vakuum durchquert, berechnen Sie die Intensität des K^0 und $\bar{K}^0$ als Funktion der Eigenzeit, unter der Annahme, daß der Massenunterschied Δm gleich (a) $0.5/\tau_1$, (b) $2/\tau_1$ ist. Stellen Sie die Phänomene graphisch dar.

7.10 Ein Experiment wurde in einer Goldmine in South Dakota durchgeführt, um solare Neutrinos nachzuweisen. Benutzt wurde die Reaktion

$$\nu + {}^{37}\mathrm{Cl} \to {}^{37}\mathrm{Ar} + e^- .$$

Der Detektor enthielt etwa 4×10^5 Liter Tetrachloräthylen (C_2Cl_4). Schätzen Sie ab, wieviel Atome ^{37}Ar täglich produziert werden, wenn man die folgenden Voraussetzungen macht: (a) Sonnenkonstante = $2\,\mathrm{cal\,cm^{-2}min^{-1}}$; (b) 10% der thermonuklearen Energie der Sonne entstehen als Neutrinos; (c) 1% aller Neutrinos sind energetisch genug, um die obige Reaktion zu induzieren; (d) der Wirkungsquerschnitt pro ^{37}Cl Kern für „aktive" Neutrinos ist 10^{-45} cm^2; (e) der Anteil der ^{37}Cl Isotope ist 35%; (f) die Dichte von C_2Cl_4 ist $1.5\,\mathrm{g\,ml^{-1}}$. Erwarten Sie irgendeinen Unterschied zwischen Tag und Nacht? Eine Beschreibung des Experimentes finden Sie in R. Davis, D.S. Harmer und K.C. Hoffmann, Phys. Rev. Lett. 20, 1205 (1968).

7.11 Energetische Neutrinos können in den folgenden Reaktionen an Protonen und Neutronen einzelne Pionen erzeugen:

$$\nu + p \to \pi^+ + p + \mu^- , \qquad \text{(i)}$$

$$\nu + n \to \left\{ \begin{array}{c} \pi^0 + p \\ \pi^+ + n \end{array} \right\} + \mu^- . \qquad \text{(ii)}$$

Nehmen wir an, daß dieser Prozeß durch die erste Pion-Nukleonresonanz $\Delta(1234)$ dominiert wird, so daß das Pion-Nukleonsystem nur $I = 3/2$ hat. Wie in einem schwachen Prozeß der Art $\Delta S = 0$ ändert sich der Isospin dann genau um eine Einheit ($\Delta I = 1$ Regel). Zeigen Sie, daß diese Regel für (i) eine 3-fach höhere Rate als für (ii) vorhersagt. Zeigen Sie auch, daß im Gegensatz dazu bei einem $\Delta I = 2$ Übergang (für den es zur Zeit keine Evidenz gibt) die Rate von (ii) dreimal so groß wie die von (i) wäre.

7.12 Benutzen Sie die $\Delta I = 1/2$ Regel, um die folgenden Relationen zwischen den 3-Pionenzerfällen der geladenen und neutralen Pionen zu zeigen:

$$\Gamma(K_L \to 3\pi^0) = \frac{3}{2}\Gamma(K_L \to \pi^+\pi^-\pi^0),$$

$$\Gamma(K^+ \to \pi^+\pi^+\pi^-) = 4\Gamma(K^+ \to \pi^+\pi^0\pi^0),$$

$$\Gamma(K_L \to \pi^+\pi^-\pi^0) = 2\Gamma(K^+ \to \pi^+\pi^0\pi^0).$$

Kommentar: Diese Ergebnisse hängen von der (vernünftigen) Annahme ab, daß sich die drei Pionen in einem relativen S-Zustand befinden. Dann muß sich jedes Pionpaar in einem symmetrischen Isospin-Zustand, also mit $I = 0$ und/oder $I = 2$ befinden. Das dritte Pion muß dann mit dem Paar kombiniert werden zu einem 3-Pion Zustand mit $I = 1$, $I_3 = 1$ für K^+ bzw. $I = 1$, $I_3 = 0$ für das K^0 (siehe $\Delta I = 1/2$

Regel). Die 3-Pion Wellenfunktion muß in einer Weise geschrieben werden, die, wie für identische Bosonen gefordert, vollständig symmetrisch unter Austausch des Pionvorzeichens ist. Deshalb muß der $\pi^+\pi^+\pi^-$-Zustand wie folgt geschrieben werden:

$$(+ + -) = \frac{1}{\sqrt{6}}(\pi_1^+\pi_2^+\pi_3^- + \pi_2^+\pi_1^+\pi_3^- + \pi_3^-\pi_2^+\pi_1^+ + \pi_3^-\pi_1^+\pi_2^+ + \pi_2^+\pi_3^-\pi_1^+ + \pi_1^+\pi_3^-\pi_2^+).$$

Jeder Term in diesem Ausdruck ist das Produkt eines Isospinzustandes mit $I = 0$ oder 2 für die ersten 2 Pionen und einem mit $I = 1$ für das dritte Pion, mit den entsprechenden Clebsch-Gordan Koeffizienten.

7.13 Zeigen Sie, warum die Beobachtung des Prozesses $\bar{\nu}_\mu + e^- \to e^- \bar{\nu}_\mu$ die Existenz neutraler Ströme nachweist, $\bar{\nu}_e + e^- \to e^- + \bar{\nu}_e$ dagegen nicht. Beweisen Sie, daß der maximale Austrittswinkel des Rückstoßelektrons relativ zum Strahl $\sqrt{2m/E}$ ist, wobei m und E die Elektronmasse und dessen Energie sind.

7.14 Die Myonlebensdauer ist 2.197 ms. Berechnen Sie die Lebensdauer für das Tau-Lepton, indem Sie das Verzweigungsverhältnis $\tau^+ \to e^+\nu_e\bar{\nu}_\tau$ als 18%, $m_\tau = 1784$ MeV und $m_\mu = 105.7$ MeV benutzen. Zeigen Sie alle Annahmen, die sie in der Berechnung machen, auf und vergleichen Sie mit der gemessenen Lebensdauer $\tau_\tau = (2.86 \pm 0.16) \times 10^{-13}$ s.

Literatur

Commins, E.D., „Weak Interactions", McGraw-Hill, New York, 1973.

Ellis, J. et al., „Physics of intermediate vector bosons", Ann. Rev. Nucl. Part. Science **32**, 443 (1982).

Feinberg, G. and L. Lederman, „Physics of muons and muon neutrinos", Ann. Rev. Nucl. Science **13**, 431 (1963).

Fritschi, M. et al., Phys. Lett. **B** 173, 485 (1986).

Gasiorowicz, S., „Elementary Particle Physics", John Wiley, New York 1966.

Hung, P.Q., and C.Quigg, „Intermediate bosons; weak interaction carriers", Science **210**, 1205 (1980).

Kleinknecht, K., „CP violation and K^0 decays", Ann. Rev. Nucl. Science **26**, 1 (1976).

Kleinknecht, K., „$K_L - K_S$ Regeneration", *Fortschr. Physik* **21**, 57 (1973).

Konopinski, E.J., „Experimental clarification of the laws of β-radioactivity", Ann. Rev. Nucl. Science **9**, 99 (1959).

Lederman, L., „Neutrino Physics", in Burhop (ed), Pure and Applied Physics, Academic Press, New York, 1967, Vol.25-II.

Lee, T.D. and C.S. Wu, „Weak Interactions", Ann. Rev. Nucl. Science **15**, 381 (1965).

Okun, L.B., Weak Interactions of Elementary Particles, Pergamon, London, 1965.

Perl, M.L. and W.T. Kirk, „Heavy Leptons“, Scientific American **238**, 50 (Mar 1978).

Perl, M.L., „The Tau Lepton“, Ann. Rev. Nucl. Part. Science **30**, 299 (1978).

Reines, F., „Neutrino Interactions“, Ann. Rev. Nucl. Science **10**, 1 (1960).

Rubbia, C., „Experimental observation of the intermediate vector bosons W^+, W^-, Z^0“, Rev. Mod. Phys. **57**, 699 (1985).

Kapitel 8

Quark-Quark-Wechselwirkung: das Parton-Modell und QCD

Mit den Experimenten zur tief-inelastischen Lepton-Nukleon-Streuung bekam nach 1968 das Quarkbild für Hadronen zusätzlich zu seiner statischen auch eine dynamische Bedeutung. Diese zeigten zunächst, daß der komplizierte Prozeß der Lepto-Produktion zahlreicher Hadronen in solchen Kollisionen einfach als (quasi-) elastische Streuung des Leptons an punktförmigen oder nahezu punktförmigen Konstituenten, den Partonen, interpretiert werden kann, die später mit den Quarks identifiziert wurden. Darüber hinaus ergab die Analyse präziser und detaillierter Streuexperimente wesentliche Informationen über die Quark-Quark-Wechselwirkung. Diese Evidenz wurde untermauert durch Resultate aus der Untersuchung der e^+e^- Annihilation in Hadronen bei hohen Energien und der Produktion von Leptonpaaren in Hadron-Hadron-Kollisionen.

8.1 Experimentelle Hinweise auf Partonen: Wirkungsquerschnitte für Neutrino-Nukleon Streuung und e^+e^--Vernichtung bei hohen Energien

Einer der eindrucksvollsten Belege dafür, daß Hadronen zusammengesetzte Teilchen sind, ist die Energieabhängigkeit des totalen Wirkungsquerschnitts der Neutrino-Nukleon-Streuung. Abbildung 8.1 zeigt ein Beispiel für die Wechselwirkung eines Neutrinos von 200-GeV Energie mit einem Proton oder Neutron in einer großen Blasenkammer, die mit einer flüssigen Neon-

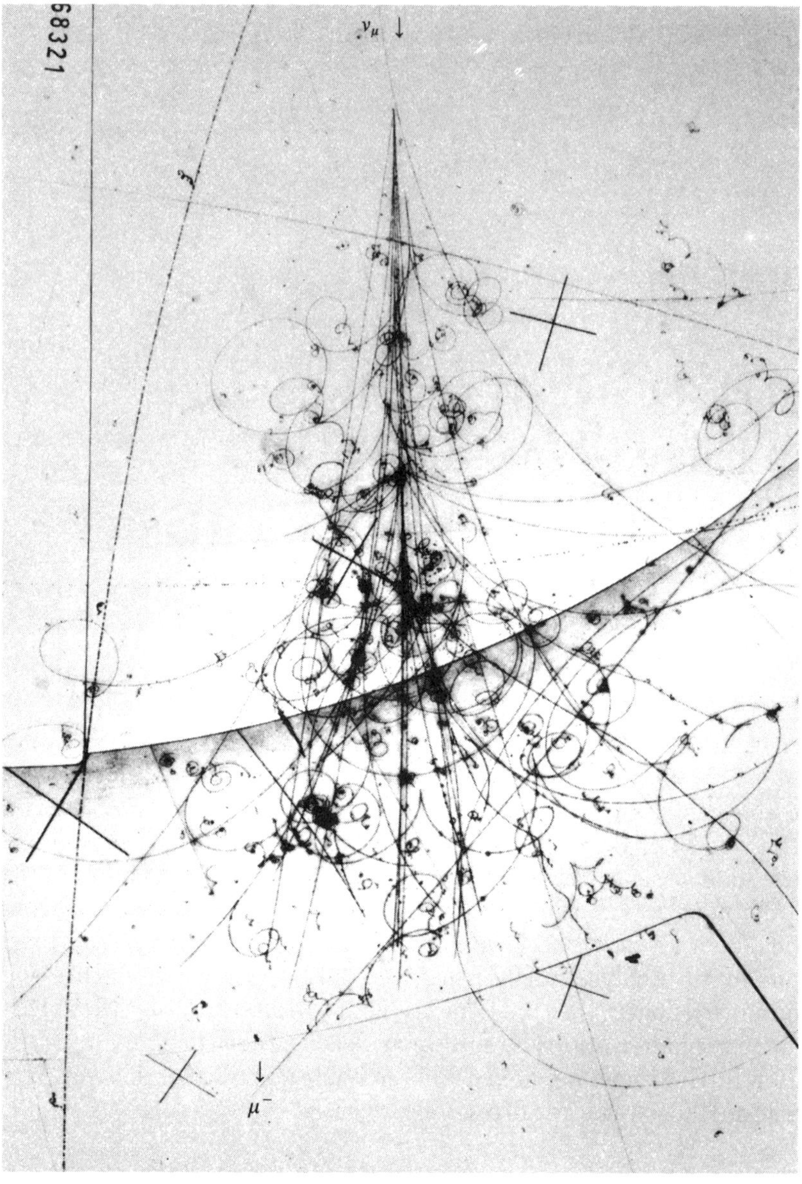

Abbildung 8.1 Neutrino-Nukleon Kollision in der mit einer Mischung aus Ne-H_2 gefüllten Blasenkammer BEBC im 200 GeV Schmalband-Neutrinostrahl des CERN SPS (siehe Abb. 7.12). Ein einlaufendes Myonneutrino (ν_μ) geht in ein negativ geladenes Myon mit einer Energie von 100 GeV über, das als sehr gerade Spur unter einem gewissenWinkel relativ zu dem „Jet" aus geladenen und neutralen Hadronen zu sehen ist. Das Myon wird dadurch identifiziert, daß es eine Eisenabschirmung durchdringt und in externen Proportionalkammern nachgewiesen wird (siehe Abb. 2.14). Die verbleibende Energie (100 GeV) verteilt sich auf die produzierten Hadronen. Photonen aus dem Zerfall neutraler Pionen konvertieren in der Flüssigkeit in e^+e^--Paare, die zurück auf den primären Ereignisvertex zeigen. Die Entwicklung des elektromagnetischen Schauers und die Sekundärwechselwirkungen der Hadronen sind deutlich zu erkennen.

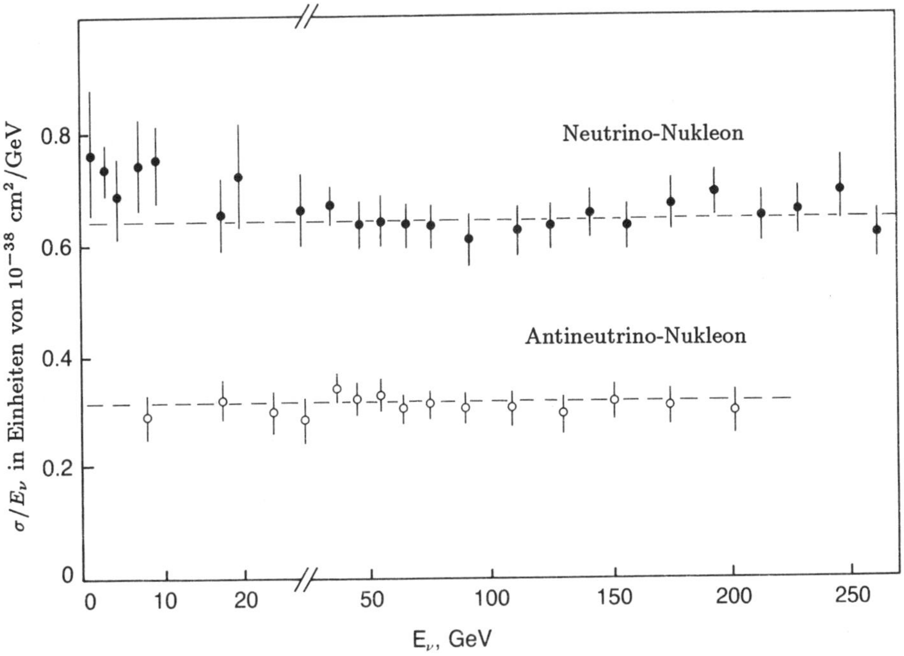

Abbildung 8.2 Der totale Neutrino- und Antineutrinowirkungsquerschnitt am Nukleon als Funktion der Neutrinoenergie, gemessen in Experimenten am CERN, Fermilab und Serpukhov. Das Verhältnis aus dem Wirkungsquerschnitt pro Nukleon und der Energie des einlaufenden Neutrinos ist praktisch über zwei Größenordnungen konstant, und damit ein direkter Hinweis auf die Existenz punktförmiger Konstituenten (Partonen) innerhalb des Nukleons. Die kleine Energieabhängigkeit von σ/E wird in der Feldtheorie wechselwirkender Quarks (QCD) vorhergesagt.

Wasserstoff Mischung gefüllt ist,

$$\nu_\mu + N \to \mu^- + \text{Hadronen}, \tag{8.1}$$

wobei zusätzlich zu dem Myon etwa zehn sekundäre Hadronen erzeugt werden. Das Ereignis wirkt recht kompliziert, aber wenn wir lediglich den totalen Wirkungsquerschnitt σ als Funktion der Energie messen, erhalten wir ein einfaches Resultat — ein mit der Neutrinoenergie nahezu lineares Anwachsen von σ (siehe Abb. 8.2).

Das ist aber genau das Resultat, das wir erwarten, wenn wir den komplizierten Prozeß der Hadronproduktion, wie z.B. in Abb. 8.1, durch die elastische Streuung des Neutrinos an einem einzelnen punktförmigen Teilchen ersetzen, die nur von der Fermi-Konstante G und dem verfügbaren Phasenraum abhängen kann. In der Tat erhalten wir, wenn die Neutrinoenergie E groß im Vergleich zu den beteiligten Massen wird, ebenso wie in Gleichung (7.14)

$$\sigma \simeq G^2 p^2 \simeq G^2 E, \tag{8.2}$$

wobei p der Impuls der beiden Teilchen im Schwerpunktsystem ist. Eine einfache Rechnung ergibt dann $p^2 = mE/2$, wobei m die Masse des punktförmigen Targets bezeichnet. Das mit E lineare Anwachsen von σ zeigt uns also, daß die beiden Teilchen eine Kontaktwechselwirkung erfahren, deren Wirkungsquerschnitt wie der Phasenraum anwächst. In dieser Diskussion haben wir den Einfluss des $W^{\pm}$-Propagatorterms $(1+q^2/M_W^2)^{-1}$ ignoriert, da dieser in dem betrachteten Energiebereich vernachlässigbar ist.

Die Abbildung 8.3. zeigt das an e^+e^- Speicherringen gemessene Verhältnis zweier Wirkungsquerschnitte

$$R = \sigma(e^+e^- \to \text{Hadronen})/\sigma(e^+e^- \to \mu^+\mu^-) \tag{8.3}$$

als Funktion der Schwerpunktsenergie E. Für $E > 10$ GeV, weit entfernt von den Resonanzen ρ, ω, ϕ, ψ und Υ wird R praktisch konstant, was ein weiterer Beleg dafür ist, daß der Prozeß $e^+e^- \to$ Hadronen ebenso wie der Prozeß $e^+e^- \to \mu^+\mu^-$ durch die Wechselwirkung von Punktteilchen beschrieben werden kann.

Bevor wir diese Ergebnisse im Detail diskutieren, um daran die Eigenschaften der dafür verantwortlichen punktförmigen partonischen Konstituenten der Hadronen nachzuweisen, wollen wir zunächst die tief-inelastische Elektron-Nukleon Streuung betrachten, aus der die ersten Hinweise auf die Existenz von Partonen kamen.

8.2 Tief-inelastische Elektron-Nukleon-Streuung

Wie in (6.27) bereits angedeutet, ist bei großen Impulsüberträgen der elastische Formfaktor sehr klein, so daß die inelastische Streuung eines einfallenden Elektrons sehr viel wahrscheinlicher als die elastische Streuung ist. Zur Beschreibung eines allgemeinen inelastischen Streuprozesses wird eine weitere kinematische Variable benötigt, da die Raum-Zeit-Komponenten des Impulsübertrags q nicht mehr wie in (6.17b) die Beziehung $q^2 = 2M\nu$ erfüllen. Bezeichnen wir den Dreierimpuls, die Energie und die invariante Masse des hadronischen Endzustandes mit $\boldsymbol{p}^*$, E^* und W, so erhalten wir (siehe Abb. 8.4)

$$\begin{aligned} q^2 &= (\boldsymbol{p} - 0)^2 - (E^* - M)^2, \\ \nu &= E^* - M, \\ W^2 &= E^{*2} - \boldsymbol{p}^{*2}, \end{aligned}$$

also

$$q^2 = 2M\nu - W^2 + M^2. \tag{8.4}$$

Der Grenzfall $W = M$ liefert wieder den Prozeß der elastischen Streuung mit $q^2 = 2M\nu$. Als Funktion von q^2 und ν kann der Wirkungsquer-

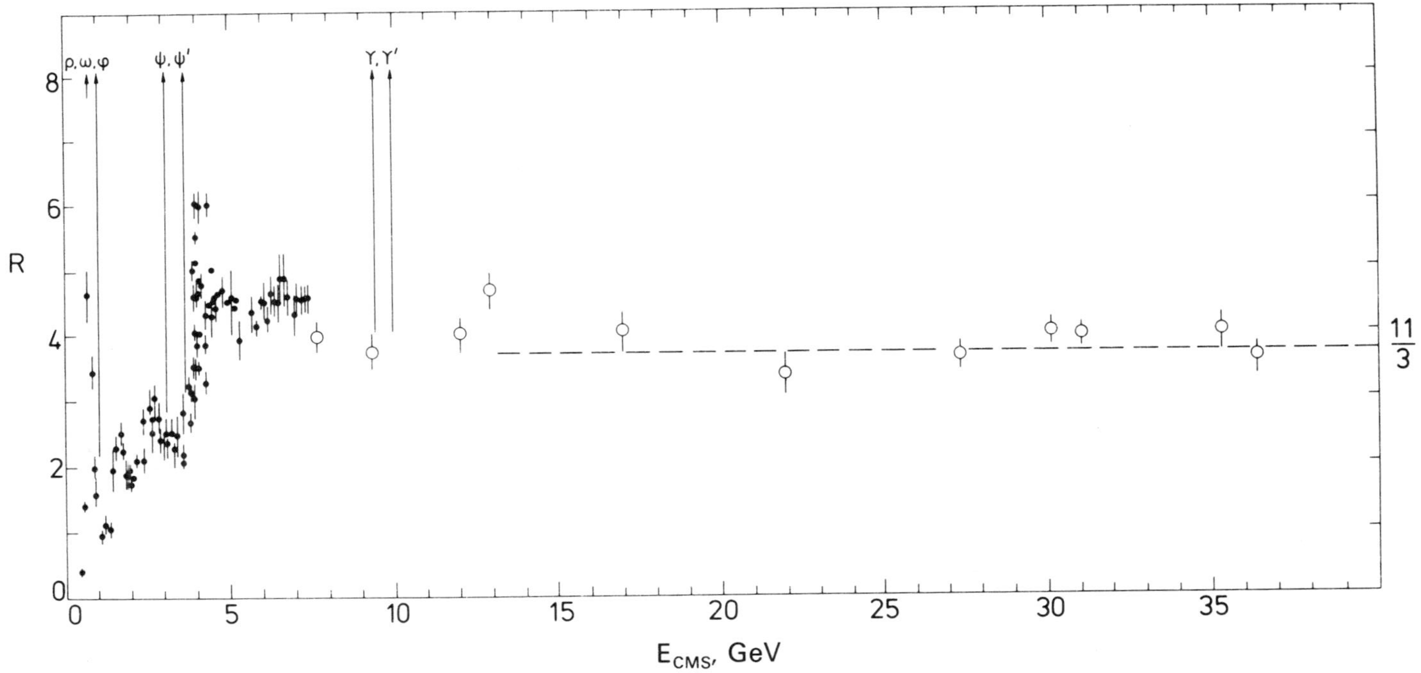

Abbildung 8.3 Das Verhältnis R des Wirkungsquerschnitts für die Reaktion $e^+e^- \rightarrow$ Hadronen dividiert durch den für den Prozeß $e^+e^- \rightarrow \mu^+\mu^-$. Die Tatsache, daß R oberhalb einer Schwerpunktsenergie von 10 GeV konstant wird, ist ein Beweis für die Punktförmigkeit der Konstituenten der Hadronen. Der unter der Annahme, daß der primäre Prozeß die Erzeugung eines Quark-Antiquark-Paares ist, vorhergesagte Wert ist $^{11}/_3$, falls lediglich u, d, s, c und b Quarks angeregt werden können und die Quarks drei Farbfreiheitsgrade besitzen. Die Daten stammen aus einer Vielzahl von Speicherringexperimenten. Für große Energien (>10 GeV Schwerpunktsenergie) kommen sie vom PETRA-Ring am DESY, Hamburg.

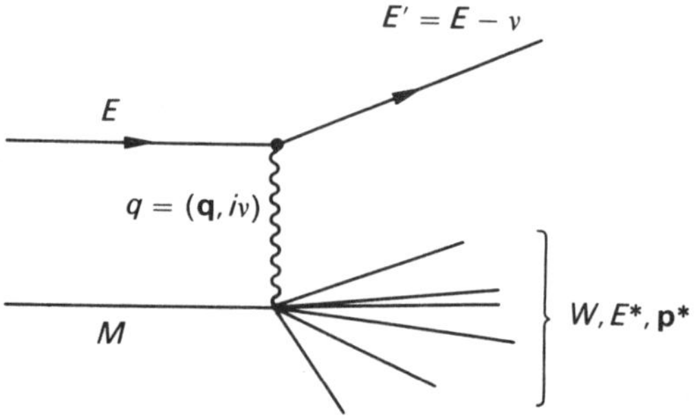

Abbildung 8.4

schnitt in Analogie zu (6.24) geschrieben werden als

$$\frac{d^2\sigma}{dq^2\,d\nu} = \frac{4\pi\alpha^2}{q^4}\,\frac{E'}{EM}\left[W_2(q^2,\nu)\cos^2\frac{\theta}{2} + 2W_1(q^2,\nu)\sin^2\frac{\theta}{2}\right], \tag{8.5}$$

wobei E und E' die Energie des ein- bzw. auslaufenden Elektrons bezeichnen ($E, E' \gg mc^2$). W_1 und W_2 sind beliebige Strukturfunktionen für die Beiträge der beiden Polarisationszustände, transversal und longitudinal, des ausgetauschten Photons. Die Gültigkeit dieser Formel wurde ebenso wie im Falle der elastischen Streuung anhand des linearen Verlaufs der Rosenbluth-Darstellung demonstriert. Aus dieser Darstellung kann das Verhältnis W_1/W_2 von magnetischer zu elektrischer Streuung bestimmt werden.

In Abb. 8.5(a) sind die Variablen q^2 und $2M\nu$ gegeneinander aufgetragen. Die schraffierte Fläche stellt den Bereich dar, der durch inelastische Streuprozesse zugänglich ist. Die Variable x haben wir durch das Verhältnis

$$x = \frac{q^2}{2M\nu} \qquad (1 > x > 0) \tag{8.6}$$

definiert. Linien konstanten W's sind durch Geraden angedeutet, die um 45° gegen die Achsen geneigt sind. Linien mit konstantem x sind Geraden, die mit der Steigung x durch den Ursprung gehen. Die Region $q^2 < 2M\nu$, $x < 1$ entspricht dem Bereich der inelastischen Streuung, während die Linie $x = 1$ die Kinematik für elastische Streuprozesse definiert.

Es ist instruktiv, einmal die Wirkungsquerschnitte $d^2\sigma/dq^2\,d\nu$ für Elektron-Nukleon- und Elektron-Kern-Streuung in verschiedenen Bereichen von q^2 als Funktion des Energieübertrags $\nu = E - E'$ zu vergleichen. Abbildung 8.5(b) zeigt typische Ergebnisse für die Streuung hochenergetischer Elektronen an Kernen. Für kleine q^2 beobachtet man von elastischen Streuprozessen eine starke Überhöhung bei

$$E' = E - \nu = E - \frac{q^2}{2M_{\text{Kern}}}. \tag{8.7}$$

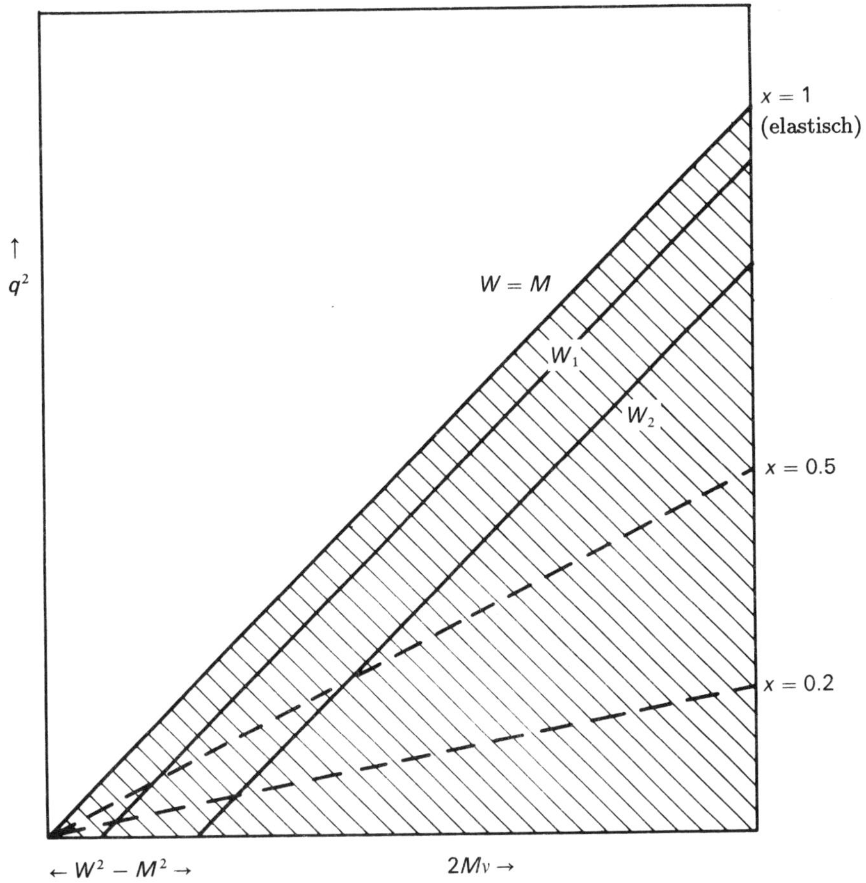

Abbildung 8.5 (a) Die kinematischen Relationen für tief-inelastische Lepton-Nukleon-Streuung. Das Quadrat des Viererimpulsübertrages, q^2, ist gegen $2M\nu$ aufgetragen, wobei M die Nukleonmasse und ν den Energieübertrag, gemessen im Ruhesystem des Targets, bezeichnet. Die invariante Masse des hadronischen Endzustandes ist durch $W^2{=}M^2{+}2M\nu{-}q^2$ gegeben, und die Variable x durch $x{=}q^2/2M\nu$. Elastische Streuung liegt für $x{=}1$ und $W{=}M$ vor. Konturen konstanten W's sind Linien unter einem Winkel von 45° zur Abszisse; Linien konstanten x's sind Ursprungsgeraden mit der Steigung x.

Bei größeren Werten von ν (kleinerem E') findet man ein breites Maximum in der Region

$$\nu \simeq \frac{q^2}{2M_{\mathrm{Nukleon}}}, \tag{8.8}$$

das der quasi-elastischen Streuung an einzelnen Nukleonen entspricht. Falls die Nukleonen frei wären, würde man eine scharfe Spitze bei $\nu = q^2/2M$ sehen, den sogenannten „elastischen Peak". Die Target-Nukleonen sind jedoch in einem Potentialwall mit Radius R gebunden, und haben daher

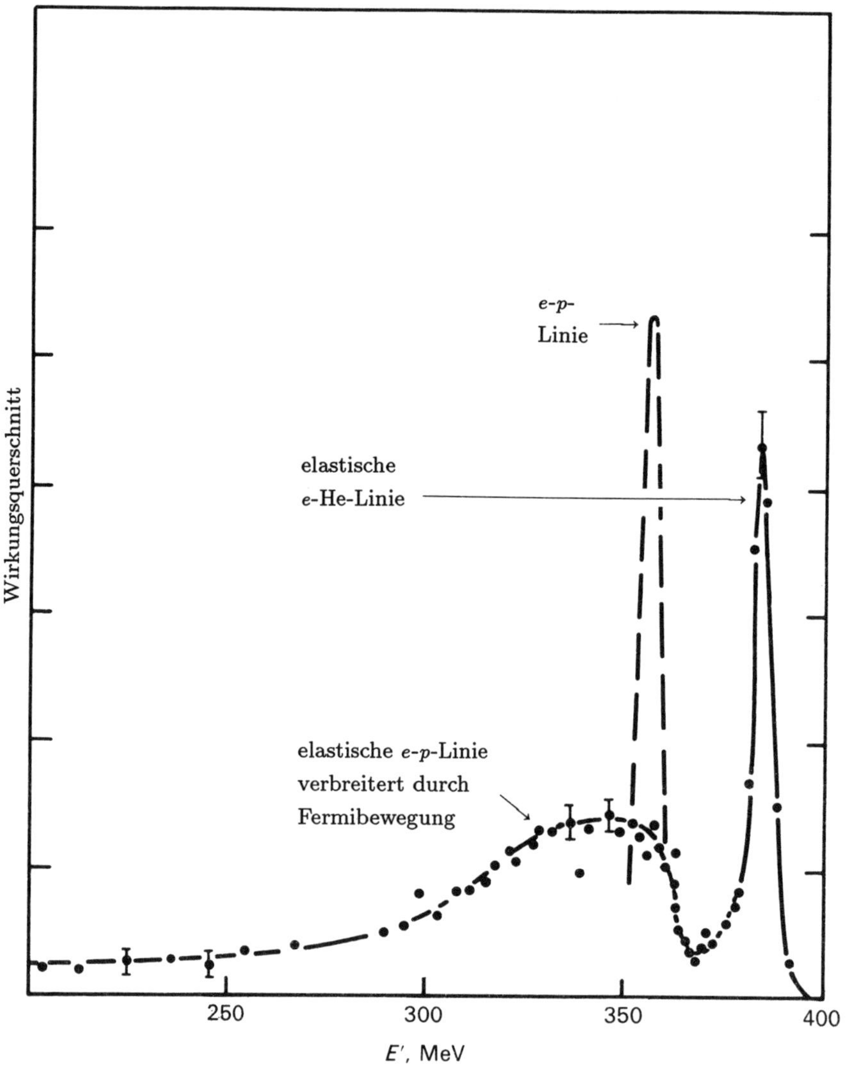

Abbildung 8.5 (b) 45°-Streuung von 400 MeV Elektronen an Helium. Deutlich zu erkennnen sind die scharfe Spitze der elastischen Streuung am gesamten Heliumkern und das breite Maximum der elastischen Streuung an den einzelnen Nukleonen. (Aus Hofstadter 1956.)

einen Fermi-Impuls

$$p_F \sim \frac{\hbar}{R} = 200\,\mathrm{MeV}/c.$$

Die nukleare Bindungsenergie liegt in der Größenordnung von 10 MeV und ist daher gegenüber ν vernachlässigbar, so daß sie die Kinematik der elastischen Streuung praktisch nicht beeinflußt. Der Fermi-Impuls führt jedoch zu einer meßbaren Verschmierung des elastischen Peaks, mit einer symmetrischen Verbreiterung von etwa

$$\frac{\Delta\nu}{\nu} = \pm\frac{p_F}{M} \simeq 10\%. \tag{8.9}$$

(Der Beweis sei dem Leser als Übungsaufgabe überlassen.) Anders ausgedrückt, die für die elastische Streuung gültige Relation $q^2 = 2M\nu$ enthält den Energieübertrag ν im Ruhesystem des gestoßenen Nukleons. Da ein gebundenes Nukleon sich aber relativ zum Laborsystem bewegt, wird der gemessene Energieübertrag je nach der Bewegungsrichtung größer oder kleiner sein.

Zusammenfassend kann man für die Streuung von Elektronen an Kernen also festhalten, daß die kohärente Streuung am gesamten Kern mit zunehmendem q^2 abnimmt und dafür die elastische Streuung an den einzelnen Nukleonen zunehmend an Bedeutung gewinnt. Zunehmendes q^2 ist aber äquivalent zu einer kleiner werdenden Wellenlänge, d.h. zunehmendem Auflösungsvermögen, mit dem das Target abgetastet wird, so daß wir bei hinreichend großem q^2 den Kern aufgelöst in seine Komponenten zu sehen beginnen.

Wenden wir uns nun wieder der Elektron-Proton-Streuung zu, so finden wir die soeben beschriebenen Phänomene wieder (— allerdings bei wesentlich größeren Werten für q^2). Bei $q^2 < 1$ GeV^2 beobachten wir mit zunehmendem ν zunächst einen ausgeprägten elastischen Peak bei $\nu = q^2/2M$ bzw. $x = q^2/2M\nu = 1$, gefolgt von sukzessiven Maxima, die den breiten Nukleonresonanzen $\Delta(1232)$, $N(1450)$, $\Delta(1688)$, ... bei $x = q^2/(q^2+W^2-M^2)$ entsprechen. Mit zunehmendem q^2 wandern diese Maxima gegen $x = 1$ und werden durch Formfaktoren unterdrückt, während das bei kleinen x-Werten beobachtete Kontinuum sich kaum ändert. In Analogie zur Elektron-Kern-Streuung interpretieren wir dieses Verhalten als quasi-elastische Streuung an Konstituenten des Nukleons, die punktförmig im Vergleich zum Nukleon sind, so daß der Streuquerschnitt bei großen q^2 nicht durch Formfaktoreffekte verkleinert wird (siehe Abb. 8.6 und 8.7).

Identifiziert man diese Konstituenten mit punktförmigen Quarks, wobei man sich das Proton aus dreien, nämlich (u, u, d), zusammengesetzt denkt, dann würde man erwarten, daß jedes von diesen eine effektive Masse von $m = M/3$ hat. Man könnte also bei $x = q^2/2M\nu = (q^2/2m\nu)\,(m/M) = {}^1/_3$ einen scharf ausgeprägten elastischen Peak erwarten. Dieser wird jedoch nicht beobachtet. Allerdings sind die Quarks auch in einem Volumen mit dem Radius R, dem Nukleonenradius, eingeschlossen und haben daher einen Fermi-Impuls $p_F \simeq \hbar/R \simeq 250$ MeV$/c$. Für die Verbreiterung des elastischen Peaks findet man also $\Delta x/x = p_F/mc \simeq 1$, d.h. er ist grundsätzlich nicht beobachtbar.

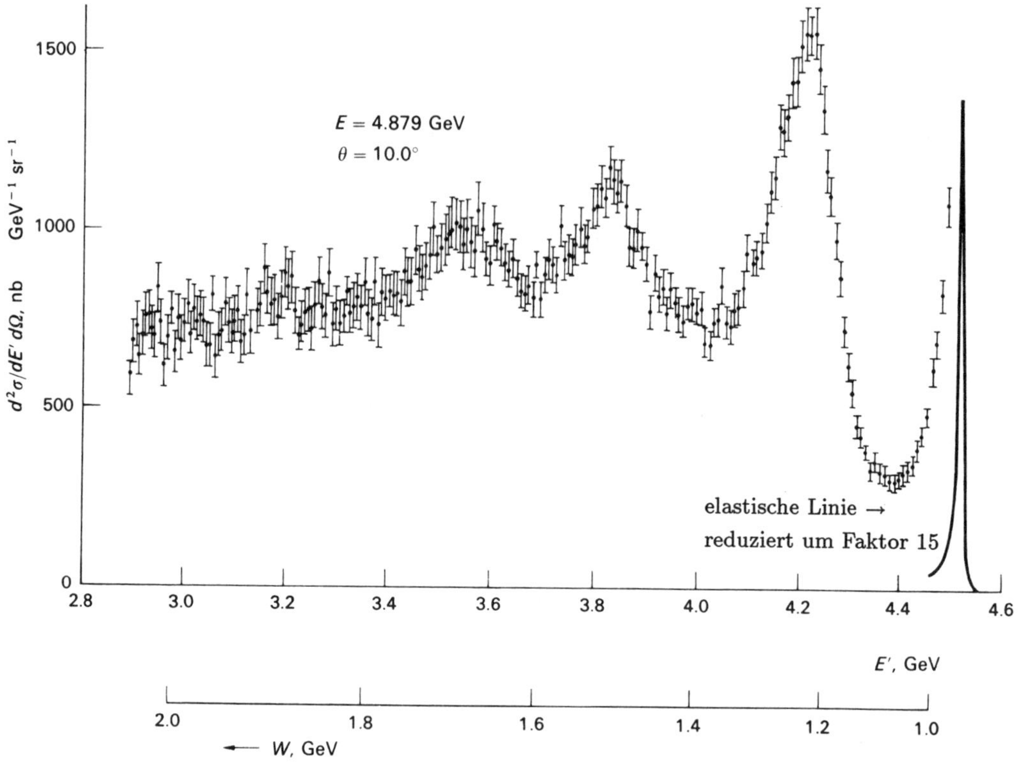

Abbildung 8.6 Anregungskurve inelastischer ep-Streuung, gemessen am Elektronsynchrotron des DESY (Bartel et al. 1968). E und E' bezeichnen die Energie des einlaufenden bzw. gestreuten Elektrons, und W die Masse des den Rückstoß aufnehmenden hadronischen Systems. Die Pion-Nukleon-Resonanzen bei den Massen 1.24, 1.51 und 1.69 GeV sind deutlich erkennbar.

8.3 Skaleninvarianz und Partonen

Wir werden nun die Idee, daß die inelastische Lepton-Nukleon Streuung durch die elastische Streuung des Leptons an punktförmigen partonischen Konstituenten beschrieben werden kann, in ihren quantitativen Aspekten darstellen und daran sehen, wie diese Partonen gegebenenfalls mit den Quarks identifiziert werden können. Dazu schreiben wir zunächst einmal (8.5) um, indem wir die folgenden Größen einführen:

$$F_2(q^2, \nu) = \frac{\nu W_2(q^2, \nu)}{M},$$

$$F_1(q^2, \nu) = W_1(q^2, \nu),$$

$$y = \nu / E,$$

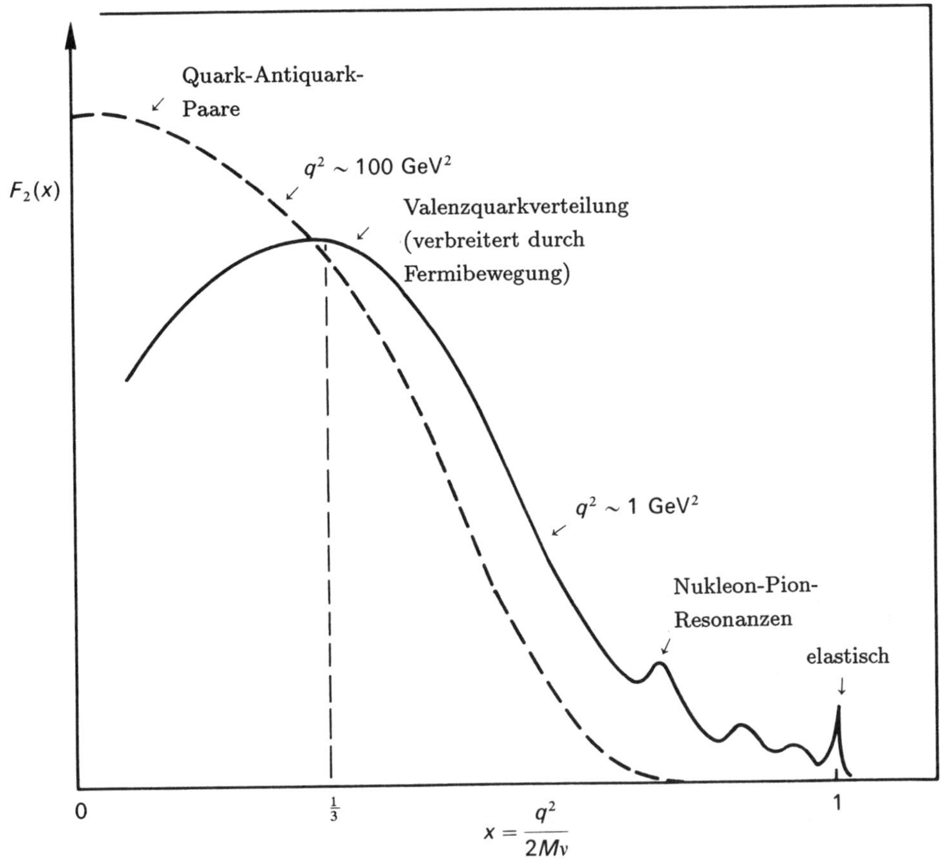

Abbildung 8.7 Schematische Darstellung der q^2-Abhängigkeit des durch die Strukturfunktion $F_2(x,q^2)$ gemessenen Wirkungsquerschnitts als Funktion von $x=q^2/2M\nu$. Bei kleinen q^2 liegen der elastische Peak und die Resonanzpeaks bei großen x, gefolgt von der Kontinuumsanregung (elastische Lepton-Quark-Streuung) bei kleinen x. Bei großen Werten von q^2 sind der elastische- und die Resonanzpeaks durch Formfaktoren unterdrückt und die gesamte Verteilung zu kleinen x-Werten hin verschoben.

$$E'/E = 1 - y,$$
$$q^2 = 2MExy.$$

Damit wird (8.5) zu

$$\frac{d^2\sigma}{dq^2\,d\nu} = \frac{4\pi\alpha^2}{q^4}\frac{E'}{E\nu}\left[F_2(q^2,\nu)\cos^2\frac{\theta}{2} + \frac{2\nu}{M}F_1(q^2,\nu)\sin^2\frac{\theta}{2}\right], \tag{8.10}$$

bzw., wenn wir die Beziehungen $\cos^2(\theta/2) = 1 - q^2/(4EE') \simeq 1$ und $d\nu/\nu = dx/x$ verwenden

$$\frac{d^2\sigma}{dq^2\,dx} = \frac{4\pi\alpha^2}{q^4}\left[(1-y)\frac{F_2(x,q^2)}{x} + \frac{y^2}{2}\frac{2xF_1(x,q^2)}{x}\right]. \tag{8.11}$$

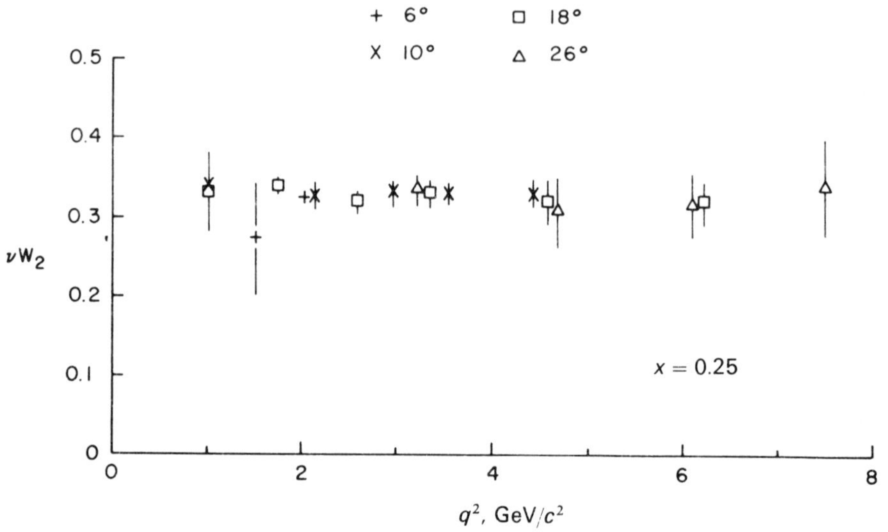

Abbildung 8.8 νW_2 (oder F_2) als Funktion von q^2 für festes x=0.25. Für diese Wahl von x beobachtet man praktisch keine q^2-Abhängigkeit, d.h. exaktes „Skalenverhalten". (Aus Friedman und Kendall (1972).)

Wenn die Lepton-Parton-Streung eine punktförmige Wechselwirkung ist, dann können F_1 und F_2 nicht von q^2 abhängen, sondern sind lediglich Funktionen von x. Dies ist der Inhalt der Bjorkenschen Hypothese der Skaleninvarianz (Bjorken 1967). Vereinfacht ausgedrückt besagt diese, daß eine Funktion $F(q^2, \nu)$, die im Grenzfall $q^2 \to \infty$ und $\nu \to \infty$ endlich bleibt, nur von dem dimensionslosen Verhältnis $x = q^2/2M\nu$ der beiden Größen abhängen kann. Da x dimensionslos ist, gibt es keine Massen- oder Längenskala; deshalb der Ausdruck Skaleninvarianz. Abbildung 8.8 zeigt den Verlauf von $F_2(x, q^2)$ für $x = 0.25$, wie er in SLAC Elektron-Streuexperimenten gemessen wurde. Bei $x = 0.25$ ist keine q^2-Abhängigkeit nachweisbar, und auch bei größeren oder kleineren Werten von x ist die q^2-Abhängigkeit nur schwach ausgeprägt (siehe Abb. 8.28). Beispielsweise fällt F_2 für $x = 0.5$ um 50% ab, wenn q^2 von 1 GeV^2 auf 25 GeV^2 anwächst. Dies ist zu vergleichen mit dem Quadrat des elastischen Formfaktors (Abb. 6.6), der auf demselben q^2-Intervall um einen Faktor 10^6 abfällt. Die von Bjorken für den Grenzfall $q^2 \to \infty$ postulierte Skaleninvarianz scheint also bereits in der q^2-Region von einigen M^2 näherungsweise gültig zu sein.

Eine physikalische Erklärung der Skaleninvarianz wird durch Feynmans Parton-Modell gegeben (Feynman 1968). Man stelle sich dazu ein Bezugssytem vor, in dem das Target-Proton einen sehr großen Dreierimpuls hat, das sogenannte „infinite momentum frame" (Abb. 8.9). Die Ruhemasse des Protons kann dann vernachlässigt werden, so daß der Viererimpuls als $P = (p, 0, 0, ip)$ geschrieben werden kann. Man kann sich das Proton also als

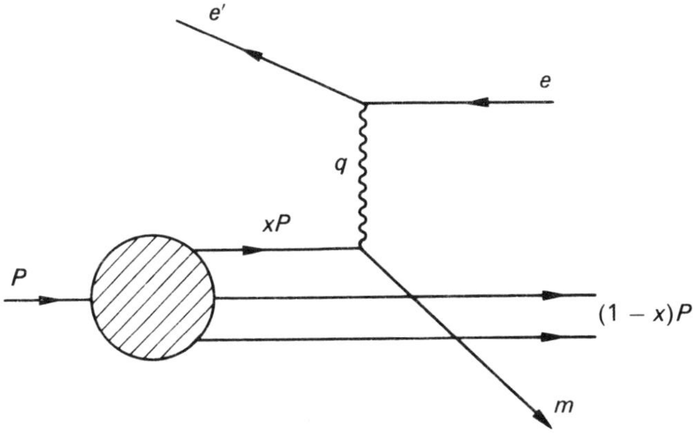

Abbildung 8.9 Tief-inelastische Kollision im Partonmodell.

einen parallelen Strahl von Partonen vorstellen, von denen jedes einen Viererimpuls xP, $(0 < x < 1)$ trägt. Da P sehr groß ist, können Ruhemassen und Transversalimpulskomponenten der Partonen vernachlässigt werden. Angenommen, ein solches Parton der Masse m wird nun elastisch gestreut, wobei es den Viererimpulsübertrag q des gestreuten Leptons aufnimmt, dann gilt

$$\begin{aligned}(xP+q)^2 &= -m^2 \simeq 0,\\ x^2P^2+q^2+2xP\cdot q &\simeq 0.\end{aligned} \tag{8.12}$$

Für $x^2P^2 = x^2M^2 \ll q^2$ erhalten wir so

$$x = \frac{q^2}{2P\cdot q} = \frac{q^2}{2M\nu}, \tag{8.13}$$

wobei das invariante Vierer-Skalarprodukt $P\cdot q$ im Laborsystem ausgewertet wurde in dem der Energieübertrag ν und das Nukleon in Ruhe ist. Im „infinite momentum frame" gibt die Variable x aus (8.13) den Anteil des Partons am Dreierimpuls an. Für ein hypothetisches im Laborsystem ruhendes Parton der Masse m wäre bei elastischer Streuung $q^2 = 2m\nu$, so daß wir im Grenzfall $q^2 \gg M^2$ für den Lorentzskalar x

$$x = \frac{q^2}{2M\nu} = \frac{m}{M} \tag{8.14}$$

erhalten. Im Laborsystem gibt x also den Bruchteil der Nukleonenmasse an, der effektiv von einem Parton getragen wird. Der Wirkungsquerschnitt, und damit $F(x)$ aus Gl. (8.11) beschreibt also in gewissem Sinne die Verteilung der Nukleonenmasse auf die Partonen.

Nun beobachten wir im Endzustand keine Partonen, sondern Hadronen. Irgendwie müssen daher die gestreuten mit den nicht gestreuten Partonen zu Hadronen rekombinieren, wobei gegenwärtig der genaue Mechanismus dieser Endzustandswechselwirkung noch ungeklärt ist. Die wesentliche Annahme besteht darin, daß der Gesamtprozeß in zwei Stufen mit deutlich unterschiedlichen Zeitskalen abläuft, und zwar dem eigentlichen Stoßprozeß, in dem ein Parton gestreut wird, wobei die Zeitskala durch die Zeitspanne gegeben ist, die gebraucht wird, um den Energieübertrag zu definieren, d.h. $t_1 \simeq \hbar/\nu$, und einem wesentlich längeren Zeitraum, in dem die Partonen zu dem hadronischen Endzustand der Masse W rekombinieren. Im Ruhesystem des hadronischen Systems ist die Zeitskala durch $t_2 > \hbar/W$ bestimmt, im Laborsystem also durch $t_2 > \gamma\hbar/W = \nu\hbar/W^2$. Da $W^2 \simeq 2M\nu$ folgt $t_2 = \hbar/M \gg t_1$ falls $\nu \gg M$. Der Rekombinationsprozeß findet also über einen relativ langen Zeitraum statt und kann daher unabhängig von dem eigentlichen Stoßprozeß behandelt werden. Man hat daher vermutet, daß der Wirkungquerschnitt vor allem durch die Dynamik des Stoßprozesses bestimmt wird und nur schwach von der komplizierten Endzustandswechselwirkung abhängt. Diese Annahme hat sich außerhalb des Niederenergiebereiches $\nu = M$, der von Resonanzeffekten dominiert wird, als überaus erfolgreich erwiesen. Integriert man bei festgehaltener Strahlenergie E über alle Werte von W, so mitteln sich bei der Bestimmung des totalen Neutrino-Wirkungsquerschnitts in Abb. 8.2 die Beiträge der verschiedenen Resonanzen weg und man findet ein mit E lineares Anwachsen des Wirkungsquerschnitts, d.h. ein typisch partonartiges Verhalten, selbst im Niederenergiebereich.

8.4 Inelastische Neutrino-Nukleon-Streuung

Den Ausdruck für den inelastischen Neutrino-Nukleon-Streuquerschnitt erhält man aus (8.11), indem man die elektromagnetische Kopplung $4\pi\alpha^2/q^4$ durch $G^2/2\pi$ ersetzt, wobei G die Fermi-Kopplungskonstante ist. Darüber hinaus muß man eine weitere Strukturfunktion $F_3(x)$ einführen. Des Weiteren werden wir hier strangeness- und charmändernde Übergänge, die um einen Faktor $\tan^2\theta_C$ (θ_C bezeichnet den Cabibbo-Winkel) gegenüber den $\Delta S = \Delta C = 0$ Reaktionen unterdrückt sind, nicht berücksichtigen. Für das ausgetauschte $W^{\pm}$-Boson gibt es drei unabhängige Helizitätszustände $(-1, 0, +1)$, weil im Gegensatz zum elektromagnetischen Fall in der schwachen Wechselwirkung die Parität, die die Helizitätszustände -1 und $+1$ mit gleichen Wahrscheinlichkeiten in einer kohärenten Superposition erzwingen würde, nicht erhalten ist. Daher werden drei Strukturfunktionen zur Beschreibung der νp Streuung gebraucht, und ebenso jeweils drei für die $\bar{\nu}p$, νn und $\bar{\nu}n$ Streuung. Da zahlreiche Experimente an Targets aus Kernen mit nahezu gleichen Anzahlen von Protonen und Neutronen durchgeführt werden, betrachten wir hier Neutrino-Nukleon- (d.h. gemittelt über Proton und Neutron) und Antineutrino-Nukleon-Strukturfunktionen. Aufgrund der Ladungskonjugationssymmetrie gilt:

$$\left.\begin{aligned} F_i^{\nu n} &= F_i^{\bar{\nu}p} \\ F_i^{\nu p} &= F_i^{\bar{\nu}n} \end{aligned}\right\} \qquad i = 1, 2, 3,$$

so daß wir erhalten

$$F_i^{\nu N} = \frac{1}{2}(F_i^{\nu p} + F_i^{\nu n}) = \frac{1}{2}(F_i^{\bar{\nu} p} + F_i^{\bar{\nu} n}) = F_i^{\bar{\nu} N}, \tag{8.15}$$

wobei für Antineutrinos lediglich der $V-A$ Interferenzterm das Vorzeichen umkehrt: $F_3^{\bar{\nu}N} = -F_3^{\nu N}$. Wir erhalten dann im Falle exakter Skaleninvarianz

$$\frac{d^2\sigma^{\nu N, \bar{\nu} N}}{dx\,dq^2} = \frac{G^2}{2\pi}\left[(1-y)\frac{F_2^{\nu N}(x)}{x} + \frac{y^2}{2}\frac{2xF_1^{\nu N}(x)}{x} \pm \left(1-\frac{y}{2}\right)\frac{xF_3^{\nu N}(x)}{x}\right], \tag{8.16}$$

oder, mit $dq^2 = 2MEx\,dy$

$$\frac{d^2\sigma^{\nu N, \bar{\nu} N}}{dx dy} = \frac{G^2 ME}{\pi}\left[(1-y)F_2^{\nu N}(x) + \frac{y^2}{2}2xF_1^{\nu N}(x) \pm y\left(1-\frac{y}{2}\right)xF_3^{\nu N}(x)\right]. \tag{8.17}$$

Nach Integration von Gl. (8.17) über x und y von 0 bis 1 findet man wieder, daß die totalen Wirkungsquerschnitte $\sigma^{\nu N}$ und $\sigma^{\bar{\nu} N}$ linear mit E anwachsen.

8.5 Lepton-Quark-Streuung

Das Wesen der Partonen lässt sich erschliessen, indem man die Daten über die elektromagnetischen und schwachen Strukturfunktionen (F_1^{eN}, F_2^{eN} und $F_1^{\nu N}$, $F_2^{\nu N}$, $F_3^{\nu N}$) in Beziehung zu den Quantenzahlen der Partonen bringt.

8.5.1 Der Spin der Partonen

Als erstes vergleichen wir den Ausdruck (8.8) mit dem Dirac-Wirkungsquerschnitt für die Streuung punktförmiger Spin-½ Teilchen der Ladung ze und der Masse m. Aus (6.15 und 6.24) haben wir

$$\left(\frac{d\sigma}{dq^2}\right)_{\text{Dirac}} = \frac{4\pi\alpha^2 z^2}{q^4}\left(\frac{E'}{E}\right)^2\left(\cos^2\frac{\theta}{2} + \frac{q^2}{2m^2}\sin^2\frac{\theta}{2}\right)$$

sowie

$$\left(\frac{d^2\sigma}{dq^2\,dx}\right)_{\text{inelastisch}} = \frac{4\pi\alpha^2}{q^4}\frac{E'}{E}\left(F_2(x)\cos^2\frac{\theta}{2} + \frac{q^2}{2M^2x^2}2xF_1(x)\sin^2\frac{\theta}{2}\right)\frac{1}{x}.$$

Vergleich der Koeffizienten von $\cos^2(\theta/2)$ und $\sin^2(\theta/2)$ liefert uns unter Verwendung der Identifizierung $m^2 = x^2M^2$ sofort

$$\frac{2xF_1(x)}{F_2(x)} = 1. \tag{8.18}$$

Im Bereich der Skaleninvarianz (großes q^2) erwarten wir diese Relation zwischen F_1 und F_2 (d.h. magnetischer und elektrischer Streuung), wenn

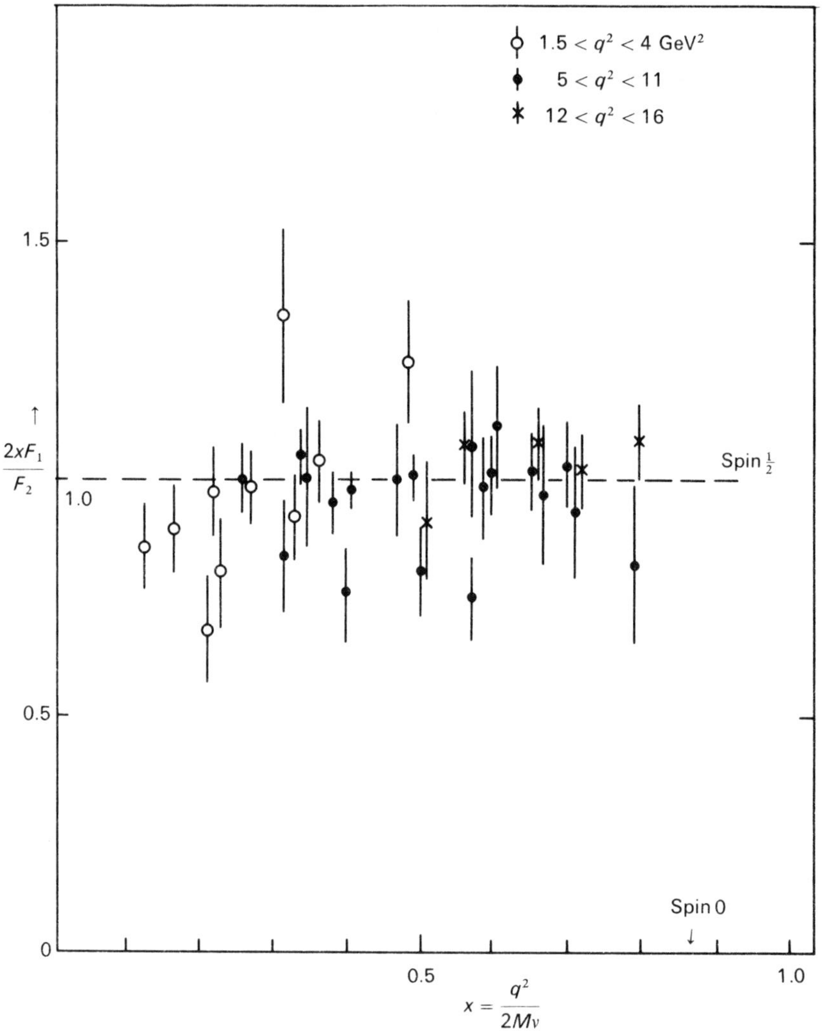

Abbildung 8.10 Das Verhältnis $2xF_1/F_2$, gemessen in Elektron-Nukleon-Streuexperimenten am SLAC. Für Spin-1/2 Partonen mit g=2 erwartet man, daß dieses Verhältnis im Grenzfall großer q^2 gegen Eins geht — die Callan-Gross-Relation. (Die Datenpunkte stammen aus verschiedenen publizierten SLAC-Resultaten.)

die Streupartner punktförmige Teilchen mit Spin-$1/2$ und normalen (Diracschen) magnetischen Momenten (d.h., $m = ze\hbar/2mc$) sind. Gleichung (8.18) wird als Callan-Cross-Relation (1968) bezeichnet. Abbildung 8.10 zeigt die in Elektron-Streuexperimenten am SLAC bei niedrigen q^2-Werten gemessenen Verhältnisse $2xF_1/F_2$. Diese deuten darauf hin, daß die Partonen Spin-$1/2$ haben. Spin-0 ($2xF_1/F_2 = 0$) ist offensichtlich ausgeschlossen.

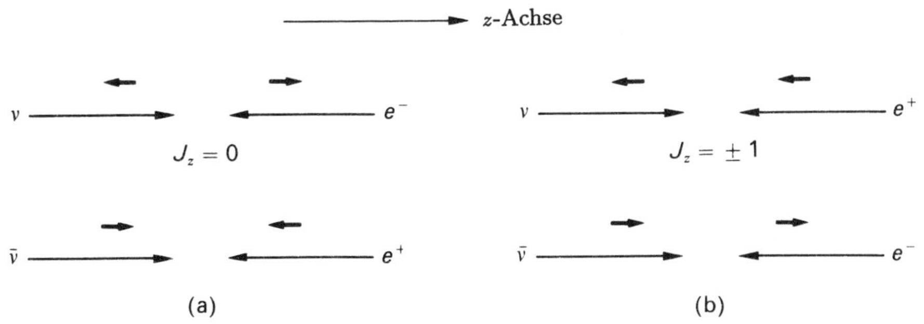

Abbildung 8.11

8.5.2 Die Ladung der Partonen

Wir wollen nun die durch (8.17) gegebenen Neutrino- und Antineutrinowirkungsquerschnitte für die tief-inelastische Streuung an Nukleon-Targets mit denen vergleichen, die man für die elastische Streuung an punktförmigen Spin-1/2 Teilchen erwartet. In der $V - A$-Theorie der schwachen Wechselwirkung wird die elastische Streuung von Neutrinos an Elektronen für Reaktionen, die durch die sogenannten geladenen Ströme vermittelt werden (d.h., durch den Austausch eines virtuellen $W^{\pm}$), mit den folgenden Formeln beschrieben (siehe Anhang F):

$$\frac{d\sigma^{\nu e}}{dy} = \frac{d\sigma^{\bar{\nu}\bar{e}}}{dy} = \frac{2G^2mE}{\pi}, \tag{8.19}$$

$$\frac{d\sigma^{\bar{\nu}e}}{dy} = \frac{d\sigma^{\nu\bar{e}}}{dy} = \frac{2G^2mE}{\pi}(1-y)^2, \tag{8.20}$$

wobei y der fraktionelle Energieübertrag auf das Elektron ist. Darüberhinaus wird angenommen, daß $E \gg m$, der Elektronenmasse, ist. Der Wirkungsquerschnitt (8.19) beschreibt eine im CMS isotrope Winkelverteilung für Teilchen-Teilchen- oder Antiteilchen-Antiteilchen-Streuprozesse mit der Komponente des Gesamtspins entlang der Stoßrichtung $J_z = 0$ (siehe Abb. 8.11(a)). Wie in Abbildung 8.11(b) dargestellt, ist im Gegensatz dazu für die durch Gleichung (8.20) beschriebenen Prozesse $J_z = \pm 1$, so daß 180° Streuung im Schwerpunktsystem für eine punktförmige (S-Wellen) Wechselwirkung aufgrund der Drehimpulserhaltung verboten ist. Dies ist die Ursache für den Term $(1 - y)^2$ im Wirkungsquerschnitt der Neutrino Positron oder Antineutrino-Elektron-Streuung, der nach Integration über y einen Faktor 1/3 ausmacht. Vereinfacht kann man sagen, daß die Reaktionen (8.20) über einen $J = 1$ Zwischenzustand ablaufen, wobei jedoch aufgrund der Drehimpulserhaltung nur eine von 3 ($= 2J + 1$) Einstellmöglichkeiten erlaubt ist, so daß der Wirkungsquerschnitt relativ zu dem aus (8.19) entsprechend unterdrückt ist.

Ersetzen wir Elektronen durch Partonen mit Spin-1/2 und Positronen durch Antipartonen, dann gelten dieselben Beziehungen, so daß wir für die Streuung von Neutrinos an einem System von Partonen Q und Antipartonen $\bar{Q}$ der Masse $m = xM$

$$\frac{d^2\sigma}{dy\,dx} = \frac{2G^2ME}{\pi}[xQ(x) + x\bar{Q}(x)\,(1-y)^2] \tag{8.21}$$

erhalten, was mit (8.17) zu vergleichen ist. Dabei finden wir unter Benutzung der Relation $2xF_1 = F_2$:

$$\frac{d^2\sigma^{\nu N}}{dy\,dx} = \frac{G^2ME}{2\pi}\{[F_2(x) + xF_3(x)] + [F_2(x) - xF_3(x)]\,(1-y)^2\}. \tag{8.22}$$

Daher gilt:

$$\begin{aligned} F_2^{\nu N}(x) &= 2x[Q(x) + \bar{Q}(x)], \\ xF_3^{\nu N}(x) &= 2x[Q(x) - \bar{Q}(x)]. \end{aligned} \tag{8.23}$$

Die Strukturfunktionen $F_2^{\nu N}$ und $F_3^{\nu N}$ zur Beschreibung der Neutrino-Nukleon-Streuung sind also proportional zur Summe bzw. Differenz der Parton- und Antipartondichten an der Stelle x, gewichtet mit dem Massenanteil x (oder genauer, dem Viererimpulsbruchteil) der von den Partonen (Antipartonen) getragen wird.

Identifizieren wir die Partonen mit u und d-Quarks, so sind die elementaren Reaktionen mit geladenen Strömen für Myonische Neutrinos

$$\nu_\mu d \to \mu^- u, \tag{8.24a}$$

$$\nu_\mu \bar{u} \to \mu^- \bar{d}, \tag{8.24b}$$

$$\bar{\nu}_\mu u \to \mu^+ d, \tag{8.24c}$$

$$\bar{\nu}_\mu \bar{d} \to \mu^+ \bar{u}. \tag{8.24d}$$

Bezeichnen wir mit $u(x)$, $d(x)$, $\bar{u}(x)$ und $\bar{d}(x)$ die entsprechenden Quarkdichten im Proton, so erhalten wir

$$F_2^{\nu p}(x) = 2x[d(x) + \bar{u}(x)]. \tag{8.25}$$

Aus Isospininvarianz wissen wir, daß die Quark-Verteilungen im Neutron duch $u(x)^n = d(x)$ und $d(x)^n = u(x)$ gegeben ist, und daher

$$F_2^{\nu n}(x) = 2x[u(x) + \bar{d}(x)], \tag{8.26}$$

oder

$$F_2^{\nu N}(x) = x[u(x) + d(x) + \bar{u}(x) + \bar{d}(x)]. \tag{8.27}$$

Analog erhalten wir

$$xF_3^{\nu N}(x) = x[u(x) + d(x) - \bar{u}(x) - \bar{d}(x)]. \tag{8.28}$$

Auch für die Elektron-Nukleon-Streuung kann F_2 ohne Schwierigkeiten angegeben werden. Aus (8.11) lesen wir ab, daß im Grenzfall $y \to 0$ ($\theta \to 0$)

$$\frac{d\sigma}{dq^2} = \frac{4\pi\alpha^2}{q^4} \int \frac{F_2^{eN}(x)dx}{x} \tag{8.29}$$

wird, so daß durch Vergleich mit den entsprechenden Beziehungen aus Abschnitt (6.3) $\int F_2(x)dx/x$ als die Summe der Quadrate der Partonenladungen identifiziert werden kann. Damit ist $F_2^{ep}(x)/x$ durch die Quarkdichteverteilungen des Protons gewichtet mit den Ladungsquadraten gegeben; d.h., wenn wir u-, d- und s-Quarks betrachten, gilt

$$F_2^{ep}(x) = x\left\{\frac{4}{9}[u(x) + \bar{u}(x)] + \frac{1}{9}[d(x) + \bar{d}(x) + s(x) + \bar{s}(x)]\right\}. \tag{8.30}$$

Die Strukturfunktion F_2^{en} erhält man daraus, indem man die Symbole u durch d und $\bar{u}$ durch $\bar{d}$ ersetzt, so daß sich insgesamt für das Nukleon

$$F_2^{eN}(x) = x\left\{\frac{5}{18}[u(x) + \bar{u}(x) + d(x) + \bar{d}(x)] + \frac{1}{9}[s(x) + \bar{s}(x)]\right\} \tag{8.31}$$

ergibt. Durch Kombination mit (8.27) finden wir also

$$F_2^{\nu N}(x) \leq \frac{18}{5} F_2^{eN}(x), \tag{8.32}$$

wobei der Faktor $^{18}/_5$ direkt aus der Zuweisung von drittelzahligen Quarkladungen an die Partonen resultiert. Die Gleichheit ist gegeben, wenn s, c, ... Quarks vernachlässigt werden können, (die in der Tat nur einen Beitrag von wenigen Prozent ausmachen). Abbildung (8.12) zeigt frühe Neutrino-Daten zu $F_2^{\nu N}$ im Vergleich zu denen aus der Elektron-Streuung. Der Vergleich ergibt, daß Neutrinos und Elektronen dieselbe Art von Substruktur innerhalb des Nukleons „sehen", und daß die Partonen wirklich die drittelzahligen Ladungen der Quarks tragen.

Die Daten der Neutrino- und Antineutrinostreuung können darüberhinaus dazu benutzt werden, die Zahl der Quarks im Nukleon zu bestimmen. Nach (8.28) erwarten wir, daß

$$I = \int_0^1 \frac{xF_3^{\nu N}(x)}{x} dx = \int_0^1 [u_v(x) + d_v(x)]dx = 3,$$

wobei $u_v = u - \bar{u}$ und $d_v = d - \bar{d}$ die Zahl der „Valenz"-Quarks im Nukleon angeben (während $\bar{u}$ und $\bar{d}$ der Zahl von Quark-Antiquarkpaaren entsprechen). Diese Vorhersage wird als Gross-Llewellyn-Smith Summenregel bezeichnet. Experimentell liegt das Hauptproblem darin, daß der obige Integrand bei $x = 0$ maximal wird, und dort für festes q^2 nur mit $E_\nu \to \infty$ zugänglich wird. In der Praxis kann daher das Integral nur bis zu einer unteren Grenze $x_0 = 0.03$ bestimmt werden. Dabei findet man in guter Übereinstimmung mit der theoretischen Erwartung $I = 2.8 \pm 0.5$.

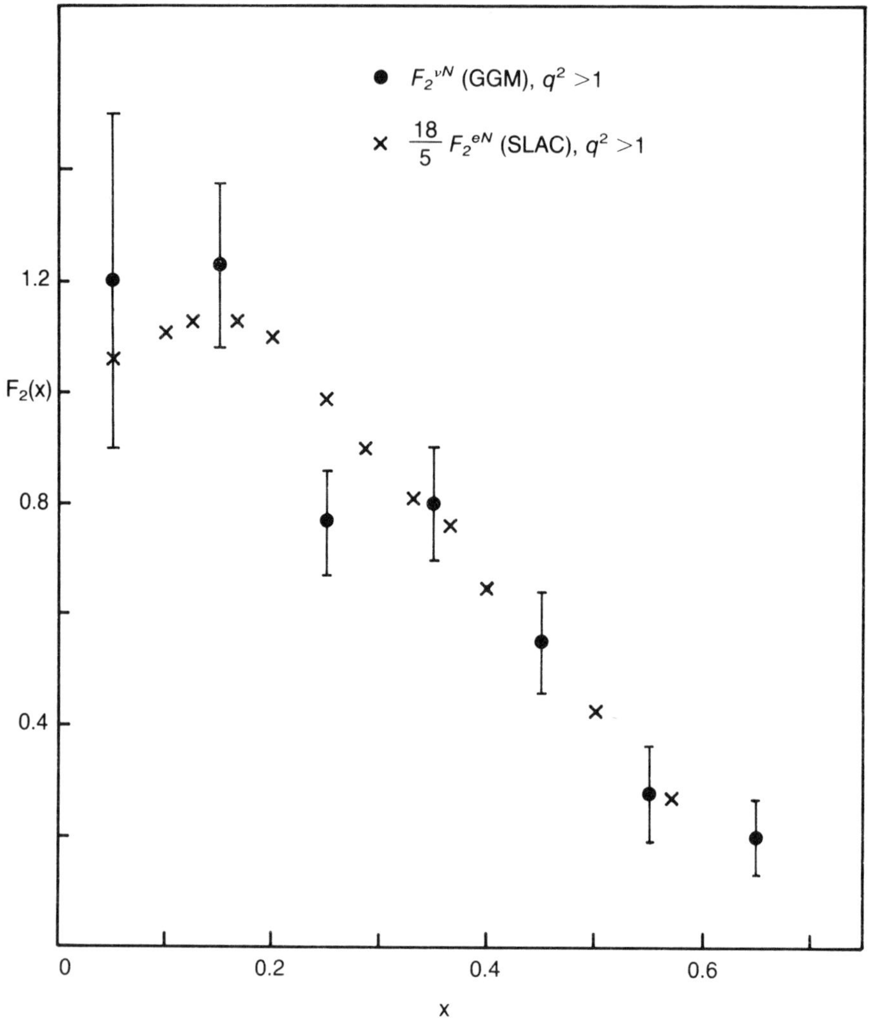

Abbildung 8.12 (a) Erster Vergleich von $F_2^{\nu N}$, gemessen in der Neutrino-Nukleon-Streuung am PS-Neutrinostrahl des CERN mit der Gargamelle-Blasenkammer, die eine spezielle dichte Flüssigkeit verwendete, mit SLAC-Resultaten zu F_2^{eN} aus der Elektron-Nukleon-Streuung. Die Daten überstreichen etwa gleiche Bereiche in q^2. Die beiden Meßergebnisse stimmen überein, wenn die in der Elektron-Streuung erhaltenen Werte mit $^{18}/_5$, d.h. dem inversen der mittleren quadratischen Ladung der u- und d-Quarks, multipliziert werden. Dies bestätigt die Annahme drittelzahliger Ladungen für die Quarks. Man beachte, daß die Gesamtfläche unter den Kurven, die dem insgesamt von den Quarks getragenen Impulsbruchteil des Nukleons entspricht, etwa 0.5 ist. Die fehlende Masse wird gluonischen Komponenten zugeschrieben, die als Träger der zwischen den Quarks wirkenden Farbkraft postuliert wurden.

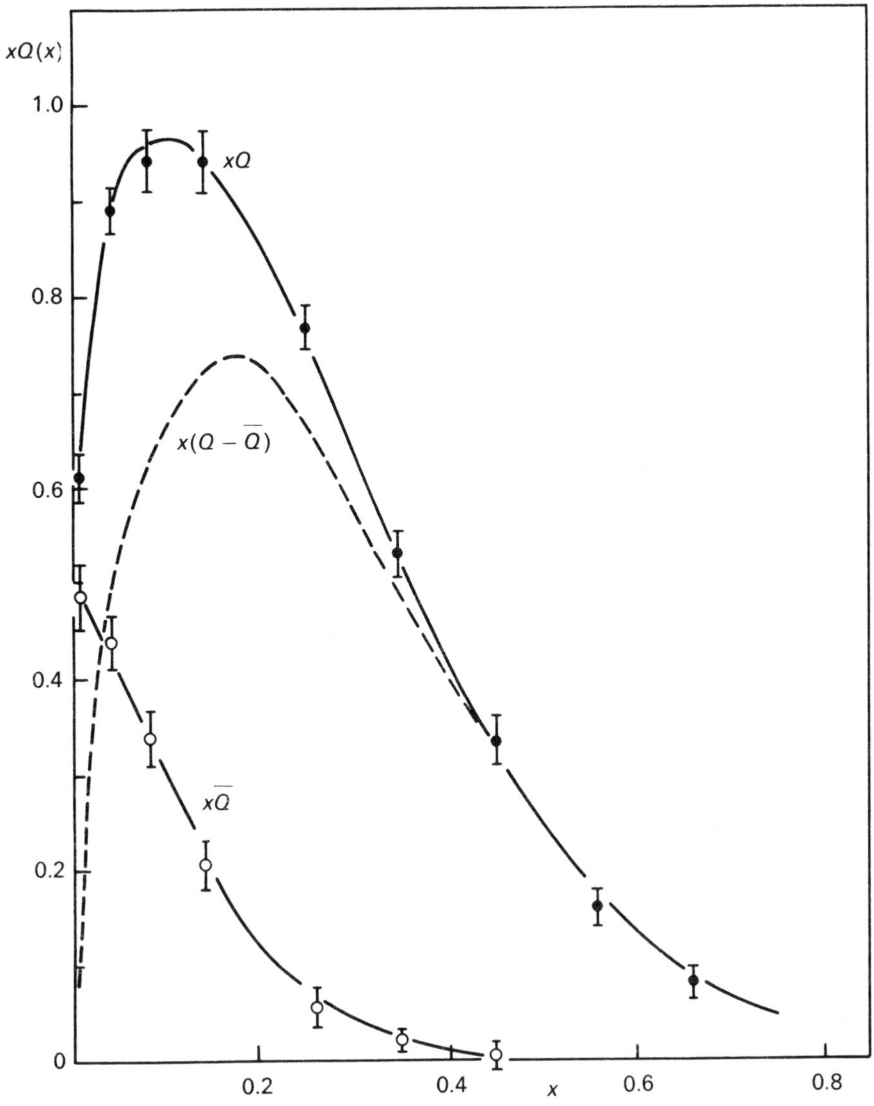

Abbildung 8.12 (b) Impulsverteilungen von Quarks (Q) und Antiquarks ($\bar{Q}$) im Nukleon, für Werte von $q^2 \simeq 10$ GeV^2. Die Daten stammen aus Resultaten von Neutrino- und Antineutrino-Streuexperimenten am CERN und Fermilab. Die differentiellen Neutrino- und Antineutrinowirkungsquerschnitte messen die Strukturfunktionen F_2 und F_3 aus Gl. (8.17), deren Summe bzw. Differenz nach Gl. (8.23) die Quark- und Antiquarkverteilungen gewichtet mit dem Impulsbruchteil x ergibt. Antiquarks ($\bar{Q}$) treten bevorzugt bei kleinen x auf, der Region des sogenannten Quark-Antiquark-„See"s. Die „Valenz"-Quarks des statischen Quarkmodells ($Q-\bar{Q}$) findet man konzentriert um x=0.2.

8.5.3 Der Antiquark-Inhalt des Nukleons

Gemäß der $V-A$ Theorie der schwachen Wechselwirkung sollte das Verhältnis der Wirkungsquerschnitte für die Streuung von Antineutrinos und Neutrinos an punktförmigen Spin-$1/2$ Teilchen genau $R = 1/3$ sein. Wie bereits erläutert, ergibt sich dieser Faktor, weil bei der Streuung des Antineutrinos an einem Fermion der Anfangszustand immer einen Gesamtdrehimpuls $J = 1$ mit $J_z = +1$ hat, so daß im Endzustand aufgrund der Drehimpulserhaltung nur eine der drei möglichen Einstellungen von $J = 1$ erlaubt ist. Wenn hingegen bei der (Anti-) Neutrino-Nukleon Streuung gleichzeitig noch Antipartonen mit im Spiel sind, so wird $R > 1/3$. Für das Verhältnis der Parton- zu den Antipartondichten erhält man dann $\bar{Q}/Q = (3R-1)/(3-R)$. Abbildung 8.2 zeigt, daß im Energiebereich von 10–100 GeV $R = 0.45$, so daß sich $\bar{Q}/Q = 0.1$ ergibt. Die x-Abhängigkeit ist in Abb. 8.12(b) dargestellt.

8.5.4 Gluonische Konstituenten

Nachdem wir die Partonen mit den Quarks identifizieren konnten, erwarten wir, für die Integrale über die Strukturfunktionen

$$\frac{18}{5}\int F_2^{eN}(x)dx = \int F_2^{\nu N}(x)dx = \int [u(x) + \bar{u}(x) + d(x) + \bar{d}(x)]x\,dx \simeq 1, \tag{8.33}$$

da die Summe der Impulsanteile über alle Konstituenten notwendig gleich Eins sein muß. Im Jahre 1972 fanden die frühen Elektron- und Neutrinostreuexperimente jedoch (siehe Abb. 8.12(a))

$$\frac{18}{5}\int F_2^{eN}(x)dx \simeq \int F_2^{\nu N}(x)dx = 0.50 \pm 0.05 \tag{8.34}$$

für q^2-Werte im Bereich von 1–10GeV^2. Die Partonen, die verantwortlich für die Streuung der Leptonen sind, tragen also nur die Hälfte der Nukleonenmasse. Wir müssen daher entweder unser Modell gänzlich verwerfen, oder aber postulieren, daß es einen weiteren Typ von Konstituenten neben den Quarks gibt, die nicht an die Leptonen koppeln. Diese wurden mit den Gluonen identifiziert. Wie wir später sehen werden, sind die Gluonen masselose Vektorbosonen, und zwar die spezifischen Austauschteilchen der starken (Farb-) Wechselwirkung zwischen den Quarks. Sie koppeln nur an die Farbladungen der Quarks und zeigen keine Wechselwirkung mit elektromagnetischen oder schwachen Ladungen. Es gibt übrigens a priori keinen Grund, warum, wie durch (8.34) angedeutet, der Energie-Impuls-Anteil der Gluonen gleich dem der Quarks sein sollte. Die Tatsache, daß im q^2-Bereich von einigen GeV^2 dieser Bruchteil etwa 50% ist, gibt jedoch einen ersten Hinweis auf die Massenskala, die mit der starken Quark-Quark-Wechselwirkung assoziiert ist, und auf die Zahl der Freiheitsgrade die von den Quarks bzw. Gluonen getragen werden. Der wesentliche Punkt hier ist, daß wir Gluonen als wesentliche Konstituenten der Materie innerhalb des Nukleons postuliert haben.

An dieser Stelle lohnt es sich, die Resultate der tief-inelastischen Lepton-Nukleon Streuung zusammenzufassen:

(a) Das Nukleon besteht aus punktförmigen Konstituenten. Die Evidenz dafür kam aus der näherungsweise erfüllten Skaleninvarianz der Strukturfunktionen $F_2(x, q^2) = F_2(x)$.
(b) Die Konstituenten haben Spin-$1/2$; $[2xF_1(x) = F_2(x)]$.
(c) Elektromagnetischer und schwacher Wirkungsquerschnitt sind konsistent mit der Identifizierung der aktiven Partonen mit drittelzahlig geladenen Quarks.
(d) Die Quarks kommen nur für etwa 50% der Nukleonenmasse auf; der Rest wird den Gluonen zugeschrieben, die verantwortlich für die Bindung zwischen den Quarks sind.

8.6 Elektron-Positron-Vernichtung in Hadronen

Wir wollen uns nun der Elektron-Positron-Vernichtung bei hohen Energien, d.h. oberhalb einer Schwerpunktsenergie von 10 GeV und damit jenseits der Resonanzen ρ, ω, ϕ und der Niveaus der ψ und Υ Zustände, zuwenden. Der Erfolg des Partonmodells in der tief-inelastischen Lepton-Nukleon-Streuung führt natürlich zu der Erwartung, daß auch andere Prozesse, an denen Leptonen und Hadronen beteiligt sind, auf eine ähnliche Art beschrieben werden können. Der Prozeß der e^+e^--Vernichtung in Hadronen kann als zweistufige Reaktion

$$e^+e^- \to Q\bar{Q}, \qquad Q, \bar{Q} \to \text{Hadronen}, \tag{8.35}$$

ganz analog zur Lepton-Quark-Streuung aufgefaßt werden (Abb. 8.13). In (8.3) hatten wir bereits die Reaktion (8.35) mit der Lepton-Lepton-Streuung $e^+e^- \to \mu^+\mu^-$ verglichen:

$$R = \frac{\sigma(e^+e^- \to \text{Hadronen})}{\sigma(e^+e^- \to \mu^+\mu^-)},$$

wobei wir nach (6.31) mit $s = E^2_{\text{CMS}}$ erhalten:

$$\sigma(e^+e^- \to \mu^+\mu^-) = \frac{4\pi\alpha^2}{3s}. \tag{8.35a}$$

Der Betrag von R, und damit der totale Wirkungsquerschnitt für den Prozeß $e^+e^- \to$ Hadronen ausgedrückt durch den für $e^+e^- \to \mu^+\mu^-$, ist im Partonmodell leicht anzugeben. Der (Rutherford-) Querschnitt für Elektron-Quark-Streung (Abb. 8.13(a)) ist proportional zu Σe_i^2, dem Quadrat der Quarkladungen summiert über alle beitragenden Quarkflavors i. Ersetzen wir an den äußeren Linien von Abb. 8.13(a) die einlaufenden (auslaufenden) Fermionen durch auslaufende (einlaufende) Antifermionen, so

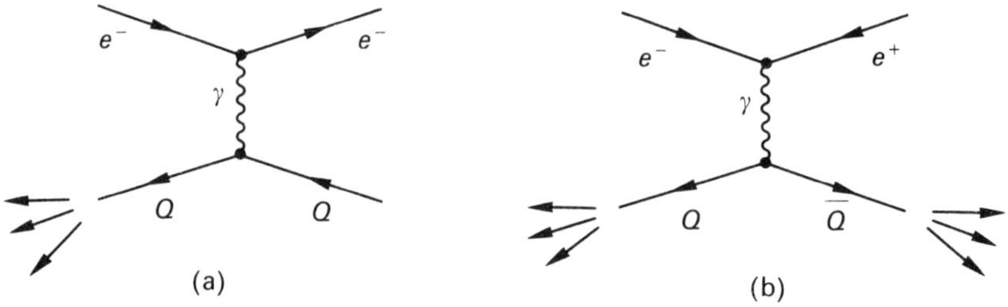

Abbildung 8.13

erhalten wir den Prozeß $e^+e^- \to \gamma \to Q\bar{Q}$, Abb. 8.13(b). Nach der Rutherfordschen Streuformel erwarten wir also,

$$R = \frac{\Sigma e_i^2}{1}, \tag{8.36}$$

wobei über alle beitragenden Quarkflavors zu summieren ist.

Bei kleinen Werten von s, unterhalb der $c\bar{c}$-Schwelle, tragen nur u-, d- und s-Quarks bei, so daß wir erwarten

$$R_{\text{Schw.}}(\sqrt{s} < 3\,\text{GeV}) = \left(\frac{1}{3}\right)^2 + \left(\frac{1}{3}\right)^2 + \left(\frac{2}{3}\right)^2 = \frac{2}{3}, \tag{8.37}$$

während bei großen s, wo u-, d-, s-, c- und b-Quarks beitragen, die Voraussage lautet

$$R_{\text{Schw.}}(\sqrt{s} > 10\,\text{GeV}) = \left(\frac{2}{3}\right)^2 + \left(\frac{2}{3}\right)^2 + \left(\frac{1}{3}\right)^2 + \left(\frac{1}{3}\right)^2 + \left(\frac{1}{3}\right)^2 = \frac{11}{9}. \tag{8.38}$$

Aus Abb. 8.3 ist klar ersichtlich, daß diese Voraussagen weit unterhalb der Meßdaten liegen, und in der Tat war dieses Problem einer der primären Gründe, den bereits in Kapitel 5.3 erwähnten Farbfreiheitsgrad für die Quarks einzuführen. Danach können Quarks in drei Zuständen der starken Farbladung auftreten: rot, grün und blau (R, G, B). Jede $Q\bar{Q}$-Flavorkombination gibt es daher in drei Zuständen, $R\bar{R}$, $G\bar{G}$ und $B\bar{B}$, und das naiv erwartete Verhältnis R muß mit einem Faktor 3 multipliziert werden, was in guter Übereinstimmung mit dem Experiment ist.

Bei hohen Energien beobachtet man, daß Hadronen aus dem Prozeß $e^+e^- \to \gamma \to Q\bar{Q}$ gebündelt in zwei entgegengesetzten „Jets" emittiert werden, wie z.B. in Abb. 2.23 gezeigt. Es liegt nahe anzunehmen, daß die Jetachse ungefähr die Orientierung des primär emittierten Quark-Antiquark-Paares angibt, deren Winkelverteilung durch den Spin der erzeugten Partonen bestimmt wird. In der Reaktion $e^+e^- \to \mu^+\mu^-$, die dem Prototyp der e^+e^--Vernichtung in zwei Spin-$1/2$ Teilchen entspricht, hat die Winkelverteilung die Form (siehe (6.32) und Abb. 6.8):

$$\frac{dN}{d\Omega} \propto (1 + \cos^2\theta), \tag{8.39}$$

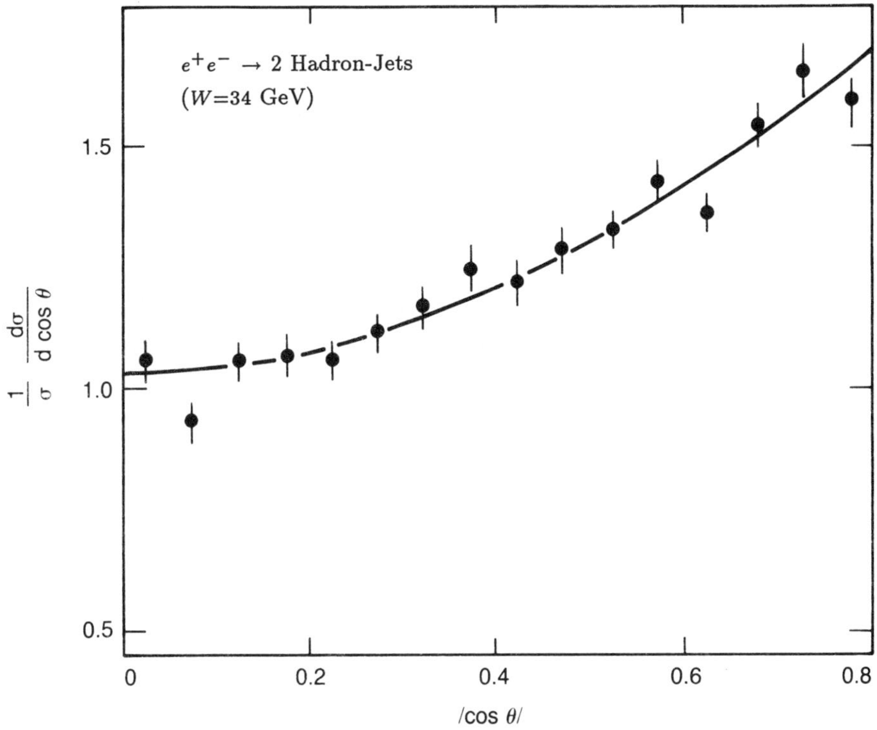

Abbildung 8.14 Winkelverteilung der beiden Hadron-Jets (wie in Abb. 2.23) relativ zur Strahlachse, gemessen im Schwerpunktsystem hochenergetischer e^+e^--Vernichtungsreaktionen. Sie ist konsistent mit einer $(1+\cos^2\theta)$-Verteilung, die erwartet wird, falls der fundamentale Prozeß $e^+e^- \to Q\bar{Q}$ ist.

wobei θ der Winkel zwischen der $\mu^\pm$- und der Strahlrichtung ist. Abbildung 8.14 zeigt ein experimentelles Resultat für die Winkelverteilung des Prozesses $e^+e^- \to$ 2 Hadronen-Jets; sie ist in der Tat konsistent mit der Form (8.39), die erwartet wird, falls die primären Quarks Spin-$^1\!/_2$ haben.

Die Resultate aus dem Prozeß $e^+e^- \to$ 2 Hadronen kann man so zusammenfassen:

Die Konstanz von R (Abb. 8.3) ist ein Hinweis auf punktförmige (partonische) Konstituenten der Hadronen.

Die Winkelverteilung der beiden Hadronen-Jets ist ein Beweis dafür, daß die Partonen Spin-$^1\!/_2$ tragen.

Der numerische Wert von R ist der, den man erwartet, wenn die geladenen Partonen Quarks mit drittelzahliger Ladung und einer dreiwertigen Farbquantenzahl sind.

8.7 Lepton-Paarerzeugung in Hadron-Stößen: Der Drell-Yan-Prozeß

Auch der Prozeß der Lepton-Paarerzeugung in Hadron-Hadron-Stößen, wie er zuerst von Drell und Yan im Jahre 1970 beschrieben wurde, hat im Rahmen des Partonmodells eine einfache Erklärung. Man betrachte zum Beispiel folgende Reaktion

$$p + p \to \mu^+\mu^- + X, \tag{8.40}$$

wobei X für einen beliebigen hadronischen Zustand steht. Ausgehend von den Diagrammen 8.15(b) und 8.15(c) für die Lepton-Quark-Streuung oder die e^+e^--Vernichtung in Hadronen, liegt es nahe, das mit diesen verwandte Diagramm 8.15(a) zu betrachten, wo sich ein Quark aus dem einen Proton mit einem Antiquark aus dem anderen in ein virtuelles Photon vernichtet, das dann in ein Leptonpaar übergeht. Man beachte, daß sowohl in (a) als auch in (c) der Viererimpuls des Photons zeitartig ist (d.h. $q^2 < 0$), während er in (b) raumartig (d.h. $q^2 > 0$) ist.

In Analogie zu Abb. 8.15(c) und Gl. 8.35(a) können wir den Wirkungsquerschnitt für die punktförmige Wechselwirkung so schreiben:

$$\sigma(Q\bar{Q} \to l^+l^-) = \frac{4\pi\alpha^2}{3q^2}e_i^2, \tag{8.41}$$

wobei e_i und $-e_i$ die elektrischen Ladungen des $Q\bar{Q}$-Paares angeben. Der differentielle Wirkungsquerschnitt ist dann

$$\frac{d\sigma}{dq^2}(Q\bar{Q} \to l^+l^-) = \frac{4\pi\alpha^2}{3q^4}e_i^2. \tag{8.42}$$

Der Wert von $-q^2$, dem Massenquadrat des virtuellen Photons, wird durch die Proton-Impulse und die Impulsbruchteile x_i und $\bar{x}_i$ der wechselwirkenden Konstituenten bestimmt. Seien P_1 und P_2 die Viererimpulse der einlaufenden Protonen: jene der Konstituenten sind dann $k_i = x_i P_1$ und $\bar{k}_i = \bar{x}_i P_2$, so daß das Quadrat der invarianten Masse des Photons und damit auch die des Leptonpaares, gegeben ist durch

$$\begin{aligned} m^2 = -q^2 &= -(k_i + \bar{k}_i)^2 = -(x_i P_1 + \bar{x}_i P_2)^2 \\ &= -(2P_1P_2 x_i \bar{x}_i + x_i^2 P_1^2 + \bar{x}_i^2 P_2^2). \end{aligned} \tag{8.43}$$

Das Quadrat der Schwerpunktsenergie des gesamten Proton-Proton-Systems ist

$$s = -(P_1 + P_2)^2 = -(2P_1P_2 + P_1^2 + P_2^2).$$

Nun gilt aber $P_1^2 = P_2^2 = -M^2$, so daß wir für $s \gg M^2$ und $m^2 \gg x^2M^2$ erhalten

$$m^2 = x_i \bar{x}_i s. \tag{8.44}$$

In dieser Betrachtung wurden die Transversalimpulskomponenten der Konstituenten relativ zur Richtung der einlaufenden Protonen vernachlässigt.

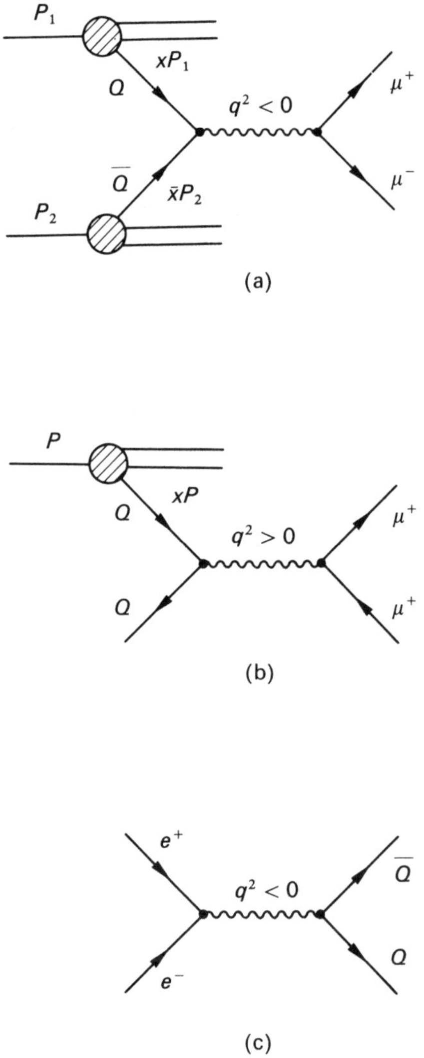

Abbildung 8.15 Diagramme verschiedener Typen von Lepton-Quark-Wechselwirkungen. (a) Produktion von Myon-Paaren in Hadron-Hadron-Kollisionen (der Drell-Yan-Prozeß), $q^2<0$. (b) Tief-inelastische Myon-Nukleon-Streuung, $q^2>0$. (c) Elektron-Positron-Vernichtung in ein Quark-Antiquark-Paar, $q^2<0$.

Mit der Einführung des dimensionslosen Parameters

$$\tau = \frac{m^2}{s} = x_i \bar{x}_i \tag{8.45}$$

erhalten wir als Wirkungsquerschnitt für die Erzeugung von Leptonpaaren in pp-Stößen

$$\frac{d\sigma}{dq^2} = \frac{4\pi\alpha^2}{3q^2} F(\tau), \tag{8.46}$$

mit

$$F(\tau) = \sum_i e_i^2 \frac{1}{N_c} \int_0^1 x_i dx_i \int_0^1 \bar{x}_i d\bar{x}_i f_i^1(x_i) f_i^2(\bar{x}_i) \delta(x_i \bar{x}_i - \tau), \tag{8.47}$$

wobei die δ-Funktion garantiert, daß die Bedingung (8.44) erfüllt ist. Die Integration wird über die Quark- und Antiquarkdichten $f_i^1(x_i)$, $f_i^2(\bar{x}_i)$ der Quarkflavor i im Proton durchgeführt, und zwar in exakter Analogie zu Gl. (8.30) gewichtet mit den Impulsanteilen x_i bzw. $\bar{x}_i$ und den Ladungsquadraten e_i^2. Da sich nur Farbe und Antifarbe zu einem farbneutralen Photon vernichten können, reduziert der Farbfaktor $N_c = 3$ den Wirkungsquerschnitt mit der Wahrscheinlichkeit, daß ein (zum Beispiel) rotes Quark mit einem antiroten Antiquark gepaart wird. Nach (8.46) sollte der Wirkungsquerschnitt

$$2q^4 \frac{d\sigma}{dq^2} = m^3 \frac{d\sigma}{dm} \propto F(\tau) \tag{8.48}$$

skaleninvariant sein, d.h. nur von dem dimensionslosen Verhältnis m^2/s abhängen. Direkte Tests dieser Vorhersage sind schwierig, da die Experimente im allgemeinen nur über einen begrenzten Bereich im Gesamtimpuls des Myonpaares messen können. Man kann jedoch die „Rapidität“ des Myonpaares definieren,

$$y = \frac{1}{2} \ln \left(\frac{E + p_L}{E - p_L} \right), \tag{8.49}$$

wobei E und p_L die Gesamtenergie und der gesamte Longitudinalimpuls des Paares im Laborsystem sind (so daß gilt: $E^2 = p_L^2 + m^2$). Da y dimensionslos ist, erwarten wir, daß der differentielle Wirkungsquerschnitt als Funktion von y ebenfalls skaleninvariant ist; insbesondere sollte der doppelt-differentielle Wirkungsquerschnitt

$$m^3 \frac{d^2\sigma}{dm\, dy}, \quad \text{oder} \quad s \frac{d^2\sigma}{dy\, d\sqrt{\tau}},$$

ausschließlich von τ abhängen. Abbildung 8.16 zeigt Daten zur Verteilung der invarianten Masse der Myonpaare, welche in einem Experiment am Fermilab von Yoh et al. (1978) gemessen wurde, in dem Protonen mit einer Energie von 200–400 GeV auf ein stationäres Target geschossen wurden. Innerhalb der Meßfehler hängt der Wirkungsquerschnitt nur von $\tau = m^2/s$ ab. Anhand solcher Daten ist es möglich, die durch (8.46) definierte Funktion $F(\tau)$ zu extrahieren und durch einen analytischen Ausdruck zu parametrisieren, wie zum Beispiel

$$F(\tau) = \text{const} \cdot \exp(-18.6\sqrt{\tau}) \qquad (0.2 > \sqrt{\tau} < 0.5). \tag{8.50}$$

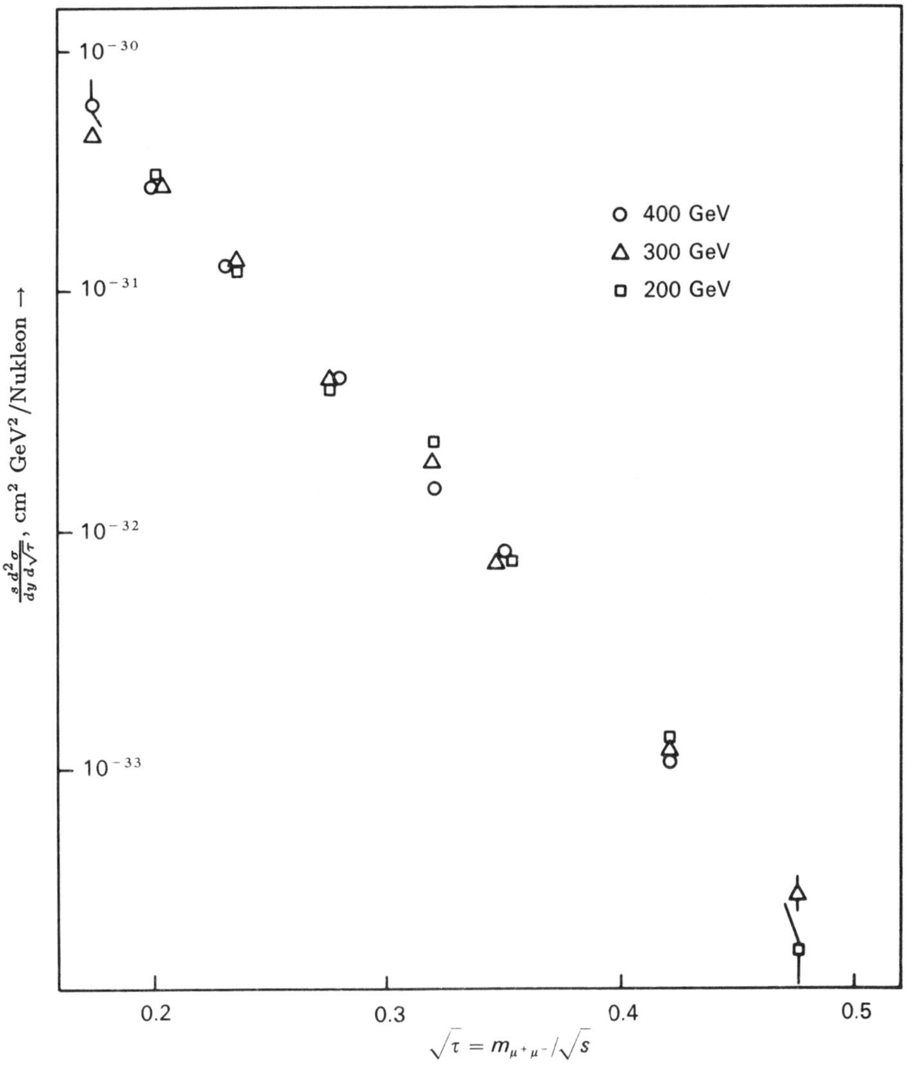

Abbildung 8.16 (a) Wirkungsquerschnitt für die Erzeugung von Myonpaaren, von der BFS-Kollboration (Yoh et al. 1978) am Fermilab in Experimenten bei drei verschiedenen Protonenergien gemessen. Der Wirkungsquerschnitt ist offensichtlich „skaleninvariant" und hängt nur von der dimensionslosen Variablen $\tau = m_{\mu\mu}/s$ ab, mit s dem Quadrat der Schwerpunktsenergie.

Damit konnte dann der absolute Wirkungsquerschnitt für die Produktion von Myonpaaren bei den wesentlich höheren Schwerpunktsenergien am CERN ISR (Intersecting Storage Rings) vorausgesagt werden, in denen entgegengesetzt umlaufende Protonenstrahlen mit Strahlenergien bis zu 31 GeV aufeinandertreffen ($\sqrt{s}$ bis zu 62 GeV). Vergleich der ISR-Daten mit

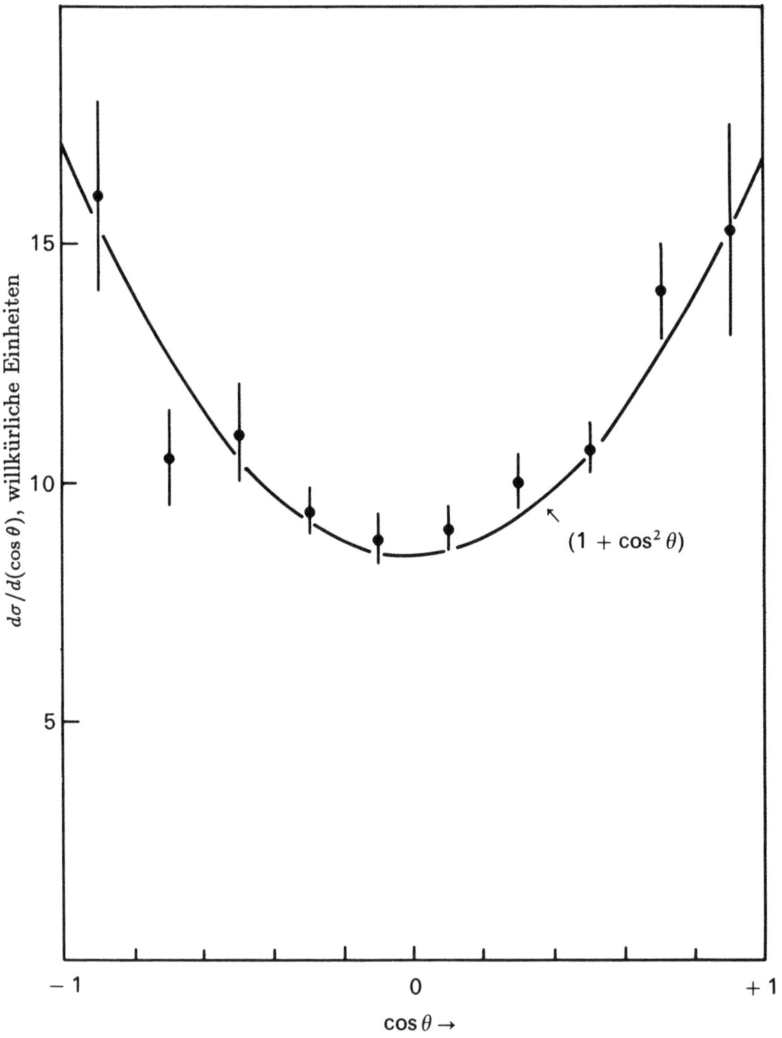

Abbildung 8.16 (b) Winkelverteilung von Myonen aus dem Prozeß der Myonpaarerzeugung in Hadron-Hadron-Kollisionen relativ zur Richtung des einlaufenden Strahls, gemessen im Ruhesystem der beiden Myonen (nach Anderson et al. 1978). Wenn der Prozeß nach dem Drell-Yan-Mechanismus aus Abb. 8.15(a) über die Paarvernichtung von Quarks mit Spin-1/2 abläuft ($Q\bar{Q}\to\mu^+\mu^-$), erwartet man eine Verteilung der Form ($1+\cos^2\theta$).

der Voraussage (8.50) zeigt, daß der Wirkungsquerschnitt in der Tat skaleninvariant ist, wobei der Absolutwert des Wirkungsquerschnitts in den beiden Experimenten bis zu zwei Größenordnungen unterschiedlich ist; diese Bestätigung des Partonmodells gilt im Massenbereich $q = m_{\mu\mu} > 3$ GeV.

Die Annahme, daß die Erzeugung von Leptonpaaren über die Quark-Antiquarkvernichtung in ein virtuelles Photon abläuft, wird von diesen Experimenten durch die Beobachtung der Polarwinkelverteilung der Leptonen im Ruhesystem des Paares verifiziert. Der Winkel wird dabei relativ zur Richtung der einlaufenden Protonen gemessen. Da dies der inverse Prozeß zu der Reaktion $e^+e^- \to \gamma \to Q\bar{Q}$ ist, erwarten wir eine Winkelverteilung der Form

$$\frac{d\sigma}{d\Omega} = \text{const}(1 + \cos^2\theta),$$

die in der Tat beobachtet wird (Abb. 8.16(b)).

Aus Gl. (8.47) folgt, daß $F(\tau)$ durch Integrale über die Quark- und Antiquarkverteilungen bestimmt ist, die im Prinzip unabhängig in der Lepton-Nukleon-Streuung bestimmt worden sind. Wir erinnern daran, daß die Antiquarkverteilungen $\bar{u}(x)$, $\bar{d}(x)$, $\bar{s}(\mathrm{x})$ ... in der Neutrinostreuung relativ schwierig zu messen waren, da ihr Anteil am Nukleon nur etwa 5–10% ausmacht, und daß sie aus den Differenzen der Neutrino- und Antineutrinowirkungsquerschnitte bestimmt wurden (siehe zum Beispiel Abb. 8.12). Im Gegensatz dazu ist der Wirkungsquerschnitt für die Erzeugung von Leptonpaaren in hadronischen Reaktionen direkt proportional zum Produkt der Quark- und Antiquarkverteilungen. Die Antiquarkverteilungen, die aus solchen Experimenten erhalten wurden, stimmen recht gut mit denen aus der Lepton-Streuung überein; in vergleichbaren $|q^2|$-Bereichen ergeben beispielsweise beide Methoden $x\bar{d}(x) \simeq 0.5(1-x)^7$.

Ein weiterer wichtiger Aspekt der Erzeugung von Leptonpaaren großer invarianter Masse in hadronischen Reaktionen ist, daß bei der Verwendung von Pionstrahlen, die anstelle von Protonenstrahlen auf ein Target geschossen werden, der Wirkungsquerschnitt proportional zur Antiquarkverteilung im Pion ist. Aufgrund der Isospinsymmetrie ist diese gleich der Quarkverteilung, d.h. $\bar{u}_\pi(x) = u_\pi(x)$. Aus solchen Experimenten wurde die Pion-Strukturfunktion bestimmt zu

$$xu_\pi(x) \simeq 0.25(1-x).$$

Diese ist also wesentlich härter als die Valenz- oder Seequarkverteilungen im Nukleon, die wie $(1-x)^3$ bzw. $(1-x)^7$ variieren.

8.8 Quantenchromodynamik und Quark-Quark-Wechselwirkung

8.8.1 Die Farbwechselwirkung zwischen Quarks

Wir haben bereits früher die Farbquantenzahl als einen zusätzlichen Freiheitsgrad im Quarkmodell der Hadronen und in der Lepton-Quark-Wechselwirkung, speziell bei der Betrachtung des Prozesses $e^+e^- \to$ Hadronen (Abschnitt 8.6), eingeführt. Durch Einführung der drei Farben für die Quarks erhöhte sich hier der erwartete Wirkungsquerschnitt um einen Faktor 3 und kam so in Übereinstimmung mit dem Experiment. Die Quantenchromodynamik (QCD) ist die formale Eichtheorie zur Beschreibung

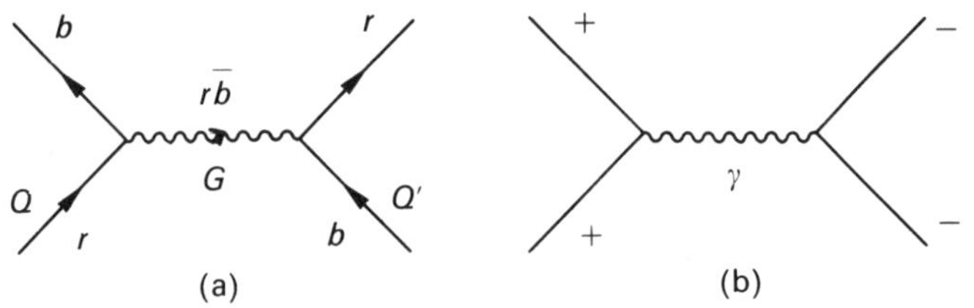

Abbildung 8.17 (a) $Q\bar{Q}$-Wechselwirkung durch Farb- (Gluon-)Austausch. (b) Wechselwirkung zwischen Ladungen durch Austausch eines (ungeladenen) Photons.

der starken Farbwechselwirkung zwischen den Quarks. Die Farbladung eines Quarks kann drei Werte annehmen, die wir im folgenden als rot, blau oder grün bezeichnen wollen. Antiquarks tragen Antifarbe. Die Wechselwirkungen zwischen den Quarks werden als invariant gegenüber einer Vertauschung der Farben, d.h. konkret gegenüber einer Transformation unter der Symmetriegruppe SU(3), angenommen. Da jedes Quark eine von drei möglichen Farben tragen kann, werden Quarks der Triplett-Darstellung (3) der SU(3) zugeordnet. Die Bosonen, die die Wechselwirkung vermitteln, werden als Gluonen bezeichnet und der Oktett-Darstellung (8) der SU(3) zugeordnet. In Analogie zu dem (Flavor-)Oktett der Mesonen aus Abschnitt 5.5. können wir die Farb-Antifarbzustände der 8 Gluonen folgendermaßen schreiben:

$$r\bar{b}, r\bar{g}, b\bar{g}, b\bar{r}, g\bar{r}, g\bar{b}, \quad \frac{r\bar{r} - b\bar{b}}{\sqrt{2}}, \quad \frac{r\bar{r} + b\bar{b} - 2g\bar{g}}{\sqrt{6}}. \tag{8.51}$$

Mit 3 Farben und 3 Antifarben erwarten wir eigentlich $3^2 = 9$ Kombinationen, von denen jedoch eine ein Farbsinglett darstellt und daher wegfällt. Die Farbwechselwirkung zwischen beispielsweise einem roten und einem blauen Quark können wir uns damit durch den Austausch eines $r\bar{b}$-Gluons vorstellen (Abb. 8.17).

Die Farbladung der starken Quark-Quark-Wechselwirkung ist ganz analog zur elektrischen Ladung der elektromagnetischen Wechselwirkung zu verstehen. Beide Kräfte werden durch ein masseloses Vektorboson übertragen (ein Gluon oder ein Photon). Während es in der QED allerdings nur zwei Arten von Ladungen und ein neutrales Austauschteilchen gibt, kennt die QCD sechs Arten von Ladung (Farben und Antifarben) und acht (farbig) geladene Austauschteilchen. Dieser Unterschied erweist sich als wesentlich zum Verständnis der Eigenschaften der Quark-Quark-Wechselwirkung bei kurzen Abständen und damit des Erfolges des Partonmodells.

In unserer Beschreibung der Hadronen wird die Farbquantenzahl nicht explizit verwendet, so daß sowohl die Baryonen als auch die Mesonen farbneutral, d.h. Singletts der Farb-SU(3), sein müssen. Rechnen wir die Beiträge der möglichen Gluon-Austauschprozesse [Gl. (8.51)] explizit aus, so finden wir, daß die Quarkkonfigurationen niedrigster Energie durch Farb-

Singlett QQQ-Zustände (Baryonen) und Farb-Singlett $Q\bar{Q}$-Zustände (Mesonen) gegeben sind. Andere Quarkkombinationen sind entweder schwächer gebunden oder haben sogar ein abstoßendes Potential (siehe Anhang J). Die QCD sagt also richtig voraus, daß von allen möglichen Kombinationen mehrerer Quarks in der Natur nur zwei Typen in gebundenen Zuständen vorkommen.

Die konkrete Form des Potentials der starken Wechselwirkung zwischen Quarks wurde bereits in Abschnitt 5.14. diskutiert. Für kleine Abstände nimmt man in Analogie zum Elektromagnetismus eine coulombartige Wechselwirkung an, während das Potential für große Abstände immer weiter ansteigen muß, damit die Quarks im Innern eines Hadrons eingeschlossen bleiben. Die funktionale Form

$$V = -\frac{4}{3}\frac{\alpha_s}{r} + kr \tag{8.52}$$

wurde bereits früher angegeben. Wir wollen nun die experimentellen Hinweise auf diese Form des Potentials dikutieren.

8.9 Das Potential der QCD bei kleinen Abständen

Direkte Evidenz für den kurzreichweitigen Anteil des Potentials (8.52) wurde in Experimenten am CERN $p\bar{p}$-Collider gefunden (Arnison et al. 1984, Bagnaia et al. 1984). In seltenen Ereignissen (mit einem Anteil von etwa 10^{-6} aller Wechselwirkungen) findet man zwei hochenergetische Jets von Hadronen, die unter großen Winkeln relativ zur Strahlachse emittiert werden. Ein Beispiel für ein solches Ereignis ist in Abb. 8.18 dargestellt. Die Auswahl solcher Ereignisse basiert im Wesentlichen auf der Forderung, daß die transversale Energie $E_T = \Sigma E_i \sin\theta_i > 15$ GeV sein muß, wobei die Summe über die lokalen Energiedepositionen in den einzelnen Kalorimeterzellen zu bilden ist, die unter einem Winkel θ_i zur Strahlachse angeordnet sind. Die meisten der so selektierten Ereignisse ($\simeq 80\%$) bestehen aus zwei Jets, deren Impulse sich etwa die Waage halten (wie in Abb. 8.18 durch die *back-to-back*-Konfiguration im Azimuthwinkel angedeutet). Die verbleibenden ($\simeq 20\%$) sind vorwiegend drei-Jet-Ereignisse, vereinzelt findet man jedoch auch vier- oder ein-Jet-Ereignisse. Die zwei-Jet-Ereignisse werden als die elastische Streuung eines Partons (Quark oder Gluon) aus dem Proton an einem Parton des Antiprotons interpretiert, wonach jedes der gestreuten Partonen ganz ähnlich wie im Prozeß $e^+e^- \to Q\bar{Q}$ in einen Jet von Hadronen übergeht. Die Kinematik der Wechselwirkung ist in Abb. 8.19 dargestellt, wobei p_3 und p_4 die Viererimpulse der beobachteten Jets, und p_1 und p_2 die (unbekannten) Viererimpulse der Partonen vor der Streuung bezeichnen. Energie-Impulserhaltung liefert

$$p_1 + p_2 = p_3 + p_4, \tag{8.53}$$

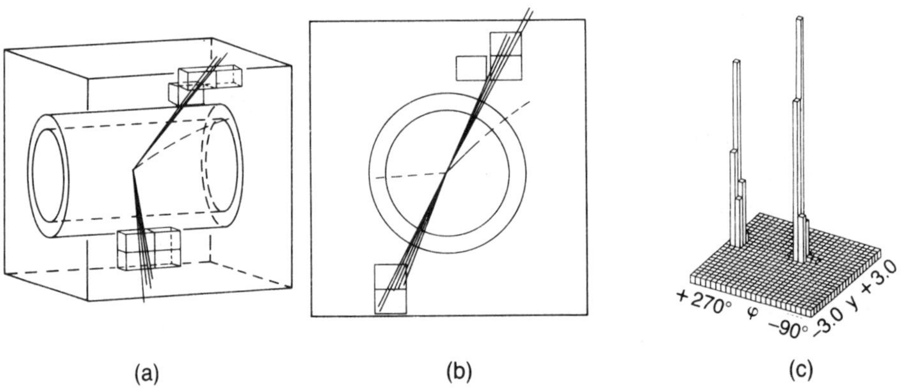

Abbildung 8.18 Ansicht eines zwei-Jet-Ereignisses im UA1-Detektor (Abb. 7.18) am CERN $p\bar{p}$-Collider (310 GeV Protonen auf 310 GeV Antiprotonen). Teil (a) gibt eine perspektivische Sicht des Ereignisses. Aktivierte Kalorimetermodule sind als Quader dargestellt, Hadronen niedriger Energie wurden weggelassen. Der Zylinder umschließt den inneren Spurdetektor. (b) ist ein Blick entlang der Strahlachse, der die „back-to-back"-Struktur der Jets im Azimuthwinkel verdeutlicht. (c) ist eine Darstellung der transversalen Energie als Funktion des Azimuths ϕ und der Rapidität y. Die Gesamtenergien der Jets sind 93 GeV und 84 GeV, ihre transversalen Energien 81 GeV und 78 GeV.

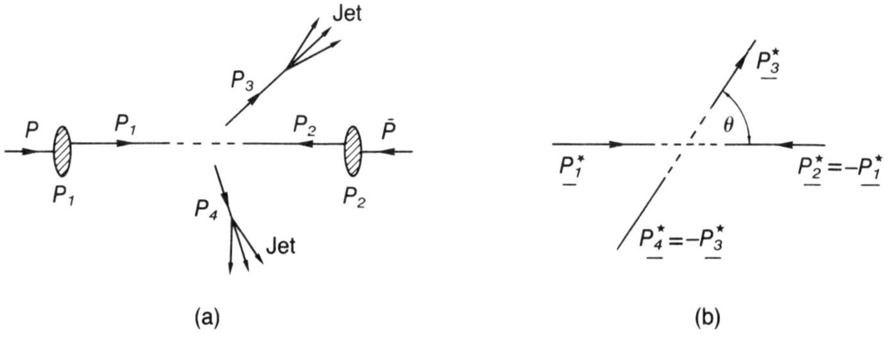

Abbildung 8.19 Kinematik von Parton-Parton-Kollisionen, (a) im Laborsystem, (b) im Schwerpunktsystem der Partonen.

und aus der Dreierimpulserhaltung folgt für die Komponenten entlang der Strahlachse (z)

$$\boldsymbol{p}_1 + \boldsymbol{p}_2 = p_{3z} + p_{4z}. \tag{8.54}$$

Für den Viererimpulsübertrag erhält man

$$q = p_3 - p_1 = p_2 - p_4. \tag{8.55}$$

Ausgedrückt durch die Bjorkensche Skalenvariable x ist

$$p_1 = x_1 P_1; \qquad p_2 = x_2 P_2, \tag{8.56}$$

wobei P_1 und P_2 die Viererimpulse des Protons bzw. Antiprotons angeben. Bezeichnen wir die Strahlenergie mit E, so erhalten wir aus (8.54) bei Vernachlässigung aller Teilchenmassen

$$x_1 - x_2 = (p_{3z} + p_{4z})/E = x_F, \tag{8.57}$$

und aus (8.53)

$$(p_3 + p_4)^2 = (x_2 P_2 + x_1 P_1)^2 = -4x_1 x_2 E^2,$$

bzw.

$$x_1 x_2 = -(p_3 + p_4)^2 / 4E^2 = \tau, \tag{8.58}$$

wobei das Feynmansche x_F und die Variable τ bereits früher eingeführt worden sind (siehe Abschnitte 4.12 und 8.7). Aus diesen Beziehungen erhalten wir

$$x_1, x_2 = \frac{1}{2}(x_F \pm \sqrt{x_F^2 + 4\tau}) \tag{8.59}$$

und damit p_1 und p_2 ausgedrückt durch die messbaren Größen E, p_3 und p_4. Somit kann auch der Viererimpulsübertrag q^2 aus (8.55) berechnet werden. Im Schwerpunktsystem der gestreuten Partonen ist die Richtung der entgegengesetzt gleichen Dreierimpulse (siehe Abb. 8.19(b)) durch $\boldsymbol{p}_3 - \boldsymbol{p}_4$ definiert, so daß hier der Streuwinkel relativ zur Strahlrichtung gegeben ist durch

$$\cos\theta = \frac{(\boldsymbol{p}_3 - \boldsymbol{p}_4) \cdot (\boldsymbol{p}_1 - \boldsymbol{p}_2)}{|\boldsymbol{p}_3 - \boldsymbol{p}_4|\,|\boldsymbol{p}_a - \boldsymbol{p}_2|}.$$

Da wir nicht wissen, welches der einlaufenden Partonen (p_1 oder p_2) zu welchem Jet (p_3 oder p_4) gehört, liegt eine Zweideutigkeit $\theta \leftrightarrow \pi - \theta$ für den so bestimmten Winkel vor. Bei der Analyse der Daten wurde ebenso wie bei der Berechnung der theoretischen Vorhersage stets der kleinere der beiden Werte genommen. Der erwartete Wirkungsquerschnitt für die Proton-Antiproton-Streuung in zwei Jets ist

$$\frac{d^3\sigma(pp \to 2\,\text{Jets})}{dx_1 dx_2 d(\cos\theta)} = \sum_{i,j} \left(\frac{F_i(x_1)}{x_1}\right) \left(\frac{F_j(x_2)}{x_2}\right) \frac{d\sigma_{ij}}{d(\cos\theta)}, \tag{8.60}$$

wobei $F_i(x_1)/x_1$ und $F_j(x_2)/x_2$ die Dichten für Partonen vom Typ i bzw. j im Proton und Antiproton mit den Impulsanteilen x_1 und x_2 sind, und $d\sigma_{ij}/d(\cos\theta)$ den Wirkungsquerschnitt des elementaren Parton-Parton-Streuprozesses angibt. Die verschiedenen

Beiträge, die über den Austausch eines Gluons zum gesamten Wirkungsquerschnitt beitragen, sind in Abb. 8.20 dargestellt. Die Streuung kann dabei durch Impulsübertrag über den sogenannten t-Kanal, nach den Definitionen aus Abb. 8.19, mit

$$t = -q^2 = -(p_1 - p_3)^2 \tag{8.61}$$

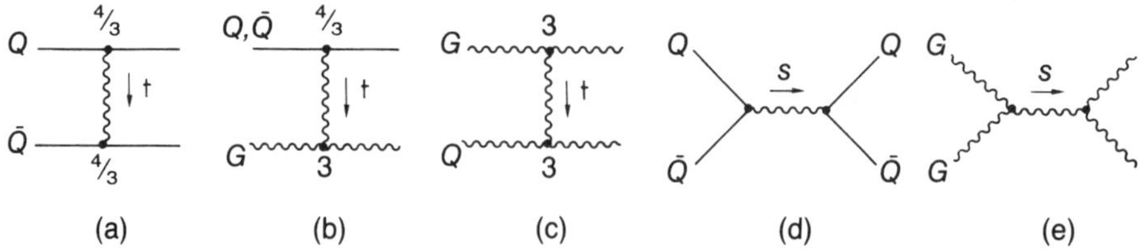

Abbildung 8.20 Quark-Quark, Quark-Gluon und Gluon-Gluon-Streuung durch Ein-Gluonaustausch im t- bzw. s-Kanal.

oder durch den s-Kanal, mit

$$s = -(p_1 + p_2)^2 = 4x_1x_2E^2, \tag{8.62}$$

dem Quadrat der Schwerpunktsenergie der streuenden Partonen, ablaufen. Abbildung 8.20(a), (b) und (c) zeigen Prozesse mit t-Kanal Gluon-Austausch, während (d) und (e) s-Kanal-Prozesse darstellen. Ganz allgemein variieren Wirkungsquerschnitte, die auf t-Kanal-Austausch basieren, wie $d\sigma/dt \simeq 1/t^2$ (oder $1/q^4$), während die gekreuzten s-Kanal-Prozesse mit $d\sigma/ds \simeq 1/s^2$ gehen. Falls $t \ll s$ ist, wird also der t-Kanal-Austausch dominieren. Dies ist unter den betrachteten experimentellen Bedingungen der Fall. Die durch die QCD bestimmten relativen Kopplungen, d.h. die Koeffizienten, mit denen die starke Kopplungskonstante α_s für $Q\bar{Q}G$- und GGG-Vertices zu multiplizieren ist, sind ebenfalls in Abb. 8.20 eingetragen (siehe Anhang J). Die GG-Kopplung ist deutlich die größte, und in der Näherung, daß alle drei t-Kanal-Prozesse die gleiche Winkelverteilung haben, sehen wir, daß der zwei-Jet-Wirkungsquerschnitt effektiv die folgende Kombination von Strukturfunktionen mißt

$$F(x) = G(x) + \frac{4}{9}(Q(x) + \bar{Q}(x)), \tag{8.63}$$

wobei hier $Q(x)$, $\bar{Q}(x)$ und $G(x)$ Impulsdichten bezeichnen, d.h. die Quark-, Antiquark- und Gluondichten gewichtet mit dem Impulsanteil x. Die Winkelverteilung hat die Form (Cambridge et al. (1977)):

$$\frac{d\sigma}{d(\cos\theta)} = \frac{\pi\alpha_s^2}{s}\left(\frac{9}{16}\right)\frac{(3+\cos^2\theta)^3}{(1-\cos^2\theta)^2} \tag{8.64}$$

oder, für $\cos\theta \simeq 1$,

$$\frac{d\sigma}{d\Omega} \simeq \left(\frac{9}{8}\right)\frac{\alpha_s^2}{4p_0^2\sin^4(\theta/2)} \tag{8.65}$$

mit $p_0 = \sqrt{s}/2$ dem Dreierimpuls jedes Partons im Schwerpunktsystem. Man beachte, daß dies gerade die Rutherfordsche Streuformel (6.14) für ein $1/r$ Potential ist, wobei anstelle von α lediglich α_s mit einem zusätzlichen Koeffizienten für die Farbstruktur der Wechselwirkung steht.

Die beobachtete Winkelverteilung ist in Abb. 8.21 dargestellt. Parametrisieren wir diese in der Form $(\sin\theta/2)^{-n}$, dann liefern die Daten

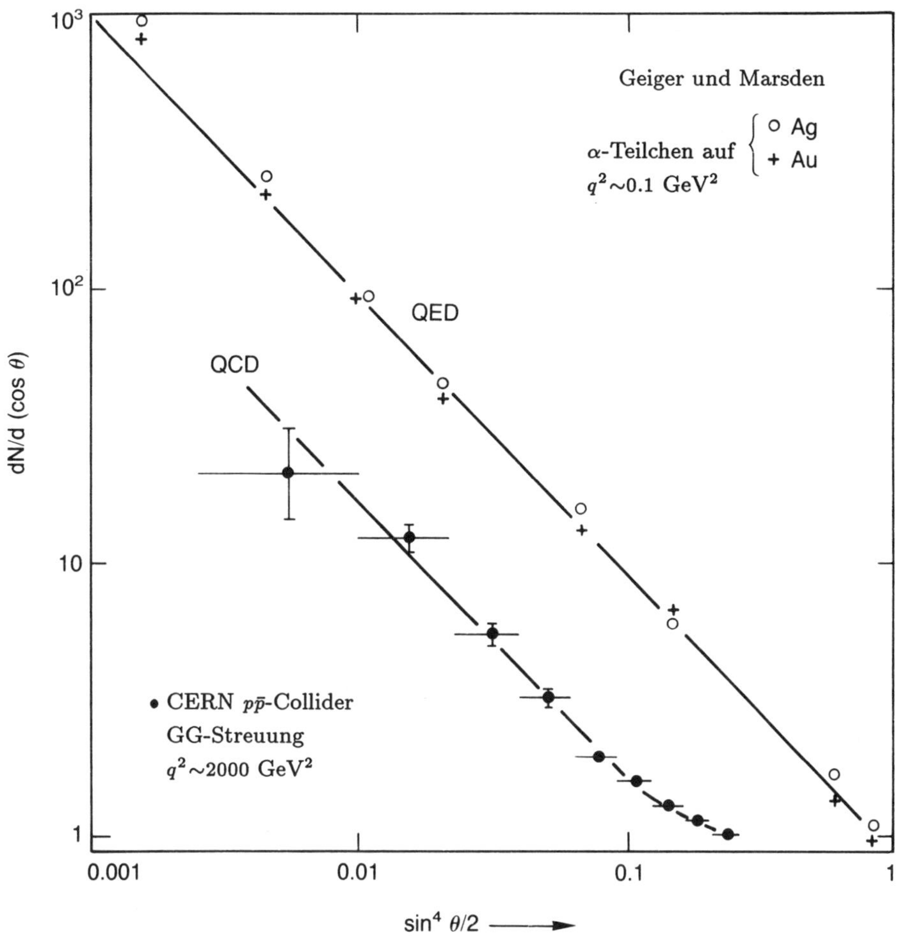

Abbildung 8.21 Beispiele für differentielle Wirkungsquerschnitte bei der Streuung punktförmiger Teilchen an einem $1/r$-Potential. Die obere Kurve ist das Resultat von Geiger und Marsden (1911) für die Streuung von α-Teilchen aus radioaktiven Zerfällen an Gold und Silberfolien, aus dem die Existenz eines Atomkerns hervorging, an dessen Coulombfeld die Streuung stattfand. Bei diesem Experiment traten Impulsüberträge in der Größenordnung 0.1 GeV^2 auf. Das Ergebnis ist konsistent mit der Rutherfordschen Streuformel $dN/d\Omega \propto \sin^{-4}(\theta/2)$.

$n = 4.16 \pm 0.20$. Wir weisen darauf hin, daß die Abweichungen von der geraden Linie im Bereich $\theta = \pi/2$ nicht unerwartet sind, und zwar einerseits, weil hier die vollständige relativistische Formel (8.64) für den Austausch eines Vektorgluons verwendet werden müßte, und zum anderen aufgrund des bereits erwähnten Problems der Zweideutigkeit in der Bestimmung des Streuwinkels. Es ist instruktiv, diese Resultate für (vorwiegend) Gluon-Gluon-Streuung bei $q^2 \simeq 2000$ GeV^2, mit den Ergebnissen von Geiger und Marsden (1911) für die Streuung von α-Teilchen an Silber- oder Goldkernen bei $q^2 \simeq 0.1$ GeV^2 zu vergleichen. Die Linearität der Darstellung ist in beiden Fällen ein Beleg dafür, daß ein $1/r$ Potential vorliegt. Im Falle der Streuung spinloser nichtrelativistischer α-Teilchen gilt die Rutherfordsche Formel für alle Streuwinkel (solange der Kern als Punktladung beschrieben werden kann). Für die Parton-Parton-Streuung stellt die Rutherfordsche Formel eine Kleinwinkelnäherung für die relativistische, Spin-Effekte einschließende Formel dar.

Die untere Kurve ist die zwei-Jet-Winkelverteilung, wie sie am CERN $p\bar{p}$-Collider bei $q^2 \simeq 2000$ GeV^2 gefunden wurde. Sie zeigt, daß bei kleinen Winkeln auch die Streuung punktförmiger Quarks und Gluonen der Rutherfordschen Formel genügt, und damit, daß das QCD-Potential bei kleinen Abständen wie $1/r$ variiert. Bei großen Winkeln treten aufgrund von relativistischen (Spin-)Effekten, und weil Streuwinkel $\theta > \pi/2$ in die Verteilung für $\theta < \pi/2$ hineingefaltet wurden, Abweichungen von einer Geraden auf. Die durchgezogene Linie zeigt die QCD-Vorhersage für Prozesse mit dem Austausch eines Vektor-Gluons. Skalare Gluonen (Spin-0) sind ausgeschlossen, da sich für diese eine wesentlich schwächere Winkelabhängigkeit ergeben würde.

Gegenwärtig stellen die Messungen der UA1-(Arnison et al. (1984)) und UA2-(Bagnaia et al. (1984)) Experimente am CERN $p\bar{p}$ Collider die beste experimentelle Evidenz dafür dar, daß das QCD-Potential bei kleinen Abständen r die in (8.52) angenommene $1/r$ Abhängigkeit besitzt. Daß diese Experimente wirklich bei sehr kleinen Abständen messen, wird durch die großen q^2-Werte garantiert.

Die Kombination (8.63) von Partondichten kann aus dem differentiellen zwei-Jet-Wirkungsquerschnitt (8.60) nur bis auf einen konstanten Faktor bestimmt werden, da α_s nicht bekannt ist. Die Resultate werden in Abschnitt 8.12.3 diskutiert. Man kann aber $F(x)$ auch aus der tief-inelastischen Lepton-Nukleon-Streuung nehmen und findet dann einen Wert $\alpha_s \simeq 0.2$. Wegen diverser Korrekturen wird dieser Wert jedoch als eine obere Schranke betrachtet. Selbstverständlich kann die obige Analyse auch auf Ereignisse mit mehr als zwei Jets ausgedehnt werden: Das Verhältnis der drei-Jet- zu den zwei-Jet-Raten wird dabei direkt proportional zu α_s sein, und zwar in derselben Weise, wie in Abschnitt 8.11 für Prozesse der Art $e^+e^- \rightarrow$ zwei oder drei Jets beschrieben.

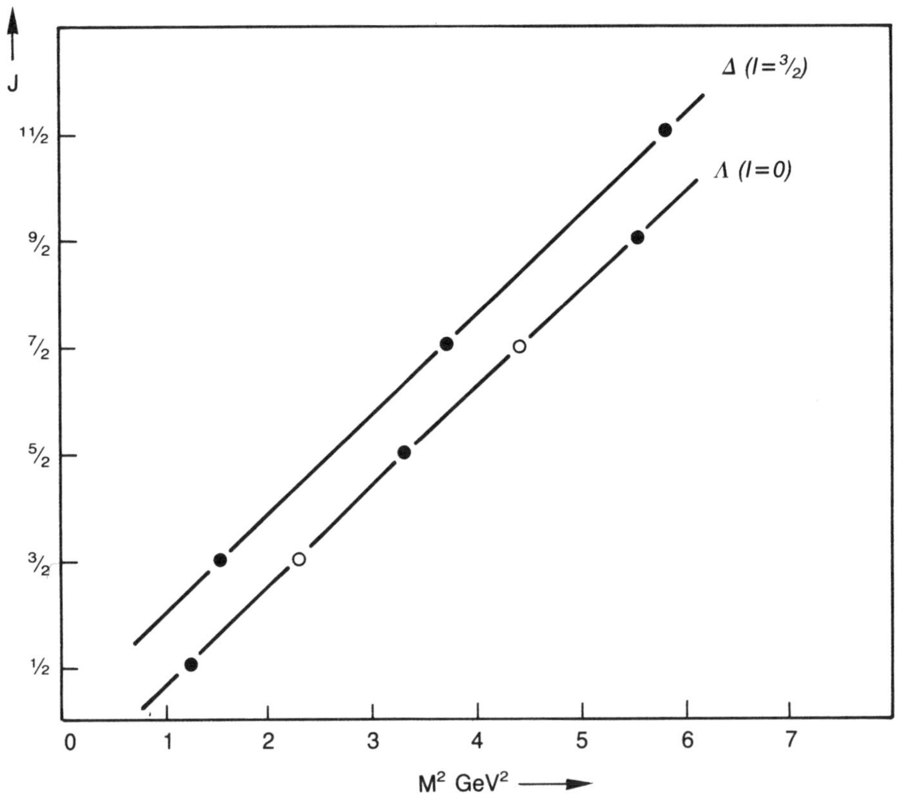

Abbildung 8.22 Darstellung des Spins J gegen das Massenquadrat für Baryonresonanzen der Δ-Familie (S=0, I=3/2) und der Λ-Familie (S=−1, I=0). Zustände positiver bzw. negativer Parität sind durch ausgefüllte bzw. offene Kreise dargestellt.

8.10 Das Potential der QCD bei großen Abständen: Das String-Modell

Eines der bemerkenswertesten Resultate des Studiums der Meson- und Baryonresonanzen ist es, daß für Zustände gleichen Isospins, gleicher C-Parität etc. ein linearer Zusammenhang zwischen dem Drehimpuls und dem Massenquadrat der Zustände gefunden wird. Exemplarisch ist dies in Abb. 8.22 für die Δ- und Λ-Resonanzen gezeigt. Eine solche Darstellung wird als Chew-Frautschi-Darstellung bezeichnet, und war ursprünglich im Rahmen der Theorie der Regge-Pole, auf die wir hier aber nicht eingehen werden, von Interesse. Wir werden jedoch zu zeigen versuchen, in welcher Weise daraus Aussagen über das Potential der QCD bei großen Abständen gewonnen werden können.

In der QCD ist die charakteristische Eigenschaft der Gluonen als Träger der starken Farbkraft, daß sie, da sie Farbladung tragen, eine starke

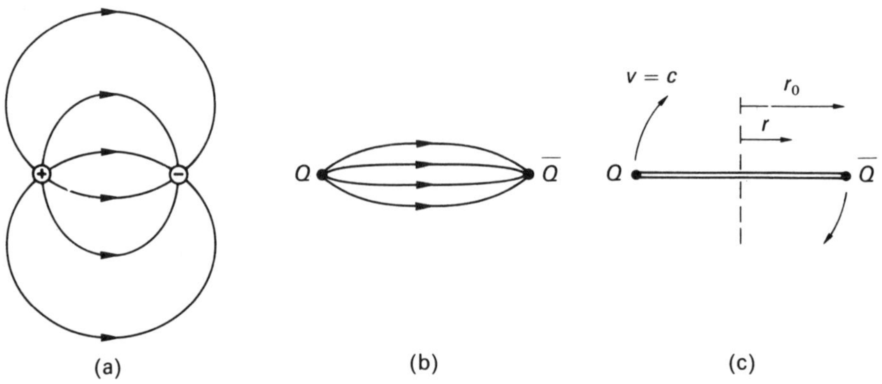

Abbildung 8.23 (a) Elektrische Feldlinien zwischen zwei Ladungen. (b) Farbfeldlinien zwischen zwei Quarks werden aufgrund der starken Selbstwechselwirkung der Gluonen, die das Farbfeld tragen, zu einem Schlauch oder String zusammengezogen. (c) Das für die Herleitung der Relation zwischen Spin und Hadronmasse benutzte Stringmodell.

Selbstwechselwirkung aufweisen. In Analogie zu den elektrischen Feldlinien zwischen zwei Ladungen, wie in Abb. 8.23(a), können wir uns vorstellen, daß Quarks, wie in Abb. 8.23(b) dargestellt, durch Farbfeldlinien zusammengehalten werden, die jedoch durch die Gluon-Gluon-Selbstwechselwirkung zu einem Flußschlauch oder *String* zusammengezogen werden.

Angenommen k sei die Energiedichte pro Einheitslänge eines solchen Strings, der zwei masselose Quarks miteinander verbindet. Der Drehimpuls eines solchen Systems wird dann gleich dem Gesamtdrehimpuls des Strings sein, und diesen können wir unter der Annahme berechnen, daß die Enden des Strings mit Lichtgeschwindigkeit $v = c$ rotieren. Die lokale Geschwindigkeit bei einem Radius r ist dann

$$\frac{v}{c} = \frac{r}{r_0},$$

wobei r_0 die halbe Länge des Strings bezeichnet. Die Gesamtmasse des Systems erhalten wir (relativistisch gerechnet) zu

$$E = Mc^2 = 2\int_0^{r_0} \frac{k\,dr}{\sqrt{1 - v^2/c^2}} = kr_0\pi,$$

und den Bahndrehimpuls als

$$J = \frac{2}{\hbar c^2}\int_0^{r_0} \frac{krv\,dr}{\sqrt{1 - v^2/c^2}} = \frac{kr_0^2\pi}{2\hbar c}.$$

Eliminieren wir r_0 aus diesen Gleichungen, so finden wir den beobachteten Zusammenhang zwischen Energie und Drehimpuls der Hadronen

$$J = \alpha' E^2 + \text{const.} \tag{8.66}$$

Dieses Resultat folgt aus der Annahme einer konstanten Energiedichte k des Strings, d.h. aus der Annahme eines Potentials der Form

$$V = kr. \tag{8.67}$$

Allgemein kann man leicht zeigen, daß für ein Potential der Form

$$V = kr^n$$

Relation (8.66) die Form

$$J \propto E^{(1+1/n)}$$

annimmt, so daß der beobachtete lineare Zusammenhang zwischen J und M^2 ein direkter Hinweis auf das lineare Potential (8.67) ist. Der Wert von k, der sich aus der Steigung α' in (8.66) für unser Modell ergibt, ist

$$\alpha' = 1/(2\pi k\hbar c).$$

Setzen wir hier den beobachteten Wert $\alpha' = 0.93$ GeV^{-2} ein, so finden wir

$$k = 0.85\,\text{GeV fm}^{-1}. \tag{8.68}$$

Diese Zahl spiegelt sich auch in den Massen und Dimensionen der Hadronen wieder. Die typische Hadronmasse ist etwa 1 GeV, der Radius, wie er z.B. in der Elektronstreuung gemessen wurde, liegt in der Größenordnung von 1 fm, womit sich für die lineare Energiedichte $k \simeq 1$ GeV fm^{-1} ergibt.

8.11 Ereignisse mit drei Jets in der e^+e^--Vernichtung

Dramatische Auswirkungen der Quarkstruktur werden in der e^+e^--Vernichtung in Hadronen bei sehr hohen Energien beobachtet. Wie in Abschnitt 8.6 beschrieben, ist der elementare Prozeß die Vernichtung in ein $Q\bar{Q}$-Paar, woran sich die „Fragmentation" der Quarks in Hadronen anschließt. Bei Schwerpunktsenergien von 30 GeV oder mehr werden typischerweise etwa 10 Hadronen (vorwiegend Pionen) erzeugt. Der mittlere Impuls eines Hadrons parallel zur primären Quarkrichtung ist daher groß im Vergleich zu seinem Transversalimpuls p_T, der auf $p_T \simeq 0.5$ GeV/c beschränkt ist, d.h. auf die Größenordnung $1/R_0$, wobei R_0 der typische Radius eines Hadrons (~ 1 fm) ist. Daher werden die Hadronen gebündelt als zwei Jets in Richtung der primären Quarks emittiert (Abb. 8.24(a) und Abb. 2.33). Man erwartet nun, daß gelegentlich eines der Quarks ein „hartes" Gluon unter einem großen Winkel abstrahlt, welches einen großen Bruchteil der Quarkenergie mitnimmt, so daß dieses Gluon und das abstrahlende Quark zwei separate hadronische Jets bilden. Solche Prozesse sind in der Tat beobachtet worden (Abb. 8.25(a)). Das Verhältnis der gemessenen drei-Jet- zur zwei-Jet-Rate ist dabei durch α_s bestimmt. Wir wollen hier jedoch nicht auf die komplizierte Analyse zur Bestimmung von α_s aus diesem Verhältnis eingehen, sondern lediglich das Endresultat angeben. Für

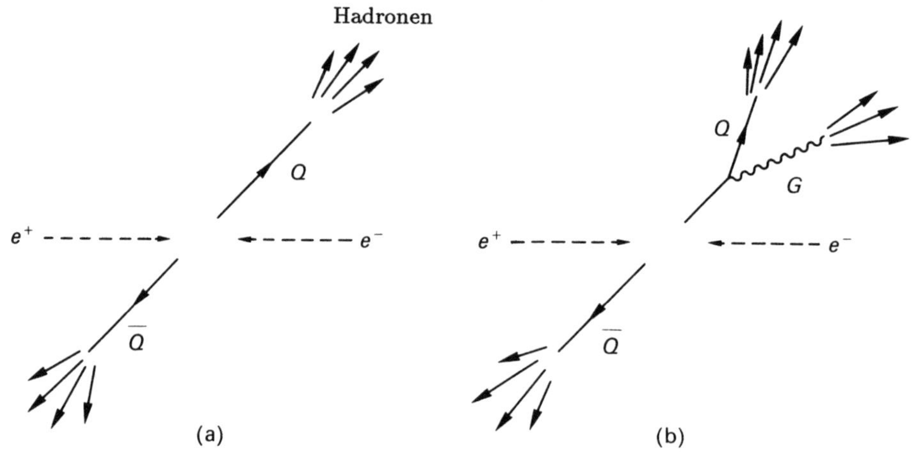

Abbildung 8.24

eine Schwerpunktsenergie von 30–40 GeV ergibt sich $\alpha_s = 0.16 \pm 0.03$ (aus einem Mittelwert über verschiedene Experimente).

Die Winkelverteilung innerhalb der drei-Jet-Ereignisse erlaubt eine direkte Bestimmung des Spins des Gluons. Dazu werden zunächst einmal die drei Jets nach der Energie geordnet, $E_1 > E_2 > E_3$. Dann wird eine Lorentztransformation in das Schwerpunktsystem der Jets 2 und 3 durchgeführt, und in diesem der Winkel $\tilde{\theta}$ zwischen Jet 1 (dem mit der höchsten Energie) und der durch die beiden anderen Jets definierten Achse berechnet. Jet 3 (derjenige mit der niedrigsten Energie) stammt mit der größten Wahrscheinlichkeit aus dem Gluon, so daß die Verteilung von $\tilde{\theta}$ sensitiv auf den Spin des Gluons ist. Abbildung 8.25(b) zeigt Daten des TASSO-Detektors zusammen mit der Vorhersage für skalare Gluonen und Vektorgluonen. Die Daten favorisieren ganz eindeutig die Annahme, daß Gluonen Vektorteilchen sind.

8.12 Messung der Quarkdynamik in der tief-inelastischen Lepton-Nukleon-Streuung

Historisch kam die erste experimentelle Evidenz für die QCD (in der Zeit von 1973–1978) aus detaillierten Studien der tief-inelastischen Lepton-Nukleon-Streuung. Beobachtet wurden „Skalenverletzungen“, d.h. kleine Abweichungen von einem rein partonartigen Verhalten nichtwechselwirkender freier Quark-Konstituenten. Aus der präzisen Bestimmung solcher Abweichungen ergeben sich Informationen über die Art der Kräfte zwischen den Quarks.

Angenommen, wir variieren in einem tief-inelastischen Streuprozeß den quadrierten Viererimpulsübertrag q^2 des Leptons auf das Nukleon. Die-

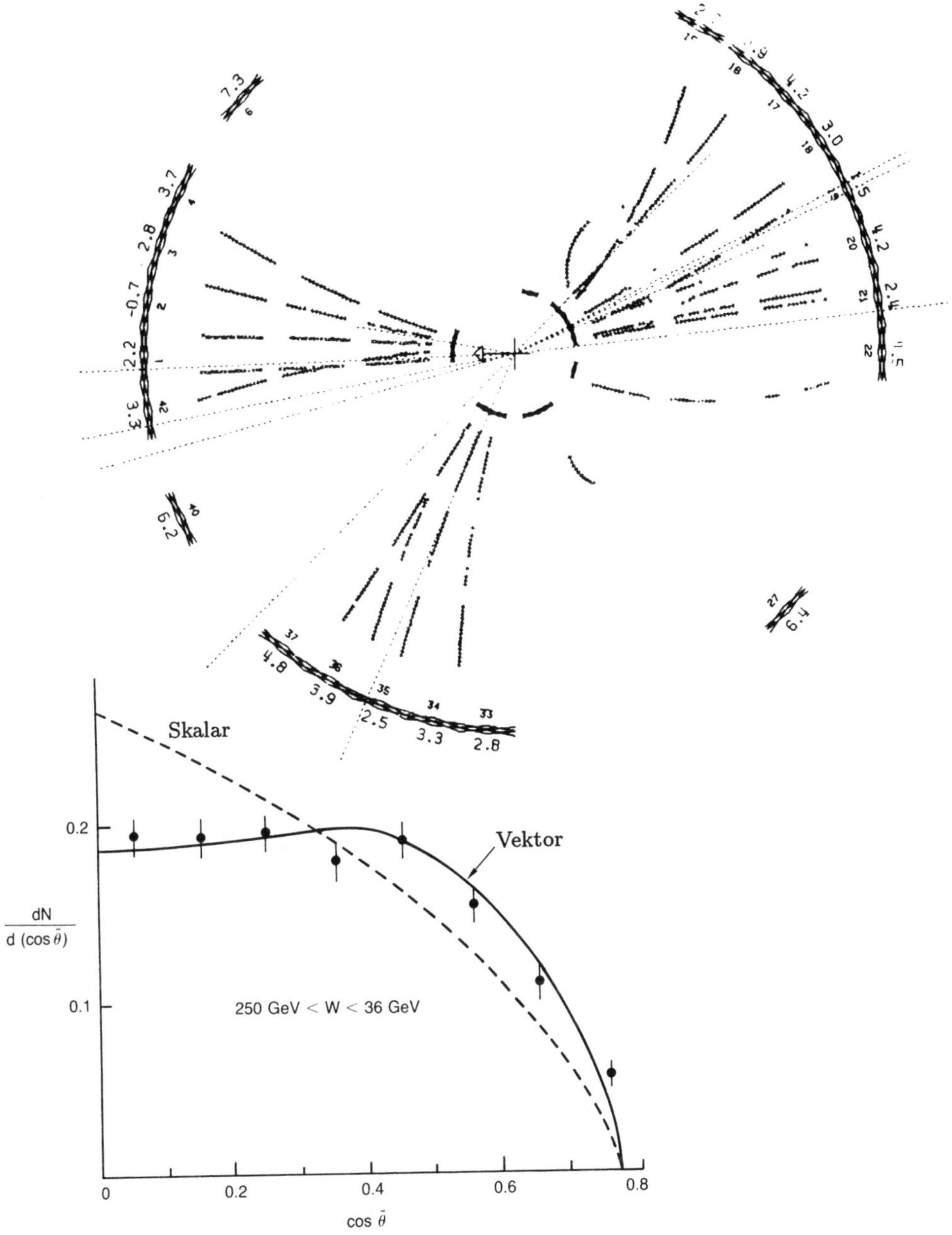

Abbildung 8.25 (a) Beipiel für ein drei-Jet-Ereignis, das mit dem JADE-Detektor an dem e^+e^--Collider PETRA (DESY,Hamburg) beobachtet wurde. Die Schwerpunktsenergie für dieses Ereignis ist 32 GeV. Solche Ereignisse (im Gegensatz zu den gewöhnlichen zwei-Jet-Ereignissen aus Abb. 8.24(a)) suggerieren die Existenz des Prozesses von Abb. 8.24(b). (b) Die Verteilung des Winkels $\tilde{\theta}$, den der höchstenergetische Jet eines drei-Jet-Ereignisses mit der Richtung der beiden anderen Jets in deren Schwerpunktsystem einschließt. Die Kurven zeigen die Vorhersagen für Spin-1 (Vektorgluon) und Spin-0 (skalares Gluon). Die Daten stammen vom TASSO-Detektor bei PETRA.

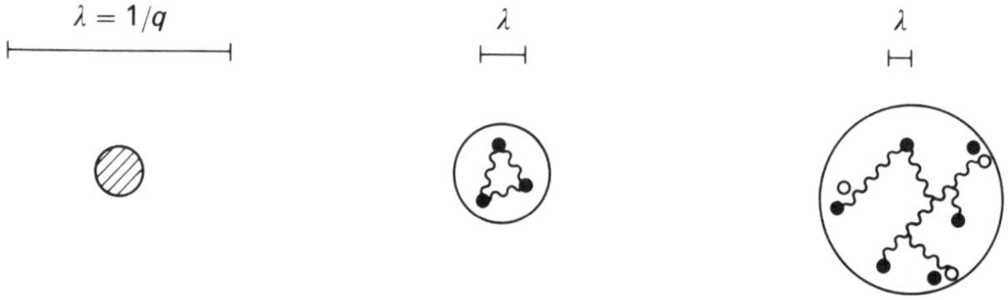

(a) Parton = Nukleon (b) Partonen = Valenzquarks (c) Partonen = Valenzquarks + Quark-Antiquark-Paare

Abbildung 8.26 Symbolische Darstellung des Nukleons in der Lepton-Streuung, wo mit abnehmender Wellenlänge $\lambda = 1/q$ der „Photon-Sonde" immer detailliertere Strukturen freigelegt werden.

ses q^2 ist als positive Größe definiert und gleich $-m^2$, wobei m die (imaginäre) Masse des virtuellen Photons ist, das zwischen dem Lepton und dem Nukleon ausgetauscht wird. Das räumliche Auflösungsvermögen dieser „Sonde" ist $\Delta r = h/q$. Bei kleinen Werten von q^2, wo $\Delta r > R$ (dem Radius des Targetprotons) ist ($R \simeq 0.8$ fm), nimmt das Proton den Rückstoß aus der Streuung als Ganzes elastisch auf; mit anderen Worten, es wechselwirkt wie ein Punktteilchen (Abb. 8.26(a)). Mit zunehmendem q^2 beginnt das virtuelle Photon dann die Partonstruktur des Protons als drei punktförmige „Valenzquarks" zu sehen. Im naiven Partonmodell, wo die Quarks als punktförmig und frei angenommen werden, werden durch eine weitere Steigerung von q^2 keine feineren Strukturen freigelegt (siehe Abb. 8.26(b)).

In einem Modell mit wechselwirkenden Quarks erwartet man jedoch mit weiter zunehmendem q^2 signifikante Änderungen, da der Austausch von Gluonen zwischen den Quarks impliziert, daß Quarks eine „Struktur" haben. Wenn die Sonde unseres virtuellen Photons zunehmend kleinere Abstände abtastet, so erweist sich, was bei grober Auflösung als ein einzelnes Quark erschien, zum Beispiel als ein Quark, das ein Gluon abgestrahlt hat, welches wiederum in ein Quark-Antiquark-Paar übergegangen ist. Dieser Prozeß entspricht der Vakuumpolarisation (Erzeugung virtueller e^+e^--Paare) in der QED (siehe Abb. 6.10). Bilder des Nukleons im Modell wechselwirkender Quarks sind in Abb. 8.26(b) und (c) dargestellt.

Die Auswirkungen der Wechselwirkung zwischen den Quarks auf das Verhalten der Nukleon-Strukturfunktionen können qualitativ anhand von Abb. 8.27 verstanden werden. In (a) absorbiert ein Quark, das den Impulsbruchteil y des Nukleons trägt, ein Photon mit dem Viererimpuls q_0. Für $q^2 \gg q_0^2$ wird dasselbe Quark jedoch dissoziiert gesehen in ein Quark mit dem Viererimpulsanteil $x < y$ und ein Gluon mit dem Impulsbruchteil $y - x$. Für große x (typisch $x > 0.3$) wird die Quarkverteilung (d.h. Struktur-

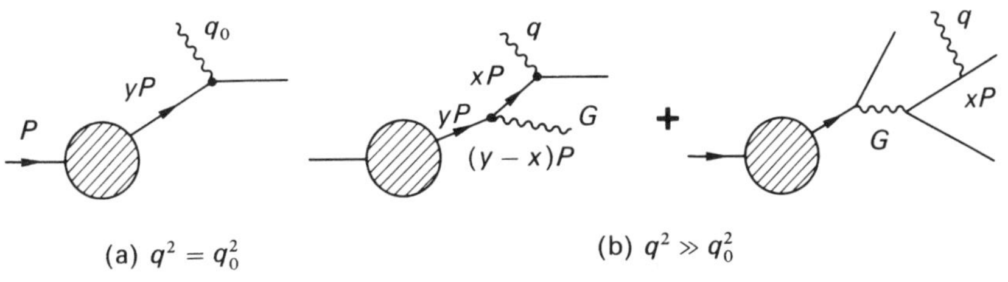

Abbildung 8.27

funktion) mit zunehmendem q^2 also zusammenschrumpfen. Bei sehr kleinen x-Werten kann aber andererseits die zunehmende Anzahl von Gluonen Quark-Antiquark-Paare bilden, die in der Lage sind, das virtuelle Photon zu absorbieren, und damit ein Anwachsen der Strukturfunktion in diesem Bereich bewirken (Abb. 8.27(b)). Dieses generelle Verhalten wird in jeder Feldtheorie wechselwirkender Quarks erwartet und ist nicht spezifisch für die QCD. Abbildung 8.28 zeigt konkrete Beispiele für die Entwicklung der Strukturfunktionen mit zunehmendem q^2. Die Verlagerung hin zu kleinen x wird deutlich sichtbar. Diese Abweichungen von einem skaleninvarianten Partonmodell wurden zuerst in Myon-Streuexperimenten am Fermilab, Chicago im Jahre 1973 beobachtet (Fox et al. 1974).

8.12.1 Die laufende Kopplungskonstante: Quantitative Vorhersagen der QCD

In Abschnitt 6.8 haben wir die Strahlungskorrekturen der QED zum magnetischen Moment des Elektrons und des Myons beschrieben. Der Ausdruck $(g-2)/2$ wurde dabei durch eine Potenzreihe in der Feinstrukturkonstante α angegeben, wie sie z.B. an einem Josephson-Übergang gemessen werden kann. Bis zu einem gewissem Grade kann die vollständige Potenzreihe durch eine Korrektur erster Ordnung in α approximiert werden, wobei dann α jedoch von den beteiligten Massen und den Impulsüberträgen der beitragenden virtuellen Prozesse abhängt. Für das anomale magnetische Moment können wir daher immer schreiben

$$\frac{g-2}{2} = \frac{0.5}{\pi}\alpha_{\text{eff}}, \tag{8.69}$$

mit einem α_{eff}, das für das Myon größer ist als für das Elektron. De facto behandeln wir α als „laufende Kopplungskonstante", deren Wert von den Massen und Impulsüberträgen des speziell betrachteten Falles abhängt. Dieses Verfahren ist nicht so willkürlich, wie es zunächst erscheint. Wir hatten bereits früher festgestellt, daß der Versuch, „nackte" Kopplungskonstanten, Ladungen oder Massen — α_0, e_0, m_0 — zu definieren, in der QED zu Unendlichkeiten führte, die aus Selbstenergiebeiträgen herrührten, und waren gezwungen, diese Größen durch renormierte, physikalisch gemessene

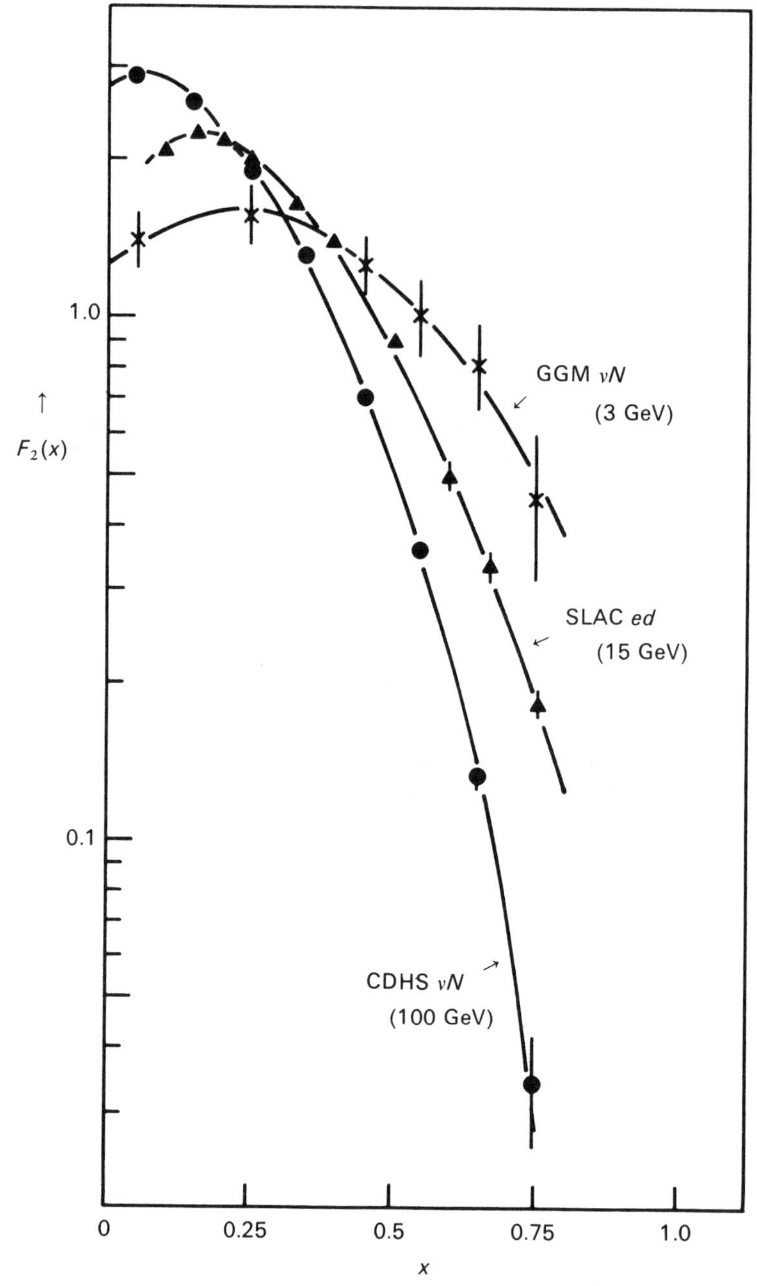

Abbildung 8.28 (a) Die Strukturfunktion $F_2(x)$, in der Neutrino- oder Elektron-Nukleon-Streuung, gemessen bei verschiedenen Leptonenergien. Die Darstellung illustriert, wie sich die Strukturfunktion mit zunehmender Energie und zunehmendem mittleren q^2 zu kleineren Werten von x verlagert.

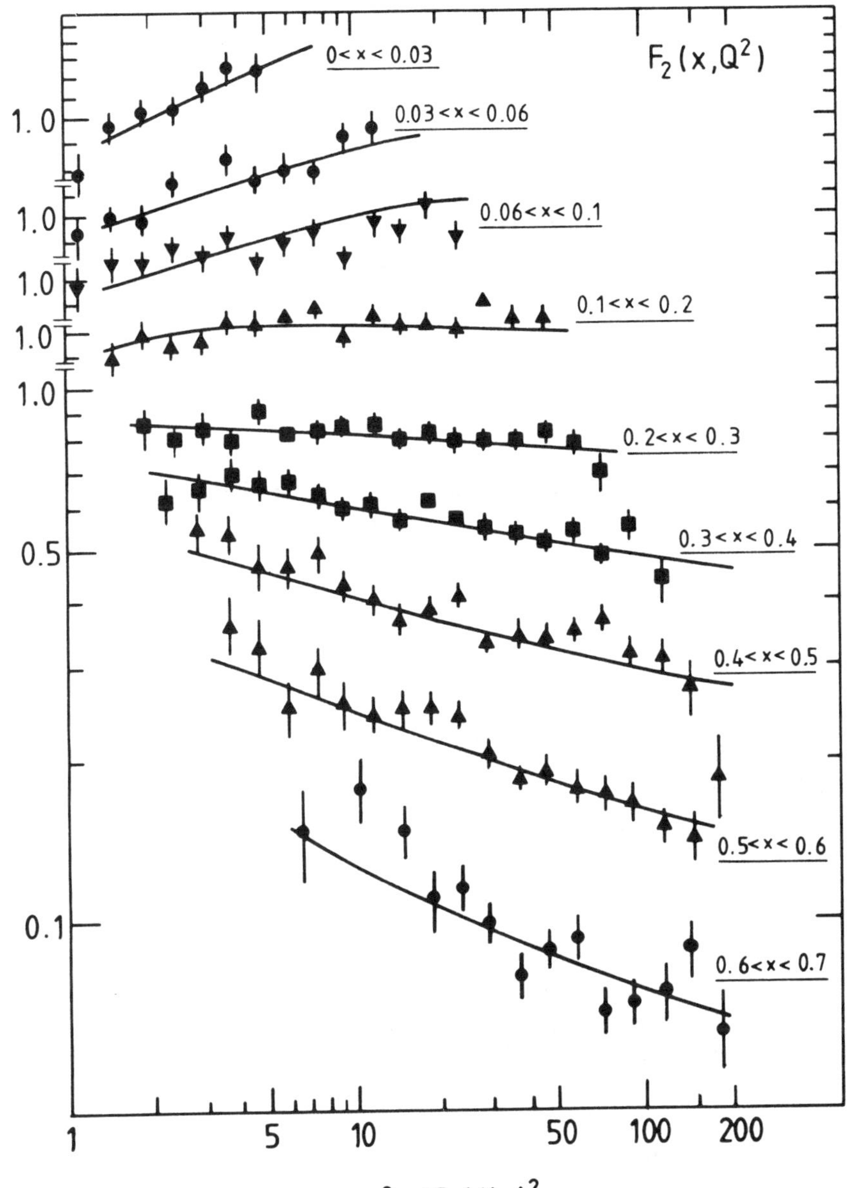

Abbildung 8.28 (b) $F_2^{\nu N}(x,q^2)$, gemessen von dem Zählerexperiment der CERN-Dortmund-Heidelberg-Saclay-Kollaboration (siehe Abb. 2.24), für verschiedene feste x als Funktion von q^2 aufgetragen. Zum Vergleich siehe Abb. 8.8, wo Resultate aus einem Elektronstreuexperiment für x=0.25 dargestellt sind. Für kleine x ist mit zunehmendem q^2 ein Anwachsen zu sehen, und für große x ein noch deutlicherer Abfall. Die durchgezogenen Linien geben eine Parametrisierung der Quarkverteilungen an, mit einer q^2-Abhängigkeit, wie sie von der QCD für Λ=0.3 GeV vorhergesagt wird. (Aus de Groot et al. 1979.)

Abbildung 8.29

Werte ersetzen. Die laufende Kopplungskonstante drückt den Wert von α bei einem beliebigen q^2 durch den Wert an einer Stelle q_0^2 aus (wodurch die Einführung einer nackten Kopplung vermieden wird). Die entsprechende Relation lautet näherungsweise

$$\alpha(q^2) = \frac{\alpha(q_0^2)}{1 - \frac{\alpha(q_0^2)}{3\pi} \ln\left(\frac{q^2}{q_0^2}\right)}, \tag{8.70}$$

so daß die Änderung in α, wenn wir von einem Prozeß mit einem typischen Impulsübertrag q_0^2 zu einem mit $q^2 > q_0^2$ übergehen, logarithmisch von q^2/q_0^2 abhängt. Gleichung (8.70) erhält man durch Aufsummieren der Korrekturen höherer Ordnung, die Terme der generellen Form $\alpha^n[\ln(q^2/q_0^2)]^m$ enthalten, wovon man jedoch nur die führenden Logarithmen, d.h. $m = n$, berücksichtigt („Leading Log Approximation"). Es muß betont werden, daß dies ein approximatives Verfahren darstellt, das es bei der Berechnung von Korrekturen höherer Ordnung vermeidet, eine im Allgemeinen praktisch nicht mehr handhabbare Zahl von Feynman-Diagrammen aufzusummieren (in der QED z.B. bereits 72 für den α^3-Term in der Berechnung von $(g-2)$ für das Elektron oder Myon, wesentlich mehr bei entsprechenden QCD-Rechnungen). Wir bemerken, daß die effektive Kopplung α der QED mit abnehmendem q bzw. zunehmendem typischen Abstand $r \simeq 1/q$ kleiner wird. Dies ist ein in polarisierbaren (dielektrischen) Medien wohlbekannter Effekt. Eine Probeladung in einem solchen Medium bewirkt ein Potential, das für Abstände, die größer oder vergleichbar den molekularen Dimensionen sind, kleiner als das Coulomb-Potential im Vakuum ist; mit anderen Worten, das Dielektrikum bewirkt einen Abschirmeffekt (Abb. 8.29). In Wirklichkeit ist das Medium gar nicht notwendig. Selbst im Vakuum emittiert oder absorbiert eine Probeladung ständig virtuelle Photonen, die vorübergehend e^+e^--Paare bilden können und damit ebenfalls eine Abschirmung bewirken — die sogenannte Vakuumpolarisation. Für sehr kleine

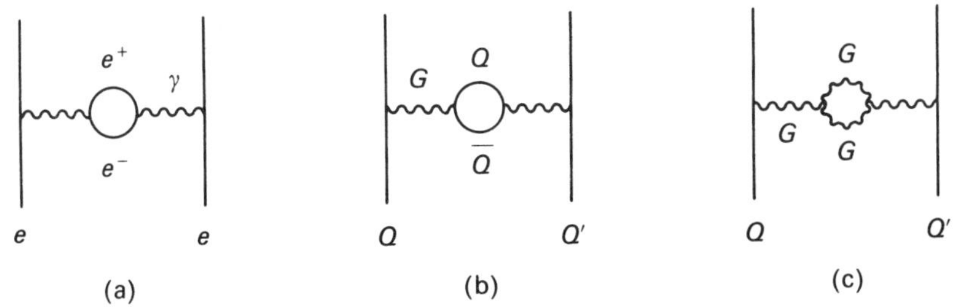

Abbildung 8.30

Abstände verschwindet diese Abschirmung und man sieht das Potential der nackten Ladung.*)

In der QCD kann die Quark-Quark-Wechselwirkung ebenfalls mit einer laufenden Kopplungskonstante beschrieben werden. Auch hier erzeugen virtuelle Quark-Antiquark-Paare eine Abschirmung der Farbladung eines Probe-Quarks, Abb. 8.30(b). Da die Wechselwirkung jedoch nichtabelsch ist, kann ein Gluon anstelle eines Quark-Antiquark-Paares auch ein Gluon-Paar bilden, das für gewisse Polarisationszustände einen Anti-Abschirmeffekt bewirkt (Abb. 8.30(c)). In der „Leading Log Approximation" hat $\alpha_s(q^2)$ die Form

$$\alpha_s(q^2) = \frac{\alpha_s(q_0^2)}{1 + B\alpha_s(q_0^2)\ln(q^2/q_0^2)} = \frac{1}{B\ln(q^2/\Lambda^2)}, \qquad (8.71)$$

mit $B = (33 - 2f)/12\pi$. In dem zweiten Ausdruck haben wir die Ersetzung $\Lambda^2 = q_0^2 \exp[-1/B\alpha_s(q_0^2)]$ gemacht. Vorausgesetzt, daß die Zahl der Quark-Flavors $f < 17$ ist, folgt also, daß $\alpha_s(q^2)$ mit zunehmendem q^2 kleiner wird. Der Effekt der Gluon-Selbstkopplung ist ein „nach Außen tragen" der Farbladung, und dieser wird mit zunehmendem q^2 größer. Die Abnahme von α_s bei großen q^2 (oder kleinen Abständen) wurde im Detail erstmals von Gross und Wilczek (1973) und Politzer (1974) diskutiert. Aus Gl. (8.71) folgt, daß im Bereich asymptotisch großer q^2-Werte $\alpha_s(q^2) \to 0$ geht, d.h., die Quarks verhalten sich wie freie Teilchen. Dieses Phänomen wird als „Asymptotische Freiheit" bezeichnet und repräsentiert genau das, was im Partonmodell quasi-freier Quarks vorausgesetzt wird. Für $q^2 \simeq \Lambda^2$ wird $\alpha_s(q^2)$ dagegen sehr groß. Obwohl die Störungstheorie an diesem Punkt sinnlos wird, hängt das Verhalten der Kopplungskonstanten vermutlich direkt mit dem Phänomen des Quarkeinschlusses bei großen Abständen („Confinement") zusammen, wie es auch aus dem Potential (8.52) folgt.

*) Aufgrund der Unschärferelation sind virtuelle Elektron-Positronpaare auf Abstände zu der Probeladung kleiner als $\lambda = h/mc$ beschränkt, so daß nur für $r < \lambda$ Abschirmeffekte wirklich bedeutsam werden. Für $r \gg \lambda$ nehmen diese Effekte drastisch ab, und das Potential nähert sich sehr schnell dem Coulomb-Verhalten an (siehe Gell-Mann und Low 1954).

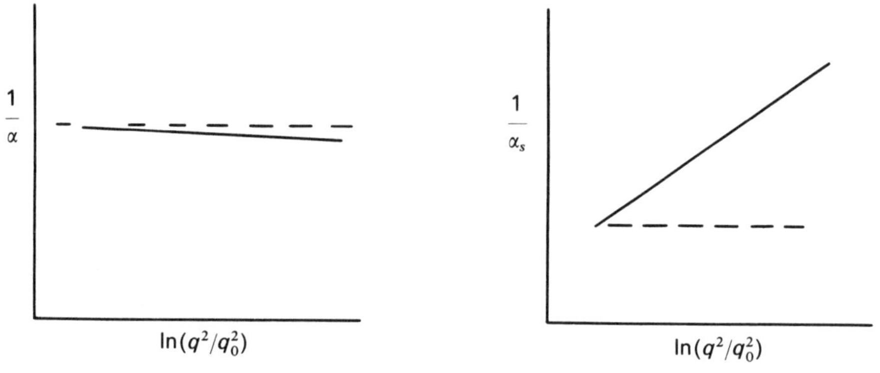

Abbildung 8.31 Der Kehrwert der laufenden Kopplungskonstante als Funktion von q^2, für (links) die QED und (rechts) die QCD.

Die unterschiedliche q^2-Abhängigkeit von α und α_s ist in Abb. 8.31 dargestellt.

8.12.2 Die Entwicklung der Strukturfunktionen mit q^2

Im Grenzfall $\alpha_s(q^2) \ll 1$, wo die Näherungsformel (8.71) gültig ist, d.h. für $q^2 \gg \Lambda^2$ liefert die Theorie quantitative Vorhersagen über die q^2-Entwicklung der Quarkverteilungen (Strukturfunktionen). Angenommen, $u(x, q_0^2)$ beschreibe die Quarkverteilung für $q^2 = q_0^2$. Dann kann diese, wie bereits erläutert, für $q^2 > q_0^2$ durch Gluonabstrahlungsprozesse modifiziert werden. Da keine weitere Energie- oder Massenskala in diesem Problem auftritt, wird die relative Änderung von $u(x)$ proportional zur relativen Änderung von q^2 sein, und wir können schreiben (Altarelli und Parisi (1977))

$$\begin{aligned} \frac{q^2 du(x,q^2)}{dq^2} &= \frac{du(x,q^2)}{d\ln q^2} \\ &= \frac{\alpha_s(q^2)}{2\pi} \int_{y=x}^{y=1} u(y,q^2) P_{QQ}\left(\frac{x}{y}\right) \frac{dy}{y}. \end{aligned} \tag{8.72}$$

Die Bedeutung dieser Gleichung wird aus Abb. 8.27 evident. Ein Quark mit einem Impulsanteil x, welches den Viererimpuls q des Stromes absorbiert, stammt aus einem Quark mit dem Impulsanteil $y > x$, welches ein Gluon mit dem Impulsbruchteil $y - x$ abgestrahlt hat. Die Wahrscheinlichkeit für diesen Prozeß ist proportional zu α_s und proportional der Wahrscheinlichkeit, daß ein Quark nach der Emission des Gluons noch den Bruchteil $z = x/y$ seines Anfangsimpulses besitzt. Diese wird von der sogenannten „Splitting Function" $P_{QQ}(z)$ angegeben. Die funktionale Form von P_{QQ} für die Abstrahlung eines Vektorteilchens durch ein Fermion ist

$$P_{QQ}(z) = \frac{4}{3} \frac{(1 + z^2)}{(1 - z)}. \tag{8.73}$$

Diese Form der z-Abhängigkeit wurde bereits 1934 von Weizsäcker und Williams für die Abstrahlung eines virtuellen Photons durch ein Elektron abgeleitet: bei der Übertragung auf die QCD findet man lediglich als zusätzlichen Koeffizienten den Farbfaktor $4/3$ (siehe Anhang J).

Gleichung (8.72) gilt für die „Valenz"quarkverteilungen $u(x, q^2)$ und $d(x, q^2)$ des Nukleons, die aus den Differenzen des Elektron-Proton- und des Elektron-Neutronwirkungsquerschnitts oder der Neutrino- und Antineutrinowirkungsquerschnitte bestimmt werden können, in denen sich die Effekte der $Q\bar{Q}$-Paare aus dem „See" gerade aufheben. Die Entwicklung der Seequarkverteilungen selbst kann durch eine zu (8.72) analoge Gleichung beschrieben werden, die jedoch einen zusätzlichen Beitrag daher hat, daß Gluonen in $Q\bar{Q}$-Paare übergehen können. Dies führt mit zunehmendem q^2 zu einem Anwachsen der Seequarkverteilungen bei kleinen x.

Der wesentliche Punkt ist, daß für eine Quarkverteilung $u(x, q_0^2)$, die im Bereich von x bis 1 gegeben ist, die logarithmische Ableitung nach q^2, und damit die Entwicklung der Verteilung mit q^2, durch α_s bestimmt ist. Ein typisches Beispiel für Quarkverteilungen (Strukturfunktionen) aus einem neueren Experiment ist in Abb. 8.28(b) gezeigt. Anhand solcher Daten kann der Wert von α_s und damit der Parameter Λ aus Gl. (8.71) abgeschätzt werden. Typische Werte für Λ liegen im Bereich von 0.1–0.5 GeV. Aus der Kleinheit von Λ folgt, daß in dem betrachteten q^2-Bereich auch α_s klein ($\simeq 0.2$) ist, und damit, daß die q^2-Abhängigkeit der Strukturfunktionen nur schwach und somit schwierig zu messen ist.

Aus experimentellen Daten zu $Q(x)$ und $\bar{Q}(x)$ als Funktion von q^2 zusammen mit den QCD-Entwicklungsgleichungen ist es möglich, die Gluonverteilung $G(x, q^2)$ zu bestimmen. Wenn wir ganz grob die Form der Impulsverteilungen durch $(1 - x)^n$ beschreiben, so finden wir für die Valenzquarks $n \simeq 3$, für die Gluonen $n \simeq 5$ und für die Seequarks $n \simeq 7$.

8.12.3 Vergleich der Quark- und Gluonverteilungen aus der Lepton-Nukleon Streuung und dem Prozeß $p\bar{p} \to 2$ Jets

In Abschnitt 8.9 haben wir beschrieben, wie die zwei-Jet-Ereignisse der Experimente am $p\bar{p}$-Collider es gestatten, die Kombination von Strukturfunktionen

$$F(x) = G(x) + \frac{4}{9} + [Q(x) + \bar{Q}(x)] \tag{8.74}$$

zu bestimmen, wobei $G(x)$, $Q(x)$ und $\bar{Q}(x)$ die Verteilungsfunktionen der Impulsanteile für Gluonen, Quarks und Antiquarks bezeichnen. Die Punkte in Abb. 8.32 zeigen die (normierten) $p\bar{p}$-Collider Daten der Experimente

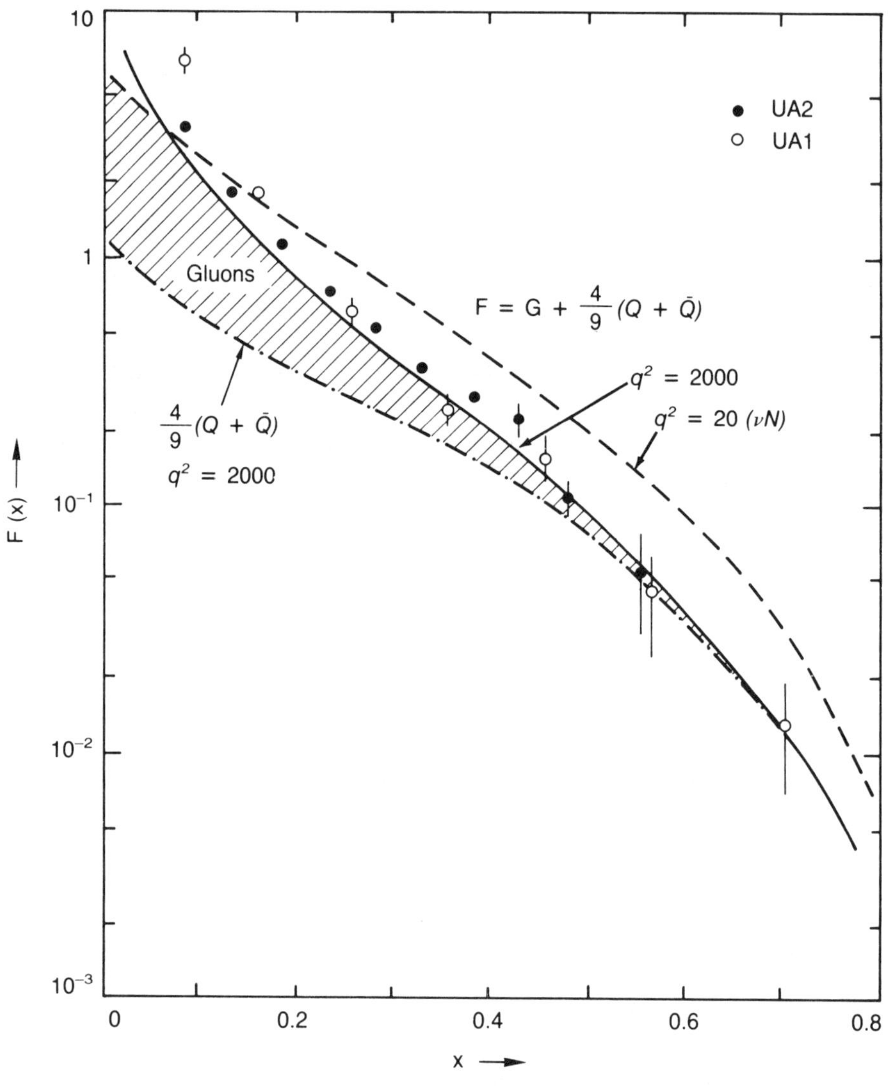

Abbildung 8.32 Die Punkte zeigen die Kombination von Strukturfunktionen $G + {}^4\!/\!_9(Q+\bar{Q})$ von Gluonen, Quarks und Antiquarks, wie sie aus dem zwei-Jet-Wirkungsquerschnitt am CERN $p\bar{p}$-Collider ($q^2 \simeq 2000$ GeV^2) bestimmt wurde. Die gestrichelte Linie stellt dieselbe Kombination dar, wie sie in der Neutrino-Nukleon-Streuung bei $q^2 \simeq 20$ GeV^2 gemessen wurde. Die durchgezogene Linie erhält man, wenn man diese gemäß der QCD-Vorhersage zu $q^2 = 2000$ GeV^2 entwickelt (mit $\Lambda = 0.2$ GeV). Die gestrichpunktete Linie schließlich ist der Beitrag, den man erhält, wenn man dabei nur Quarks und Antiquarks berücksichtigt.

UA1 und UA2 am CERN. Die gestrichelte Kurve ist die Kombination (8.74), wie man sie aus den Daten (zum Beispiel Abb. 8.28(b)) von Neutrinostreuexperimenten in einem q^2-Bereich 5–150 GeV^2 bei einem mittleren q^2 von 20 GeV^2 erhält. Die durchgezogene Linie erhält man durch die q^2-Entwicklung dieser Verteilung mit $\Lambda = 0.2$ GeV zum kinematischen Bereich der Collider-Daten bei $q^2 \simeq 2000$ GeV^2. Angesichts der völligen Andersartigkeit der Experimente ist die Übereinstimmung dieser Extrapolation mit den Daten beeindruckend. Die Diskrepanz bei kleinen x ist auch nicht völlig unerwartet, da hier die Information über die Gluonverteilung aus den Neutrinodaten äußerst unsicher ist. Die Bedeutung der Gluonkomponente in diesem Bereich wird durch die gestrichpunktete Kurve hervorgehoben, die sich ergibt, wenn man ausschließlich die Quark- und Antiquarkbeiträge berücksichtigt.

8.13 Zusammenfassung über die QCD

Wir haben gesehen, daß der Erfolg des Partonmodells, wonach die Hadronen aus quasifreien Quark- und Gluon-Konstituenten aufgebaut sind, durch die bei großen Impulsüberträgen relativ schwache Farbkraft, d.h. $\alpha_s < 1$, zwischen den Quarks verstanden werden kann. Die $p\bar{p}$-Collider Daten sind in Übereinstimmung mit der Annahme eines Coulombartigen $(1/r)$-Potentials für Stöße bei kleinen Abständen (hohes q^2). Die Charakteristika der drei-Jet-Ereignisse in der e^+e^--Vernichtung und die Entwicklung der Nukleon-Strukturfunktionen mit q^2 sind konsistent mit der Vorhersage der QCD. Sowohl diese Daten, als auch die aus $p\bar{p}$-Kollisionen implizieren die Existenz der Gluon-Gluon-Streuung vermittels Ein-Gluon-Austausch, d.h. den nichtabelschen Charakter der QCD. Alle Experimente bestätigen die Vektornatur des Gluons.

Als Feldtheorie konnte die QCD nicht in derselben Weise, wie in Kapitel 6 für die QED beschrieben, experimentell bestätigt werden. Die Probeteilchen der QED — Leptonen und Photonen — existieren als freie Teilchen, wohingegen Quarks und Gluonen in Hadronen eingeschlossen sind. Daher ist die Interpretation der experimentellen Resultate durch Wechselwirkungen zwischen den Quarks des Nukleons, die direkt an einem harten Streuprozeß (an einem Lepton oder einem Quark eines anderen Hadrons) beteiligt sind, und den „Zuschauer-" („Spectator-") Quarks erschwert. Diese „Kommunikation" geschieht über Gluonpropagatoren, deren Einfluß mit $1/q^2$, $1/q^4$ etc. abfällt, und daher bei großen q^2 im Vergleich zu der $\alpha_s \simeq 1/\ln q^2$-Abhängigkeit des primären Prozesses vernachlässigbar ist. Solche „Higher Twist" Beiträge zu vermeiden, ist eine der Motivationen für den Bau eines hochenergetischen ep-Colliders (Tabelle 2.1), der in der Lage ist, Werte von $q^2 \simeq 20000$ GeV^2 zu erreichen.

Die nichtabelsche Struktur der QCD impliziert, daß α_s logarithmisch mit q^2 abnimmt: die experimentellen Resultate sind konsistent mit einem solchen Verhalten, beweisen es bisher aber nicht. Schließlich müssen wir nochmals betonen, daß α_s bei kleinen q^2 groß wird und daher der oben diskutierte perturbative Zugang (Entwicklung nach Potenzen von α_s) versagt. Speziell der Mechanismus des Farbeinschlusses („Color Confinement") bei großen Abständen ist nicht verstanden.

Trotz dieser Probleme bezweifelt heute niemand, daß die QCD extrem erfolgreich ist und zumindest einen wichtigen Teil einer endgültigen vollständigen Theorie der starken Wechselwirkung ausmachen wird.

Aufgaben

8.1. Zeigen Sie, daß der Impulsanteil eines Partons im Nukleon durch

$$\xi = x\left[1 - \frac{M^2x^2 - m^2}{q^2} + \cdots\right],$$

gegeben ist, wenn wir in der aus dem Partonmodell abgeleiteten Beziehung (8.12) die Nukleonenmase M und die Masse m des gestreuten Partons nicht vernachlässigen. Es sei wieder $q^2 \gg M^2x^2$ oder m^2 und, wie definiert, $x = q^2/2M\nu$.

8.2 Die Quark- bzw.Antiquarkverteilungen im Nukleon bzw. Pion haben die Form $A(1-x)^3$ bzw. $B(1-x)$. Geben Sie einen Ausdruck für den invarianten Wirkungsquerschnitt der Produktion von Myon-Paaren der Masse m in der Pion-Nukleon-Streuung an, und zwar für den Grenzfall $\tau = m^2/s \ll 1$, wobei s das Quadrat der Schwerpunktsenergie ist.

8.3 Das Verhältnis der totalen Wirkungsquerschnitte für die Streuung von Neutrinos bzw. Antineutrinos an Nukleontargets werde in einem Experiment zu $R = 0.5$ gemessen. Bestimmen Sie das Verhältnis der Impulsanteile des Nukleons, die von Antiquarks bzw. Quarks getragen werden, und berechnen Sie den Mittelwert von y (definiert durch (8.17)) für Neutrino- und Antineutrinoereignisse.

8.4 Zeigen Sie, daß der elastische Formfaktor des Nukleons aus Gl. (6.28) bei großen q^2 die Form hat, welche naiv im Rahmen der QCD erwartet wird, wenn das „gestoßene" Quark zusammen mit den beiden „Spectator"-Quarks den Rückstoß kohärent aufnimmt, und die Wechselwirkung zwischen dem gestoßenen und den Spectatorquarks dabei durch den Austausch eines Gluons erfolgt.

8.5 Nehmen Sie an, daß die Impulsverteilungen der u-Quarks im Proton und der $\bar{d}$-Quarks im Antiproton die Form

$$F_u(x) = xu(x) = a_1(1-x)^3,$$
$$F_{\bar{d}}(x) = x\bar{d}(x) = a_2(1-x)^3$$

haben, wobei x die Bjorkensche Skalenvariable ist (Impulsanteil des Nukleons, der von den Quarks getragen wird). Finden Sie die Koeffi-

zienten a_1 und a_2 für Fall, daß die Quarks insgesamt die Hälfte des Nukleonenimpulses tragen.
Benutzen Sie den Wert σ_0 des maximalen Wirkungsquerschnitts für den Prozeß $u\bar{d} \to W^+$ wie er in (7.69) abgeleitet wurde, und integrieren Sie diesen über die oben angegebenen Quarkverteilungen, um den Wirkungsquerschnitt σ für die Reaktion $p\bar{p} \to W^+ \ldots + X$ als Funktion der $p\bar{p}$-Schwerpunktsenergie $\sqrt{s}$ anzugeben. Drücken Sie σ durch σ_0, $p = M_W^2/s$, die totale Breite Γ_W und die Masse M_W des intermediären Vektorbosons aus. Berechnen Sie σ für $\sqrt{s} = 0.3$, 1.0 und 10 TeV. ($M_W = 83$ GeV, $\Gamma_W = 2.7$ GeV).

Literatur

Close, F.E., „The quark parton model", *Rep. Prog. Phys.* **42**, 1285 (1979).

Close, F.E., *An Introduction to Quarks and Partons*, Academic Press, New York, 1979.

Drees, J. and H. Montgomery, „Muon scattering", *Ann. Rev. Nucl. Part. Science* **33**, 383 (1983).

Eisele, F., „High energy neutrino interactions", *Rep. Progr. Phys.* **49**, 233 (1986).

Feynman, R.P., *Photon-Hadron Interactions*, Benjamin, New York, 1972.

Fisk, H. and F. Sciulli, „Charged current neutrino interactions", *Ann. Rev. Nucl. Part. Science* **32**, 499 (1982).

Francis, W.F. and T.B.W. Kirk, „Muon scattering at Fermilab", *Phys. Rep.* **54**, 307 (1979).

Friedman, J.I. and H.W. Kendall, „Deep inelastic electron scattering", *Ann. Rev. Nucl. Science* **22**, 203 (1972).

Harari, H., „Quarks and leptons", *Phys. Rep.* **42**, 235 (1978).

Hofstadter, R., „Nuclear and nucleon scattering of high-energy electrons", *Ann. Rev. Nucl. Science* **7**, 231 (1957).

Jacob, M. and P. Landshoff, „Inner structure of the proton", *Sci. Am.* **243**, 46 (Mar. 1980).

Lederman, L.M., „Lepton production in hadron collisions", *Phys. Rep.* **26**, 149 (1976).

Perkins, D.H., „Inelastic lepton nucleon scattering", *Rep. Prog. Phys.* **40**, 409 (1977).

Schwitters, R.F. and K. Strauch, „The physics of e^+e^- collisions", *Ann. Rev. Nucl. Science* **26**, 89 (1976).

Tung-Mow Yan, „The parton model", *Ann. Rev. Nucl. Science* **26**, 199 (1976).

West, G.B., „Electron scattering from atoms, nuclei, and nucleons", *Phys. Rep.* **18c**, 264 (1975)

Kapitel 9

Die Vereinheitlichung der elektroschwachen und anderer Wechselwirkungen

Im Kapitel 1 wurde bereits gezeigt, daß es in der Natur verschiedene Arten von Wechselwirkungen oder Feldern zwischen Teilchen gibt. Jedes dieser Felder hat seine charakteristischen Eigenschaften, wie z.B. sein Raum-Zeittransformationsverhalten (Vektor, Tensor usw.), seine bei der Wechselwirkung beachteten Erhaltungssätze, seine charakteristische Kopplungskonstante, die die Reaktionswirkungsquerschnitte bestimmt usw. (siehe Tabellen 1.4, 1.5 im Kapitel 1).

Die Stärke der Gravitationswechselwirkung, z.B. zwischen zwei Protonen, beträgt nur 10^{-38} der ihrer elektromagnetischen Wechselwirkung. Dies war immer ein Rätsel und die Suche nach einer Erklärung eine Herausforderung. Es gab viele Versuche, die Beziehungen zwischen den verschiedenen fundamentalen Feldern zu verstehen. In den letzten Jahren wurde es üblich anzunehmen, daß die starke, schwache, elektromagnetische und gravitationelle Wechselwirkung verschiedene Aspekte einer einzigen universellen Wechselwirkung sind, was aber erst bei ungeheuer großen Energien sichtbar sei. Bei sehr viel niedrigeren Energien ist dann anzunehmen, daß diese Symmetrie aus irgendeinem Grund stark gebrochen ist, und zwar auf Massen- bzw. Energieskalen, die winzig sind im Vergleich zu der Vereinheitlichungsenergie, die aber groß genug sind, um die gewaltigen Unterschiede zwischen den Wechselwirkungen zu erzeugen, die man in Laborexperimenten mißt.

Der erste erfolgreiche Versuch, zwei Wechselwirkungen zu vereinheitlichen, wurde 1865 von Clerk Maxwell unternommen. Er zeigte, daß sich Elektrizität und Magnetismus in einer einzigen Theorie vereinheitlichen lassen. Sie enthält ein Vektorfeld (das elektromagnetische Feld), das zwischen Ladungen und Strömen wechselwirkt. In den Maxwell-Gleichungen wird eine freie Konstante eingeführt — die Lichtgeschwindigkeit c —, deren Wert nicht von der Theorie vorhergesagt wird, sondern experimentell bestimmt werden muß. Ende der sechziger Jahren zeigten Weinberg, Salam und Glashow, wie man vielleicht die elektromagnetische und die schwache Wechselwirkung als verschiedene Aspekte einer elektroschwachen Wechselwirkung mit einer einzigen Kopplungskonstante e behandeln kann. Diese Symmetrie zwischen elektromagnetischer und schwacher Wechselwirkung würde sich nur bei großen Impulsüberträgen ($q^2 > 10^4$ GeV^2 zeigen. Bei kleinen Energien handelt es sich um eine *gebrochene Symmetrie*; von den vier beteiligten Vektorbosonen ist eines masselos (das Photon) und die anderen — W^+, W^-, Z^0 — besitzen eine Masse. Daher ist die schwache Wechselwirkung von kurzer Reichweite und erscheint uns, verglichen mit dem Elektromagnetismus, als schwach.

In der letzten Zeit wurden Versuche unternommen, die Vereinheitlichung noch weiter zu treiben, um die starke Wechselwirkung und die Gravitation mit einzubeziehen. Wir diskutieren diese sogenannten Großen Vereinheitlichten Theorien nur kurz auf den letzten Seiten dieses Kapitels, da die Ideen sehr spekulativ sind und bisher nur sehr wenig experimentelle Unterstützung haben.

9.1 Renormierbarkeit in der Quantenelektrodynamik

In den Kapiteln 1 und 2 haben wir bereits erwähnt, daß Quantenfeldtheorien die Eigenschaft der *Renormierbarkeit* haben sollen. Dies bedeutet, daß die Übergangsamplituden für die zu einer Wechselwirkung gehörenden Prozesse bei höheren Energien und höheren Ordnungen Störungstheorie in der Kopplungskonstante nicht divergieren sollen. Der Prototyp einer Feldtheorie, die Quantenelektrodynamik, enthält in der Tat divergente Terme, die von Integralen über Impulse von Teilchen in Zwischenzuständen her rühren. Man findet aber, daß man diese Divergenzen stets absorbieren kann durch umdefinieren der „nackten“ Fermionladungen und Massen, die ohnehin willkürlich wählbare Werte besitzen, indem man sie den physikalisch gemessenen Werten gleich setzt. Man kann also sagen, eine Theorie sei renormierbar, wenn durch Einführung einer *endlichen* Anzahl von zunächst willkürlichen Parametern (die man durch Experimente bestimmen muß) die vorhergesagten Amplituden für physikalische Prozesse bei allen Energien und bis in alle Ordnungen in der Kopplungskonstanten endlich bleiben. Die QED ist ein Beispiel für eine solche Theorie (und sie war lange Zeit die einzige). Sie enthält nur wenige willkürliche Parameter; h, e und m (die Elektronmasse). Experimentelle Tests der QED wurden bereits in Kapitel 6 beschrieben.

Im Gegensatz dazu enthielten frühere Theorien der schwachen Wechselwirkung, die bei niedrigen Energien und in erster Ordnung nicht divergent sind, Divergenzen in höheren Ordnungen in der Störungstheorie, die sich nur um den Preis des Einführens unendlich vieler, willkürlich festzulegender Konstanten aufheben lassen. Damit verliert man im wesentlichen jede Vorhersagekraft der Theorie. Das Wohlverhalten bei hohen Energien und das gegenseitige Wegheben divergenter Terme in allen höheren Ordnungen der Kopplungskonstanten sind daher vernünftige Ansprüche an jede physikalische Störungstheorie. Die Renormierbarkeit ist ein sehr technisches Thema und außerhalb des Anspruchs dieses Buches. Wir bemerken hier nur, daß es mit der Eigenschaft der Invarianz einer Wechselwirkung unter Eichtransformationen zusammenhängt. Dies wird später diskutiert werden (siehe auch Abschnitt 2.6.1.). Es ist daher nicht überraschend, daß in den letzten Jahren die Entwicklung von verallgemeinerten Eichtheorien voran getrieben wurde. Dies führte auch auf natürlichem Wege zur Vereinheitlichung der verschiedenen fundamentalen Wechselwirkungen.

9.2 Divergenzen in der schwachen Wechselwirkung

Im Gegensatz zur QED ist die $V-A$-(Fermi-)Theorie der schwachen Wechselwirkung stark divergent. Wir erinnern uns, daß in der Fermi-Theorie des β-Zerfalls die vier beteiligten Fermionen eine Kontaktwechselwirkung haben, die durch die Fermi-Konstante G beschrieben wird. Ein Beispiel ist der Prozeß

$$\nu_e + e^- \to e^- + \nu_e. \tag{9.1}$$

Der Wirkungsquerschnitt hat dann die Form einer Punktwechselwirkung (8.19). Unter Verwendung von (8.14) für die Ersetzung $q^2 = 2M\nu = 2MEy$ gilt:

$$\frac{d\sigma}{dq^2} = \frac{G^2}{\pi}. \tag{9.2}$$

Dabei ist q^2 das Quadrat des übertragenen Impulses. Der totale Wirkungsquerschnitt ist dann

$$\sigma_{\text{tot}}(\nu e) = \frac{G^2}{\pi} q^2_{\text{max}} = \frac{2G^2 mE}{\pi} = \frac{G^2 s}{\pi}, \tag{9.3}$$

wobei m die Elektronmasse, E die Energie des einlaufenden Neutrinos und s das Quadrat der Schwerpunktsenergie ($s = 2mE$) bezeichnet. Der Wirkungsquerschnitt hängt nur von G und dem Phasenraumfaktor ab, der mit dem Impuls im Schwerpunktsystem p^* wie $p^{*2} = s/4$ ansteigt (wir nehmen $E \gg m$ an).

Der Wirkungsquerschnitt für einen solchen elastischen Streuprozeß kann ebenso aus der Wellentheorie (Gln. (4.45) und (4.55)) hergeleitet werden. Man erhält für $\eta = 0$, Spin $s = 1/2$ für das Targetelektron und für punktförmige Streuung ($l = 0$),

$$\sigma_{\max} = \pi \lambda\!\!\!^{-2}(2l + 1)/(2s + 1) = \pi \lambda\!\!\!^{-2}/2, \tag{9.4}$$

wo $\lambda\!\!\!^- = \hbar/p^*$ die Wellenlänge im Schwerpunktsystem ist. Also sagt Gl. (9.3) einen Wert $\sigma_{\text{tot}} > \sigma_{\max}$ voraus, wenn gilt

$$\frac{4G^2p^{*2}}{\pi} > \frac{\pi}{2p^{*2}}$$

oder wenn

$$p^* > (\pi/G\sqrt{8})^{1/2} \simeq 300\,\text{GeV}/c. \tag{9.5}$$

Bei hinreichend großen Energien sagt die Fermi-Theorie also einen Wirkungsquerschnitt voraus, der die von der Wellentheorie vorhergesagte obere Schranke überschreitet. Diese war gegeben durch die Forderung, daß in jeder Partialwelle die gestreute Intensität die einlaufende Intensität nicht überschreiten darf; häufig nennt man dies auch die Unitaritätsschranke. Der eigentliche Grund für dieses problematische Hochenergieverhalten der $V-A$-Theorie (das immer schlimmer wird, wenn man Prozesse von höherer Ordnung in G — d.h. G^2, G^4 usw. — berücksichtigt) liegt darin, daß G die Dimension von Energie^{-1} hat. Wir müssen also die schwache Wechselwirkung umdefinieren unter Benutzung einer dimensionslosen Kopplungskonstanten.

In Abschnitt 7.13 diskutierten wir bereits den Vorschlag der sogenannten intermediären Vektorbosonen $W^\pm$ in der schwachen Wechselwirkung. Damit erhält man einen Propagatorterm $(1+q^2/M_W^2)^{-1}$ in der Streuamplitude, der die Wechselwirkung auf ein endliches Gebiet der Größenordnung M_W^{-1} „ausbreitet", so daß σ_{tot} in (9.3) für hohe Energien den konstanten Wert $G^2M_W^2/\pi$ annimmt. Die Unitaritätsschranke wird in einer gegebenen Partialwelle immer noch verletzt, allerdings nur noch logarithmisch. Es gibt jedoch immer noch quadratische Divergenzen in anderen, eher esoterischen Prozessen: zum Beispiel $\nu\bar{\nu} \to W^+W^-$ ist eine denkbare Reaktion, für die $\sigma_{\text{tot}} \propto s$ gilt. Man braucht daher einen Mechanismus, um die Divergenzen in der schwachen Wechselwirkung systematisch und in allen Ordnungen von G loszuwerden.

9.3 Einführung der neutralen Ströme

Abbildung 9.1 zeigt in (a) eines jener neu zu berechnenden Diagramme, die (für longitudinal polarisierte Ws) quadratische Divergenzen ergeben. Im Prinzip kann man diese Divergenzen wegheben, indem man *ad hoc* ein neutrales Boson Z^0 oder ein neues, schweres Lepton E^+ (mit der gleichen Leptonzahl wie e^- ν_e) — oder beide — einführt und die Kopplungen entsprechend wählt. Man beachte, daß das Diagramm (b) einen neutralen Strom enthält, für den es die im Abschnitt 7.10 diskutierten experimentellen Nachweise gibt. Dagegen gibt es bisher keinen Beleg für ein drittes,

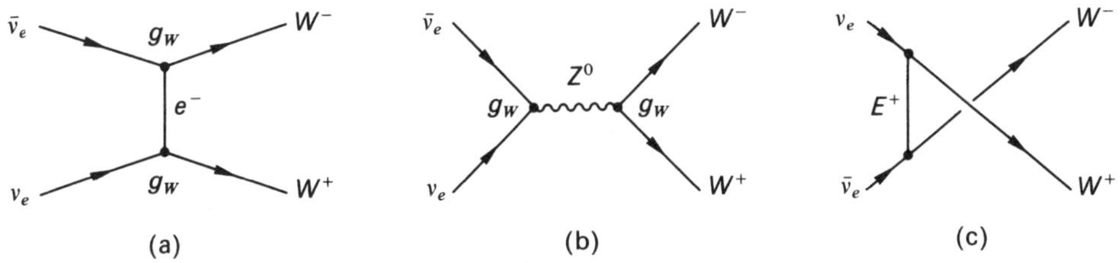

Abbildung 9.1

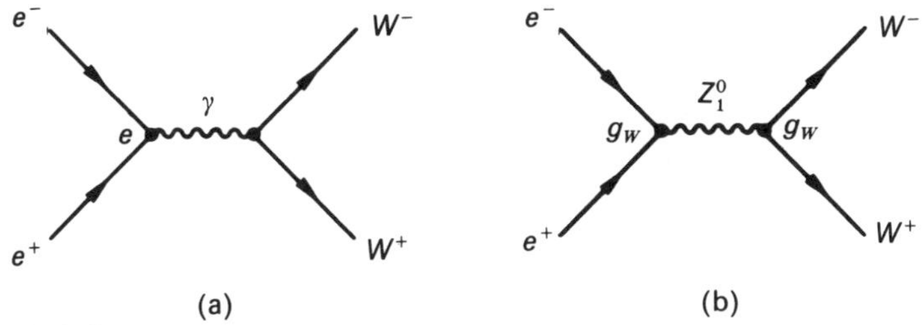

Abbildung 9.2

elektronartiges Lepton E^+, und wir werden diese Möglichkeit (c) nicht weiter berücksichtigen.

Gleichermaßen hat der elektromagnetische Prozeß $e^+e^- \to W^+W^-$ in Abb. 9.2(a) eine Divergenz, und ihre Aufhebung in dieser Ordnung kann ebenso wie in (b) durch Postulieren eines neutralen Vektorbosons Z_1^0 erreicht werden. Obwohl man das gegenseitige Wegheben der Divergenzen wie in Abb. 9.1 und 9.2 mit zwei verschiedenen Teilchen Z^0 und Z_1^0 durchführen kann, ist es einfacher, nur ein solches Teilchen zu haben. Die Natur scheint sich für diese Möglichkeit entschieden zu haben. In diesem Falle ist es klar, daß die schwache Kopplungskonstante g_W des Z^0 eine vergleichbare Größe besitzen muß wie die elektromagnetische Kopplung e. Mit anderen Worten, die *beiden Felder sind vereinheitlicht worden*, mit (abgesehen von numerischen Faktoren der Größenordnung Eins) der gleichen „inneren“ Kopplungsstärke der bosonischen Austauschteilchen W, Z^0 und γ an Leptonen, $g_W \simeq e$. In Erinnerung an (7.56) und Abb. 9.3, daß im Grenzfall kleiner q^2 gilt

$$\lim_{q^2\to 0} \frac{g_W^2}{q^2 + M_W^2} \equiv \frac{G}{\sqrt{2}}. \tag{9.6}$$

finden wir, wenn man $g_W = e$ setzt

$$M_W^2 = \frac{g_W^2\sqrt{2}}{G} = \frac{e^2\sqrt{2}}{G}. \tag{9.7}$$

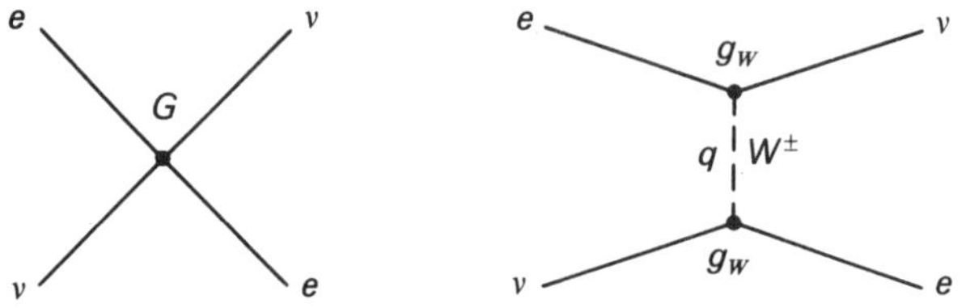

Abbildung 9.3

Wir setzen ein $e^2 = 4\pi/137$, $G = 10^{-5}$ GeV^{-2} (in den Einheiten $\hbar = c = 1$) und erhalten

$$M_{W,Z^0} \simeq 100\,\text{GeV}. \tag{9.8}$$

Dies ist ungefähr die Masse, die W- und Z^0-Teilchen haben müssen, wenn man die gleiche Kopplung wie im Elektromagnetismus fordert und eine effektive Vier-Fermionkopplung der Stärke G in der schwachen Wechselwirkung bei niedrigen Energien erhalten will.

Wir haben vielleicht den Eindruck erweckt, daß mit der Einführung eines Z^0 mit den richtigen Kopplungen alle Divergenzen im Wirkungsquerschnitt von $e^+e^- \to W^+W^-$ verschwinden. Das ist nur dann wahr, wenn man die Elektronmasse vernachlässigen kann. Hat man eine endlich große Elektronmasse, bleibt eine Divergenz bestehen, die man durch die Einführung weiterer skalarer Teilchen wegheben muß, die spezielle Kopplungen proportional zu den Leptonmassen haben. Solche Teilchen nennt man *Higgs-Skalare.*

9.4 Eichinvarianz in der QED

Wir möchten nun zunächst die Diskussion der Eichinvarianz in Abschnitt 3.6.1 in Erinnerung zurück rufen. Dort sahen wir, daß die quantenmechanische Beschreibung von Experimenten an geladenen Teilchen invariant unter lokalen Phasentransformationen der Teilchenwellenfunktionen gemacht werden konnte, wenn man ein langreichweitiges, an die Ladung koppelndes Feld einführt (das elektromagnetische Feld) und man gleichzeitig eine entsprechende lokale Eichtransformation des elektromagnetischen Potentials durchführt. Wir können dieses Argument in mathematischer Form im folgenden wiederholen.

Wir betrachten eine Phasendrehung an der Wellenfunktion $\psi(x)$ eines geladenen Teilchens, wobei x für eine Raum-Zeitkoordinate steht, der Form

$$\psi(x) \to e^{ie\theta(x)}\psi(x), \tag{9.9}$$

e sei die elektrische Ladung des Teilchens. Dann ist der Gradient

$$\frac{\partial\psi(x)}{\partial x_\mu} \equiv \partial_\mu\psi(x) \rightarrow e^{ie\theta(x)}[\partial_\mu\psi(x) + ie\psi(x)\partial_\mu\theta(x)]$$
$$\neq e^{ie\theta(x)}\partial_\mu\psi(x),$$

wobei der Raum-Zeitkoordinatenindex μ von 1 bis 4 läuft. Die Bewegungsgleichungen enthalten Terme der Form $\psi^*(x)\partial_\mu\psi(x)$, und diese sind offenbar nicht invariant unter lokalen Phasentransformationen. Wir schreiben nun eine lokale Eichtransformation für das Potential A_μ des elektromagnetischen Feldes, das an die Ladung gekoppelt ist:

$$A_\mu(x) \rightarrow A_\mu(x) + \partial_\mu\theta(x), \tag{9.10}$$

wobei die Maxwell-Gleichungen invariant bleiben, wenn man nur eine Ableitung eines beliebigen skalaren Feldes $\theta(x)$ zum Viererpotential addiert. Nun ersetzen wir ∂_μ durch die *kovariante Ableitung*, die definiert ist als

$$D_\mu = \partial_\mu - ieA_\mu, \tag{9.11}$$

was das gleiche ist wie (3.25), geschrieben in Differentialoperatorschreibweise ($p = -i\hbar\partial/\partial x_\mu$). Unter gleichzeitiger Phasentransformation von $\partial_\mu\psi(x)$ und Eichtransformation von $A_\mu(x)$ erhalten wir

$$\begin{aligned} D_\mu\psi(x) &\rightarrow e^{ie\theta(x)}[\partial_\mu\psi(x) + ie\psi(x)\partial_\mu\theta(x) - ie\psi(x)A_\mu(x) - ie\psi(x)\partial_\mu\theta(x)] \\ &= e^{ie\theta(x)}D_\mu\psi(x), \end{aligned} \tag{9.12}$$

und $\psi^*(x)D_\mu\psi(x)$ ist nun invariant. Die Tatsache, daß wir D_μ anstatt von ∂_μ benutzen müssen, spezifiziert bereits die Form der Wechselwirkung (eA_μ) der geladenen Teilchen mit dem Feld. Wie schon im Kapitel 3 gezeigt wurde, führt die Eichinvarianz der elektromagnetischen Wechselwirkung zu einem erhaltenen Strom (Ladungserhaltung) und zur Masselosigkeit des Bosons*) (Photons), das zu A_μ gehört. Entscheidend ist es, daß die Theorie eine sehr hohe Symmetrie besitzt und daher renormierbar ist, wobei sich divergente Terme in jeder Ordnung der Kopplungskonstanten e systematisch wegheben.

9.5 Verallgemeinerte Eichinvarianz

Die unendliche Menge der Phasentransformationen (9.9) bildet die unitäre Gruppe U(1). Da $\theta(x)$ eine skalare Größe ist, ist die U(1) Gruppe eine abelsche Gruppe. Kompliziertere Phasentransformationen, die durch nicht-kommutierende Operatoren erzeugt werden, sind ebenfalls möglich, sie erzeugen die sogenannten nicht-abelschen Gruppen. Yang und Mills schlugen

*) Die Eichinvarianz versagt, wenn die Bosonen eine Masse haben. Sie kann nur wiederhergestellt werden durch die Einführung zusätzlicher Wechselwirkungen (Higgs-Skalare).

im Jahre 1954 Eichtransformationen mit sowohl geladenen als auch neutralen masselosen Bosonen vor. Sie wählten speziell die Isospingruppe SU(2), die von den *nicht-vertauschenden* Pauli-Matrizen $\boldsymbol{\tau} = \tau_1, \tau_2, \tau_3$ (siehe Anhang B) erzeugt wird. Es sei daran erinnert, daß die Erhaltung des Isospins in der starken Wechselwirkung die Invarianz unter einer Isospindrehung bedingt (siehe 3.1.4):

$$\psi \to e^{ig\boldsymbol{\tau}\cdot\boldsymbol{\Lambda}}\psi, \tag{9.13}$$

wo $\boldsymbol{\Lambda}$ ein beliebiger Vektor ist, um den die Drehung im Isospinraum stattfindet, g ist eine Konstante. Wir können nun wieder fordern, daß $\boldsymbol{\Lambda}(x)$ an verschiedenen Raum-Zeitpunkten beliebig gewählt werden kann. Wir können zum Beispiel die zwei Zustände ψ eines Nukleons, Proton und Neutron, unabhängig an verschiedenen Orten wählen. Man kann nun auf die gleiche Weise wie beim Elektromagnetismus eine eichinvariante Beschreibung erhalten, indem man ein masseloses Isospin-Vektorfeld $\boldsymbol{W}_\mu$ einführt, mit geladenen und neutralen Komponenten und einer starken Kopplungskonstanten g analog zu e. Man erhält die Invarianz von $\psi^* D_\mu \psi$ unter der Transformation (9.13), indem man eine kovariante Ableitung der Form

$$D_\mu = \partial_\mu - ig\boldsymbol{\tau}\cdot\boldsymbol{W}_\mu \tag{9.14}$$

einführt, wobei eine infinitesimale Eichtransformation des Feldes $\boldsymbol{W}_\mu$ gegeben ist durch

$$\boldsymbol{W}_\mu \to \boldsymbol{W}_\mu + \partial_\mu\boldsymbol{\Lambda} - g\boldsymbol{\Lambda}\times\boldsymbol{W}_\mu. \tag{9.15}$$

Der im Vergleich mit (9.10) zusätzliche Term stammt daher, daß die Isospinmatrizen $\boldsymbol{\tau} = \tau^{(1)}, \tau^{(2)}, \tau^{(3)}$ nicht kommutieren.*) Die Transformationen (9.13) und (9.15) können verifiziert werden, indem man den Ausdruck für $\psi^* D_\mu \psi$ für den Fall schreibt, daß $\boldsymbol{\Lambda}$ infinitesimal klein ist. Dann erhält man, unter Vernachlässigung von Termen zweiter und höherer Ordnung in $\boldsymbol{\Lambda}$,

$$\begin{aligned}\psi^* D_\mu\psi &= \psi^*(\partial_\mu - ig\boldsymbol{\tau}\cdot\boldsymbol{W})\psi\\ &\to \psi^*(1-ig\boldsymbol{\tau}\cdot\boldsymbol{\Lambda})[\partial_\mu - ig\boldsymbol{\tau}\cdot(\boldsymbol{W}+\partial_\mu\boldsymbol{\Lambda}-g\boldsymbol{\Lambda}\times\boldsymbol{W})(1+ig\boldsymbol{\tau}\cdot\boldsymbol{\Lambda})]\psi\\ &= \psi^*(\partial_\mu - ig\boldsymbol{\tau}\cdot\boldsymbol{W})\psi\\ &\quad + g^2\psi^*[-(\boldsymbol{\tau}\cdot\boldsymbol{\Lambda})(\boldsymbol{\tau}\cdot\boldsymbol{W})+(\boldsymbol{\tau}\cdot\boldsymbol{W})(\boldsymbol{\tau}\cdot\boldsymbol{\Lambda})+i\boldsymbol{\tau}\cdot\boldsymbol{\Lambda}\times\boldsymbol{W}]\psi.\end{aligned} \tag{9.16}$$

Den zweiten Term kann man in Isovektorkomponenten i, j, k schreiben als

$$\begin{aligned}&\sum\tau^i W^i\sum\tau^j\Lambda^j - \sum\tau^j\Lambda^j\sum\tau^i W^i + i\sum\tau^k\sum\Lambda^j W^i\\ &\qquad = \sum W^i\Lambda^j\sum(\tau^i\tau^j-\tau^j\tau^i) - i\sum W^i\Lambda^j\sum\tau^k = 0.\end{aligned} \tag{9.17}$$

*) Fettgesetzte Buchstaben bezeichnen Isovektoren und hochgesetzte Indizes die kartesischen Komponenten im „Isospinraum“. Der Index μ steht für die Raum-Zeitkomponenten eines Vierervektors (μ=1,...,4).

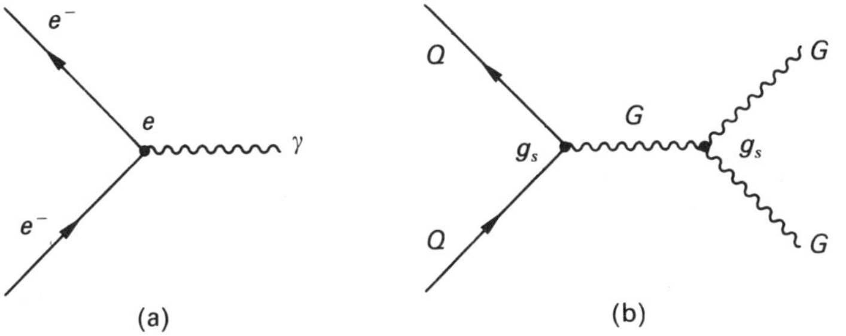

Abbildung 9.4

Demzufolge führt das Hinzunehmen des Vektorprodukts in (9.15) zur lokalen Eichinvarianz. Das bedeutet, daß $\boldsymbol{W}_\mu$ mit allen Teilchen wechselwirkt, die Isospin tragen, also auch mit sich selbst. Damit sind die $\boldsymbol{W}_\mu$-Bosonen gleichzeitig Träger und ein Teil der Verursacher der Isospinfeldes. Ein dazu analoges Beispiel ist die Gravitation, wo die Feldquanten die masselosen Gravitonen sind, die die Wechselwirkung zwischen Massen vermitteln; da jedoch die Gravitonen selber Energie und Impuls tragen, sind sie selbst auch ein Teil der Quelle des Gravitationsfeldes. Gleichermaßen sahen wir, daß in der Eichtheorie der starken Wechselwirkung, die durch die nicht-abelsche Eichgruppe der SU(3) Farbsymmetrie beschrieben wird, die Quanten (Gluonen) des Farbfeldes selbst Farbe tragen und daher an sich selbst koppeln (Abb. 9.4).

Wir bemerken allerdings, daß die hypothetischen geladenen Bosonen der Isospinfeldes masselos sind, genau wie die Photonen, und wir schließen daraus, daß die Isospinsymmetrie in der hadronischen Wechselwirkung nicht exakt sein kann (sie ist es auch nicht), da keine solchen masselosen geladenen Teilchen existieren.

9.6 Das SU(2) × U(1)-Modell von Weinberg und Salam

In den Jahren 1967 bis 1968 schlugen Weinberg und Salam eine Eichtheorie vor, die die schwache und elektromagnetische Wechselwirkung vereinheitlicht — die sogenannte elektroschwache Wechselwirkung, die auf einer SU(2) Gruppe des „schwachen Isospins“ I und einer U(1) Gruppe der „schwachen Hyperladung“ Y (einer Phasentransformation) beruht. Sie verwenden einen Prozeß, den man „spontane Symmetriebrechung“ nennt, der die Eichbosonen mit Masse versieht, ohne die Renormierbarkeit der Theorie zu zerstören. Das kann mit Hilfe eines Isospindubletts von skalaren Mesonen erreicht werden, sogenannte Higgs-Skalare, die über ihre Selbstwechselwirkung eine Masse für die Eichbosonen erzeugen; wir erwähnten sie bereits im Zusammenhang mit der Beseitigung von Divergenzen im Prozeß $e^+e^- \to W^+W^-$. Dieses Thema kann hier nicht behandelt werden, der Leser sei auf die Bibliographie dieses Kapitels verwiesen. Um den Preis zusätzlicher skalarer Teilchen wird den Quanten des „schwachen Isospinfeldes“ Masse gegeben und die Theorie bleibt dennoch renormierbar. Die entscheidende Frage der Renormierbarkeit wurde erst 1971 von 't Hooft geklärt, bis dahin wurde die Theorie nicht sehr ernst genommen. Die fundamentalen Vektorbosonen sind ein masseloses Isotriplett $\boldsymbol{W}_\mu = W_\mu^{(1)}$, $W_\mu^{(2)}$, $W_\mu^{(3)}$ (für die SU(2)) und ein masseloses Isosinglett B_μ (für die U(1)). Infolge der spontanen Symmetriebrechung erhalten drei Bosonen (das W_μ^+, W_μ^- und Z_μ^0) eine Masse und eines (das A_μ oder Photon) bleibt masselos. Diese vier Bosonen sind Kombinationen aus den $\boldsymbol{W}_\mu$ und aus B_μ, wie später diskutiert wird. Es gibt keine neuen Leptonen in diesem Modell, und das Wegheben von Divergenzen in Abb. 9.1 wird durch das neutrale Boson Z^0 erreicht.

Die Wechselwirkungsenergie der Fermionen mit den Feldern $\boldsymbol{W}_\mu$, B_μ (normalerweise dargestellt durch die sogenannte Lagrange-Funktion oder die Lagrange-Energiedichte $\mathcal{L}$) ist das Produkt aus den Fermionströmen mit den Feldern. Sie ist also von der Form

$$\mathcal{L} = g\boldsymbol{J}_\mu \cdot \boldsymbol{W}_\mu + g' J_\mu^Y B_\mu, \tag{9.18}$$

wo $\boldsymbol{J}_\mu$ und J_μ^Y jeweils den Isospin- bzw. den Hyperladungsstrom der Fermionen (Leptonen oder Quarks) darstellen, g und g' sind ihre Kopplungen an $\boldsymbol{W}_\mu$ bzw. $\boldsymbol{B}_\mu$, analog zur elektrischen Ladung e in (9.11). Um zu vermeiden, überall den Faktor 2 schreiben zu müssen, definieren wir die schwache Hyperladung als $Y = Q - I_3$ (anstelle von $2(Q - I_3)$ wie für die starke Hyperladung in (5.1)), wobei Q die elektrische Ladung und I_3 die dritte Komponente des schwachen Isospins bezeichnet. Dann gilt

$$J_\mu^Y = J_\mu^{\text{e.m.}} - J_\mu^{(3)}, \tag{9.19}$$

mit dem elektromagnetischen Strom $J_\mu^{\text{e.m.}}$, der an die Ladung Q koppelt und mit der dritten Komponente $J_\mu^{(3)}$ des Isospinstroms $\boldsymbol{J}_\mu$. Die physikalischen Bosonen sind die geladenen Teilchen $W_\mu^\pm$ und die neutralen Teilchen Z_μ und A_μ (das Photon). Letztere werden aus Linearkombinationen von $W_\mu^{(3)}$ und B_μ gebildet. Wir können daher schreiben (siehe Gln. (C.6) und (C.7) im Anhang C)

$$W_\mu^\pm = \frac{1}{\sqrt{2}}(W_\mu^{(1)} \pm iW_\mu^{(2)}) \tag{9.20}$$

und

$$W_\mu^{(3)} = \frac{gZ_\mu + g'A_\mu}{\sqrt{g^2 + g'^2}}, \tag{9.21}$$

$$B_\mu = \frac{-g'Z_\mu + gA_\mu}{\sqrt{g^2 + g'^2}}, \tag{9.22}$$

wobei $W_\mu^{(3)}$ und B_μ notwendigerweise orthogonal sind ($\langle W_\mu^{(3)} | B_\mu \rangle = 0$). Daher gilt

$$\begin{aligned}\mathscr{L} &= g(J_\mu^{(1)} W_\mu^{(1)} + J_\mu^{(2)} W_\mu^{(2)}) + g(J_\mu^{(3)} W_\mu^{(3)}) + g'(J_\mu^{\text{e.m.}} - J_\mu^{(3)}) B_\mu \\ &= (g/\sqrt{2})\,(J_\mu^- W_\mu^+ + J_\mu^+ W_\mu^-) + J_\mu^{(3)}(g W_\mu^{(3)} - g' B_\mu) + J_\mu^{\text{e.m.}} g' B_\mu ,\end{aligned}$$

wo $J_\mu^\pm = J_\mu^{(1)} \pm i J_\mu^{(2)}$.

Wenn man die Ausdrücke für $W_\mu^{(3)}$ und B_μ aus (9.21) und (9.22) einsetzt und definiert

$$g'/g = \tan\theta_w , \tag{9.23}$$

erhalten wir das Ergebnis

$$\mathscr{L} = \frac{g}{\sqrt{2}} (J_\mu^- W_\mu^+ + J_\mu^+ W_\mu^-) + \frac{g}{\cos\theta_w} (J_\mu^{(3)} - \sin^2\theta_w J_\mu^{\text{e.m.}}) Z_\mu + g \sin\theta_w J_\mu^{\text{e.m.}} A_\mu . \tag{9.24}$$

↑	↑	↑
schwacher geladener Strom	schwacher neutraler Strom	e.m. neutraler Strom

Diese Gleichung zeigt, daß die Wechselwirkung die schwachen geladenen Ströme (CC für den englischen Ausdruck „charged currents“), einen schwachen neutralen Strom (NC für „neutral current“) und den elektromagnetischen neutralen Strom enthält, dessen Kopplung, wie wir wissen, gleich e ist (siehe (9.11)). Also gilt

$$e = g \sin\theta_w . \tag{9.25}$$

Der Winkel θ_w wird schwacher Mischungswinkel (oder Weinberg-Winkel) genannt.

Betrachten wir nun die elektroschwache Kopplung der Leptonen. Ebenso wie die Eichbosonen tragen sie schwachen Isospin und schwache Hyperladung. Außerdem wissen wir, daß die schwache Wechselwirkung der geladenen Ströme (die durch die $W^\pm$ übertragen wird) die Parität verletzt. Auf der anderen Seite ist die elektromagnetische Wechselwirkung (der letzte Term in (9.24)) paritätserhaltend und es sind sowohl LH- als auch RH-Eigenzustände des Elektrons beteiligt. Daher ordnen wir den Leptoneigenzuständen ein LH-Dublett und ein RH-Singlett zu, und zwar folgendermaßen:

$$\psi_L = \frac{1+\gamma_5}{2} \begin{pmatrix} \nu_e \\ e^- \end{pmatrix} \quad \left.\begin{matrix} I = \frac{1}{2},\ I_3 = +\frac{1}{2},\ Q = 0 \\ I - \frac{1}{2},\ I_3 = -\frac{1}{2},\ Q = -1 \end{matrix}\right\} \quad Y = -\frac{1}{2}, \tag{9.26}$$

$$\psi_R = \frac{1-\gamma_5}{2} (e^-) \qquad I = 0,\ Q = -1, \qquad Y = -1.$$

Die Leptonwellenfunktionen in (9.26) sind für die Elektronzustände auf Eins normiert (sowohl für die LH- als auch die RH-Komponenten). Mit dieser Normierung sind die geladenen Leptonströme in (9.24) definiert als

$$J_\mu^+(\mathrm{CC}) = \bar{\nu}\gamma_\mu \frac{(1+\gamma_5)}{2} e = \bar{\nu}_L \gamma_\mu e_L = \bar{\psi}_L \gamma_\mu \tau^+ \psi_L, \tag{9.27a}$$

$$J_\mu^-(\mathrm{CC}) = \bar{e}\gamma_\mu \frac{(1+\gamma_5)}{2} \nu = \bar{e}_L \gamma_\mu \nu_L = \bar{\psi}_L \gamma_\mu \tau^- \psi_L, \tag{9.27b}$$

wobei $\tau^\pm = \tau_1 \pm i\tau_2$ die Pauli-Operatoren (B.5) sind, die man für die Beschreibung von $I = 1/2$-Systemen benutzt. Das dritte Mitglied des Isospintripletts der Ströme wird

$$J_\mu^{(3)}(\mathrm{NC}) = \bar{\psi}_L \gamma_\mu \tau_3 \psi_L = \bar{\psi}\gamma_\mu \frac{(1+\gamma_5)}{2} I_3 \psi = \frac{1}{2}(\bar{\nu}_L \gamma_\mu \nu_L - \bar{e}_L \gamma_\mu e_L). \tag{9.27c}$$

Vergleichen wir nun die Ausdrücke (9.27(a), (b)) mit der vorherigen Definition des Matrixelements der geladenen Ströme (7.27). Wir erhalten dann, unter Benutzung von (9.24), im Grenzwert $q^2 \gg M_W^2$ — so daß der W-Propagator einen Faktor $1/M_W^2$ ergibt —

$$\begin{aligned} |M(\mathrm{CC})| &= \left(\frac{g}{\sqrt{2}}\right)^2 \frac{1}{M_W^2} \left[\bar{e}\gamma_\mu \frac{(1+\gamma_5)}{2}\nu\right] \left[\bar{\nu}\gamma_\mu \frac{(1+\gamma_5)}{2} e\right] \\ &\equiv \frac{G}{\sqrt{2}} [\bar{e}\gamma_\mu(1+\gamma_5)\nu]\,[\bar{\nu}\gamma_\mu(1+\gamma_5)e], \end{aligned}$$

so daß

$$\frac{G}{\sqrt{2}} = \frac{g^2}{8M_W^2} = \frac{g_W^2}{M_W^2}.$$

Aus (9.25) folgt, daß gilt

$$M_{W^\pm} = \left(\frac{g^2\sqrt{2}}{8G}\right)^{1/2} = \left(\frac{e^2\sqrt{2}}{8G\sin^2\theta_w}\right)^{1/2} = \frac{37.4}{\sin\theta_w}\,\mathrm{GeV}; \tag{9.28}$$

dies ist zu vergleichen mit dem ersten, grob geschätzten Wert (9.8).

Um die Vorhersage der Z^0-Masse zu erhalten, erinnern wir uns, daß bei Bosonen (die durch die Klein-Gordon-Gleichung (1.6) beschrieben werden) die Massenmatrix die Quadrate der Bosonmassen enthält (genau wie bei der Vektormesonmischung in (5.19)). Wenn man die Gleichungen (9.21) und (9.22) umkehrt, findet man (mit $\theta = \theta_w$):

$$\begin{aligned} Z_\mu &= W_\mu^{(3)}\cos\theta - B_\mu \sin\theta, \\ A_\mu &= W_\mu^{(3)}\sin\theta + B_\mu \cos\theta. \end{aligned}$$

Wenn man die Erfahrungstatsache benutzt, daß das Photon masselos ist und orthogonal zum Z^0 sein muß, erhält man

$$\begin{aligned} M_Z^2 &= M_W^2\cos^2\theta + M_B^2\sin^2\theta - 2M_{BW}^2\cos\theta\sin\theta, \\ M_\gamma^2 &= 0 = M_W^2\sin^2\theta + M_B^2\cos^2\theta + 2M_{BW}^2\cos\theta\sin\theta, \\ M_{Z\gamma}^2 &= 0 = (M_W^2 - M_B^2)\sin\theta\cos\theta + M_{BW}^2(\cos^2\theta - \sin^2\theta), \end{aligned}$$

wobei M_{BW} und $M_{Z\gamma}$ diejenigen Massenterme sind, die außerhalb der Diagonalen der Massenmatrix stehen. Wenn man diese eliminiert, findet man

$$M_{Z^0} = \frac{M_{W^\pm}}{\cos\theta_w} = \frac{75}{\sin 2\theta_w}\,\mathrm{GeV}. \tag{9.29}$$

Diese Vorhersagen für die Bosonmassen gelten für das einfachste (Weinberg-Salam-) Modell der spontanen Symmetriebrechung, das nur ein schwaches Isospindublett von skalaren (Higgs-)Teilchen enthält. Kompliziertere Isospinstrukturen für die Higgs-Teilchen (z.B. ein Isospintriplett) sind auch möglich, mit dem Ergebnis, daß mehr physikalische Higgs-Mesonen auftreten und (9.29) nicht mehr gilt. Der zweite Term in (9.24), der die relative Stärke der Kopplung der neutralen Ströme angibt, erhält dann einen Faktor ρ und (9.29) wird ersetzt durch

$$M_{Z^0} = \frac{M_W^2}{\rho\cos^2\theta_w}. \tag{9.30}$$

Allerdings finden alle Experimente bis heute $\rho = 1$, in Übereinstimmung mit dem einfachsten Modell.

9.6.1 Die Kopplung der Fermionen an neutrale Ströme

Aus (9.24) und (9.26) erhält man, daß die linkshändigen und rechtshändigen Kopplungen der Fermionen an das Z^0 (neutraler Strom) die Koeffizienten haben

$$\begin{aligned} g_L &= I_3 - Q\sin^2\theta_w, \\ g_R &= -Q\sin^2\theta_w, \end{aligned} \tag{9.31}$$

wobei Q die elektrische Ladung in Einheiten von $|e|$ und $I_3 = \pm 1/2$ die dritte Komponente des schwachen Isospins bezeichnet. Da Vektor- (Axialvektor-) Wechselwirkungen LH- und RH-Zustände mit dem gleichen (negativen) Vorzeichen koppeln, sind die Koeffizienten für V und A

$$\begin{aligned} c_V &= g_L + g_R = I_3 - 2Q\sin^2\theta_w, \\ c_A &= g_L - g_R = I_3. \end{aligned} \tag{9.32}$$

Die Zuordnung für geladene Leptonen und Neutrinos wurde bereits in (9.26) gegeben. Für die u-Quarks oder die c- und t-Quarks ist $Q = +2/3$ und der Wert für $I_3 = +1/2$, dagegen ist $I_3 = -1/2$ für d-, s- und b-Quarks mit $Q = -1/3$. Wir können daher die folgende Tabelle angeben:

Fermion	$2c_V$	$2c_A$
ν_e, ν_μ, ν_τ	1	1
e, μ, τ	$-1 + 4\sin^2\theta_w$	-1
u, c, t	$1 - \frac{8}{3}\sin^2\theta_w$	1
d, s, b	$-1 + \frac{4}{3}\sin^2\theta_w$	-1

(9.33)

Man beachte, daß für geladene Leptonen und Quarks und von Null verschiedene Werte für $\sin^2\theta_w$, c_V und c_A unterschiedlichen Betrag haben. Daher haben die Kopplungen der neutralen Ströme verschiedene Beiträge von den V- und A-Amplituden, im Gegensatz zu den geladenen $(V-A)$ Kopplungen. Die Kopplungen der Antiteilchen erhält man durch Vertauschen von g_L und g_R in (9.31).

9.7 Experimentelle Tests der neutralen Ströme im Weinberg-Salam-Modell

Die Theorie von Weinberg und Salam macht einige Vorhersagen, die von einem freien Parameter, $\sin^2\theta_w$, abhängen. Die erste wichtige Vorhersage ist die Existenz von neutralen Strömen, die 1973 nachgewiesen wurde, wie es im Kapitel 7 beschrieben ist und hier ausführlicher diskutiert wird. Die zweite und noch dramatischere Vorhersage betrifft die Existenz der Bosonen $W^\pm$ und Z^0 mit Massen und Zerfallseigenschaften, die durch $\sin^2\theta_w$ und die oben beschriebene Struktur der schwachen Ströme bestimmt werden. Ihre Entdeckung wurde auch bereits in Kapitel 7 beschrieben, eine detaillierte Diskussion wird im folgenden Abschnitt gegeben.

9.7.1 Neutrino-Elektronstreuung

Das Pionierexperiment, das die Existenz von neutralen Strömen im Streuprozeß $\bar{\nu}_\mu e \to \bar{\nu}_\mu e$ nachwies, wurde in Abschnitt 7.10 beschrieben. Die verschiedenen Prozesse für Neutrino-Elektron-Streuung über neutrale (und geladene) Ströme sind in Abb. (9.5) dargestellt.

Das Matrixelement für die νe-Streuung mit neutralen Strömen über einen Z^0-Austausch kann, im Grenzwert von kleinem q^2, aus (9.24) abgeleitet werden:

$$|M^{\nu e}(\text{NC})| = \frac{g^2}{\cos^2\theta_w} \cdot \frac{1}{M_Z^2} \cdot J^\nu(\text{NC}) \cdot J^e(\text{NC}),$$

wobei, unter Benutzung von (9.27(c)) und mit c_V und c_A aus (9.32), gilt

$$\begin{aligned} J(\text{NC}) = J^{(3)} - \sin^2\theta_w J^{em} &= \frac{1}{2}\bar{\psi}\gamma_\mu(1+\gamma_5)I_3\psi - \sin^2\theta_w\bar{\psi}\gamma_\mu\psi Q \\ &= \frac{1}{2}\bar{\psi}\gamma_\mu(c_V+\gamma_5 c_A)\psi. \end{aligned}$$

Benutzt man (9.28) und (9.29), findet man daher

$$\begin{aligned} |M^{\nu e}(\text{NC})| &= \frac{8G}{\sqrt{2}} \cdot J^\nu(\text{NC}) \cdot J^e(\text{NC}) \\ &= \frac{8G}{\sqrt{2}}\left[\frac{1}{2}\bar{\nu}\gamma_\mu(c_V^\nu+\gamma_5 c_A^\nu)\nu\right]\left[\frac{1}{2}\bar{e}\gamma_\mu(c_V^e+\gamma_5 c_A^e)e\right] \\ &= \frac{G}{\sqrt{2}}[\bar{\nu}\gamma_\mu(1+\gamma_5)\nu]\,[\bar{e}\gamma_\mu(c_V+\gamma_5 c_A)e], \end{aligned}$$

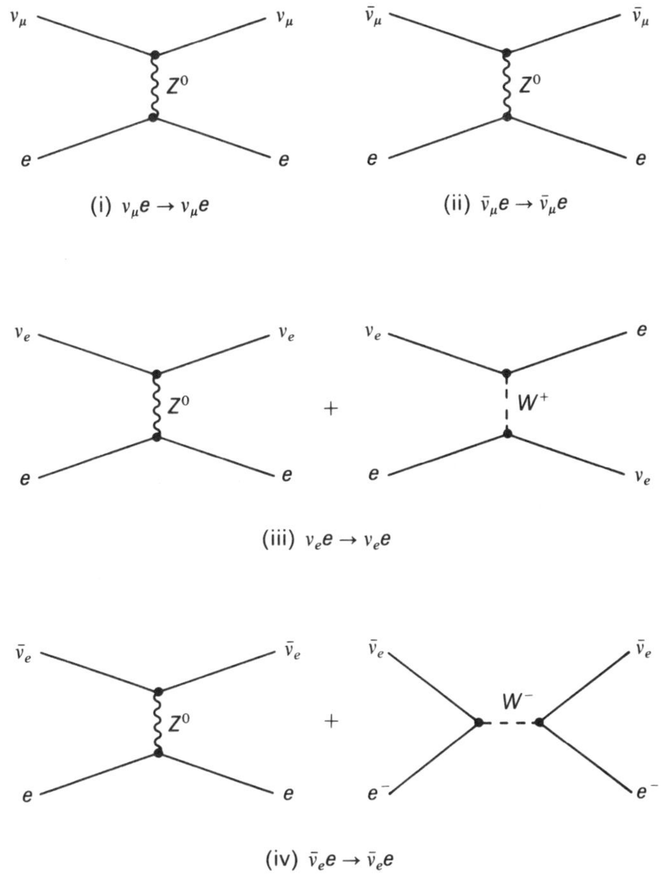

Abbildung 9.5 Diagramme zur Streuung von Elektron-Neutrinos und Myon-Neutrinos und den entsprechenden Antineutrinos an Elektron-Targets.

wobei wir die Werte für $c_V^\nu = c_A^\nu = 1/2$ aus (9.33) benutzt haben und $c_V^e = c_V$ und $c_A^e = c_A$ definiert haben. Aus (9.32) erhalten wir, ausgedrückt durch die RH- und LH-Kopplungen des Elektrons an das Z^0,

$$|M^{\nu e}(\mathrm{NC})| = \frac{G}{\sqrt{2}}[\bar{\nu}\gamma_\mu(1+\gamma_5)\nu]\,[\bar{e}\gamma_\mu g_L(1+\gamma_5)e + \bar{e}\gamma_\mu g_R(1-\gamma_5)e].$$

Aus der Form dieses Ausdrucks und mit den Ergebnissen (8.19) und (8.20) — siehe auch Anhang F — können wir sofort den Wirkungsquerschnitt hinschreiben

$$\frac{d\sigma^{\nu e}(\mathrm{NC})}{dy} = \frac{2G^2 mE}{\pi}[g_L^2 + g_R^2(1-y)^2], \tag{9.34}$$

wobei E die Neutrinoenergie, m die Masse des Targetelektrons (mit $E \gg m$) und yE die Rückstoßenergie des Elektrons ist. Die Werte für g_L und g_R erhält man aus der Tabelle 9.1 für die verschiedenen Reaktionen in Abb.

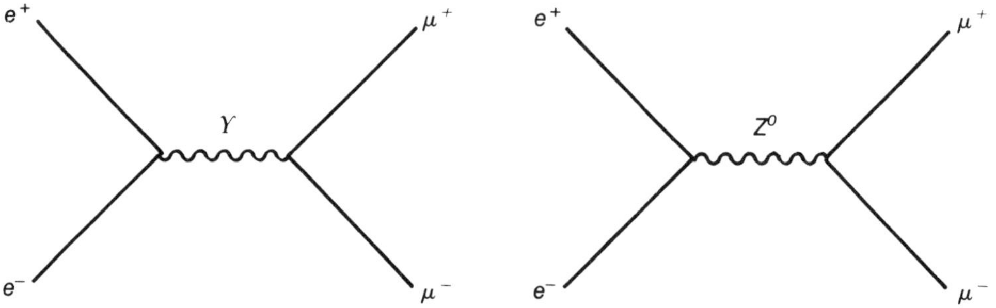

Abbildung 9.6

9.5. Die Reaktionen (i) und (ii) erfolgen nur durch Z^0-Austausch (neutraler Strom). Die Antineutrinokopplung erhält man aus der für Neutrinos durch Austausch von g_L und g_R. Die Reaktionen (iii) und (iv) können sowohl durch Z^0- als auch durch W^+-Austausch erfolgen, d.h. durch neutrale und durch geladene Ströme. Letztere haben $g_L = 1$, $g_R = 0$ für (iii) und $g_R = 1$, $g_L = 0$ für (iv). Wenn man diese Beiträge addiert, erhält man die in der Tabelle angegebenen Ergebnisse.

Tabelle 9.1 Neutrino-Elektron-Kopplungen im Weinberg-Salam Modell

		g_L	g_R
(i)	$\nu_\mu e \to \nu_\mu e$	$-\frac{1}{2} + \sin^2\theta_w$	$\sin^2\theta_w$
(ii)	$\bar{\nu}_\mu e \to \bar{\nu}_\mu e$	$\sin^2\theta_w$	$-\frac{1}{2} + \sin^2\theta_w$
(iii)	$\nu_e e \to \nu_e e$	$\frac{1}{2} + \sin^2\theta_w$	$\sin^2\theta_w$
(iv)	$\bar{\nu}_e e \to \bar{\nu}_e e$	$\sin^2\theta_w$	$\frac{1}{2} + \sin^2\theta_w$

Die Wirkungsquerschnitte für Reaktion (i) und (ii) sind in einigen Neutrinoexperimenten an Beschleunigern gemessen worden, die Blasenkammern und Zählertechniken benutzen. Die Daten enthalten insgesamt nur etwa 400 Ereignisse, was auf dem sehr niedrigen Wert des Wirkungsquerschnitts beruht ($\sigma/E_\nu \simeq 10^{-42}$ cm^2 GeV^{-1}), und liefern die Abschätzung

$$\sin^2\theta_w = 0.22 \pm 0.03. \tag{9.35}$$

9.7.2 Elektroschwache Interferenzen in $e^+e^- \to \mu^+\mu^-$, $\tau^+\tau^-$

Wie in Abschnitt 6.6 erklärt wurde, folgt die Winkelverteilung für diesen Prozeß bei hohen Energien nicht der reinen QED-Vorhersage, da zwei Diagramme beitragen (Abb. 9.6), Photon- und Z^0-Austausch. Kombiniert man beide Amplituden und quadriert sie, so findet man mit s als Quadrat der Schwerpunkts-(CMS-)Energie,

$$\begin{array}{ccccc} \frac{d\sigma}{d\Omega} = \frac{d\sigma}{d\Omega}(\text{QED}) & + & \frac{d\sigma}{d\Omega}(\text{interf.}) & + & \frac{d\sigma}{d\Omega}(\text{schwach}) \\ \downarrow & & \downarrow & & \downarrow \\ \alpha^2/s & & \alpha G & & G^2 s \end{array} \tag{9.36}$$

Der erste Term kommt vom reinen Photonaustausch, der letzte vom reinen Z^0-Austausch her, und der mittlere ist der Interferenzterm. Wenn $G^2 s < \alpha^2/s$ gilt, also für $s < \alpha/G \simeq 10^3$ GeV^2, ist die relative Größe des Interferenzterms von der Ordnung Gs/α. Da die Wechselwirkung der neutralen Ströme eine Mischung von V- und A-Kopplungen ist, erwartet man eine „Vorwärts-Rückwärts-Asymmetrie" in der Winkelverteilung der Myonen (ein *vorwärts* gestreutes μ^+ soll dasjenige sein, das in die gleiche Richtung läuft wie das einlaufende e^+). Die Asymmetrie berechnet sich zu

$$A = \frac{V - R}{V + R} = -6\chi c_A^2,$$

wobei gilt

$$\chi = \frac{Gs\rho}{8\sqrt{2}\pi\alpha} \frac{M_Z^2}{(M_Z^2 + s)}. \tag{9.37}$$

Man muß den Propagatorfaktor für das ausgetauschte Z^0 berücksichtigen, wenn q^2 nicht mehr gegenüber M_Z^2 vernachlässigt werden kann. A hängt nur von c_A ab. Abbildung 6.8 zeigt das am PETRA-Beschleuniger erhaltene Ergebnis, aus dem man ableiten kann, daß $A = (-7.6 \pm 1.9)\%$ bei $s \simeq 1000$ GeV^2. Wenn man $\rho = 1$ annimmt, wird c_A durch A gut bestimmt, dagegen ist die Vektorkopplung von Leptonen an das Z^0 nur ungenau bekannt (aus dem totalen Wirkungsquerschnitt). Abbildung 9.7 zeigt eine Darstellung von c_V gegen c_A, die man aus diesen Daten erhält (Wu (1984)). Man beachte, daß durch A nur c_A^2 bestimmt wird, es gibt daher zwei Lösungen. In der gleichen Abbildung sind die Ergebnisse für c_V und c_A aus der vorher beschriebenen Neutrino-Elektronstreuung und Antineutrino-Elektronstreuung gezeigt, die ebenfalls zwei Lösungen liefern (mit gegenseitigem Austausch von c_A und c_V, wie aus (9.34) klar wird; siehe auch Aufgabe 9.2). Das Ergebnis (9.35) wurde gewonnen, indem man die Kopplungskonstanten aus dem Modell annahm, und den besten Wert von $\sin^2\theta_w$ zur Anpassung an die Wirkungsquerschnitte ermittelte.

Beide Experimente zusammen genommen ergeben eine Lösung, mit $c_V \simeq 0$, $c_A = -1/2$, die mit dem Standard-(Weinberg-Salam-)Modell und mit $\sin^2\theta_w \simeq 0.25$ konsistent ist (siehe (9.33)). Ein wichtiges Ergebnis der e^+e^--Experimente ist, daß sie die Existenz von elektroschwacher Interferenz mit der vorhergesagten Stärke nachweisen.

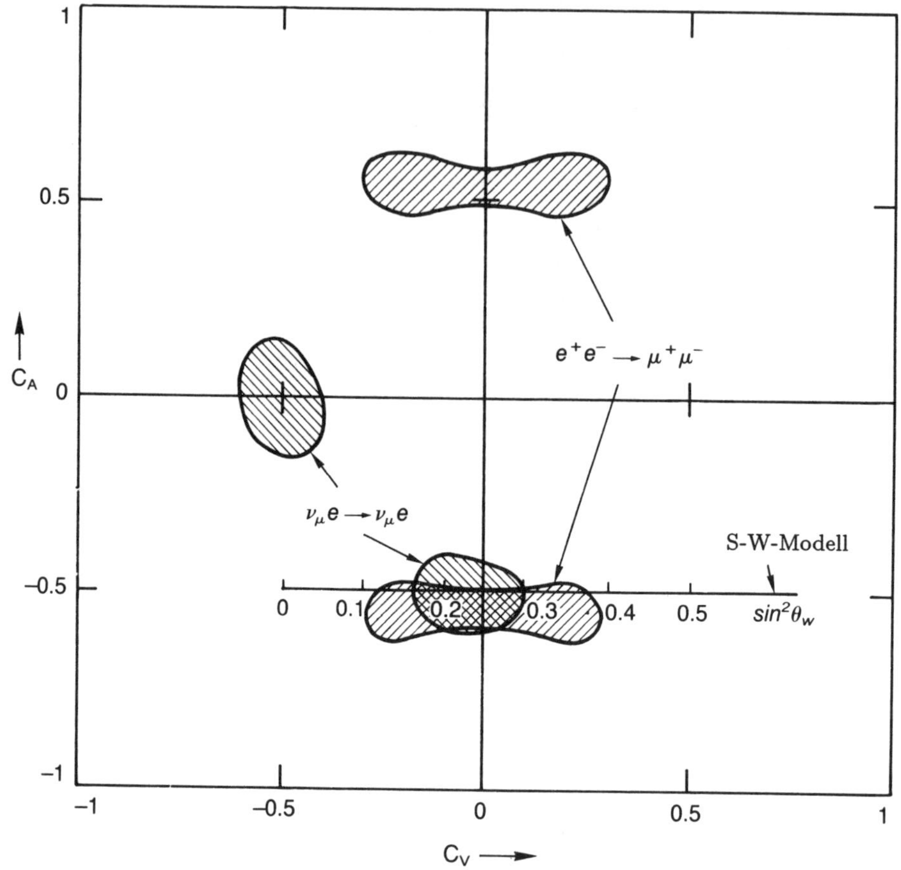

Abbildung 9.7 Die Koeffizienten für Axialvektor- und Vektorkopplung, c_A und c_V, der geladenen Leptonen an das Z^0 (über neutrale schwache Ströme) sind gegeneinander aufgetragen — siehe Gl. (9.33). Die aufgrund der gemessenen Wirkungsquerschnitte in $\nu_\mu e$- und $\bar{\nu}_\mu e$-Streuung erlaubten Bereiche entsprechen den beiden Lösungen $c_A \simeq -0.5$, $c_V \simeq 0$ und $c_A \simeq 0$, $c_V \simeq -0.5$. Die erlaubten Bereiche aus der Messung der Asymmetrie in $e^+e^- \to \mu^+\mu^-$ entsprechen $c_A \simeq \pm 0.5$. Beide Experimente zusammen ergeben eine eindeutige Lösung in dem doppelt schraffierten Bereich und liefern $\sin^2\theta_w \simeq 0.25$. (Nach Wu, 1984.)

9.7.3 Tief-inelastische Neutrino-Nukleon-Streuung

Wir erhalten den Wirkungsquerschnitt für neutrale Ströme in der Neutrinostreuung an Protonen, via deren Quarkkonstituenten, wenn wir in (9.34) die Größe m durch xM ersetzen, wobei x der Bruchteil des Nukleonimpulses ist, der von dem Quark getragen wird (siehe (8.14)), und man die Ergebnisse (9.33) für die Kopplungen der neutralen Ströme der Quarks benutzt. Der Einfachheit halber betrachten wir nur u- und d-Quarks (d.h. $\bar{u}$-, $\bar{d}$-, $\bar{s}$-, ... Anteile im Nukleon werden vernachlässigt). Wir erhalten, wenn wir die Rückstoßenergie des Quarks als yE und die Energie des einlaufenden Neutrinos als E schreiben, mit $s = \sin^2\theta_w$:

$$\frac{d^2\sigma^{\nu p}(\mathrm{NC})}{dx\,dy} = \frac{G^2MEx}{2\pi}[(1-\frac{4}{3}s)^2u(x) + (-1+\frac{2}{3}s)^2d(x).$$

$$+(1-y)^2\{(-\frac{4}{3}s)^2u(x) + (\frac{2}{3}s)^2d(x)\}],$$

wobei $u(x)$ und $d(x)$ die Quarkwahrscheinlichkeitsdichten beim Wert x sind. Man erhält den Ausdruck für ein Neutrontarget durch die Ersetzung $u(x) \leftrightarrow d(x)$. Daher wird der Wirkungsquerschnitt per Nukleon

$$\frac{d^2\sigma^{\nu N}(\mathrm{NC})}{dx\,dy} = \frac{G^2MEx}{2\pi}[u(x)+d(x)]\,[(1+\frac{10}{9}s^2-2s)+\frac{10}{9}s^2(1-y)^2]. \quad (9.38)$$

Für Antineutrinos erhält man das Ergebnis durch Austausch des Faktors $(1-y)^2$ zwischen den beiden letzten Ausdrücken.

Wir erinnern daran, daß nach (8.22), (8.27) und (8.28) in der gleichen Näherung, der Vernachlässigung von Antiquarks, für die Reaktionen mit geladenen Strömen gilt

$$\frac{d^2\sigma^{\nu N}(\mathrm{CC})}{dx\,dy} = \frac{G^2MEx}{2\pi}[u(x)+d(x)],$$

$$\frac{d^2\sigma^{\bar{\nu} N}(\mathrm{CC})}{dx\,dy} = \frac{G^2MEx}{2\pi}[u(x)+d(x)]\,(1-y)^2. \quad (9.39)$$

Durch Integration dieser Ausdrücke über x und y erhalten wir die Verhältnisse für die Wirkungsquerschnitte der geladenen und neutralen Ströme,

$$R = \frac{\sigma^{\nu N}(\mathrm{NC})}{\sigma^{\nu N}(\mathrm{CC})} = \frac{1}{2} - \sin^2\theta_w + \frac{20}{27}\sin^4\theta_w, \quad (9.40)$$

$$\bar{R} = \frac{\sigma^{\bar{\nu} N}(\mathrm{NC})}{\sigma^{\bar{\nu} N}(\mathrm{CC})} = \frac{1}{2} - \sin^2\theta_w + \frac{20}{9}\sin^4\theta_w. \quad (9.41)$$

Neuere Resultate für die Verhältnisse R und $\bar{R}$ sind in Abb. 9.8 angegeben. Die Vorhersage des Standardmodells wird durch die Kurve bezeichnet. Sie beinhaltet kleine Korrekturen für Seequarkbeiträge, QCD-Effekte usw. Das gewichtete Mittel dieser Ergebnisse ist (Geweniger 1984):

$$\sin^2\theta_w = 0.223 \pm 0.010. \quad (9.42)$$

Diese Zahl wird im wesentlichen von R, nicht von $\bar{R}$ bestimmt, wie aus Abb. 9.8 klar wird. Wenn man die Größe ρ (das Verhältnis der Kopplung von neutralen zu geladenen Strömen) als freien Parameter zuläßt (anstatt den Wert 1, wie in (9.42), anzunehmen), findet man

$$\rho = 1.00 \pm 0.02, \quad (9.43)$$

ein Resultat, das im wesentlichen durch $\bar{R}$ bestimmt wird. Dies sind die bis heute genauesten Bestimmungen von ρ und $\sin^2\theta_w$. Sie sind konsistent mit den früheren Ergebnissen und mit dem Standardmodell.

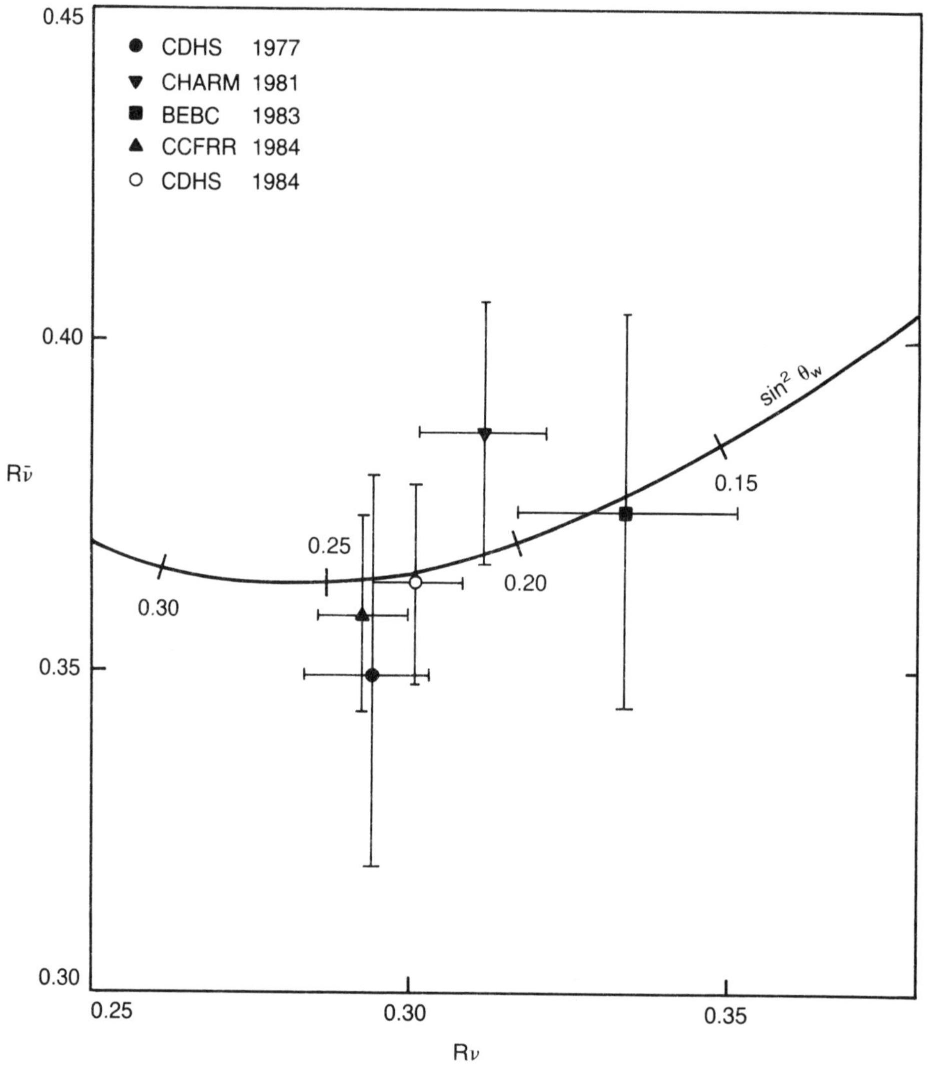

Abbildung 9.8 Das Verhältnis der Wirkungsquerschnitte von neutralen zu geladenen Strömen in Antineutrino- ($R_{\bar{\nu}}$) und Neutrino-Streuung (R_ν) ist gegeneinander aufgetragen. Die Daten stammen aus Experimenten zur tiefinelastischen Neutrino-Nukleon-Streuung am Fermilab (CCFRR) und am CERN (CDHS, BEBC) bei Strahlenergien von 50–150 GeV. Die Kurve ist die Vorhersage des Weinberg-Salam-Modells. Das Weltmittel aller Daten ergibt einen Wert von $\sin^2\theta_w$=0.22±0.01. (Nach Geweniger 1984.)

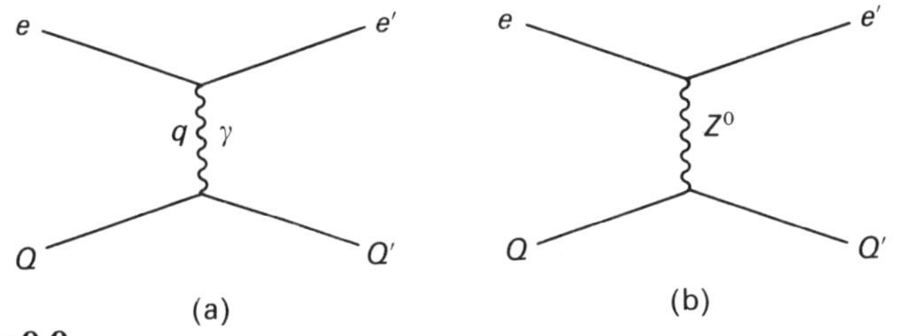

Abbildung 9.9

9.7.4 Asymmetrien bei der Streuung von polarisierten Elektronen an Deuteronen

Wir besprechen schließlich ein sehr schwieriges Experiment, um winzige Effekte der Paritätsverletzung (durch Asymmetrien) nachzuweisen, die durch die Interferenz zwischen Z^0- und γ-Austausch in der inelastischen Streuung von Elektronen an Deuteronen entstehen. Das Experiment wurde am SLAC durchgeführt, mit Strahlen von Elektronen mit dem Impuls von 16–22 GeV/c, in der Reaktion

$$e^-_{L,R} + d_{\text{unpolarisiert}} \to e^- + X,$$

wobei X einen beliebigen hadronischen Endzustand bezeichnet. Die schwachen und elektromagnetischen Austauschgraphen sind in Abb. 9.9(a) und (b) dargestellt. Die elektromagnetische Streuamplitude ist von der Größenordnung e^2/q^2, wobei q der Viererimpulsübertrag ist, während die schwache Amplitude von der Größenordnung G, der Fermi-Konstanten, ist. Die paritätsverletzende Asymmetrie, die durch den Unterschied in den Wirkungsquerschnitten für LH- und RH-Elektronen gemessen wird, ist dann

$$\begin{aligned} A = \frac{\sigma_R - \sigma_L}{\sigma_R + \sigma_L} \simeq \frac{Gq^2}{e^2} = \frac{137 \times 10^{-5}}{4\pi}\frac{q^2}{M_p^2} \\ \simeq 10^{-4} q^2 \qquad (q^2 \text{ in GeV}^2). \end{aligned} \tag{9.44}$$

In Abb. 9.10(a) ist die Methode dargestellt, die benutzt wurde, um sehr kleine Polarisationsasymmetrien bis zu 10^{-5} zu messen. Von einer Quelle von polarisierten oder unpolarisierten Elektronen wurden diese auf 16–22 GeV/c beschleunigt und auf ein Target von flüssigem Deuterium gelenkt. Der Polarisationsgrad des Strahls und dessen Vorzeichen wurde von einem Polarimeter gemessen, durch die Beobachtung der Rechts-Links-Asymmetrie in der Møller-(Elektron-Elektron-)Streuung der Elektronen an einer magnetischen Eisenfolie. Die inelastisch gestreuten Elektronen wurden fokussiert, in einem Spektrometer wurde ihr Impuls gemessen und sie wurden dann in einem Gas-Čerenkov-Zähler nachgewiesen, dem ein Bleiglasschauerzähler folgte.

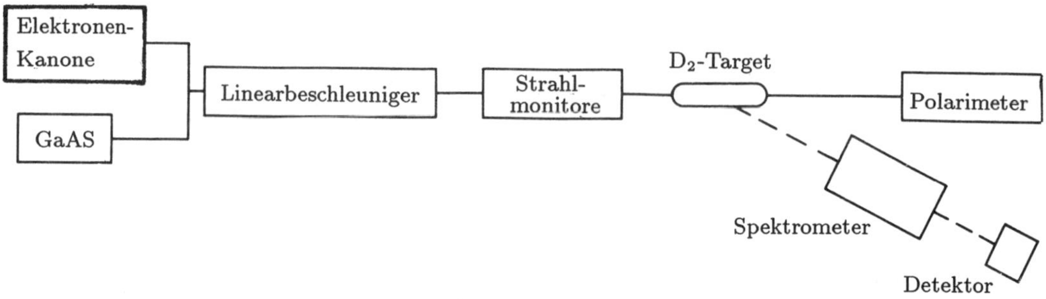

Abbildung 9.10 (a) Schematische Anordung des SLAC-Experiments zur Streuung polarisierter Elektronen an Deuteronen. (Nach Prescott et al. 1978.)

Die Quelle für polarisierte Elektronen bestand zunächst aus einem Farbstofflaser, der linear polarisiertes Licht produzierte, das dann mit Hilfe einer Pockels-Zelle zirkular polarisiert wurde. Die Pockels-Zelle ist ein doppelbrechender Kristall, durch den das Vorzeichen der Zirkularpolarisation umgeschaltet werden kann, indem man das durch eine Hochspannung erzeugte elektrische Feld umpolt. Das zirkular polarisierte Licht wurde zum optischen Pumpen zwischen dem Valenz- und dem Leitungsband eines Gallium-Arsenid-Kristalls benutzt. Auf diese Weise erhält man eine Quelle für longitudinal polarisierte Elektronen. Außerdem konnte der Polarisationsgrad und dessen Vorzeichen durch Drehung der Polarisationsebene des Laserlichtes mit einem drehbaren Kalkspatprisma eingestellt werden.

Die einzelnen Schritte des Experimentes waren:

(a) Messung der Asymmetrie unter Benutzung der unpolarisierten Quelle (einer Elektronenkanone). Man erhielt $A = (-2.5 \pm 2.2) \times 10^{-5}$, mit Null verträglich, was ein Maß für die Empfindlichkeit der Methode und für die Zuverlässigkeit der Strahlüberwachung liefert.

(b) Das Kalkspatprisma wurde auf die Azimuthwinkel 0°, 45° und 90° eingestellt. Für $\phi = 45°$ sollten die Elektronen der GaAs-Quelle unpolarisiert sein, während für $\phi = 0°$ oder 90° die Polarisation entsprechend R(L) oder L(R) sein soll, je nach dem Vorzeichen der Pockels-Zellenspannung. Abbildung 9.10(b) zeigt die gemessene Asymmetrie als Funktion von ϕ.

(c) Variation der Energie E_0 der Elektronen von 16 bis 22 GeV. Der Strahl wurde, bevor er auf das Target traf, von einem Magneten um 24.5° abgelenkt. Dabei wird der Spinvektor der Elektronen sich gegenüber dem Impulsvektor ein wenig vorausdrehen, und zwar um einem Winkel, der durch den g-Faktor gegeben ist,

$$\theta_{\text{Präzession}} = \frac{E_0}{mc^2}\,\frac{g-2}{2}\,\theta_{\text{Ablenkung}}. \tag{9.45}$$

Daher sollte die Asymmetrie sich verändern, wenn die Strahlenergie E_0 verändert wird, da sich der longditudinale Polarisationsgrad durch den

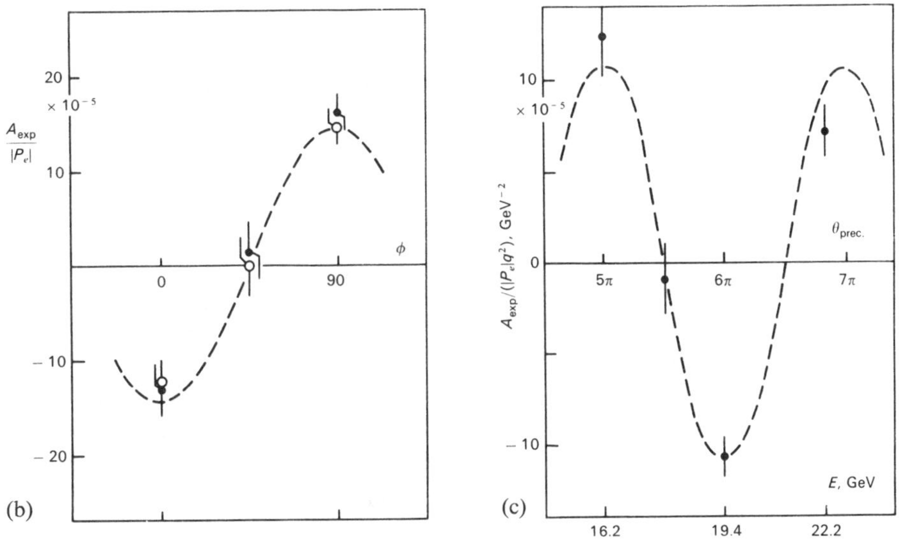

Abbildung 9.10 (b) Verlauf der Asymmetrie Gl. (9.44) als Funktion des Azimuthwinkels des Kalkspatprismas im Experiment von (a). (c) Variation der Asymmetrie mit der Elektronstrahlenergie im SLAC-Experiment von Prescott et al. durch die $g-2$-Spinpräzession.

$g-2$-Effekt verändert. Dies wird durch das Ergebnis in Abb. 9.10(c) gezeigt. Das Ergebnis des Experimentes war schließlich, daß eine Asymmetrie klar beobachtet werden konnte, mit der Größe

$$\frac{A}{q^2} = -(9.5 \pm 1.6) \times 10^{-5} (\text{GeV}/c)^{-2}. \tag{9.46}$$

In darauffolgenden Experimenten wurde A als Funktion von $y = (E_0 - E)/E_0$ gemessen, also des anteiligen Energieverlustes der Elektronen während des Zusammenstoßes. Sowohl die y-Abhängigkeit, als auch die Größe von A hängt vom schwachen Mischungswinkel θ_w ab,

$$\frac{A}{q^2} = -\frac{9G}{20\sqrt{2}\pi\alpha}\left\{a_1 + a_2\frac{1-(1-y)^2}{1+(1-y)^2}\right\}, \tag{9.47}$$

mit

$$\begin{aligned} a_1 &= 1 - \frac{20}{9}\sin^2\theta_w, \\ a_2 &= 1 - 4\sin^2\theta_w. \end{aligned} \tag{9.48}$$

Diese Koeffizienten kann man vom Quark-Partonmodell herleiten, indem man die entsprechenden Werte für I_3 und Q in Gl. (9.31) benutzt — siehe Aufgabe 9.4. Die beobachtete y-Abhängigkeit war mit der Vorhersage

(9.47) konsistent. Das Ergebnis war

$$\sin^2\theta_w = 0.22 \pm 0.02, \tag{9.49}$$

in Übereinstimmung mit den vorhergehenden Angaben.

Wenn man dagegen ρ, das Verhältnis der Kopplungen von neutralen und neutralen Strömen, als freien Parameter läßt, sind die Ergebnisse

$$\rho = 1.74 \pm 0.36,$$

$$\sin^2\theta_w = 0.293 \begin{matrix} +0.033 \\ -0.100 \end{matrix},$$

da die Werte für ρ und $\sin^2\theta_w$ stark korreliert sind. Daher liefern die Ergebnisse der Neutrinomessungen (9.42) die bei weitem stärksten Tests des Weinberg-Salam-Modells.

Ähnliche Experimente, aber bei viel höheren Energien, wurden am CERN durchgeführt. Dort wurden LH- und RH-Strahlen von Myonen und Antimyonen an einem Kohlenstofftarget gestreut (Argento et al. 1982). Die beobachtete Streuasymmetrie lieferte das Ergebnis

$$\sin^2\theta_w = 0.23 \pm 0.07. \tag{9.50}$$

9.7.5 Paritätsverletzung in atomaren Übergängen

Eine ganze Anzahl von Experimenten wurde durchgeführt, um paritätsverletzende Effekte an Atomen zu entdecken, die von der γ-Z^0-Interferenz herrühren. Diese kann zum Beispiel zu einer winzigen optischen Drehung (10^{-7} rad) von polarisierten Licht durch Wismuthdampf führen. Wir haben hier nicht genug Platz, diese Experimente zu beschreiben und verweisen den Leser auf den Übersichtsartikel von Fortson und Lewis (1984). Sie geben das aus allen Versuchen an Atomen kombinierte Resultat an:

$$\sin^2\theta_w = 0.21 \pm 0.05.$$

Zusammenfassend findet man in Übereinstimmung einer Vielzahl sehr verschiedener Experimente, bei hohen und bei niedrigen Energien, in rein leptonischen und Lepton-Quark-Wechselwirkungen, einen gemeinsamen Wert für den Parameter $\sin^2\theta_w \simeq 0.22$.

9.8 Vergleich der gemessenen und der vorausgesagten Massen von W und Z

Aus den verschiedenen Experimenten mit neutralen Strömen in νe-, νN- und ed-Streuung usw. ergibt sich der „Weltmittelwert" von $\sin^2\theta_w$ zu

$$\sin^2\theta_w = 0.227 \pm 0.015. \tag{9.51}$$

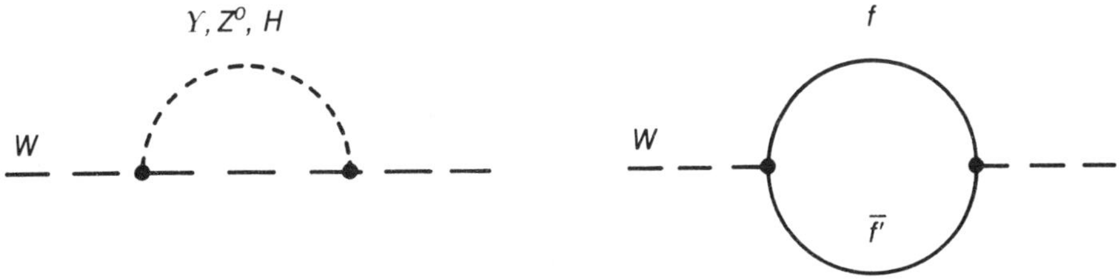

Abbildung 9.11 Diagramme der Strahlungskorrekturen in führender Ordnung zur W-Boson-Masse aufgrund von Bosonaustausch (links) und Fermionaustausch (rechts).

Jedes Experiment bedarf dabei kleiner Korrekturen, die von den experimentellen Schnitten in den Daten abhängen sowie „Strahlungskorrekturen". Insbesondere gilt dies für die Neutrinoexperimente mit geladenen Strömen, da das sekundäre Myon ein Photon abstrahlen kann, das in der hadronischen Energie mitgezählt wird. Ebenso wurden die verschiedenen Experimente bei unterschiedlich großem q^2 durchgeführt. Was wäre das Ergebnis der Messungen, wenn man sie alle bei einem festen Wert für $|q^2|$ ausgeführt hätte? Üblicherweise wählt man hierfür M_W^2 und erhält das Ergebnis, indem man ein Renormierungsschema benutzt. Das Ergebnis ist (Marciano und Sirlin (1981), Llewellyn-Smith und Weather (1981))

$$\sin^2\theta_w = 0.215 \pm 0.015. \tag{9.52}$$

Die Massen der W- und Z-Teilchen im Standard-(Weinberg-Salam-)Modell sind durch (9.27) und (9.29) gegeben:

$$\begin{aligned} M_W &= \left(\frac{\pi\alpha}{\sqrt{2}G}\right)^{1/2} \frac{1}{\sin\theta_w} = \frac{37.281}{\sin\theta_w}\,\text{GeV}, \\ M_Z &= M_W / \cos\theta_w, \end{aligned} \tag{9.53}$$

unter Benutzung von $\alpha^{-1} = 137.036$, $G = 1.1663 \times 10^{-5}$ GeV^2. Diese Formel vernachlässigt Strahlungskorrekturen zu den W- und Z-Massen selbst, die daher rühren, daß die W-„Selbstenergie" von Korrekturen aus virtuellen Fermionen- und Bosonenloops wie in Abb. 9.11 abhängt. Die wichtigste Korrektur kommt aus der QED (Photonemission und -absorption), was äquivalent ist zur Renormierung von α in (9.53). Im Ergebnis muß man den Wert von 37.28 in (9.53) durch 38.50 ersetzen. Der Vergleich zwischen den erwarteten und den beobachteten Werten für die Massen ist wie folgt:

	M_W, GeV	M_Z, GeV
Theorie ohne Korrekturen	78.2	89.0
Theorie mit Korrekturen	83.0 ± 2.7	93.8 ± 2.2
Experiment (1985)	$81.1 \pm 0.8 \pm 1.2$	$94.0 \pm 1.0 \pm 1.4$

(9.54)

Der erste angegebene experimentelle Fehler ist statistisch, der zweite ist die systematische Unsicherheit der Energieskala. Der Fehler im vorhergesagten Wert rührt von dem Fehler in (9.52) her.

In einiger Zeit werden die W- und Z-Massen genauer gemessen werden, nämlich mit der Fertigstellung der großen e^+e^--Speicherringe (LEP, SLC — siehe Tabelle 2.1). Abbildung 9.12 zeigt die Resonanz im Prozeß $e^+e^- \to Z^0$. Für die weitere Diskussion der Breite und anderer Eigenschaften von W und Z^0 siehe den Anhang H und die Aufgabe 9.6.

Im Standardmodell ist die Breite des Z^0 ungefähr 2.8 GeV, wenn man annimmt, daß es in drei Generationen von Quarks und Leptonen zerfallen kann, wie in (9.33). Jede Neutrinogeneration (d.h. $Z^0 \to \nu\bar{\nu}$) trägt mit 180 MeV zur Breite bei, so daß eine genaue Messung der Breite die Anzahl der Neutrinoflavors N_ν zählt. Es gibt bereits einige astrophysikalische Argumente, die darauf deuten, daß $N_\nu \not> 4$ ist (siehe Abschnitt 9.12).

9.9 Das Higgs-Boson

Wie bereits erwähnt wurde, gibt es im Weinberg-Salam-Modell folgende Bosonen: ein schwaches Isospintriplett $\boldsymbol{W}$ von Vektorteilchen, einen Isospinsinglettvektor $\boldsymbol{B}$ und ein Isospindublett von skalaren Higgs-Feldern, die komplex sind, mit ϕ^+, ϕ^0 bezeichnet werden und im ganzen vier reelle Komponenten haben. Alle diese Bosonen sind masselos. Beim Prozeß der spontanen Symmetriebrechung erzeugen die Higgs-Teilchen durch Selbstwechselwirkung Masse. Drei der vier Komponenten, ϕ^+, $\phi^- = \bar{\phi}^+$ und $(\phi^0 - \bar{\phi}^0)/\sqrt{2}$ werden von den W's „gefressen“, indem sie ihnen Masse geben. Sie erscheinen als deren dritter Freiheitsgrad (es existiert außer der transversalen auch longitudinale Polarisation). Zudem gibt es die W/B-Mischung, die zu einem masselosen Photon und dem massetragenden Z^0 sowie zu den massiven W^+ und W^- führt. Daher bleibt ein physikalischer Higgs-Skalar übrig, $H = (\phi^0 + \bar{\phi}^0)/\sqrt{2}$. (Kompliziertere Higgs-Strukturen, z.B. ein $I = 1$-Triplett, sind möglich und sagen geladene und neutrale physikalische Higgs-Bosonen voraus, aber auch $\rho > 1$, im Widerspruch zum Experiment.)

Die Eigenschaften des Higgs sind gegeben durch die Aufgabe, für die sie erfunden wurden: die Kopplung zu den Fermionen ist proportional zu den Fermionmassen, die zu den Bosonen (W, Z) proportional zu den Quadraten der Bosonmassen, um Divergenzen im Prozeß $e^+e^- \to W^+W^-$ bzw. $WW \to WW$ zu vermeiden. Die Masse wird nicht vorhergesagt. Wenn man allerdings das gleiche Argument wie für die Breite des W in (7.70) benutzt, das auf Dimensionsgründen beruht, erwarten wir, daß für große M_H gilt

$$\Gamma_H \sim G M_H^3.$$

Wenn die Higgs-Selbstkopplung nicht zu stark sein soll, können wir fordern,

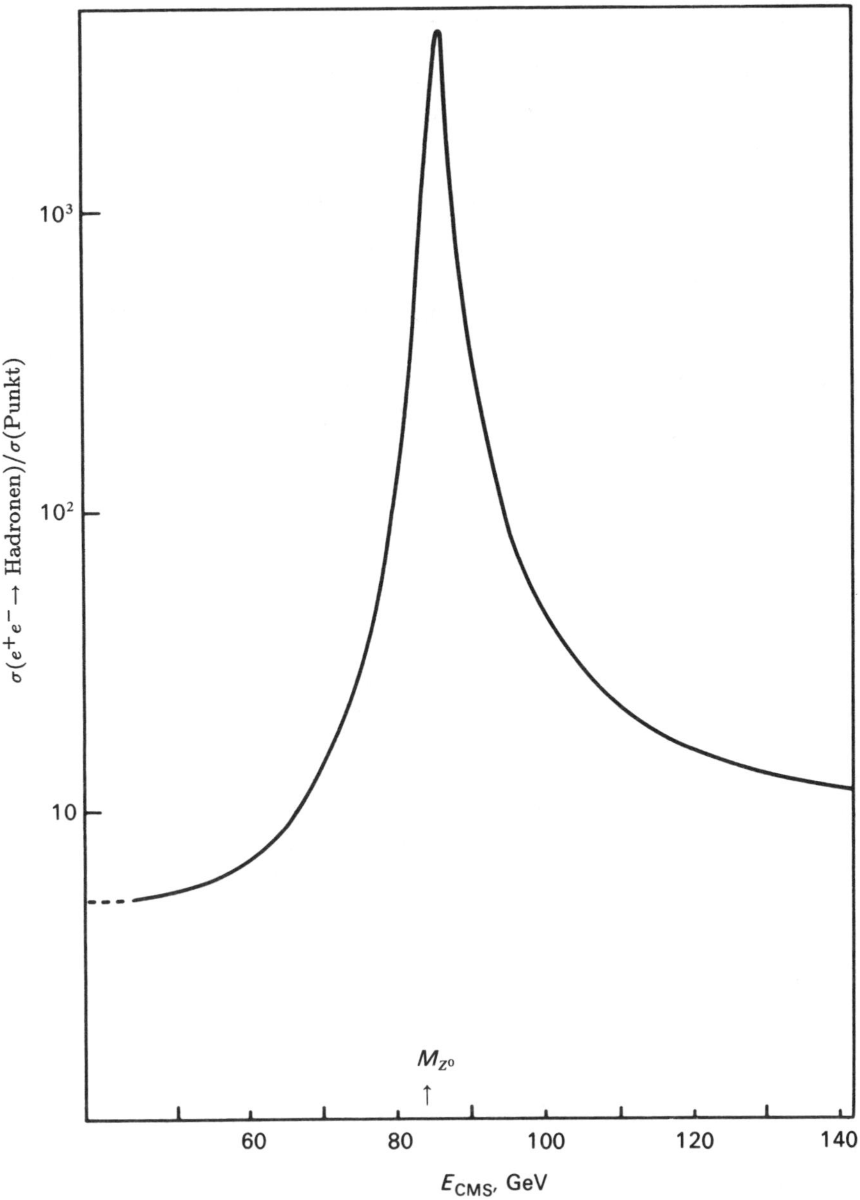

Abbildung 9.12 Die vorhergesagte Abhängigkeit des Wirkungsquerschnittes für den Prozeß $e^+e^- \to$ Hadronen, dividiert duch den Wirkungsquerschnitt für eine Punktwechselwirkung ($M_{Z^0} = \infty$). Gezeigt ist der Bereich in der Nähe der Z^0-Resonanz für einen Wert $\sin^2\theta_W = 0.25$.

daß $\Gamma_H < M_H$ sein soll, das heißt

$$M_H < 1/\sqrt{G}.$$

Eine genauere Rechnung ergibt, daß aus der Forderung nach der Anwendbarkeit der Störungstheorie und aus der Unitaritätsgrenze in der Wechselwirkungsstreuamplitude folgt

$$M_H < (4\pi\sqrt{2}/G)^{1/2} = 1.2\,\mathrm{TeV}. \tag{9.55}$$

Das Argument für eine obere Schranke der Higgs-Masse ist ähnlich dem für den Zusammenbruch der punktförmigen Fermi-Theorie an der Unitaritätsgrenze $\sqrt{s} = 0.6$ TeV in (9.5). Tatsächlich überwindet die elektroschwache Theorie die Probleme der Fermi-Theorie — und sagt einen völlig neuen Bereich von experimentellen Phänomenen voraus — aber sie überträgt im Endeffekt die Probleme in den Higgs-Sektor. Irgendein neues physikalisches Phänomen, wie die Existenz des Higgs-Bosons oder eine andere Art von Wechselwirkung, die die Rolle des Higgs erfüllt, muß sich im Energiebereich bis 1 TeV einstellen.

9.10 Jenseits des Standardmodells I — Große Vereinheitlichung

Eines der Hauptprobleme im Verständnis der fundamentalen Wechselwirkungen liegt in ihrer Anzahl (vier, wenn wir die Gravitation zusammennehmen mit der starken, elektromagnetischen und schwachen Wechselwirkung) und in ihren unterschiedlichen Stärken und Eigenschaften. Die elektroschwache Theorie postuliert eine einzige Wechselwirkung, um elektromagnetische und schwache Prozesse zu beschreiben und die spontane Symmetriebrechung, um die unterschiedliche Stärke zu berücksichtigen, mit der sie im Energiebereich unterhalb der Masse der sie übertragenden Bosonen erscheinen. Die sogenannten Großen Vereinheitlichten Theorien (die man der Kürze halber nach dem englischen Grand Unified Theories GUTs nennt) enthalten weitere symmetriebrechende Prozesse, um die relativ große Stärke der starken Wechselwirkung bei niedrigen Energien mit einer einzigen Kopplungskonstante (annähernd α, der Feinstrukturkonstanten) für alle drei Wechselwirkungen bei der Energieskala der Vereinheitlichung zu ermöglichen.

Die Grundidee für den Ansatz zu einer universellen Kopplung wird in Abb. 9.13 dargestellt. Die Kurven zeigen die Abhängigkeit der „laufenden Kopplungskonstanten" vom Impulsübertrag oder der Massenskala, für das abelsche U(1)-Feld, die durch g' in (9.18) beschrieben wird, für das nichtabelsche SU(2)-Feld, mit g bezeichnet (9.18) und für das nicht-abelsche SU(3)-Farbfeld, die wir mit g_s bezeichnen (mit $\alpha_s = g_s^2/4\pi$). Wenn q ansteigt, nimmt g' leicht zu, während g leicht und g_s stärker abnehmen (vergleiche (8.70), (8.71)). Bemerkenswerterweise scheinen sich alle drei Wech-

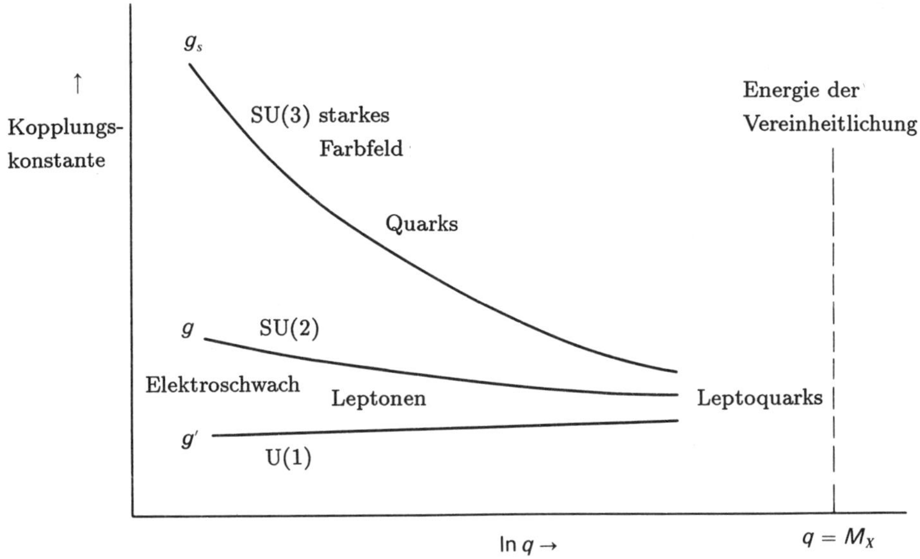

Abbildung 9.13 Die laufenden Kopplungskonstanten g, g' und g_s der elektroschwachen und starken Wechselwirkungen scheinen sich zu einem gemeinsamen Wert bei $q \sim 10^{15}$ GeV zu extrapolieren.

selwirkungen, wenn man extrapoliert, in einem einzigen Punkt zu treffen, bei dem gewaltigen Wert von $q \simeq 10^{15}$ GeV. (In Abbildung 9.13 fehlen numerische Konstanten der Größenordnung Eins, mit denen g, g' und g_s zu multiplizieren sind.) In dieser enormen Extrapolation ist implizit die schlichte Annahme enthalten, daß der Natur die Ideen ausgegangen sind, und daß in dem Bereich von $q \simeq 30$ GeV heutiger Beschleunigerexperimente bis hinauf zu $q \simeq 10^{15}$ GeV keine neuen Überraschungen auftreten. Stattdessen können neue innere Freiheitsgrade, Quark- oder Leptonstrukturen hinter der nächsten Ecke auf uns warten, um von der nächsten Beschleunigergeneration entdeckt zu werden. Auf Grund der bisherigen Erfahrung würde man glauben, daß dieses wahrscheinlicher ist — siehe auch Abschnitt 9.11.

Es gibt viele Möglichkeiten, wie die SU(2)-, U(1)- und SU(3)-Symmetrien in eine globalere Eichsymmetrie eingebaut werden können. Die einfachste große vereinheitlichende Symmetrie ist die der Gruppe SU(5) (Georgi und Glashow 1974). Diese setzt die bekannten Fermionen (Leptonen und Quarks) in Multipletts zusammen, in denen Quarks zu Leptonen und Quarks zu Antiquarks transformiert werden können durch die Übertragung von sehr (10^{15} GeV) schweren Bosonen Y und X, mit der elektrischen Ladung $-\frac{1}{3}$ bzw. $-\frac{4}{3}$. Es gibt in dem Modell insgesamt 24 Eichbosonen. Diese bestehen aus den 8 Gluonen der SU(3), den $W^{\pm}$, Z^0 und Photon der SU(2) × U(1), sowie den 12 Sorten von X- und Y-Bosonen (die jeweils 3

Farben tragen und als Teilchen- und Antiteilchenzustände existieren). Die Fermionen (Quarks und Leptonen) werden verschiedenen „Generationen" zugeordnet. Die erste Generation besteht aus 15 Zuständen: den u- und d-Quarks, jeweils in 3 Colors und 2 Helizitätszuständen; dem e^- mit 2 Helizitätszuständen; dem ν_e mit nur einem Helizitätszustand. Aus Konventionsgründen schreibt man sie als LH-Zustände, da zum Beispiel der e^-_{RH}- und der e^+_{LH}-Zustand derselbe ist (über eine CP-Transformation). Die 15 Zustände bestehen wie folgt aus der „$\bar{5}$"- und „10"-Darstellung der SU(5):

$$\bar{5} = \begin{bmatrix} \nu_e \\ e^- \\ \bar{d}_R \\ \bar{d}_B \\ \bar{d}_G \end{bmatrix}_{\mathrm{LH}} \begin{array}{l} \rightleftarrows W^- \\ \rightleftarrows X \\ \rightleftarrows G_{BG} \end{array} \quad . \tag{9.56}$$

Die Pfeile bezeichnen ein Gluon, das die Colorkraft zwischen Quarks überträgt, ein $W^\pm$, das den schwachen geladenen Strom überträgt und ein X-„Lepto-Quark"-Boson, das ein Quark in ein Lepton verwandelt. Die Quantenzahlen der Mitglieder der „10" erhält man aus dem antisymmetrischen Kombinationen $q_iq_j - q_jq_i$ der Mitglieder q_i der „5" (die konjugierten Zustände der $\bar{q}_i$ aus der „$\bar{5}$"). Also

$$10 = \begin{bmatrix} 0 & e^+ & d_R & d_B & d_G \\ -e^+ & 0 & u_R & u_B & u_G \\ -d_R & -u_R & 0 & \bar{u}_G & \bar{u}_B \\ -d_B & -u_B & -\bar{u}_G & 0 & \bar{u}_R \\ -d_G & -u_G & -\bar{u}_B & -\bar{u}_R & 0 \end{bmatrix}_{\mathrm{LH}} \quad . \tag{9.57}$$

Diese Multipletts haben die Eigenschaft, daß die Summe der elektrischen Ladung $\Sigma Q_i = 0$ ist. Die schweren Leptonen (μ, ν_μ, τ, ν_τ) und Quarks (s, c, b) muß man eigenen Quark-Leptonen-Generationen zuordnen.

Zu den attraktiven Eigenschaften dieser (und anderer) großer vereinheitlichender Symmetrien gehören:

(a) Die gebrochenzahligen Ladungen ($\frac{2}{3}$ und $\frac{1}{3}$) der Quarks rühren daher, daß Quarks in drei Colors auftreten, während das Elektron ohne Color ist (und $\Sigma Q_i = 0$ gilt).

(b) Der Gleichheit der Baryon-(Proton-) und Elektronladung — ein historisches Rätsel — wird Rechnung getragen.

(c) Die starke Ähnlichkeit zwischen dem Muster der schwachen Dubletts der Leptonen und Quarks, z.B. $(\nu_e, e)_L$ und $(u, d_c)_L$ und die Tatsache, daß $Q(\nu) - Q(e) = Q(u) - Q(d)$ ist, tritt als natürliche Konsequenz der Lepton-Quark-Vereinheitlichung auf.

Das Modell macht eine Reihe von Vorhersagen, von denen zumindest einige in heutigen oder zukünftigen Experimenten zugänglich sind. Wir diskutieren hier zwei der Vorhersagen.

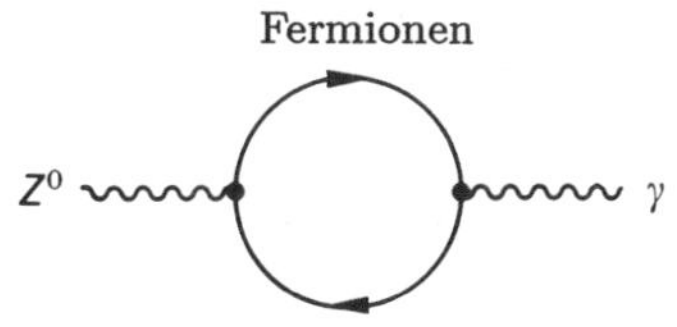

Abbildung 9.14

9.10.1 Die Vorhersage des schwachen Mischungswinkels

Das Zusammenbringen von Quarks und Leptonen in Multipletts erlaubt es, den schwachen Mischungswinkel folgendermaßen anzugeben. Betrachten wir das Diagramm aus Abb. 9.14, das die Mischung des neutralen Bosons Z^0 mit einem Photon γ über ein virtuelles Fermionenpaar (analog zur $K^0\bar{K}^0$-Mischung aus Abb. 7.22) darstellt. Wir wissen, daß Z^0 und γ zueinander orthogonale Zustände sind, $\langle Z^0|\gamma\rangle = 0$; daher sollte, wenn man über alle Fermionen (Leptonen und Quarks) summiert, keine effektive Kopplung zwischen beiden übrig bleiben.

Die Kopplung von Fermionen an das Z^0 ist proportional zu $I_3 - Q\sin^2\theta_w$, und die an das Photon einfach Q — siehe (9.31). Für die „$\bar{5}$" Darstellung erhalten wir unter Benutzung von (9.31) aus (9.56)

$$\begin{bmatrix} \nu_e \\ e^- \\ \bar{d}_R \\ \bar{d}_B \\ \bar{d}_G \end{bmatrix}_{\mathrm{LH}} \qquad \begin{array}{cc} I_3 & Q \\ \hline +\frac{1}{2} & 0 \\ -\frac{1}{2} & -1 \\ 0 & +\frac{1}{3} \\ 0 & +\frac{1}{3} \\ 0 & +\frac{1}{3} \end{array} \tag{9.58}$$

wobei alle LH-Zustände von Antifermionen (oder RH-Zuständen von Fermionen) $I_3 = 0$ haben, wie vorher erklärt wurde. Die Kopplung an das Z^0 wie auch an das Photon muß nach Summation über alle Fermionen verschwinden, was uns die Beziehung liefert

$$\sum Q(I_3 - Q\sin^2\theta_w) = 0$$

oder

$$\sin^2\theta_w = \frac{\sum QI_3}{\sum Q^2} = \frac{3}{8}. \tag{9.59}$$

Die obige Vorhersage für $\sin^2\theta_w$ ist offenbar viel größer als der beobachtete Wert (9.52). Allerdings gilt er für das Verhältnis $g'/g = \tan\theta_w$ $(= \sqrt{3/5})$ am Vereinheitlichungspunkt, $M_X \simeq 10^{15}$ GeV. Aus Abb. 9.13 sehen wir, daß Korrekturen zu den laufenden Kopplungskonstanten g und g' notwendig werden, um sie auf die Werte zu bringen, die man bei Beschleunigerenergien erwartet. Der Effekt dieser Korrekturen ist es offensichtlich, das Verhältnis g'/g und damit $\sin^2\theta_w$ zu verkleinern. Wenn man diese Korrekturen anbringt, erhält man einen Wert $\sin^2\theta_w = 0.21 \pm 0.01$, in bemerkenswerter Übereinstimmung mit dem beobachteten Wert in Gl. (9.51).

9.10.2 Die Vorhersage des Protonzerfalls

Ohne jeden Zweifel sind Protonen sehr dauerhafte Objekte. Die einfache Tatsache der Existenz von Leben auf der Erde setzt eine untere Grenze für die Lebensdauer von Protonen auf mehr als eine Million mal länger als das Alter des Sonnensystems (siehe Aufgabe 9.3). Es ist daher nicht überraschend, daß man, einem Vorschlag von Wigner und anderen folgend, die Baryonenzahl für viele Jahre als absolut erhaltene Größe in allen Wechselwirkungen ansah. Von den Eichtheorien lernen wir hingegen, daß strenge Erhaltungsätze mit Eichinvarianz verbunden sind und mit der Existenz eines entsprechenden langreichweitigen (masselosen) Feldes. Es sind keine Felder bekannt, die man mit der Erhaltung der Baryonen- oder Leptonenzahl in Verbindung bringen kann (siehe Aufgabe 9.5).

Die Großen Vereinheitlichten Modelle sagen im Gegenteil voraus, daß das Proton unter Verletzung der Baryonenzahlerhaltung zerfallen muß. Einige mögliche Diagramme für den Protonzerfall durch einfachen X- oder Y-Bosonaustausch sind in Abb. 9.15 angegeben. Dieser Austausch transformiert z.B. ein d-Quark in ein $\bar{u}$ (siehe (9.56)), was zum Zerfall $p \to e^+\pi^0$ führt.

Die Zerfallswahrscheinlichkeit kann man aus solchen Diagrammen grob abschätzen. Der überwiegende Faktor wird der X-Bosonpropagator $(q^2+M_X^2)^{-1}$ sein. Da der Impulsübertrag lediglich $q^2 \simeq 1\ \text{GeV}^2$ ist, wird die Zerfallsrate proportional zu M_X^{-4} sein. Daher können wir die Lebensdauer schreiben

$$\tau = \frac{A}{\alpha^2}\frac{M_X^4}{M_p^5}, \tag{9.60}$$

wobei A dimensionslos ist und, in Einheiten von $\hbar = c = 1$, die rechte Seite der Gleichung die Dimension Masse^{-1} hat. Die Wahl der Protonmasse als Skala im Nenner ist zwar willkürlich, aber einigermaßen angemessen. Die Konstante A enthält eine Menge theoretischer Überlegungen, die wir hier nicht diskutieren, sie stellt sich jedoch als von der Größenordnung 1 heraus. Wenn wir $A = 1$ wählen, ergibt sich für $M_X = 3 \times 10^{14}$ GeV eine Protonlebensdauer von $\tau_p = 10^{31}$ Jahren.

In den letzten Jahren wurden experimentell untere Grenzen für den Protonzerfall gesetzt, unter anderem in gigantischen unterirdischen Wasser-Čerenkov-Detektoren. Insbesondere liegt die Grenze für die Zerfallsmode $p \to e^+ + \pi^0$ bei mehr als 2×10^{32} Jahren (Bionta et al. (1985)), im klaren Widerspruch mit der SU(5)-Vorhersage, die mindestens eine Größenordnung kleiner ist (siehe Langacker (1981) und Perkins (1984) für eine aktuelle Übersicht über die theoretische und experimentelle Situation). Andere

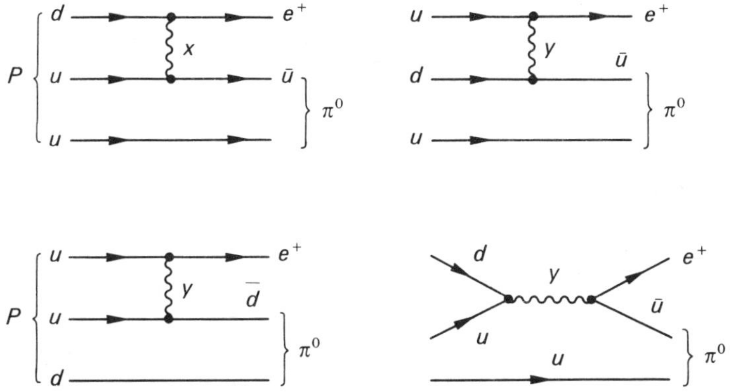

Abbildung 9.15 Einige Diagramme für den Nukleonzerfall, in welchem sich Quarks in Leptonen und Antiquarks verwandeln, indem sie massive Vektorbosonen X und Y mit den Ladungen $\frac{4}{3}$ und $\frac{1}{3}$ austauschen.

GUTs, die komplexere Gruppen oder Symmetrien enthalten, bevorzugen andere Zerfallsmoden oder machen unbestimmtere Vorhersagen für die Lebensdauer.

9.10.3 Magnetische Monopole

Dirac wies 1929 auf die mögliche Existenz von magnetischen Monopolen hin, die den folgenden Wert für die magnetische Ladung haben*)

$$g = n\frac{\hbar c}{2e}, \tag{9.61}$$

wo n eine ganze Zahl ist. Die Existenz eines Monopols mit der Ladung g würde auf eine Art „erklären", warum die Ladung in Einheiten von $|e|$ quantisiert ist. In Großen Vereinheitlichten Theorien ist der Ladungsoperator einer der Generatoren der Symmetrie, und alle Teilchen müssen die gleiche Einheit von Ladung (oder Bruchteile von ihr, im Falle der Quarks) tragen, so daß die Ladungsquantisierung auf natürliche Weise geschieht. In diesem Fall werden Monopole der Ladung g und mit einer Masse von der Größenordnung von M_X (genauer 10^{16}–10^{17} GeV) definitiv vorhergesagt. Die Suche nach solchen GUT-Monopolen wurde mit supraleitenden Spulen durchgeführt. Sie basiert auf der Beobachtung einer Änderung des Flusses $\Delta\phi = 4\pi g$, wenn ein Monopol die Spule durchquert, sowie dem Nachweis der Ionisierung oder Anregung von Atomen, die aus der magnetischen Wechselwirkung des Monopols mit den magnetischen Momenten der

*) Für eine Herleitung siehe z.B. J.D. Jackson, Classical Electrodynamics, 2. Ausgabe, John Wiley, New York, 1975, p.254.

Elektronen resultiert. Die heutige obere Schranke auf den Fluß von Monopolen ist von der Größenordnung der sogenannten Parker-Grenze, etwa 10^{-15} Monopole $\mathrm{cm}^{-2}\ \mathrm{sr}^{-1}\ \mathrm{s}^{-1}$. Dies ist der maximal erlaubte Fluß, den man zulassen kann, ohne daß die Monopole das galaktische Magnetfeld von der Größenordnung einiger Mikrogauß zerstören würden.

9.11 Jenseits des Standardmodells II — Supersymmetrie

Das oben beschriebene SU(5)-Modell der Großen Vereinheitlichung besitzt einige prinzipielle Schwächen. Zum Beispiel werden Neutrinos als masselos angesehen und treten nur in einem Helizitätszustand ($H = -1$) auf. Auch wenn dies bisher in Übereinstimmung mit allen Experimenten ist, kann man sich fragen, warum die schwache Wechselwirkung der Neutrinos die mysteriöse Eigenschaft der Paritätsverletzung hat, obwohl andere Wechselwirkungen paritätserhaltend sind. Vielleicht ist die Paritätsverletzung ein Niederenergiephänomen, eine Manifestation einer spontanen Symmetriebrechung: die fehlenden rechtshändigen Kopplungen existieren doch, sind aber verbunden mit massebehafteten Neutrinos und/oder mit sehr schweren die Kopplung übertragenden Bosonen. Dies ist ein Teil des insgesamt sehr viel größeren Problems, den sehr großen Wertebereich der Fermionmassen und deren Herkunft überhaupt zu verstehen.

Ein weiteres Problem rührt von den unterschiedlichen Energieskalen der verschiedenen Wechselwirkungen her: von der QCD-Skala der Größenordnung 1 GeV über die elektroschwache Skala von $\simeq 100$ GeV bis zu der GUT-Skala von $M_X \simeq 10^{15}$ GeV. Diese verschiedenen Werte der Skalen bilden das sogenannte Hierarchieproblem. Die Higgs-Skalare in der elektroschwachen Theorie wurden speziell eingeführt, um durch Selbstwechselwirkungen Massen zu erzeugen und dadurch die spontane Symmetriebrechung der Eichsymmetrie zu bewirken, um so das masselose Eichboson (Photon) von den massiven Bosonen (W, Z) zu unterscheiden. Higgs-Skalare — allerdings mit der Masse $\simeq M_X$ anstatt von $\simeq M_W$ — werden ebenso benötigt, um die SU(5)-Symmetriebrechung zu erzeugen. Das leichte Higgs wird unausweichlich von den GUT-Higgsen Strahlungskorrekturen zu seiner Masse erhalten, mit dem Ergebnis, daß die Massen von H, W und Z im elektroschwachen Sektor instabil werden, es sei denn, man kann es geschickt so einrichten, daß sich Divergenzen mit einer Genauigkeit von etwa $M_W/M_X \simeq 10^{-13}$ wegheben.

Die Annahme von Supersymmetrie (SUSY) liefert genau einen solchen Mechanismus. Sie führt die verlockende Idee der Symmetrie zwischen Fermionen und Bosonen ein. Es werden neue Boson-(Fermion-)Partner für alle bekannten punktförmigen Fermionen (Bosonen) postuliert, wie in Tabelle 9.2 gezeigt wird. Die Strahlungskorrekturen zur Higgs-Masse von virtuellen Bosonen- und Fermionenloops haben unterschiedliche Vorzeichen. Da die Teilchen und ihre SUSY-Partner die gleichen Kopplungen haben, werden die Massendivergenzen unter Kontrolle gehalten, vorausgesetzt $|M_F^2 - M_B^2| < 1\ \text{TeV}^2$. Damit sagt die Supersymmetrie eine Menge neuer Teilchen voraus, alle etwa auf der Fermi-Massenskala $G^{-1/2}$.

Tabelle 9.2 Supersymmetrische Teilchen

Teilchen	Spin	S-Teilchen	Spin
Quark Q	$\frac{1}{2}$	Squark $\tilde{Q}$	0
Lepton l	$\frac{1}{2}$	Slepton $\tilde{l}$	0
Photon γ	1	Photino $\tilde{\gamma}$	$\frac{1}{2}$
Gluon G	1	Gluino $\tilde{G}$	$\frac{1}{2}$
W	1	Wino $\tilde{W}$	$\frac{1}{2}$
Higgs H	0	Shiggs $\tilde{H}$	$\frac{1}{2}$

In den meisten SUSY-Modellen müssen die neuen Teilchen assoziiert erzeugt werden, das heißt in Paaren mit einer Quantenzahl R (+1 für Teilchen, −1 für Antiteilchen). Zum Beispiel kann ein Quark-Antiquarkpaar ein Paar von Squarks (Bosonen) erzeugen: $Q + \bar{Q} \to \tilde{Q} + \bar{\tilde{Q}}$. Aus der R-Symmetrie folgt, daß zumindest ein SUSY-Teilchen (das leichteste) stabil sein muß. Wenn dieses das Photino $\tilde{\gamma}$ ist (der Spin-$1/2$-Partner des Photons) könnte sich die Produktion eines Squarks im Zerfall $\tilde{Q} \to Q + \tilde{\gamma}$ zeigen. Da die $\tilde{Q}$-Masse von der Größenordnung 1 TeV ist, würde das unter den Zerfallsprodukten fehlende Photino eine deutliche Unausgeglichenheit in der Impulsbilanz des Ereignisses hinterlassen.

Bis heute gibt es keinen Hinweis für SUSY-Teilchen. Untere Grenzen auf die Massen sind mehr als 4 GeV für Gluinos und mehr als 20 GeV für Squarks und Sleptonen.

Es sind auch andere Modelle vorgeschlagen worden, um mit dem Higgs-Problem fertig zu werden — zum Beispiel, daß es zusammengesetzt und kein elementares Teilchen sei. Alle diese Modelle deuten auf neue Arten von Teilchen hin, sowie auf Wechselwirkungen im Bereich der 1 TeV Energieskala. Ob irgendetwas von diesen Ideen Bestand haben wird, werden zukünftige Experimente entscheiden.

9.12 Elementarteilchenphysik und Kosmologie

Die oben beschriebenen Großen Vereinheitlichten Theorien können eventuell zum Verständnis der zeitlichen Entwicklung und heutigen Verteilung der Materie und Strahlung in unserem Universum beitragen. Dies ist ein weites Feld, und der interessierte Leser sei für aktuelle Übersichtsartikel und Veröffentlichungen auf die Bibliographie zu diesem Kapitel verwiesen. Wir erwähnen hier nun ein paar Ideen und Fakten, lediglich um auf die Relevanz der Ergebnisse aus der Teilchenphysik für die Kosmologie hinzuweisen.

Die isotrope kosmische Hintergrundstrahlung im Mikrowellenbereich, die 1965 entdeckt wurde, hat das Spektrum eines schwarzen Strahlers mit der Temperatur von 3 K und wird interpretiert als die abgekühlte Strahlung aus dem Urknall, der der Ausdehnung des Universums vorausging. Aus der heutigen Verteilung der Materie kann man das Verhältnis der Baryonen zu Photonen gemittelt über das Universum abschätzen zu

$$\frac{n_b}{n_\gamma} = 10^{-9\pm1}$$

und dies sollte zeitunabhängig sein in einem sich adiabatisch und isotrop ausbreitendem Universum. In der anfänglich heissen Phase des Urknalls ($t < 10^{-4}$ s, $kT > 1$ GeV) sollten Baryonenpaare produziert worden sein, mit einer Dichte vergleichbar der von Photonen. Als sich dann das Universum ausdehnte und abkühlte, konnte die Nukleonenpaarproduktion die Annihilation zu Photonen nicht mehr ausgleichen, die Baryonenzahl sank daher sehr schnell ab, bis ein Überbleibsel an Baryonen „ausgefroren" wurde, als die Ausdehnungsrate die Annihilationsrate überstieg. Das endgültige Verhältnis von Baryonen und Antibaryonen zu Photonen kann man ohne allzu große Unsicherheit berechnen, man findet

$$\frac{n_b}{n_\gamma} \sim 10^{-18},$$

im krassen Widerspruch zum beobachteten Verhältnis. Es gibt also zwei Probleme: die beobachtete Baryonendichte ist neun Größenordnungen größer als erwartet und Baryonen überwiegen gegenüber Antibaryonen. Daß dies so ist, wissen wir von unserer eigenen Galaxie, da die schweren Nukleonen in der primären kosmischen Strahlung — die sozusagen Boten aus den entferntesten Teilen der Milchstraße sind — immer aus Nukleonen, aber nicht aus Antinukleonen bestehen. Auch gibt es keinerlei Anzeichen für die Aussendung intensiver γ-Strahlung, die der Annihilation von Materie einer Galaxie mit intergalaktischer Antimaterie folgen würde. Daher können wir, mit der üblichen Vorsicht gegenüber der Annahme der mittleren Isotropie des Universums, sicher sein, daß das Verhältnis von Antibaryonen zu Baryonen heute kleiner als 10^{-4} ist.

Es scheinen daher im frühen Universum Prozesse aufgetreten zu sein, die zu einer Baryonen-Antibaryonenasymmetrie der Größenordnung 10^{-9} führten. Alles bis auf diesen winzigen Bruchteil der Materie annihilierte zu Photonen und hinterließ einen Überrest von Baryonen. Wenn man von einer symmetrischen Situation ausgeht, kann eine solche Asymmetrie klarerweise nur durch einen die Baryonenzahl nicht erhaltenden Prozeß entstehen. Es gibt aber zwei weitere Notwendigkeiten, worauf als erster Sacharov 1967 hinwies: der baryonenproduzierende Prozeß muß CP-verletzend sein und die Baryonen dürfen nicht im thermischen Gleichgewicht sein. (Im thermischen Gleichgewicht kann die Baryonendichte nur von der Temperatur und der Teilchenmasse abhängen, die für Teilchen und Antiteilchen auf Grund des CPT-Theorems gleich sein muß.) Eine Möglichkeit ist zunächst die Erzeugung der vorher erwähnten X- und $\bar{X}$-Bosonen, die wegen des CPT-Theorems gleiche totale Zerfallsraten haben müssen, für die aber einige partielle Zerfallsraten in Quarks, Antiquarks und Leptonen CP-verletzend sein können, genau wie im leptonischen Zerfall von K_L (Gl. (7.98)). Solche Zerfälle könnten eine Baryonenasymmetrie durch Prozesse zweiter Ordnung produzieren, und so scheint es möglich zu sein, die Vorherrschaft von Baryonen im Universum und das beobachtete Verhältnis von Baryonen zu Photonen plausibel zu machen. Die Effekte, die im SU(5)-Modell der Großen Vereinheitlichung vorhergesagt werden, sind zu klein; es scheinen allgemeinere und größere Vereinheitlichungsgruppen — die mehr freie Parameter enthalten und daher weniger Vorhersagekraft haben — notwendig zu sein. Obwohl im Prinzip CP-Verletzung auch mit nur vier Quarkflavors möglich ist, wird die Asymmetrie erst bemerkbar mit mindestens sechs Flavors (siehe Abschnitt 7.12).

Astrophysikalische Argumente können umgekehrt auch dazu benutzt werden, um interessante Grenzen auf die Eigenschaften von Elementarteilchen zu geben. Die Dichte von leichten Neutrinos (Masse $\ll$ 1 MeV), die im Urknall produziert wurden, sollte vergleichbar sein mit der Photonendichte, heute von der Größenordnung 10^9 mal der Nukleonendichte. Daher würde eine Neutrinomasse von nur ein paar eV (das heißt 10^{-9} der Nukleonenmasse) die potentielle Energie der Gravitation um einen wesentlichen Faktor anheben; dies ist in der Tat einer der Gründe, eine nicht verschwindende Neutrinomasse zu postulieren, um so auszugleichen, daß die Bewegungsenergie im Universum um Größenordnungen über der Gravitationsenergie liegt.

Eine Grenze auf die Anzahl der Flavors leichter Neutrinos erhält man aus Überlegungen zum beobachteten Verhältnis von Helium zu Wasserstoff (etwa 0.29), das (durch die Heliumerzeugung in Sternen) ein wenig größer sein muß als das primordiale Verhältnis, welches man in der thermonuklearen Fusion nach dem Urknall erhielt. Der primordiale Heliumanteil aus der Nukleonsynthese (bei $t \simeq 100$ s, $kT \simeq 0.1$ MeV) hängt von dem Wert für das n/p-Verhältnis ab, das durch die reversible Reaktion $e^- + p \rightleftharpoons \nu_e + n$ festgelegt wird. Die Umkehrreaktion ist exotherm mit 0.8 MeV, daher ist n/p während der Nukleonsynthese < 1 und um so kleiner (größer) je schneller (langsamer) die Abkühlrate ist. Letztere ist wiederum proportional zur Anzahl der fundamentalen Fermionen, die in den vorausgegangenen Stufen erzeugt wurden. Von jeder zusätzlichen Neutrinoflavor erwartet man eine Zunahme des Heliummassenanteils von etwa 1%. Diese Überlegungen lassen den Schluß zu, daß nicht mehr als vier leichte Neutrinoflavors existieren; also ist die totale Anzahl der Leptonen (und eventuell der Quarks) wahrscheinlich endlich und klein, und nicht, wie manche Leute befürchten, unangenehm groß. Die Frage nach der möglichen Anzahl der Arten von Neutrinos wird unabhängig hiervon definitiv in ein paar Jahren gelöst werden, wenn das Verzweigungsverhältnis von $Z^0 \rightarrow \nu\bar{\nu}$ an den riesigen e^+e^--Speicherringen gemessen wird.

Aufgaben

9.1. Zeichnen Sie den totalen Wirkungsquerschnitt σ/E_ν, unter Benutzung von Gl. (9.34) und den Ergebnissen aus Tabelle 9.1, für ν_e-, $\bar{\nu}_e$-, ν_μ- und $\bar{\nu}_\mu$-Streuung an stationären Elektrontargets als Funktion von $\sin^2\theta_w$. Wo haben σ_{ν_μ}, $\sigma_{\bar{\nu}_\mu}$ ihre Minimalwerte? Für welche Werte von $\sin^2\theta_w$ ist die $\bar{\nu}_\mu$-Kopplung an das Elektron ein reiner Axialvektor?

9.2. Zeichnen Sie das Verhältnis zwischen g_V und g_A unter Benutzung von (9.34) und Integration über die Rückstoßenergie des Elektrons, E, unter der Annahme, daß $\sigma(\nu_\mu e) = 3 \times 10^{-42} E_\nu$ cm^2 sei. Benutzen Sie $G = 1.02 \times 10^{-5}/M_p^2$. Zeigen Sie, daß wenn $\sigma(\bar{\nu}_\mu e)$ auch (ohne Fehler) bekannt ist, vier Lösungen für g_V und g_A möglich sind.

9.3. Die Einheit für die Strahlungsdosis war das rad, das einer (durch Ionisierung) freigesetzten Energie von 100 erg g^{-1} entsprach. Die jährlich zulässige Körperdosis für einen Menschen wird mit 5 rad angegeben. Nehmen Sie an, daß die einhundertfache Dosis die Auslöschung von fortgeschrittenen Lebensformen die Folge haben würde, welche Grenze setzt dies auf die Protonlebensdauer? (Nehmen Sie an, daß im Protonzerfall ein wesentlicher Anteil der totalen freigesetzten Energie im Körpergewebe freigesetzt wird.)

9.4. Verifizieren Sie Gl. (9.47) für die Asymmetrie in der Streuung von polarisierten Elektronen an Deuteronen. Benutzen Sie die Ausdrücke in Gln. (9.31) und (9.33) für die Kopplung von Elektronen und Quarks an das Z^0 und das Photon. Der Wirkungsquerschnitt ergibt sich aus der Summe der Photon- und Z^0-Austauschamplituden. In der Summe werden nur die reinen Photonaustauschterme und der Z^0-Photoninterferenzterm beitragen, wenn man $q^2 \ll M_Z^2$ annimmt. Nehmen Sie außerdem gleiche Anzahl von u- und d-Quarks im Deuteron an und vernachlässigen Sie Antiquarks. (Im Falle von Schwierigkeiten sei auf R. N. Cahn und F. J. Gilman, *Phys. Rev. D* **17**, 1313 (1977) verwiesen, wo das Problem vollständig ausgearbeitet ist.)

9.5 Nach dem Äquivalenzprinzip ist das Verhältnis R von träger zu schwerer Masse für all Materialien das gleiche. Dies wurde getestet durch den Vergleich der Zentrifugalkraft auf einen Körper, die durch die Erddrehung entsteht, mit der Gravitationskraft der Erde (oder der Sonne). Man findet, daß R für Al und Pt gleich ist auf 1 Teil in 10^{12}. Diese Experimente setzten gleichzeitig eine Grenze auf eine mögliche Kopplung K_B eines beliebigen langreichweitigen $(1/r^2)$ Feldes, das an die Baryonenzahl koppelt. Zeigen Sie, daß der Unterschied in der Baryonenzahl pro Masseneinheit von Al und Pt 4×10^{-4} ist, indem Sie die Kernbindungsenergien und Neutron/Proton Verhältnisse berücksichtigen.

Zeigen Sie im folgenden $K_B/K < 10^{-9}$, K sei die Gravitationskonstante. (Für weitere Einzelheiten siehe z.B. Perkins (1984).)

9.6. Geben Sie die totale Breite des Z^0-Zerfalls an, unter Benutzung des Ausdrucks (9.33) für die Z^0-Fermionkopplung, für drei Fermiongenerationen mit $\sin^2\theta_w = 0.22$ und $M_Z = 93$ GeV. (Die partielle Breite ist $\Gamma(Z \to \nu\bar{\nu}) = GM_Z^3/12\pi\sqrt{2}$ — siehe Anhang H.)

9.7. Berechnen Sie den Wert des Verhältnisses $R = \sigma(e^+e^- \to Z^0 \to$ irgendetwas$)/\sigma$(Punkt) auf der Spitze der Z^0-Resonanz (siehe Abb. 9.12), wobei $\sigma(\text{Punkt}) = \sigma(e^+e^- \to \mu^+\mu^-)$ sei. Zeigen Sie, daß gilt $R = (9/\alpha^2)(\Gamma_{ee}/\Gamma)$ mit Γ als totale Z^0-Breite und Γ_{ee} als partielle Breite für $Z^0 \to e^+e^-$. Unter Benutzung des Ergebnisses von Aufgabe 9.6 zeigen Sie, daß $R = 5180$ ist.

Literatur

Aitchison, I.J., and A.J. Hey, „Gauge theories in particle physics“ (Adam Hilger Ltd., Bristol 1981).

Bahcall, J.N., „Solar neutrino experiments“, *Rev. Mod. Phys.* **50**, 881 (1978).

Barrow, J.D., „The baryon asymmetry of the universe“, *Surveys in High En. Phys.* **1**, 182 (1980).

Beg, M.A., and A. Sirlin, „Gauge theories of weak interactions“, *Ann. Rev. Nucl. Science* **24**, 379 (1974).

Glashow, S.L., „Towards a unified theory: Threads in tapestry“, *Rev. Mod. Phys.* **52**, 539 (1980).

Goldhaber, M., P. Langacker, and R. Slansky, „Is the proton stable¿‘, *Science* **210**, 851 (1980).

't Hooft, G., „Gauge theories of the forces between elementary particles“, *Sci. Am.* **243**, 90 (June 1980).

Hung, P.Q., and C. Quigg, „Intermediate bosons: weak interaction couriers“, *Science* **210**, 1205 (1980).

Langacker, P., „Grand unified theories and proton decay“, *Phys. Rep.* **72**, 185 (1981).

Perkins, D.H., „Proton decay experiments“, *Ann. Rev. Nucl. Part. Science* **34**, 1 (1984).

Primakoff, H., and S.P. Rosen, „Baryon number and lepton number conservations laws“, *Ann. Rev. Nucl. Science* **31**, 145 (1981).

Pullia, A., „Structure of charged and neutral weak interactions at high energy“, *Riv. del Nuov. Cim.* **7**, Ser. 3, Nos. 1–6 (1984).

Salam, A., „Gauge unification of fundamental forces“, *Rev. Mod. Phys.* **52**, 525 (1980); *Science* **210**, 723 (1980).

Steigmann, G., „Cosmology confronts particle physics“, *Ann. Rev. Nucl. Science* **29**, 313 (1979).

Weinberg, S., „Conceptual foundations of the unified theory of weak and electromagnetic interactions“, *Rev. Mod. Phys.* **52**, 515 (1980); *Science* **210**, 1212 (1980).

Weinberg, S., „Unified theories of elementary particle interactions“, *Sci. Am.* **231**, 50 (July 1974).

Anhang A

Relativistische Transformationen

A.1 Lorentz-Transformationen

Eine der grundlegenden Symmetrien, die man in jeder Theorie von Teilchenwechselwirkungen fordern muß, ist die der relativistischen Invarianz; die Gleichungen, die ein System beschreiben, sollen in allen Inertialsystemen die gleiche Form haben. Diese Invarianz erreicht man, indem man die Gleichungen in *Viererschreibweise* formuliert. Erinnern wir uns, daß die relativistische Beziehung zwischen der Gesamtenergie E, dem Dreierimpuls $\boldsymbol{p}$ und der Ruhemasse m eines freien Teilchens in Einheiten $c = 1$ ist

$$E^2 = p^2 + m^2. \tag{A.1}$$

Die kartesischen Komponenten von $\boldsymbol{p}$, E kann man als Komponenten eines Energie-Impuls-Viervektors p_μ schreiben, mit $m = 1-4$. Eine gebräuchliche Konvention ist

$$p_1 = p_x, \quad p_2 = p_y, \quad p_3 = p_z, \quad p_4 = iE,$$

so daß

$$p^2 = \sum_\mu p_\mu^2 = p_1^2 + p_2^2 + p_3^2 + p_4^3 = \boldsymbol{p}^2 - E^2 = -m^2 \tag{A.2}$$

invariant ist, also in allen Bezugssystemen den gleichen Wert hat. Wenn E, $\boldsymbol{p}$ die in einem Laborsystem Σ gemessenen Werte bezeichnen, werden sie in einem Bezugsssystem Σ', das sich z.B. entlang der x-Achse mit der

Geschwindigkeit βc bewegt, durch die Lorentztransformation gegeben, die man in Matrixform schreibt als

$$p'_\mu = \sum_{\nu=1}^{4} \alpha_{\mu\nu} p_\nu, \tag{A.3}$$

mit

$$\alpha_{\mu\nu} = \begin{vmatrix} \gamma & 0 & 0 & i\beta\gamma \\ 0 & 1 & 0 & 0 \\ 0 & 0 & 1 & 0 \\ -i\beta\gamma & 0 & 0 & \gamma \end{vmatrix}$$

und $\gamma = (1-\beta^2)^{-1/2}$. Also findet man, in Energie- und Impulskomponenten geschrieben,

$$\begin{aligned} p'_1 &= \gamma p_1 + i\beta\gamma p_4 \quad &\text{oder} \quad p'_x &= \gamma(p_x - \beta E) \\ p'_2 &= p_2 & p'_3 &= p_3 \\ p'_4 &= -i\beta\gamma p_1 + \gamma p_4 \quad &\text{oder} \quad E' &= \gamma(E - \beta p_x). \end{aligned} \tag{A.4}$$

Wenn das Teilchen im Laborsystem Σ ruht, erhält man in einem sich mit der Geschwindigkeit $-\beta$ entlang der x-Achse bewegenden Bezugssystem Σ', da $E = m$ und $p_x = p_y = p_z = 0$ ist,

$$E' = \gamma m \quad \boldsymbol{p}' = p'_x = \gamma\beta m = \sqrt{\gamma^2 - 1}m, \tag{A.5}$$

und natürlich

$$\boldsymbol{p}'^2 - E'^2 = -m^2.$$

Diese Transformationen gelten für Bezugssysteme, die sich relativ zueinander entlang der x-Achse bewegen. Sie können auf Bewegungen in beliebige Richtungen verallgemeinert werden. Es ist allerdings einfacher, immer die x-Achse in Bewegungsrichtung umzudefinieren.

Die oben angegebenen Transformationsgesetze gelten ebenso für Raum-Zeitkoordinaten. Man erhält sie durch die Ersetzungen $p_1 \to x_1$ $(= x)$, $p_2 \to x_2$ $(= y)$, $p_3 \to X_3$ $(= z)$, $p_4 \to x_4$ $(= it)$.

A.2 Lorentz-Skalare

Das Quadrat des Viererimpulses in (A.2) ist ein Beispiel für das invariante Skalarprodukt zweier Vierervektoren, also $\Sigma p_\mu p_\mu$. Man nennt es Lorentz-Skalar, da es unter Lorentz-Transformationen invariant ist. Die Phase einer ebenen Welle — sei es ein Wellenberg oder -Tal — muß für alle Beobachter die selbe sein und kann als Lorentz-Skalar geschrieben werden. Mit $\boldsymbol{k}$ als Ausbreitungsvektor und ω als Winkelgeschwindigkeit erhalten wir

$$\text{Phase} = \boldsymbol{k} \cdot \boldsymbol{x} - \omega t = \frac{1}{\hbar}(\boldsymbol{p} \cdot \boldsymbol{x} - Et) = \Sigma p_\mu x_\mu \quad (\text{in Einheiten von } \hbar = 1).$$

Die in diesem Buch verwendete *Metrik* wurde oben definiert, und zwar so: ein Viererimpulsvektor ist $p = (\boldsymbol{p}, iE)$, so daß

$$(\text{Viererimpuls})^2=(\underset{\nwarrow\text{Raum}}{\text{Dreierimpuls}})^2-(\underset{\nwarrow\text{Zeit}}{\text{Energie}})^2 \tag{A.6}$$

In Analogie zu den Raum-Zeitkoordinaten x_μ nennt man die Komponenten $p_{1,2,3}$ *raumartig* und die Energiekomponente E *zeitartig*. Demnach, wenn q der Viererimpulsübertrag in einer Reaktion ist, also $q = p - p'$, wo p, p' den einlaufenden und auslaufenden Viererimpuls bezeichnen, sagt man

$$\begin{aligned} q^2 > 0 \quad & \text{ist raumartig,} \quad \text{z.B. in Streuprozessen} \\ q^2 < 0 \quad & \text{ist zeitartig,} \quad \text{z.B. (Masse)}^2 \text{ freier Teilchen} \end{aligned} \tag{A.7}$$

A.3 Andere Schreibweisen und Konventionen

In diesem Buch wird für Vierervektoren die Minkowski-Notation (A.2) benutzt, da sie in Lehrbüchern über spezielle Relativitätstheorie am gebräuchlichsten ist. In feldtheoretischen Texten werden im allgemeinen andere Schreibweisen benutzt. Diese vermeiden die imaginäre Einheit für die vierte Komponente ($p_4 = iE$) und führen das Minuszeichen in (A.6) durch den metrischen Tensor $g_{\mu\nu}$ ein. Das Skalarprodukt der Vierervektoren A und B ist dann definiert als

$$AB = g_{\mu\nu} A_\mu B_\nu = A_0 B_0 - \boldsymbol{A} \cdot \boldsymbol{B}, \tag{A.8}$$

wobei alle Komponenten reell sind. Dabei steht μ, $\nu = 0$ für die Zeit- (oder Energie-) Komponente, μ, $\nu = 1, 2, 3$ für die Raum- (Impuls-) Komponenten und es gilt

$$g_{00} = +1, \quad g_{11} = g_{22} = g_{33} = -1, \quad g_{\mu\nu} = 0, \qquad \text{für } \mu \neq \nu. \tag{A.9}$$

Man beachte, daß die hier benutzte Metrik einen Lorentz-Skalar mit dem entgegengesetzten Vorzeichen zu (A.6) ergibt. Der Zusammenhang zwischen der Notation in diesem Text und der in der normalen Feldtheorie ist daher der folgende:

	Dieses Buch	Feldtheorie (z.B. Bjorken und Drell)
Impuls- (Raum-) Koordinate	p_1, p_2, p_3	p_1, p_2, p_3
Energie- (Zeit-) Koordinate	$p_4 = iE$	$p_0 = E$
Metrischer Tensor	—	$g_{11}=g_{22}=g_{33}=-1; g_{00}=+1$
(Viererimpuls)^2	$p^2=\sum p_\mu^2=\boldsymbol{p}^2-E^2$	$p^2=\sum g_{\mu\nu}p_\mu p_\nu=E^2-\boldsymbol{p}^2$
Raumartiger Viererimpuls	$q^2>0$	$q^2<0$
Zeitartiger Viererimpuls	$q^2<0$	$q^2>0$

A.4 Beispiel für die Anwendung der Vierervektoren

Die Vierervektorschreibweise ist für kinematische Berechnungen sehr nützlich. Als Beispiel wollen wir die Energie berechnen, die für die Erzeugung neuer Teilchen frei wird, wenn ein einlaufendes Teilchen mit der Masse m_A, der Gesamtenergie E_A und dem Impuls $\boldsymbol{p}_A$ auf ein Target mit der Masse m_B, der Gesamtenergie E_B und dem Impuls $\boldsymbol{p}_B$ trifft; alle Größen seien im Laborsystem (LS) gemessen. Das Quadrat des Gesamtviererimpulses des Systems ist

$$p^2 = (\boldsymbol{p}_A + \boldsymbol{p}_B)^2 - (E_A + E_B) = -m_A^2 - m_B^2 + 2\boldsymbol{p}_A \cdot \boldsymbol{p}_B - 2E_A E_B.$$

Man definiert das Schwerpunktssystem (CMS) als dasjenige Bezugssystem, in dem der gesamte Dreierimpuls Null ist. Wenn man die Gesamtenergie in diesem System mit E^* bezeichnet, ist daher

$$p^2 = -E^{*2}.$$

Wir betrachten nun zwei Spezialfälle:

(i) Das Targetteilchen (m_B) ist im LS in Ruhe, $E_B = m_B$ und $\boldsymbol{p}_B = 0$. Dann gilt

$$E^{*2} = -p^2 = m_A^2 + m_B^2 + 2m_B E_A.$$

Die Energieschwelle für die Erzeugung eines Zustands der Masse m^* aus m_A und m_B ist daher

$$E_A(\text{Schwelle}) = \frac{m^{*2} - m_A^2 - m_B^2}{2m_B} \simeq \frac{m^{*2}}{2m_B} \quad \text{für } m^* \gg m_A, m_B. \tag{A.10}$$

(ii) Einlaufendes und Targetteilchen m_A und m_B laufen in entgegengesetzte Richtung (wie in e^+e^- oder $p\bar{p}$-Speicherringen). Dann gilt mit $|\boldsymbol{p}_A| = p_A$, $|\boldsymbol{p}_B| = p_B$,

$$\begin{aligned} E^{*2} &= -p^2 = 2(E_A E_B + p_A p_B) + (m_A^2 + m_B^2) \\ &\simeq 4E_A E_B \quad \text{wenn } E_A, E_B \gg m_A, m_B. \end{aligned} \tag{A.11}$$

Wir bemerken, daß die für die Erzeugung neuer Teilchen benötigte Energie in einem Speicherring, mit gleicher Energie E in beiden Strahlen, linear mit der Strahlenergie anwächst, $E^* \simeq 2E$, während für eine Maschine mit ruhendem Target die verfügbare CMS-Energie mit der Quadratwurzel der einlaufenden Energie anwächst, $E^* \simeq \sqrt{2m_B E_A}$.

A.5 Lorentz-invariante Wirkungsquerschnitte

Nehmen wir an, daß in einer Reaktion ein Teilchen mit dem Impuls $\boldsymbol{p}$ und der Energie E (beide im Laborsystem gemessen) erzeugt wird. Der Phasenraumfaktor in diesem System ist dann proportional zu

$$d^3\boldsymbol{p} = dp_x\, dp_y\, dp_z. \tag{A.12}$$

Für eine Transformation in ein Inertialsystem, das sich mit der Geschwindigkeit β entlang der x-Achse bewegt, erhalten wir aus (A.4) (in Einheiten von $c = 1$)

$$p'_x = \gamma(p_x - \beta E) \quad p'_y = p_y, \quad p'_z = p_z,$$
$$E' = \gamma(E - \beta p_x).$$

Dann gilt

$$dp'_x = \frac{\partial p'_x}{\partial p_x} dp_x + \frac{\partial p'_x}{\partial E} dE$$
$$= \gamma\, dp_x - \gamma\beta\, dE$$
$$= \gamma(1 - \beta p_x/E) dp_x,$$

wobei wir benutzt haben, daß $p_x^2 + p_y^2 + p_z^2 - E^2 = -m^2$ ist und daß für festgehaltenes p_y, p_z gilt $p_x dp_x = E\, dE$. Also ist

$$\frac{dp'_x}{E'} = \frac{\gamma(1 - \beta p_x/E) dp_x}{\gamma E(1 - \beta p_x/E)} = \frac{dp_x}{E}$$

und daher

$$\frac{d^3\boldsymbol{p}'}{E'} = \frac{dp'_x dp'_y dp'_z}{E'} = \frac{dp_x dp_y dp_z}{E} = \frac{d^3\boldsymbol{p}}{E}. \tag{A.13}$$

Dieses Ergebnis muß für Lorentz-Transformationen in alle Richtungen gelten, da man immer die Koordinatenachsen entsprechend umdefinieren kann. Daher kann man den differentiellen Wirkungsquerschnitt für die Erzeugung eines Teilchens mit dem Impuls $\boldsymbol{p}$ und der Energie E in der Form schreiben

$$E d^3\sigma / d^3\boldsymbol{p}, \tag{A.14}$$

die Lorentz-invariant ist.

Die physikalische Ursache für den Faktor E im Ausdruck $d^3\boldsymbol{p}/E$ für den Phasenraum kann man folgendermaßen verstehen:

Denken wir uns zunächst eines der an der Wechselwirkung beteiligten Teilchen in Ruhe relativ zu einem Würfel mit dem Volumen V. Demnach ist die Teilchendichte in diesem System $1/V$. Nehmen wir nun an, das Teilchen bewege sich mit einer Geschwindigkeit $\boldsymbol{v}$ relativ zu dem gewählten Bezugssystem Σ, in dem W zu berechnen sei. Die Masse des Teilchens sei m und seine Energie in Σ sei E, mit $E/m = (1 - v^2/c^2)^{-1/2}$. Als Folge der Lorentz-Transformation ist eine Länge, die man in Richtung von $\boldsymbol{v}$ im Ruhesystem des Teilchens mißt, in Σ gemessen, um den Faktor m/E kontrahiert, so daß das Volumen kontrahiert wird zu $V' = Vm/E$. Wenn man in Σ die Wellenfunktion über das Volumen V integriert, dann gilt $\int \psi^* \psi\, dV = E/m$, d.h. die Teilchendichte hat sich um den Faktor E/m vergrößert. Um also dafür zu sorgen, daß in allen Bezugssystemen die Teilchendichte gleich normiert ist, sollten wir in die Wellenfunktion ψ für jedes Teilchen einen Faktor $\sqrt{E/m}$ mit hineinnehmen, wo E die Energie im gewählten Bezugssystem Σ bezeichnet. Es gibt verschiedene Konventionen: $\sqrt{mE}$, $1/\sqrt{2E}$ usw., die von der Wahl des Normierungsfaktors für die Wellenfunktionen von Fermionen und Bosonen abhängen. Wir wollen hier einen Faktor $1/\sqrt{2E}$ für jedes an einer Wechselwirkung teilnehmende Teilchen nehmen. Die relativistisch invariante Form des Ausdrucks (4.4) für die Übergangsrate in einer Wechselwirkung wird dann (mit $V = 1$ und $\hbar = c = 1$) zu

$$W = \frac{2\pi |M|^2}{\prod_{\mathrm{Anfang}} 2E_j} \rho_f , \tag{A.15}$$

mit dem Phasenraumfaktor für n Teilchen im Endzustand und $(n-1)$ unabhängige Dreierimpulse

$$\rho_f = \frac{d}{dE_{\mathrm{total}}} \frac{\int d^3\boldsymbol{p}_1 d^3\boldsymbol{p}_2 \cdots d^3\boldsymbol{p}_{n-1}}{(2\pi)^{3(n-1)} \prod_{\mathrm{Ende}} 2E_k} . \tag{A.16}$$

Anhang B

Die Pauli-Matrixdarstellung des Isospins des Nukleons

Genau wie in der Beschreibung von Teilchen mit Spin $1/2$ können wir formal die Isospinwellenfunktion eines Nukleons als zweikomponentige Matrix ausdrücken

$$\chi = \begin{bmatrix} 1 \\ 0 \end{bmatrix} = p, \qquad \chi = \begin{bmatrix} 0 \\ 1 \end{bmatrix} = n, \tag{B.1}$$

wo der Kürze halber p und n den Proton- (oder Isospin-up-) Zustand und den Neutron- (oder Isospin-down-) Zustand bezeichnen. Genau wie im Formalismus für Spin-$1/2$ führen wir den Isospinoperator τ ein, dessen kartesische Komponenten gegeben sind durch die 2×2 Matrixoperatoren

$$\tau_1 = \frac{1}{2}\begin{bmatrix} 0 & 1 \\ 1 & 0 \end{bmatrix}, \quad \tau_2 = \frac{1}{2}\begin{bmatrix} 0 & -i \\ i & 0 \end{bmatrix}, \quad \tau_3 = \frac{1}{2}\begin{bmatrix} 1 & 0 \\ 0 & -1 \end{bmatrix}, \tag{B.2}$$

die bis auf einen Faktor $1/2$ identisch sind mit den Paulimatrizen (siehe (D.7)) und welche die üblichen Kommutatorregeln der Drehimpulsoperatoren, wie in (C.5) erfüllen. Also

$$\tau_1\tau_2 - \tau_2\tau_1 = i\tau_3, \text{ etc.}$$

Wenn wir τ_3 auf die Wellenfunktion (B.1) anwenden, erhalten wir

$$\tau_3 p = \frac{1}{2}\begin{bmatrix} 1 & 0 \\ 0 & -1 \end{bmatrix}\begin{bmatrix} 1 \\ 0 \end{bmatrix} = \frac{1}{2}\begin{bmatrix} 1 \\ 0 \end{bmatrix} = \frac{1}{2}p, \tag{B.3}$$

und

$$\tau_3 n = -\frac{1}{2} n,$$

was die Tatsache ausdrückt, daß die Eigenwerte von τ_3 für die Ladungszustände des Nukleons gleich $^1/_2$ und $-^1/_2$ sind. Wenn wir sagen, das Nukleon habe den Isospin $\tau = ^1/_2$, meinen wir, daß es $(2\tau + 1)$ Eigenwerte des Operators τ_3 gibt. Der Eigenwert von τ^2 sollte dann $\tau(\tau + 1) = ^3/_4$ sein. Wir verifizieren dies mit (B.2):

$$\tau^2 = \tau_1^2 + \tau_2^2 + \tau_3^2, \quad \text{wo} \quad \tau_1^2 = \tau_2^2 = \tau_3^2 = \frac{1}{4}\begin{bmatrix} 1 & 0 \\ 0 & 1 \end{bmatrix}, \tag{B.4}$$

und damit

$$\tau^2 \chi = \frac{3}{4}\begin{bmatrix} 1 & 0 \\ 0 & 1 \end{bmatrix} \chi = \frac{3}{4\chi}.$$

Andere Kombinationen der Paulioperatoren sind die „Aufsteige“- und „Absteigeoperatoren“ (siehe (C.6)):

$$\begin{aligned} \tau_+ &= \tau_1 + i\tau_2 = \begin{bmatrix} 0 & 1 \\ 0 & 0 \end{bmatrix}, \\ \tau_- &= \tau_1 - i\tau_2 = \begin{bmatrix} 0 & 0 \\ 1 & 0 \end{bmatrix}. \end{aligned} \tag{B.5}$$

Wenn man diese auf (B.1) anwendet, erhält man

$$\begin{aligned} \tau_+ p = 0, \quad \tau_+ n = p, \\ \tau_- p = n, \quad \tau_- n = 0. \end{aligned} \tag{B.6}$$

Daher verwandelt der Operator τ_+ ein Neutron in ein Proton und τ_- ein Proton in ein Neutron — mit anderen Worten, die Operatoren $\tau_\pm$ kehren das Vorzeichen der dritten Komponente des Isospins des Nukleons um.

Anhang C

Clebsch-Gordan Koeffizienten und Drehmatrizen

C.1 Clebsch-Gordan Koeffizienten: die Addition von Drehimpulsen oder von Isospins

Angenommen, wir haben zwei Teilchen, die den Drehimpuls $\boldsymbol{j}_1$ und $\boldsymbol{j}_2$ mit der z-Komponente m_1 und m_2 tragen. Die gesamte z-Komponente ist

$$m = m_1 + m_2.$$

Der Gesamtdrehimpuls beträgt

$$\boldsymbol{j} = \boldsymbol{j}_1 + \boldsymbol{j}_2,$$

und kann daher überall liegen zwischen

$$|j_1 - j_2| \leq j \leq |j_1 + j_2|.$$

Wir möchten nun die Gewichte finden, mit denen die verschiedenen erlaubten j-Werte zu dem Zweiteilchenzustand beitragen, das heißt

$$\phi_1(j_1 m_1)\phi_2(j_2 m_2) = \sum_j C_j \psi(j,m), \qquad \text{mit} \quad m = m_1 + m_2. \tag{C.1}$$

Man nennt die C_j Clebsch-Gordan-Koeffizienten (oder Wigner- oder Vektoradditionskoeffizienten). Andersherum möchten wir ebenso $\psi(j,m)$ als Summe von Termen mit unterschiedlichen j_1- und j_2-Kombinationen ausdrücken. Dies können wir mit Hilfe der Drehimpuls- (oder Isospin-)Schiebeoperatoren tun (die man auch *Aufsteige-* oder *Absteige*operatoren nennt).

Zunächst erinnern wir uns an die Definition der x-, y- und z-Komponenten des Drehimpulsoperators, ausgedrückt durch die kartesischen Differentialoperatoren:

$$
\begin{aligned}
J_x &= -\frac{ih}{2\pi}\left(y\frac{\partial}{\partial z} - z\frac{\partial}{\partial y}\right), \\
J_y &= -\frac{ih}{2\pi}\left(z\frac{\partial}{\partial x} - x\frac{\partial}{\partial z}\right), \\
J_z &= -\frac{ih}{2\pi}\left(x\frac{\partial}{\partial y} - y\frac{\partial}{\partial x}\right).
\end{aligned}
\tag{C.2}
$$

Man kann diese kartesischen Operatoren auch als Drehungen interpretieren. Eine Drehung um einen Azimuthwinkel in der xy-Ebene hat die kartesischen Komponenten

$$
\begin{aligned}
\delta y &= r\cos\phi\delta\phi = x\delta\phi \\
\delta x &= -r\sin\phi\delta\phi = -y\delta\phi.
\end{aligned}
$$

Daher hat eine kleine Drehung auf eine Funktion $\psi(x, y, z)$ die folgende Auswirkung

$$
\begin{aligned}
R(\phi, \delta\phi)\cdot\psi(x,y,z) &= \psi(x+\delta x, y+\delta y, z) = \psi(x,y,z) + \delta x\frac{\partial\psi}{\partial x} + \delta y\frac{\partial\psi}{\partial y} \\
&= \psi\left[1 + \left(x\frac{\partial}{\partial y} - y\frac{\partial}{\partial x}\right)\delta\phi\right] = \psi\left(1 + \delta\phi\frac{\partial}{\partial\phi}\right)
\end{aligned}
$$

und aus (C.2) folgt

$$
J_z = -i\hbar\left(x\frac{\partial}{\partial y} - y\frac{\partial}{\partial x}\right) = -i\hbar\frac{\partial}{\partial\phi}. \tag{C.3}
$$

Daher gilt

$$
R = 1 + \delta\phi\frac{\partial}{\partial\phi} = 1 + \frac{iJ_z}{\hbar}\delta\phi. \tag{C.4}
$$

Man findet, daß die Operatoren

$$
J_x, J_y, J_z \quad \text{und} \quad J^2 = J_x^2 + J_y^2 + J_z^2
$$

den Vertauschungsregeln gehorchen

$$
J^2 J_x - J_x J^2 = 0, \quad \text{etc.}
$$

und

$$
\begin{aligned}
J_x J_y - J_y J_x &= iJ_z, \\
J_y J_z - J_z J_y &= iJ_x, \\
J_z J_x - J_x J_z &= iJ_y,
\end{aligned}
\tag{C.5}
$$

wobei wir der Kürze halber die Einheiten $\hbar = c = 1$ benutzt haben. Die Eigenwerte der Operatoren J^2 und J_z werden später in Gl. (C.7) gegeben.

Die *Schiebe*operatoren werden definiert als

$$\left.\begin{aligned} J_+ &= J_x + iJ_y \\ J_- &= J_x - iJ_y \end{aligned}\right\}, \qquad \text{daher} \qquad \left\{\begin{aligned} J_zJ_+ - J_+J_z &= J_+, \\ J_zJ_- - J_-J_z &= -J_-. \end{aligned}\right. \tag{C.6}$$

Daher ist

$$J_z(J_-\phi) = J_zJ_-\phi = J_-(J_z - 1)\phi = (m-1)J_-\phi.$$

Entsprechend gilt

$$J_z(J_+\phi) = (m+1)\,(J_+\phi).$$

Die letzte Gleichung zeigt, daß die Wellenfunktion $J_+\phi$ ein Eigenzustand von J_z ist, mit dem Eigenwert $m+1$. Wir können sie daher schreiben als

$$J_+\phi(j,m) = C_+\phi(j,m+1),$$

wobei C_+ eine unbekannte (und im allgemeinen komplexe) Konstante ist. Wenn wir beide Seiten dieser Gleichung mit $\phi^*(j,m+1)$ multiplizieren und über den Raum integrieren, erhalten wir

$$\int \phi^*(j,m+1)J_+\phi(j,m)dV = C_+\int \phi^*(j,m+1)\phi(j,m+1)dV,$$

wobei * die komplexe Konjugation angibt.

Wir wählen die Normierung von ϕ so, daß das letzte Integral Eins wird und damit alle erlaubten m-Werte das Gewicht Eins haben. Daher ist

$$C_+ = \int \phi^*(j,m+1)J_+\phi(j,m)dV.$$

Entsprechend folgt

$$\begin{aligned} C_- &= \int \phi^*(j,m)J_-\phi(j,m+1)dV \\ &= \int \phi^*(j,m)J_+^*\phi(j,m+1)dV \\ &= C_+^*, \end{aligned}$$

aus Gl. (C.6).

Wenn wir beliebige (weil nicht-beobachtbare) Phasen unberücksichtigt lassen, erhalten wir

$$C_+ = C_- = C \qquad \text{(eine reelle Zahl)}.$$

Außerdem folgt aus Gl. (C.6)

$$J_+J_- = J_x^2 + J_y^2 - i(J_xJ_y - J_yJ_x) = J_x^2 + J_y^2 + J_z = J^2 - J_z^2 + J_z.$$

Dann ist

$$J_+J_-\phi(j,m+1) = [j(j+1) - m^2 - m]\phi(j,m+1) = C^2\phi(j,m+1).$$

Daher ist

$$C = \sqrt{j(j+1) - m(m+1)}$$

der Koeffizient, der die Zustände (j, m) mit $(j, m+1)$ verbindet.

Um zusammenzufassen, die Drehimpulsoperatoren haben die folgenden Eigenschaften:

$$J_z\phi(j,m) = m\phi(j,m), \tag{C.7a}$$

$$J^2\phi(j,m) = j(j+1)\phi(j,m), \tag{C.7b}$$

$$J_+\phi(j,m) = \sqrt{j(j+1) - m(m+1)}\phi(j,m+1), \tag{C.7c}$$

$$J_-\phi(j,m) = \sqrt{j(j+1) - m(m-1)}\phi(j,m-1). \tag{C.7d}$$

Beispiel: Als Beispiel betrachten wir zwei Teilchen mit j_1, m_1 und j_2, m_2, die zusammen den Zustand $\psi(j,m)$ bilden. Wir betrachten den Fall, daß $j_1 = 1$, $j_2 = 1/2$ und $j = 3/2$ oder $1/2$ ist.

Offenbar kann man die Zustände mit $m = \pm 3/2$ nur auf eine einzige Weise bilden:

$$\psi\left(\frac{3}{2},\frac{3}{2}\right) = \phi(1,1)\phi\left(\frac{1}{2},\frac{1}{2}\right), \tag{C.8}$$

$$\psi\left(\frac{3}{2},-\frac{3}{2}\right) = \phi(1,-1)\phi\left(\frac{1}{2},-\frac{1}{2}\right). \tag{C.9}$$

Wir benutzen die Operatoren $J_\pm$ um die folgenden Beziehungen zu bilden:

$$J_-\phi\left(\frac{1}{2},\frac{1}{2}\right) = \phi\left(\frac{1}{2},-\frac{1}{2}\right), \quad J_-\phi\left(\frac{1}{2},-\frac{1}{2}\right) = 0$$

$$J_-\phi(1,1) = \sqrt{2}\phi(1,0), \quad J_-\phi(1,0) = \sqrt{2}\phi(1,-1), \quad J_-\phi(1,-1) = 0,$$

unter Benutzung von (C.7c, d).

Wir wenden J_- auf beide Seiten der Gleichung (C.8) an:

$$\begin{aligned} J_-\psi\left(\frac{3}{2},\frac{3}{2}\right) = \sqrt{3}\psi\left(\frac{3}{2},\frac{1}{2}\right) &= J_-\phi(1,1)\phi\left(\frac{1}{2},\frac{1}{2}\right) \\ &= \sqrt{2}\phi(1,0)\phi\left(\frac{1}{2},\frac{1}{2}\right) + \phi(1,1)\phi\left(\frac{1}{2},-\frac{1}{2}\right). \end{aligned}$$

Daher ist

$$\psi\left(\frac{3}{2},\frac{1}{2}\right) = \sqrt{\frac{2}{3}}\phi(1,0)\phi\left(\frac{1}{2},\frac{1}{2}\right) + \sqrt{\frac{1}{3}}\phi(1,1)\phi\left(\frac{1}{2},-\frac{1}{2}\right). \tag{C.10}$$

Entsprechendes gilt für (C.9)

$$\psi\left(\frac{3}{2},-\frac{1}{2}\right) = \sqrt{\frac{2}{2}}\phi(1,0)\phi\left(\frac{1}{2},-\frac{1}{2}\right) + \sqrt{\frac{1}{3}}\phi(1,-1)\phi\left(\frac{1}{2},\frac{1}{2}\right). \tag{C.11}$$

Den $j = 1/2$-Zustand kann man als Linearkombination ausdrücken:

$$\psi\left(\frac{1}{2},\frac{1}{2}\right) = a\phi(1,1)\phi\left(\frac{1}{2},-\frac{1}{2}\right) + b\phi(1,0)\phi\left(\frac{1}{2},\frac{1}{2}\right)$$

mit $a^2 + b^2 = 1$. Dann gilt

$$J_+\psi\left(\frac{1}{2},\frac{1}{2}\right) = 0 = a\phi(1,1)\phi\left(\frac{1}{2},\frac{1}{2}\right) + b\sqrt{2}\phi(1,1)\phi\left(\frac{1}{2},\frac{1}{2}\right).$$

Daher ist $a = \sqrt{\frac{2}{3}}$, $b = -1/3$ und

$$\psi\left(\frac{1}{2},\frac{1}{2}\right) = \sqrt{\frac{2}{3}}\phi(1,1)\phi\left(\frac{1}{2},-\frac{1}{2}\right) - \sqrt{\frac{1}{3}}\phi(1,0)\phi\left(\frac{1}{2},\frac{1}{2}\right). \quad \text{(C.12)}$$

Entsprechend ist

$$\psi\left(\frac{1}{2},-\frac{1}{2}\right) = \sqrt{\frac{1}{3}}\phi(1,0)\phi\left(\frac{1}{2},-\frac{1}{2}\right) - \sqrt{\frac{2}{3}}\phi(1,-1)\phi\left(\frac{1}{2},\frac{1}{2}\right). \quad \text{(C.13)}$$

Die Ausdrücke (C.8) bis (C.12) ergeben die Koeffizienten, die in Tabelle II für die Addition von $J = 1$ und $J = 1/2$ Zuständen angeführt sind.

C.2 Drehmatrizen

Ein Zustand $\phi(j,m)$ wird durch eine Drehung mit dem Winkel θ um die y-Achse überführt in eine Linearkombination von $(2j+1)$ Zuständen $\phi(j,m')$, wobei $m' = -j,\ -j+1,\ \ldots,\ j-1,\ j$ ist. Mit dem Ausdruck (3.14) für den Drehoperator können wir schreiben

$$e^{-i\theta J_y}\cdot\phi(j,m) = \sum_{m'} d^j_{m',m}(\theta)\phi(j,m'). \quad \text{(C.14)}$$

Die Koeffizienten $d^j_{m',m}$ werden Drehmatrizen genannt. Für ein gegebenes m' erhält man demnach den Ausdruck für $d^j_{m',m}$, aus

$$\phi^*(j,m')e^{-i\theta J_y}\phi(j,m) = d^j_{m',m}(\theta). \quad \text{(C.15)}$$

$j = 1/2$

Für einen Zustand mit dem Drehimpuls $j = 1/2$ ist der entsprechende Operator die Paulimatrix σ_y (siehe Anhang B):

$$J_y = \frac{1}{2}\sigma_y = \frac{1}{2}\begin{vmatrix} 0 & -i \\ i & 0 \end{vmatrix}.$$

Man kann dann leicht zeigen, daß gilt

$$e^{-(1/2)i\theta\sigma_y} = \cos\frac{\theta}{2} - i\sigma_y\sin\frac{\theta}{2} = \begin{vmatrix} \cos\frac{\theta}{2} & -\sin\frac{\theta}{2} \\ \sin\frac{\theta}{2} & \cos\frac{\theta}{2} \end{vmatrix}, \quad \text{(C.16)}$$

indem man die Exponentialreihe entwickelt und $\sigma_y^2 = 1$ benutzt. Wir schreiben die Zustände ϕ, ϕ^* durch Spalten- und Zeilenvektoren; z.B. $\phi^*(\frac{1}{2},\frac{1}{2}) = |1\ 0|, \phi(\frac{1}{2},\frac{1}{2}) = \begin{vmatrix} 1 \\ 0 \end{vmatrix}$ usw., so daß

$$\begin{aligned} d^{1/2}_{1/2,1/2}(\theta) = d^{1/2}_{-1/2,-1/2}(\theta) &= |1 \quad 0| \begin{vmatrix} \cos\frac{\theta}{2} & -\sin\frac{\theta}{2} \\ \sin\frac{\theta}{2} & \cos\frac{\theta}{2} \end{vmatrix} \begin{vmatrix} 1 \\ 0 \end{vmatrix} = \cos\frac{\theta}{2}, \\ d^{1/2}_{-1/2,1/2}(\theta) = -d^{1/2}_{1/2,-1/2}(\theta) &= |0 \quad 1| \begin{vmatrix} \cos\frac{\theta}{2} & -\sin\frac{\theta}{2} \\ \sin\frac{\theta}{2} & \cos\frac{\theta}{2} \end{vmatrix} \begin{vmatrix} 1 \\ 0 \end{vmatrix} = \sin\frac{\theta}{2}. \end{aligned} \tag{C.17}$$

Als Beispiel betrachten wir einen Strahl von RH-polarisierten Teilchen, die durch $\phi(\frac{1}{2},\frac{1}{2})$ beschrieben werden, und die um den Winkel θ gestreut werden. Wenn die Wechselwirkung die Helizität erhält (d.h. wenn es sich um eine Vektor- oder Axialvektorwechselwirkung handelt), werden sie als RH-Teilchen gestreut, gemessen in Relation zu ihrem Impulsvektor. Relativ zur z-Achse dagegen (der ursprünglichen Richtung) stellen sie eine Superposition der Zustände $\phi'(\frac{1}{2},\frac{1}{2})$ und $\phi'(\frac{1}{2},-\frac{1}{2})$ dar. Die Drehimpulserhaltung in einer Wechselwirkung, die nicht den Spin umdreht, erlaubt allerdings nur den Zustand $\phi'(\frac{1}{2},\frac{1}{2})$ mit der Winkelverteilung

$$|d^{1/2}_{1/2,1/2}(\theta)|^2 = \cos^2\frac{\theta}{2}. \tag{C.18}$$

Für eine spinumdrehende Wechselwirkung würde der Endzustand $\phi'(\frac{1}{2},-\frac{1}{2})$ sein, mit einer Winkelverteilung der Form

$$|d^{1/2}_{1/2,-1/2}(\theta)|^2 = \sin^2\frac{\theta}{2}. \tag{C.19}$$

Diese Ausdrücke erhält man im Wirkungsquerschnitt für Elektronstreuung bei der elektrischen bzw. magnetischen Wechselwirkung (siehe Abschnitt 6.6).

$\boldsymbol{j = 1}$

Im Falle $j = 1$ benutzen wir die Entwicklung

$$e^{-i\theta J_y} = 1 - i\theta J_y - \frac{\theta^2}{2!}J_y^2 + i\frac{\theta^3}{3!}J_y^3 + \cdots \tag{C.20}$$

und

$$J_y = -\frac{i}{2}(J^+ - J^-)$$

aus (C.6). Man kann dann direkt zeigen, daß gilt

$$\begin{aligned} J_y\phi(1,1) = J_y^{(2n+1)}\phi(1,1) &= \frac{i}{\sqrt{2}}\phi(1,0), \\ J_y^2\phi(1,1) = J_y^{2n}\phi(1,1) &= \frac{1}{2}[\phi(1,1) - \phi(1,-1)]. \end{aligned} \tag{C.21}$$

Dann ist

$$\phi^*(1,1)e^{-i\theta J_y}\phi(1,1) = 1 - \frac{1}{2}\frac{\theta^2}{2!} + \frac{1}{2}\frac{\theta^4}{4!} + \cdots,$$

$$\phi^*(1,1)e^{-i\theta J_y}\phi(1,-1) = +\frac{1}{2}\frac{\theta^2}{2!} - \frac{1}{2}\frac{\theta^4}{4!} + \cdots,$$

so daß

$$\begin{aligned} d^1_{1,1}(\theta) &= \frac{1}{2}(1+\cos\theta), \\ d^1_{1,-1}(\theta) &= \frac{1}{2}(1-\cos\theta). \end{aligned} \tag{C.22}$$

Ebenso ist

$$\phi^*(1,0)e^{-i\theta J_y}\phi(1,1) = \frac{i}{\sqrt{2}}\left[-i\theta + i\frac{\theta^3}{3!} + \cdots\right]$$

oder

$$d^1_{1,0}(\theta) = \frac{1}{\sqrt{2}}\sin\theta. \tag{C.23}$$

Diese Beziehungen werden in der Diskussion der Winkelverteilung beim Zerfall von polarisierten W-Bosonen im Kapitel 7 (siehe Gl. (7.71)) benutzt.

Eine Liste der wichtigsten Drehmatrizen wird in Tabelle II angegeben.

Anhang D

Die Dirac-Gleichung

Eine Behandlung der Dirac-Gleichung kann man in den meisten Standardwerken der Quantenelektrodynamik finden. Wir geben hier nur eine kurze Abhandlung. Wir beginnen mit der de Broglieschen Beschreibung einer ebenen Welle, die ein freies Teilchen darstellt. Diese ist, in Einheiten von $\hbar = c = 1$

$$\psi = e^{i(\boldsymbol{k}\cdot\boldsymbol{r}-\omega t)}, \tag{D.1}$$

mit $\boldsymbol{k}$ als Ausbreitungsvektor und ω als Kreisfrequenz, die in unseren Einheiten numerisch gleich dem Impuls $\boldsymbol{p}$ und der Energie E sind. Die Wellenfunktion (D.1) ist eine Lösung der Klein-Gordon-Gleichung:

$$\begin{aligned} \frac{\partial^2\psi}{\partial t^2} &= \frac{\partial^2\psi}{\partial x^2} + \frac{\partial^2\psi}{\partial y^2} + \frac{\partial^2\psi}{\partial z^2} - m^2\psi \\ &= (\nabla^2 - m^2)\psi, \end{aligned} \tag{D.2}$$

die man zur Beschreibung von freien relativistischen Teilchen ohne Spin verwenden kann. Wenn wir (D.1) in (D.2) einsetzen, erhalten wir die bekannte Beziehung

$$E^2 = p^2 + m^2. \tag{D.3}$$

Im nicht-relativistischen Fall ergibt (D.3), nach Potenzen von p/m entwickelt, in erster Ordnung $E = m + p^2/2m$. In dieser Näherung wird (D.1), dividiert durch einen Faktor e^{-imt},

$$\phi = e^{i[\boldsymbol{p}\cdot\boldsymbol{r}-(p^2/2m)t]},$$

was die Schrödinger-Gleichung erfüllt, die nicht-relativistische Teilchen beschreibt:

$$\frac{\partial \phi}{\partial t} - \frac{i}{2m}\nabla^2 \phi = 0. \tag{D.4}$$

Dirac formulierte seine relativistische Wellengleichung unter der Annahme, daß die Ableitungen von Zeit- und Raumkoordinaten nur in *erster Ordnung* auftreten sollen. Es zeigt sich, daß eine solche Gleichung Spin-½-Teilchen beschreibt. Die einfachste Form, die man schreiben kann, sind die beiden Weyl-Gleichungen

$$\frac{\partial \psi}{\partial t} = \pm\left(\sigma_x \frac{\partial \psi}{\partial x} + \sigma_y \frac{\partial \psi}{\partial y} + \sigma_z \frac{\partial \psi}{\partial z}\right) = \pm \boldsymbol{\sigma} \cdot \frac{\partial}{\partial \boldsymbol{r}} \psi, \tag{D.5}$$

wobei die σ's Konstanten sind. Damit (D.2) und somit auch (D.3) erfüllt sind, müssen folgende Bedingungen gelten, die man durch Quadrieren von (D.5) und Gleichsetzen der Koeffizienten findet:

$$\begin{aligned} \sigma_x^2 = \sigma_y^2 = \sigma_z^2 &= 1, \\ \sigma_x\sigma_y + \sigma_y\sigma_x &= 0, \quad \text{etc.}, \\ m &= 0. \end{aligned} \tag{D.6}$$

Daher beschreiben die Weyl-Gleichungen masselose Teilchen (also Neutrinos). Die σ's können nicht einfach Zahlen sein, da sie nicht kommutieren. Sie können aber als Matrizen dargestellt werden. Eine mögliche Wahl (nicht die einzig mögliche) sind die 2×2 Pauli-Spinmatrizen. Diese sind

$$\sigma_x = \begin{bmatrix} 0 & 1 \\ 1 & 0 \end{bmatrix}, \quad \sigma_y = \begin{bmatrix} 0 & -i \\ i & 0 \end{bmatrix}, \quad \sigma_z = \begin{bmatrix} 1 & 0 \\ 0 & -1 \end{bmatrix}, \tag{D.7}$$

mit

$$\sigma_x^2 = \sigma_y^2 = \sigma_z^2 = \begin{bmatrix} 1 & 0 \\ 0 & 1 \end{bmatrix},$$

wie es verlangt wurde. Die Wellenfunktion ψ muß nun zwei Komponenten haben, da 2×2 Matrizen auf sie angewendet werden. Daher

$$\psi = \begin{bmatrix} \psi_1 \\ \psi_2 \end{bmatrix}.$$

Wir möchten nun einen Masseterm einführen und damit eine weitere Matrix. Der einfachste Satz von vier anti-kommutierenden Matrizen besteht aus 4×4 Matrizen und ψ ist dann ein vier-komponentiger Spinor. Zunächst schreiben wir die Raum-Zeitkoordinaten als Komponenten eines Vierervektors (d.h. in kovarianter Schreibweise),

$$x_1 = x, \quad x_2 = y, \quad x_3 = z, \quad x_4 = it.$$

Allgemein bezeichnet x_μ mit $\mu = 1, \ldots, 4$ eine beliebige Raum-Zeitkomponente, und das relativistische Skalarprodukt von zwei Vierervektoren ist

$x_\mu X_\mu$, wobei ein doppelter Index implizit die Summation über μ bedeutet. Wir schreiben nun die Diracgleichung als

$$\left(\gamma_\mu \frac{\partial}{\partial x_\mu} + m\right)\psi = 0. \tag{D.8}$$

Dies ist einfach die Verallgemeinerung von (D.5) durch die Einführung eines Masseterms. Die γ's sind 4×4 Matrizen, die noch zu bestimmen sind. Wie können dies tun, indem wir verlangen, daß (D.8) die Klein-Gordon-Gleichung (D.2) erfüllen soll, die wir in kovarianter Form schreiben,

$$\left(\frac{\partial^2}{\partial x_\mu \partial x_\mu} - m^2\right)\psi = 0. \tag{D.9}$$

Indem wir (D.8) mit $[\gamma_\nu(\partial/\partial x_\nu) - m]$ multiplizieren, erhalten wir

$$\left(\gamma_\nu \frac{\partial}{\partial x_\nu} - m\right)\left(\gamma_\nu \frac{\partial}{\partial x_\mu} + m\right)\psi = \left(\gamma_\nu\gamma_\mu \frac{\partial^2}{\partial x_\nu \partial x_\mu} - m^2\right)\psi = 0, \tag{D.10}$$

wobei wieder die Summation über μ und ν durchgeführt wird. Gleichung (D.10) kann überprüft werden, indem man die einzelnen Komponenten $\mu, \nu = 1, \ldots, 4$ ausschreibt und nachprüft, daß die gekreuzten Terme sich wegheben. Durch Vergleich von (D.10) mit (D.9) erhalten wir die folgenden Bedingungen an die γ's:

$$\gamma_\nu\gamma_\mu + \gamma_\mu\gamma_\nu = 2\delta_{\mu\nu}, \quad \text{wo} \quad \delta_{\mu\nu} = \begin{cases} 1, & \nu = \mu, \\ 0, & \nu \neq \mu. \end{cases} \tag{D.11}$$

Die übliche Darstellung der γ-Matrizen, die diese Kommutatorregeln erfüllt, ist

$$\begin{aligned} \gamma_k &= \begin{bmatrix} 0 & -i\sigma_k \\ i\sigma_k & 0 \end{bmatrix}, \quad k = 1, 2, 3, \\ \gamma_4 &= \begin{bmatrix} 1 & 0 \\ 0 & -1 \end{bmatrix}, \end{aligned} \tag{D.12}$$

wobei jedes Element eine 2×2 Matrix darstellt, und die σ_k in (D.7) definiert wurden. Voll ausgeschrieben ist sie

$$\begin{aligned} \gamma_1 &= \begin{bmatrix} 0 & 0 & 0 & -i \\ 0 & 0 & -i & 0 \\ 0 & i & 0 & 0 \\ i & 0 & 0 & 0 \end{bmatrix} \quad \gamma_2 = \begin{bmatrix} 0 & 0 & 0 & -1 \\ 0 & 0 & 1 & 0 \\ 0 & 1 & 0 & 0 \\ -1 & 0 & 0 & 0 \end{bmatrix} \\ \gamma_3 &= \begin{bmatrix} 0 & 0 & -i & 0 \\ 0 & 0 & 0 & i \\ i & 0 & 0 & 0 \\ 0 & -i & 0 & 0 \end{bmatrix} \quad \gamma_4 = \begin{bmatrix} 1 & 0 & 0 & 0 \\ 0 & 1 & 0 & 0 \\ 0 & 0 & -1 & 0 \\ 0 & 0 & 0 & -1 \end{bmatrix} \end{aligned} \tag{D.13}$$

Außerdem definiert man die Produktmatrix

$$\gamma_5 = \gamma_1\gamma_2\gamma_3\gamma_4 = \begin{bmatrix} 0 & 0 & -1 & 0 \\ 0 & 0 & 0 & -1 \\ -1 & 0 & 0 & 0 \\ 0 & -1 & 0 & 0 \end{bmatrix},$$

mit $\gamma_5^2 = 1$, $\gamma_5\gamma_\mu + \gamma_\mu\gamma_5 = 0$, $\mu = 1, \ldots, 4$.

D.1 Lösungen der Dirac-Gleichung

Die Dirac-Gleichung (D.8) ist ein Satz von vier gleichzeitig geltenden Gleichungen ($\mu = 1$ bis 4), und sie muß daher vier Lösungen haben. Wir separieren den Raum-Zeit-abhängigen Teil und schreiben die vier Lösungen von ebenen Wellen als

$$\begin{aligned} \psi &= u_r e^{ip_\mu x_\mu}, \\ \psi &= v_r e^{-ip_\mu x_\mu}, \end{aligned} \tag{D.14}$$

wobei $r = 1, 2$ ist und u_r und v_r konstante vierkomponentige Spinoren sind. $u_{1,2}$ entspricht einem Teilchen mit Impuls $\boldsymbol{p}$ und Energie E und $v_{1,2}$ entspricht einem Zustand mit dem Impuls $-\boldsymbol{p}$ und der Energie $-E$, d.h. einem Zustand mit negativer Energie. Dies ist erlaubt, da (D.3) nicht das Vorzeichen von E bestimmt. Wenn wir (D.14) in (D.8) einsetzen, erhalten wir

$$(i\gamma_\mu p_\mu + m)u = 0, \tag{D.15}$$

$$(-i\gamma_\mu p_\mu + m)v = 0. \tag{D.16}$$

Wenn wir nun die explizite Form der Matrizen (D.13) in (D.15) einsetzen, erhalten wir vier Gleichungen, die man bis auf einen konstanten Faktor N lösen kann zu

$$u_1 = \begin{bmatrix} 1 \\ 0 \\ p_3/(E+m) \\ (p_1 + ip_2)/(E+m) \end{bmatrix} N \quad u_2 = \begin{bmatrix} 0 \\ 1 \\ (p_1 - ip_2)/(E+m) \\ -p_3/(E+m) \end{bmatrix} N,$$
$$v_1 = \begin{bmatrix} p_3/(|E|+m) \\ (p_1 + ip_2)/(|E|+m) \\ 1 \\ 0 \end{bmatrix} N \quad v_2 = \begin{bmatrix} (p_1 - ip_2)/(|E|+m) \\ -p_3/(|E|+M) \\ 0 \\ 1 \end{bmatrix} N. \tag{D.17}$$

Jede Linearkombination dieser Lösungen ist wieder eine Lösung. Man kann (D.17) auch kompakter in einer zweikomponentigen Form schreiben, wo jede Komponente eine 2×2 Matrix darstellt. Wenn wir $\sigma_1 p_1 + \sigma_2 p_2 + \sigma_3 p_3 = \boldsymbol{\sigma} \cdot \boldsymbol{p}$ schreiben, mit den Paulischen 2×2-Matrizen $\sigma_{1,2,3}$ aus (D.7), erhalten wir

$$u = N \begin{bmatrix} 1 \\ \dfrac{\boldsymbol{\sigma} \cdot \boldsymbol{p}}{(E+m)} \end{bmatrix} \quad \text{und} \quad v = N \begin{bmatrix} \dfrac{\boldsymbol{\sigma} \cdot \boldsymbol{p}}{(|E|+m)} \\ 1 \end{bmatrix}. \tag{D.18}$$

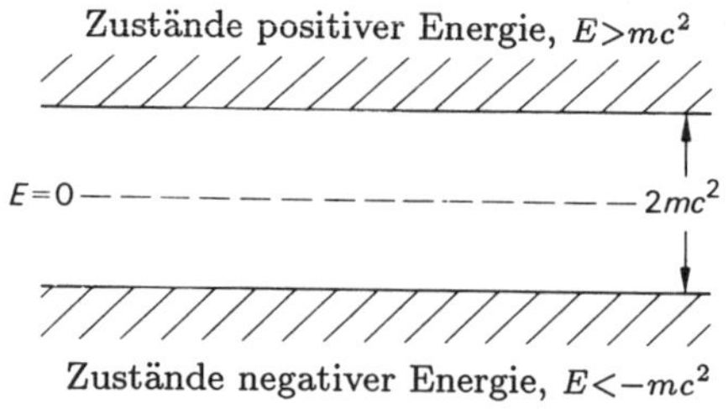

Abbildung D.1

Die Bedeutung dieser Lösungen wird durchsichtiger, wenn wir in das Ruhesystem des Teilchens übergehen, wo $\boldsymbol{p} = 0$ gilt und die Lösungen sich zu den zweikomponentigen Spinoren reduzieren

$$u_1 = \begin{vmatrix} 1 \\ 0 \end{vmatrix} \quad u_2 = \begin{vmatrix} 0 \\ 1 \end{vmatrix} \quad v_1 = \begin{vmatrix} 1 \\ 0 \end{vmatrix} \quad v_2 = \begin{vmatrix} 0 \\ 1 \end{vmatrix},$$

die identisch sind mit den zweikomponentigen Pauli-Spinoren in der nichtrelativistischen Theorie. u_1 und u_2 werden als positiv-energetische Elektronzustände interpretiert mit zwei möglichen Spin-Richtungen, auf und ab — demnach als Elektronen mit halbzahligem Spin. v_1 und v_2 sind die zwei Spinzustände mit negativer Energie. Dirac nahm an, daß es einen vollständig mit Zuständen negativer Energie gefüllten See gibt; ein *Loch* in diesem See von Elektronen interpretierte er als ein Positron, daß immer dann produziert wird, wenn ein Elektron mit negativer Energie eine Energie $\geq 2mc^2$ erhält und in einen Zustand mit positiver Energie herausgehoben wird ($e^{\pm}$-Paarproduktion; siehe Abb. D.1)

D.2 Die Normierung der Dirac-Wellenfunktionen

Als Normierungsfaktor N wählen wir

$$N = \sqrt{(|E| + m)/2m}, \tag{D.19}$$

aus Gründen, die wir später rechtfertigen werden. Die Teilchendichte ist definiert als $\rho = \psi^*\psi$, der Stern stellt die komplex konjugierte Wellenfunktion dar. Für Viererspinoren ist ψ ein Spaltenvektor, daher muß ψ^* ein Zeilenvektor sein: Wir bezeichnen sie mit $\psi^\dagger$, um gleichzeitig komplexe Konjugation und Transposition (Austausch von Zeilen und Spalten) anzuzeigen. Daher

$$\psi = \begin{bmatrix} a_1 \\ a_2 \\ a_3 \\ a_4 \end{bmatrix} \quad \text{und} \quad \psi^\dagger = [a_1^* \quad a_2^* \quad a_3^* \quad a_4^*],$$

und somit

$$\rho = \psi^\dagger\psi = \sum_i a_i a_i^*. \tag{D.20}$$

Mit der Normierung (D.19) ergibt die Lösung (D.17)*)

$$u^\dagger u = v^\dagger v = |E|/m. \tag{D.21}$$

Dies ist eine Lorentz-invariante Normierung für Fermionen (siehe Anhang A), da nun die Wahrscheinlichkeit dafür, ein Fermion der Energie E und Masse m in einem Würfel mit dem Volumen V zu finden

$$\int \rho \, dV = u^\dagger u V = \psi^\dagger \psi V = \frac{|E| V_0}{m} \frac{m}{|E|} = V_0 \tag{D.22}$$

ist, unabhängig von E, wobei V_0 das Volumen des Kastens im Ruhesystem des Teilchens ist. In einem Bezugsystem, in dem das Teilchen die Energie E hat, wird das Volumen Lorentz-kontrahiert sein zu $V = V_0 m/E$. Gleichung (D.22) zeigt daher, daß der Normierungsfaktor (D.19) Lorentz-invariant ist.

Es ist außerdem nützlich, den Spinor

$$\bar{\psi} = \psi^\dagger \gamma_4 \tag{D.23}$$

zu definieren, so daß aus (D.12) folgt

$$\bar{\psi}\gamma_4 = \psi^\dagger$$

und

$$\rho = \bar{\psi}\gamma_4\psi.$$

Es ist dann einfach zu zeigen, daß $\bar{\psi}$ die Dirac-Gleichung erfüllt

$$\frac{\partial}{\partial x_\mu}\bar{\psi}\gamma_\mu - m\bar{\psi} = 0$$

oder

$$\bar{\psi}(i\gamma_\mu p_\mu - m) = 0. \tag{D.24}$$

D.3 Die Parität von Teilchen und Antiteilchen

Angenommen $\psi(\boldsymbol{r}, t)$ erfülle die Dirac-Gleichung (D.8). Die räumliche Spiegelung dieses Zustandes durch einfaches Ersetzen von $\boldsymbol{r}$ duch $-\boldsymbol{r}$ erfüllt nicht die Dirac-Gleichung, da sie in erster Ordnung in den Raumkoordinaten ist. $\psi(\boldsymbol{r}, t) = \psi(-x_k, x_4)$ erfüllt die Gleichung

$$\left(\gamma_4 \frac{\partial}{\partial x_4} - \gamma_k \frac{\partial}{\partial x_k} + m\right)\psi(-\boldsymbol{r}, t) = 0, \quad k = 1, 2, 3.$$

Wenn wir mit γ_4 von links multiplizieren und die Regel $\gamma_4\gamma_k + \gamma_k\gamma_4 = 0$ benutzen, erhalten wir

$$\left(\gamma_\mu \frac{\partial}{\partial x_\mu} + m\right)\gamma_4\psi(-\boldsymbol{r}, t) = 0.$$

*) Die Normierung von Wellenfunktionen ist Sache der Konvention und Bequemlichkeit. Wenn wir die übliche Konvention für Bosonen wie in (A.15) gewählt hätten, also $\int \rho \, dV = 2EV_0$, hätten wir für (D.19) erhalten $N = \sqrt{|E| + m}$.

Daher ist $\gamma_4\psi(-\boldsymbol{r},t)$ die Spiegelung des ursprünglichen Zustandes $\psi(\boldsymbol{r},t)$ und γ_4 ist der Paritätsoperator für die Dirac-Wellenfunktion. Nehmen wir nun einen Zustand mit Spin aufwärts und positiver Energie (im Ruhesystem des Teilchens, $\boldsymbol{p}=0$), Gl. (D.17):

$$u_1 = \begin{bmatrix} 1 \\ 0 \\ 0 \\ 0 \end{bmatrix}, \qquad \gamma_4 u_1 = \begin{bmatrix} 1 \\ 0 \\ 0 \\ 0 \end{bmatrix}.$$

Für ein Teilchen mit Spin aufwärts und negativer Energie gilt

$$v_1 = \begin{bmatrix} 0 \\ 0 \\ 1 \\ 0 \end{bmatrix}, \qquad \gamma_4 v_1 = -\begin{bmatrix} 0 \\ 0 \\ 1 \\ 0 \end{bmatrix}.$$

Wenn man demnach den Zuständen positiver Energie eine gerade innere Parität zuordnet, haben die Zustände negativer Energie, oder äquivalent die Antiteilchen, ungerade Parität.

D.4 Vollständigkeitsrelation und Projektionsoperatoren

Um Wirkungsquerschnitte und Zerfallsraten zu berechnen, muß man über Fermionenspins summieren. Dies kann man mit Hilfe der Vollständigkeitsrelation tun. Wir bezeichnen die Spinzustände mit r und s $(r,s=1,2)$. Dann kann man aus (D.17) zeigen, daß

$$\bar{u}_r u_s = u_r^\dagger \gamma_4 u_s = \delta_{rs}; \qquad \delta_{rs} = \begin{cases} 1 & \text{für } r=s \\ 0 & \text{für } r \neq s \end{cases}$$

und

$$\bar{v}_r v_s = -\delta_{rs}. \tag{D.25}$$

Für die Spinsumme erhalten wir daher die Beziehung

$$\sum_{s=1,2} (\bar{u}_s u_s - \bar{v}_s v_s) = \hat{1}, \qquad \text{mit} \quad \hat{1} = \begin{bmatrix} 1 & 0 & 0 & 0 \\ 0 & 1 & 0 & 0 \\ 0 & 0 & 1 & 0 \\ 0 & 0 & 0 & 1 \end{bmatrix}, \tag{D.26}$$

mit der Bezeichnung $\hat{1}$ für die 4×4 Einheitsmatrix. Dies ist die Spinsumme über die Zustände mit positiver und mit negativer Energie. Für eine allgemeine Matrix Q erhalten wir

$$\sum_{r,s=1\to 4} (\bar{u}_r Q_{rs} u_s - \bar{v}_r Q_{rs} v_s) = \sum Q_{rs}\delta_{rs} = \sum Q_{rr} = \mathrm{Tr}\, Q,$$

wo Tr Q die Spur (englisch trace) der Matrix bezeichnet, d.h. die Summe der Diagonalelemente von Q. (Im vorhergehendem Fall (D.26) war Q die Einheitsmatrix mit Tr $Q=4$.) Häufig wollen wir die Summe nur über die

Zustände positiver Energie erhalten, die Zustände mit negativer Energie sollen herausprojiziert werden. Wir führen die Energieprojektionsoperatoren ein

$$\begin{aligned}\Lambda^+ &= (m - i\gamma_\mu p_\mu)/2m,\\ \Lambda^- &= (m + i\gamma_\mu p_\mu)/2m,\end{aligned} \tag{D.27}$$

mit

$$\Lambda^+ + \Lambda^- = \hat{1}$$

und

$$\begin{aligned}\Lambda^+ u &= \frac{(m - i\gamma_\mu p_\mu)}{2m} u = \frac{(m+m)}{2m} u = u,\\ \Lambda^- v &= v; \quad \Lambda^+ v = \Lambda^- u = 0\end{aligned}$$

aus (D.15) und (D.16). Daher ist für eine Summe über Zustände mit positiver Energie

$$\sum \bar{u}_s u_s = \Lambda^+ \sum \bar{u}_s u_s = \Lambda^+ \sum (\bar{u}_s u_s - \bar{v}_s v_s) = \Lambda^+ \hat{1}$$

und

$$\sum \bar{v}_s v_s = -\Lambda^- \hat{1}.$$

Für einen 4×4-Matrixoperator Q, der auf eine Fermionwellenfunktion wirkt, ist das Ergebnis der Spinsumme über die Zustände positiver Energie

$$\sum_{\text{spin}} \bar{u} Q u = \mathrm{Tr}(\Lambda^+ Q), \tag{D.28}$$

mit dem entsprechenden Ausdruck für die v-Funktionen. Diese Ergebnisse werden anderswo für die Berechnung von Wirkungsquerschnitten verwendet (siehe die Anhänge F und G).

D.5 Helizitätszustände

Die Dirac-Wellenfunktionen u, v sind Eigenzustände des Operators $\boldsymbol{\sigma} \cdot \boldsymbol{p}$ in dem Spezialfall, daß $\boldsymbol{p} = p_3$, d.h. $p_1 = p_2 = 0$ ist. Dieses Ergebnis gilt für die übliche Darstellung (D.7) der Paulimatrizen, wo σ_3 diagonal und σ_1 und σ_2 nicht-diagonal sind.

Wir definieren eine 4×4-Matrix

$$\hat{\sigma}_3 = \begin{bmatrix} \sigma_3 & 0 \\ 0 & \sigma_3 \end{bmatrix}, \quad \text{wo} \quad \sigma_3 = \begin{bmatrix} 1 & 0 \\ 0 & -1 \end{bmatrix}. \tag{D.29}$$

Mit $\boldsymbol{p} = p_3$ findet man

$$\hat{\sigma}_3 p_3 u = \begin{bmatrix} p_3 & & & \\ & -p_3 & & \\ & & p_3 & \\ & & & -p_3 \end{bmatrix} \begin{bmatrix} a_1 \\ a_2 \\ a_3 \\ a_4 \end{bmatrix} = p_3 \begin{bmatrix} a_1 \\ -a_2 \\ a_3 \\ -a_4 \end{bmatrix}.$$

Daher ersehen wir aus (D.17), daß gilt

$$\begin{aligned} \hat{\sigma}_3 p_3 u_1 &= +p_3 u_1, \quad \hat{\sigma}_3 p_3 v_1 = +p_3 v_1, \\ \hat{\sigma}_3 p_3 u_2 &= -p_3 u_2, \quad \hat{\sigma}_3 p_3 v_2 = -p_3 v_2. \end{aligned} \tag{D.30}$$

Wenn wir $\boldsymbol{\sigma}$ als einen Vektor mit den Komponenten $\hat{\sigma}_1$, $\hat{\sigma}_2$, $\hat{\sigma}_3$ wählen — in der offensichtlichen Erweiterung von (D.29) — kann das Ergebnis (D.30) ausgedrückt werden durch die Eigenwerte des *Helizitätsoperators*

$$H = \boldsymbol{\sigma} \cdot \boldsymbol{p}/|\boldsymbol{p}|, \tag{D.31}$$

das heißt

$$\begin{aligned} Hu_1 &= \left(\frac{\boldsymbol{\sigma} \cdot \boldsymbol{p}}{|\boldsymbol{p}|} \right) u_1 = u_1, \\ Hu_2 &= -u_2, \\ Hv_1 &= v_1, \\ Hv_2 &= -v_2. \end{aligned}$$

Die Zustände u_1 und u_2 (und v_1 und v_2) bezeichnet man als Zustände mit der Helizität $H = +1$ bzw. -1. Der Spin der Fermionen ist parallel zur Bewegungsrichtung. Wenn der Impulsvektor die z-Achse festlegt, sind die Eigenwerte der z-Komponente des Drehimpulses J_z gleich $\pm\frac{1}{2}\hbar$.

D.6 Die Anwendung der Dirac-Theorie auf den Betazerfall

Unter Berufung auf die Lorentz-Invarianz kann man zeigen, daß es nur fünf verschiedene Arten von Operatoren in den Kopplungen des Vier-Fermionen β-Zerfalls geben kann. Diese Operatoren werden nach ihren Lorentz-Transformationseigenschaften benannt:

$\bar{\psi}\psi = \psi^\dagger \gamma_4 \psi$	Skalar	S	
$\bar{\psi}\gamma_\mu\psi$	Vierervektor	V	
$i\bar{\psi}\gamma_\mu\gamma_\nu\psi$	Tensor	T	(D.32)
$i\bar{\psi}\gamma_5\gamma_\mu\psi$	Axialer Vierervektor	A	
$\bar{\psi}\gamma_5\psi$	Pseudo-Skalar	P	

Als Beispiel betrachten wir die Raumspiegelung von $\psi(\boldsymbol{r}, t)$ nach $\psi(-\boldsymbol{r}, t)$. Wie vorher schon erwähnt wurde, erfüllt $\psi(-\boldsymbol{r},t)$ die Dirac-Gleichung nicht, jedoch $\gamma_4\psi(-\boldsymbol{r}, t)$ oder $\bar{\psi}(-\boldsymbol{r}, t)\gamma_4$ tut dies. Daher verhält sich unter Raumspiegelung

$$\psi\bar{\psi} \to \bar{\psi}\gamma_4^2\psi = \bar{\psi}\psi$$

und ist ein Skalar, während

$$\bar{\psi}\gamma_5\psi \to \bar{\psi}\gamma_4\gamma_5\gamma_4\psi = -\bar{\psi}\gamma_5\psi$$

das Vorzeichen wechselt und daher ein Pseudoskalar ist. Man kann zeigen, daß sowohl $\bar{\psi}\gamma_\mu\psi$ als auch $i\bar{\psi}\gamma_5\gamma_\mu\psi$ sich unter Drehungen wie Vierervektoren verhalten, allerdings ändert der erste Ausdruck unter Spiegelungen sein Vorzeichen, der zweite jedoch nicht, und ist somit ein Axialvektor.

Wie in Abschnitt 7.6 gesagt wurde, hat das allgemeinste paritätsverletzende Matrixelement des β-Zerfalls, das den Zerfall des Neutrons $n \to p + e^- + \bar{\nu}_e$, oder den äquivalenten Prozeß $\nu_e + n \to e^- + p$ beschreibt, die Form

$$M = G(\bar{\psi}_p O_i \psi_n)\,[\bar{\psi}_e O_i (C_i + \gamma_5 C_i')\psi_\nu], \tag{D.33}$$

mit den Konstanten C und C', wobei O_i für die S-, V-, T-, A- und P-Wechselwirkungen steht. Wir können den Ausdruck in Klammern für die Leptonen umschreiben zu

$$\begin{aligned}\bar{\psi}_e O_i (C_i + \gamma_5 C_i')\psi_\nu = (C_i + C_i')\bar{\psi}_e O_i (1+\gamma_5)\psi_\nu/2 \\ + (C_i - C_i')\bar{\psi}_e O_i (1-\gamma_5)\psi_\nu/2.\end{aligned} \tag{D.34}$$

Wir möchten nun die Wirkung der Operatoren $1/2(1 \pm \gamma_5)$ auf die Wellenfunktion der Leptonen untersuchen, also z.B. auf die Zustände von ebenen Wellen (D.18):

$$\frac{1}{2}(1+\gamma_5)u = \frac{N}{2}\begin{bmatrix} 1 & -1 \\ -1 & 1 \end{bmatrix}\begin{bmatrix} 1 \\ \boldsymbol{\sigma}\cdot\boldsymbol{p}/(E+m) \end{bmatrix} = \frac{N}{2}\begin{bmatrix} 1-\boldsymbol{\sigma}\cdot\boldsymbol{p}/(E+m) \\ -(1-\boldsymbol{\sigma}\cdot\boldsymbol{p}/(E+m)) \end{bmatrix},$$

$$\frac{1}{2}(1-\gamma_5)u = \frac{N}{2}\begin{bmatrix} 1 & 1 \\ 1 & 1 \end{bmatrix}\begin{bmatrix} 1 \\ \boldsymbol{\sigma}\cdot\boldsymbol{p}/(E+m) \end{bmatrix} = \frac{N}{2}\begin{bmatrix} 1+\boldsymbol{\sigma}\cdot\boldsymbol{p}/(E+m) \\ 1+\boldsymbol{\sigma}\cdot\boldsymbol{p}/(E+m) \end{bmatrix},$$

wo jedes Element für eine 2×2-Matrix steht.

Die Amplitude $1 - \boldsymbol{\sigma}\cdot\boldsymbol{p}/(E+m)$ kann man schreiben als

$$1 - \frac{\boldsymbol{\sigma}\cdot\boldsymbol{p}}{(E+m)} = \frac{a}{2}\underbrace{\left(1 + \frac{\boldsymbol{\sigma}\cdot\boldsymbol{p}}{|\boldsymbol{p}|}\right)}_{\uparrow\ \text{RH}} + \frac{b}{2}\underbrace{\left(1 - \frac{\boldsymbol{\sigma}\cdot\boldsymbol{p}}{|\boldsymbol{p}|}\right)}_{\uparrow\ \text{LH}}, \tag{D.35}$$

mit den Koeffizienten

$$a = 1 - \frac{|\boldsymbol{p}|}{(E+m)}$$

$$b = 1 + \frac{|\boldsymbol{p}|}{(E+m)}$$

die mit den RH- und LH-Helizitätszuständen u_R, $u_L = 1 \pm \boldsymbol{\sigma}\cdot\boldsymbol{p}/|\boldsymbol{p}|$ multipliziert werden. Die Intensitäten der RH- und LH-Zustände in der Wellenfunktion sind a^2 bzw. b^2, die longitudinale Polarisierung der Leptonen ist daher

$$P = \frac{N_R - N_L}{N_R + N_L} = \frac{a^2 - b^2}{a^2 + b^2} = -\frac{p}{E} = -\frac{v}{c}. \tag{D.36}$$

Wenn $p \to E$ und $v/c \to 1$ geht, das heißt im hochrelativistischem Grenzfall, gilt

$$a \to 0,$$

$$b \to 2,$$

und in diesem Limes, auf masselose Neutrinos beliebiger Energie angewandt,

$$\lim_{v \to c} \begin{cases} \frac{1}{2}(1+\gamma_5)u = u_L \\ \frac{1}{2}(1-\gamma_5)u = u_R. \end{cases} \tag{D.37}$$

Man sieht, daß der Operator $(1+\gamma_5)$ die LH-Zustände mit der Helizität -1 herausprojiziert und $(1-\gamma_5)$ die RH-Zustände mit der Helizität $+1$.

In (D.34) wirken die Operatoren $(1 \pm \gamma_5)$ auf den Neutrinozustand. Man findet experimentell, daß die Neutrinos negative Helizität besitzen. Daher benötigen wir nur den ersten Term in (D.34), d.h. wir fordern $C_i = C_i'$. Dann wird (D.34) unter Benutzung von (D.32) und (D.11), bis auf einen numerischen Faktor zu

$$\bar{\psi}_e O_i (1+\gamma_5)\psi_\nu = \begin{cases} \bar{\psi}_e (1+\gamma_5) O_i \psi_\nu & \text{für } i = S, T, P \\ \bar{\psi}_e (1-\gamma_5) O_i \psi_\nu & \text{für } i = V, A. \end{cases} \tag{D.38}$$

Damit ist es unter Benutzung von (D.18) und (D.32) einfach, zu zeigen, daß $\bar{\psi}_e(1+\gamma_5)$ die Erzeugung eines RH-Elektrons und $\bar{\psi}_e(1-\gamma_5)$ diejenige eines LH-Elektrons beschreibt. Experimentell findet man, daß die im β-Zerfall ausgesandten Elektronen LH sind, so daß nur die V- und A-Wechselwirkungen beitragen, nicht jedoch S, T oder P. Daher hat das Matrixelement (D.33) die Form (wenn man $\gamma_5^2 = 1$ benutzt),

$$M = G\{C_V(\bar{\psi}_p \gamma_\mu \psi_n)[\bar{\psi}_e \gamma_\mu (1+\gamma_5)\psi_\nu] + i^2 C_A (\bar{\psi}_p \gamma_\mu \gamma_5 \psi_n)[\bar{\psi}_e \gamma_\mu \gamma_5 (1+\gamma_5)\psi_\nu]\}$$
$$= G\{[\bar{\psi}_p \gamma_\mu (C_V - \gamma_5 C_A)\psi_n][\bar{\psi}_e \gamma_\mu (1+\gamma_5)\psi_\nu]\},$$

Wir sehen, daß $C_V = -C_A$ ist, d.h. die Axialvektor- und Vektorkopplungen sind von gleicher Stärke aber gegensätzlichem Vorzeichen. Wir erhalten die berühmte $V - A$-Wechselwirkung und das Matrixelement erhält die symmetrische Form

$$[\bar{\psi}_p \gamma_\mu (1+\gamma_5)\psi_n]\,[\bar{\psi}_e \gamma_\mu (1+\gamma_5)\psi_\nu]. \tag{D.39}$$

Während im Myonzerfall und den anderen leptonischen schwachen Wechselwirkungen $C_A = -C_V$ gilt, ist dies in hadronischen Zerfällen nicht so. Die axiale Kopplung C_A (aber nicht die Vektorkopplung C_V wird durch Effekte der starken Wechselwirkung verändert. Für Nukleonen gilt z.B. $C_A = -1.25\,C_V$.

D.7 Helizitätserhaltung in Vektorwechselwirkungen

Man kann jeden Fermionspinor als Superposition von Helizitätseigenzuständen schreiben

$$u = u_L + u_R.$$

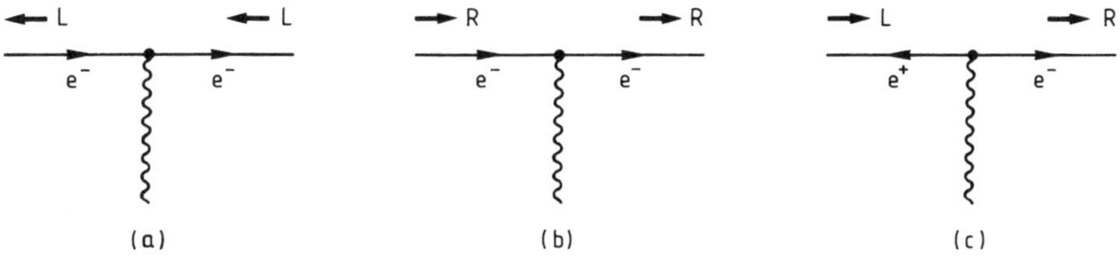

Abbildung D.2

Ein Vektoroperator γ_μ, der auf einen hoch-relativistischen Fermionenstrom wirkt, ergibt

$$\bar{u}\gamma_\mu u = (\bar{u}_L + \bar{u}_R)\gamma_\mu(u_L + u_R) = \bar{u}_L\gamma_\mu u_L + \bar{u}_R\gamma_\mu u_R, \qquad \text{(D.40)}$$

wobei sich die Mischterme herausgehoben haben, da gilt

$$\bar{u}_L = \frac{1}{2}\bar{u}(1 - \gamma_5)$$
$$u_R = \frac{1}{2}(1 - \gamma_5)u,$$

so daß für eine V-Wechselwirkung gilt

$$\bar{u}_L\gamma_\mu u_R = \frac{\bar{u}}{4}(1 - \gamma_5)\gamma_\mu(1 - \gamma_5)u = \frac{\bar{u}}{4}\gamma_\mu(1 - \gamma_5^2)u = 0,$$

und das gleiche gilt für den A-Operator. Für einen skalaren Operator S gilt

$$\bar{u}_L u_R = \frac{\bar{u}}{4}(1 - \gamma_5)^2 u = \frac{\bar{u}}{2}(1 + \gamma_5)u \neq 0,$$

dagegen

$$\bar{u}_L u_L = \frac{\bar{u}}{4}(1 - \gamma_5)\,(1 + \gamma_5)u = 0,$$

und entsprechendes gilt für P- und T-Wechselwirkungen. Aus (D.40) sieht man, daß die Helizität eines Fermions durch V- oder A-Wechselwirkungen nicht verändert wird, wie in den Diagrammen (a) und (b) in Abb. D.2. Da ein einlaufendes Fermion durch ein auslaufendes Antifermion ersetzt werden kann, ohne das Matrixelement zu verändern, sehen wir aus Abb. D.2(c), daß in dem Prozeß $e^+e^- \to \gamma \to \mu^+\mu^-$ das Helizitätsgesetz im relativistischem Grenzfall $v/c \to 1$ dafür sorgt, daß Fermionen und Antifermionen gegensätzliche Helizität haben. Daher muß der Zustand den Drehimpuls $J = 1$ (er koppelt an ein Photon) und $J_z = +1$ oder -1 haben, wobei die z-Achse durch die Richtung der einlaufenden e^+- und e^--Strahlen festgelegt ist. $J_z = 0$ ist ausgeschlossen, daher muß das Photon im Zwischenzustand transversal sein.

Anhang E

Übergangsraten in der Störungstheorie

In der zeitabhängigen Störungstheorie betrachten wir Übergänge — zum Beispiel in einer Kollision oder in einem Zerfallsprozeß — von einem wohldefinierten Anfangszustand des Systems ψ, zu einer Anzahl von Endzuständen als Ergebnis der Wirkung eines Störungspotentials V. Wir nehmen an, das System sei zu einer Zeit $t < 0$ in einem stationären Zustand der Energie E_m, der einer der möglichen Energiezustände des ungestörten Hamiltonoperators H_0 sei. Wir können nun die Wellenfunktion als Produkt von zeitabhängigen und räumlichen Teilen schreiben

$$\psi(0) = \phi_m e^{-iE_m t/\hbar}. \tag{E.1}$$

Für $t \geq 0$ denken wir uns das Potential V „eingeschaltet", das dann für den Übergang in andere Zustände des Systems ϕ_n sorgt. Man kann dann $\psi(t)$ als Summe ausdrücken

$$\psi(t) = \sum_{n=0}^{\infty} c_n(t)\phi_n e^{-iE_n t/\hbar}, \tag{E.2}$$

wobei die Funktionen ϕ_n einen vollständigen Satz orthogonaler Eigenfunktionen des ungestörten Hamiltonoperators H_0 des Systems bilden, das heißt

$$H_0\phi_n = E_n\phi_n. \tag{E.3}$$

Die Koeffizienten c_n bezeichnen die Wahrscheinlichkeitsamplituden, mit denen man das System im Zustand ϕ_n vorfindet. Daher ist $c_n(0) = 1$ für $n = m$ und Null für alle anderen Werte von n. Die gesamte Wellenfunktion in (E.2) muß die zeitabhängige Schrödinger-Gleichung erfüllen (im nichtrelativistischen Fall),

$$H\psi = i\hbar\partial\psi/\partial t, \tag{E.4}$$

wobei der Gesamt-Hamilton-Operator für $t > 0$ gegeben ist durch

$$H = H_0 + V. \tag{E.5}$$

Wenn wir in (E.4) die Ausdrücke für H und $\psi(t)$ einsetzen, finden wir unter Benutzung von (E.5), daß

$$i\hbar \sum_{n=0}^{\infty} \left(\frac{dc_n}{dt}\right) \phi_n e^{-E_n t/h} = \sum_{n=0}^{\infty} V c_n(t) \phi_n e^{-iE_n t/h}.$$

Wenn wir mit ψ_k^* multipizieren, k sei irgend ein anderer Eigenzustand von H_0, und ausnutzen, daß ϕ_n und ϕ_k orthogonal sind für alle $n \neq k$, erhalten wir

$$i\hbar \left(\frac{dc_k}{dt}\right) = \sum_{n=0}^{\infty} c_n(t) M_{nk} e^{-i(E_n - E_k)t/\hbar},$$

wo

$$M_{nk} = \int \phi_K^* V \phi_n d\tau \tag{E.6}$$

als das Matrixelement für den durch das Potential V erzeugten Übergang vom Zustand k in den Zustand n definiert ist. M_{nk} hat die Dimension einer Energie, da V, wie H, ein Energieoperator ist und ϕ_k und ϕ_n auf das Gesamtvolumen normiert sind.

In der ersten Ordnung der Störungstheorie wird die Störung als so klein angenommen, daß über die angenommene relevante Zeit t $c_m(t) \simeq 1$ und $c_n(t) \simeq 0$ für $n \neq m$ gilt. Wenn man nun über die Zeit t integriert, unter der Annahme, V sei konstant für $t > 0$, erhält man

$$\begin{aligned} c_k(t) &= \frac{1}{i\hbar} \int_0^t M_{km} e^{-i(E_k - E_m)t/\hbar} dt \\ &= M_{km} \left[\frac{1 - e^{-i(E_k - E_m)t/\hbar}}{E_k - E_m}\right] \\ &= 2iM_{km} e^{-i(E_k - E_m)t/2\hbar} \cdot \left[\frac{\sin[(E_k - E_m)t/2\hbar]}{E_k - E_m}\right]. \end{aligned} \tag{E.7}$$

Die gesamte Übergangsrate pro Zeiteinheit in alle Zustände E_n ist

$$W = \frac{1}{t} \sum_n |c_n(t)|^2 = \frac{1}{t} \int_{-\infty}^{+\infty} |c_n(t)|^2 \cdot \frac{dN}{dE} \cdot dE_n. \tag{E.8}$$

Im letzten Ausdruck haben wir die Summe über die diskreten Zustände durch ein Integral über eine Anzahl von Zuständen mit annähernd gleicher

Energie ersetzt, was in der Praxis der Situation in Kollisions- oder Zerfallsprozessen entspricht. dN/dE ist die Zustandsdichte pro Einheit Energieintervall. Wenn wir ersetzen

$$x = (E_k - E_m)t/2\hbar, \tag{E.9}$$

gilt

$$W = \frac{2}{\hbar}|M_{km}|^2 \int_{-\infty}^{+\infty} \left(\frac{dN}{dE}\right) \frac{\sin^2 x}{x^2} dx.$$

Der Ausdruck $(\sin^2 x)/x^2$ hat ein Hauptmaximum bei $x = 0$ und eine erste Nullstelle bei $x = \pm\pi$. Der Beitrag zu dem Integral jenseits von $x = \pm\pi$ ist klein ($\sim 10\%$). Das zugehörige Energieintervall ist aus (E.9) $dE_k = 2\pi\hbar/t \simeq 4 \times 10^{-15}$ eV für $t = 1$ s. Dies rührt einfach von der Tatsache her, daß für eine endliche Übergangsrate die Energie erhalten sein muß und $E_k \simeq E_m$ ist, innerhalb der Grenzen der Unschärferelation. In allen praktischen Fällen können wir dN/dE als konstant über das Intervall dE_n annehmen, und unter Benutzung von

$$\int_{-\infty}^{+\infty} \frac{\sin^2 x}{x^2} dx = \pi,$$

erhalten wir

$$\boxed{W = \frac{2\pi}{\hbar} \cdot |M_{if}|^2 \cdot \frac{dN}{dE_f}}\,, \tag{E.10}$$

wo wir die Notation ein wenig verändert haben,

$$M_{if} = \int \phi_i^* V \phi_f \, d\tau,$$

für das Matrizelement des Übergangs von einem Anfangszustand i zu einem oder einer Anzahl von Endzuständen f, mit ϕ_i und ϕ_f als räumlicher Teil der Wellenfunktionen. dN/dE_f ist die Energiedichte der Endzustände und wird oft mit ρ_f bezeichnet. Gleichung (E.10) wird häufig als Fermis Zweite Goldene Regel der nicht-relativistischen Quantenmechanik bezeichnet.

Anhang F

Neutrino-Elektron-Streuung in der $V - A$-Theorie

Den Wirkungsquerschnitt für die Reaktion

$$\nu_e + e^- \to e^- + \nu_e \tag{F.1}$$

kann man aus den Gln. (4.5) und (4.6) erhalten:

$$\frac{d\sigma}{d\Omega} = \frac{2\pi}{v_0} \frac{p^{*2}}{\hbar} \frac{dp^*}{dE_0} \cdot \frac{|M_{if}|^2}{(2\pi\hbar)^3}, \tag{F.2}$$

was wir im Schwerpunktsystem der Kollision ausrechnen werden. Wir nennen die Viererimpulse des einlaufenden und auslaufenden Neutrinos p_1 und p_3 und entsprechend für die Elektronen p_2 und p_4. Die Energien der Teilchen sind E_1, E_2, E_3 und E_4. p^* ist der Wert des Dreierimpulses im Schwerpunktsystem, v_0 die relative Geschwindigkeit der zusammenstoßenden Teilchen. Die Energie im Schwerpunktsystem ist E_0 mit

$$E_0^2 = s = -(p_1 + p_2)^2 = -(p_3 + p_4)^2.$$

Wir benutzen die Wellenfunktionen von Leptonen, die in ihrem jeweiligen Ruhesystem normiert sind, so daß wir einen relativistischen Faktor $\sqrt{m/E}$ für die Normierung im Schwerpunktsystem benutzen müssen, wie im Anhang D erklärt wurde. Wir erhalten mit $c = \hbar = 1$

$$\frac{d\sigma}{d\Omega} = \frac{1}{(2\pi)^2} \frac{m_e^2 m_\nu^2}{E_1 E_2 E_3 E_4} \cdot |M_{if}|^2 \cdot \frac{p^{*2}}{v_0} \frac{dp^*}{dE_0}. \tag{F.3}$$

Für den Anteil der Wechselwirkung mit geladenen Strömen gibt die $V-A$-Theorie das Strom-Strom-Kopplungsmatrixelement im Grenzfall von kleinen q^2, so daß W-Propagatoreffekte vernachlässigbar sind (siehe Anhang D.6 und Gl. (7.27)):

$$M_{if} = \frac{G}{\sqrt{2}} j_1 j_2 = \frac{G}{\sqrt{2}} \sum_{\text{spins}} (\bar{u}_\nu(p_3)\gamma_\mu(1+\gamma_5)u_e(p_2))\,(\bar{u}_e(p_4)\gamma_\mu(1+\gamma_5)u_\nu(p_1)), \tag{F.4}$$

wobei u_ν, u_e die Neutrino- und Elektronspinoren bezeichnen und $\gamma_\mu(1+\gamma_5)$ der $V-A$-Operator ist. Das komplex transponierte Matrixelement ist

$$M^\dagger = \frac{G}{\sqrt{2}} \sum (\bar{u}_\nu(p_1)\gamma_\rho(1+\gamma_5)u_e(p_4))\,(\bar{u}_e(p_2)\gamma_\rho(1+\gamma_5)u_\nu(p_3)), \tag{F.5}$$

so daß

$$|M_{if}|^2 = MM^\dagger = \frac{G^2}{2} \sum A_{\mu\rho} B_{\mu\rho}, \tag{F.6}$$

wo

$$A_{\mu\rho} = \bar{u}_\nu(p_3)\gamma_\mu(1+\gamma_5)u_e(p_2) \cdot \bar{u}_e(p_2)\gamma_\rho(1+\gamma_5)u_\nu(p_3)$$

und

$$B_{\mu\rho} = \bar{u}_e(p_4)\gamma_\mu(1+\gamma_5)u_\nu(p_1) \cdot \bar{u}_\nu(p_1)\gamma_\rho(1+\gamma_5)u_e(p_4). \tag{F.7}$$

Um die Spinsumme zu erhalten, benutzen wir die Vollständigkeitsrelation (D.28), indem wir den Projektionsoperator auf Zustände mit positiver Energie in (D.27) anwenden,

$$\Lambda^+ = (m - i\gamma_\sigma p_\sigma)/2m, \tag{F.8}$$

und so erhalten wir

$$\begin{aligned} A_{\mu\rho} &= \mathrm{Tr}[\Lambda_\nu^+(p_3)\gamma_\mu(1+\gamma_5)\Lambda_e^+(p_2)\gamma_\rho(1+\gamma_5)] \\ &= \mathrm{Tr}\left[\frac{(m_\nu - i\gamma_\sigma p_{3\sigma})}{2m_\nu} \cdot \gamma_\mu(1+\gamma_5) \cdot \frac{(m_e - i\gamma_\phi p_{2\phi})}{2m_e} \cdot \gamma_\rho(1+\gamma_5)\right] \\ &= -\frac{1}{2m_e m_\nu} p_{3\sigma} p_{2\phi} \mathrm{Tr}[\gamma_\sigma\gamma_\mu\gamma_\phi\gamma_\rho(1+\gamma_5)]. \end{aligned} \tag{F.9}$$

Dabei haben wir die folgenden Beziehungen ausgenutzt:

$$m_\nu = 0$$

$$\gamma_5\gamma_\mu + \gamma_\mu\gamma_5 = 0$$

$$\gamma_5(1+\gamma_5) = (1+\gamma_5)$$

Spur eines Produktes einer ungeraden Anzahl von γ-Matrizen $= 0$

Der zweite Term in (F.6) hat eine ähnliche Form

$$B_{\mu\rho} = -\frac{1}{2m_e m_\nu} p_{4\alpha} p_{1\beta} \mathrm{Tr}[\gamma_\alpha \gamma_\mu \gamma_\beta \gamma_\rho (1+\gamma_5)]. \tag{F.10}$$

Das Produkt

$$\mathrm{Tr}[\gamma_\sigma \gamma_\mu \gamma_\phi \gamma_\rho (1+\gamma_5)] \cdot \mathrm{Tr}[\gamma_\alpha \gamma_\mu \gamma_\beta \gamma_\rho (1+\gamma_5)] = 64 \delta_{\alpha\sigma} \delta_{\beta\phi}.$$

Diese Gleichung kann mit den Beziehungen

$$\begin{aligned} \frac{1}{4}\mathrm{Tr}[\gamma_\mu \gamma_\nu \gamma_\rho \gamma_\sigma] &= \delta_{\mu\nu}\delta_{\rho\sigma} - \delta_{\mu\rho}\delta_{\nu\sigma} + \delta_{\mu\sigma}\delta_{\nu\rho}, \\ \frac{1}{4}\mathrm{Tr}[\gamma_5 \gamma_\mu \gamma_\nu \gamma_\rho \gamma_\sigma] &= \varepsilon_{\mu\nu\rho\sigma}; \quad \varepsilon_{\rho\sigma\alpha\beta}\varepsilon_{\mu\nu\alpha\beta} = -2\delta_{\mu\rho}\delta_{\nu\sigma} + 2\delta_{\mu\sigma}\delta_{\nu\rho}, \end{aligned} \tag{F.11}$$

bewiesen werden, wo $\varepsilon = +1$ bzw. -1 ist, wenn μ, ν, ρ, σ eine gerade bzw. ungerade Permutation von 1, 2, 3, 4 ist und Null ist, wenn zwei Inidizes gleich sind. Diese Beziehungen können verifiziert werden, indem man $\mu = \nu$, $\rho = \sigma$ usw. setzt, und benutzt, daß $\delta_{\mu\alpha}\delta_{\alpha\rho} = \delta_{\mu\rho}$ und $\delta_{\alpha\beta}\delta_{\alpha\beta} = 4$ ist.

Wir erhalten, indem wir durch 2 teilen und über die Spinzustände der Targetelektronen mitteln (da wir in der Spur über sie summieren)

$$\begin{aligned} MM^\dagger &= \frac{G^2}{4} \cdot \frac{64}{4m_e^2 m_\nu^2} \cdot \delta_{\alpha\sigma}\delta_{\beta\phi} \cdot p_{1\beta} p_{2\phi} p_{3\sigma} p_{4\alpha} \\ &= \frac{4G^2}{m_e^2 m_\nu^2} (p_1 \cdot p_2)(p_3 \cdot p_4) \end{aligned} \tag{F.12}$$

summiert über die Spins der Endzustände und gemittelt über die Spins der Anfangszustände. Wenn wir dies in (F.3) einsetzen, erhalten wir

$$\frac{d\sigma}{d\Omega} = \frac{G^2}{\pi^2} \frac{(p_1 \cdot p_2)(p_3 \cdot p_4)}{E_1 E_2 E_3 E_4} \cdot \frac{p^{*2}}{v_0} \cdot \frac{dp^*}{dE_0}. \tag{F.13}$$

Wir vernachlässigen die Neutrinomasse und können so die folgenden Beziehungen zeigen:

$$\begin{aligned} E_1 E_2 v_0 &= \sqrt{(p_1 p_2)^2 - (m_\nu m_e)^2} = p_1 p_2 \\ p_3 p_4 &= (s - m_e^2)/2; \quad E_3 E_4 = (s^2 - m_e^4)/4s \\ p^* &= (s - m_e^2)/2\sqrt{s}; \quad dp^*/dE_0 = (s + m_e^2)/2s, \end{aligned}$$

wodurch der differentielle Wirkungsquerschnitt im Schwerpunktsystem zu

$$\frac{d\sigma}{d\Omega}(\nu e) = \frac{G^2}{\pi^2} p^{*2} \tag{F.14}$$

wird. Der totale Wirkungsquerschnitt wird zu

$$\sigma(\nu e) = \frac{G^2}{\pi} 4p^{*2} = \frac{G^2}{\pi} \frac{(s - m_e^2)^2}{s} \simeq \frac{G^2}{\pi} s. \tag{F.15}$$

Bei einem stationären Elektronentarget gilt, ausgedrückt durch die Energie E des einlaufenden Neutrinos im Laborsystem und mit $s = 2m_eE + m_e^2$

$$\sigma(\nu e) = \frac{G^2}{\pi} \frac{2m_eE}{(1+m/2E)} \simeq \frac{2}{\pi}G^2 m_e E. \tag{F.16}$$

Für einlaufende Antineutrinos hat die Wechselwirkung

$$\bar{\nu}_e + e^- \to e^- + \bar{\nu}_e$$

das gleiche Matrixelement wie vorher, wenn wir die aus-(ein-)laufenden Neutrinos durch die ein-(aus-)laufenden Antineutrinos ersetzen. Das entspricht einfach einem Austausch der Viererimpulse p_1 und p_3, so daß

$$\frac{d\sigma(\bar{\nu}e)}{d\Omega} = \frac{G^2}{\pi^2} \cdot \frac{(p_1p_4)(p_2p_3)}{E_1E_2E_3E_4} \cdot \frac{p^{*2}}{v_0} \cdot \frac{dp^*}{dE_0}. \tag{F.17}$$

Es sei θ^* der Streuwinkel des Antineutrinos im Schwerpunktsystem, dann ist

$$p_1p_4 = -(p^{*2}\cos\theta^* + E_1E_4) \simeq -\frac{s}{4}(1+\cos\theta^*)$$

im Grenzwert $s \gg m_e^2$. Man erhält das gleiche Ergebnis für p_2p_3. Daher findet man, daß im Schwerpunktsystem der Kollision

$$\frac{d\sigma(\bar{\nu}e)}{d\Omega} = \frac{G^2p^{*2}}{4\pi^2}(1+\cos\theta^*)^2 \tag{F.18}$$

und

$$\sigma(\bar{\nu}e) = \frac{4G^2p^{*2}}{3\pi} \simeq \frac{G^2s}{3\pi}. \tag{F.19}$$

Wir setzen die Rückstoßenergie des Elektrons im Laborsystem zu $E' = yE$, wo E die Anfangsenergie des Antineutrinos ist. Man kann dann zeigen, daß

$$(1-y) = \frac{1}{2}(1+\cos\theta^*)$$

für $E \gg m_e$, so daß der differentielle Wirkungsquerschnitt im Laborsystem für Neutrinos und Antineutrinos in der Form geschrieben werden kann

$$\begin{aligned} \frac{d\sigma(\nu e)}{dy} &= \frac{G^2s}{\pi} \\ \frac{d\sigma(\bar{\nu}e)}{dy} &= \frac{G^2s}{\pi}(1-y)^2, \end{aligned} \tag{F.20}$$

wie in Gl. (7.53) angegeben wurde.

Es sei hier betont, daß wir den Wirkungsquerschnitt für die Wechselwirkung über *geladene* Ströme berechnet haben und daß es auch Beiträge von den neutralen Strömen gibt, wie es in Kapitel 9 beschrieben wurde.

Anhang G

Die Streuung punktförmiger Fermionen in der QED. Die Prozesse $e^-\mu^+ \to e^-\mu^+$ und $e^+e^- \to \mu^+\mu^-$

G.1 $e^-\mu^+ \to e^-\mu^+$

Wir leiten zunächst den Wirkungsquerschnitt (6.24) für die elastische Streuung von Elektronen an punktförmigen geladenen Fermionen (ein Myon oder ein punktförmiges „Dirac"-Proton) her. Das Matrixelement besteht aus dem Produkt von Fermionströmen mit einem Photon-Propagatorterm,

$$M_{if} = \frac{e^2}{q^2} j_e j_\mu, \tag{G.1}$$

mit den Strömen

$$j_e = \sum_{\text{Spins}} \bar{u}_e \gamma_\rho u_e, \qquad j_\mu = \sum_{\text{Spins}} \bar{u}_\mu \gamma_\rho u_\mu,$$

die das Elektron mit einlaufenden (auslaufenden) Viererimpuls $p(p')$ und das Myon mit einlaufendem (auslaufendem) Viererimpuls $k(k')$ beschreiben (siehe Abb. G.1). Auf die Leptonspinoren u_e, u_μ wirkt der Vektoroperator γ_ρ. Dann ist

$$\begin{aligned} M &= \frac{e^2}{q^2}[\bar{u}_e(p')\gamma_\rho u_e(p)]\,[\bar{u}_\mu(k')\gamma_\rho u_\mu(k)], \\ M^\dagger &= \frac{e^2}{q^2}[\bar{u}_e(p)\gamma_\sigma u_e(p')]\,[\bar{u}_\mu(k)\gamma_\sigma u_\mu(k')], \end{aligned} \tag{G.2}$$

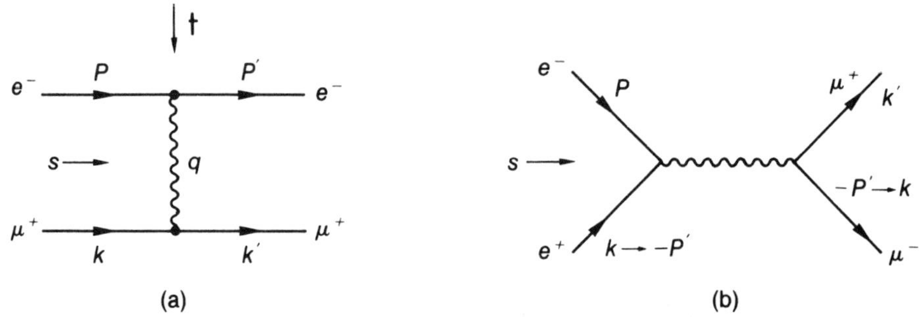

Abbildung G.1

so daß

$$MM^\dagger = \frac{e^4}{q^4}\sum A_{\rho\sigma}B_{\rho\sigma},$$

mit

$$\begin{aligned} A_{\rho\sigma} &= [\bar{u}_e(p')\gamma_\rho u_e(p)]\,[\bar{u}_e(p)\gamma_\sigma u_e(p')], \\ B_{\rho\sigma} &= [\bar{u}_\mu(k')\gamma_\rho u_\mu(k)]\,[\bar{u}_\mu(k)\gamma_\sigma u_\mu(k')]. \end{aligned} \tag{G.3}$$

Die Spinsumme wird mit Hilfe des Projektionsoperators (D.27) ausgeführt

$$\Lambda^+ = (m - i\gamma_\alpha p_\alpha)/2m,$$

so daß man unter Benutzung von (D.28) erhält

$$\begin{aligned} 4m_e^2 A_{\rho\sigma} &= \mathrm{Tr}[\gamma_\rho(m_e - i\gamma_\alpha p'_\alpha)\gamma_\sigma(m_e - i\gamma_\beta p_\beta)] \\ &= m_e^2\mathrm{Tr}[\gamma_\rho\gamma_\sigma] - p'_\alpha p_\beta\,\mathrm{Tr}[\gamma_\rho\gamma_\alpha\gamma_\sigma\gamma_\beta], \end{aligned}$$

was man mit dem Spurtheorem (F.11) umformen kann zu

$$m_e^2 A_{\rho\sigma} = m_e^2\delta_{\rho\sigma} - p'_\rho p_\sigma + p_\alpha p'_\alpha\delta_{\rho\sigma} - p_\rho p'_\sigma,$$

entsprechend für den Myonstrom

$$m_\mu^2 B_{\rho\sigma} = m_\mu^2\delta_{\rho\sigma} - k'_\rho k_\sigma + k_\alpha k'_\alpha\delta_{\rho\sigma} - k_\rho k'_\sigma.$$

Dann folgt

$$\begin{aligned} \sum_{\rho,\sigma} m_e^2 m_\mu^2 A_{\rho\sigma}B_{\rho\sigma} &= 4m_e^2m_\mu^2 + 2m_e^2(kk') + 2m_\mu^2(pp') + 2(kp)(k'p') + 2(kp')(k'p) \\ &\simeq 2[m_\mu^2(pp') + (kp)(k'p') + (kp')(k'p)], \end{aligned} \tag{G.4}$$

wo wir in der letzten Zeile die Elektronmasse vernachlässigt haben. Der Viererimpulsübertrag in der Streuung ist q, mit

$$\begin{aligned} q^2 &= (k - k')^2 = -2m^2 - 2kk' \\ &= (p - p')^2 \simeq -2pp', \end{aligned}$$

und die Energie-Impulserhaltung ergibt $k' = p + k - p'$. Daher wird aus der Summe (G.4)

$$\sum = 2\left[-m_\mu^2\frac{q^2}{2} + kp(pp' + kp' - p'^2) + kp'(p^2 + kp - pp')\right]$$

$$\simeq 2\left[-m_\mu^2\frac{q^2}{2} - \frac{q^2}{2}(kp - kp') + 2(kp')\,(kp)\right],$$

wo wieder in der letzten Zeile die Elektronmasse vernachlässigt wurde. Wir berechnen den Ausdruck im Laborsystem, wo das Myontarget zunächst ruht. Wir setzen $m_\mu = M$ und E, E' für die Energien des einlaufenden und gestreuten Elektrons. Dann sind die verschiedenen Viererimpulse und Skalarprodukte

$$p = \boldsymbol{p},\, iE \qquad p' = \boldsymbol{p}',\, iE' \qquad k = 0,\, iM, \quad k' = \sqrt{W^2 - M^2},\, iW$$

$$kp = -ME \quad kp' = -ME',$$

wobei W die Gesamtenergie des rückgestoßenen Myons bezeichnet. Daher

$$\sum = 2\left[\frac{-q^2M^2}{2} + \frac{q^2M}{2}(E - E') + 2M^2EE'\right]$$

$$= 4M^2EE'\left[1 - \frac{q^2}{4EE'} + \frac{q^2M(E - E')}{4M^2EE'}\right].$$

Wir erhalten, ausgedrückt durch den Streuwinkel des Elektrons im Laborsystem

$$q^2 = -2pp' = -2|\boldsymbol{p}|\,|\boldsymbol{p}'|\cos\theta + 2EE' \simeq 2EE'(1 - \cos\theta) = 4EE'\sin^2\frac{\theta}{2},$$

und

$$q^2 = 2MT = 2M(E - E'),$$

mit der kinetischen Energie $T = W - M$ des auslaufenden Myons. Also

$$MM^\dagger = |M|^2 = \frac{e^4}{q^4}\sum_{\rho,\sigma} A_{\rho\sigma}B_{\rho\sigma} = \frac{4M^2EE'}{m_e^2m_\mu^2}\left[\cos^2\frac{\theta}{2} + \frac{q^2}{2M^2}\sin^2\frac{\theta}{2}\right]\cdot\frac{e^4}{q^4}. \tag{G.5}$$

Unter Bezug auf (F.3) sehen wir, daß dann der Wirkungsquerschnitt (in Einheiten $c = \hbar = 1$)

$$\frac{d\sigma}{d\Omega} = \frac{1}{(2\pi)^2}\cdot|M|^2\cdot\frac{p'^2}{v_0}\cdot\frac{dp'}{dE_f}\cdot\frac{m_e^2m_\mu^2}{EE'MW}\cdot\frac{1}{4} \tag{G.6}$$

ist, der Faktor $1/4$ kommt aus der Mittelung der vier Spinzustände der Teilchen im Anfangszustand. $E_f = E + M = E' + W$ ist die Gesamtenergie des Endzustandes und p' steht nun für den Wert des Dreierimpulses des gestreuten Elektrons im Laborsystem. Aus (6.6) wissen wir, daß

$$p'^2\frac{dp'}{dE_f} = E'^2\frac{W}{M}\frac{E'}{E}.$$

Mit $v_0 = c = 1$, $e^2 = 4\pi\alpha$ und $q^2 = 4EE' \sin^2 \frac{\theta}{2}$ erhalten wir als Endergebnis für den Wirkungsquerschnitt der Mott-Streuung

$$\frac{d\sigma}{d\Omega} = \left(\frac{\alpha^2}{4E^2 \sin^4 \frac{\theta}{2}}\right)\left(\frac{E'}{E}\right)\left[\cos^2 \frac{\theta}{2} + \frac{q^2}{2M^2} \sin^2 \frac{\theta}{2}\right]. \tag{G.7}$$

Dies ist das in (6.24) benutzte Ergebnis in einer etwas anderen Notation (Ersetzung von p_0 durch E, von p durch E' und Benutzung von Gl. (6.6) für den Rückstoßfaktor E/E'). Es gilt für die Streuung eines Elektrons an einem einfach geladenen punktförmigen Fermion der Masse M, das im Anfangszustand im Laborsystem ruht.

G.2 Der Prozeß $e^+e^- \to \mu^+\mu^-$

Der Ausdruck (G.7) für die Elektron-Myon-Streuung (oder die Streuung von Elektronen an einem punktförmig angenommenen Proton) wurde im Laborsystem hergeleitet. Wir können ihn in Lorentz-invarianten Variablen ausdrücken. Diese Größen sind die sogenannten Mandelstam-Variablen s, t und u (siehe Abb. G.1(a)), die man folgendermaßen mit Hilfe der Viererimpulse der Teilchen ausdrücken kann:

$$\begin{aligned} s &= (k+p)^2 = (k'+p')^2 \simeq 2kp = 2k'p', \\ t &= -q^2 = (k-k')^2 = (p-p')^2 \simeq -2pp' = -2kk', \\ u &= (p-k')^2 = (k-p')^2 \simeq -2k'p = -2kp'. \end{aligned} \tag{G.8}$$

In den letzten Ausdrücken auf den rechten Seiten der Gleichungen wurden alle Massen vernachlässigt. Wir überlassen es dem Leser als Übung, zu zeigen, daß man den Wirkungsquerschnitt (G.7) mit Hilfe von (G.4) in diesen Variablen in der Form ausdrücken kann

$$\frac{d\sigma}{d\Omega}(e^-\mu^+ \to e^-\mu^+) = \frac{\alpha^2}{2s}\,\frac{(s^2+u^2)}{t^2}. \tag{G.9}$$

Wir betrachten nun die Vernichtungsreaktion $e^+e^- \to \mu^+\mu^-$. Man kann sie aus dem Wirkungsquerschnitt (G.9) folgendermaßen erhalten. Wie in Abb. G.1 gezeigt ist, kann man die Impulse der einlaufenden Teilchen durch die der auslaufenden Antiteilchen ersetzen und andersherum, ohne die Form des Matrixelements zu verändern. Abbildung G.1(b) ist ein zu dem aus Abb. G.1.(a) „gekreuztes" Diagramm. Man erhält den zugehörigen Wirkungsquerschnitt einfach durch die Ersetzung

$$k \leftrightarrow -p'$$

und daher

$$u \leftrightarrow u, \quad s \leftrightarrow t.$$

Demnach gilt

$$\frac{d\sigma}{d\Omega}(e^+e^- \to \mu^+\mu^-) = \frac{\alpha^2}{2s}\,\frac{(t^2+u^2)}{s^2}. \tag{G.10}$$

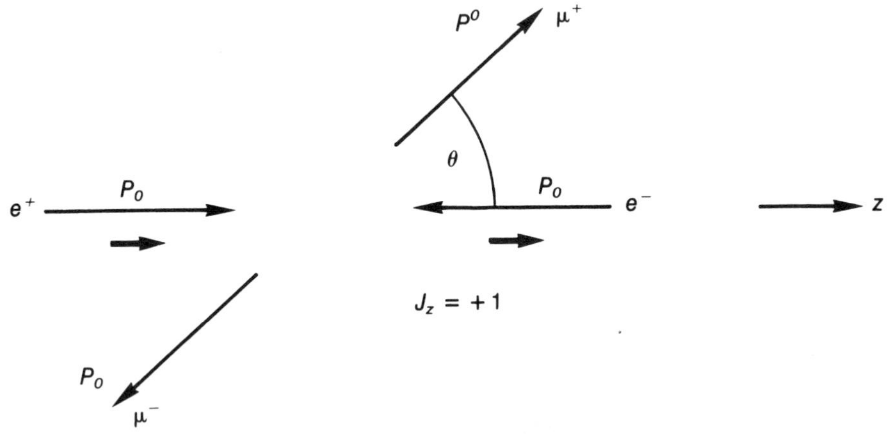

Abbildung G.2

Wenn θ den Winkel im Schwerpunktsystem bezeichnet, mit dem das $\mu^+(\mu^-)$ bezüglich des einlaufenden $e^+(e^-)$ ausgesandt wird, und wenn man wieder alle Leptonmassen vernachlässigt, erhält man (siehe Abb. G.2)

$$s = (p_0 + p_0)^2 = 4p_0^2,$$
$$t = 2p_0^2(1 - \cos\theta),$$
$$u = 2p_0^2(1 + \cos\theta),$$

wobei p_0 für den Wert des Dreierimpulses der Teilchen im Schwerpunktsystem vor und nach der Streuung steht. Daher ist

$$\frac{d\sigma}{d\Omega} = \frac{\alpha^2}{4s}(1 + \cos^2\theta) \qquad \text{(G.11)}$$

und der totale Wirkungsquerschnitt ist

$$\sigma(e^+e^- \to \mu^+\mu^-) = \frac{4\pi\alpha^2}{3s}. \qquad \text{(G.12)}$$

Wir lassen es als weitere Übung zu zeigen, daß wenn man die Myonmasse nicht vernachlässigt, der Klammerausdruck in (G.11) einen zusätzlichen Term $(4m_\mu^2/s)\sin^2\theta$ erhält und der gesamte Ausdruck mit dem Faktor $(1-4m_\mu^2/s)^{1/2}$ multipliziert wird. Die obigen Ausdrücke sind die herkömmlichen QED Wirkungsquerschnitte in führender Ordnung in α. Bei höheren Energien wird der zusätzliche Beitrag vom Z^0-Austausch (der schwache neutrale Strom) wichtig und führt zu einer Vorwärts-Rückwärts-Asymmetrie in (G.11); siehe Abschnitt 9.7.2.

Anhang H

Zerfälle von W- und Z-Bosonen

Das W-Boson hat den Spin 1. Sein Polarisationszustand kann in relativistisch invarianter Form durch einen Vierervektor e_μ mit den Raumkomponenten e_1, e_2, e_3 und der Zeitkomponente e_4 ausgedrückt werden. In Analogie zur Beschreibung von Photonen (3.34) kann man z.B. einen RH-Zustand schreiben als

$$e_R = \left(\frac{1}{\sqrt{2}}, \frac{i}{\sqrt{2}}, 0, 0\right), \tag{H.1}$$

was ein RH-zirkularpolarisiertes W mit der Spinkomponente $J_z = +1$ entlang der z-Achse beschreibt. Entsprechend ist

$$e_L = \left(\frac{1}{\sqrt{2}}, \frac{-i}{\sqrt{2}}, 0, 0\right) \tag{H.2}$$

und

$$e_z = (0, 0, 1, 0) \tag{H.3}$$

ein LH-W (mit $J_z = -1$) und ein unpolarisiertes W (mit $J_z = 0$). (Die vierte zeitliche Komponente e_4 kann durch eine passende Wahl der Eichung immer eliminiert werden.)

Man kann das $V - A$-Matrixelement für den Zerfall eines W mit dem Viererimpuls k in ein Elektron und Neutrino mit den Viererimpulsen p und q schreiben als

$$M = g_w e_\mu(k) \bar{u}_\nu(q) \gamma_\mu (1 + \gamma_5) u_e(p), \tag{H.4}$$

mit der Kopplung g_w des W's an das Leptonpaar. Entsprechend,

$$M^\dagger = g_w e_\nu^*(k) u_\nu(q)(1+\gamma_5)\bar{u}_e(p).$$

Wir benutzen den Projektionsoperator (D.27) für die Summe über die Spins und vernachlässigen m_e und m_ν gegenüber ihren Impulsen beim Berechnen der Spur und finden so (vergleiche mit (F.11)):

$$\sum_{\text{Spins}} MM^\dagger = g_w^2 e_\mu e_\nu^* \mathrm{Tr}[\Lambda_e^+(p)\gamma_\mu(1+\gamma_5)\Lambda_\nu^+(q)\gamma_\nu(1+\gamma_5)] \tag{H.5}$$

$$\begin{aligned}
&= \frac{g_w^2}{4m_e m_\nu} e_\mu e_\nu^* \mathrm{Tr}[\gamma_\rho p_\rho \gamma_u (1+\gamma_5)\gamma_\sigma q_\sigma \gamma_\nu (1+\gamma_5)] \\
&= \frac{g_w^2}{2m_e m_\nu} e_\mu e_\nu^* \mathrm{Tr}[\gamma_\rho p_\rho \gamma_\mu \gamma_\sigma q_\sigma \gamma_\nu (1+\gamma_5)] \\
&= \frac{4g_w^2}{2m_e m_\nu} e_\mu e_\nu^* [p_\rho q_\sigma \delta_{\mu\rho}\delta_{\nu\sigma} + p_\rho q_\sigma \delta_{\mu\sigma}\delta_{\rho\nu} - p_\rho q_\sigma \delta_{\mu\nu}\delta_{\rho\sigma} \\
&\quad + \varepsilon_{\rho\mu\sigma\nu} p_\rho q_\sigma] \\
&= \frac{4g_w^2}{2m_e m_\nu} [\delta_{\mu\nu}(e_\nu p_\mu e_\nu^* q_\nu + e_\mu q_\mu e_\nu^* p_\nu - pq e_\mu e_\nu^*) - \varepsilon_{\mu\nu\rho\sigma} p_\rho q_\sigma e_\mu e_\nu^*].
\end{aligned} \tag{H.6}$$

Wir betrachten den RH-Zustand (H.1) des W, d.h. mit $J_z = +1$, $e_1 = 1/\sqrt{2}$, $e_2 = i/\sqrt{2}$ und $e_3 = e_4 = 0$. Dann ist

$$\begin{aligned}
|MM^\dagger| &= \frac{4g_w^2}{2m_e m_\nu}[2(p_1 q_1 |e_1|^2 + p_2 q_2 |e_2|^2 - pq \\
&\quad - (\varepsilon_{1234} e_1 e_2^* p_3 q_4 + \varepsilon_{1243} e_1 e_2^* p_4 q_3 + \varepsilon_{2134} e_1^* e_2 p_3 q_4 \\
&\quad + \varepsilon_{2143} e_1^* e_2 p_4 q_3))] \\
&= \frac{4g_w^2}{2m_e m_\nu}[p_1 q_1 + p_2 q_2 - pq + i(p_3 q_4 - p_4 q_3)].
\end{aligned} \tag{H.7}$$

Es sei p^* (Abb. H.1) der Wert der (entgegengesetzt gleichen) Dreierimpulse der Zerfallsprodukte Elektron und Neutrino und θ ihr Winkel zur z-Achse. Wir vernachlässigen im Zähler Terme proportional zu m_e und m_ν und erhalten dann

$$p_3 = p^* \cos\theta = -q_3 \qquad p_4 q_4 = -p^{*2}$$
$$p_3 q_3 = -p^{*2}\cos^2\theta \qquad p_3 q_4 = -p_4 q_3 = ip^{*2}\cos\theta$$

und

$$|MM^\dagger| = \frac{4g_w^2 p^{*2}}{2m_e m_\nu}(\cos^2\theta + 1 - 2\cos\theta) = \frac{2g_w^2 p^{*2}}{m_e m_\nu}(1-\cos\theta)^2. \tag{H.8}$$

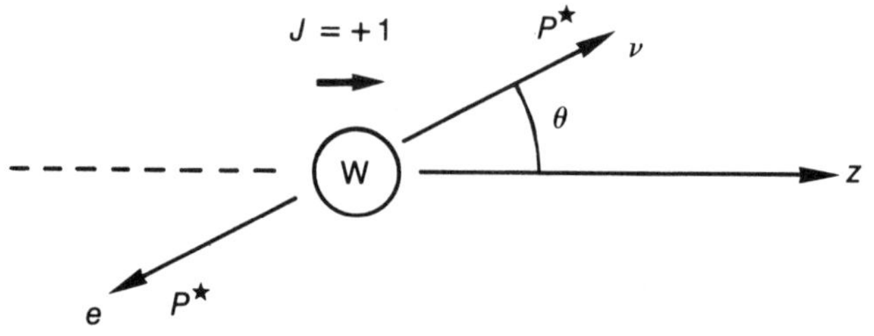

Abbildung H.1

Die Zerfallsrate oder Breite Γ ist gegeben, wenn man den Phasenraumfaktor mitberücksichtigt,

$$\frac{d\Gamma}{d\Omega} = \frac{1}{(2\pi)^2} \cdot \frac{1}{(2E_W)} \cdot \frac{p^{*2}dp^*}{dE_f} \frac{m_e m_\nu}{E_e E_\nu} |MM^\dagger|, \tag{H.9}$$

unter Benutzung des Lorentz-Normierungsfaktors $\sqrt{m/E}$ für Fermionen, wie in (D.22), und $\sqrt{1/2E_W}$ für Bosonen, wie in (A.15). Im Ruhesystem des W-Bosons ist $E_W = M_W$ und $p^* = M_W/2$. Mit

$$g_w^2 = \frac{g^2}{8} = \frac{GM_W^2}{\sqrt{2}},$$

wie in (9.28) erhalten wir für die partielle Breite für den Zerfall $W \to e\nu$, durch Integration von (H.9)

$$\Gamma(W \to e\nu) = \frac{GM_W^3}{16\pi\sqrt{2}} \int_{-1}^{+1} (1 - \cos\theta)^2 d(\cos\theta) = \frac{GM_W^3}{6\pi\sqrt{2}} = 232\,\text{MeV}. \tag{H.10}$$

H.1 Partialbreiten für W- und Z-Zerfälle

Die Zerfälle $W \to e\nu$, $\mu\nu$, $\tau\nu$, $u\bar{d}$, $t\bar{b}$, $c\bar{s}$ in Leptonen- und Quarkpaare, ohne Berücksichtigung der Farbquantenzahl haben offensichtlich die gleiche universelle Kopplung und die gleiche Partialbreite (H.10). Wir müssen allerdings für Quarks einen Faktor 3 für die Farbquantenzahl berücksichtigen, so daß

$$\Gamma_W(\text{total}) = 3[\Gamma_W(e\nu) + 3\Gamma_W(e\nu)] = 12\Gamma_W(e\nu) \simeq 2.75\,\text{GeV} \tag{H.11}$$

was etwas zu groß abgeschätzt ist wegen des kleineren Phasenraumfaktors für die schweren Quarks $t\bar{b}$. Aus der Diskussion in Abschnitt 9.6 (Gl. (9.27)) wissen wir, daß das Matrixelement

$$M(W \to e\nu) = \frac{g}{\sqrt{2}} \cdot J^+W^- = \frac{g}{2\sqrt{2}}[\bar{\nu}\gamma_\mu(1+\gamma_5)e] \cdot W^-$$

ist, hingegen

$$M(Z^0 \to \nu\bar{\nu}) = \frac{g}{\cos\theta_w} \cdot j(\mathrm{NC})Z^0 = \frac{g}{4\cos\theta_w}[\bar{\nu}\gamma_\mu(1+\gamma_5)\nu] \cdot Z^0.$$

Daher ist

$$\frac{\Gamma(Z^0 \to \nu\bar{\nu})}{\Gamma(W \to e\nu)} = \left(\frac{M_Z}{M_W}\right)\frac{1}{2\cos^2\theta_w} = \frac{M_Z^3}{2M_W^3},$$

der erste Term in Klammern auf der rechten Seite ist das Verhältnis der Phasenraumfaktoren. Wir haben die Beziehung $M_W^2 = M_Z^2\cos^2\theta_w$ aus (9.29) ausgenutzt. Daher ist

$$\Gamma(Z^0 \to \nu\bar{\nu}) = \frac{GM_Z^3}{12\pi\sqrt{2}} = 180\,\mathrm{MeV}, \tag{H.12}$$

wenn man die Werte $M_Z = 94$ GeV, $G = 1,166 \times 10^{-5}$ GeV^{-2} benutzt. Für den Zerfall in jedes Fermionenpaar ist die Breite relativ zu der für ein Neutrinopaar

$$\Gamma(Z^0 \to f\bar{f}) = \Gamma(Z^0 \to \nu\bar{\nu}) \cdot 2(c_V^2 + c_A^2), \tag{H.13}$$

mit c_V und c_A, den Koeffizienten von Vektor- und Axialvektorkopplung für Fermionen an das Z^0, die in (9.33) angegeben sind. Wenn man die drei Quarkfarben berücksichtigt kann man zur Übung zeigen, daß für drei Fermiongenerationen und $\sin^2\theta_w = 0.22$ die totale Breite $\Gamma_Z = 2.7$ GeV ist. Dies ist im Wesentlichen das gleiche Ergebnis wie für die geladenen W-Bosonen in (H.11).

Anhang J

Farb-Kräfte zwischen Quarks, Antiquarks und Gluonen

J.1 Kopplungskoeffizienten für Gluonen

Die Farbkraft zwischen Quarks wird durch ein Farb-Antifarbe-Oktett von Vektorgluonen übertragen, wie in (8.51), was in Analogie mit dem Meson-Flavor-Antiflavor-Oktettzuständen aus Tabelle 5.2 geschrieben wurde. Bezeichnen wir die drei Farbquantenzahlen mit r, b, g (für Rot, Blau, Grün), gibt es

$$r\bar{b} \tag{J.1a}$$

$$r\bar{g} \tag{J.1b}$$

$$b\bar{g} \tag{J.1c}$$

$$b\bar{r} \tag{J.1d}$$

$$g\bar{b} \tag{J.1e}$$

$$g\bar{r} \tag{J.1f}$$

$$(r\bar{r} + g\bar{g} - 2b\bar{b})/\sqrt{6} \tag{J.1g}$$

$$(r\bar{r} - g\bar{g})/\sqrt{2}. \tag{J.1h}$$

Die Kopplungen zwischen einem Paar gleicher Quarks wie etwa $rr \to rr$ wie in Abb. J.1 wird durch den Austausch der Zustände (J.1g) und (J.1h) übertragen. Der erste ergibt einen Faktor $\beta^2(1/\sqrt{6})\,(1/\sqrt{6})$ und der zweite $\beta^2(1/\sqrt{2})\,(1/\sqrt{2})$, so daß die gesamte Kopplung $+2\beta^2/3$ ist, mit der

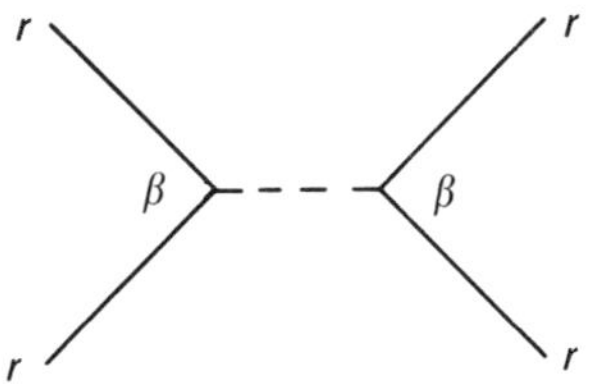

Abbildung J.1

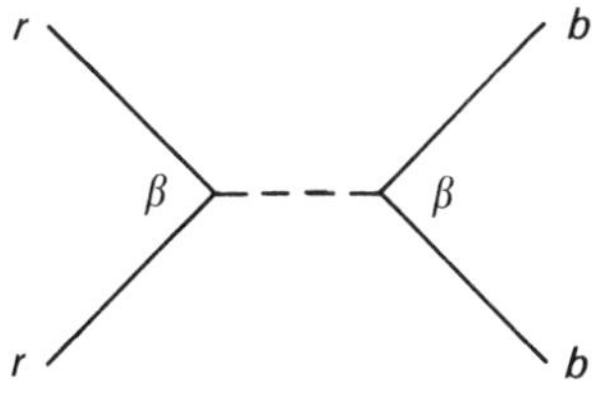

Abbildung J.2

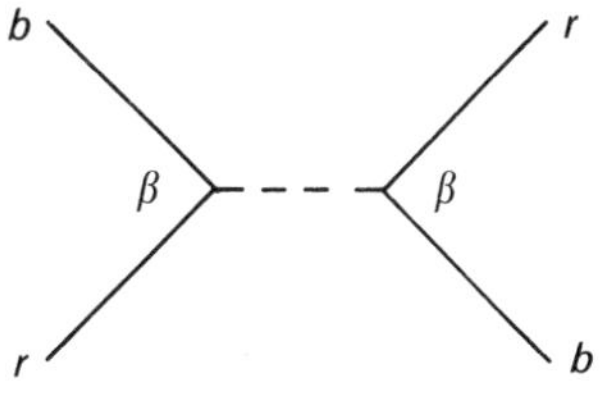

Abbildung J.3

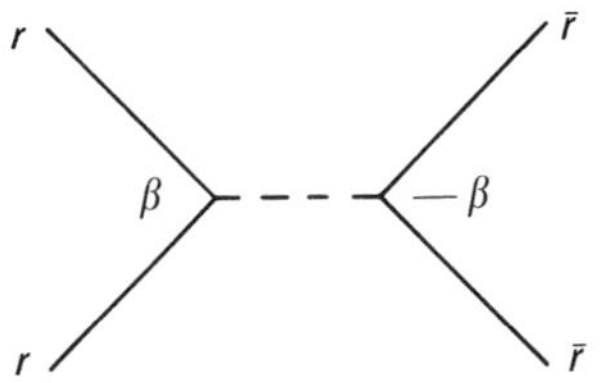

Abbildung J.4

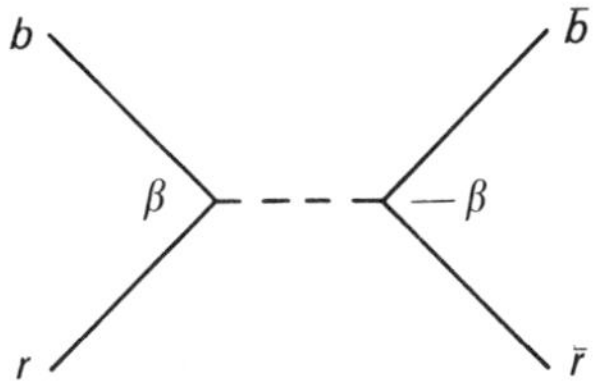

Abbildung J.5

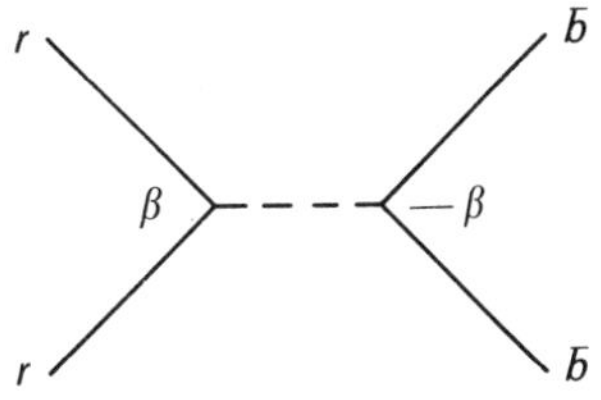

Abbildung J.6

Farbladung β. Für $rb \to rb$ wie in Abb. J.2 kann nur der Gluonzustand (J.1g) ausgetauscht werden, der einen Faktor $-\beta^2(2/\sqrt{6})\,(1/\sqrt{6}) = -\beta^2/3$ ergibt. Bei der Wechselwirkung $rb \to br$ wie in Abb. J.3 ist der Gluonzustand (J.1a) beteiligt, der den Faktor β^2 ergibt.

Für Antiquarks nehmen wir an, die Kopplung an Gluonen sei durch $-\beta$ gegeben, in Analogie zum Elektromagnetismus. Daher erhält $r\bar{r} \to r\bar{r}$ einen Koeffizienten für die Gluonkopplung von $-2\beta^2/3$, wie in Abb. J.4; $r\bar{r} \to b\bar{b}$ enthält den Gluonzustand (J.1a) wie in Abb. J.5, ebenso in Abb. J.3 und hat daher den Kopplungsfaktor $-\beta^2$. Schließlich ist $r\bar{b} \to r\bar{b}$ aus Abb. J.6 das gleiche wie Abb. J.2 mit umgekehrten Vorzeichen, daher $+\beta^2/3$.

Zusammengefaßt sind die Kopplungskoeffizienten für das Gluonoktett an ein Paar von Quarks oder Antiquarks

$$
\begin{aligned}
\langle rr|G|rr\rangle &= +\frac{2}{3}\beta^2, & \langle r\bar{r}|G|r\bar{r}\rangle &= -\frac{2}{3}\beta^2,\\
\langle rb|G|rb\rangle &= -\frac{1}{3}\beta^2, & \langle r\bar{b}|G|r\bar{b}\rangle &= +\frac{1}{3}\beta^2,\\
\langle br|G|rb\rangle &= +\beta^2, & \langle r\bar{r}|G|b\bar{b}\rangle &= -\beta^2.
\end{aligned}
\qquad (J.2)
$$

J.2 Kopplungen für das Baryonen-Farbsinglett

Wir berechnen nun die Farbkopplungen zwischen einem Paar von Quarks in einem Farbsinglett, also in einem Farb-Antisymmetrischen Baryonenzustand. In Analogie zum Flavorsinglett (5.4) muß die Baryonenfarbwellenfunktion die Form haben

$$
(QQQ)_{\text{Singlett}} = \frac{1}{\sqrt{6}}[(rb - br)g + (bg - gb)r + (gr - rg)b]. \qquad (J.3)
$$

Wenn wir uns nun die Wechselwirkung zwischen zwei der drei Quarks anschauen, sehen wir, daß der erste Term in runden Klammern $rb \to rb$ mit dem Koeffizienten $1/6$ enthält und $rb \to br$ mit $-1/6$. Wenn wir die Gluonkopplungsfaktoren (J.2) mit berücksichtigen, ergeben diese beiden Beiträge für den rb-Term

$$\frac{1}{6}\,\frac{-\beta^2}{3} + \frac{-1}{6}\beta^2 = -\frac{2\beta^2}{9}. \tag{J.4}$$

Offensichtlich ergibt der br-Term in (J.3) die gleiche Zahl, ebenso wie die bg-, gb-, gr- und rg-Zustände. Daher müssen wir (J.4) mit dem Faktor 6 multiplizieren um das gesamte Potential, summiert über alle Farben, für ein Paar Quarks in einem Drei-Quark Farbsinglett zu erhalten:

$$V_{(QQ \text{ in } QQQ \text{ Singlett})} = -\frac{4\beta^2}{3}\,\frac{1}{r}. \tag{J.5}$$

Das Minuszeichen zeigt an, daß die Quark-Quark-Wechselwirkung anziehend ist und die $1/r$-Abhängigkeit bei kurzen Abständen zeigt an, daß das Farbfeld die Coulomb-Form in (5.47) hat.

J.3 Kopplungen für das Meson-Farbsinglett

Eine Quark-Antiquark-Farbsinglettwellenfunktion hat, in Analogie zu dem Flavorsinglett in Tabelle 5.2, die Form

$$(Q\bar{Q})_{\text{Singlett}} = \frac{1}{\sqrt{3}}(r\bar{r} + b\bar{b} + g\bar{g}). \tag{J.6}$$

Der Beitrag $r\bar{r} \to r\bar{r}$ in (J.6) ist, unter Benutzung von (J.2)

$$(1/\sqrt{3})\,(1/\sqrt{3})\,(-2\beta^2/3) = -2\beta^2/9.$$

Es gibt drei Terme dieser Art in (J.6), die zusammen $-2\beta^2/3$ ergeben. Die Wechselwirkungen $r\bar{r} \to b\bar{b}$ und $r\bar{r} \to g\bar{g}$ ergeben jeweils $-\beta^2/3$. Wiederum multiplizieren wir mit 3 für all diese Terme in (J.6) und erhalten $-2\beta^2$. Demnach ist das Gesamtpotential für den Farbsinglett-Mesonzustand

$$V_{(Q\bar{Q} \text{ Singlett})} = \frac{-2\beta^2 - 2\beta^2/3}{r} = -\frac{8\beta^2}{3}\,\frac{1}{r}. \tag{J.7}$$

J.4 Kopplungen für Farb-Nicht-Singletts

Auf ähnliche Weise kann man die Kopplungen für die nicht-Singlett Farbkombinationen von QQ und $Q\bar{Q}$ erhalten. Als Beispiel betrachten wir eine „6" (Sextett-) Darstellung der Farb-SU(3). Diese hat die Form

$$\begin{aligned}(QQ)_{\text{Sextett}} = \frac{1}{\sqrt{6}}\Big[& rr + bb + gg + \frac{1}{\sqrt{2}}(rb + br) \\ & + \frac{1}{\sqrt{2}}(rg + gr) + \frac{1}{\sqrt{2}}(gb + bg)\Big].\end{aligned} \tag{J.8}$$

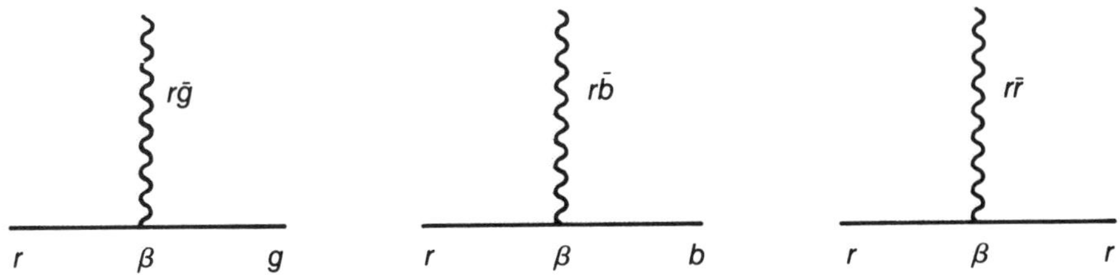

Abbildung J.7

Wie lassen es als Übung, zu zeigen, daß

$$V_{(QQ\ \text{Sextett})} = +\frac{2\beta^2}{3}\frac{1}{r}. \tag{J.9}$$

Als ein anderes Beispiel können wir ein $Q\bar{Q}$-Farboktett betrachten. Die Farbwellenfunktion des $Q\bar{Q}$-Paares ist die gleiche wie die des Gluonoktetts, die in (J.1a)–(J.1h) gegeben ist. Man kann zeigen, daß

$$V_{(Q\bar{Q}\ \text{Oktett})} = +\frac{\beta^2}{3}\frac{1}{r}. \tag{J.10}$$

Wir beobachten, daß beide Potentiale (J.9) und (J.10), die Quarks und Antiquarks enthalten, so daß sich die Farbquantenzahlen nicht zu Null addieren, abstoßend sind. Nur die Farbsinglettkombinationen (J.5) und (J.7) haben positive Bindung.

Die vorhergehenden Ergebnisse kann man mit allgemeineren Formeln oder mit Hilfe der Young-Diagramme erhalten; der interessierte Leser sei auf die Übersichtsvorlesungen von Feynman (1973) und Rosner (1980) verwiesen.

Die obigen Ausdrücke für die QQ- und $Q\bar{Q}$-Farbsinglettpotentiale (J.5) und (J.7) führen zu den Formeln für die Hyperfeinaufspaltung in Hadronmultipletts in Abschnitt 5.10. Die starke Kopplungskonstante ist als $\alpha_s = 2\beta^2$ definiert. Die Werte für ΔE im Falle des Quarks erhält man aus den Ausdrücken (5.30) für den elektromagnetischen Fall durch die Ersetzungen $e_i e_j = 4\pi\alpha_s/3$ und $2\pi\alpha_s/3$ in (5.31) bzw. (5.32).

J.5 QQG- und GGG-Vertexkopplungen

Die Kopplungstärken für Quark-Quark, Quark-Gluon- und Gluon-Gluon-Streuung über den Austausch eines einzelnen Gluons werden für die Diskussion der $p\bar{p} \to 2$ Jets-Ereignisse benötigt (Kapitel 8, Abb. 8.20).

QQG-Kopplung

Die relevanten Diagramme sind in Abb. J.7 gezeigt. Wenn wir mit einem roten Quark starten, kann sich dieses in ein g-, b-, oder r-Quark unter

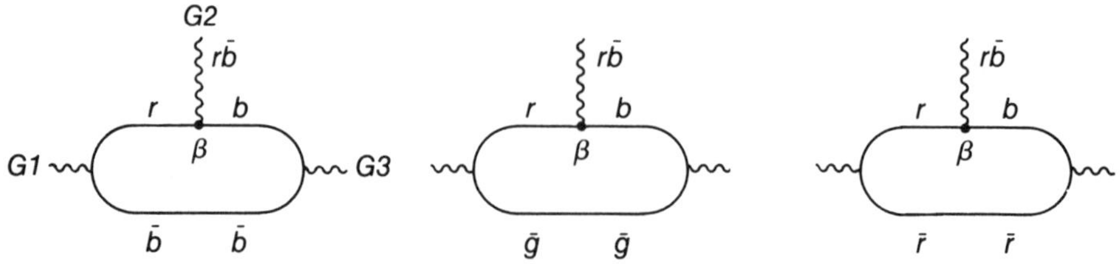

Abbildung J.8

Aussendung eines $r\bar{g}$-, $r\bar{b}$- oder $r\bar{r}$-Gluonzustandes verwandeln. Aus (J.1a), (J.1b) erhalten wir β^2, β^2 für die ersten beiden, und aus (J.1g), (J.1h) erhalten wir die Faktoren $\beta^2/6$, $\beta^2/2$ für den dritten Zustand, was sich zu $2\beta^2/3$ addiert. Der gesamte Kopplungsfaktor ist dann $8\beta^2/3$. Offenbar erhalten wir das gleiche Ergebnis, wenn wir mit einem g- oder b-Quark starten. Mit $\alpha_s = 2\beta^2$ finden wir dann für das Quadrat der Kopplungsamplitude des QQG-Vertex

$$A^2(QQG) = \frac{4\alpha_s}{3}. \qquad \text{(J.11)}$$

GGG-Kopplung

Wie behandeln wir die Gluon-Gluon-Kopplung? Wir nehmen zwei der Gluonen als virtuelle $Q\bar{Q}$-Zustände, wie in Abb. J.8. Zunächst nehmen wir an, das Gluon $G1$ bestände aus einem $r\bar{X}$-Paar, wo $\bar{X} = \bar{b}$, $\bar{g}$ oder $\bar{r}$ bedeuten kann. Wir wählen den speziellen Farbzustand $r\bar{b}$ für das zweite Gluon $G2$. Das erste Diagramm in Abb. J.8 gibt uns für die Wahrscheinlichkeit, daß $G3$ im Zustand $b\bar{b}$ ist, den Wert $(-2\beta/\sqrt{6})^2 = 2\beta^2/3$. Das zweite Diagramm ergibt einfach β^2. Das dritte Diagramm gibt aus (J.1g, h) einen Faktor $(1/6 + 1/2)\beta^2 = \beta^2/3$. Addieren wir diese Diagramme auf, erhalten wir für $r\bar{X} \to r\bar{b}+$ Gluon einen Faktor $2\beta^2$.

Nun ist $G2$ nur einer von acht möglichen Gluonfarbzuständen. Ein weiterer Faktor 3 kommt daher, daß wir für $G1$ genauso gut anstatt mit $r\bar{X}$ mit $b\bar{X}$ oder $g\bar{X}$ hätten beginnen können. Dies enhält dann alle acht möglichen Zustände von $G1$ und alle acht möglichen Zustände von $G2$. Aus Symmetriegründen sind dann alle möglichen Farbzustände des Gluons $G3$ automatisch beinhaltet. Indem wir durch die acht Zustände von $G1$ teilen, erhalten wir daher — für jeden bestimmten Gluonzustand $G1$ — einen Kopplungskoeffizienten, quadriert, von

$$A^2(GGG) = 2\beta^2 \times 8 \times \frac{3}{8} = 6\beta^2 = 3\alpha_s. \qquad \text{(J.12)}$$

Diese Ergebnisse (J.11) und (J.12) wurden in Abb. 8.20 benutzt. Sie können exakter aus der Gruppentheorie hergeleitet werden. Man beachte, daß es nicht möglich erscheint, die Kopplungen des $GGGG$-Vertex aus solch einfachen Argumenten herzuleiten.

In diesem Zusammenhang kann man sich fragen, warum ein Drei-Photonvertex nicht auch wie in Abb. J.8 existieren kann, wenn man Gluonen durch Photonen und Quarkspaare durch Elektron-Positronpaare ersetzt. Jedoch hätte ein solcher Prozeß die Amplitude Null, da für jedes Photon die Ladungsparität $C = -1$ ist und daher C nicht erhalten wäre.

Tabelle I: Atomare Konstanten

Avogadro-Konstante	N_0	$6.02205(\pm 3) \times 10^{23}$ mole^{-1}
Lichtgeschwindigkeit im Vakuum	c	$2.99792458 \times 10^{10}$ cm s^{-1} $= 2.99792458 \times 10^{8}$ m s^{-1}
Elementar-ladung	e	$4.80325(\pm 2) \times 10^{-10}$ esu $= 1.602189(\pm 5) \times 10^{-19}$ Coulomb
reduzierte Planck-Konstante	$h/2\pi = \hbar$	$6.58217(\pm 2) \times 10^{-22}$ MeV s $= 1.054589(\pm 6) \times 10^{-27}$ erg s
Feinstruktur-Konstante	$\alpha = e^2/4\pi\hbar c$	$1/137.0360(\pm 1)$
Elektronmasse	$m_e c^2$	$9.10953(\pm 5) \times 10^{-28}$ g $= 0.511003(\pm 1)$ MeV
Protonmasse	$m_p c^2$	$938.280(\pm 3)$ MeV $= 1836.152 m_e$
Klassischer Elektron-radius	$r_e = e^2/4\pi m_e c^2$	$2.81794(\pm 1) \times 10^{-13}$ cm
Compton-Wellenlänge des Elektrons	$\hbar/m_e c = r_e/\alpha$	$3.86159(\pm 1) \times 10^{-11}$ cm
Erster Bohr'scher Radius für einen unendlich schweren Kern	$a_\infty = 4\pi\hbar^2/e^2 m_e = r_e/\alpha^2$	$0.5291771(\pm 4) \times 10^{-8}$ cm
Thompson-Wirkungs-querschnitt	$\frac{8}{3}\pi r_e^2$	$665.245(\pm 3)$ mb (oder $\times 10^{-31}$ m^2)
Bohr'sches Magneton	$\mu_B = e\hbar/2m_e c$	$0.578838(\pm 1) \times 10^{-14}$ MeV G^{-1}
Kern-Magneton	$\mu_n = e\hbar/2m_p c$	$3.15245(\pm 1) \times 10^{-18}$ MeV G^{-1}
Einheit der Präzessionsfrequenz	$\omega = \frac{\mu_B}{\hbar} = \frac{e}{2m_e c}$	$8.79401(\pm 3) \times 10^{6}$ rad s^{-1} G^{-1}
	$\omega = \frac{\mu_n}{\hbar} = \frac{e}{2m_p c}$	$4.78948(\pm 3) \times 10^{3}$ rad s^{-1} G^{-1}

Einheiten

1 MeV $= 1.602189(\pm 5) \times 10^{-6}$ erg

1 fermi $= 1\,\mathrm{fm} = 10^{-13}$ cm

1 barn $= 1\,\mathrm{b} = 10^3\,\mathrm{mb} = 10^6\,\mu\mathrm{b} = 10^{-24}\,\mathrm{cm}^2 = 10^{-28}\,\mathrm{m}^2$.

Nützliche Näherungen: $\hbar c \simeq 200$ MeV fm

Klassischer Elektronradius:

$$e^2/4\pi m_e c^2 \simeq 2.8\,\mathrm{fm} \simeq 2 \times \hbar/m_\pi c \simeq 2 \times (\text{Reichweite der Kernkräfte})$$

Krümmungsradius bei Impuls p:

$$pc \simeq 0.03 H\rho \ (pc \text{ in GeV}, H \text{ in kG}, \rho \text{ in m})$$

Tabelle II: Kugelfunktionen und D-Funktionen

$$Y_l^m(\theta,\phi) = \sqrt{\frac{(2l+1)\,(l-m)!}{4\pi(l+m)!}}\,P_l^m(\cos\theta)e^{im\phi}$$

$$P_l^m(\cos\theta) = (-1)^m \sin^m\theta \left[\left(\frac{d}{d(\cos\theta)}\right)^m P_l(\cos\theta)\right] \qquad (m \le l)$$

$$P_l(\cos\theta) = \frac{1}{2^l l!}\left[\left(\frac{d}{d(\cos\theta)}\right)^l (-\sin^2\theta)^l\right]$$

$$Y_l^{-m}(\theta,\phi) = (-1)^m [Y_l^m(\theta,\phi)]^*$$

$$P_l^{-m}(\cos\theta) = (-1)^m \frac{(l-m)!}{(l+m)"} P_l^m(\cos\theta)$$

$l=0$ $\quad Y_0^0 = \frac{1}{\sqrt{4\pi}}$

$l=1$ $\quad Y_1^0 = \sqrt{\frac{3}{4\pi}}\cos\theta \qquad Y_1^1 = -\sqrt{\frac{3}{8\pi}}\sin\theta e^{i\phi}$

$l=2$ $\quad Y_2^0 = \sqrt{\frac{5}{16\pi}}(3\cos^2\theta - 1) \qquad Y_2^1 = -\sqrt{\frac{15}{8\pi}}\sin\theta\cos\theta e^{i\phi}:$

$\quad Y_2^2 = \sqrt{\frac{15}{32\pi}}\sin^2\theta e^{2i\phi}$

$l=3$ $\quad Y_3^0 = \sqrt{\frac{7}{16\pi}}(5\cos^3\theta - 3\cos\theta) \qquad Y_3^1 = -\sqrt{\frac{21}{64\pi}}\sin\theta(5\cos^2\theta - 1)e^{i\phi}$

$\quad Y_3^2 = \sqrt{\frac{105}{32\pi}}\sin^2\theta\cos\theta e^{2i\phi} \qquad Y_3^3 = -\sqrt{\frac{35}{64\pi}}\sin^3\theta e^{3i\phi}$

D-Funktionen

$$d^j_{m',m} = (-1)^{m-m'} d_{m,m'} = d^j_{-m,-m'}$$

$$d^1_{1,1} = \frac{(1+\cos\theta)}{2} \qquad d^1_{1,0} = -\frac{1}{\sqrt{2}}\sin\theta \quad d^1_{1,-1} = \frac{(1-\cos\theta)}{2}$$

$$d^1_{0,0} = \cos\theta$$

$$d^{1/2}_{1/2,1/2} = \cos\tfrac{\theta}{2} \qquad d^{1/2}_{1/2,-1/2} = -\sin\tfrac{\theta}{2}$$

Tabelle III: Clebsch-Gordan Koeffizienten

Beispiel für den Gebrauch dieser Tabelle: Nehmen wir an, zwei Drehimpulse $j_1 = 1, m_1 = 1$ und $j_2 = 1, m_2 = -1$ sollen kombiniert werden. Wir nehmen dazu den Tabellenteil für **1**×**1**, wo die vierte Zeile dann für die Koeffizienten der Gleichung C1 in Anhang C

$$\phi_1(1,1)\phi_2(1,-1) = \sqrt{\frac{1}{6}}\psi(2,0) + \sqrt{\frac{1}{2}}\psi(1,0) + \sqrt{\frac{1}{3}}\psi(0,0).$$

ergibt. Dies liefert die Vorschrift, wie sich zwei Teilchen mit Drehimpuls (oder Isospin) Eins zu Zuständen mit Drehimpuls $j = 0$, 1 oder 2 kombinieren. Alternativ dazu kann auch ein Zustand (j, m) in seine Komponenten zerlegt werden. So kann ein Zustand mit $j = 2$, $m = 0$ in Produkte von Zuständen mit $j = 1$ zerlegt werden, die natürlich $m_1 + m_2 = m = 0$ aufweisen müssen. Die vierte Spalte der **1** × **1**-Tabelle ergibt

$$\psi(2,0) = \sqrt{\frac{1}{6}}\phi_1(1,1)\phi_2(1,-1) + \sqrt{\frac{2}{3}}\phi_1(1,0)\phi_2(1,0) + \sqrt{\frac{1}{6}}\phi_1(1,-1)\phi_2(1,1).$$

Die Vorzeichenkonvention dieser Tabelle folgt Condon und Shortley (1951).

$\mathbf{\frac{1}{2} \times \frac{1}{2}}$

	J:	1	1	0	1
	M:	+1	0	0	−1
m_1	m_2				
$+\frac{1}{2}$	$+\frac{1}{2}$	1			
$+\frac{1}{2}$	$-\frac{1}{2}$		$\sqrt{\frac{1}{2}}$	$\sqrt{\frac{1}{2}}$	
$-\frac{1}{2}$	$+\frac{1}{2}$		$\sqrt{\frac{1}{2}}$	$-\sqrt{\frac{1}{2}}$	
$-\frac{1}{2}$	$-\frac{1}{2}$				1

$\mathbf{1 \times \frac{1}{2}}$

	J:	$\frac{3}{2}$	$\frac{3}{2}$	$\frac{1}{2}$	$\frac{3}{2}$	$\frac{1}{2}$	$\frac{3}{2}$
	M:	$+\frac{3}{2}$	$+\frac{1}{2}$	$+\frac{1}{2}$	$-\frac{1}{2}$	$-\frac{1}{2}$	$-\frac{3}{2}$
m_1	m_2						
+1	$+\frac{1}{2}$	1					
+1	$-\frac{1}{2}$		$\sqrt{\frac{1}{3}}$	$\sqrt{\frac{2}{3}}$			
0	$+\frac{1}{2}$		$\sqrt{\frac{2}{3}}$	$-\sqrt{\frac{1}{3}}$			
0	$-\frac{1}{2}$				$\sqrt{\frac{2}{3}}$	$\sqrt{\frac{1}{3}}$	
−1	$+\frac{1}{2}$				$\sqrt{\frac{1}{3}}$	$-\sqrt{\frac{2}{3}}$	
−1	$-\frac{1}{2}$						1

Tabelle III: Clebsch-Gordan Koeffizienten (Fortsetzung)

$\mathbf{\frac{3}{2}\times\frac{1}{2}}$

	J:	2	2	1	2	1	2	1	2
	M:	+2	+1	+1	0	0	−1	−1	−2
m_1	m_2								
$+\frac{3}{2}$	$+\frac{1}{2}$	1							
$+\frac{3}{3}$	$-\frac{1}{2}$		$\sqrt{\frac{1}{4}}$	$\sqrt{\frac{3}{4}}$					
$+\frac{1}{2}$	$+\frac{1}{2}$		$\sqrt{\frac{3}{4}}$	$-\sqrt{\frac{1}{4}}$					
$+\frac{1}{2}$	$-\frac{1}{2}$				$\sqrt{\frac{1}{2}}$	$\sqrt{\frac{1}{2}}$			
$-\frac{1}{2}$	$+\frac{1}{2}$				$\sqrt{\frac{1}{2}}$	$-\sqrt{\frac{1}{2}}$			
$-\frac{1}{2}$	$-\frac{1}{2}$						$\sqrt{\frac{3}{4}}$	$\sqrt{\frac{1}{4}}$	
$-\frac{3}{2}$	$+\frac{1}{2}$						$\sqrt{\frac{1}{4}}$	$-\sqrt{\frac{3}{4}}$	
$-\frac{3}{2}$	$-\frac{1}{2}$								1

$\mathbf{2\times\frac{1}{2}}$

	J:	$\frac{5}{2}$	$\frac{5}{2}$	$\frac{3}{2}$	$\frac{5}{2}$	$\frac{3}{2}$	$\frac{5}{2}$	$\frac{3}{2}$	$\frac{5}{2}$	$\frac{3}{2}$	$\frac{5}{2}$
	M:	$+\frac{5}{2}$	$+\frac{3}{2}$	$+\frac{3}{2}$	$+\frac{1}{2}$	$+\frac{1}{2}$	$-\frac{1}{2}$	$-\frac{1}{2}$	$-\frac{3}{2}$	$-\frac{3}{2}$	$-\frac{5}{2}$
m_1	m_2										
+2	$\frac{1}{2}$	1									
+2	$-\frac{1}{2}$		$\sqrt{\frac{1}{5}}$	$\sqrt{\frac{4}{5}}$							
+1	$+\frac{1}{2}$		$\sqrt{\frac{4}{5}}$	$-\sqrt{\frac{1}{5}}$							
+1	$-\frac{1}{2}$				$\sqrt{\frac{2}{5}}$	$\sqrt{\frac{3}{5}}$					
0	$+\frac{1}{2}$				$\sqrt{\frac{3}{5}}$	$-\sqrt{\frac{2}{5}}$					
0	$-\frac{1}{2}$						$\sqrt{\frac{3}{5}}$	$\sqrt{\frac{2}{5}}$			
−1	$+\frac{1}{2}$						$\sqrt{\frac{2}{5}}$	$-\sqrt{\frac{3}{5}}$			
−1	$-\frac{1}{2}$								$\sqrt{\frac{4}{5}}$	$\sqrt{\frac{1}{5}}$	
−2	$+\frac{1}{2}$								$\sqrt{\frac{1}{5}}$	$-\sqrt{\frac{4}{5}}$	
−2	$-\frac{1}{2}$										1

Tabelle III: Clebsch-Gordan Koeffizienten (Fortsetzung)

1×1

J:		2	2	1	2	1	0	2	1	2
M:		+2	+1	+1	0	0	0	−1	−1	−2
m_1	m_2									
+1	+1	1								
+1	0		$\sqrt{\frac{1}{2}}$	$\sqrt{\frac{1}{2}}$						
0	+1		$\sqrt{\frac{1}{2}}$	$-\sqrt{\frac{1}{2}}$						
+1	−1				$\sqrt{\frac{1}{6}}$	$\sqrt{\frac{1}{2}}$	$\sqrt{\frac{1}{3}}$			
0	0				$\sqrt{\frac{2}{3}}$	0	$-\sqrt{\frac{1}{3}}$			
−1	+1				$\sqrt{\frac{1}{6}}$	$-\sqrt{\frac{1}{2}}$	$\sqrt{\frac{1}{3}}$			
0	−1							$\sqrt{\frac{1}{2}}$	$\sqrt{\frac{1}{2}}$	
−1	0							$\sqrt{\frac{1}{2}}$	$-\sqrt{\frac{1}{2}}$	
−1	−1									1

$\frac{3}{2}$×1

J:		$\frac{5}{2}$	$\frac{5}{2}$	$\frac{3}{2}$	$\frac{5}{2}$	$\frac{3}{2}$	$\frac{1}{2}$	$\frac{5}{2}$	$\frac{3}{2}$	$\frac{1}{2}$	$\frac{5}{2}$	$\frac{3}{2}$	$\frac{5}{2}$
M:		$+\frac{5}{2}$	$+\frac{3}{2}$	$+\frac{3}{2}$	$+\frac{1}{2}$	$+\frac{1}{2}$	$+\frac{1}{2}$	$-\frac{1}{2}$	$-\frac{1}{2}$	$-\frac{1}{2}$	$-\frac{3}{2}$	$-\frac{3}{2}$	$-\frac{5}{2}$
m_1	m_2												
$+\frac{3}{2}$	+1	1											
$+\frac{3}{2}$	0		$\sqrt{\frac{2}{5}}$	$\sqrt{\frac{3}{5}}$									
$+\frac{1}{2}$	+1		$\sqrt{\frac{3}{5}}$	$-\sqrt{\frac{2}{5}}$									
$+\frac{3}{2}$	−1				$\sqrt{\frac{1}{10}}$	$\sqrt{\frac{2}{5}}$	$\sqrt{\frac{1}{2}}$						
$+\frac{1}{2}$	0				$\sqrt{\frac{3}{5}}$	$\sqrt{\frac{1}{15}}$	$-\sqrt{\frac{1}{3}}$						
$-\frac{1}{2}$	+1				$\sqrt{\frac{3}{10}}$	$-\sqrt{\frac{8}{15}}$	$\sqrt{\frac{1}{6}}$						
$+\frac{1}{2}$	−1							$\sqrt{\frac{3}{10}}$	$\sqrt{\frac{8}{15}}$	$\sqrt{\frac{1}{6}}$			
$-\frac{1}{2}$	0							$\sqrt{\frac{3}{5}}$	$-\sqrt{\frac{1}{15}}$	$-\sqrt{\frac{1}{3}}$			
$-\frac{3}{2}$	+1							$\sqrt{\frac{1}{10}}$	$-\sqrt{\frac{2}{3}}$	$\sqrt{\frac{1}{2}}$			
$-\frac{1}{2}$	−1										$\sqrt{\frac{3}{5}}$	$\sqrt{\frac{2}{5}}$	
$-\frac{3}{2}$	+0										$\sqrt{\frac{2}{5}}$	$-\sqrt{\frac{3}{5}}$	
$-\frac{3}{2}$	−1												1

Tabelle IV

Teilchen	$J^{P\mathrm{b}}$	$I^{G\mathrm{c}}$	Masse,[d] MeV	Mittlere Lebensdauer,[d] s	Zerfall: Endzustand	Zerfall: Anteil	Zerfall: $p_{\max}$, MeV/c[e]
γ	1^-	—	0	stabil	—	—	—
Leptonen							
ν_e	$\frac{1}{2}$	—	$0(< 30\,\mathrm{eV})$	stabil	—	—	—
ν_μ	$\frac{1}{2}$	—	$0(< 0.25)$				
ν_τ	$\frac{1}{2}$	—	$0(< 70)$		—	—	—
$e^\pm$	$\frac{1}{2}$	—	$0.511003(\pm 1)$	stabil	—	—	—
$\mu^\pm$	$\frac{1}{2}$	—	$105.6595(\pm 2)$	$2.1971(\pm 1) \times 10^{-6}$	$e\nu\bar{\nu}$	100%	53
$\tau^\pm$	$\frac{1}{2}$	—	$1784(\pm 4)$	$2.8(\pm 2) \times 10^{-13}$	$\mu\nu\bar{\nu}$	18%	889
					$e\nu\bar{\nu}$	18%	892
					$\pi\nu$	8%	887
					$\rho\nu$	22%	723
					Hadronen $+\nu$	34%	—

Tabelle IV (Fortsetzung)

Teilchen	J^P	I^G	Masse, MeV	mittlere Lebensdauer, s	Zerfall: Endzustand	Anteil	$p_{\max}$, MeV/c
Nicht-seltsame Mesonen							
$\pi^{\pm}$	0^-	1^-	139.567(±1)	$2.603(\pm 2) \times 10^{-8}$	$\mu\nu$	$\simeq 100\%$	30
					$e\nu$	1.27×10^{-4}	70
					$\mu\nu\gamma$	1.24×10^{-4}	30
					$\pi^0 e\nu$	1.02×10^{-8}	5
					$e\nu\gamma$	6×10^{-8}	70
π^0	0^-	1^-	134.963(±4)	$0.83(\pm 6) \times 10^{-16}$	$\gamma\gamma$	98.8%	67
					$\gamma e^+ e^-$	1.17%	67
					$e^+ e^-$	2.10^{-7}	
η	0^-	0^+	548.8(±6)	(Zerfallsbreite = 0.9 keV)	$\gamma\gamma$	39%	274
					$\pi^0\gamma\gamma$	0.1%	258
					$3\pi^0$	32%	179
					$\pi^+\pi^-\pi^0$	23%	174
					$\pi^+\pi^-\gamma$	5%	236
η'	0^-	0^+	957.6(±3)	(Zerfallsbreite = 0.3 MeV)	$\eta\pi\pi$	66%	—
					$\rho^0\gamma$	30%	—
					$\gamma\gamma$	$\simeq 2\%$	—
					$\omega\gamma$	2.8%	—

Tabelle IV (Fortsetzung)

Teilchen	J^P	I^G	Masse, MeV	mittlere Lebensdauer, s	Zerfall: Endzustand	Zerfall: Anteil	Zerfall: $p_{\max}$, MeV/c
Seltsame Mesonen							
$K^{\pm}$	0^-	$\frac{1}{2}$	493.67(±2)	$1.237(\pm 3) \times 10^{-8}$	$\mu^{\pm}\nu$	63.5%($K_{\mu 2}$)	236
					$\pi^{\pm}\pi^0$	21.2%($K_{\pi 2}$)	205
					$\pi^{\pm}\pi^+\pi^-$	5.6%($K_{\pi 3}$)	126
					$\pi^{\pm}\pi^0\pi^0$	1.7%	133
					$\mu^{\pm}\pi^0\nu$	3.2%($K_{\mu 3}$)	215
					$e^{\pm}\pi^0\nu$	4.8%(K_{e3})	228
					$e^{\pm}\nu$	1.5×10^{-5}(K_{e2})	247
						und andere	
$K^0, \bar{K}^0$	0^-	$\frac{1}{2}$	497.7(±1)	50% K_S, 50% K_L			
K_S	$m_{K_L} - m_{K_S} = \frac{0.477}{\tau_S}$			$0.892(\pm 2) \times 10^{-10}$	$\pi^+\pi^-$	68.6%	206
					$\pi^0\pi^0$	31.3%	209
					$\pi^+\pi^-\gamma$	1.9×10^{-3}	206
K_L				$5.18(\pm 4) \times 10^{-8}$	$\pi^0\pi^0\pi^0$	21.5%	139
					$\pi^+\pi^-\pi^0$	12.6%	133
					$\pi\mu\nu$	26.8%	216
					$\pi e\nu$	38.8%	229
					$\pi^+\pi^-$	2.0×10^{-3}	206
						und andere	

Tabelle IV (Fortsetzung)

Teilchen	J^P	I^G	Masse, MeV	mittlere Lebensdauer, s		Zerfall: Endzustand	Anteil	$p_{\max}$, MeV/c
Mesonen mit Charm								
$D^{\pm}$	0^-	$\frac{1}{2}$	1869.4(±6)	$(9 \pm 3) \times 10^{-13}$	D^+	$K^-\pi^+\pi^+$	4%	845
						$K^- + X$	16%	—
						$K^+ + X$	6%	—
						$e^{\pm} + X$	19%	—
						$\bar{K}^0 + X$	48%	—
$D^0, \bar{D}^0$	0^-	$\frac{1}{2}$	1864.7(±6)	$(5 \pm 1) \times 10^{-13}$	D^0	$K^-\pi^+$	2.4%	860
						$K^-\pi^+\pi^0$	9.3%	843
						$K^-\pi^+\pi^+\pi^-$	4.6%	812
						$K^- + X$	44%	—
						$\bar{K}^0 + X$	33%	—
						$e^{\pm} + X$	5%	—
$F^{\pm}$	0^-	0	1971(±6)	$(1.9 \pm 1) \times 10^{13}$		$\phi\pi^+$ und andere		
Mesonen mit Bottom								
$B^{\pm}$	0^-	$\frac{1}{2}$	5271(±3)			$\bar{D}^0\pi^+$	4%	2303
				$\sim 10^{-13}$		$D^{x-}\pi^+\pi^+$	5%	2243
B^0	0^-	$\frac{1}{2}$	5274(±3)			$e^{\pm}\nu$ + Hadronen	13%	—
						$\mu^{\pm}\nu$ + Hadronen	13%	—
						D^0 + any	80%	—

Tabelle IV (Fortsetzung)

Teilchen	S	J^P	I	Masse, MeV	mittlere Lebensdauer, s	Zerfall: Endzustand	Zerfall: Anteil	$p_{\max}$, MeV/c
Baryonen								
p	0	$\frac{1}{2}^+$	$\frac{1}{2}$	938.280(±3)	stabil (> 10^{32} yr)			
n	0	$\frac{1}{2}^+$	$\frac{1}{2}$	939.573(±3)	898 ± 16	$pe^-\bar{\nu}$	100%	1
Λ	−1	$\frac{1}{2}^+$	0	1115.60(±5)	$2.63(\pm 2) \times 10^{-10}$	$p\pi^-$	65%	100
						$n\pi^0$	35%	104
						$pe\nu$	0.84×10^{-3}	163
						$p\mu\nu$	1.6×10^{-4}	131
Σ^+	−1	$\frac{1}{2}^+$	1	1189.4(±1)	$0.800(\pm 4) \times 10^{-16}$	$p\pi^0$	52%	189
						$n\pi^+$	48%	185
						$\Lambda e^+\nu$	2×10^{-5}	72
						$p\gamma$	1.2×10^{-3}	225
						$n\pi^+\gamma$	9×10^{-4}	185
Σ^0	−1	$\frac{1}{2}^+$	1	1192(±2)	6×10^{-20}	$\Lambda\gamma$	100%	75
Σ^-	−1	$\frac{1}{2}^+$	1	1197.3(±7)	$1.48(\pm 1) \times 10^{-10}$	$n\pi^-$	100%	193
						$\Lambda e^-\nu$	6×10^{-5}	79
						$ne^-\nu$	1.1×10^{-3}	230
						$n\mu^-\nu$	0.5×10^{-3}	210
						$n\pi^-\gamma$	10^{-4}	193

Tabelle IV (Fortsetzung)

Teilchen	S	J^P	I	Masse, MeV	mittlere Lebensdauer, s	Zerfall: Endzustand	Anteil	p_{max}, MeV/c
Ξ^0	-2	$\frac{1}{2}^+$	$\frac{1}{2}$	1314.7(±6)	$2.9(\pm 1) \times 10^{-10}$	$\Lambda\pi^0$	100%	135
Ξ^-	-2	$\frac{1}{2}^+$	$\frac{1}{2}$	1321.3(±1)	$1.64(\pm 2) \times 10^{-10}$	$\Lambda\pi^-$	100%	139
						und andere		
Ω^-	-3	$\frac{3}{2}^+$	0	1672.5(±3)	$0.82(\pm 3) \times 10^{-10}$	$\Xi^0\pi^-$	23%	293
						$\Xi^-\pi^0$	8%	289
						ΛK^-	69%	210
Λ_c	0	$\frac{1}{2}^+$	0	2282(±3)	$2.3(\pm 8) \times 10^{-13}$	$pK^-\pi^+$	$\simeq 3\%$	814
$(C = +1)$							und andere	

Tabelle IV (Fortsetzung)

Teilchen	J^P	I^G	Masse, MeV	Zerfallsbreite Γ (MeV)	Zerfall: Endzustand	Zerfall: Anteil
Meson-Resonanzen (ohne Seltsamkeit)						
$\rho(770)$	1^-	1^+	769 ± 3	154 ± 5	$\pi\pi$	100%
					e^+e^-	6×10^{-5}
					$\mu^+\mu^-$	6×10^{-5}
$\omega(783)$	1^-	0^-	$782.6(\pm 2)$	9.9 ± 0.3	$\pi^+\pi^-\pi^0$	90%
					$\pi^0\gamma$	9%
					$\pi^+\pi^-$	1.4%
					e^+e^-	7×10^{-5}
$\delta(980)$	0^+	1^-	983 ± 2	54 ± 7	$\eta\pi$, $K\bar{K}$	
$S^*(980)$	0^+	0^+	975 ± 4	33 ± 6	$\pi\pi$, $K\bar{K}$	
$\phi(1020)$	1^-	0^-	$1019.5(\pm 1)$	4.2 ± 0.1	K^+K^-	49%
					K_LK_S	36%
					$\pi^+\pi^-\pi^0$	15%
					e^+e^-	3×10^{-4}
					$\mu^+\mu^-$	3×10^{-4}
$A1(1270)$	1^+	1^-	1275 ± 30	$\simeq 300$	$\rho\pi$	100%
$B(1235)$	1^+	1^+	1234 ± 10	130 ± 10	$\omega\pi$	100%
$f(1270)$	2^+	0^+	1273 ± 5	178 ± 20	$\pi\pi$	$\simeq 80\%$
						und andere
$D(1285)$	1^+	0^+	1283 ± 5	26 ± 5	$K\bar{K}$, $\eta\pi\pi$	—
$A2(1320)$	2^+	1^-	1317 ± 5	110 ± 5	$\rho\pi$	40%
					$K\bar{K}$	$\simeq 5\%$
					$\eta\pi$	15%
					$\omega\pi\pi$	11%
$E(1420)$	1^+	0^+	1418 ± 10	50 ± 10	$K\bar{K}\pi$	
$f'(1525)$	2^+	0^+	1525 ± 5	67 ± 10	$K\bar{K}$, $\pi\pi$	
$\rho'(1600)$	1^-	1^+	1590 ± 20	260 ± 100	4π	60%
					2π	23%
					und andere	
$A3(1680)$	2^-	1^-	1680 ± 30	250 ± 50	$f\pi$	60%
					$\rho\pi$	30%

Tabelle IV (Fortsetzung)

Teilchen	J^P	I^G	Masse, MeV	Zerfalls-breite Γ (MeV)	Zerfall: Endzustand	Zerfall: Anteil
$\omega(1670)$	3^-	0^-	1666 ± 5	166 ± 15	$\rho\pi$	
$J/\psi(3100)$	1^-	0^-	3097 ± 0.1	0.063	e^+e^-	7%
				$\pm$ 0.009	$\mu^+\mu^-$	7%
					Hadronen	86%
					$\pi^0\pi^+\pi^+\pi^-\pi^-$	3.7%
					$3(\pi^+\pi^-)\pi^0$	3%
					und andere	
$\chi(3415)$	(0^+)	0^+	3415 ± 1	—	$2(\pi^+\pi^-)$	5%
					$\pi^+\pi^-K^+K^-$	4%
					$\gamma\psi(3100)$	3%
					$3(\pi^+\pi^-)$	2%
					und andere	
$\chi(3510)$	—	0^+	3510 ± 0.6	—	$\gamma\psi(3100)$	30%
					$2(\pi^+\pi^-)$	2%
					$3(\pi^+\pi^-)$	3%
					und andere	
$\chi(3555)$	—	0^+	3556 ± 0.6	—	$\gamma\psi(3100)$	15%
					$2(\pi^+\pi^-)$	3%
					$\pi^+\pi^-K^+K^-$	2%
					und andere	
$\psi(3685)$	1^-	0^-	3686 ± 0.1	0.22	e^+e^-	1%
					$\mu^+\mu^-$	1%
					$\gamma\chi$	20%
					$\pi^+\pi^-\psi(3100)$	33%
					$2\pi^0\psi(3100)$	17%
					und andere	
$\psi(3770)$	1^-	—	3770 ± 3	25 ± 3	$D\bar{D}$	$\sim 100\%$
$\Upsilon(9460)$	1^-	—	9460 ± 0.3	0.04	l^+l^-	5%
$\Upsilon(10025)$	1^-	—	10023 ± 0.3	0.03	l^+l^-	4%

Tabelle IV (Fortsetzung)

Teilchen	J^P	I^G	Masse, MeV	Zerfallsbreite Γ (MeV)	Zerfall: Endzustand	Zerfall: Anteil
$\Upsilon(10355)$	1^-	—	10355 ± 0.5	0.02	l^+l^-	5%
					und andere	
$\Upsilon(10575)$	1^-	—	10573 ± 4	14 ± 5	e^+e^-	0.2%
$\chi_b(9875)$			9873 ± 6		$\gamma\Upsilon(9460)$	—
$\chi_b(9895)$			9895 ± 4		$\gamma\Upsilon(9460)$	43%
$\chi_b(9915)$			9915 ± 2		$\gamma\Upsilon(9460)$	20%
$\chi_b(10255)$			10255 ± 3		$\gamma\Upsilon(9460)$	
					$\gamma\Upsilon(10025)$	
$\chi_b(10270)$			10271 ± 2		$\gamma\Upsilon(9460)$	
					$\gamma\Upsilon(10025)$	
Meson-Resonanzen (mit Seltsamkeit)						
$K^*(890)$	1^-	$\frac{1}{2}$	$892.1(\pm 4)$	51 ± 1	$K\pi$	$\simeq 100\%$
					$K\gamma$	0.1%
$K^*(1420)$	2^+	$\frac{1}{2}$	1425 ± 5	100 ± 10	$K\pi$	45%
					$K^*(890)\pi$	25%
					$K\rho$	9%
					$K\omega$	4%
					$K\eta$	2%
$K(1780)$	3^-	$\frac{1}{2}$	1780 ± 10	160 ± 20	$K\pi\pi$	groß
					$[K^*(890)\pi$ oder $K\rho]$	groß
					$K\pi$	17%
Meson-Resonanzen (mit Charm)						
$D^{*+}(2010)$	1^-	$\frac{1}{2}$	2010 ± 1	< 2	$D^0\pi^+$	65%
					$D^+\pi^0$	29%
					$D^+\gamma$	8%
$D^{*0}(2010)$	1^-	$\frac{1}{2}$	2007 ± 2	< 5	$D^-\pi^0$	60%
					$D^0\gamma$	40%

Tabelle IV (Fortsetzung)

Resonanz	J^P	I	Masse, MeV	Zerfalls-breite Γ (MeV)	Zerfall: Endzustand	Zerfall: Anteil, %
Baryon-Resonanzen (ohne Seltsamkeit)						
$N(1470)$	$\frac{1}{2}^+$	$\frac{1}{2}$	1435–1505	200–400	$N\pi$	60
					$N\pi\pi$	40
$N(1520)$	$\frac{3}{2}^-$	$\frac{1}{2}$	1510–1540	100–150	$N\pi$	50
					$N\pi\pi$	50
$N(1535)$	$\frac{1}{2}^-$	$\frac{1}{2}$	1500–1600	100–250	$N\pi$	35
					$N\eta$	35
$N(1650)$	$\frac{1}{2}^-$	$\frac{1}{2}$	1655–1680	105–175	$N\pi$	60
					$N\pi\pi$	30
$N(1670)$	$\frac{5}{2}^-$	$\frac{1}{2}$	1660–1690	120–180	$N\pi$	40
					$N\pi\pi$	60
$N(1688)$	$\frac{5}{2}^+$	$\frac{1}{2}$	1680–1692	105–180	$N\pi$	60
					$N\pi\pi$	40
$N(1700)$	$\frac{3}{2}^-$	$\frac{1}{2}$	1665–1730	70–120	$N\pi$	10
					$N\pi\pi$	90
$N(1710)$	$\frac{1}{2}^+$	$\frac{1}{2}$	1650–1750	100–150	$N\pi$	20
					$N\pi\pi$	> 50
$N(1720)$	$\frac{3}{2}^+$	$\frac{1}{2}$	1700–1810	150–250	$N\pi$	17
					$N\pi\pi$	70
$N(2190)$	$\frac{7}{2}^-$	$\frac{1}{2}$	2120–2230	100–400	$N\pi$, $N\eta$, ΛK	
$N(2220)$	$\frac{9}{2}^+$	$\frac{1}{2}$	2150–2300	300–500	$N\pi$, $N\eta$, ΛK	
$N(2250)$	$\frac{9}{2}^-$	$\frac{1}{2}$	2130–2270	200–500	$N\pi$, $N\eta$, ΛK	
$N(2600)$	$\frac{11}{2}^-$	$\frac{1}{2}$	2580–2700	> 300	$N\pi$	
$\Delta(1232)$	$\frac{3}{2}^+$	$\frac{3}{2}$	1230–1234	115 ± 5	$N\pi$	99.4
					$N\gamma$	0.6
$\Delta(1620)$	$\frac{1}{2}^-$	$\frac{3}{2}$	1600–1650	120–160	$N\pi$	27
					$N\pi\pi$	73
$\Delta(1700)$	$\frac{3}{2}^-$	$\frac{3}{2}$	1630–1740	175–300	$N\pi$, $N\pi\pi$	
$\Delta(1900)$	$\frac{1}{2}^-$	$\frac{3}{2}$	1850–2000	150–350	$N\pi$	10
					ΣK	10
$\Delta(1905)$	$\frac{5}{2}^+$	$\frac{3}{2}$	1890–1930	250–400	$N\pi$, $N\pi\pi$	

Tabelle IV (Fortsetzung)

Resonanz	J^P	I	Masse, MeV	Zerfalls-breite Γ (MeV)	Zerfall: Endzustand	Zerfall: Anteil, %
Baryon-Resonanzen (ohne Seltsamkeit)						
$\Delta(1910)$	$\frac{1}{2}^+$	$\frac{3}{2}$	1850–1950	200–300	$N\pi$, $N\pi\pi$	
$\Delta(1920)$	$\frac{3}{2}^+$	$\frac{3}{2}$	1860–2160	190–300	$N\pi$, ΣK	
$\Delta(1930)$	$\frac{5}{2}^-$	$\frac{3}{3}$	1890–1960	150–350	$N\pi$, ΣK	
$\Delta(1950)$	$\frac{7}{2}^+$	$\frac{3}{2}$	1910–1950	200–340	$N\pi$, ΣK, $N\pi\pi$	
Baryon-Resonanzen ($S = -1$)						
$\Lambda(1405)$	$\frac{1}{2}^-$	0	1405 ± 5	40 ± 10	$\Sigma\pi$	100
$\Lambda(1520)$	$\frac{3}{2}^-$	0	1520 ± 1	16 ± 1	$N\bar{K}$	46
					$\Sigma\pi$	41
					$\Lambda\pi\pi$	10
					und andere	
$\Lambda(1600)$	$\frac{1}{2}^+$	0	1560–1700	50–250	$N\bar{K}$, $\Sigma\pi$	
$\Lambda(1670)$	$\frac{1}{2}^-$	0	1670	$\simeq 30$	$N\bar{K}$	15
					$\Lambda\eta$	35
					$\Sigma\pi$	50
$\Lambda(1690)$	$\frac{3}{2}^-$	0	1690	~ 60	$N\bar{K}$	25
					$\Sigma\pi$	30
					$\Lambda\pi\pi$	25
					$\Sigma\pi\pi$	20
$\Lambda(1800)$	$\frac{1}{2}^-$	0	1700–1850	200–400	$N\bar{K}$	40
					$\Sigma\pi$ etc.	
$\Lambda(1800)$	$\frac{1}{2}^+$	0	1750–1850	50–250	$N\bar{K}$, $\Sigma\pi$	
					und andere	
$\Lambda(1820)$	$\frac{5}{2}^+$	0	1815 ± 5	75 ± 10	$N\bar{K}$	65
					$\Sigma\pi$	11
					$\Sigma(1385)\pi$	17
$\Lambda(1830)$	$\frac{5}{2}^-$	0	$\simeq 1820$	60–110	$N\bar{K}$	10
					$\Sigma\pi$	30
$\Lambda(1890)$	$\frac{3}{2}^+$	0	$\simeq 1890$	60–200	$N\bar{K}$	30
					$\Sigma\pi$ etc.	
$\Lambda(2100)$	$\frac{7}{2}^-$	0	2100	100–250	$N\bar{K}$	25
					und andere	

Tabelle IV (Fortsetzung)

Resonanz	J^P	I	Masse, MeV	Zerfallsbreite Γ (MeV)	Zerfall: Endzustand	Zerfall: Anteil, %
Baryon-Resonanzen ($S = -1$)						
$\Lambda(2110)$	$\frac{5}{2}^+$	0	$\simeq 2100$	150–250	$N\bar{K}$, $\Sigma\pi$	—
$\Lambda(2350)$	$\frac{9}{2}^+$	0	$\simeq 2350$	100–250	$N\bar{K}$, $\Sigma\pi$	
$\Sigma(1385)$	$\frac{3}{2}^-$	1	1382 ± 0.4	35 ± 1	$\Lambda\pi$	90
					$\Sigma\pi$	10
$\Sigma(1660)$	$\frac{1}{2}^+$	1	1580–1690	30–200	$N\bar{K}$, $\Sigma\pi$, $\Lambda\pi$	
$\Sigma(1670)$	$\frac{3}{2}^-$	1	1670	50	$\Sigma\pi$, $N\bar{K}$, $\Lambda\pi$	
$\Sigma(1750)$	$\frac{1}{2}^-$	1	1750	80	$N\bar{K}$, $\Lambda\pi$, $\Sigma\pi$	
$\Sigma(1775)$	$\frac{5}{2}^-$	1	1775	100–150	$N\bar{K}$, $\Lambda\pi$, $\Sigma\pi$	
$\Sigma(1915)$	$\frac{5}{2}^+$	1	1910	80–160	$N\bar{K}$, $\Lambda\pi$, $\Sigma\pi$	
$\Sigma(1940)$	$\frac{3}{2}^-$	1	1900–1950	150–300	$N\bar{K}$, $\Lambda\pi$, $\Sigma\pi$, und andere	
$\Sigma(2030)$	$\frac{7}{2}^+$	1	2030	150–200	$N\bar{K}$	30
					$\Lambda\pi$	20
					$\Sigma\pi$	7
Baryon-Resonanzen ($S = -2$)						
$\Xi(1530)$	$\frac{3}{2}^+$	$\frac{1}{2}$	1532 ± 0.3	9 ± 0.5	$\Xi\pi$	100
$\Xi(1820)$	$\frac{3}{2}$	$\frac{1}{2}$	1823 ± 6	$\simeq 30$	$\Lambda\bar{K}$	45
					$\Xi\pi$	klein
					$\Xi(1530)\pi$	45
					$\Sigma\bar{K}$	10
$\Xi(2030)$	(?)	$\frac{1}{2}$	2024 ± 6	$\simeq 20$	$\Lambda\bar{K}$	$\simeq 20$
					$\Sigma\bar{K}$	$\simeq 80$
					und andere	

a Übernommen aus „Review of particle properties“ der Particle Data Group, C.G. Wohl et al., *Reviews of Modern Physics* **56**, 2 (Apr. 1984).

b J^P sind Spin und Parität des Teilchens. ( ) bedeutet, daß die Zuordnung noch unsicher ist.

c I^G sind Isospin und G-Parität.

d Fehlerangaben in Klammern [etwa (±2)] beziehen sich auf die letzte Dezimalstelle.

e $p_{\max}$ ist der Impuls jedes Sekundärteilchens in einem Zweikörperzerfall, oder der maximale Impuls irgendeines Teilchens in einem Dreikörperzerfall.

Lösungen der Aufgaben

Kapitel 1

1.1 (a) Bohrscher Radius für das Müon $r_0 = 137\hbar/Zm_\mu c$.
Kernradius $R = R_0 A^{1/3}$, mit $R_0 = 1.2$ fm.
Daher ist $f = (R/r_0)^3 \simeq 0.27\,A(Z/137)^3 = \underline{6.2 \times 10^{-3}}$.
Die Geschwindigkeit des Müons im S-Zustand ist $v = Zc/137$
Die in der Zeit t zurückgelegte Strecke beträgt $l = fct(Z/137)$

(b) Die Wahrscheinlichkeit für Einfang ist $1 - e^{-\lambda_c t} = 1 - e^{-l/\Lambda}$, wobei gilt $\lambda_c = \lambda - \lambda_d$ und die mittlere wechselwirkungsfreie Weglänge ist $\Lambda = l/\lambda_c t = fcZ/(137\lambda_c)$.
Einsetzen der numerischen Werte ergibt $\underline{\Lambda = 26.5\,\text{cm}}$.

(c) Das Verhältnis der freien Weglängen für Wechselwirkungen in Kernmaterie ist $\Lambda_{\text{schwach}}/\Lambda_{\text{stark}} = (g_{\text{stark}}/g_{\text{schwach}})^2$, wo gilt $g_{\text{stark}} \simeq 1$ und $\Lambda_{\text{stark}} \simeq 1.5$ fm.
Demnach ist $\underline{g_{\text{schwach}} = \sqrt{\Lambda_{\text{stark}}/\Lambda_{\text{schwach}}} \simeq 10^{-7}}$

1.2 (a) $E_\gamma = \frac{1}{2}E_\pi(1 + \beta\cos\theta)$ aus den Lorentztransformationen (siehe Anhang A).

(b) Für $J_\pi = 0$ ist keine Richtung bevorzugt und die Winkelverteilung im Schwerpunktssystem ist isotropisch. Daher ist $dN/dE_\gamma = 2/\beta E_\pi \cdot dN/d(\cos\theta) =$ konstant, mit den in (a) gegebenen Grenzen für $\cos\theta = \pm 1$.

(c) $D = E_1/E_2 \simeq (1+\cos\theta)/(1-\cos\theta)$ für $\beta \to 1$. Daher ist $dN/dD = 2/(D+1)^2$. Die Integration ergibt das angegebene Resultat.

1.3 Die Bindungsenergie von $(H_2\mu)^+$ ist größer als von $(H_2e)^+$. Die reduzierte Masse ist $\mu_H = m_\mu/(1+m_\mu/M_H) < \mu_D = m_\mu/(1+m_\mu/M_D)$. Der Abstand zwischen Kernen beträgt $\simeq 3\times 10^{11}$ cm. HD $\to$ $He^3 + \mu +$ 5.4 MeV. [Referenzen: L. Alvarez et al., *Phys. Rev.* **105**, 1127 (1957); G. Feinberg und L. Lederman, *Ann. Rev. Nucl. Science* **13**, 431 (1963).]

1.4 Der Unterschied in den Müonenergien für Neutrinomassen m_1, m_2 ist

$$\delta E_\mu = \frac{M_1^2 - m_2^2}{2m_\pi}.$$

Der unvermeidliche Fehler auf E_μ aus der endlichen Pionlebensdauer beträgt

$$\Delta E_\mu = \frac{\hbar}{2\tau_\pi}\left(1 - \frac{m_\mu^2}{m_\pi^2}\right).$$

Aus der Forderung $\delta E_\mu > \Delta E_\mu$ folgt das angegebene Resultat.

1.5 Die Reichweite der starken Wechselwirkung ist $R \simeq 1$ fm, mit einem Wirkungsquerschnitt von der Größenordnung von $\pi R^2 \simeq 30$ mb, und eine charakteristische Zeit beträgt $R/c \simeq 3\times 10^{-24}$ s. Bei einem Wirkungsquerschnitt von 1 mb für die assoziierte Produktion ist die charakteristische Zeitdauer 2×10^{-23}. Demnach gilt

$$\left(\frac{g_{\text{Produktion}}}{g_{\text{Zerfall}}}\right)^2 = \frac{t_{\text{schwach}}}{t_{\text{stark}}} = \frac{10^{-10}}{2\times 10^{-23}}, \text{ oder } \left(\frac{g_{\text{Produktion}}}{g_{\text{Zerfall}}}\right) \simeq 10^6.$$

1.6 (i): Erlaubt. (ii): Verboten für freie Protonen, erlaubt für Kerne, falls der Unterschied der $p-n$ Bindungsenergie groß genug ist. (iii): Verboten wegen der Müonzahlerhaltung. (iv): Verboten wegen *Strangeness*erhaltung.

1.7 $|\Delta e/e| > (KM^2/e^2)^{1/2} = 10^{-18}$.

Kapitel 2

2.1 (a) 0.38. (b) 0.12. (c) 0.038.

2.2 $y_{\text{rms}} = (21/p\beta\sqrt{2})\,(s^{3/2}/\sqrt{3})$ Strahlungslängen, $p\beta$ in MeV. (a) 5.1 cm. (b) 1.2 cm.

2.3 Mittlere Weglänge $s = E_0/(dE/dx) \simeq 1.6$ km Fels, wobei $E_0 = 10^3$ GeV die Energie der einlaufenden Müonen bezeichnet. Für eine konstante Energieverlustrate, so daß gilt $E(x) = E_0 - x(dE/dx)$, ist die radiale Breite an dem Punkt, wo die Müonen stoppen, $r_{\text{rms}} = 21 s^{3/2}/E_0$ Strahlungslängen, wo E_0 in MeV und s in Strahlungslängen angegeben sind. Mit $X_0 = 25$ g cm^{-2} erhält man $\underline{r_{\text{rms}} = 4.9 \text{ m}}$.

2.5 Die Schwellenenergie erhält man durch die Forderung, daß die vorhandene kinetische Energie im Schwerpunktsystem $2m$ beträgt, um ein Paar erzeugen zu können. Das bedeutet, daß die gesamte Energie im Schwerpunktsystem $4m$ betragen muß, entsprechend drei Elektronen und einem Positron in gegenseitiger Ruhe im Schwerpunktsystem. Wenn E, p die Energie und den Impuls der einlaufenden Elektronen im Laborsystem bezeichnen, ist der gesamte (Viererimpuls)^2 der stoßenden Teilchen

$$(E+m)^2 - (p+0)^2 = 2m^2 + 2mE.$$

Dies muß gleich der (Gesamtenergie)^2 im Schwerpunktsystem sein, wo der Gesamtimpuls Null ist. Daher gilt

$$(4m)^2 = 2m^2 + 2mE,$$

oder

$$\underline{E_{\text{Schwellenenergie}} = 7m.}$$

2.6 Das Quadrat des Viererimpulses ist $s = -(p + p_f)^2$, wo p, p_f die Viererimpulse des einlaufenden und der Targetprotonen sind. Daher ist, wenn $p_f \ll M$, die Masse der Nukleonen

$$\begin{aligned} s = E^2_{\text{CMS}} &= -(p^2 + p_f^2 + 2pp_f) = -2M^2 + 2(EM - \boldsymbol{p}\cdot\boldsymbol{p}_f) \\ &= -2M^2 + 2ME(1 - (\boldsymbol{p}\cdot\boldsymbol{p}_f)/ME), \end{aligned}$$

wobei E die Gesamtenergie der einlaufenden Protonen bezeichnet. Die im Schwerpunktsystem vorhandene Energie beträgt $E_{\text{CMS}} - 2M$. Wenn $\boldsymbol{p}_f$ und $\boldsymbol{p}$ parallel (antiparallel) sind, ist $E^2_{\text{CMS}} = -2M^2 + 2ME(1 \mp |\boldsymbol{P}/E \parallel \boldsymbol{P}_f/M|)$.
Wenn $\boldsymbol{p}_f$ und $\boldsymbol{p}$ zueinander orthogonal sind, gilt $E^2_{\text{CMS}} \simeq -2M^2 + 2ME$.

2.7 Die Gleichung für die maximal übertragbare Energie lautet

$$E'_{\text{max}} = 2m\beta^2\gamma^2c^2,$$

wo mc^2 die Ruheenergie des Elektrons und γ der Lorentzfaktor der primären Teilchen ist. Um ein Teilchen als Pion zu identifizieren, muß gelten $E' > (E'_{\text{max}})_K$. Für Kaonen von 5 GeV/c und $\gamma = 10.2$, $\beta = 1$ gilt $(E'_{\text{max}})_K = 104 \times 1.02 = \underline{106\ \text{MeV}}$. Für ein Pion gilt $(E'_{\text{max}})_\pi = 1320$ MeV.
Die Wahrscheinlichkeit, eine solche δ-Strahlung in flüssigem Wasserstoff zu beobachten, ist, mit $\beta \simeq 1$

$$P(>E') = 2\pi\left(\frac{e^2}{mc^2}\right)^2 \times mc^2 \times N_0 \frac{1}{E'}\left[1 - \frac{E'}{E'_{\text{max}}}\left(1 + \beta^2 \log_e \frac{E'_{\text{max}}}{E'}\right)\right]$$

pro durchlaufenem g/cm^2. Durch Einsetzen der numerischen Werte und mit $E' = 106$ MeV, $E'_{\text{max}} = 1302$ MeV findet man

$$P(> 106\,\text{MeV}) = 1.04 \times 10^{-3}\,\text{g}^{-1}\,\text{cm}^2.$$

Daher ist die Wahrscheinlichkeit auf 1 Meter Weglänge $\underline{6.2 \times 10^{-3}}$.

2.8 Das Ausmaß eines Detektors, das man benötigt, um alle Energie eines Protonzerfalls einzuschließen, muß groß sein gegen $t_{\text{max}} = 1.2$ m —, siehe Gl. (2.22). Das Integral über die Spurlänge ist $M_p c^2 / E_{\text{kritisch}}$ Strahlungslängen, oder 340 g cm^{-2}, wenn man $E_{\text{kritisch}} = 100$ MeV annimmt und $X_0 = 36$ g cm^{-2} in Wasser. Wenn wir den Wert von 200 Photonen cm^{-1} aus Abschnitt 2.4.6 annehmen, ergibt sich ein Wert von $N = 68000$ Photonen mit $\lambda = 400 - 700$ nm. Die Zahl der durchschnittlich aufgenommenen Photonen wird $N \times 0.15 \times 0.20\,f = 2040\,f$ sein, wo f den Bruchteil der Oberfläche der Photokathoden angibt. Eine Auflösung von 10% verlangt größenordnungsmäßig 100 aufgenommene Photonen, oder $f = 0,05$. (Für Details siehe Referenz in Abschnitt 9.10.2.)

Kapitel 3

3.1 (a) z-Komponente des Bahndrehimpulses des Λ und K^0 entlang der z-Achse ist $xp_y - yp_x = 0$. Also ist $J_z(\Lambda) = \pm 1/2$, genau wie der Wert des Targetprotons, unabhängig von J_Λ.

(b) Man kann das gleiche Argument verwenden wie für die Berechnung der Zerfallswinkelverteilung des $\Lambda(1232)$ in Abschnitt 4.9. Für $J_\Lambda = 5/2$ wird die Amplitude z.B.

$$\psi\left(\frac{5}{2}, \frac{1}{2}\right) = \sqrt{\frac{2}{5}}\phi(2,1)\alpha\left(\frac{1}{2}, -\frac{1}{2}\right) + \sqrt{\frac{3}{5}}\phi(2,0)\alpha\left(\frac{1}{2}, \frac{1}{2}\right),$$

(siehe Tabelle III). Darin ist $\alpha(s, s_z)$ der Spinfaktor für das zerfallende Proton und $\phi(l, m) = Y_l^m(\theta)$ ist die Wellenfunktion für den Bahndrehimpuls des Pions. Mit Tabelle II wird dann die Winkelverteilung

$$|\psi|^2 = \frac{2}{5}|Y_2^1(\theta)|^2 + \frac{3}{5}|Y_2^0(\theta)|^2 = 5\cos^4\theta - 2\cos^2\theta + 1.$$

(c) Analog zu (a) und (b). S-Welleneinfang gewährleistet $J_z(\Sigma) = \pm 1/2$.

3.2 Seien $\boldsymbol{k}$, $\boldsymbol{\varepsilon}$ die Fortpflanzungs- und Polarisationsvektoren des Photons, $\boldsymbol{\sigma}$ der Spinvektor des Λ im Zerfall $\sum^0 \to \Lambda + \gamma$. Wenn die Parität

$P_\Sigma = P_\Lambda, P_\gamma = +1$; man erhält ein $M1$- (oder $E2$-)Photon.

$P_\Sigma = -P_\Lambda, P_\gamma = -1$; man erhält ein $E1$- (oder $M2$-)Photon.

Die einfachsten linearen Matrixelemente aus der Kombination von $\boldsymbol{k}$, $\boldsymbol{\varepsilon}$, $\boldsymbol{\sigma}$ sind

$$M_+ = \boldsymbol{\sigma} \cdot (\boldsymbol{k}_\wedge \boldsymbol{\varepsilon}) \quad P_\gamma = +1 \text{ (Skalar)}$$
$$M_- = \boldsymbol{\sigma} \cdot \boldsymbol{\varepsilon} \qquad P_\gamma = -1 \text{ (Pseudoskalar).}$$

Die invariante Masse der e^+ und e^- aus dem Dalitzzerfall ist

$$M_{e^+e^-} = \sqrt{(E_{e^+} + E_{e^-})^2 - \boldsymbol{k}^2} \simeq \sqrt{(M_\Sigma - M_\Lambda)^2 - \boldsymbol{k}^2},$$

wobei der Rückstoß des Λ vernachlässigt wurde. $|M_-|^2$ ist unabhängig von $\boldsymbol{k}$, wogegen $|M_+|^2 \propto \boldsymbol{k}^2$ und daher klein (groß) für große (kleine) Werte von $M_{e^+e^-}$.

3.3 Seien $\boldsymbol{k}_1$, $\boldsymbol{k}_2$, $\boldsymbol{k}_3$ die Schwerpunktimpulse der drei Sekundärteilchen. Da das Elternteilchen M den Drehimpuls $J_M = 0$ hat, kann das Matrixelement nur eine Funktion von $\boldsymbol{k}_1$, $\boldsymbol{k}_2$ und $\boldsymbol{k}_3$ sein. Passende Linearkombinationen dieser Vektoren sind

$$(a) \quad \boldsymbol{k}_1 \cdot (\boldsymbol{k}_{2\wedge} \boldsymbol{k}_3) \quad \text{(Pseudoskalar)}$$
$$(b) \quad \boldsymbol{k}_1 \cdot (\boldsymbol{k}_2 - \boldsymbol{k}_3) \quad \text{(Skalar).}$$

Da $P_M = +1$ und die drei sekundären Mesonen die Eigenparität $(-1)^3 = -1$, brauchen wir die pseudoskalare Kombination (a). Aber da $\boldsymbol{k}_1 + \boldsymbol{k}_2 + \boldsymbol{k}_3 = 0$, gilt $\boldsymbol{k}_1 \cdot \boldsymbol{k}_{2\wedge} \boldsymbol{k}_3 = -\boldsymbol{k}_1 \cdot \boldsymbol{k}_{2\wedge}(\boldsymbol{k}_1 + \boldsymbol{k}_2) = -\boldsymbol{k}_1 \cdot \boldsymbol{k}_{2\wedge} \boldsymbol{k}_1 = 0$, so daß das Matrixelement verschwindet.

3.4 Zwei Λ's sind im ${}^1S$-Zustand, wenn $P(\Xi) = +1$, und in einem ${}^2P$-Zustand, wenn $P(\Xi) = -1$.

3.5 Wenn l der Bahndrehimpuls ist und die Spins aller beteiligten Teilchen Null sind, so folgt, indem man die Paritäten von Anfangs- und Endzustand gleichsetzt, $(-1)^l P_K = (-1)^l P_\pi$ und daher auch $P_K = P_\pi = -1$.

3.6 Da $J_D = 1$ und Einfang aus einem S-Wellenzustand vorliegt, würde die Reaktion in Anfangs- und Endzustand $J = 1$ beinhalten. Da der Q-Wert nur 0.5 MeV beträgt, muß der $nn\pi^0$-Endzustand ein S-Zustand sein. Die drei Neutronen müssen dann in einem Triplett-Spinzustand sein, was jedoch durch das Pauli-Prinzip verboten ist.

3.7 Siehe Abschnitt 7.14.

3.8 (a) J_K ist gerade wegen Bose-Symmetrie. (b) Keine. Parität ist nicht erhalten in der schwachen Wechselwirkung.

Kapitel 4

4.1 Wie für $\pi^- p \to n\pi^0$, $\pi^- p \to p\pi^-$, $\pi^+ p \to \pi^+ p$.

4.2 1 : 2

4.3 2 : 1

4.4 (a) Nein: Nur $I = 0$ oder 2 wegen Bose-Symmetrie.

(b) Ja.

(c) Nein: $I = 2$, da $I_3 = 2$.

(d) Nein: nur $I = 0$ oder 2.

(e) Ja.

4.5 (a) $I = 0, 1, 2$ oder 3. (b) $I = 1$ oder 3.

4.6 $I = 0$ oder 1; $\sigma_a/\sigma_b = 1$ nur wenn $I = 0$, und Null nur, wenn $I = 1$.

4.7 Verhältnis $= 1$.

4.8 ρ-ω-Interferenz im $\pi^+\pi^-$-Zerfallskanal, mit Amplitude α, typisch für G-verletzende elektromagnetische Wechselwirkung. Ein schmaler Abfall (oder eine Erhöhung) wird im $\pi^+\pi^-$-Massenspektrum nahe der ω-Region auftreten.

4.9 Das $p\bar{p}$-System hat C-Parität $(-1)^{l+S}$, worin l der relative Bahndrehimpuls und S der totale Spin (0 oder 1) sind.
Die räumliche Parität des $p\bar{p}$-Systems ist $P = (-1)^{l+1}$, da Teilchen und Antiteilchen entgegengesetzte innere Parität haben. Daher hat der Anfangszustand

$$(CP)_{p\bar{p}} = (-1)^{2l+S+1} = (-1)^{S+1} \quad \text{für alle } l.$$

Nun sei J der Gesamtdrehimpuls der beiden K^0's, mit

$$|l + S| \geq J \geq |l - S|.$$

Die K_1^0- und K_2^0-Mesonen haben CP-Eigenwerte $+1$ und -1, gemessen im Ruhesystem des K^0. Daher hat der Endzustand

$$CP = \begin{cases} (\pm 1)(\pm 1)(-1)^J = (-1)^J & \text{für } 2K_1^0 \text{ oder } 2K_2^0, \\ (+1)(-1)(-1)^J = (-1)^{j+1} & \text{für } K_1^0 K_2^0, \end{cases}$$

$l = 0$: Für Vernichtung aus einem S-Zustand gilt $J = S$, so daß der Anfangszustand

$$(CP)_{p\bar{p}} = (-1)^{J+1}$$

$J = 0, 1$ hat.
Daher ist der $K_1^0 K_2^0$-Endzustand erlaubt und $2K_1^0$ oder $2K_2^0$ ist verboten.
$l = 1$: Für den Triplett-Zustand ($S = 1$), $J = 0, 1$ oder 2, ist $(CP)_{p\bar{p}}$ gerade, so daß $J = 0, 2$ die Endzustände $2K_1^0$ oder $2K_2^0$ erlaubt, während $J = 1$ nur $K_1^0 K_2^0$ liefert. Für den Singlett-Zustand ($S = 0$), $J = 1$, ist $(CP)_{p\bar{p}}$ ungerade und nur die Zustände $2K_1^0$ oder K_2^0 sind erlaubt.
Experimentell findet man in der Vernichtung aus Ruhe nur $K_1^0 K_2^0$, was beweist, daß die Vernichtung aus einem Zustand mit $l = 0$ stattfindet.

Im Gegensatz dazu findet die Vernichtung von Protonen und Antiprotonen im Flug auch aus dem p-Zustand statt und die Zerfallskanäle $K_1^0 K_2^0$, $2K_1^0$ und $2K_2^0$ treten alle auf.

4.11 Seien E, T die totalen kinetischen Energien der Pionen und Q die gesamte kinetische Energie, die im Zerfall zur Verfügung steht. Man sieht leicht, daß die Bedingungen

$$(E_1 E_2 E_3) = \text{Maximum} \quad \text{wenn} \quad T_1 = T_2 = T_3 = Q/3,$$

$$(E_1 E_2 E_3) = \text{Minimum} \quad \text{wenn} \quad T_1 = 0, \quad T_2 = T_3 = Q/2$$

erfüllt sind. Mit $x = Q/m$ und m als Pionmasse folgt

$$(E_1 E_2 E_3)_{\text{max}} = m^3 \left[1 + x + \frac{x^2}{3} + \frac{x^3}{27}\right],$$

$$(E_1 E_2 E_3)_{\text{min}} = m^3 \left[1 + x + \frac{x^2}{4}\right],$$

so daß

$$\varepsilon = \frac{(E_1 E_2 E_3)_{\text{max}} - (E_1 E_2 E_3)_{\text{min}}}{(E_1 E_2 E_3)_{\text{max}}} \simeq \frac{x^2}{12(1+x)},$$

wobei $x \simeq \frac{75}{140} \simeq \frac{1}{2}$.
Also ist $\underline{\varepsilon \simeq 0.014}$.

4.12 $2\sqrt{E_1^2 - m^2}\sqrt{E_2^2 - m^2} = \pm[M^2 + 2E_1 E_2 - 2M(E_1 + E_2) + m^2]$.

4.13 —

4.14 Mit Hilfe von Anhang A und indem wir die transversale Inpulskomponente als $p_T = \sqrt{p_y^2 + p_z^2} = p'_T$ schreiben, sehen wir, daß der Emissionswinkel im Laborsystem (LS), θ, durch

$$\tan\theta = \frac{p'_T}{p_x} = \frac{\sin\theta'}{\gamma^*(\cos\theta' + \beta^*/\beta')}$$

gegeben ist, wobei θ' und β' Winkel und Geschwindigkeit eines Teilchens im Schwerpunktsystem (CMS) und β^* die Geschwindigkeit des CMS im LS sind, mit $\gamma^* = 1/\sqrt{1 - \beta^{*2}}$. Differenzierung und Nullsetzen der ersten Ableitung, $\partial(\tan\theta)/\partial\theta' = 0$, ergibt

$$\gamma^* \tan\theta_{\text{max}} = \beta'/(\beta^{*2} - \beta'^2), \quad (\text{nur für } \beta' < \beta^*).$$

Die gesamte quadrierte CMS-Energie ist

$$s = (E_\pi + M)^2 - \boldsymbol{p}_\pi^2 = m_\pi^2 + M^2 + 2ME_\pi,$$

wobei E_π, $\boldsymbol{p}_\pi$ Energie und Impuls des Pions und M die Nukleonmasse sind. Wegen Energieerhaltung gilt

$$\gamma^* \sqrt{s} = E_\pi + M \quad \text{oder} \quad \gamma^* = (E_\pi + M)/\sqrt{s}.$$

Wenn E' die CMS-Energie des Protons und $\boldsymbol{p}'$ sein Impuls sind, kann man leicht zeigen, daß

$$E' = (s + M^2 - M_X^2)/2\sqrt{s}.$$

Indem wir die Werte $p_\pi \simeq E_\pi = 12$ GeV, $M_X = 2.4$ GeV, $M = 0.938$ GeV, $m_\pi = 0.14$ GeV einsetzen, finden wir

$$s = 23.411 \text{ GeV}^2, \quad \gamma^* = 2.674, \quad \beta^* = 0.9274, \quad E' = 1.9147,$$

$$p' = 1.6693, \quad \beta' = 0.8719,$$

und somit

$$\tan\theta_{\text{max}} = 1.0317, \ \underline{\theta_{\text{max}} = 0.801 \text{ rdn}}.$$

Für den Protonimpuls im LS gibt eine Lorentztransformation $p_x = 7.8549$ GeV, $p_T = 1.30861$ GeV und daher $\underline{p = 7.962 \text{ GeV}}$.
Der Viererimpuls auf das anfänglich ruhende Proton ist $q^2 = 2MT$, wobei T seine kinetische Energie nach dem Stoß ist (siehe Gl. 6.17(b)). q^2 ist maximal, wenn T maximal ist, d.h. wenn das Proton in Vorwärtsrichtung gestreut wird ($\theta' = 0$). Die Gesamtenergie ist durch

$$E = \gamma^*(E' + \beta^* p') = 9.2595 \text{ GeV}$$

gegeben, was auf

$$\underline{q^2_{\text{max}} = 15.61 \text{ GeV}^2}$$

und $\theta = 0$ führt.

4.15 Der Lorentz-invariante Phasenraumfaktor (Anhang A) für einen Zweikörper-Endzustand ist proportional zu

$$p^2 \frac{dp}{dE} \times \frac{1}{E_1 E_2},$$

worin E_1 und E_2 die Gesamtenergien der Teilchen und p ihr Impuls im CMS sind. Die Gesamtenergie des Systems ist $E = E_1 + E_2$. Indem wir schreiben

$$E = \sqrt{p^2 + m_1^2} + \sqrt{p^2 + m_2^2},$$

finden wir, daß

$$\frac{dp}{dE} = \frac{E_1 E_2}{p(E_1 + E_2)}.$$

Also geht der Faktor

$$\frac{p^2 dp}{E_1 E_2 dE} = \frac{p}{E}$$

in die Breite Γ ein.
Diese Behandlung hier bezieht sich auf eine S-Wellen-Resonanz. Wenn eine Resonanz in zwei (spinlose) Teilchen mit dem Bahndrehimpuls l zerfällt, muß man noch einen Faktor für die Zentrifugalbarriere einbeziehen, der aus der Reaktionstheorie der Kernphysik geläufig ist (siehe

z.B. J.M. Blatt und V.F. Weisskopf, *Theoretical Nuclear Physics*, John Wiley, 1952, 320 ff. und Anhang A). Dieser Faktor ist mit dem Verhalten von Partialwellenamplituden nahe des Ursprungs (in der Wechselwirkungszone) verbunden, die eine radiale Abhängigkeit von ungefähr $(kr)^l$ haben, wenn $kr < l$. Die Breite Γ schließt dann einen Faktor $p(R_0)^{2l}$ mit ein, wobei R_0 ein (unbekannter) Reichweiten-Parameter ist (von der Größenordnung 1 fm). Es ist plausibel, wenn man schreibt

$$\frac{\Gamma(E)}{\Gamma(E_0)} = \left(\frac{p}{p_0}\right)^{2l+1} \times \left(\frac{E_0}{E}\right),$$

wobei E_0 und p_0 sich auf die Werte auf der Resonanz beziehen. Für den Zerfall in Teilchen mit Spin wird die Formel komplizierter [siehe z.B. J.D. Jackson, *Nuovo Cimento* **34**, 1644 (1964)].

4.16

$$y = \frac{1}{2}\ln\left(\frac{E+p_L}{E-p_L}\right) = \ln\frac{(E+p_L)}{\sqrt{p_T^2+m^2}}$$
$$\simeq \ln((E+p_L)/p_T) \simeq \ln(2p_L/p_T) = \ln(2\cot\theta),$$

wobei m im Vergleich zu p_T vernachlässigt wurde und die Sekundärteilchen als hochrelativistisch angenommen wurden, so daß $p_L \gg p_T$ und $p_L \simeq E$. Ferner geben die Winkeltransformationen (siehe (4.14))

$$\gamma^* \tan\theta = \frac{\sin\theta^*}{(\cos\theta^* + \beta/\beta^*)} \simeq \frac{\sin\theta}{(\cos\theta^* + 1)} = \tan(\theta^*/2).$$

Somit

$$\ln(2\cot\theta) = \ln\left(2\gamma\cot\frac{\theta^*}{2}\right) = \ln\cot\frac{\theta^*}{2} + \ln 2\gamma.$$

4.17 (i) Ja, für die starke Wechselwirkung.

(ii) Nein, wegen Bose-Symmetrie.

(iii) Nein, wegen C-Symmetrie. $C_\rho = -1$, weil $\rho^0 \to e^+e^-$. $C_\eta = C_\pi = +1$, weil beide in zwei Gammas zerfallen.

(iv) Ja, für elektromagnetische Wechselwirkung.

Kapitel 5

5.1 $\mu_p = 3$, $\mu_n = -2$, $\mu_{\Xi^0} - \mu_{\Xi^-} = -1$, $\mu_{\Sigma^+} - \mu_{\Sigma^-} = 4$

5.2 Ω^- hat $S = -3$, $I = 0$, $J^P = \frac{3}{2}^+$, $B = 1$, $M_\Omega = 1672$ MeV

$$M_\Omega - M_p = 734 \text{ MeV} < 3M_K = 1485 \text{ MeV};$$
$$M_\Omega - M_\Xi = 357 \text{ MeV} < M_K;$$
$$M_\Omega - M_\Lambda = 554 \text{ MeV} < 2M_K = 990 \text{ MeV}.$$

Daher sind die Zerfälle

$$\Omega^- \to p + 2K^- + \bar{K}^0, \quad \Omega^- \to \Lambda + K^- + \bar{K}^0, \quad \Omega^- \to \Xi^0 + K^-,$$

die über starke Wechselwirkung unter Erhaltung der Seltsamkeit abliefen, wegen Energieerhaltung verboten. Also ist der schwache Zerfall ($\Delta S = 1$) die einzige Möglichkeit ($\Omega \to \Xi^0\pi^-$, $\Xi^-\pi^0$, ΛK^- — siehe Tabelle IV im Anhang).

5.3 $\Gamma(V \to e^+e^-) = 16\pi\alpha^2|\Sigma Q|^2|\psi(0)|^2/M_V^2$ — siehe Gl. (5.27). $|\psi(0)|^2 =$ 1/(Volumen des Hadrons)$= {}^3\!/\!{}_4\pi R_0^3$, wobei $R_0 \simeq 1$ fm. Daher gilt

$$\Gamma = 12\alpha^2 M_V \left(\frac{\hbar c}{M_V R_0}\right)^3 |\Sigma Q|^2,$$

wobei $\hbar c = 0.2$ GeV fm. Mit $R_0 = 1$ fm erhalten wir für die Vektormesonen:

ω :	$M_V = 0.78$ GeV,	$\lvert\Sigma Q\rvert^2 = \frac{1}{18}$,	$\Gamma(e^+e^-) = 0.46$ keV
ρ :	$M_V = 0.77$ GeV,	$\lvert\Sigma Q\rvert^2 = \frac{1}{2}$,	$\Gamma(e^+e^-) = 4.3$ keV
ϕ :	$M_V = 1.02$ GeV,	$\lvert\Sigma Q\rvert^2 = \frac{1}{9}$,	$\Gamma(e^+e^-) = 0.55$ keV.

5.4 Schreiben Sie die *uu*-, *dd*- und *ud*-Wirkungsquerschnitte für *u*- und *d*-Quark oder -Antiquark-Streuung als $\sigma(nn)$. Schreiben Sie die *su*- oder *sd*-Wirkungsquerschnitte als $\sigma(ns)$ und die $\bar{s}u$ oder $\bar{s}d$-Wirkungsquerschnitte als $\sigma(n\bar{s})$. Dann geben die linken und rechten Seiten aller drei Gleichungen jeweils $6\sigma(nn) + 3\sigma(ns)$.

Kapitel 6

6.1 $\rho(R) = \rho_0 \exp(-MR)$, wobei $M = M_V$. Aus (6.19) folgt

$$\begin{aligned} F(q^2) &= \int_0^\infty \rho(R)\left(\frac{\sin qR}{qR}\right) 4\pi R^2\, dR \\ &= \left(\frac{2\pi\rho_0}{iq}\right)\int \{\exp[-(M-iq)R] - \exp[-M+iq)R]\} R\, dR \\ &= \left(\frac{2\pi\rho_0}{iq}\right)\left[\frac{1}{(M-iq)^2} - \frac{1}{(M+iq)^2}\right] = \frac{8\pi M\rho_0}{(q^2+M^2)^2}, \end{aligned}$$

was der Dipolgleichung entspricht. Der mittlere quadratische Radius (r.m.s) der Ladungsverteilung ist durch

$$R^2 = \frac{\int \rho_0 \exp(-MR)\cdot R^2 4\pi R^2\, dR}{\int \rho_0 \exp(-MR)\cdot 4\pi R^2\, dR} = \frac{12}{M^2}$$

gegeben, so daß

$$\underline{R_{\text{rms}}} = \frac{\sqrt{12}\hbar c}{M_V} = \frac{12 \times 0.2}{0.84} = \underline{0.8 \text{ fm}}.$$

6.2 Der Prozeß $e^+e^- \to$ virtuelles $\gamma \to \pi^+\pi^-$ ist äquivalent zur Streuung eines Pions mit einer Punktladung über einen Photonaustausch, außer daß q^2 negativ ist, d.h. die Streuung mißt den Formfaktor (Ladungsverteilung) des Pions für zeitartige q^2. Nun kann man Gl. (6.19) für eine Ladungsverteilung vom Yukawa-Typ der Form

$$\rho(R) = \rho_0 \exp(-MR)/R$$

direkt integrieren und erhält den Formfaktor zu

$$F(q^2) = \frac{M^2}{(q^2 + M^2)}.$$

Der Prozeß $e^+e^- \to \pi^+\pi^-$ wird durch die ρ-Resonanz dominiert, d.h. durch $e^+e^- \to$ virtuelles Photon $\to \rho \to \pi^+\pi^-$. Die q^2-Abhängigkeit wird durch den ρ-Propagator bestimmt, der die Form $1/(M_\rho^2 + q^2)$ hat wie zuvor. So erhalten wir für den mittleren quadratischen Radius der Ladungsverteilung des Pions die Yukawa-Form

$$\overline{R^2} = \frac{\int \rho(R) R^2 \cdot 4\pi R^2 \, dR}{\int \rho(R) \cdot 4\pi R^2 \, dR} = \frac{6}{M_\rho^2}$$

oder

$$\underline{R_{\mathrm{rms}}} = \frac{\sqrt{6}}{M_\rho} \left(= \frac{\sqrt{6}\hbar c}{M_\rho} \right) = \underline{0.64 \text{ fm}}.$$

6.3 Ein Strom von 10 mA relativistischer Teilchen in einem Speicherring von 10 m Radius entspricht einer umlaufenden Ladung von $q = (2\pi r/c)i$, oder nach Einsetzen der Zahlenwerte, $N = 1.3 \times 10^{10}$ umlaufenden Elektronen oder Positronen. Wenn der Querschnitt des Strahls A ist, ist die Teilchendichte transversal zum Strahl gleich N/A. Die Reaktionsrate ist daher gleich

$$R = \sigma \left(\frac{N}{A} \right)^2 \times Afn,$$

wobei f die Umlauffrequenz ist und die Teilchenpakete sich n-mal pro Umdrehung treffen. Mit $n = 2$, $f = c/2\pi r$, $A = 0.1 \text{ cm}^2$ und $\sigma = 1.5 \times 10^{-30} \text{ cm}^2$ liefert diese Formel $\underline{L = R/\sigma = 1.6 \times 10^{28} \text{ cm}^{-2}\text{s}^{-1}}$. Aus der Breit-Wigner-Resonanzformel erhalten wir für den maximalen Streuquerschnitt $\sigma = 3\pi\lambda\!\!\!^{-2}\alpha^2$, wenn wir das Verzweigungsverhältnis in α^2 zu e^+e^- und für das ω $J = 1$ nehmen. $\lambda\!\!\!^- = 2/M_\omega$ ist die de Broglie-Wellenlänge des e^+ und e^- auf der Resonanz. Somit wird

$$\sigma = 12\pi\alpha^2(\hbar c/M_\omega)^2 = 1.32\mu b.$$

Aus dem obigen Wert für L errechnet sich eine Reaktionsrate von $\underline{77/\text{h}}$.

6.4 Das Quadrat des Viererimpulsübertrags ist

$$q^2 = 2E_0E(1 - \cos\theta),$$

wobei E_0 und E die Energien der einlaufenden und gestreuten Elektronen sind, θ ist die Winkelablenkung und die Elektromasse ist vernachlässigt. Seien W, E' und p' die Masse, Energie und Viererimpuls des gestreuten hadronischen Zustands, M die Nukleonmasse. Dann gilt

$$q^2 = (p - p')^2 = 2ME' - M^2 - W^2$$

und

$$E' = E_0 + M - E.$$

Somit

$$W^2 = 2M(E_0 - E) + M^2 - q^2.$$

Einsetzen der Zahlenwerte ergibt

$$q^2 = 2.127 \text{ GeV} \quad W = 2.09 \text{ GeV}.$$

6.5 (a) Für ein punktförmiges, spinloses Proton ist der Wirkungsquerschnitt nach (6.24):

$$\frac{d\sigma}{d\Omega} = \left(\frac{\hbar c}{p_0}\right)^2 \frac{\alpha^2[\cos^2(\theta/2) + (q^2/2M^2)\sin^2(\theta/2)]}{4\sin^4(\theta/2)[1 + (2p_0/M)\sin^2(\theta/2)]},$$

wobei $p_0 = 15$ GeV/c der einlaufende Impuls, $\theta = 0.1$ rad die Ablenkung des Elektrons, $d\Omega = 10^{-4}$ sr, $M =$Protonmasse, $\hbar c = 0.2$ GeV fm. Also

$$q^2 = 4p_0^2 \sin^2(\theta/2) = 2.248 \text{ GeV}^2, \quad \cos^2(\theta/2) = 0.9975$$

und

$$d\sigma = 3.4 \times 10^{-34} \text{ cm}^2.$$

Für ein Target der Dichte 0.06 und 1 m Länge gibt es pro Quadratzentimeter Wirkungsquerschnitt $N = 3.6 \times 10^{24}$ und die Anzahl der pro Sekunde gestreuten Elektronen ist

$$\boldsymbol{R}_1 = \underline{d\sigma\phi N = 1.23 \times 10^5 \text{ s}^{-1}}.$$

(b) Für den Formfaktor in Gl. (6.25) muß die obige Zahl mit

$$\frac{1}{(1+q^2/M_V^2)^4} \cdot \left[\frac{1}{\cos^2(\theta/2)}\right] \cdot \left[\frac{(1+\mu^2 q^2/4M^2)}{(1+q^2/4M^2)} + \left(\frac{q^2}{4M^2}\right) 2\mu^2 \tan^2\left(\frac{\theta}{2}\right)\right]$$

multipliziert werden, worin $\mu = 2.79$ das magnetische Moment in Einheiten des Kernmagnetons ist, $M_V = 0.84$ GeV. Der erste Term hat den Wert 3.26×10^{-3}, der letzte 3.669. Dies ergibt

$$\boldsymbol{R}_2 = \underline{1.47 \times 10^3 \text{ s}^{-1}}.$$

6.6 (a) Für Myonium ist die erwartete Übergangsfrequenz gleich

$$f = \frac{1420(1 + m_e/M_p)M_p}{(1 + m_e/m_\mu)\mu_p M_\mu}.$$

Dabei sind die Effekte der reduzierten Masse (siehe (6.1)) und die Tatsache berücksichtigt, daß das magnetische Moment des Myons $M_p/(\mu_p M_\mu)$ mal dasjenige des Protons ist, $\mu_p = 2.7925$ ist das Moment des Protons. Einsetzen liefert

$$f(\mu^+ e^-) = \underline{4497.2 \text{ MHz}} \text{ (gegen 4463.3 MHz beobachtet).}$$

(b) Für Positronium erhalten wir unter Berücksichtigung des Faktors $^7/_{16}$ aus der Vernichtung

$$f = \frac{1420(1 + m_e/M_p)}{(1 + m_e/m_e)} \cdot \frac{7}{16} \cdot \frac{1}{\mu_p} \cdot \frac{M_p}{m_e}$$
$$= \underline{204394 \text{ MHz}} \text{ (gegen 203387 MHz beobachtet).}$$

Der Grund für die Diskrepanz ist die Vernachlässigung von Termen höherer Ordnung ($\simeq \alpha$).

Kapitel 7

7.1

$$\mathrm{Cl}^{34} \to \mathrm{S}^{34} + e^+ + \nu_e \quad \text{ist ein } 0^+ \to 0^+\text{-Übergang}$$
$$\pi^+ \to \pi^0 + e^+ + \nu_e \quad \text{ist ein } 0^- \to 0^-\text{-Übergang;}$$

daher haben beide das gleiche (Fermi-) Matrixelement. Nach der Regel von Sargent ist die Zerfallsrate α proportional zu (Endpunktsenergie)^5. Die Endpunktsenergien sind 4.6 MeV und 4.5 MeV, d.h. das Verhältnis der Zerfallsbreiten ist fast Eins. Daher ist das Verzweigungsverhältnis für Pionen $\tau_\pi/\tau_{\mathrm{Cl}} = 10^{-8}$.

7.2 (a) Sei E_ν die Neutrinoenergie im Labor, $\bar{E}$ diejenige im Ruhesystem des zerfallenden Mesons, θ der Laborwinkel des Neutrinos relativ zur Strahlachse. Seien M, E, β Masse, Energie und Geschwindigkeit der Mesonen, $\gamma = 1/\sqrt{(1-\beta^2)}$. Dann gilt

$$\bar{E} = \gamma E_\nu (1 - \beta \cos\theta) = \frac{E_\nu}{2\gamma}(1 + \gamma^2\theta^2)$$

für $\gamma \gg 1$, $\theta \ll 1$. Somit folgt

$$E_\nu = 2\gamma\bar{E}/(1 + \gamma^2\theta^2) = E_\nu(\max)/(1 + \gamma^2\theta^2),$$

während eine einfache Rechnung

$$\bar{E} = (M^2 - m_\mu^2)/2M$$

ergibt und daher

(b)
$$E_\nu(\max) = E(1 - m_\mu^2/M^2) = 0.42 E_\pi = 84 \text{ GeV}$$
$$= 0.96 E_K = 192 \text{ GeV}$$

und

$$E(\min) \simeq 0.$$

(c) Einsetzen von $\theta = 2m/400m = 0.005$, $\gamma_K = 405$ gibt $E_\nu = 43$ GeV. Für primäre Pionen ist der entsprechende Wert nur 1.6 GeV und nahezu alle Neutrinos aus dem Pionzerfall durchqueren den Detektor.
(d) Auf einer Strecke von $l = 300$ m zerfällt ein Bruchteil $l/\gamma c\tau_\pi = 0.0242$ der Pionen. Da in diesem Fall nahezu alle Neutrinos den Detektor treffen, ist die Zahl

$$10^{10} \times 0.024 = 2.4 \times 10^8.$$

(e) Das ν_π-Spektrum ist flach von ca. 0 bis 84 GeV, mit einer mittleren Energie von 42 GeV und mittlerem Wirkungsquerschnitt $\bar{\sigma} = 42 \times 0.6 \times 10^{-38} = 2.52 \times 10^{-37}\,\mathrm{cm}^2$ Nukleon^{-1}. Die mittlere freie Weglänge zwischen Wechselwirkungen ist $1/N\sigma = 6.6 \times 10^{12}\,\mathrm{g\ cm}^{-2}$, wobei N die Avogadro-Konstante ist. Länge des Neutrinodetektors entlang der Achse $= 800$ g cm^{-2}. Diese Zahlenwerte ergeben eine mittlere Wechselwirkungsrate von Pion-Neutrinos von 0.029 pro Beschleunigerzyklus.

(f) Um Myonen zu stoppen.

7.3 Die Endpunktsenergien der Elektronen sind $E_n = 1.29$ MeV und $E_\mu = 53$ MeV. Auf der Basis der Sargent-Regel ergibt sich

$$\frac{G_n^2}{G_\mu^2} = \left(\frac{\tau_\mu}{\tau_n}\right)\left(\frac{E_\mu}{E_n}\right)^5 = 0.27,$$

d.h. ungefähr auch $G_n \sim G_\mu$.

7.4 Die Endpunktsenergien sind $E_\Sigma = 79$ MeV, $E_n = 1.29$ MeV. Die Lebensdauern von Neutron und Σ^- sind 900 s und 1.5×10^{-10} s. Daraus ergibt sich ein Verzweigungsverhältnis von

$$\left(\frac{\tau_\Sigma}{\tau_n}\right)\left(\frac{81}{1.29}\right)^5 = \underline{1.4 \times 10^{-4}}.$$

7.5 (a) 2:1. (b) 2:1.

7.6 (a) 1:2. (b) 2:1.

7.7 Indem wir ein „Spurion" mit I, $I_3 = \frac{1}{2}, -\frac{1}{2}$ einführen, erhalten wir für die Amplituden

$$\overset{+}{\Sigma} + S \to \sqrt{\frac{1}{3}}A_3 + \sqrt{\frac{2}{3}}A_1$$

$$\overset{-}{\Sigma} + S \to A_3,$$

wobei A_1, A_3 die Beiträge $I = \frac{1}{2}$ und $I = \frac{3}{2}$ sind. Die Nukleon-Pion-Amplituden sind

$$n\pi^+ = \sqrt{\frac{1}{3}}A_3 + \sqrt{\frac{2}{3}}A_1,$$
$$n\pi^- = A_3,$$
$$p\pi^0 = \sqrt{\frac{2}{3}}A_3 - \sqrt{\frac{1}{3}}A_1.$$

Daraus folgt

$$a_+ = \left\langle \sum^{+} |n\pi^+ \right\rangle = \frac{1}{3}A_3^2 + \frac{2}{3}A_1^2,$$
$$a_- = \left\langle \sum^{-} |n\pi^- \right\rangle = A_3^2,$$
$$a_0 = \left\langle \sum^{+} |p\pi^0 \right\rangle = \frac{\sqrt{2}}{3}A_3^2 - \frac{\sqrt{2}}{3}A_1^2,$$

und schließlich

$$a_+ + \sqrt{2}a_0 = a_-.$$

7.8 Die Sargent-Regel liefert für die Partialbreite des Zerfalls $\Delta \to pe\nu$,

$$\Gamma_{(\Delta\to pe\nu)} = \Gamma_n(E_\Delta/E_n)^5 = 4.5 \times 10^{-13}\,\text{MeV},$$

wobei $E_\Delta = 300$ MeV, $E_n = 1.3$ MeV und $\Gamma_n = \hbar/\tau_n = 7 \times 10^{-25}$ MeV. Diese Zahlen ergeben ein Verzweigungsverhältnis von 3×10^{-15}.

7.9 Siehe Abschnitt 7.14 und Gln. (7.83) und (7.84).

7.10 Die Reaktionsrate ist gegeben durch

$$R = \sigma\phi N,$$

wobei σ der Wirkungsquerschnitt für Neutrinoabsorption pro Kern ist, N ist die Gesamtzahl der Kerne im Detektor und ϕ ist der Neutrinofluß in $s^{-1}\,cm^{-2}$.

Wir nehmen das Molekulargewicht von C_2Cl_4 zu 164 an und die Gesamtmasse der Flüssigkeit sei 6×10^8; die Zahl der ^{37}Cl-Kerne ist $N = 2.2 \times 10^{30}$. Der solare Energiefluß ist 2 cal $cm^{-2}\,min^{-1}$ oder 8.8×10^{11} MeV $cm^{-2}\,sec^{-1}$. Davon erscheinen 10% als Neutrinos mit einer mittleren Energie von 1 MeV. Nehmen wir an, daß 1% der Neutrinos genügend Energie besitzen, um eine Reaktion auszulösen, so wird $\phi = 8.8 \times 10^8\,cm^{-2}\,s^{-1}$. Somit

$$R = \sigma\phi N = (10^{-45})\,(8.8 \times 10^8)\,(2.2 \times 10^{30}) = 1.9 \times 10^{-6}\,s^{-1}$$
$$= \underline{0.17 \text{ pro Tag}^{-1}}.$$

7.11 Wir wenden die $\Delta I = 1$-Regel an, indem wir das Baryon ($I = \frac{1}{2}$) mit einem „Spurion" ($I = 1$) kombinieren, um einen hadronischen Endzustand mit $I = \frac{3}{2}$ und $I_3 = \frac{3}{2}$ oder $\frac{1}{2}$ zu erhalten.
Nach Tabelle III der Clebsch-Gordan-Koeffizienten und unter Benutzung der Kombination $I = 1$ und $I = \frac{1}{2}$, können wir für Reaktion (i) schreiben

$$\underset{\substack{\uparrow\\ \text{Spurion}}}{\phi(1,1)}\underset{\substack{\uparrow\\ \text{Nukleon}}}{\phi\left(\frac{1}{2},\frac{1}{2}\right)} = \psi\left(\frac{3}{2},\frac{3}{2}\right),$$

und entsprechend für (ii)

$$\phi(1,1)\phi\left(\frac{1}{2},-\frac{1}{2}\right) = \sqrt{\frac{1}{3}}\psi\left(\frac{3}{2},\frac{1}{2}\right) + \sqrt{\frac{2}{3}}\psi\left(\frac{1}{2},\frac{1}{2}\right).$$

Wenn sich das Pion-Nukleon-System in einem Zustand mit $I = \frac{3}{2}$ befindet, erhalten wir das Verhältnis der Wirkungsquerschnitte durch Quadrieren der obigen Amplituden zu $\sigma_{(i)}/\sigma_{(ii)} = 3/1$. Für einen Übergang mit $\Delta I = 2$ benutzen wir die Einträge für $I = 2$ und $I = \frac{1}{2}$ in der Tabelle und finden für Reaktion (i)

$$\phi(2,1)\phi\left(\frac{1}{2},\frac{1}{2}\right) = -\sqrt{\frac{1}{5}}\psi\left(\frac{3}{2},\frac{3}{2}\right) + \sqrt{\frac{4}{5}}\psi\left(\frac{5}{2},\frac{3}{2}\right),$$

und für (ii)

$$\phi(2,1)\phi\left(\frac{1}{2},-\frac{1}{2}\right) = \sqrt{\frac{3}{5}}\psi\left(\frac{3}{2},\frac{1}{2}\right) + \sqrt{\frac{2}{5}}\psi\left(\frac{5}{2},\frac{1}{2}\right).$$

Für einen Endzustand mit ausschließlich $I = \frac{3}{2}$ wird das Verhältnis dann $\sigma_{(i)}/\sigma_{(ii)} = \frac{1}{3}$.

7.12 Wir nehmen an, daß sich die drei Pionen in einem relativen S-Zustand befinden. Wegen Bose-Symmetrie muß sich jede Paarkombination in einem symmetrischen Isospinzustand befinden, d.h. $I = 0$ oder $I = 2$. Wir nennen A und B die Amplituden für einen Zweipionzustand mit $I = 2$ bzw. $I = 0$. Aufgrund der $\Delta I = \frac{1}{2}$-Regel addieren wir ein „Spurion" mit $\Delta I = \frac{1}{2}$ zum Kaon mit $\Delta I = \frac{1}{2}$, um Zustände mit $I = 0$ oder 1 zu bilden. $I = 0$ ist für den Dreipionzustand verboten, der sich aus einem Zweipionzustand mit $I = 0$ und einem dritten Pion mit $I = 1$ zusammensetzt. So betrachten wir den Dreipionzustand mit $I = 1$, den wir aus der Addition von $I = 1$ mit $I = 0$ oder 2 erhalten. Mit Hilfe der Tabelle III finden wir in selbsterklärender Schreibweise:

Geladenes Kaon:

$$\psi(1,1) = A\left[\sqrt{\frac{3}{5}}\phi(2,2)\phi(1,-1) - \sqrt{\frac{3}{10}}\phi(2,1)\phi(1,0) + \sqrt{\frac{1}{10}}\phi(2,0)\phi(1,1)\right] + B[\phi(0,0)\phi(1,1)], \tag{a}$$

Neutrales Kaon:

$$\psi(1,0) = A\left[\sqrt{\frac{3}{10}}\phi(2,1)\phi(1,-1) - \sqrt{\frac{2}{5}}\phi(2,0)\phi(1,0) + \sqrt{\frac{3}{10}}\phi(2,-1)\phi(1,1)\right] + B[\phi(0,0)\phi(1,0)]. \tag{b}$$

Der nächste Schritt besteht darin, die verschiedenen Pionkombinationen durch die Isospinfunktionen ϕ auszudrücken. Für identische Bosonen muß die Wellenfunktion des Dreipionzustands vollständig symmetrisch unter Vertauschung der Pionen sein. Daher schreiben wir die $\pi^+\pi^+\pi^-$-Kombination als

$$(++-) = \sqrt{\frac{1}{6}}\left(\pi_1^+\pi_2^+\pi_3^- + \pi_2^+\pi_1^+\pi_3^- + \pi_3^-\pi_2^+\pi_1^+ + \pi_3^-\pi_1^+\pi_2^+ + \pi_2^+\pi_3^-\pi_1^+ + \pi_1^+\pi_3^-\pi_2^+\right), \tag{c}$$

wobei der Faktor $\sqrt{\frac{1}{6}}$ die Amplitude auf Eins normiert. Mit Hilfe des 1×1 Eintrags in Tabelle III erhalten wir

$$(\pi^+\pi^+\pi^-) = \sqrt{\frac{3}{5}}A;$$

$$(\pi^+\pi^-\pi^+) = (\pi^-\pi^+\pi^+) = \sqrt{\frac{1}{60}}A + \sqrt{\frac{1}{3}}B,$$

wobei wir die ersten beiden Pionen als das „Paar" betrachtet haben. Das zweite Resultat folgt z.B. daraus, daß die Kombination von $I = 1$, $I_3 = +1$ mit $I = 1$, $I_3 = -1$ zu $I = 2$, $I_3 = 0$ einen Koeffizienten von $\sqrt{\frac{1}{6}}$ hat; für einen Endzustand mit $I = 0$, $I_3 = 0$ ist der Koeffizient $\sqrt{\frac{1}{3}}$. Diese Faktoren werden dann in die entsprechenden Terme in (a) multipliziert, um $\langle\psi(1,1)|\pi^+\pi^+\pi^-\rangle$ usw. zu erhalten. Addition aller Terme in (c) ergibt

$$\langle\psi(1,1)| + + -\rangle = 2\sqrt{\frac{2}{3}}C, \quad \text{wobei} \quad C = \sqrt{\frac{4}{15}}A + \sqrt{\frac{1}{3}}B.$$

Ähnlich erhalten wir für die anderen Ladungskombinationen

$$\langle\psi(1,1)|+00\rangle = -\sqrt{\frac{2}{3}}C,$$

$$\langle\psi(1,0)|000\rangle = -C,$$

$$\langle\psi(1,0)|+-0\rangle = \sqrt{\frac{2}{3}}C.$$

Durch Quadriren dieser Amplituden erhalten wir die Verhältnisse der Zerfallsraten

$$\Gamma(K_L \to 3\pi^0) = C^2 = \frac{3}{2}\Gamma(K_L \to \pi^+\pi^-\pi^0),$$

$$\Gamma(K^+ \to \pi^+\pi^+\pi^-) = \frac{8}{3}C^2 = 4\Gamma(K^+ \to \pi^+\pi^0\pi^0).$$

Wir haben ja den Übergang für $K^0 \to \pi^+\pi^-\pi^0$ berechnet. Die Erhaltungssätze der schwachen Wechselwirkung erlauben nur den Zerfall der Hälfte der K^0's in diesen Kanal, genannt K_2^0 oder K_L, der einen CP-Eigenwert -1 hat. Die andere Hälfte wird K_1^0 oder K_s genannt, hat $CP = +1$ und zerfällt nicht in drei Pionen. Also

$$\langle K^0|T|\pi^+\pi^-\pi^0\rangle = \frac{1}{\sqrt{2}}\langle K_L|T|\pi^+\pi^-\pi^0\rangle.$$

Mit diesem Ergebnis erhalten wir

$$\Gamma(K_L \to \pi^+\pi^-\pi^0) = 2\Gamma(K_0 \to \pi^+\pi^-\pi^0) = 2\Gamma(K^+ \to \pi^+\pi^0\pi^0).$$

Experimentell findet man eine kleine Abweichung von dieser Vorhersage, was darauf hindeutet, daß sowohl Übergänge mit $\Delta I = \frac{3}{2}$ als auch mit $\Delta I = \frac{1}{2}$ beitragen.
Für eine vollständigere Diskussion der $K \to 3\pi$-Zerfälle sei der Leser auf G. Källèn, *Elementary Particle Physics*, Addison-Wesley, 1964, Kapitel 16 verwiesen; eine allgemeine Behandlung des Kaonzerfalls in drei Pionen findet sich in der klassischen Veröffentlichung von C. Zemach, *Phys. Rev.* **133**, B1201 (1964).

7.13 Der erste Prozeß beinhaltet nur Z^0-Austausch, der zweite sowohl Z^0- als auch $W^\pm$-Austausch.
In der Näherung für kleine Winkel ist die Neutrinoenergie E_ν groß gegenüber der Elektronmasse m. Anwendung der Lorentztransformation ergibt

$$\theta = \sqrt{2m\left(\frac{1}{E_e} - \frac{1}{E_\nu}\right)},$$

wobei E_e die Rückstoßenergie des Elektrons ist.

7.14 Aus der Regel von Sargent für einen Dreikörperzerfall erhalten wir die Lebensdauer des τ:

$$\tau_\tau = \tau_\mu (E_\mu/E_\tau)^5 \cdot B = \tau_\mu (m_\mu/m_\tau)^5 B,$$

wobei B das leptonische Verzweigungsverhältnis (0.18) und die Endpunktsenergien $m_\mu/2$ und $m_\tau/2$ sind. Einsetzen der Zahlenwerte liefert das Ergebnis $\tau_\tau = \underline{2.9 \times 10^{-13}\,\mathrm{s}}$. Hierbei wird die Universalität der schwachen Kopplungen von Myon und Tau angenommen.

Kapitel 8

8.1 Aus (8.12) folgt

$$(\xi P + q)^2 = -m^2.$$

Wir definieren

$$x = -q^2/2Pq$$

und lösen die obige quadratische Gleichung

$$\xi = \left[\frac{-q^2}{x} \pm \sqrt{\frac{q^4}{x} + 4M^2(q^2 + m^2)}\right] / 2M^2.$$

M, m sind die Massen von Nukleon und Parton. Eine Entwicklung liefert

$$\xi = x\left[1 - \frac{(M^2x^2 - m^2)}{q^2} + \cdots\right].$$

8.2 Aus (8.46) und (8.47) erhalten wir $N_c = 3$ und m als invariante Masse des Myonpaares den Wirkungsquerschnitt

$$\begin{aligned}
\frac{d\sigma}{dm^2} &= \frac{4\pi\alpha^2}{9m^4} \int\int_0^1 x_i \bar{x}_i dx_i d\bar{x}_i \delta(x_i\bar{x}_i - \tau) \sum e_i^2 Q(x_i)\bar{Q}(\bar{x}_i) \\
&= \frac{4\pi\alpha^2}{9m^4} \sum e_i^2 \int_\tau^1 [x_i Q(x_i)]\,[\bar{x}_i \bar{Q}(\bar{x}_i)] x_i\, dx_i \quad (\text{mit } \bar{x}_i = \tau/x_i) \\
&= \frac{4\pi\alpha^2}{9m^4} \sum e_i^2 \int_\tau^1 AB(1-x)^3(1-\tau/x) x\, dx \\
&= \frac{4\pi\alpha^2}{9m^4} AB \sum e_i^2 \frac{(1-\tau)^5}{20}.
\end{aligned}$$

Für $\tau \ll 1$ wird daraus

$$2m^4 \frac{d\sigma}{dm^2} = m^3 \frac{d\sigma}{dm} = \frac{8\pi\alpha^2}{180} AB \sum e_i^2 (1 - 5\tau).$$

8.3 Mit Hilfe von (8.21) können wir für die differentiellen Wirkungsquerschnitte schreiben:

$$\frac{d^2\sigma^\nu}{dy} = (2G^2ME/\pi)\,[xQ(x) + (1-y^2)x\bar{Q}(x)]dx,$$

$$\frac{d^2\sigma^{\bar{\nu}}}{dy} = (2G^2ME/\pi)\,[x\bar{Q}(x) + (1-y^2)xQ(x)]dx.$$

Wenn wir $P = \int xQ(x)dx$, $\bar{P} = \int x\bar{Q}(x)dx$ setzen und über y integrieren, erhalten wir

$$\sigma^\nu = (2G^2ME/\pi)\,(P + \bar{P}/3); \quad \sigma^{\bar{\nu}} = (2G^2ME/\pi)\,(\bar{P} + P/3)$$

und

$$R = \sigma^{\bar{\nu}}/\sigma^\nu = \bar{P} + P/3)\,(P + \bar{P}/3)$$

oder

$$\bar{P}/P = (3R-1)/(3-R).$$

Mit $R = 0.5$ erhalten wir $\underline{\bar{P}/P = 0.20}$. Die Mittelwerte von y sind durch die Beziehungen

$$\langle y\rangle = \int y\,d\sigma/dy \bigg/ \int d\sigma/dy$$

gegeben. Für Neutrinos ist dies

$$\langle y\rangle = \frac{6 + \bar{P}/P}{12 + 4\bar{P}/P} = \underline{0.484}$$

und für Antineutrinos

$$\langle y\rangle = \frac{1 + 6\bar{P}/P}{4 + 12\bar{P}/P} = \underline{0.344}.$$

8.4 Wenn das getroffene Quark einen Implusübertrag q erhält, muß dieser auf die beiden Zuschauerquarks übertragen werden. Austausch eines Gluons liefert einen Propagatorfaktor $1/q^2$ in jeder der beiden Amplituden, oder einen Faktor $1/q^4$ insgesamt. Diese q-Abhängigkeit der Amplitude (oder $1/q^8$ in der Intensität) würde man für sehr große q^2, wo α_s klein ist und der Austausch eines einzelnen Gluons dominiert.

8.5 Integration der Impulsverteilungen ergibt $a_1 = 2a_2 = \frac{4}{3}$. Der doppelt-differentielle Wirkungsquerschnitt hat dann die Drell-Yan-Form

$$d^2\sigma = \sigma_{u\bar{d}}(s)\cdot u(x_1)\cdot \bar{d}(x_2)\delta(1 - x_1x_2s/M_W^2)\cdot dx_1\cdot dx_2,$$

wobei x_1, x_2 die relativen Impulsanteile der u- und $\bar{d}$-Quarks sind und

$$x_1x_2 = p = M_W^2/s.$$

Integration über die Breite einer Breit-Wigner-Resonanz des W-Bosons gibt

$$\sigma(p\bar{p} \to W) = \frac{8\pi\Gamma_W \sigma_0}{9M_W} \int_p^1 \frac{(1-x_1)^3}{x_1} \cdot (1-p/x_1)^3 \cdot dx_1,$$

wobei σ_0 der Spitzenwirkungsquerschnitt in $u\bar{d}$-Streuung ist und Γ_W die totale Breite des W bezeichnet. Das Integral hat den Wert

$$(1+p^3+9p+9p^2)\ln(1/p) - (11/3+9p-9p^2-11p^3/6)$$

und

$$\sigma_0 = 5.2 \times 12 = 62\,\text{nb (für alle Zerfallskanäle)}.$$

Einsetzen der Zahlenwerte ergibt

$\sqrt{s}$	0.3	1.0	10 TeV
σ	0.99	8.78	33.3 nb

Kapitel 9

9.1 Mit $A = G^2 mE/2\pi$, $x = \sin^2\theta_w$ gilt

$$\sigma_{\nu_\mu} = A[(2x-1)^2 + (2x)^2/3]$$
$$\sigma_{\bar{\nu}_\mu} = A[(2x)^2 + (2x-1)^2/3]$$
$$\sigma_{\nu_e} = A[(2x+1)^2 + (2x)^2/3]$$
$$\sigma_{\bar{\nu}_e} = A[(2x)^2 + (2x+1)^2/3].$$

σ_{ν_μ} hat ein Minimum bei $x = \frac{3}{8}$, σ_{ν_μ} bei $x = \frac{1}{8}$. Die Wechselwirkung ist ein reiner Axialvektor wenn gilt $x = \frac{1}{4}$.

9.2 Die Wirkungsquerschnitte haben die Form

$$\sigma^\nu = K(c_A^2 + c_V^2 + c_A c_V), \quad \text{mit } K = G^2 mE/3\pi,$$
$$\sigma^{\bar{\nu}} = K(c_A^2 + c_V^2 - c_A c_V).$$

Es gibt zwei Lösungen für c_A, c_V. Die obigen Gleichungen definieren eine Ellipse in der c_A, c_V-Ebene mit den Hauptachsen bei 45° und 135° zur x-Achse.

9.3 1 rad entspricht einem Energieverlust durch Ionisation von 100 erg g^{-1}, oder 6.25×10^7 MeV g^{-1}. Sei τ die Protonlebensdauer in Jahren, E die durch Ionisation deponierte Energie duch Zerfälle. In einem Jahr ist die radioaktive Dosis

$$\frac{N}{2}\frac{E}{\tau}(6.25 \times 10^7)\text{rad} < 500\,\text{rad},$$

wobei $N = 6 \times 10^{23}$ die Avogadrosche Zahl und $E \simeq 1000$ MeV ist. Diese Ungleichung ergibt

$$\underline{\tau > 10^{16} \text{ Jahre.}}$$

9.5 Die Atommasse eines Atoms mit der Kernmassenzahl A und der Kernladungszahl Z kann geschrieben werden

$$M = AM_n \left[1 - \frac{Z(M_n - M_h)}{AM_n} - \frac{W}{AM_n} \right],$$

wobei W die Kernbindungsenergie und M_n und M_h die Massen von Neutron und Wasserstoffatom sind. Das Einsetzen der entsprechenden Werte für die Konstanten ergibt für den Unterschied in der Baryonenzahl B bei gleicher Masse von zwei unterschiedlichen Elementen

$$\Delta B/B = \left[8.3\Delta \left(\frac{Z}{A} \right) + 10.6\Delta \left(\frac{W}{A} \right) \right] \times 10^{-4},$$

wobei $\Delta(Z/A)$ und $\Delta(W/A)$ die Unterschiede in Z/A und W/A zwischen den zwei Elementen bezeichnet, mit W in MeV. Die Kerntabellen zeigen, daß für Al und Pt der erste Term ungefähr 10% des zweiten Terms ausmacht, und daß gilt $\underline{\Delta B/B = 4 \times 10^{-4}}$.

9.6 Die Partialbreiten für die Zerfälle sind $\Gamma(\text{partial}) = \text{Konstante}\ [(2c_V)^2 + (2c_A)^2]$. Aus (9.33) findet man mit $\sin^2\theta_w = 0.22$ die Breiten in Einheiten von $\Gamma(Z \to \nu\bar{\nu})$ zu

$$\begin{aligned}
\Gamma(\nu\bar{\nu}) &= 1, \\
\Gamma(e\bar{e}) = \Gamma(\mu\bar{\mu}) = \Gamma(\tau\bar{\tau}) &= 0.507, \\
\Gamma(u\bar{u}) = \Gamma(c\bar{c}) = \Gamma(t\bar{t}) &= 0.585, \\
\Gamma(d\bar{d}) = \Gamma(s\bar{s}) = \Gamma(b\bar{b}) &= 0.750.
\end{aligned}$$

Unter Berücksichtigung des Farb-Faktors 3 für die Quarks erhalten wir

$$\begin{aligned}
\Gamma_{\text{total}} &= \Gamma(\nu\bar{\nu}) \left[(3 \times 1) + (3 \times 0.507) + (9 \times (0.585) + (9 \times 0.750) \right] \\
&= 16.54\Gamma(\nu\bar{\nu}),
\end{aligned}$$

und

$$\Gamma(\nu\bar{\nu}) G M_Z^3 / 12\pi\sqrt{2} = 0.175\,\text{GeV}.$$

Daher $\Gamma_{\text{total}} = 2.89$ GeV. Dies ist eine zu großzügige Abschätzung, da wir die Massen von t- und b-Quarks in der Berechnung des Phasenraums vernachlässigt haben.

9.7 Aus der Breit-Wigner-Formel (4.55) erhalten wir

$$\sigma(e^+e^- \to Z^0 \to \text{etwas}) = \frac{4\pi\lambda\!\!\!^{-2}(2J+1)\Gamma\Gamma_e/4}{(2s+1)^2[(M_Z - E)^2 + \Gamma^2/4]},$$

mit $s = \frac{1}{2}$ als Spin der Elektronen und $J = 1$ als Spin des Z^0. $\lambda\!\!\!^{-} = 2/M_Z$ ist die Wellenlänge im Schwerpunktsystem auf dem Resonanzpeak. Γ_e ist die partielle Breite für $Z \to e^+e^-$. Der Wirkungsquerschnitt auf dem Peak ist dann

$$\sigma_{\max}(e^+e^- \to Z^0) = \frac{12\pi\Gamma_e}{M_Z^2\Gamma}.$$

Aus (6.31) ersehen wir, daß der punktartige Wirkungsquerschnitt (für $e^+e^- \to \mu^+\mu^-$) in Abwesenheit jeder Resonanz den Wert haben würde

$$\sigma_{\text{Punkt}} = \frac{4\pi\alpha^2}{3M_Z^2},$$

so daß gilt

$$\sigma_{\max}/\sigma_{\text{Punkt}} = \frac{9}{\alpha^2}\frac{\Gamma_e}{\Gamma} = 5180,$$

mit $\Gamma_e/\Gamma = 0.507/16.54 = 0.0307$.

Bibliographie

Abrams, G.S., et al., *Phys. Rev. Lett.* **33**, 1452 (1974).

Adair, R.K., *Phys. Rev.* **100**, 1540 (1955).

Adelberger, E.G., et al., *Phys. Rev. Lett.* **34**, 402 (1975)

Alper, B., et al., *Phys. Lett.* **47B**, 75 (1973).

Altarelli, G., and G. Parisi, *Nucl. Phys.* **B126**, 298 (1977).

Altarev, I.S., et al., *Phys. Lett.* **102B**, 13 (1981).

Anderson, C.D., *Phys. Rev.* **43**, 491 (1933).

Anderson, H.L., Fermi, E., Martin, R., and Nagle, D.E., *Phys. Rev.* **91**, 155 (1953).

Anderson, K.J., et al., Proc. 19th Int. Conf. on HEP, Tokyo, 1978.

Antinucci, M., et al., *Lett. Nuov. Cim.* **6**, 121 (1973).

Argento, A., et al., *Phys. Lett.* **120B**, 245 (1982).

Arnison, G., et al., *Phys. Lett.* **122B**, 103 (1983); **126B**, 398 (1983).

Arnison, G., et al., *Phys. Lett.* **136B**, 294 (1984).

Arnison, G., et al., *Phys. Lett.* **147B**, 493 (1984a).

Aubert, J.J., et al., *Phys. Rev. Lett.* **33**, 1404 (1974).

Augustin, J.E., et al., *Phys. Rev. Lett.* **33**, 1406 (1974).

Bacino, W., et al., *Phys. Rev. Lett.* **41**, 13 (1978).

Bagnaia, P., et al., *Phys. Lett.* **129B**, 130 (1983).

Bagnaia, P., et al., *Phys. Lett.* **138B**, 430 (1984).

Banner, M., et al., *Phys. Lett.* **122B**, 476 (1983).

Barnes, V., et al., *Phys. Rev. Lett.* **12**, 204 (1964).

Bartel, W., B. Dudelzak, H. Krehbiel, J. McElroy, U. Meyer-Berkheut, W. Schmidt, V. Walther, and G. Weber, *Phys. Lett.* **28B**, 148 (1968).

Bathow, G., et al., *Nucl. Phys.* **B20**, 592 (1970).

Berko, S., and Pendleton, H.N., *Ann. Rev. Prog. Nucl. Part. Science* **30**, 543 (1980).

Bergkvist, K.E., *Nucl. Phys.* **B39**, 319 (1972).

Bethe, H.A., and J. Ashkin, „Passage of radiations through matter", *Exptl. Nucl. Phys.* **1**, 166 (1953).

Bionta, R.M., et al., *Phys. Rev. Lett.* **54**, 22 (1985).

Bjorken, J.D., *Phys. Rev.* **163**, 1767 (1967).

Bodwin, G.T., and D.T. Yennie, *Phys. Rep.* **43**, 268 (1978).

Boehm, F., Proc. 5th Workshop on Grand Unification, Brown University, Providence, R.I. (World Scientific, 1984).

Cabibbo, N., *Phys. Rev. Lett.* **10**, 531 (1963).

Callan, C.G., and D.G. Gross, *Phys. Rev. Lett.* **21**, 311 (1968); **22**, 156 (1969).

Cartwright, W.F., C. Richman, M. Whitehead, and H. Wilcox, *Phys. Rev.* **91**, 677 (1953).

Charpak, G., Bouclier, T. Bressani, J. Favier, and C. Zupancic, *Nucl. Instr. Methods* **62**, 262 (1968).

Charpak, G., et al., *Nucl. Inst. Meth.* **80**, 13 (1970).

Chew, G., S. Frautschi, and S. Mandelstam, *Phys. Rev.* **126**, 1202 (1962).

Christenson, J.H., J. Cronin, V. Fitch, and R. Turlay, *Phys. Rev. Lett.* **13**, 138 (1964).

Clark, D.L., A. Roberts, and R. Wilson, *Phys. Rev.* **83**, 649 (1951); **85**, 523 (1952).

Combridge, B.L., et al., *Phys. Lett.* **70B**, 234 (1977).

Condon, E.U., and G.H. Shortley, *The Theory of Atomic Spectra*, Cambridge University Press, 1951.

Dalitz, R.H., *Phil. Mag.* **44** 1068 (1953).

Davis, R., et al., *Phys. Rev. Lett.* **20**, 1205 (1968).

Deutsch, M., *Prog. Nucl. Phys.* **3**, 131 (1953).

Dirac, P.A.M., *Proc. Roy. Soc.* **A117**, 610 (1928); also *The Principles of Quantum Mechanics*, Oxford University Press, 1947.

Dirac, P.A.M., *Proc. Roy. Soc.* **133**, 60 (1931).

Drell, S.D., and T.M. Yan, *Phys. Rev. Lett.* **24**, 181 (1970); *Ann. Phys. (N.Y.)* **66**, 595 (1971).

Dress, W.B., J.K. Baird, P.D. Miller, and N.F. Ramsey, *Phys. Rev.* **170**, 1200 (1968).

Dress, W.B., et al., *Phys. Rep.* **43**, 410 (1978).

Durbin, R., H. Loar, and J. Steinberger, *Phys. Rev.* **84**, 581 (1951).
Fabri, E., *Nuovo Cim.* **11**, 479 (1954).
Fermi, E., *Z. Physik* **88**, 161 (1934).
Feynman, R.P., *Phys. Rev. Lett.* **23**, 1415 (1969).
Feynman, R.P., and M. Gell-Mann, *Phys. Rev.* **109**, 193 (1958).
Feynman, R.P., Proc. 5th Hawaii Topical Conf. in Particle Phys. Hawaii University Press, 1973.
Fortson, E.N., and L. Wilets, *Adv. in Atomic and Mol. Phys.* July (1981).
Fortson, E.N., and L.L. Lewis, *Phys. Rep.* **113**, 289 (1984).
Fox, D.J., et al., *Phys. Rev. Lett.* **33**, 1504 (1974).
Friedman, J.T., and H.W. Kendall, *Ann. Rev. Nucl. Science* **22**, 203 (1972).
Gaillard, M.K., et al., *Rev. Mod. Phys.* **47**, 227 (1975).
Gallinaro, G., et al., *Phys. Rev. Lett.* **38**, 1255 (1977).
Gell-Mann, M., *Phys. Rev.* **92**, 833 (1953).
Gell-Mann, M., *Phys. Lett.* **8**, 214 (1964).
Gell-Mann, M., and F.E. Low, *Phys. Rev.* **95**, 1300 (1954).
Gell-Mann, M., and A. Pais, *Phys. Rev.* **97**, 1387 (1955).
Georgi, H., and S.L. Glashow, *Phys. Rev. Lett.* **32**, 438 (1974).
Geweniger, C., et al., *Phys. Lett.* **B48**, 487 (1974).
Glaser, D., „The Bubble Chamber“, Encycl. Phys. *45* (Springer, Berlin, 1955).
Glashow, S.L., *Nucl. Phys.* **22**, 579 (1961).
Glashow, S.L., J. Iliopoulos, and L. Maiani, *Phys. Rev. D* **2**, 1285 (1970).
Goldhaber, A.S., and M.M. Nieto, *Rev. Mod. Phys.* **43**, 277 (1971).
Goldhaber, M., L. Grodzins, and A. Sunyar, *Phys. Rev.* **109**, 1015 (1958).
de Groot, J.G.H., et al., *Z. Physik* **C1**, 143 (1979).
Gross, D.J., and F. Wilczek, *Phys. Rev. D* **8**, 3633 (1973); **9**, 980 (1974).
Gross, D.J., and C.H. Llewellyn-Smith, *Nucl. Phys.* **B14**, 337 (1969).
Hasert, F.J., et al., *Phys. Lett.* **46B**, 138 (1973), *Nucl. Phys.* **B73**, 1 (1974).
Heisenberg, W., *Z. Physik* **77**, 1 (1932).
Herb, S.W., et al., *Phys. Rev. Lett.* **39**, 252 (1977).
Higgs, P.W., *Phys. Lett.* **12**, 132 (1964); *Phys. Rev.* **145**, 1156 (1966).
Hofstadter, R., *Rev. Mod. Phys.* **28**, 214 (1956).
Holder, M., et al., *Nucl. Inst. Meth.* **151**, 69 (1978).
't Hooft, G., *Phys. Lett.* **37B**, 195 (1971).
Innes, W.R., et al., *Phys. Rev. Lett.* **39**, 1240 (1977).
Jackson, J.D., *Rev. Mod. Phys.* **37**, 484 (1965).
Kobayashi, M., and K. Maskawa, *Prog. Theor. Phys.* **49**, 282 (1972).
Langacker, P., *Phys. Rep.* **72**, 185 (1981).
Langer, L., and R. Moffat, *Phys. Rev.* **88**, 689 (1952).

LaRue, G.S., et al., *Phys. Rev. Lett.* **38**, 1011 (1977); **46**, 967 (1981).

Lattes, C.M.G., H. Muirhead, C.F. Powell, and G.P. Occhialini, *Nature* **159**, 694 (1947).

Lee, T.D., and C.N. Yang, *Phys. Rev.* **98**, 1501 (1955).

Lee, T.D., and C.N. Yang, *Phys. Rev.* **104**, 254 (1956).

Lehraus, I., et al., *Nucl. Inst. Meth.* **153**, 347 (1978).

Llewellyn-Smith, C.H., and J.F. Wheater, *Phys. Lett.* **105B**, 486 (1981).

Lyubimov, V.A., E.G. Novikov, V.Z. Nozik, E.F. Tretyakov, and V.S. Kosik, *Phys. Lett.* **94B**, 266 (1980).

Maki, Z., et al., *Prog. Theor. Phys.* **28**, 870 (1962).

Marciano, W.J., and A. Sirlin, *Nucl. Phys.* **189**, 442 (1981).

Marinelli, M., and G. Morpurgo, *Phys. Rep.* **85**, 161 (1982).

Marshak, R., and H. Bethe, *Phys. Rev.* **72**, 506 (1947).

Marshak, R., and E. Sudarshan, *Phys. Rev.* **109**, 1860 (1958).

Ne'eman, Y., *Nucl. Phys.* **26**, 222 (1961).

Neubeck, N., et al., *Phys. Rev. C* **10**, 320 (1974).

Nishijima, K., *Prog. Theor. Phys.* **13**, 285 (1955).

Orear, J., G. Harris, and S. Taylor, *Phys. Rev.* **102**, 1676 (1956).

Pais, A., *Phys. Rev.* **86**, 663 (1952).

Pais, A., and O. Piccioni, *Phys. Rev.* **100**, 1487 (1955).

Panofsky, W. (data of E. Bloom et al.), Int. Conf. High Energy Physics, Vienna, 1968.

Pauli, W., *Handbuch der Physik* **24**, 1, 233 (1933).

Pauli, W., *Phys. Rev.* **58**, 716 (1940).

Pendlebury, J.M., et al., *Phys. Lett.* **136B**, 327 (1984).

Perkins, D.H., *Ann. Rev. Nucl. Part. Science* **34**, 1 (1984).

Perl, M.L., et al., *Phys. Rev. Lett.* **35**, 1489 (1975); *Phys. Lett.* **63B**, 366 (1976).

Plano, R., A. Prodell, N. Samios, M. Schwartz, and J. Steinberger, *Phys. Rev. Lett.* **3**, 525 (1959).

Politzer, H.D., *Phys. Rep.* **14C**, 129 (1974).

Pontecorvo, B., *Sov. Phys. JETP* **26**, 984 (1968).

Prescott, C.Y., et al., *Phys. Lett.* **77B**, 347 (1978); **84B**, 524 (1979).

Pryce, M.H.L., and J.C. Ward, *Nature* **160**, 435 (1947).

Ramsey, N.F., *Ann. Rev. Nucl. Part. Science* **32**, 211 (1982).

Reines, F., and C. Cowan, *Phys. Rev.* **113**, 273 (1959).

Rosner, J., Proc. Advanced Study Inst. on Techniques and Concepts in HEP, St. Croix, USVI (ed. T. Ferbel), 1980.

Rossi, B., *High Energy Particles*, Prentice-Hall, New York, 1952.

Sakharov, A., *JETP Lett.* **5**, 24 (1967).

Sakurai, J.J., *Invariance Principles and Elementary Particles*, Princeton University Press, Princeton, New Jersey, 1964.

Salam, A., *Elementary Particle Theory* (ed. N. Svartholm), Almquist and Wiksells, Stockholm, 1968.

Shafer, J., J. Murray, and D. Huwe, *Phys. Rev. Lett.* **10**, 176 (1963).

Snyder, L., et al., *Phys. Rev.* **63**, 440 (1948).

Tadic, C., *Rep. Prog. Phys.* **43**, 67 (1980).

Tretyakov, E.F., et al., Proc. Neutrino Conf. Aachen, 1976.

Tripp, R.D., „Spin and parity determination of elementary particles“, *Ann. Rev. Nucl. Science* **15**, 325 (1965).

Van Royen, R., and V.F. Weisskopf, *Nuovo Cim.* **50**, 617 (1967); **51**, 583 (1967).

Von Witsch, W., A. Richter, and P. von Brentano, *Phys. Rev.* **169**, 923 (1968).

Weber, G., Proc. 1967 Int. Sym. on Electron and Photon Interactions at High Energies, Stanford, California, 1967, p. 59.

Weinberg, S., *Phys. Rev. Lett.* **19**, 1264 (1967).

Weizsacker, K.F., *Z. Phys.* **88**, 612 (1934); Williams, E.J., *Kgl. Danske Vid. Selsk. Mat. Fys. Medd.* **13**, 14 (1935).

Weyl, H., *Z. Physik* **56**, 330 (1929).

Wolfenstein, L., *Phys. Lett.* **13**, 562 (1964).

Wu, C.S., and I. Shaknov, *Phys. Rev.* **77**, 136 (1950).

Wu, C.S., E. Ambler, R. Hayward, D. Hoppes, and R. Hudson, *Phys. Rev.* **105**, 1413 (1957).

Wu, S.L., *Phys. Rep.* **107**, 59 (1984).

Yang, C.N., and R.L. Mills, *Phys. Rev.* **96**, 191 (1954).

Yoh, J.K., et al., *Phys. Rev. Lett.* **41**, 684 (1978).

Yukawa, H., *Proc. Phys. Math. Soc. Japan* **17**, 48 (1935).

Zweig, G., CERN Report 8419/Th 412, 1964.

Index

CHRISTOPH KLAWUN
TURBO PASCAL 5.0
BAND 1: VOM EINSTEIGER ZUM AUFSTEIGER
ADDISON-WESLEY

Turbo
ARNE SCHÄPERS
PASCAL 4.0/5.0
BAND 2
KONZEPTE, ANALYSEN, TIPS & TRICKS
ADDISON-WESLEY

Josef Mittendorfer
Einführung in Objektorientierte Programmierung mit Turbo Pascal 5.5
ADDISON-WESLEY

TEXTVERARBEITUNG

Das Addison-Wesley [redacted]werk zu
WORD 5.0

Rainer Haselier

Dieses Buch hilft dem Anwender, alle Möglichkeiten seines Programms auszuschöpfen und so den vollen Nutzen aus WORD 5.0 zu ziehen.
820 Seiten, 1990, ISBN 3-89319-180-1, incl. Diskette

WORD 5.0

Eine praktische Einführung

Stephan Schwardmann/Botho Jung

In kurzer Zeit kann sich der Leser die grundlegenden Fertigkeiten zur Handhabung von WORD selbst aneignen.
362 Seiten, 1989, ISBN 3-89319-194-1, incl. Diskette

Professioneller Einsatz von WORD

Ein Schulungsbuch für Fortgeschrittene

Michael Kerres/Bernhard Rosemann/Bernd Siepmann

228 Seiten, 1988, ISBN 3-89319-124-0

Addison-Wesley Praxistraining WORD 5.0 für den Einstieg

Uwe Freund

Das Addison-Wesley Praxistraining bringt mit seinen drei Komponenten „Lernprogramm - Praxisbuch - Arbeitsdatenbank" ein neues Konzept der computergestützten Aus- und Weiterbildung.
266 Seiten, 1990, ISBN 3-89319-254-9

Addison-Wesley Praxistraining WordPerfect für den Einstieg

Monika Krüger

ca. 256 Seiten, 1990, ISBN 3-89319-250-6

ADDISON-WESLEY